中国科学院大学研究生教材系列

寒区水文导论

主　编　丁永建
副主编　张世强　陈仁升

科学出版社

北　京

内 容 简 介

寒区水文主要研究寒区内的各种水文现象、过程和规律,其中冰川、冻土、积雪等特殊的水文过程及其在流域及区域乃至全球尺度上的作用和影响是关注的重点。本书是在总结过去已有研究积累的基础上,通过理论概化、现象提升、规律总结形成的针对大学本科及以上学历读者的教材式的论著。本书主要从冰川、积雪、冻土水文到流域多要素水文过程进行了较为系统化的论述。在此基础上,本书还对冰冻圈与海平面及大洋环流等大尺度水文循环的关系进行了介绍。

本书可作为高校本科生和研究生的教材或教学参考用书,也可作为水文、水利、农业、林业、地理、生态、环境、地质、大气、工程等方面科技人员及相关管理和决策人员了解相关知识的参考书籍。

图书在版编目(CIP)数据

寒区水文导论/丁永建主编. —北京:科学出版社,2017.7
(中国科学院大学研究生教材系列)

ISBN 978-7-03-052069-2

Ⅰ.①寒… Ⅱ.①丁… Ⅲ.①寒冷地区-水文学-研究 Ⅳ.①P33

中国版本图书馆 CIP 数据核字(2017)第 047646 号

责任编辑:杨帅英 赵 晶 / 责任校对:张小霞
责任印制:肖 兴 / 封面设计:图阅社

科 学 出 版 社 出版
北京东黄城根北街 16 号
邮政编码:100717
http://www.sciencep.com

中国科学院印刷厂 印刷
科学出版社发行 各地新华书店经销

*

2017 年 7 月第 一 版 开本:787×1092 1/16
2017 年 7 月第一次印刷 印张:30 1/4
字数:717 000

定价:198.00 元
(如有印装质量问题,我社负责调换)

序　言

　　我国西部的可持续发展与水资源密切相关。西北干旱区,特别是内陆河流域的主要水资源形成于高寒山区,耗散于中下游的绿洲地区,寒区冰冻圈的变化决定了高寒山区水资源量的变化及其季节分配,对其水文过程的深入理解对西北地区水资源的高效管理和调控具有至关重要的作用。另外,目前国际冰冻圈研究正在向科学体系化方向发展,冰冻圈科学的建立正处于起步阶段。寒区与冰冻圈密切关联,冰冻圈固、液相变及相应的水文过程是寒区水文研究的重点。寒区水文不仅关注冰冻圈与水圈相互作用关系,同时更加关注冰冻圈要素在寒区流域的水文作用和影响,寒区水文是冰冻圈科学与水文学的交叉科学。发展寒区水文,不仅为发展冰冻圈科学做出中国科学家主导性的贡献,也是历史赋予我国科学家为国际全球变化研究做出重要贡献的绝佳机遇,而且也为我国适应冰冻圈变化提供科学支撑,更是中国适应全球变化影响、服务于西部持续发展的重要切入点。

　　我国寒区水文方面的研究经过了几十年的发展,起起落落,历经 20 世纪 50 年代的起步期,在开展了短暂的观测研究后,即受政治运动干扰进入停滞期。在 80 年代曾经历了一个短暂发展的阶段,取得了一些野外观测和试验数据,并以此为基础,完成了《冰川水文》《中国冰川水资源》和《寒区水文》等专著,形成了我国寒区水文研究的基础。虽然限于当时观测条件、研究手段和认识基础,这些研究成果的科学认识基础还很薄弱,但对推动我国寒区水文的整体发展起到了重要的基础性作用。进入 21 世纪以来,以丁永建研究员为代表的中国寒区水文研究团队从冰冻圈科学的视角,开展了系统的寒区水文研究,在唐古拉山、祁连山、天山等不同寒区流域构建了针对冰川、积雪、冻土、降水等水文要素及冰面、冻土、寒漠、草地、灌木等不同下垫面的寒区水文综合观测系统,同时针对寒区水文特点,开展了冰川、积雪和冻土水文的模拟研究,如今已经形成了集野外观测试验、实验室样品分析、模型综合模拟于一体的体系化研究平台、方法和队伍。经过近十几年的研究积累,我国寒区水文已经得到了全面、快速发展,与国际研究并驾齐驱,不仅深化了对寒区水文的理论和认识水平,而且也对流域水资源持续利用、生态保护工程建设、防洪减灾等起到重要作用。

　　随着全球气候的持续变暖,对于十分敏感的寒区水文过程也已经并将持续发生显著变化,其带来的影响也将不断显现。因此,关注寒区水文研究,不仅具有科学认识上的重要价值,而且更重要的是对区域可持续发展具有重要的科学支撑作用。在此背景下,《寒区水文导论》的完成无疑为广大感兴趣的读者带来了快捷了解相关知识的通道,也十分及时地弥补了相关领域尚无体系化教材的空白。该书系统地总结了国内外寒区水文发展的现状和趋势,详细介绍了寒区水文研究中的具体方法和手段,系统地将冰川水文、冻土水文、积雪水文,以及冰冻圈在流域中的水文作用等集成到同一框架下,在理论、方法、学科体系等方面进行了系统总结和梳理,并力图以教科书的形式展示给读者,不仅为相关科技人员提供全面的寒区水文科学知识,也为广大高校学生和研究生提供系统化学习寒区水文理论和方法的工具。

　　《寒区水文导论》的出版,是冰冻圈科学体系建设的重要组成部分,是学科走向成熟的标志。我为此感到高兴,值得庆贺。令人欣慰的是,在丁永建研究员的带领下,一批年轻科学家正在成长起来并独当一面,这也是这一学科持续发展的希望所在。预祝他们取得更大进步!

秦大河

中国科学院院士

2016 年 12 月 15 日

前　言

　　寒区泛指寒冷地区,是世界上分布广泛的一个特殊地理-气候地带。冰川、冰盖、冻土、积雪、河冰、湖冰、海冰等冰冻圈要素是寒区特殊的水文组成部分。这些特殊的水文要素既是寒区流域重要的径流形成来源,又影响径流过程的特殊因素和下垫面,由此导致了寒区水文有别于非寒区水文的一些特殊水文现象、过程和机理。因此,在非寒区形成的一些成熟的水文理论、方法和手段在寒区往往难以适用或直接应用,需要在传统水文学的基础上,重新构建一套适用寒区水文的研究理论、方法和手段。然而,长期以来,由于寒区一般分布在高纬度和高海拔地区,环境严酷,水文观测困难,研究基础薄弱,研究积累不足,寒区水文研究进展缓慢,导致了对这一地区水文研究深度和广度远远不能满足科学认识和水资源持续管理的实际需要。随着全球气候变暖对寒区水文影响的日益显著,近十几年来,寒区水文研究得到了广泛关注和重视,从野外观测到机理过程的认识,从遥感手段的应用到模型模拟精度的提升,寒区水文研究取得了突飞猛进的发展,也取得了大量研究成果。

　　我国寒区约占陆地面积的 43%,主要分布在北方和青藏高原地区,特别是以青藏高原为主体的高原及周边高寒山地是世界上众多大江、大河的发源地,高寒水源与周边十几亿人口息息相关。中国西北干旱区,特别是内陆河流域的水资源形成于高寒山区,耗散于中下游的绿洲地区,冰冻圈的变化决定了高寒山区水资源量的变化及其季节分配,对寒区水文过程的深入理解对西北地区水资源的高效管理和调控具有至关重要的作用。我国寒区水文研究经过几十年的发展,在 20 世纪 80 年代曾有过一次短暂的发展期,其为认识寒区水文的基本特点奠定了基础。2000 年以后,随着国家经济能力的增强,观测条件和技术手段得到了极大改善和快速提升,野外观测数据的积累、实验和模拟水平都得到了很大提高。近年来,由中国科学家主导的冰冻圈科学体系化研究促进了对包括寒区水文在内的各冰冻圈科学分支学科的快速发展,特别是 2016 年中国冰冻圈科学学会作为一级学会的成立,标志着中国冰冻圈科学研究全面进入黄金时期。与此相适应,寒区水文在经历近十几年快速发展之后,已经迈上了学科化、理论化的新高度。为此,在系统总结已有研究成果的基础上,提炼理论认识、深化机理过程、梳理学科体系脉络、探寻未来发展方向成为寒区水文研究的当务之急,这也是促成我们完成本书的主要动因。

　　本书由中国科学院西北生态环境资源研究院丁永建研究员、陈仁升研究员和西北大学张世强教授策划并组织实施,在酝酿、实施的近两年时间内,先后召开了 5 次由全体作者参加的讨论会,通过多次分析、讨论甚至争论,对各章框架、写作风格及内容不断进行调整和修改,尽量按照教科书的方式进行组织和撰写,以便使本书不仅能够让非专业研究寒区水文的相关专业人员易于读懂,也更希望能够让广大大学生、研究生能够很快理解,较容易地掌握寒区水文的基本科学知识,惠及高校学生。

　　本书共由 19 章组成。第 1 章绪论,由丁永建完成,主要从寒区水文的特点、国内外研究趋势及研究的理论框架和学科组成方面对寒区水文研究进行了简介;第 2 章为冰川分布与淡水资源,由韩添丁完成,分别从全球和我国冰川分布及冰川水资源的现状进行了总结;第 3 章为冰川水文研究内容及基本特点,由陈仁升和阳勇完成,从冰川水文学的基本概念、冰川水文产汇流特点及融水的侵蚀和堆积作用方面介绍了冰川水文学;第 4 章为冰川水文的研究方法,由韩海东和赵求东完成,详细描述了冰川物质平衡和冰川水文的观测和模拟方法;第 5 章为冰川水资源变化及预估,由张世强完成,总结了国内外流域冰川融水资源的变化的分析方法、变化特征及预估;第 6 章为积雪的基本概念及分布,由刘俊峰和赵求东完成,介绍了积雪的形成的物理过程和分布;第 7 章为积雪水文研究方法,由车涛和赵求东完成,从积雪的地面观测、遥感观测、数值模拟 3 个方面详细介绍了积雪及融雪径流的研究方法;第 8 章为积雪消融与产汇流过程,由张伟完成,分析了积雪的水量平衡及迁移过程,以及融雪径流的特征;第 9 章为融雪径流的变化及预估,由赵求东完成,总结了融雪径流的变化特征,融雪洪水的预报,以及融雪径流的预测与预估方法;第 10 章为冰雪洪水与灾害,由王欣和上官冬辉完成,详细分析了冰雪消融型洪水、冰湖溃决型洪水和冰川泥石流等灾害的研究方法;第 11 章为冻土分布与类型,由谢昌卫完成,详细描述了全球和中国的冻土分类及分布;第 12 章为冻土水文的基本特点,由阳勇、陈浩完成,全面分析了冻土区的水热过程特点及流域水文特点;第 13 章为冻土水文研究方法,由何晓波完成,从观测、室内试验和冻土调查角度,详细给出了冻土水文的研究方法;第 14 章为河冰、湖冰、海冰水文,由王生霞完成,介绍了河湖冰水文和海冰水文的研究方法和进展;第 15 章为寒区水化学,由李向应完成,分别从积雪水化学、冰川水化学、冻土水化学的角度介绍了水化学的研究方法及研究进展;第 16 章为寒区水文综合研究,由吴锦奎、陈仁升、陈浩、赵求东、秦甲和许民完成,分别从寒区流域尺度水文观测、冰冻圈要素在流域水文中的作用、流域水文模型中寒区水文要素的耦合、GRACE 重力卫星在寒区水文学中的应用,以及同位素在寒区水文研究中的应用总结了寒区水文过程综合研究的进展;第 17 章为冰冻圈变化对湖泊的影响,由王欣、王雁和杨国靖完成,分析了冰雪融水对湖泊水量、湖泊理化性质、湖泊生物的影响,以及冻土变化与湖泊的关系。第 18 章为冰冻圈对海平面变化的影响,由赵传成完成,分别介绍了山地冰川和极地冰盖对海平面的影响,以及海平面上升中各方面的贡献;第 19 章为大洋水循环中的冰冻圈作用,由丁永建完成,从全球水循环的角度分析了冰冻圈的作用。全书由丁永建、张世强、陈仁升统稿。张世强统筹,王生霞、丁光熙负责会务组织及管理工作。

　　　本书得到了国家重大科学研究计划重大科学目标导向项目“冰冻圈变化及其影响研究”(2013CBA01800)、中国科学院大学教材出版中心和国家自然科学基金重点项目“干旱区典型山区流域水量平衡观测试验”(41130638),面上项目“多年冻土活动层土壤水分相变过程观测及模拟研究”,(41271079),以及冰冻圈国家重点实验室开放基金(SKLCS-OP-2016-04)的资助。中国科学院西北生态环境资源研究院给予了大力支持,西北大学也在本书写作过程中给予了多方面支持,在此谨表谢忱!

编　者
2016 年 12 月 25 日

目　　录

第1章 绪 论

寒区与冰冻圈密切关联,冰冻圈固、液相变及相应的水文过程是寒区水文研究的重点。寒区水文包括了冰冻圈这些要素所有的水文现象和过程,同时也涉及寒区流域不同下垫面的水文过程。因此,寒区水文不仅关注冰冻圈与水圈的相互作用关系,同时关注冰冻圈要素在寒区流域的水文作用和影响。寒区水文是冰冻圈科学与水文学的交叉科学。

1.1 寒区水文概述

1.1.1 寒区与冰冻圈

寒区泛指寒冷地区,其准确定义并无公认的说法。若将不稳定积雪区(积雪时间小于2个月)和短时冻土区(冻结时间小于15天)也包括在寒区范围,以我国为例,则长江以南部分地区也成了寒区,这显然是不合适的。一般而言,将稳定积雪区所覆盖的范围作为寒区是可以接受的,这一范围基本包括了冰冻圈要素中冰川、冰盖、稳定积雪、多年冻土、海冰及河冰、湖冰所在的区域,但不稳定积雪区和部分季节冻土区不在其中。若按稳定积雪区范围划分,全球寒区范围约为 $0.6 \times 10^8 \text{km}^2$,占陆地面积的 40%。

有学者根据温度指标对我国寒区进行了划分,划分依据采用最冷月平均气温< -3.0℃、月平均气温>10℃的月份不超过5个月和年平均气温≤5℃等3项指标,由此获得的中国寒区面积为 $417.4 \times 10^4 \text{km}^2$,占我国陆地面积的 43.5%。中国寒区包括所有的多年冻土区、冰川区和绝大多数稳定积雪区,主要分布在西北的甘肃、青海、新疆三省(区);西南的西藏全区,四川西部的阿坝、甘孜,云南的滇北、玉龙雪山和高黎贡山的北部;东北的黑龙江东北部和西北部,以及内蒙古东北部地区(图1.1)。寒区包括低纬高海拔和高纬低海拔山区,但上述地区之间的准噶尔盆地、塔里木盆地、河西走廊北部的沙漠区除外。从分布的山脉来看,中国寒区主要分布于西部高山区,包括阿尔泰山、天山和青藏高原及其边缘的帕米尔、喀喇昆仑山、昆仑山、唐古拉山、念青唐古拉山、祁连山、冈底斯山、喜马拉雅山和横断山区等,以及东北的大、小兴安岭山区。

冰冻圈是指地球表层以固态水形式存在的圈层,包括冰川(山地冰川和冰盖)、冻土(季节冻土和多年冻土)、积雪、固态降水、海冰、河冰、湖冰等。春季北半球季节冻土范围及不稳定积雪区范围最大时可达 30°N 以南的广大地域,尽管这些地区冰冻圈多少会影响到水文过程,但影响程度与其他水文影响相比较可忽略不计。然而,在寒区,冰冻圈要素对水文过程的影响则比较显著,不可忽视。因此,寒区水文也可以说是冰冻圈要素对水文过程起到显著作用范围内的水文现象。

全球寒区主要分布在高纬度地区和中低纬度的高海拔地区。高纬度寒区以两极地区为代表,具有很强的纬度分带性;高海拔寒区以青藏高原及中纬度山地为代表,具有明显

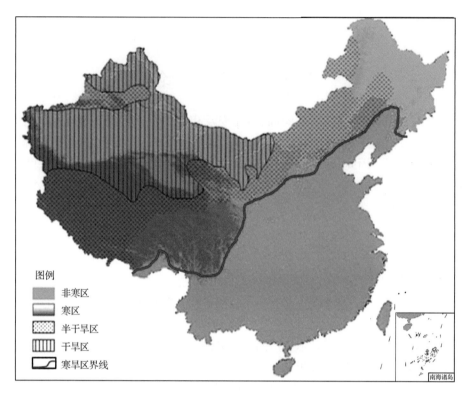

图 1.1　我国寒区分布示意图(陈仁升等,2005)

的垂直地带性。在中国,东北寒区属于高纬度寒区,而其他寒区则为高海拔寒区。寒区气候系统和植被覆盖具有相对独立性,其对水文特性和径流过程均有显著影响。冰冻圈涵盖的大部分区域是寒区,如上所述,寒区范围小于冰冻圈范围,部分积雪和季节冻土区不属于寒区。

从水文的角度定性来看,寒区具有以下特点:①有以固态形式存在的水体,如冰川、冰盖、多年冻土、积雪、海冰、河湖冰、固态降水等冰冻圈要素中的一种或多种;②河流、湖泊的封冻期在 30 天以上;③20％以上的降水量为固态降水,并在流域内形成一定的积雪覆盖区;④水文过程对温度的高度敏感性是寒区的突出特点。

1.1.2　寒区水文

寒区水文是研究冰冻圈诸要素时空分布与运动规律,及其在流域水文过程中作用的科学;是研究寒区诸水文要素变化机理、理论基础和研究方法的科学;是提升集成冰冻圈科学与水文学等相关学科共性内容,解析综合各学科差异性内容而成的学科。由于冰冻圈主要形成于寒冷地区,寒区水文过程往往与寒区下垫面和环境有密切关系,因此通常将与冰冻圈有关的水文问题也称为寒区水文。寒区水文与冰冻圈水文实际上是同一问题的不同叫法。在过去,一般狭义地将寒区水文理解为与冻土水文相关的水文现象,而冰川水文和积雪水文则往往相对独立,海冰、河冰、湖冰等水文研究则关注不多。随着冰冻圈科学的不断发展,冰冻圈学科体系建设促使冰冻圈诸要素的水文过程、水循环机理及水文效应纳入统一学科体系内考虑,以满足学科发展的需要。因此,系统地总结寒区水文已有的研究成果,明确冰冻圈诸要素在寒区的水文作用和科学内涵,是当前冰冻圈科学和水文学发展所面临的迫切而重要的科学需要。

寒区水文的主要特点是水以固态形式储存,以液态形式释放。冰-水相互转化过程及其对资源和环境的影响是人们关注的焦点。其研究对象主要包括冰川、冻土、积雪、海冰、河冰和湖冰等的水文现象,以及与之紧密关联的山区河流、高山湖泊、湿地等在内的寒区水体的水文过程。因此,寒区水文学研究包含两方面的研究内容:一是研究寒区内诸水文要素,重点是冰冻圈诸要素自身的水文机理和变化过程;二是研究冰冻圈变化在寒区乃至寒区以外更广泛的水域中所产生的影响,如冰川变化对河流径流的影响可涉及整个流域水资源问题,而冰冻圈变化对海平面的影响就涉及全球水循环问题。

根据研究对象,寒区水文主要有以下分支学科:冰川水文、积雪水文、冻土水文、海冰水文和河湖冰水文等。

1. 冰川水文

冰川水文研究相对成熟,有较长的研究历史。其主要研究冰川融水产汇流过程、变化规律及其水文作用。其研究内容主要涉及由冰川消融到冰川径流的各种水文现象、过程及其基本规律,重点研究以下内容:①冰川消融与径流的关系(图1.2),冰面产流、汇流过程,冰内与冰下水流过程、水道汇流与出流过程;②冰川融水径流的水文分析和计算理论与方法,包括冰川融水的形成机理,对河流的补给作用及其计算方法,各水文特征值的分析计算和分布规律,产流模型研究及其水文物理和水文化学特征;③冰川和积雪融水的侵蚀作用,沉积物搬运和堆积作用;④冰川水资源评价方法与理论基础;⑤与冰川融水有关

图1.2 冰川与融水补给河流

的专门水文学问题,包括冰川阻塞湖溃决洪水及其形成机制,洪水形成理论与计算方法等;⑥流域冰川水文,包括冰川变化对流域水文过程的影响、流域水文模拟、流域冰川水资源调控途径等。

2. 积雪水文

积雪水文是研究积雪融化所形成的径流过程及变化规律的科学,重点研究积雪消融、产流、汇流等过程及其基本规律。其研究内容包括:①雪的物理特性及积雪形成、变化、消融过程;②积雪融化过程中的雪层变化及其水文效应;③积雪融水径流的计算、模拟和预报方法;④积雪洪水形成过程、预报方法、预警机制;⑤流域积雪水文研究,包括积雪变化对流域水文过程的影响、流域水文模拟、流域雪水资源调控途径等。积雪水文过程具有显著的季节性特征。北半球秋、冬季积雪,春季消融。在我国,融雪径流是北方重要的水资源,通常形成春汛,可缓解北方春旱对农业带来的不利影响。但有时由于积雪严重,也会产生融雪洪水,造成灾害。如何利用融雪洪水,也是积雪水文学研究的重要内容。

3. 冻土水文

冻土水文是研究冻土地区的水文现象、水循环过程和变化规律的科学。冻土水文通常也被看作是狭义上的寒区水文。其研究内容主要包括:①活动层内水热循环过程及其对土壤、生态的影响;②冻土水热变化在大气水循环中的作用及其影响;③冻土变化对地下水和地表水的补给关系及其在流域水文中的作用;④冻土水文模拟、计算、信息获取与观测方法;⑤与冻土水文相关的基础理论研究。冻土与水文过程相互作用及其水文效应是冻土水文学研究的核心内容,不仅关注不同冻土类型、冻土面积对水文过程的影响,而且更加注重冻土变化对水文过程、径流变化及流域水资源的影响。在气候变化影响背景下,流域尺度冻土变化的水文效应受到广泛关注,流域尺度冻土水文的观测试验、冻土水文模型的建立及与流域水文模型的耦合是研究重点。

4. 海冰水文

海冰水文是研究海冰冻融过程中的水文现象及其对海洋水文过程影响的学科。海冰水文这一提法很少有人提及,目前海冰研究主要集中于海冰与气候之间的关系。但随着气候变暖,海冰变化影响日益显著,海冰的水文过程及其影响必将受到越来越多的关注,其核心内容是海冰变化过程中的冷、淡水对海洋环流、海洋水文情势及海洋生物过程的作用及影响,以及海冰与陆地淡水之间的相互作用关系等。其研究内容主要涉及:①海冰分布、类型与海洋水文过程的关系;②海冰温度、盐度等在海洋中的转化、传输与动力机制;③全球温盐环流与海冰相互作用机理;④海冰动力过程与全球淡水循环;⑤海冰变化对近海生态系统的影响等。

5. 河湖冰水文

河湖冰水文主要研究冰情变化对河流(湖泊)水文过程的影响。目前,河湖冰水文还不能称为一门分支学科,只能是寒区水文的研究内容之一。河(湖)冰是寒冷地区河水和湖水冻结而成的季节性冰体。河湖冰水文不仅研究冰情特性，而且也涉及工程及水利建设。河湖冰与气候的关系是河湖冰水文研究的又一项重要内容。河冰与湖冰是气候变化的良好指示器。用于指示气候变化的河（湖）冰参数包括封冻日期、解冻日期、封冻日数、冰厚等。

值得指出的是，由于冰冻圈要素的不同，寒区水文循环在时空尺度上差异较大，这种差异性反映在水循环的周期方面就表现在水体的更新期存在较大差异。由于更新期的不同，不同的冰冻圈要素在不同时间尺度上就表现出对水文过程的调节作用。积雪由于季节性的特点，只能对径流产生季节性调节。山地冰川对径流的调节作用可以从年到数十年乃至百年，多年冻土地下冰释放（或调节）的时间尺度更长，达到千年乃至万年尺度，它对地表、地下水的调节是一个十分缓慢的过程。表 1.1 列出了地球上不同水体的更新期。依据我国冰川现有资料和冰川径流情况，我国冰川的更新时间为 100～300 年。

表 1.1　地球上不同水体的更新期

水体	更新期
海洋	2500 年
地下水	200～10000 年
极地冰盖	9700 年
山地冰川	40～1600 年
多年冻土地下冰	10000 年
湖泊	17～100 年
土壤水	0.2～1 年
河流	14～16 天
大气水分	8 天
生物水	数小时
积雪	数天至数月

资料来源：UNESCO，2016。

1.2　寒区水文的特点

1.2.1　寒区水文的复杂性

寒区诸要素的水文过程复杂多变。以冰川为例，冰面消融、冰下水道汇流等不仅与冰川面积大小、冰川性质、冰川类型有关，而且与冰面形态、表碛覆盖多少、冰裂隙发育程度等有关，因此，准确观测和模拟冰川融水径流量十分困难。海冰、冰架、河（湖）冰等直接与下覆水面接触，冰下融化过程不仅与水温等热力条件有关，而且也与水体动力过程密切相关。

寒区水文的复杂性还表现在各冰冻圈要素变化的时空差异性上。不同规模与不同类型的冰川、冰川融水径流对气候变化的响应时间存在很大差异，这种差异性还与气候变化的强度密切相关。同时,一个流域内大小不同的冰川同时存在,使得冰川径流的响应过程更加复杂。多年冻土对气候变化的响应时间更长、过程更复杂。积雪水文变化主要表现在季节尺度上,雪的分布状况、积雪面积、山区地形等均对融雪产生影响。

寒区水文复杂性的另一个表现就是水量平衡要素的复杂性。除冰冻圈自身外,冰冻圈水量循环与平衡要素中的高寒地区降水及蒸散发也十分复杂。例如,降水在山区的分布差异很大,且难以观测;降水随海拔升高是增加还是减少;固态降水与液态降水的比例;山区蒸发在冰川、冻土、积雪区如何获得;海冰表面的蒸发(升华)过程又如何;等等。这些水文要素在寒区不仅难以准确获得,而且随寒区环境具有较大的易变性,这都增加了寒区水文研究的复杂性。

1.2.2　寒区水文过程观测的不确定性

寒区水文观测是获取第一手资料的重要手段,也是寒区水文研究最基础性的工作,准确观测寒区水文要素是了解寒区水文动态、机理和规律的必然选择。由于冰冻圈诸要素主要分布在高纬度与高海拔的寒冷偏僻地区,观测除存在交通、后勤及人员驻留等方面的困难外,同时由于寒区水文现象的复杂性,在信息准确获取方面必然也会对水文过程的观测带来诸多不确定性因素。

1. 冰川融水径流观测

冰川多分布于高山河谷,如何将冰川消融产生的径流控制在一个观测断面内,进行准确观测,在实际操作中是十分困难的。如图 1.3 所示,选择观测冰川融水径流的小流域往往包括了裸地,裸地的径流和冰川融水径流很难区分。在所选水文断面处只能观测到含有裸地径流的总控制断面径流,为了获得冰川融水径流,就必须对裸地降水径流也进行观测。冰川径流由消融区径流 R_a 和积累区径流 R_f 组成,总径流 R 扣除裸地径流 R_b 才是冰川径流。一般情况下,冰川末端河道多呈辫状(图 1.4),尤其是较大的冰川,很难选择较适合水文观测的顺直、可控断面,有时不得不选择远离冰川的河道断面,这就给冰川径流的准确观测带来不确定因素,并由此导致对冰川径流组成的不同理解,这方面的详细内容将在冰川水文学相关章节中专门介绍,在此就不多解释。

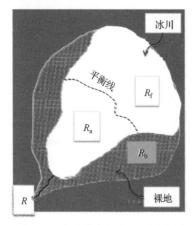

图 1.3　冰川融水径流观测示意图

图 1.4　辫状河道

2. 冻土水文观测

由于冻土在地表以下一定深度内,所以难以进行直接的冻土径流观测。冻土水文观测主要针对多年冻土区,一是观测多年冻土上部活动层中的水、热状况,了解活动层冻融过程中水分迁移及热力变化过程,从而分析多年冻土活动层垂直方向上的水分循环及热力交换过程(图 1.5);二是通过小流域观测试验,从地表水、土壤水及活动层水热变化过程相互关系中,了解冻融过程对产、汇过程的影响,从而认识冻土的水文作用;三是通过多年冻土覆盖流域的长期水文资料,分析径流变化过程,尤其是年内过程的变化,间接了解多年冻土流域内冻土变化的水文效应。多年冻土变化后是否产生了地下径流、径流量多少等,目前还难以通过直接的观测手段获取资料。可见,冻土水文观测的不确定性因素影响更大,也更多。

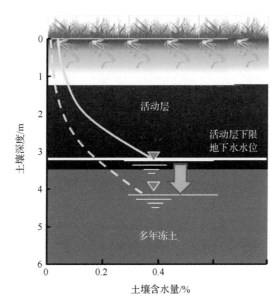

图 1.5 多年冻土及活动层内水分迁移及地下水位的变化

3. 降水观测

寒区降水观测存在很大问题,主要表现在以下方面:一是高寒地区降水观测困难,对仪器设备的要求较高,成本较大;二是山区降水观测受地形影响,表现出较大的局域差异性,不同高度带、不同坡向降水存在差异;三是高寒山区降水受风、温、压等气象条件影响较大,标准雨量筒对降水的捕捉率较低,尤其是在降雪情况下,雨量筒口受风动力影响导致降水不能进入雨量筒,往往造成与实际降水相差较大的观测结果。这种误差有时在 30% 以上,这就给寒区水循环要素的计算带来很大问题。因此,寒区降水在寒区水文计算中是一个重要的不确定因素,不仅需要较好的观测资料,而且最好是能够进行降水对比观测和误差校正,或参考已有的校正资料进行适当改正。

4. 海冰消融观测

海冰消融为双向融化,不仅有海冰表面融化,而且也有冰下消融过程,表面融化受热量平衡影响,冰下融化受海水热过程影响。目前,海冰消融的水文过程观测还没有较好的方法,主要是根据海冰面积、表面热量平衡及海冰与海水热交换进行估算。

1.2.3 寒区水文要素的同一性与差异性

寒区河流的径流形成不同于非寒区的河流。一般河流径流主要受降水和气温控制:降水是主要的控制因素;气温也会对径流产生影响,气温升高会引起蒸散发增大,导致径流减少。由于寒区水文要素冻结水体的共同特性,冰-水相变是其最大的共性特点。径流形成过程中水体的固-液转化是寒区水文的基本过程,因此径流形成均与热量输入条件(温度为综合指标)有关。可见,寒区河流与非寒区河流有很大差异,径流形成受温度的影响更大,温度的升高会引起冰雪消融过程加剧,从而导致径流增加。这也是寒区水文与其他非寒区水文(径流主要取决于降水)的主要差异。当然,冰冻圈要素不同,其水文过程也有其自身特点。

对于冰川径流而言,由于冰川面积一般在短时间内变化较小,在一年内可以认为基本稳定,冰川径流的大小主要取决于热量条件(气温的高低);对于融雪径流,尽管融雪过程也受热量条件的控制,但融雪径流总量的大小主要受积雪量的控制。积雪量主要受积雪面积和积雪深度两个变量控制,是一个随时间而变化的季节性变量。因此,融雪径流量是热量条件和积雪量共同作用的结果。对于多年冻土区径流,冻土对径流的影响主要是由于冻土的弱透水性,使得直接径流系数较大,地下水的补给较小。实际上,由于多年冻土区内含冰量、冻土深度、分布连续性等因素的影响,还会产生一定数量的地下径流。多年冻土区地表径流的特点是冬季径流小甚至无径流。

海冰、冰架和河湖冰类似,具有表面辐射融化和底部水体热力与动力融解双向融化的特点。海冰和冰架受海洋动力和热力作用,面积大、范围广,波浪、海温对其影响显著,因此风力是一个重要的动力因素,水动力对它们的影响是往返冲击型的;河冰受河流动力的影响是单向冲刷型的。一年海冰、河湖冰与积雪一样,具有显著的季节性特点,秋季初成、冬季成型、春季解冻、夏季消失。

1.3 国际寒区水文研究进展与趋势

寒区水文是伴随冰冻圈科学同步发展的,其众多研究分支或领域与冰冻圈科学诸要素密切相关,其实际上是冰冻圈科学各分支学科的重要组成部分。从水文学视角研究冰冻圈要素的水文效应、水循环作用及水资源功能是寒区水文向学科体系化发展的必然趋势。

1.3.1 冰冻圈科学发展的国际背景

当前国际上冰冻圈科学研究态势体现在两条主线上:一条主线是世界气候研究计划

(WCRP)-气候与冰冻圈(CliC)国际研究计划,其核心目标是提高对冰冻圈与气候系统之间相互作用物理过程与反馈机制的理解,关键是增加评估和量化过去与未来气候变化所导致的冰冻圈各分量变化及其影响的认识水平,实现与解决上述目标和关键科学问题的前提条件是强化冰冻圈的观测与监测;另一条主线是以"冰冻圈科学"为核心,着力推动冰冻圈科学向体系化方向发展。2000年,WCRP/CliC计划启动之初,首次提出了"冰冻圈科学"(cryosphere sciences)的概念,将冰川、冰盖、冻土、海冰、积雪等纳入统一圈层系统进行集成研究。10余年来,冰冻圈科学受到各国科学家的高度重视,2007年国际大地测量和地球物理学联合会(IUGG)正式增加"冰冻圈科学学会"为其旗下新的一级学会,这是IUGG成立80余年来首次增加一级学会,更使冰冻圈由三级学科跃升为一级学科。这些均表明,国际冰冻圈研究由过去分散、独立的研究向学科体系化研究发展。

1. 气候系统变化与冰冻圈

当前所谓的气候变化实质上是指气候系统的变化。气候系统包括大气圈、水圈、冰冻圈、生物圈和岩石圈(主要指陆地表层)五大圈层,其不同于地球系统(大气圈、水圈、生物圈和岩石圈)的最大之处是将地球系统水圈中的固态水圈(冰冻圈)层独立出来(图1.6),这主要是由冰冻圈在气候系统中的重要作用所决定的。

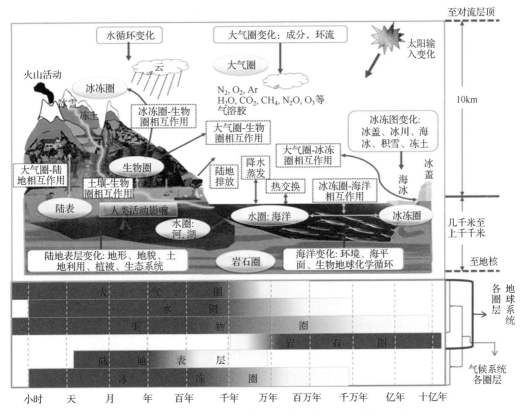

图1.6 地球系统与气候系统关系概要图(丁永建等,2013)

2. 冰冻圈科学基本概念

冰冻圈科学是研究冰冻圈诸要素［冰川、冰盖、积雪、冻土、海冰、河湖冰等］形成和变化规律及其与其他圈层相互作用的学科，是一门伴随气候变化科学而新兴的学科。冰冻圈科学的内涵涉及两个科学层面：一是，冰冻圈自身的形成、变化及其气候环境意义，这是冰冻圈传统的研究内容；二是，冰冻圈与其他圈层的相互作用，这是学科的外延，是冰冻圈科学未来研究的重点，也是国际关注的热点。冰冻圈与其他圈层相互作用是指其他圈层在与冰冻圈相互关联、影响中，冰冻圈起到主要作用的交叉部分（图1.7）。冰冻圈与其他圈层相互作用的研究是冰冻圈与其他各圈层之间的交叉研究，研究的主体是冰冻圈，研究内容只涉及相互密切关联的交叉部分，而不是圈层间交叉以外的领域，更不是圈层间的完全重叠。图1.7中冰冻圈与水圈交叉部分是寒区水文研究的主要内容。

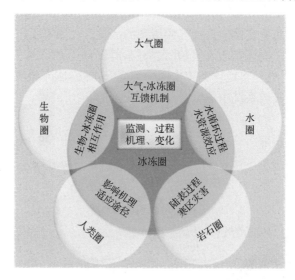

图1.7　冰冻圈与其他圈层相互作用关系

3. 冰冻圈科学体系

中国科学家根据冰冻圈科学的主要内容，建立了冰冻圈科学研究的科学树（图1.8），它基本涵盖了冰冻圈科学研究的主要领域，并从冰冻圈基础研究延伸到可持续发展的应用研究领域，将自然与人文研究相结合，整体上反映出了学科的完整体系。

1.3.2　寒区水文发展趋势

由上述内容可知，寒区水文主要涉及冰冻圈科学中与水相关的研究内容，其发展趋势可从寒区水文各分支学科的发展中梳理其主线，辨识其主要方向，探寻其发展态势。

1. 冰川径流变化对水资源的影响是关注重点

全球山地冰川和冰帽达 $734400km^2$，是全球水循环的重要组成部分。18～19 世纪小

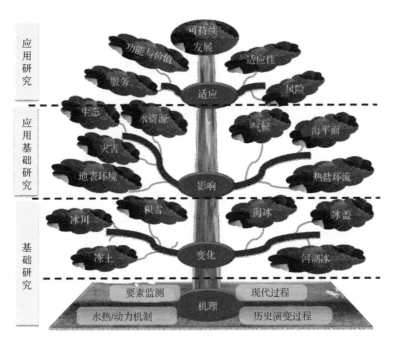

图 1.8　冰冻圈科学树

冰期以来,全球冰川处于持续后退状态,其中尽管有阶段性的波动过程及区域性的差异变化,但冰川的退缩是全球性总趋势,尤其是 20 世纪 80 年代以来,随着气候的变暖,冰川退缩不断加剧。冰川变化在不同空间和时间尺度上影响着全球水量平衡。在全球尺度上,冰川变化对海平面上升及海洋热盐环流有显著影响。例如,除南极和格陵兰冰盖以外的冰川,尽管其占全球冰量不足 1%,但对海平面上升的贡献却在 30% 以上。在区域和地方尺度上,冰川作为所谓的"冻结水库",不仅对山区河流具有重要的补给作用,而且是流域径流的调节器。在喜马拉雅山、阿尔卑斯山、高纬度及北极地区及南美的安第斯山等,冰川对低地平原的农业灌溉、水资源利用、陆地和水生生态系统及山区水电等均具有显著影响。冰川变化对这些地区径流及水资源利用的影响也受到广泛关注,尤其是对区域尺度冰川径流的定量模拟及其气候响应机制存在着迫切需求(Radic and Hock,2014)。

　　冰川的退缩导致全球受冰川补给影响较大的河流径流增加,从而对地表水资源产生显著影响,这种影响在干旱缺水的地区尤为突出。以中国为例,20 世纪 80 年代以来,新疆出山径流增加显著,最高增幅可达 40%,乌鲁木齐河源区径流增加的 70% 来自于冰川加速消融补给,近十几年南疆阿克苏河径流增加的 1/3 左右来源于冰川径流增加;近 40 年长江源区河川径流减少 14%,而冰川径流则增加了 15.2%,如果没有冰川径流的补给,河川径流减少将更加显著。目前,这些冰川消融导致的江河水量的增加总体上是有利的。但根据模拟研究,若气候持续变暖,一些面积较小的冰川在未来的 15～20 年冰川消融补给将达到最大值,随之将快速减少,减少的速度取决于升温的速度(图 1.9)。未来 50～70 年,我国面积小于 2km² 的冰川逐渐消失是可以预期的,较大面积的冰川萎缩也将趋于显著。值得注意的是,我国冰川组成的特点是数量不到 5% 的大型冰川,面积却占到 45%以上。所以,未来更应关注大型冰川的变化。

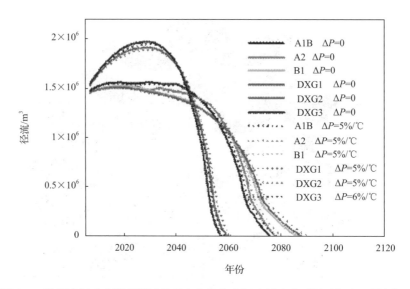

图 1.9　根据冰川动力模式模拟的天山乌鲁木齐河流域未来不同时期内、不同升温
情景下,冰川径流的变化过程(李忠勤,2011)

实线为不考虑降水变化、只考虑气温变化的情景;虚线是考虑降水增加后的结果。A1B、A2、B1 是 IPCC 第四次评
估提出的不同升温情景,DXG1、DXG2、DXG3 分别是冰川区大西沟气象站 1959~2004 年、1980~2004 年和 1990~
2004 年平均升温率。图中显示,只有在大西沟 20 世纪 80 年代以来平均升温速率下,冰川径流才表现出先快速增
加、随之又迅速下降的情形,而在其他全升温情景下,冰川径流在未来 60~70 年内是相对平稳的

　　冰川径流本质上与冰川物质平衡紧密关联。冰川物质平衡是指一定时段内(一般用平衡年)冰川积累量和消融量的代数和。尽管冰川径流在改变全球和区域水文过程与水循环方面十分重要,但冰川物质平衡的系统评估和预估及定量评估其对全球和区域河流的影响还相对不足。已有的研究要么关注冰川物质平衡及其观测方面,要么集中在冰川径流及其特征方面,更多的是在较小流域或冰川流域尺度上。最近的研究已经关注到将物质平衡与冰川径流有机耦合,并且将研究视野扩大到区域和全球尺度(Radic and Hock,2014)。已有的研究指出,冰川变化的影响存在着显著的区域差异。对于海平面上升,主要的影响是在冰川规模较大的高纬度地区,如南、北极周边地区、加拿大北极、阿拉斯加及俄罗斯北极,相反,在中、低纬度地区(如欧洲阿尔卑斯、斯堪的纳维亚,热带的安第斯及北美),冰川规模较小,对海平面上升的潜在影响相对较小(高亚洲山地除外)。但中、低纬度地区人口较密集,冰川变化的流域水文效应受到更多关注。

　　21 世纪初以来,由于测高卫星及重力卫星的发射,区域尺度冰川物质平衡的估算成为可能,同时也为全球冰川水文过程模拟及影响分析提供了可以校验的结果。但是,这些结果最终也需要实测数据作为其研究基础,不幸的是实测物质平衡的冰川数量在减少,这是未来研究中至为关键的瓶颈性限制因素。鉴于全球冰川的加速变化及其对全球水循环影响的重要性,未来研究中需要关注以下问题(Radic and Hock,2014)。

　　(1)定位监测资料的缺乏是值得关注的问题,尽管遥感资料可以弥补由于传统观测不足所带来的问题,但冰川物质平衡和径流的模拟结果需要实测资料来校正。

　　(2)尽管近年来在发展全球尺度冰川物质平衡和径流模型方面取得了一定进展,但它们仍然存在着冰川动力物理机制和冰川末端消融过程(崩解及海洋水下融化)考虑不周等问题。

(3) 对融水向地下水的转化及其流域内的转化过程还了解不多,考虑这些过程并将冰川物质平衡模型与全球水文模型相耦合是未来研究的重要内容。

(4) 在未来不同情景下,冰川水文模型要具备模拟冰川动力过程及冰川变化的能力。

2. 冻土的水文效应研究受到广泛关注

多年冻土主要分布在北半球的高纬度和高海拔地区。中国是世界第三冻土大国,以青藏高原及周围山地高海拔多年冻土为主,多年冻土区面积约为 $220\times10^4 km^2$,占国土面积的 23%。据估算,青藏高原多年冻土含冰量达 $9500 km^3$,折合水当量约为 $8600 km^3$,是我国冰川储量的 1.7 倍。过去几十年来,我国以青藏高原为主体的多年冻土发生了显著变化,这种变化主要表现在两方面:一方面是冻土温度普遍上升,原来较低的冻土温度变得较高。例如,在青藏高原上分布于中低山区的冻土温度普遍由过去的低于 $-3{}^\circ\!C$ 上升到 $-3\sim-1{}^\circ\!C$,河谷、盆地间的冻土温度已达到 $-1\sim-0.5{}^\circ\!C$,达到冻土开始退化的温度状况,连续多年冻土上部升温率已达到 $0.1{}^\circ\!C/a$。另一方面,冻土变化表现在冻土的直接退化,多年冻土活动层加深,冻土面积减小。例如,自 1975 年以来,青藏高原多年冻土北界西大滩附近的多年冻土面积减小了 12%,南界附近安多-两道河公路两侧多年冻土面积缩小了 35.6%。

冻土退化对生态、水文、气候及工程均有重要影响。由于冻土活动层深度加大,活动层内土壤水分向下迁移,冻土发育区的高寒草甸、高寒沼泽和湿地显著退化(图 1.10)。流域冻土-水文关系的研究表明,多年冻土的存在主要影响地表产汇流过程。多年冻土覆盖率不同的流域,其年内径流过程,即年内径流分配有显著差异;冻土年代际变化对径流的影响主要出现在多年冻土覆盖率高的流域,多年冻土变化导致下垫面和储水条件变化,进而导致冬季径流增加。对俄罗斯境内径流变化进行的分析和模拟表明,冻土冻结锋面及融化过程的改变,导致俄罗斯欧洲部分地表冬季径流显著增加,径流增加量高达 $50\%\sim120\%$,其主要是由于冻结深度的减小,其中冻结锋面变化原因占冬季径流增加的 56%,融化过程改变原因占 38%,秋季土壤水分增加占 6%(Kalyuzhnyi and Lavrov, 2012)。对流入北极地区的 4 条主要河流(Lena, Yenisei, Ob, Mackenzie)的研究表明,冬春季径流增加,而夏季径流减少,这与冻土融化和春季积雪消融提前有密切关系。加拿大西北英格兰湾泥炭沼泽区多年冻土活动层对水文影响的研究则给出了相反的结果,由于活动层水力梯度的降低、活动层的增厚,以及沼泽草甸面积的减少,2001~2010 年多年冻土融化已经使地表径流减少了 47%(Quinton and Baltzer, 2013)。

冻土冻融过程对水文的影响是多方面的。土壤冻结可以增加径流,阻滞土壤水补给,增加积雪春季径流,以及延滞溶质向土壤深层输移。由于积雪与冻土关系密切,两者的水文相互关系也是研究者高度关注的问题。尽管融雪的下渗十分重要,但由于冻土的存在,融雪期较夏季雨期土壤水分动力过程的定量分析更加困难。下渗到冻土中的水提供了潜热并增加了冻土层的温度,从而使液态含水量增加;另外,在冻土层内和层上再冻结的融雪水又降低了融雪的下渗率。由于水的相变,融雪下渗过程受到许多因素影响,包括土壤

(a)　　　　　　　　　　　　　　　　(b)

图 1.10　那曲两道河多年冻土退化(丁永建和秦大河,2009)
(a)显示 20 世纪 60~70 年代充满水体的高寒沼泽草甸,现由于冻土退化导致水位下降,
湿地消失,草甸干化,草甸已经开始退化。(b)为该地已经严重退化的草甸

温度、冻结深度、前期土壤含水量、积雪厚度,以及这些因素之间复杂的相互作用。由于冻土对融雪径流的影响在全球水文学中的重要作用,所以已经开展了大量的相关研究,在多年冻土和季节冻土区流域径流的研究表明,冻土的影响具有大尺度水文效应。小尺度的过程研究表明,由于土壤中孔隙冰的存在,通常会降低土壤的下渗能力,形成较大的地表径流并减少地下水的补给。同时,研究也认识到融水也可以通过空隙渗入到冻土层内。相对而言,山区水文研究主要集中在积雪、冰川和多年冻土水文方面,而不同尺度季节冻土的水文效应还缺乏研究,这些应是未来寒区水文关注的重要内容之一。

　　在挪威斯瓦尔巴群岛,浅层地下水的研究已经关注到多年冻土的浅表地下水,即在活动层内的水流过程,但过去很少关注这方面的内容。水文化学的研究结果指出,活动层的年形成过程具有显著的水文学意义。活动层的形成在 6 月初气温上升到 0℃ 以上,与积雪的消退相伴出现。向下融化的速度开始很快,活动层内地下水储存和流动的能力随着活动层深度的加深呈线性增加,并在活动层底部形成水流动的下边界。活动层内地下水径流量可以逐渐增加,由于之后的降水下渗替代了活动层内的地下水,从而导致降水径流的增加。冻土活动层内的水流过程应是未来值得关注的一个重要方面。

　　3. 气候变化的影响、遥感技术的应用、精细化多尺度模拟成为积雪水文研究的重点

　　积雪在全球水循环中占据重要地位,尤其是在北半球中纬度及中低纬度山地。在美国西部,积雪融水占总径流的 75%,中国积雪融水也达到 $3451.8 \times 10^8 m^3$,占全国地表年径流的 13% 左右。因此,积雪水文研究在水资源管理中具有重要作用。积雪水文研究已经有较深入的过程研究和从小尺度到大尺度的模拟研究,从融雪观测到机理试验、从过程模拟到流域径流,积雪水文研究已经有了长足的发展,并且取得了丰厚的研究积累。然而,从积雪水文研究的科学目标来看,最终需要通过研究,提供可预报、预测和预估的成熟方法和结果,即精准的径流预报和预估为其核心目标。因此,积雪水文过程的精细化描述就成为未来研究关注的重点之一,包括雪的积累、密实化过程、积雪表面能量平衡过程、雪

崩与风吹雪过程对融雪径流的影响、融雪下渗与雪层内融水的运移与传输过程、不同下垫面融雪径流的产汇流过程,以及积雪和融水与冻土等不同下垫面的相互作用过程等。

流域内积雪融水的时间过程、数量级别和空间分布决定着土壤湿度、径流的形成、地下水的补给及养分循环,为认识这些复杂的过程,融雪水文的模拟成为积雪水文研究的重点内容之一。无论是经验模型还是基于物理机制的能量平衡模型,考虑积雪的复杂过程成为主要趋势,如风吹雪、雪崩及升华过程等,并力图通过模型,揭示融水下渗与径流机制。积雪与季节冻土水热相互作用过程及其水文效应研究相对不够,而季节冻土和积雪相互作用区的面积十分广阔,尤其是对北半球农业、生态、地表环境、水文地球化学循环等均有不同程度的影响。因此,季节冻土区融雪水文过程及其效应研究是未来值得关注的重要领域。日本学者在季节冻土区选择分别代表寒冷气候和较暖气候条件的芽室町和札幌,对积雪融水在不同季节冻土区的下渗过程的融雪水文试验表明,季节冻土无积雪时冻结深度分别为 0.4m 和 0.1m 左右。在寒冷气候区,当积雪形成较浅的冻结深度时(<0.14m),开始阶段融雪并不会限制融水的下渗;但当无积雪覆盖形成较深冻结深度时,冻土阻滞下渗的效果就十分显著。由于积雪厚度是控制地表热量的主要因素,在气候较暖区,薄层积雪由于冬季短暂的降水事件,可以导致液态水的大量冻结,这些富冰的冻土层及土壤中形成的冰层就会在早春限制融雪下渗。

在森林积雪区,为了摆脱以往依赖一个或几个站点资料检验模型的缺点,目前的研究已经应用了分层嵌入式样条分析法检验分布式模型,包括在不同高度带森林和去除森林条件下雪水当量的观测。随着城市的扩张及城市化的不断发展,城市融雪过程也受到关注。城市融雪及洪水的影响在美国、加拿大、斯堪的纳维亚、中国都不同程度的存在。除此之外,许多不连续分布积雪的模拟问题也是积雪水文研究的难点,根据我国青藏高原积雪的特征,有学者提炼出现阶段空间分布式积雪水文模拟中的 3 个关键问题:网格尺度积雪空间异质性的模拟、风吹雪的空间参数化、季节性冻土下垫面的融雪模拟。

气候变化对积雪水文过程的影响也是一个十分重要的问题。基于气候变化的积雪水文与水资源模型得到广泛应用。例如,智利中北部山区海拔 1000~5000m 流域的模拟表明,年平均融雪径流要比降水径流减少更加显著,在未来气候变化情景下,由于冬季积雪的减少及春季和夏季气温的升高,季节最大径流趋于提前。阿尔卑斯山区融雪变化的研究表明,在海拔 1000~1500m 的中山带,积雪对气候变暖的敏感性最高,气温升高可以导致未来冬季径流增加,从而大大增加山区和低地平原区夏季干旱程度。预估的阿尔卑斯山积雪在 2021~2050 年变化较平缓,而 21 世纪后半叶将趋于显著,21 世纪末积雪高度将上升 800m,雪水当量减少 1/3~2/3,积雪期减少 5~9 周。冬季径流增加的同时春季径流峰值提前,夏季径流减少。

遥感技术在积雪水文中的应用受到越来越多的重视。利用积雪监测数据,通过同化技术处理,在流域或更大尺度上获取积雪面积、雪水当量等已经成为主流方向。数据同化有多种方法,在积雪水文方面,常用的同化方法主要有变分同化和卡尔曼滤波转化方法。积雪数据同化研究一般直接将积雪观测结果内插到陆面模型中。遥感数据与物理或概念性的水文模型相结合是理解积雪变化、融雪过程,以及流域径流的重要手段。

4. 冰冻圈大尺度水文过程及其影响研究将成为未来研究热点

近几十年来,泛北极地区[由北极气候系统研究(ACSYS)计划定义为注入北冰洋的所有陆地流域区]已经发生了显著变化,主要表现在春季积雪面积减少、多年冻土活动层加深、河(湖)冰冻结日期推后、解冻日期提前,以及冬、秋季降水增加等方面。同时,北极河流季节和年径流也发生了明显变化。这些变化直接与北极水循环紧密相关,并对陆地、大气和海洋全球气候系统产生重要影响。北极流域的陆地径流占流入北冰洋净淡水量的50%,其在全球陆地对海洋的影响中起着独特作用。进入北冰洋的淡水径流的变化对极地海洋的盐度起着突出的主控作用,进而影响全球大洋的热盐环流。流入北冰洋的淡水量的准确估计与泛北极河流的径流有关,其不仅与冰川、积雪、冻土、降水等陆地表层水文要素有关,而且还与北极地区陆-海-海冰-大气系统的耦合机制密切相关。

过去几十年,欧亚北部(通常所指的北极地区)河流发生了显著变化,尽管变化存在着区域差异,但其总体特征表现为流量增加,尤其是冬季径流增加;多年冻土温度升高、冻土退化;多年冻土活动层加深;冰川退缩;湖泊分布发生变化。目前,径流变化与这些特殊水环境要素之间的关联还存在着认识上的差异。例如,径流增加的可能原因有年降水量增加、多年冻土退化、冰川退缩及水库调节管理等。因此,要深入理解欧亚北部水循环,并且预估其未来如何响应气候和土地利用的变化,需要将定位观测和遥感监测、模型模拟和过程研究紧密结合,形成系统研究。定位观测和遥感数据的融合及其在大尺度模型中的应用至关重要。

寒区水文过程不仅影响陆地淡水对海洋的输入,也影响大洋热盐环流,同时也影响全球海平面变化。相关研究指出(丁永建和张世强,2015),在 $60°\sim90°$ 范围南、北极海洋的淡水年循环中,海冰和北极融雪参与的水量远超过降水-蒸发过程的水循环量;北极融雪与河流补给、山地冰川、格陵兰和南极冰盖、海冰、冰间湖等冰冻圈要素的变化可以显著影响海洋深水对流强度及深水的形成,从而影响海洋热盐环流。冰冻圈对海平面变化影响的评估仍然存在较大不确定性。从 1990 年开始的 5 次 IPCC 评估报告中,对海平面上升贡献的评估结果相差较大。总体来看,若不考虑陆地水储量变化的影响,在海洋热膨胀和冰冻圈变化这两大影响因子中,工业化升温以来对海平面上升的贡献各占一半。

针对冰冻圈特殊的地表要素,已经开发出了一些相关的陆面模式,这些模式的关键是实测资料的评价和校验,这就需要将空间覆盖范围适度的观测作为基础。冻土与风吹雪过程对大尺度能水循环模拟的影响还很不清楚,考虑冻土的模式大多数假设冻结水的存在限制了土壤中水的下渗,并且土壤热通量依据土壤含水量和含冰量与土壤热特性关系而改变。例如,在 VIC 模型中,考虑冻土算法时获得的春季峰值流量偏高,冬季基流偏低,而流域尺度径流的模拟精度并没有得到提高。陆面参数化方案比较计划(PILPS)的结果表明,经验性的冻土参数化方案获得的结果相对更好。但是,考虑和不考虑冻土因素,模拟出的土壤含水量之间的差异还不是十分清楚。相同的研究发现,包含有土壤冰的模型使模拟的径流偏小。野外研究表明,多年冻土中的有机质含量也会影响土壤水下渗。

总结已有的研究成果,在冰冻圈大尺度水文过程及其影响研究方面取得的进展可归纳为如下几个方面:①改进了包含具有模拟高纬度水文过程能力的陆面模型,模型中考虑了雪的积累和消融、土壤冻融和多年冻土中的水热过程,以及径流的形成。②在相关国际计划的推动下,加强了野外观测,改进了积雪积累、再分布、消融、冻土中的土壤水下渗过程等算法,发展了一维的寒区陆面模型。③大尺度水文模型开发用于模拟高纬度流域地表能水平衡和估算泛北极地域淡水平衡。

综上可见,从北极陆地和海洋系统的宏观角度审视寒区水文过程的变化、影响及其气候和环境效应受到了越来越广泛的关注,尽管相关的研究还很不够,但其必将是未来关注的热点,也是寒区水文研究的重点。WCRP-CliC确定的大尺度水文过程研究的许多关键问题是未来值得关注的重点,主要包括在大尺度径流、温度和蒸发模拟中,冻土水分与风吹雪不同参数化方案的作用尚不清楚;寒区湿地和湖泊陆面模型需要进一步改进和校验;积雪过程观测及与冻融过程相关的水文过程的观测是大尺度水文模拟未来需要关注的重要内容;水文模型需要不断改进,大气和水文模型之间的耦合需要气候、积雪和冻土水文之间相互关系的深入研究。未来发展大尺度水文过程研究应着眼于以下的基本战略措施。

(1) 观测网:观测网是开展大尺度水文模拟的基础,观测包括定位测量(河流水文、降水、活动层厚度等)、遥感产品(如积雪、激光测高、重力数据等),以及相关的人类活动数据(土地利用、人口等)。观测网的重要目标就是要提高快速分析变化环境要求的实时数据获取的能力。

(2) 过程研究:过程研究提供了精细分析大尺度寒区水文系统关键要素的作用机理,并聚焦于特殊空间领域的可能,是深入理解关键过程和特殊领域相关过程的重要途径。

(3) 数据与模拟综合信息系统:通过数据流的无缝均匀化处理,输入到模拟环境,为不同研究背景者提供简单易行的用户界面,这就是模拟和数据信息系统的核心作用。该模型起到两方面作用:一是能够完成科学研究;二是能够提供满足科学家,以及管理者、政策制定者及其他利益相关者不同需求的数据处理途径。其重要的部分是需要不断将新技术和新手段融入其中,以便能够使现有数据发挥创新性的用途,创造出可以改变过程研究及完成跨系统综合分析的具有高附加值的数据流。

5. 流域尺度冰冻圈全要素过程的综合模拟成为深入理解流域径流变化的必然选择

在冰冻圈流域,冰川、冻土、积雪等不同水文要素的水文过程、作用的时空尺度、各自的水文作用存在着较大差异。同时,冰冻圈要素间又有着相互影响,与水文过程相伴的物理、化学、生物过程也还很少被关注。因此,如何将冰冻圈流域作为整体,在考虑冰冻圈各要素水文过程及其流域水文效应的同时,将流域内不同下垫面的水文过程及流域水文效应纳入一个整体,综合考虑,系统分析,从而为准确分析流域的水量来源、径流过程、水情变化提供可靠依据,也为减少预测和预估未来变化的不确定性、提高预测和预估的精度和能力奠定科学基础。

流域综合分析的主要手段就是模型模拟。流域尺度冰冻圈全要素水文综合模拟已经开展了初步工作。我国在祁连山、天山和唐古拉山等高寒山区建立寒区水文观测试验平台,已经针对冰川、积雪、冻土和降水等水文过程的观测试验,开展了综合分析,并构建了冰冻圈流域水文模型(CBHM)模型,该模型综合考虑了冰川、积雪、冻土、寒漠、灌丛、草地和森林等山区流域不同下垫面的水文因素,形成了水文要素完整、综合性较高的冰冻圈流域水文模型。这无疑为未来冰冻圈流域研究提供了重要手段。未来需要在实践应用中不断完善,在提高适应性、减少不确定性方面不断改进。在提高冰冻圈流域径流模拟能力的同时,应考虑将冰冻圈作用过程产生的化学、生物、泥沙等过程耦合到冰冻圈流域水文模型中,综合分析冰冻圈各要素在流域水文中的物理、化学和生物效应,这是未来模型模拟中需要逐渐发展的内容。

6. 寒区水文学科体系化趋势

严格地说,到目前为止,国际上还没有"寒区水文学"这一提法,大多是从"冰川水文""冻土水文""积雪水文"等寒区水文要素的视角开展相关研究,即从寒区水文的分支学科各自推进着学科的进展。冰冻圈变化的结果必然是水体固-液转化过程,这一过程中必然有许多共性的水文过程发生,寒区水文也必然随着冰冻圈科学的发展,向学科体系化方向发展。尽管目前还没有形成完整的学科体系,但随着冰冻圈未来变化的不断加剧,与之相伴的水文过程影响日益显现,寒区水文走向成熟也是必然趋势。

1.4　我国寒区水文的进展与机遇

中国寒区水文研究主要涉及冰川水文、冻土水文和积雪水文,河冰和海冰水文因对国民经济影响较小,所以其研究相对较少。冰川水文研究与现代冰川的研究同步,冻土水文和积雪水文相对要晚得多。

1.4.1　中国寒区水文研究的意义

1. 冰冻圈的水文功能

冰冻圈的水文功能主要表现在 3 个方面:水源涵养、水量补给(水资源作用)、流域调节。水源涵养功能主要表现在冰冻圈发育于高海拔、高纬度地区,是世界上众多大江大河的发源地。以青藏高原为主体的冰冻圈,是长江、黄河、塔里木河、怒江、澜沧江、伊犁河、额尔齐斯河、雅鲁藏布江、印度河、恒河等著名河流的源区(图 1.11)。冰冻圈作为水源地不同于降水型源地,其以固态水转化为液态水的方式形成水源,其释放的是过去积累的水量,即使在干旱少雨时期,它仍然会源源不断地输出水量,其水源的枯竭需要经历较大和长周期气候波动,在人类历史长河中,冰冻圈水源可以说是取之不尽、用之不竭。

冰冻圈被人们广泛认知的水文作用是水量补给作用。作为固态水体,其自身就是重要的水资源,其资源属性表现在总储量和年补给量两方面,冰冻圈对河流的年补给量是地表径流的重要组成部分。中国冰川年融水量约为 $604.65 \times 10^8 \, \mathrm{m}^3$,相当于黄河入海的年总水量。全国冰川径流量约为河川径流量的 2.2%,相当于我国西部甘肃、青海、新疆和西藏四省(区)河川径流量的 10.5%。

相较于冰冻圈的水源涵养和水量补给功能,冰冻圈的水文调节作用更为重要。这主要表现为在没有冰川的流域,河流主要为降水补给,径流年内变化很大,表明径流过程很

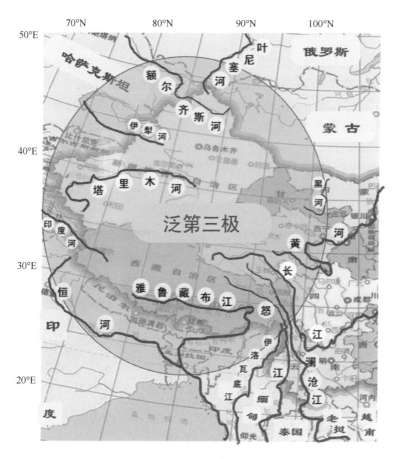

图 1.11 中国西部冰冻圈是亚洲众多河流的发源地

不"稳定"。但在有冰川覆盖的流域,随着冰川覆盖率的增加,径流年内变化迅速减小,很快趋于平稳。丰水年由于流域降水偏多,分布在极高山区的冰川区气温往往偏低,冰川消融量减少,冰川融水对河流的补给量下降,削弱降水偏多而引起的流域径流增加的幅度;反之,当流域降水偏少时,冰川区相对偏高的温度导致冰川融水增加,弥补降水不足对河流的补给量。这样,冰川的存在将使有冰川的流域的河流径流处于相对稳定的状态,表明了冰川作为固体水库以"削峰填谷"的形式表现出显著的调节径流丰枯变化的作用,这对干旱区绿洲水资源利用是十分有利的。从定量的角度看,当流域冰川覆盖率超过 5% 时,冰川对径流的年内调节作用效果明显;当冰川覆盖率超过 10% 时,河流径流基本趋于稳定。积雪对河流也有年内调节作用,尤其是在干旱区流域,融雪往往是缓解春旱的重要水资源。干旱区春季降水较少,此时冰川还没有开始大量消融,旱情往往较严重,而春季的融雪径流则成为此时最主要的径流来源。多年冻土的变化通过加大活动层深度、增加土壤储水能力,使基流增加,从而改变年内的径流分配,由于其是通过多年冻土变化而影响径流过程的,所以其主要表现为对流域径流的年内调节和多年调节。

2. 寒区水文对中国生态环境的影响

寒区水文变化影响寒区河川径流、湖泊湿地等水域的变化,通过水循环的改变,影响生态系统的变化。在我国干旱区内陆河流域,高山冰川-山前绿洲-尾闾湖泊构成的流域生态系统中(图1.12),冰川进退对绿洲萎扩和湖泊消涨具有重要的调节和稳定作用,冰川是我国干旱区绿洲稳定和发展的生命之源。实际上,正是由于冰川和积雪的存在,才使得我国深居内陆腹地的干旱区形成了许多人类赖以生存的绿洲,也使得我国干旱区有别于世界上其他地带性干旱区。这种冰川积雪-绿洲景观及其相关的水文与生态系统稳定和持续存在的核心是冰川和积雪,没有冰川积雪就没有绿洲,也就没有在那里千百年来生息的人民。

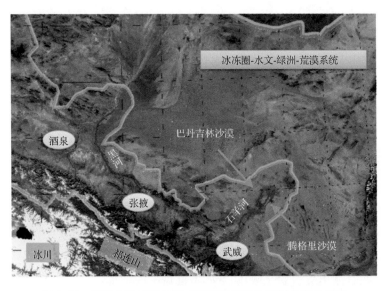

图1.12　祁连山冰冻圈与武威和张掖绿洲及尾闾荒漠的关系

在青藏高原,冰川变化除直接影响一些大江大河源区的水文情势外,还与高原湖泊消长、沼泽湿地变化有密切联系。冰川变化影响周围地区的水循环过程,进而又影响源区生态与环境。多年冻土所产生的土壤活动层特殊的水热交换是维持高寒生态系统稳定的关键所在,冻土区的高寒沼泽湿地和高寒草甸生态系统具有显著的水源涵养功能,是稳定江河源区水循环与河川径流的重要因素。冻土变化是导致江河源区高寒草甸与沼泽湿地大面积退化的主要原因。20世纪80年代以来,江河源区生态退化和河流、湖泊、沼泽、湿地等水文环境的显著变化与土壤冻融循环变化及冻土退化密切相关。因此,在青藏高原,冰冻圈-河流-湖泊-湿地紧密相连,在干旱区内陆河流域,冰冻圈-河流-绿洲-尾闾湖泊-荒漠不可分割,冰冻圈变化对寒区生态系统具有牵一发而动全身的作用。国家高度关注的诸多西部生态建设与水源保护重大工程,如"三江源"生态与水源保护工程、塔里木河综合治理工程、西藏生态屏障工程、祁连山生态保护工程及天山自然保护区等均与寒区水文影响息息相关。

受冰冻圈影响的跨境河流众多,如何系统认识冰冻圈变化的水文、水资源效应,不仅关系到我国西部的可持续发展,而且也涉及周边国家的水资源利用,一旦冰冻圈水资源变化出现拐点,可导致河川径流发生显著变化,从而将会引发国际问题。这一问题受到国际上的广泛关注,一些国际组织纷纷发出警示,如联合国发展署发布的《人类发展报告》中指出,中亚、南亚和青藏高原"未来 50 年冰川融化可能是对人类进步和粮食安全最严重的威胁之一"。世界银行在"世界发展指数 2005"中也指出,未来 50 年,喜马拉雅山(青藏高原)冰川变化将严重影响那里的河川径流。

1.4.2 中国寒区水文研究回顾

我国寒区水文研究基本上伴随着冰川冻土研究事业的发展而发展。为探讨冰川径流的形成机制及其基本特征,1958 年在祁连山西段的大雪山老虎沟建立了我国第一个高山冰川水文气象观测站(1958~1962 年,2006 年至今),随后在天山东段乌鲁木齐河源 1 号冰川建立了第二个冰川定位站(1959~1965 年,1980 年至今)。与此同时,结合我国资源综合考察进行的冰川考察中也进行了冰川水文的短期观测。例如,1960 年的慕士塔格山与公格尔山冰川考察、1963~1964 年祁连山石羊河考察、1975~1976 年祁连山冰川考察、1964~1965 年念青唐古拉和古乡冰川泥石流考察、1966~1968 年珠穆朗玛峰地区多学科的科学考察、1973~1979 年西藏冰川考察、1977~1978 年天山托木尔峰冰川考察、1981 年天山博格达峰冰川考察、1981 年阿勒泰山冰川考察、1981~1984 年贡嘎山冰川冻土考察、1985~1986 年博格达峰南坡冰川考察、1985~1987 年叶尔羌河冰川洪水考察,以及 1987 年中日西昆仑山联合考察等,以上考察和研究成果由施雅风院士在《中国冰川概论》(施雅风,1988)中进行了系统总结。20 世纪 80 年代以后开始了流域尺度水资源综合研究,如乌鲁木齐河流域水资源形成研究、黑河流域水资源综合研究等,同时在乌鲁木齐河源和黑河冰沟流域开展了冻土水文及融雪径流的研究。随着全球变化研究的开展,我国寒区水文研究也逐步开展了寒区水文与气候及生态之间相互作用的研究,目前已经形成了数个冰冻圈及水文生态综合观测试验流域,如天山乌鲁木齐河流域、阿克苏河科其喀尔冰川流域、祁连山黑河和疏勒河流域、唐古拉山冬克玛底河流域、纳木错流域、珠穆朗玛峰绒布冰川流域、海螺沟冰川流域、玉龙雪山冰川流域等,为开展流域尺度的寒区水文生态过程研究提供了第一手资料。以下分别对冰川水文、积雪水文、冻土水文研究进行了简述。

1. 冰川水文

早期我国冰川水文的研究主要是通过定位和半定位观测资料,在初步了解冰川径流形成过程的基础上,估算我国的冰川水资源量,这主要在 1980~1990 年代以前;之后,随着自动观测仪器和计算技术的发展,研究工作进一步深入,主要以冰川能量平衡过程为基础来研究冰川径流的形成过程,冰川径流的研究从简单的统计模式逐步向分布式的能量平衡模式发展。同时,随着全球变暖加剧的影响,冰川水文研究由冰川径流的形成过程与水量估算转向冰川径流对全球变暖响应过程的研究上。

1)形成了根据不同资料估算冰川径流的方法

估算冰川径流的方法包括以下几种:①冰川径流模数法。该方法较为简单,无资料地区可用该方法粗略估算冰川径流量。我国冰川的径流模数为 $20\sim200L/(s \cdot km^2)$，根据冰川径流模数的区域分布规律，可估算出我国不同区域和河流的冰川径流量（杨针娘，1991）。②冰川径流与气温关系法。冰川消融主要受太阳辐射强弱的控制，冰川径流与气温具有较好的关系，针对具体冰川建立不同时段冰川径流与气温的关系，大多为幂函数或指数函数。这一方法对于估算旬到月尺度的径流有较高的精度，可以用来研究冰川径流的时间变化规律，但对更短时间尺度的径流可能误差较大。③度日因子法。这是目前冰川消融和径流估算中常用的，也是最简便的方法之一。其不仅应用于冰川，还在融雪径流的研究中广泛应用。其基本原理就是单位日正积温消融的冰雪量，正积温与冰川径流有较好的相关关系，同时与冰川上每一点的消融也有较好的关系，最为重要的是度日因子在同一条冰川或小区域内变化较小，这使得该方法获得了较广泛的应用，同时也使得冰川径流模型由集总模型向高度分带模型（可称为半分布式模型）发展。④能量平衡法：该方法是最具物理意义的方法。早期在乌鲁木齐河源 1 号冰川上就用该方法观测研究过冰川径流与辐射平衡的关系（王文浚等，1965）。之后康尔泗（1994）于 20 世纪 80 年代通过冰川区物质平衡和水量平衡及径流形成过程的综合观测实验，将能量平衡和流域的水量平衡相结合，建立了一个联系大气过程和流域水文过程的流量模拟模型。在极大陆性的唐古拉山冬克玛底冰川和祁连山七一冰川上，通过观测建立了以辐射平衡模型为基础的分布式冰川消融过程模型，其能够较好地模拟冰川从小时至年内不同尺度的消融过程。这一方法代表了未来冰川径流乃至冰川物质平衡变化的研究方向，但其限制因子较多，观测也存在较大困难，要将这一方法应用到更广的流域还需要做大量的观测和研究工作。

2）查明了我国冰川水资源量

20 世纪 80～90 年代，综合冰川融水径流模数法、流量与气温关系法、对比观测实验法等，将代表性地区的结果扩大至山脉、山区以至全国，估算出中国冰川年径流总量为 $563.3\times10^8 m^3$（杨针娘，1991），之后在第二次全国水资源普查中经过修正补充发表的数字为 $604.65\times10^8 m^3$（康尔泗等，2000）。以上估值大约反映中国第一次冰川编目时期（50～70 年代）冰川融水资源量，随着气候变化的影响，中国冰川融水资源已经发生了显著变化，有关变化的情况在第 5 章有详细论述，可参见相关章节。

3）认识了冰川融水径流对河流的补给作用

就冰川融水对河流的补给比重而言，我国西部省区冰川融水径流对河流的贡献以新疆为最大，其补给比重占 25.4%；其次是西藏，占 8.6%；甘肃最小，仅占 3.6%。由此可见，冰川融水径流水资源丰富的地区，冰川融水对河流的补给比重不一定大。冰川融水径流量基本相近的塔里木盆地水系和雅鲁藏布江水系，前者的冰川融水径流对河流的补给比重为 38.5%，而后者仅为 12.3%。内陆河水系冰川融水补给比重为 22.2%，而已统计外流河水系河段只有 9.0%。这是因为内陆干旱区降水较少，水资源主要形成在相对湿润的周围山区，特别是冰川分布的高山区降水较多，从而使冰川对河流的补给比较显著，这也表明了冰川融水资源在干旱内陆区的重要性。

4）揭示了冰川融水径流对河流的调节作用

具有固体水库作用的冰川对我国水资源具有显著的调节作用。其主要表现在，丰水年由于流域降水偏多，分布在极高山区的冰川区气温往往偏低，冰川消融量减少，冰川融水对河流的补给量下降,削弱降水偏多而引起的流域径流增加的幅度;反之,当流域降水偏少时,冰川区相对偏高的温度导致冰川融水增加,弥补降水不足对河流的补给量。这样,冰川的存在将使有冰川的流域的河流径流处于相对稳定的状态,从而有利于水资源利用。以天山乌鲁木齐河流域为例,乌鲁木齐河上游(英雄桥站)冰川面积为 $37.95km^2$,仅占流域面积的 4.1%。根据河源区冰川和非冰川区径流资料推算,1982~1997 年冰川径流补给比例平均为 11.3%,但在高温干旱的年份,如 1986 年冰川径流比例约高达 28.7%,在丰水期的 1987 年则只有 5.1%。这也充分表明了冰川作为"固体水库"在调节径流丰枯变化方面的作用。据研究,当一个流域内冰川覆盖率超过 5% 时,冰川对径流就有较为显著的调节作用(叶柏生等,1999)。

5) 丰富了冰川径流对气候变化响应的研究积累

气候变暖不仅引起冰川退缩,也导致冰川径流的增加。在干旱区,1960~2010 年,冰川融水增加比率为 10%~70%。以塔里木河流域为例,1963~1999 年整个流域冰川面积和储量减少的总量分别为 $1307.2km^2$ 和 $87.1km^3$(平均冰川厚度减薄 3.8m),分别占 1963 年相应总量的 6.6% 和 3.8%。冰量减少量相当于 $783.5 \times 10^8 m^3$ 水当量,是塔里木河流域多年平均出山径流量的两倍多,冰量年均减少 $21.8 \times 10^8 m^3$,占年均出山径流量的 5.7%。冰川变化对气候变化的响应极为敏感,冰川水资源变化对气候变化的反应同样十分敏感。在气候变暖、冰川退缩的过程中,冰川径流有一个增大的过程,冰川径流的峰值大小和出现时间取决于冰川大小和升温速率。目前,平均冰川面积小于 $1km^2$ 的流域,冰川径流峰值已经出现(石羊河)或即将出现(乌鲁木齐河),而冰川面积较大的流域,未来 50 年冰川径流将持续增加。

2. 积雪水文

融雪径流对我国北方地区,特别是对西北地区的农业生产具有重要影响,春季融雪径流的多少直接影响农业生产。在融雪径流研究方面,主要从产业部门的需求出发,进行了黄河上游和河西地区春季径流的分析和预报,应用自回归分析和灰色系统理论的关联分析进行了融雪径流预报,均获得了较为满意的预报结果(蓝永超等,1997)。

在气候变化对融雪径流影响研究方面,揭示了全球气候变暖对我国主要积雪区河流径流的影响,表现为春季融雪径流过程提前,径流增加。为研究融雪径流的预报和气候变化对融雪径流的影响,简单而又实用的融雪径流模型(snowmelt runoff model,SRM)已经应用于我国多个河流,如在黑河、长江源、黄河上游、新疆塔什库尔干河、天山巩乃斯河、玛纳斯河、乌鲁木齐河等多个流域均取得了较好的模拟结果,但在这些模型中有的直接输入遥感反演的积雪资料,也有直接输入降水资料的,精度不一,结果有时也就难以对比。

融雪径流的变化既受温度变化的影响,也受流域积雪分布和雪水当量状况的影响。目前,应用遥感方法对我国主要积雪区的积雪分布进行了反演,但是结果还没有很好地同气象资料相结合。如何融合一套较为可靠的积雪输入资料来研究和模拟流域的融雪径流过程,是未来需要关注的研究领域。

3. 冻土水文

冻土水文的研究晚于冰川水文。20 世纪 80 年代,先后设立了乌鲁木齐河源空冰斗多年冻土水文观测点和祁连山黑河上游冰沟多年冻土水文试验流域,对寒区径流形成及产流模式、径流分析与估算、冻土水文过程、径流与气象要素的关系、降水时空分布、水量平衡与水资源,以及寒区水化学特征等方面进行了观测研究,并获得了初步认识,在此基础上,对我国的冻土水文进行了总结(杨针娘等,1996),这些是我国最早的有关冻土水文的研究成果。

自 2000 年以来,冻土水文研究进入了快速发展的新阶段。在黑河源区葫芦沟、疏勒河上游多年冻土区、唐古拉山冬克玛底小流域、阿克苏河上游科其喀尔小流域和风火山流域等建立了较为系统的冰冻圈观测试验站点,开展了包括多年冻土水文过程在内的寒区水文观测试验研究,在试验点尺度和山坡尺度上开展了冻土水文过程观测研究。在此基础上,建立了基于水热连续方程的流域分布式水热耦合模型,模拟了黑河山区流域水热交换和耦合过程,探讨了流域的水量平衡,分析了水量平衡因子的时空分布并探讨了与气候模式嵌套来研究流域的径流过程(陈仁升等,2006a)。

在宏观尺度上,将分布式的 VIC 模型加入土壤冻结和融化过程后,对黄河源区的产流和汇流过程进行了模拟,对比黄河沿站观测的蒸发量和是否考虑冻土情况下计算的实际蒸发量表明,冻土对蒸发,特别是对夏季蒸发具有明显的抑制作用(Zhang et al.,2006)。对我国一些冻土分布较大的河流径流的分析表明,昆仑山克里雅河、拉萨河、松花江上游和天山玛纳斯河的冬季径流均表现出增加趋势,这一增加趋势与冻土的退化有关。北极地区 Lena 河流域多年冻土覆盖率与径流的年内分配的关系表明(Ye et al.,2009),流域冻土覆盖率与年内最大最小月径流比率有较好的关系,径流比率随流域冻土覆盖率的增加而增加;冻土覆盖率低于 40% 的流域,冻土对径流的年内分配影响较小,而覆盖率高于 60% 的流域,径流的年内分配主要取决于冻土覆盖率,这也意味着只有在多年冻土覆盖率较高的流域,冻土退化才会对径流的年内分配产生较大影响。

1.4.3　中国寒区水文研究的机遇与挑战

20 世纪 80 年代,尤其是 2000 年来,冰冻圈的加速变化令人关注,由此引发的一系列气候、水文、生态和环境问题已影响到中国西部乃至全国和亚洲地区。西部水资源的可持续利用需要深化对冰冻圈变化及其影响机理的科学认识,国家重大生态工程的科学实施需要冰冻圈科学不断给予强力支持,气候变化的准确预测需要冰冻圈科学的交叉渗透。冰冻圈研究面临着国家重大需求的历史机遇。国家层面不断增加的多方需求迫切需要深化冰冻圈科学的研究,这为开展寒区水文研究并取得相关领域的突破创造了绝佳的条件。我国与冰冻圈相关的诸多科学问题的解决期待着冰冻圈研究在综合集成研究层面上有所突破,各相关学科长期的研究积累也为寒区水文研究在综合集成层面取得突破奠定了良好的科学基础。

另外,从国际学科发展来看,WCRP/CliC 计划启动之初首次提出了“冰冻圈科学”(cryosphere sciences)的概念,将冰冻圈要素与相关的生态、水文、气候和环境相互作用纳入到同一系统中,进行集成研究,这是冰冻圈研究成为国际全球变化研究前沿和热点之一的重要标志。冰冻圈科学概念自 2000 年提出以来,在几年时间内,受到各国科学家的高度重视。近几年,我国科学家在发展冰冻圈科学方面做出的贡献已经受到国际社会的高度赞赏和一致好评。目前,国际冰冻圈研究正在向科学体系化方向发展,冰冻圈科学的建立正处于起步阶段。因此,抓住全球变化下国家对冰冻圈研究的实际需求及国际冰冻圈科学体系初建的历史机遇,发展寒区水文,不仅为发展冰冻圈科学做出中国科学家主导性的贡献,这也是历史赋予我国科学家为国际全球变化研究做出重要贡献的绝佳机遇,而且也为我国适应冰冻圈变化提供科学支撑,更是中国适应全球变化影响、服务于西部持续发展的重要切入点。

如前所述,我国冰冻圈变化对生态、水文、气候和环境均有着广泛影响,这种影响正在加速发展。而冰冻圈直接影响区均是生态脆弱区,也是我国经济落后区,未来经济发展面临的生态与环境压力受冰冻圈变化的影响更加突出,我国西部未来可持续发展正受到冰冻圈变化影响所带来的严重挑战。目前,尽管我们对冰冻圈变化的水文、生态与气候的影响有了一些初步认识,但大量事实表明,冰冻圈变化对人类生存环境的影响可能远远超出人们的想象,未来的挑战是严峻的。无论是未来国际科学发展还是国家实际需求,寒区水文已有的学科基础、理论水平、科技支撑能力等既潜藏着学科发展的巨大机遇,也面临着学科体系化发展的众多挑战。

1.5　寒区水文理论框架

1.5.1　寒区水文研究的基础理论

1. 能量平衡

传统水文学最基础的理论依据就是水量平衡,能量是作为驱动水循环的关键因子来考虑的。而与此不同,在寒区水文中,能量平衡与水量平衡在支撑学科理论方面具有同等重要的基础作用。冰冻圈要素在由固态冰向液态水转化过程中需要热量的收支,热量收支过程受控于太阳辐射及冰面、冰内及与土壤大气之间的能量平衡。能量平衡是冰川进退、冰盖变化、海冰冻融、积雪消融和冻土演变的基本动力,也是寒区水文研究的基础理论之一。

冰冻圈表面的能量平衡就是冰冻圈表面净辐射通量与其转变为其他能量消耗或能量补偿之间的平衡,对于陆地冰冻圈,其平衡方程如下:

$$R = \lambda E + H + G \tag{1.1}$$

式中,R 为净辐射通量;H 为感热通量;λE 为蒸发潜热通量;G 为地表向下的热通量。

净辐射通量(R)为冰冻圈表面收入的总辐射能与支出的总辐射能的差额,为冰冻圈表面的辐射平衡,其平衡方程如下:

$$R = Q(1-\alpha) + R_L - U \tag{1.2}$$

式中,R 为到达冰冻圈表面的总辐射,包括直接太阳辐射和散射太阳辐射;Q 为冰冻圈表面反射的太阳辐射;α 为冰冻圈表面反照率,根据实际观测,冰冻圈表面反照率受到下垫面状况、颜色、干湿程度、表面粗糙度、植被状况和土壤性质等因子的影响;R_L 为大气向下的长波辐射(大气逆辐射);U 为冰冻圈表面放出的长波辐射。

积累和消融是冰川、冰盖进退的物质基础,积累和消融之差就是冰川的物质平衡。积累指冰川收入的固态水分,包括冰川表面的降雪、凝华、再冻结的雨,以及由风及重力作用再分配的吹雪堆、雪崩堆等。消融指冰川固态水的所有支出部分,包括冰雪融化形成的径流、蒸发、升华、冰体崩解、流失于冰川之外的风吹雪及雪崩。物质平衡由冰川区能量收支状况所决定,冰川区能量平衡状况决定了冰川积累和消融的盈余与亏损,因此,也就决定了冰川的生存状态。同时,冰川的运动、温度及动力过程均受冰川长期能量平衡状态的影响,因此,冰川能量平衡是决定冰川和冰盖物理过程、动力响应机制的关键因素。

海冰由多相物质组成,受热力影响,海冰内部也可发生由相变引起的物质变化,体现为卤水泡的扩张或冻结。无论内部变化还是外部变化,海冰物质平衡和水盐交换均与能量平衡密切相关,能量平衡影响着海冰-大气-海洋之间的物质、能量和动量的交换。海冰底部的冻结或融化伴随着对上层海洋的析盐或淡水注入,来影响海洋的层化与大洋环流,这一过程从根本上来讲也是大洋及海冰能量平衡驱动下的结果。从宏观尺度看,一定海域范围内的海冰输入、输出也是海冰物质平衡的宏观表现,这一过程的定量计算也基于能量平衡理论。

积雪水文主要研究积雪融化的水文过程及水文变化规律,涉及积雪形成、变化、消融的全部过程,积雪融化过程中雪层变化及其水文效应,积雪融水径流的计算、模拟、遥感信息和预报方法,积雪洪水形成过程、预报方法、预警机制等内容。这些研究的物理基础就是能量平衡,积雪表面的能量平衡和雪层内的水热传输是定量描述积雪水文过程的基础。

融雪的能量平衡方程为

$$Q_{\mathrm{m}} = Q_* + Q_{\mathrm{h}} + Q_{\mathrm{e}} + Q_{\mathrm{g}} + Q_{\mathrm{r}} + Q_{\mathrm{y}} \tag{1.3}$$

式中,Q_{m} 为融化所需的有效能量;Q_* 为净辐射;Q_{h} 为大气和积雪之间的感热传输;Q_{e} 为雪面水汽凝结释放的潜热或蒸发损失;Q_{g} 为由地面向雪层传导的热量;Q_{r} 为由降水进入到积雪内形成的平流热量;Q_{y} 为单位时间单位面积内部能量的变化率[所有能量单位为 $\mathrm{MJ}/(\mathrm{m}^2 \cdot \mathrm{d})$]。

尽管冻土水文涉及水、热、岩、地表覆盖等众多因素,但无论是冻土活动层内,还是多年冻土内,水、热传输及相变过程中的冰、水转化及相应的热交换是认识冻土水文过程的核心,而决定其水、热过程的主要因素就是能量平衡。

因此,由于寒区水文过程的特殊性,能量平衡贯穿在寒区水文的形成、转化及影响的各个环节中,是寒区水文研究的理论基础之一。

2. 水量平衡

就一般的水量平衡而言,水循环的数量表示在给定任意尺度的时域空间中,水的运动(包括相变)有连续性,在数量上保持着收支平衡。平衡的基本原理是质量守恒定律。水量平衡是水文现象和水文过程分析研究的基础,也是水资源数量和质量计算及评价的依据。

水量平衡方程式可由水量的收支情况来制定。系统中输入的水(I)与输出的水(O)

之差就是该系统内的蓄水量(ΔS),水量平衡的通用公式可表示为 $I-O=\pm\Delta S$。按系统的空间尺度,大可到全球,小至一个区域、流域;也可从大气层到地下水的任何层次,均可根据通式写出不同的水量平衡方程式。

在全球尺度上,从寒区水文的角度,水量平衡表现在海洋水量和陆地冰量之间的平衡。当陆地冰量及海洋冰量(海冰)增加时(冰川前进、冰盖扩大、冻土增加、海冰扩张),海洋水量就相对减少,海平面下降;反之,当陆地及海洋冰量减少时(冰川后退、冰盖减小、冻土退化、海冰萎缩),海洋水量就会增加,海平面上升。因此,从这种意义上,有人也将海洋称为液态冰冻圈,而将冰冻圈视作固体海洋。

冰冻圈组分表面的水分平衡是指任意选择冰冻圈区域,在任意时段内,冰冻圈表面收入的水量与支出的水量之间的差额等于该时段区域内储水量的变化,用水分平衡方程来描述:

$$R_i = P + M - E - E_c - K - \Delta W \tag{1.4}$$

式中,M 为表面积雪或冰的融化量;P 为降水量;E 和 E_c 分别为冰冻圈表面直接蒸发量和植被的蒸腾量;R_i 为冰冻圈表面径流量或冰冻圈内的出流量;K 为冰冻圈表面渗透量,是垂直方向进入冰冻圈表面之下的水分交换量;ΔW 为研究时段内冰冻圈组分表面下各类介质(冻土:土/岩层;冰川、冰盖、海冰、河冰、湖冰等:雪和冰)水分储量的变化量。

在区域尺度上,若就冰冻圈自身而言,不同冰冻圈要素的水量平衡关系有较大差异。冰川和冰盖,水量平衡实际上是指冰川和冰盖的物质平衡。积雪的水量平衡表现在季节尺度上,实际上是流域年内水量平衡的一部分,可视为流域积雪季节的降水量。多年冻土的水量平衡较复杂,其主要表现在较长时间尺度上多年冻土内冰量的增加和减小,其与能量平衡过程密切相关。海冰的存在一般为一年到几年,因此其水量平衡主要表现在年到几年时间尺度上与海水的交换过程,海冰水量平衡过程的特殊之处是其与海洋水量交换过程中的淡水平衡和盐度平衡,即所谓的水盐平衡。海冰冻结过程中析出盐分,增加海水盐度,融化过程中增加对海水的淡水输入,从而改变海洋的水盐平衡,进而影响海洋环流。无论是冰川、积雪,还是冻土、海冰,其形成和演化过程中始终是以水循环及水热交换过程为核心的,伴随着冰冻圈水的固-液转化,水量收支平衡也随之变化,进而影响到寒区水文的全过程,因此,冰冻圈水量平衡是研究寒区水文过程重要的理论基础。

在实际应用中,流域尺度的冰冻圈水量平衡是最受关注的。在陆地上,流域内冰冻圈要素的存在改变了传统的流域水文过程,水量平衡不仅取决于传统水文学中的降水、蒸散发、径流等水量平衡要素,而且受控于冰川、积雪和多年冻土等寒区水文要素,将这些寒区水文要素和非寒区水文要素联系在一起的水文纽带就是水量平衡。

如果说能量平衡是寒区水文的动力基础,那么水量平衡就是寒区水文的物质基础。在寒区水文研究中,水量平衡通常与能量平衡密不可分,两者往往结合在一起进行研究,即能水平衡或水热平衡研究。

1.5.2　寒区水文研究的学科基础

寒区水文源自于冰冻圈科学,是冰冻圈科学与水文学的交叉学科。同时,寒区水文还与水资源科学、地理学和大气科学密切相关。

　　寒区水文研究既涉及冰冻圈水热过程及其相关的基础知识和研究方法，同时也依赖于水文学基础理论、研究手段和方法。从学科划分的角度来看，寒区水文既是冰冻圈科学的重要组成部分，也是水文学一个特殊的分支学科。

　　寒区水文的应用就是评价冰冻圈水资源，因此，水资源科学研究中的理论、方法和技术对冰冻圈水资源研究也具有重要的理论指导和实践借鉴作用。

　　冰冻圈科学与地理学有着天然的联系。冰冻圈要素的空间分布、时间演化、地带性规律，以及宏观特征的认识均源自于地理学的基本理论。实际上，在中国，冰冻圈一直被划归为地理学中自然地理学下的一个三级学科，最初称为冰川冻土学，之后又有冰冻圈地理学的称谓。同时，水文学与地理学的联系也十分紧密，在地理学中有水文地理学科分支。正是由于上述原因，寒区水文也理所当然的与地理学有着不可分割的联系。

　　冰冻圈是气候的产物，在气候系统各圈层中，大气圈-冰冻圈-水圈有着密切关系，冰冻圈水循环在其中起着纽带作用。大气圈中的气温、降水是影响冰冻圈进退的关键因子，这一过程通过冰冻圈物质的积累和消融表现出来，同时物质平衡的结果决定着冰冻圈的水文过程，寒区水文过程在流域、区域和全球不同尺度上又影响着水圈的变化，水圈的变化又会影响到大气圈和冰冻圈。可见，大气科学在寒区水文研究中也起着重要的基础作用。

1.5.3　寒区水文学科框架

　　综上所述，可以勾画出寒区水文的基本学科框架(图1.13)。寒区水文研究冰川、冰盖、冻土、积雪、海冰及河湖冰等的水文过程，根据研究对象的差异性，寒区水文可划分为冰川水文、冻土水文、积雪水文、海冰水文和河湖冰水文等几个分支学科。

　　有关冰川水文、冻土水文、积雪水文、海冰水文和河湖冰水文等几个分支研究的定义和主要研究内容在前面相关小节中已经有较详细的论述，这里归纳如下：冰川水文的研究重点是冰川融水产汇流过程、变化规律及其水文效应，主要涉及从冰川消融到冰川径流的各种水文现象、过程和基本规律及其在流域水文中的作用；冻土水文研究多年冻土地区的水文现象、水循环过程和变化规律，通常也被看作是狭义上的寒区水文；积雪水文主要研究积雪从积累、消融到径流及其水文变化规律，融雪径流对河流的补给作用及融雪洪水等是其关注的重点；海冰水文主要研究海冰消融、传输及其对海洋水文的影响，海冰的融池效应、对大洋环流的影响等在气候变化中受到高度关注；河湖冰水文主要研究其封冻和解冻过程及其水文影响。

　　寒区水文的研究内容涉及许多方面，不同分支学科的内容也存在着差异，图1.13给出了各分支学科的一些主要研究内容，但并不仅限于此，详细研究内容可参见相关章节。

　　尽管有许多分支学科，但寒区水文的物理基础是能量平衡和水量，这也是支撑寒区水文发展最基本的理论基础。寒区水文最重要的基础学科是冰冻圈科学和水文学，同时，水资源科学、地理学和大气科学也与寒区水文密不可分，是寒区水文重要的基础学科。

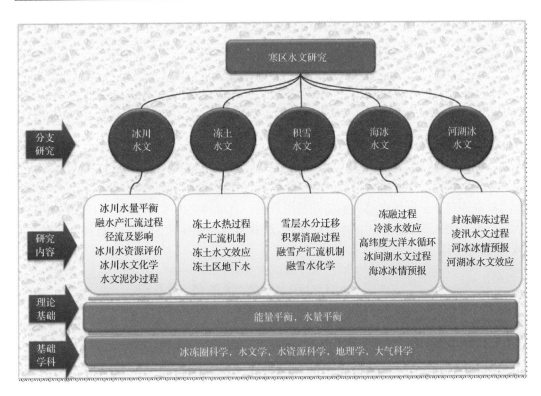

图 1.13 寒区水文研究学科体系简图

第2章　冰川分布与淡水资源

冰川指陆地上多年积雪经压实、变质演化形成的处于运动状态的，具有一定形状且较长时间存在于地球寒冷地区的天然冰体。温度、降水和地形是冰川形成发育的3个必要条件。地球表面任何地区，只要其年平均气温低于0℃且积雪可在该区域维持多年即可发育冰川。因此，冰川是寒冷气候的产物，且随气候的变化而变化。

亚洲中部干旱区历史悠久的绿洲灌溉农业一直依赖高山冰雪融水。内陆河径流的很大部分来自山区积雪和冰川的季节性融化，这些来自不同年代的固态水被称为内陆河流域的"固体水库"。

2.1　冰川的形成、发育条件及类型

2.1.1　冰川的形成

冰川的主体由降雪积累而成，由雪到冰的演变过程叫成冰作用。粒雪变成冰川冰的成冰作用，按其变质性质，可分为冷型和暖型两种。冷型变质成冰作用是指在低温干燥的环境下，冰层温度梯度很小，巨厚的粒雪层对下部的雪层施加巨大的压力，晶粒间的接触面积增大，通过分子扩散作用和晶粒内部变形排出空气，孔隙趋向封闭，促使粒雪重结晶。这种成冰过程没有融水渗浸，为重结晶成冰过程，其特点是晶粒很小，常不足1mm。暖型变质成冰作用是指当气温较高接近0℃时，冰雪消融活跃，融雪沿雪层内部的孔隙渗浸，渗浸融水挟带的热量又部分地融化粒雪，出现融水并释放热量时，其中部分融水再冻结，这个过程反复进行，下渗的融水就逐渐以雪粒为核心，冻结或再结晶成冰，所以属于渗浸成冰过程。渗浸成冰过程视温度的高低和融水量的大小而分为冷渗浸-重结晶、渗浸-冻结和暖渗浸-重结晶等不同的成冰过程。因其中所含的气泡少，渗浸-冻结冰的密度一般高于暖渗浸-重结晶冰。冰川冰在积累区形成之后，由于它有可塑性，在定向应力作用下沿坡向下移动，于是就形成了冰川。

我国冰川主要是由渗浸-冻结或暖渗浸-重结晶成冰过程形成的。绝大部分冰川冰是沉积变质冰，它们在运动中经受形变、压力的锤炼，形成冰川动力变质冰。动力变质冰具有一般变质岩的许多特点，如片理、褶皱和冰晶的定向排列等。冰川冰是一种浅蓝而透明的、具有塑性的多晶冰体，密度在830kg/m³左右。

2.1.2　冰川的发育条件

1. 气候条件

水（降水）、热（气温）及其组合是影响冰川发育的主要气候因子。降水决定冰川积累，气温决定消融，它们的组合决定着冰川的性质、发育和演化。

降水与大气环流有密切关系。按水汽来源的方向,中国西部山地盛行南亚季风环流和西风环流。受亚洲中部高山高原地理位置的影响,青藏高原本身所形成的高原季风气流,以及山区局地环流对山地降水也有重要影响。

青藏高原是世界上最高的高原,其对热量收支和降水的巨大影响,使其雪线在青藏高原腹地和边缘山地出现不对称环状分布的异常现象。降水量从青藏高原东部和东南部的边缘山地向西和西北方向急剧减少,在青藏高原西部达最低值。青藏高原又是中国接收太阳总辐射热量最大的区域,成为明显的高值区,其最高值也出现在西部,导致这里气温比青藏高原东侧同高度自由大气高 4℃ 以上。这种水热条件的分异使雪线由东向西或由东南向西北升高,在青藏高原西北侧达到雪线的最高值(5800~6000m),而青藏高原东侧雪线较同纬度西部降低 1000m 以上。在西藏东南部,即雅鲁藏布江大拐弯处的低凹地形构成了从孟加拉湾北上的水汽通道,其降水十分丰沛,这里雪线最低至 3400m,并呈舌状向北伸延。喜马拉雅山南坡(28°~29°N)也由于降水大幅度增加而使雪线下降至 5400m,较其北坡平均雪线低 600m 左右,出现了南(坡)低北(坡)高的异常现象。以上所说的雪线高度分布是宏观的大体情况,具体到一个山区,由于冰川所处坡向、朝向及积累和消融条件的不同,短距离内雪线高度也可能有数百米的差别。

2. 地形条件

冰川发育最基本的地形条件是山脉(或山峰)的海拔是否达到平衡线以上,因此,山脉或山峰的绝对海拔及其在平衡线以上的相对高差是决定山地冰川数量多少及其规模大小的主要的地形要素。如果用雪线高度(Z_s/m)代表气候对冰川发育的综合作用,用雪线以上的流域面积(ΔF/km^2)和流域最高海拔(Z_{max}/m)代表冰川形成的地形条件,那么冰川条数(N_g)、面积(F_g/km^2)和冰储量(V_g/km^3)取决于平衡线以上的流域面积和冰川作用正差($\Delta Z = Z_{max} - Z_s$)。基于相关的统计和模拟研究(叶佰生和赖祖铭,1992),得出中国天山冰川数量、规模与山体海拔和冰川作用正差存在下列经验关系式:

$$F_g = 1.35\Delta F^{0.82}\Delta Z^{0.55} \quad (R = 0.97) \tag{2.1}$$

$$N_g = 1.01\Delta F^{0.93}/\Delta Z^{0.50} \quad (R = 0.95) \tag{2.2}$$

$$V_g = 0.036F_g^{1.73}/N_g^{0.62} \quad (R = 0.99) \tag{2.3}$$

2.1.3 冰川类型

一般根据冰川形态特征或物理性质对冰川进行类型划分(表 2.1)。根据冰川的形态和大小,将冰川分为冰盖和山地冰川,目前地球上现存的冰盖有南极冰盖和格陵兰冰盖;山地冰川的形态类型主要取决于地形对冰体流动的约束,有山谷冰川、冰斗冰川、冰帽等形态类型(图 2.1~图 2.5)。根据冰川活动层(冰面以下 15~20m)下部冰体热力状态,可将冰川划分为温型冰川、冷型冰川和复合型冰川;根据冰川上部的物质结构和温度状况,可将冰川分为极地冰川(包括高极地和亚极地两个亚类)和温带冰川。我国冰川常分为大陆型冰川和海洋型冰川(图 2.6~图 2.8),其中大陆型冰川又细分出极大陆型冰川和亚大陆型冰川两个亚类。表 2.1 中分别按形态特征分类和物理性质分类给出了各类型冰川的特征及分布区域。

表 2.1　冰川类型及其特征

冰川类型			分布区域	主要特征	图示
形态特征分类	山地冰川	悬冰川	在山地冰川中数量最多但体积最小的冰川，常见于平衡线高度附近的山坡上	无明显的粒雪盆与冰舌，厚度一般只有 $10 \sim 20m$，面积不超过 $1km^2$，对气候变化反应敏感，容易退缩和扩展	图 2.1
		冰斗冰川	发育于山坡或谷源围椅状冰斗中的小型冰川。主要分布在河谷源头或谷地两侧围椅状的雪线附近凹洼处，常成群分布。冰斗-悬冰川、冰斗-山谷冰川、坡面冰川是悬冰川和冰斗冰川之间的过渡类型	现代冰斗冰川多数是残留规模较大的古冰川所形成的冰斗地形，现代冰川平衡线已不在冰斗口，而是退却到后壁山坡上，冰舌也限于斗口内或悬挂在斗口处。冰川面积为 $1.01 \sim 5.00km^2$	图 2.2
		山谷冰川	山地冰川发育最成熟的类型，它具有山地冰川的全部功能，是冰川研究的重点对象。主要分布在欧亚大陆和南、北美大陆的高山区。其类型多样，包括单一山谷冰川、复式山谷冰川、树枝状山谷冰川等	山谷冰川以冰川平衡线为界分上、下两部分：平衡线以上是冰川积累区，也是整条冰川的补给区；平衡线以下是冰川消融区。其长度由数千米至数十千米，冰层厚度可达数百米，运动速度一般为每年数十米至一二百米。面积多大于 $5.00km^2$	图 2.3
		平顶冰川	平坦山顶或古夷平面上发育的冰川	冰川的主体部分位于平衡线以上，仅很小一部分位于平衡线以下，这类冰川的冰面清洁，无冰碛覆盖	图 2.4
		冰帽	发育在平缓山顶或块状山上，其顶部完全被冰雪所覆盖，形似帽子覆盖着整个山顶，冰帽范围内很少有裸露山坡出露	其规模远大于平顶冰川，面积为 $10 \sim 200km^2$。冰帽往往集平顶冰川、冰斗冰川和山谷冰川等几乎所有山地冰川形态类型于一体，整个冰帽表现出雪没山顶、冰舌四溢的宏大景象，因而也称为山地冰川组合	图 2.5
	冰盖		大陆冰盖主要分布在南极和格陵兰两处，它们形成于第三纪。这两个冰盖的面积约为 1465 万 km^2，占全球冰川面积的 97%	其特点是面积大，冰层巨厚，分布不受下伏地形的限制，冰川呈盾形，中部最高，冰体向四周呈辐射状挤压流动，至冰盖边缘往往伸出巨大的冰舌，断裂后入海成冰山	南极、格陵兰冰盖
物理性质分类	海洋型冰川		发育在季风环流气候区，主要分布在西藏东南部和川西、滇西北地区，总面积约为 $13200km^2$，约占我国现代冰川总面积的 22%	平衡线较低，与森林上线相差 $400 \sim 600m$，冰川平衡线高度上年降水量可达 $1000 \sim 3000mm$；运动速度快（大于 $100m/a$）；冰内和冰下河道发育，大的山谷冰川一般伸入森林，冰川地质地貌作用强烈	图 2.6

续表

冰川类型		分布区域	主要特征	图示
物理性质分类	大陆型冰川	发育在高原季风区与大陆性气候区,中国大陆型冰川主要分布在阿尔泰山、天山、祁连山中东段、昆仑山东段、唐古拉山东段、念青唐古拉山西段、冈底斯山部分地区、喜马拉雅山中西段的北坡及喀喇昆仑山北坡,总面积约为 27000km^2,约占我国冰川总面积的 46%	冰川平衡线较高,冰川平衡线附近的年降水量为 500～1000mm;冰川运动速度较快(50～100m/a);冰川表面河网较发达;冰川地质地貌作用较强	图 2.7
	极大陆型冰川	多发育在大陆性气候区,中国极大陆型冰川主要分布在青藏高原西北部,包括西昆仑山、羌塘高原、东帕米尔高原、唐古拉山西部、祁连山西部、冈底斯山西段,总面积约为 19000km^2,约占我国冰川总面积的 32%	冰川平衡线最高,可达 5500～6000m;冰川平衡线附近的年降水量为 200～500mm;冰川运动速度较慢(30～50m/a);因该类型冰川是在极其寒冷干燥的环境下发育的,加之冰川积累和消融都很少,冰川地质地貌作用较弱	图 2.8

图 2.1　天山乌鲁木齐河源
5 号悬冰川(韩添丁 摄)

图 2.2　天山科其喀尔冰斗
冰川(韩海东 摄)

图 2.3　祁连山老虎沟 12 号山谷冰川(刘宇硕 摄)

图 2.4　东天山庙尔沟平顶冰川(刘时银 摄)

图 2.5　西昆仑山古里雅冰帽(姚檀栋 摄)　　　图 2.6　梅里雪山明永海洋型冰川(郑本兴 摄)

图 2.7　祁连山老虎沟 12 号大陆型　　　　图 2.8　新青峰北坡极大陆型
　　　　冰川(上官冬辉 摄)　　　　　　　　　冰川(李炳元 摄)

2.2　世界冰川的分布及水资源

　　世界冰川的分布及储量估算出自冰川编目。国际上的冰川编目始自 1955 年,1970
年受国际水文秘书处委托,以瑞士 F. MÜlier 教授为主席的工作组编著的《世界永久性雪
冰体资料的编辑与收集指南》一书出版,这是世界性的冰川编目规范,其对近 40 种冰川参
数给予了标准的测量规定。自 1979 年起,中国科学院西北生态环境资源研究院(原中国
科学院兰州冰川冻土研究所)中国冰川编目课题组利用 20 世纪 60~70 年代的航空像片,
对冰川的 34 项指标逐条进行了量算,并按照山脉和各级流域进行了统计和分析。同时,
利用自制冰雷达前后对 27 条冰川进行了厚度测量,进而估算了冰川储量,从而为我国对
冰川水资源的评价提供了数据基础。

　　2000 年后,全球陆地冰空间监测计划(global land ice measurements from space,
GLIMS,http://www.glims.org)也有力地推动了全球利用遥感资料进行冰川编目的进
程。2009 年,中国出版了《简明中国冰川编目》的英文版,并第一次将冰川编目的数字化
图提交给了 GLIMS。2012 年,为适应政府间气候变化专门委员会(IPCC)第五次评估报
告(AR5)的需要,GLIMS 整合了已经完成的全球各地区的冰川编目资料,生成了 Ran-

dolph 冰川容量（RGI）3.0 数据集（http://www.glims.org/RGI/rgi50_dl.html），基本完成了全球冰川基本情况的调查，至 2016 年 3 月已更新到 5.0 版本，这为全球尺度的冰川水资源评估提供了基础。2006 年，中国开始了第二次冰川编目工作，2014 年发布了以 Landsat TM 为主要数据源的第二次冰川编目成果，反映了 2006 年左右中国冰川的现状。

2.2.1　世界水资源

各种形式的水资源总量为 $1386000 \times 10^3 \, km^3$，其中淡水量约占总水量的 2.5273%，而以冻结形式存在的淡水约占地球总淡水量的 70%（表 2.2）。

表 2.2　世界水资源对比

水体类型	储量/$10^3 km^3$	占总水资源比例/%	占总淡水比例/%
1. 地球总水资源量	1386000	100	
2. 海洋	1 338000	96.54	
地下水、湖泊（咸水）	12955.40	0.946	
3. 地球总淡水量	35029.11	2.5273	100
冰盖、冰川、积雪（淡水）	24064	1.74	68.70
地下水（淡水）	10530	0.76	30.10
冻土（地下冰）	300.00	0.022	0.86
淡水湖	91.00	0.007	0.26
土壤含水量（淡水）	16.50	0.001	0.05
大气	12.90	0.001	0.04
沼泽水	11.47	0.0008	0.03
河流	2.12	0.0002	0.006
生物体内的水	1.12	0.0001	0.003

2.2.2　全球冰川及水资源分布

陆地表面水中的 89% 以固态冰川的水体形式分布在南极大陆，其余六大洲地表水的总量仅占全球地表水的 11%，而这 11% 中有 10.16% 还是冰川水体。因此，除南极洲以外，陆地表面总水量中，冰川占 92.84%，湖泊占 6.65%，河道蓄水约占 0.08%。

全球的冰川面积（除南极和格陵兰冰盖）为 $726258.3 \times 10^3 \, km^2$（IPCC，2013），其极不均衡地分布在各大洲（表 2.3）。1971～2009 年，除冰盖之外的冰川冰量损失的平均速率约为 $226 \times 10^9 \, t/a$，而在 1993～2009 年，冰川冰量损失的平均速率则约为 $275 \times 10^9 \, t/a$，显示出全球冰川退缩的速度在增加。

格陵兰冰盖冰量损失的平均速率已经从 1993～2001 年的每年 $34 \times 10^9 \, t/a$，持续增加到 2002～2011 年的每年 $215 \times 10^9 \, t/a$，反映出格陵兰冰盖冰量损失速率在极速增加，而南极冰盖冰量损失的平均速率从 1992～2001 年的每年 $30 \times 10^9 \, t/a$，增加到 2002～2011 年的每年 $147 \times 10^9 \, t/a$。这些融冰主要发生于南极半岛北部和南极西边的阿蒙森海。

表 2.3 世界冰川区域分布

地区	冰川条数	面积/10^3km^2	占区域面积比例/%	冰川水资源*/10^4km^3
北极岛屿	4035	98655.7	13.5	2.563
阿拉斯加	23112	89267	12.3	1.983
美国和加拿大	25733	159094.4	21.9	3.857
欧洲	5259	3183.7	0.5	0.018
亚洲	71431	123587.8	17.0	1.095
南半球	21607	33076.4	5.3	0.518
格陵兰	13880	87125.9	12.0	1.41
南极区域	3274	132267.4	18.2	3.491
总计	168331	726258.3		14.94

* 海洋面积按照 362.5×10^6 km^2 计算。

资料来源：IPCC,2013。

2.2.3 水资源区域分布

IPCC 第 5 次评估报告(AR5)中将全球冰川共分为 19 个区(图 2.9)，各区的冰川面积、冰川覆盖率，以及冰储量、平均冰川厚度和海平面上升的深度(mm)见表 2.4。表 2.4 中"海平面"是指不同区域冰川全部消融后将导致的全球平均海平面的上升量，相当于区域内冰川水资源量。

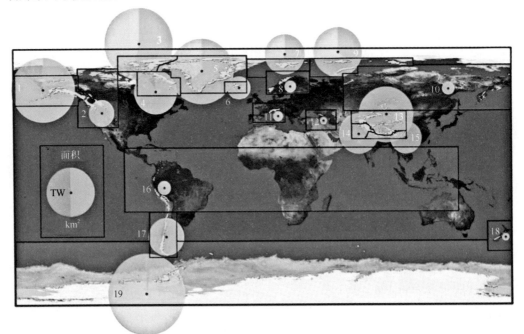

图 2.9 IPCC AR5 中全球划分为 19 个区时的冰川分布与面积

为了可视效果，黄色面积有所增大；冰川面积用圆的直径大小表示；每区中被潮水覆盖的面积及比例用绿色表示

表 2.4　19 个地区的冰川面积及储量

区号	区域名称	冰川面积/km²	冰川覆盖率/%	冰储量/10⁴km³	平均冰厚/m	海平面/mm
1	阿拉斯加	89267	12.3	19.8288	222.1	54.7
2	加拿大西部和美国	14503.50	2	1.0150	70.0	2.8
3	加拿大北极北部	103990.20	14.3	30.5225	293.5	84.2
4	加拿大北极南部	40600.70	5.6	7.0325	173.2	19.4
5	格陵兰	87125.90	12	14.1013	161.8	38.9
6	冰岛	10988.60	1.5	3.5525	323.3	9.8
7	挪威斯瓦尔巴群岛	33672.90	4.6	6.9238	205.6	19.1
8	斯堪的纳维亚	2833.7	0.4	0.2175	76.8	0.6
9	俄罗斯北极	51160.50	7	14.9350	291.9	41.2
10	亚洲北部	3425.6	0.4	0.1813	52.9	0.5
11	欧洲中部	2058.1	0.3	0.1088	52.8	0.3
12	高加索山	1125.2	0.2	0.0725	64.4	0.2
13	中亚	64497	8.9	6.0538	93.9	16.7
14	南亚(西部)	33862	4.7	3.2988	97.4	9.1
15	南亚(东部)	21803.20	3	1.4138	64.8	3.9
16	低纬区	2554.7	0.6	0.1813	70.9	0.5
17	安第斯山南部	29361.20	4.5	4.8938	166.7	13.5
18	新西兰	1160.5	0.2	0.0725	62.5	0.2
19	南极及附近	132267.40	18.2	34.9088	263.9	96.3
	总计	726258.30	38.5	149.3138	205.6	412

资料来源：Arendt et al.，2012。

注：海平面(SLE)是指冰川全部消融后将导致的全球平均海平面的上升量(mm)，冰储量和平均冰厚根据 4 个文献(Grinsted，2013；Huss et al.，2014；Marzeion et al.，2012；Radic and Hock，2014)估计值的平均值。海洋面积按照 $362.5×10^6$ km² 计算。

同样，根据 IPCC 第 5 次评估报告(AR5)，南极、格陵兰冰盖面积及储量等的相关数据见表 2.5，其中海平面也是指南极、格陵兰冰盖全部消融后可导致的全球平均海平面的上升量，相当于南北两极冰盖冰储量。另外，南北极附近还有海冰分布，但其淡水资源相对较小，对海平面变化基本没有影响。

表 2.5　两极冰盖及海冰

陆地冰	占陆地面积比例	冰储量/10⁴km³	海平面/m
南极冰盖	8.3	21133.75	58.3
格陵兰冰盖	1.2	2668	7.36
海冰	占海洋面积比例	冰储量/10⁴km³	
南极冰架	0.45	380	
南极海冰南半球夏季(春季)	0.8(5.2)	0.0034(0.0111)	0.000
北极海冰北半球夏季(冬/春)	1.7(3.9)	0.013(0.0165)	0.000

注：海冰的最大和最小面积及储量来自于 IPCC 5。

2.3　中国冰川分布及融水径流

2.3.1　中国冰川分布与变化

以 2004 年之后的 Landsat TM/ETM＋和 ASTER 遥感影像为基础,参考第一次中国冰川目录及其他文献资料,经过影像校正、自动解译、野外考察、人工修订、交互检查和成果审定等技术环节进行了第二次中国冰川编目,编目确定中国现代冰川条数共 48571

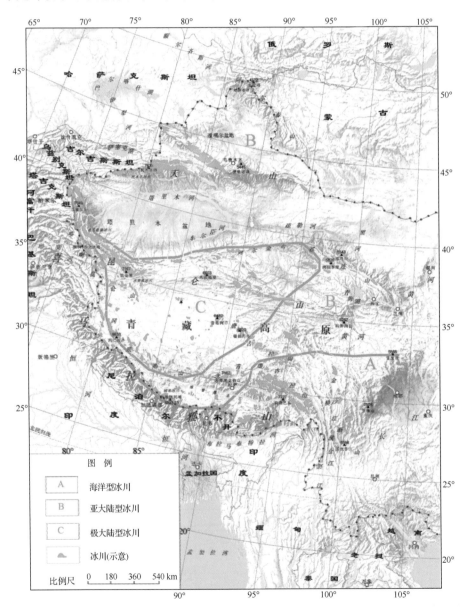

图 2.10　中国现代冰川分布(施雅风等,2005)

条,面积为 51766.08km²,约占世界冰川(除南极和格陵兰冰盖)面积的 7.1%,冰储量为
(4494.00±175.93)km³(刘时银等,2015)。冰川主要分布在我国西部 6 省(区)及其各山
系(高原)(图 2.10,表 2.6 和表 2.7),其分布范围广阔,北抵中、俄、蒙三国交界的友谊峰,
南至与印度、尼泊尔和不丹接壤的喜马拉雅山,西邻中国、塔吉克斯坦、吉尔吉斯斯坦交界
的喀喇昆仑山与帕米尔高原,东达中国境内岷山南段的雪宝顶,冰川多依托高大山体而发
育,高大山地为冰川发育提供了广阔的积累空间和有利的水热条件,包括喜马拉雅山、横
断山、念青唐古拉山、天山阿尔泰山等 14 座山系。

表 2.6　中国西部各山系(高原)冰川数量统计

山系(高原)	数量		面积		冰储量	
	/条	/%	/km²	/%	/km³	/%
阿尔泰山	273	0.56	178.79	0.35	10.50±0.21	0.23
穆斯套岭	12	0.02	8.96	0.02	0.40±0.03	0.01
天山	7934	16.33	7179.77	13.87	707.95±45.05	15.75
喀喇昆仑山	5316	10.94	5988.67	11.57	592.86±34.68	13.19
帕米尔高原	1612	3.32	2159.62	4.17	176.89±4.63	3.94
昆仑山	8922	18.37	11524.13	22.26	1106.34±56.60	24.62
阿尔金山	466	0.96	295.11	0.57	15.36±0.65	0.34
祁连山	2683	5.52	1597.81	3.09	84.48±3.13	1.88
唐古拉山	1595	3.28	1843.91	3.56	140.34±1.70	3.12
羌塘高原	1162	2.39	1917.74	3.70	157.29±3.11	3.50
冈底斯山	3703	7.62	1296.33	2.50	56.62±3.43	1.26
喜马拉雅山	6072	12.50	6820.98	13.18	533.16±8.71	11.87
念青唐古拉山	6860	14.12	9559.20	18.47	835.30±31.30	18.59
横断山	1961	4.04	1395.06	2.69	76.50±2.41	1.70
总计	48571	100.00	51766.08	100.00	4494.00±175.93	100.00

资料来源:刘时银等,2015。

表 2.7　中国西部 6 省(区)冰川数量统计

省(区)	冰川数量		冰川面积		冰储量	
	/条	/%	/km²	/%	/km³	/%
西藏	21863	45.01	23795.78	45.97	1984.78±61.22	44.17
新疆	20695	42.61	22623.82	43.70	2155.82±116.60	47.97
青海	3802	7.83	3935.81	7.60	274.74±0.32	6.11
甘肃	1538	3.17	801.10	1.55	39.90±1.76	0.89
四川	611	1.26	549.12	1.06	35.02±0.38	0.78
云南	62	0.13	60.45	0.12	3.74±0.07	0.08
总计	48571	100.00	51766.08	100.00	4494.00±175.93	100.00

资料来源:刘时银等,2015。

其中,昆仑山冰川数量最多,其次是天山、念青唐古拉山、喜马拉雅山和喀喇昆仑山,这 5 座山系冰川数量占全国冰川总数量的 72.3%;冰川面积和冰储量位列前 3 位的山系分别为昆仑山、念青唐古拉山和天山。中国冰川数量和面积分别以面积<0.5km² 的冰川和面积介于 1.0~50.0km² 的冰川为主,面积最大的冰川是音苏盖提冰川(359.05km²)。

青藏高原发育着 36793 条现代冰川,冰川面积为 49873.44km²,冰储量为 4561km³,分别占中国冰川总条数的 79.5%,冰川总面积的 84% 和冰储量的 81.6%。进入 20 世纪以来,随着全球气候的波动变暖,特别是进入 20 世纪 80 年代以来全球气候的快速增温,使得大多数冰川处于退缩趋势。20 世纪上半叶是冰川前进期或由前进期转为后退的时期;20 世纪 50~60 年代冰川出现大规模退缩,但并未形成冰川全面退缩;60 年代末至 70 年代,许多冰川曾出现前进或前进的迹象,前进冰川的比例增大,退缩冰川的退缩幅度减小;80 年代以来,冰川后退重新加剧;90 年代以来冰川退缩强烈。

2.3.2　中国冰川融水径流

冰川作为中国淡水资源的重要组成部分,在中国特别是西北干旱区水资源的开发利用中占有很重要的位置。20 世纪 80~90 年代,杨针娘等曾对中国冰川水资源做过第一次评估,通过综合冰川融水径流模数法、流量与气温关系法、对比观测实验法等,将代表性地区的结果扩大至山脉、山区以至全国,首次估算了中国冰川年径流总量分别为 563.3×10⁸m³(杨针娘,1991)和 604.65×10⁸m³(康尔泗等,2000);根据冰川系统对气候变化的响应模型计算得出,中国冰川年径流总量为 615.83×10⁸m³(谢自楚等,2006);而根据改进的月度日因子模型计算得出,1962~2006 年中国冰川多年平均年径流总量为 629.56×10⁸m³(高鑫等,2010;Zhang et al.,2012),约为全国河川径流量的 2.2%(水利电力部水文局,1987),多于黄河入海的多年平均径流量,相当于我国西部甘肃、青海、新疆和西藏 4 省(区)河川径流量(5760×10⁸m³)的 10.5%。我国年径流深冰川融水等值线如图 2.11 所示。

从各山系冰川融水径流水资源的数量来看,念青唐古拉山区最多,约占全国冰川融水径流总量的 35.3%;其次是天山和喜马拉雅山,分别占 15.9% 和 12.7%;阿尔金山最小,不足 1%(表 2.8)。

2.3.3　中国冰川水资源区域分布

依据冰川分布的区域特征和水利部水利水电规划设计总院(2002)全国水资源分区,中国西部冰川区按照流域归属划分为黄河区、长江区、西南诸河区和西北诸河区等,其区域内冰川水资源分布特征见表 2.9。

长江流域冰储量的近 70.09% 集中于长江源区,冰储量折合水量 887.52×10⁸m³,相当于金沙江直门达站年径流量(182×10⁸m³)的 5 倍(姚檀栋等,2004)。虽然冰川融水对整个长江水系的补给作用较小,但由于冰川集中发育在长江源区,冰川多为极大陆型冰川,消融期一般集中在 5~9 月,同时也是源区的雨季,而冰川的洪峰流量一般都出现在 7~8 月,降水补给也在此期间发生,其冰川融水的补给比率增至 25% 以上。

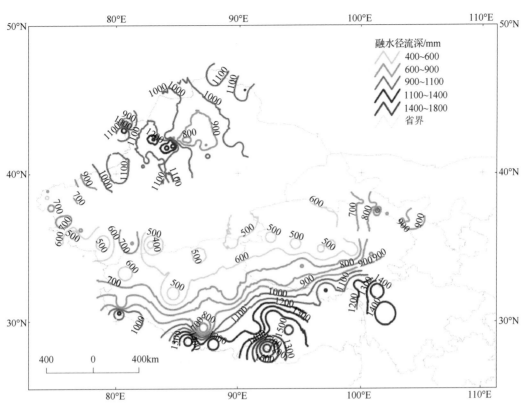

图 2.11　中国冰川融水径流分布等值线图

等值线间距为 100mm

表 2.8　中国西部山区冰川及冰川融水径流

山脉	冰川面积/km²	冰川融水径流量/10⁸m³	占全国冰川融水径流量比例/%
祁连山	1930.51	11.32	1.9
阿尔泰山 *	296.75	3.86	0.6
天山	9224.80	96.30	15.9
帕米尔	2696.11	15.35	2.5
喀喇昆仑山	6262.21	38.47	6.4
昆仑山	12267.19	61.87	10.2
喜马拉雅山	8417.65	76.60	12.7
羌塘高原	1802.12	9.29	1.5
冈底斯山	1759.52	9.41	1.6
念青唐古拉山	10700.43	213.27	35.3
横断山	1579.49	49.94	8.3
唐古拉山	2213.40	17.59	2.9
阿尔金山	275.00	1.39	0.2
总计	59425.18	604.66	100.0

* 包括穆斯套岭面积为 16.84km² 的冰川。

资料来源：康尔泗等，2000。

表 2.9　中国冰川水资源分区统计表

水资源分区	冰川数量		冰川面积		冰储量		冰川平均
	/条数	/%	/km²	/%	/km³	/%	面积/km²
黄河区	176	0.38	172.41	0.29	12.29	0.22	0.98
长江区	1332	2.87	1895.00	3.19	147.27	2.63	1.42
西南诸河区	17442	37.61	21599.92	36.35	1849.55	33.03	1.24
西北诸河区	27427	59.14	35757.85	60.17	3591.14	64.12	1.30
总计	46377	100.00	59425.18	100.00	5600.25	100.00	1.28

资料来源：施雅风等，2005。

　　塔里木河流域共有冰川 14285 条，冰川面积为 23628.98km²，冰储量为 2669.435km³，计算显示（姚檀栋等，2004），冰储量减少了 $280 \times 10^8 m^3$。

　　从行政区划来讲，中国冰川融水径流主要分布在西藏、新疆、青海、甘肃、四川和云南 6 省（区）（图 2.12）。西藏冰川融水径流主要集中在恒河水系，全区冰川融水补给比重为 10.8%。虽然雅鲁藏布江水系集中了全区 72.7% 的冰川融水，但融水比重只有 14.3%；而冰川融水量不足全区 10% 的朋曲河与狮泉河、象泉河的融水补给比重则达 50% 左右。西藏东南部的怒江、澜沧江等，降水丰沛，地表水资源丰富，融水比重不足 10%，说明干旱度越大，冰川融水补给比重越大。新疆冰川融水径流主要分布在塔里木内流区、准噶尔盆

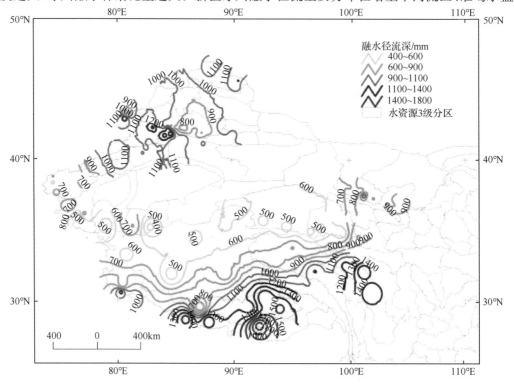

图 2.12　中国冰川融水径流深在水利部水资源分区中的分布
冰川融水径流深根据高鑫 1962～2006 年各流域冰川融水的平均值计算

地、伊犁河、柴达木盆地与藏北内陆的少量水系,以及新疆唯一的外流河水系——额尔齐斯河。其中,约90%以上的冰川融水集中于塔里木盆地与伊犁河水系。全区冰川融水平均补给比重为25.2%,但是区域分布不均匀,总的趋势是由北向南递增。青海省冰川融水径流主要形成于柴达木内流水系与长江源区,融水径流总量约为 $29.2 \times 10^8 \mathrm{m}^3$,外流水系占76.2%,内流水系占23.8%,平均融水补给比重为4.7%。甘肃省冰川融水径流主要来源于祁连山北坡,包括石羊河、黑河、疏勒河和党河。冰川融水补给比重自东向西递增。分布于云南与四川的冰川基本属于海洋性冰川,冰川面积较小,区域降水较为丰沛,因而融水补给比重较小。

根据不同计算方法(杨针娘,1991;康尔泗等,2000;谢自楚等,2006;高鑫等,2010)的计算结果,依据中国水资源分区,计算了中国西部内陆河及外流河不同流域的水资源量,基于算法及计算时间段的差异,结果显示见表2.10和表2.11。

表 2.10　中国西部内陆河流域冰川水资源　　　　单位: $10^8 \mathrm{m}^3$

流域水系	方法 1	方法 2	方法 3	方法 4
塔里木盆地	139.51	133.42	126.54	144.16
青藏高原内流区	37.30	39.10	29.18	41.70
新疆伊犁河	26.41	26.41	37.14	23.37
天山准噶尔盆地	16.89	16.89	33.65	19.52
甘肃河西内陆河	9.99	9.99	11.94	10.18
柴达木盆地	5.96	6.31	13.51	9.65
吐-哈盆地	1.01	1.90	3.60	2.53
哈拉湖	0.35	0.12	0.11	0.13
合计	237.42	234.14	255.67	251.22

表 2.11　中国西部外流河流域冰川水资源　　　　单位: $10^8 \mathrm{m}^3$

流域水系	方法 1	方法 2	方法 3	方法 4
印度河	8.56	7.70	6.95	8.48
恒河	239.91	280.48	299.53	312.85
怒江	31.83	35.98	24.26	27.05
澜沧江	5.83	7.16	4.43	4.25
黄河	3.94	2.86	1.74	1.86
长江	33.25	32.71	15.52	20.45
额尔齐斯河	3.62	3.62	7.73	3.38
合计	326.94	370.51	360.16	378.34

第3章　冰川水文研究内容及基本特点

冰川水文学是研究冰川融水产汇流过程、变化规律及其水文作用的科学,其主要涉及从冰川消融到冰川汇流的各种水文现象、过程及其基本规律。其研究的重点内容包括冰川表面产汇流过程,冰内及冰下水流过程,冰川融水对河流的补给作用,冰川融水的水文物理和水文化学变化特征,冰川融水的侵蚀作用,冰川水资源评价,冰川变化对流域水资源的影响,以及与上述研究相关的研究方法,技术手段,观测、试验、实验和信息能力等。

现代冰川水文学的研究大约起始于20世纪50年代。中国是世界上最早开展冰川水文研究的国家之一。1958年,中国科学院组织了高山冰雪利用研究队。1959～1960年,在祁连山大雪山老虎沟建立了中国第一个高山冰川观测实验站(1959～1963年),开展冰川、水文和气象观测;同时,在天山乌鲁木齐河源1号冰川建立了第二个高山冰川观测实验站(1959～1965年;1980年)。1962年,在兰州成立了中国科学院地理研究所冰川冻土研究室,同年在天山冰川实验站进行了较深入、系统的观测实验研究,包括成冰作用、冰川运动、冰川水文、常规气象、能量平衡、积累与消融、冰川制图、地表水与地下水转换,以及山区洪水预报等,并于1965年出版了相关专著。受"文化大革命"的影响,中国冰川水文长期野外定点观测实验研究几乎中断了十几年(1966～1979年),但老一辈科学家们在施雅风院士的组织下,1966～1968年在珠穆朗玛峰地区、1974～1975年在喀喇昆仑山地区、1975～1976年在青藏高原风火山、1975～1979年在祁连山、1977～1978年在天山托木尔峰地区坚持开展了野外考察和冰川水文的短期观测实验工作。1980年以后,中国冰川水文研究工作逐步步入正轨。近年来,随着冰冻圈科学概念的提出、冰冻圈科学辞典的出版、WCRP/CliC及IUGG/IACS(国际冰冻圈科学协会)中国国家委员会的成立,特别是2016年中国冰冻圈科学学会作为一级学会的成立,标志着中国冰冻圈科学研究全面进入黄金时期。作为冰冻圈科学中的重要分支,中国冰川水文学发展迅速,特别是在当今全球变暖的背景下,冰川变化对区域,特别是对干旱区水资源的影响问题备受关注。

国际上冰川水文系统研究大约开始于国际水文10年(1965～1974年)期间。1969年,英国剑桥召开的第一次国际冰川水文会议推动了冰川水文学的发展。该会议提出了以冰量和水量平衡为基础的研究方向,并特别重视野外观测实验研究,在此期间先后建立了60多个典型冰川实验流域。世界各国的冰川水文研究从单纯的地理学科向地球物理学科发展,从一般性的描述发展到实验研究、定量分析和系统研究的新阶段。

3.1　冰川水文学的基本概念

冰川表面在积累期接收降雨、降雪、凝华、再冻结的雨,以及由风及重力作用再分配的吹雪堆、雪崩堆等发生积累;在消融期发生消融,包括冰雪融水径流、蒸发、升华、冰体崩解、流失于冰川之外的风吹雪及雪崩等。由于气温垂直递减率(气温随海拔升高而呈线性降低的现象,一般以℃/100m 为单位)的存在,冰川上部消融较慢或基本不消融,冰川下部为主消融区,随着年内消融过程的变化,逐步形成了以零平衡线为分界线的积累区和消融区(图 3.1)。降雨和冰雪融水在冰川体,特别是冰川表面发生的产流、蒸发/升华,以及在冰川表面、内部和底部所发生的汇流过程,是冰川水文的基本过程。冰川融水在流域内的侵蚀、搬运、沉积过程,以及可能发生的冰川融水灾害及其评估研究等,也属于冰川水文学研究的范畴。

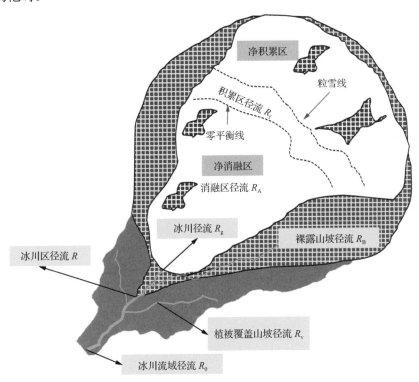

图 3.1　大陆型冰川流域径流组分示意图

　　常见冰川水文学的基本概念见表 3.1。本节重点介绍冰川融水径流的概念,其他概念在相关内容中进行描述。

表 3.1　冰川水文学的基本概念

序号	概念	释义
1	冰坝	阻碍河水流动的巨大冰块体
2	冰川末端	冰川边缘最低位置。对于山谷冰川,是指冰舌末端
3	冰川竖井	冰雪融水沿冰裂隙进入冰川内部,并与冰下河道相连接的通道
4	冰川水资源	地球上以冰川形式储存的固态水体,具有两种含义:固态水资源总量;年消融并补给河流或者湖泊的水量
5	冰川物质平衡	单位时间内冰川上以固态降水形式为主的物质收入(积累)和以冰川消融为主的物质支出(消融)的代数和

续表

序号	概念	释义
6	冰面湖	在冰盖和冰川表面因热力作用形成的湖泊
7	冰面径流	在消融期冰川表面形成的水流
8	冰流线	冰川冰从积累区向冰川末端流动所经过的理论路径
9	冰面融坑	粉尘等杂质分布较多的冰川表面，由于吸热较快，其融化较周边的洁净冰融化得更快而形成的冰面洼地
10	冰碛	由冰川侵蚀、搬运和沉积的物质
11	冰碛阻塞湖	冰碛垄阻挡上游来水而形成的湖泊
12	冰舌	冰川消融区最外围呈舌状下伸的冰体
13	冰蚀	冰川在形成发育和运动过程中，对围岩侵蚀作用的统称
14	冰水沉积	冰川融水搬运的冰川沉积物等碎屑物质堆积形成的沉积物
15	冰水通道	在冰川内由裂隙形成的、相互连通且能流出的融水通道
16	冰下水流	通过冰面裂隙流入补给或通过冰舌两侧流入、在冰床上形成的冰下河流
17	冰下消融	冰川底部由于冰川变形、地热和底部摩擦生热形成的冰下融化现象
18	冰崖	冰川悬崖
19	成冰作用	雪演变为冰川冰的过程
20	分冰岭	冰川上具有相反冰流方向的分界线，类似于河流的分水岭
21	固态降水	以固态形式降落至地面的降水总称，如雪、冰雹和霰等
22	积累区	一个物质平衡年内冰雪物质收入大于支出的区域，即零平衡线以上的区域
23	净平衡	某一研究对象（如冰川、海冰等）的某一界面（表面、底面等）上单位时间内物质或能量收支的差额，又称纯平衡
24	比净平衡	一个平衡年内某点的比平衡称为比平衡率或比净平衡
25	累积物质平衡	冰川（冰盖）多年物质平衡值的代数和，反映了冰川（冰盖）多年物质总积累和总消融的累积差值
26	粒雪	原意专指冰川上经过一个消融季节后保存下来的湿雪，即冰川积累区表面通过融水渗浸和再冻结作用形成的颗粒状雪。后来扩展到极地地区的干雪带
27	粒雪盆	冰川积累区呈围椅状的盆地
28	粒雪线	消融季节末冰川上的粒雪区与裸露冰区的界线
29	平衡线	冰川上某一时段内物质平衡为零的所有点的连线。一般指年平衡线，即物质平衡年末，冰川表面积累和消融量的代数和为零的连线
30	消融过程线	表示冰冻圈要素中雪冰消融连线变化过程的曲线，通常用日或月消融量的变化过程来表示
31	雪线	消融期末积雪存在的下限。雪线以上通常有冰川发育
32	总积累	冰川上某一时段所有物质收入的总和，包括降水、凝华、风吹雪和雪崩补给等。总积累大于总消融量，意味着有净积累，为正物质平衡状态
33	总消融	冰川上单位时段内所有物质损失的总和，包括冰雪融化形成的径流、蒸发、升华、冰体崩解，以及通过风吹雪和雪崩等方式的冰体损失

由于冰川空间分布及其产汇流过程的特殊性,有关冰川融水径流的概念及其组成有几种不同的观点。

(1) 冰川末端观测到的径流(冰川区径流 R)(图 3.1):认为冰川融水径流包括来自冰川消融区(R_A)、积累区(R_f)和裸露山坡(R_B)产生的所有径流。

$$R = R_A + R_f + R_B \tag{3.1}$$

冰川消融区径流(R_A)主要包括:

$$R_A = R_W + R_S + R_I + R_M \tag{3.2}$$

式中,R_W 为冰川消融区内冬、春和秋季积雪融水径流(mm);R_S 为冰川消融区内夏季降水包括固态与液态降水径流(mm);R_I 为冰川消融区纯冰融水径流(冰川冰径流),包括冰川表面裸露冰、冰内和冰下融水径流(mm);R_M 为埋藏冰融水径流(mm)。

大陆型冰川积累区一般不产流,但在夏季高温季节,在零平衡线至粒雪线之间(图 3.1)会有融水径流(R_f)产生。由于大陆型冰川雪线高、温度低、能量低,R_f 在冰川总消融量中的比重相当小,可忽略不计。而对于海洋型冰川,积累区产流量则相当可观,而且产流区可能出现在积累区的任何地点。

当裸露山坡面积在冰川区内所占的比例很小时,冰川区径流与冰川上的融水径流相当。但若裸露山坡面积比例较大,把来自冰川区裸露山坡径流(R_B)都归入冰川融水径流则不合适。

(2) 来自于冰川上所有的径流($R_f + R_A$):包括当年(水文年)在冰川积累区径流(R_f)和消融区内的径流(R_A),不包括裸露山坡径流(R_B)。认为无冰川覆盖的裸露山坡径流是山区融雪径流或者降雨径流。这是目前最常用的冰川径流的概念。

(3) 除夏季降水外冰川上所有的径流($R_f + R_A - R_S$):认为冰川区径流除了扣除裸露山坡径流外,还应当扣除当年降落在冰川上但未经冰川成冰作用的夏季降水。

(4) 只包括粒雪和冰川冰消融的径流($R_f + R_A - R_S - R_W$):认为冰川融水径流仅指冰川冰和粒雪融水形成的径流。而在冰川上的降水无论是夏季还是其他季节的积雪,凡是当年都能形成径流的都划归为山区融雪径流或降雨径流。

(5) 冰川冰融水径流(R_I):认为冰川融水径流仅指冰川冰融水形成的径流。

第 1、第 2 种观点在概念上不甚严格,它扩大了冰川融水的作用。第 3、第 4 种观点考虑了冰川的成冰作用,把冰川上的降水划归为山区积雪,又并不排除降水在冰川发育中的作用,其作为评价冰川融水径流对河流的作用是比较合理的。但因资料所限,在实际估算中有一定困难。第 5 种观点忽略了由粒雪到冰川冰的作用。为简化计算,一般采用第 2 种观点。

从水文学的角度讲,有关冰川融水径流的描述及其组成,需根据实际情况分别给予相应的准确描述,根据水量平衡的原理和研究目的,加以估算或者定量。在实际工作中,首先需要定位水文断面所监控的范围,由此了解其径流组分的来源,然后将水文断面以上作为一个整体(流域),统筹估算其水量平衡及其产汇流过程。

表征冰川径流通常采用如下特征参数。

1) 径流深 R

径流深是指在某一时段内通过河流上指定断面或流域内的径流总量（W，通常以 m³ 计）除以该断面以上的流域面积（F，km²）所得的值。它相当于该时段内平均分布于该面积上的水深（R，mm）：

$$R = \frac{1000W}{F}$$ 　　　　(3.3)

对于单条冰川来讲，一般用整条冰川的径流深（包括积累区和消融区，但不包括裸露山坡）表征；对于含有多条冰川的流域，则用所有冰川的产流量与流域面积的比值表征冰川融水径流对流域的贡献情况。

2) 径流模数 M

径流模数是单位冰川面积上单位时间内所产生的冰川融水径流量［通常以 m³/(s·km²)计］。径流模数消除了冰川面积大小的影响，最能说明与自然地理条件相联系的径流特征。

3) 径流系数 α

径流系数是冰川融水总径流深（mm）与同期降水量（mm）的比值，通常用于年尺度上的对比。

4) 变差系数 C_V

变差系数即径流量的均方差与其平均值的比值，反映了冰川流域某一时段径流量序列的离散程度，C_V 值越大，径流的变化越剧烈。一般用于年际径流量变化的分析称为年径流变差系数。

$$C_v = \frac{1}{\bar{x}} \sqrt{\frac{\sum_{i=1}^{n}(x_i - \bar{x})^2}{n-1}}$$ 　　　　(3.4)

式中，x_i 为时间 i 对应的径流量；$\bar{x}$ 为径流序列的平均值；n 为序列长度。

3.2　物　质　平　衡

冰川物质平衡是普通冰川学研究的主要内容之一，也是冰川水文学的基本问题。冰川物质平衡的定义是，单位时间内冰川上以固态降水形式为主的物质收入（积累）和以冰川消融为主的物质支出（消融）的代数和，以水当量表示。这里的冰川物质特指固态水体，不包括岩石碎屑、大气沉降或其他物质。因此，物质平衡也可称作冰量平衡。从冰川水文学的角度来看，冰川系统接收固态水的过程称为冰川的积累或补给，包括降水、冰崩、雪崩、水汽的凝结和凝华、降雨再冻结、风吹雪等；相反，冰川系统中固态水的支出称为冰川的消融或损失，包括雪冰的融水径流、融水下渗、水汽蒸发、雪冰升华、风力及重力作用下造成的雪冰迁出等。一般情况下，冰川的积累主要来源于降水的补给，而冰川的损失主要为雪冰的表面消融。冰川通过积累与消融过程，在一定时间尺度上（一般为年）造成了总体的正或者负的物质平衡[图 3.2,式(3.5)]。

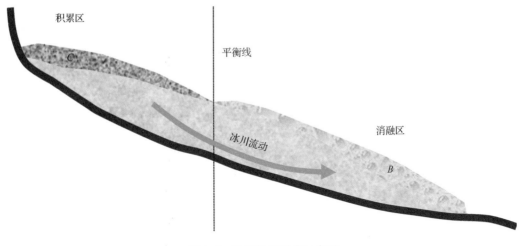

图 3.2　冰川物质平衡示意图

冰川物质平衡:

$$MB = C - B \tag{3.5}$$

式中,C 为净积累;B 为净消融。

3.2.1　相关概念及定量参数

1. 净平衡及平衡年

两个相邻年份同一日期之间冰川物质收支的净变化称为年物质平衡,简称年平衡或净平衡。平衡年以夏季末冰川物质最少的日期为起始时间,以下一年度冰川物质量最少的日期为终止时间。平衡年准确界定了冰川物质收支变化的时间,具有明确的物理意义,但由于气候波动,同一冰川各年的起始时间和平衡年时间长短存在差异,冰川间的差异更为显著,因此,不便于物质平衡资料间的对比,也不便于利用水文气象等其他资料进行分析和模拟。为此,产生了以水文年为参考的固定日期方案。在北半球,水文年的时间为 10 月 1 日至翌年 9 月 30 日。在中国,冰川中部一般在 8 月底停止消融,因此在中国冰川研究中,物质平衡年一般为 9 月 1 日至下一年度 8 月 31 日。对于中低纬度的海洋性冰川和部分大陆型冰川,由于消融期可能延续至 9 月底,其物质平衡年也可与水文年相同。

冰川年物质平衡是年内冰川总积累量和总消融量的算术和。对于降雪和气温季节性变化显著的中低纬度冰川区,常以平衡年中冰川物质达到最大值的日期为界限,将年平衡分为冬平衡和夏平衡,分别量化冬季降雪和夏季消融对于冰川物质平衡的贡献。

由于冰川从源头到末端随海拔降低逐渐展开,不同地方的积累量和消融量均有较大差异,因此引入比平衡的概念来描述一段时期内空间上某一特定点的物质平衡。一个平衡年内某点的比平衡称为比平衡率或比净平衡。沿冰川主流线选取一些特征点,将这些点的比净平衡随海拔的变化绘制于图上,即可得到该冰川的物质平衡梯度曲线。

2. 物质平衡梯度

对于大多数山地冰川而言,冰川的积累量和消融量总是随海拔的变化而表现出递增或递减的变化趋势。因此,可用积累梯度和消融梯度分别表示纵向上积累和消融的变化率,两者的总和即为物质平衡梯度,定义为比净平衡随海拔的变化率。图 3.3 展示了几种常见的冰川物质平衡梯度曲线。

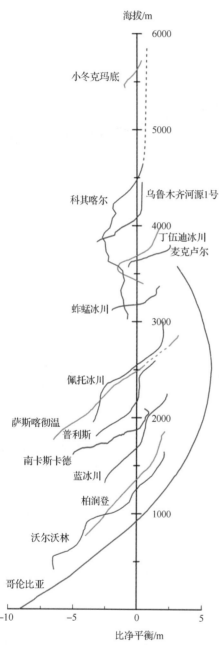

图 3.3　高亚洲及北美洲部分冰川的年物质平衡梯度曲线(修改自 Mayo,1984)

物质平衡梯度能够从直观上反映出局地气候对于冰川物质平衡的影响。例如,较大的物质平衡梯度表明,冰川积累区上部的降雪量丰富而冰舌部分的消融异常强烈。此类冰川主要发育在降水充沛且冰川末端海拔较低的中纬度地区,如阿拉斯加南部、新西兰、挪威西部等地区。相反,较小的物质平衡梯度反映出冰川在纵向上的积累及消融的变化较小,且总量较低,冰川物质更新速度缓慢。发育在寒冷干燥地区的冰川多表现出这种物质平衡梯度特征,如我国青藏高原腹地的极大陆型冰川、北美洲北部的部分冰帽及冰川也属此类型。

在冰川消融区,气温随海拔大致呈现出线性降低的变化特征,气温梯度(直减率)为 $0.4 \sim 0.9 \text{℃}/100\text{m}$。由于受气温影响的大气长波辐射和感热通量对冰雪消融起主要作用,冰川消融量随海拔的变化也表现出近似线性的变化特征,在物质平衡梯度曲线的下部表现为平直的线条,线条的斜率即为消融梯度。冰川消融区的平均气温越高,消融梯度则越大,曲线则越陡。对于发育在中国喜马拉雅山、天山、喀喇昆仑山等地区的大型山谷冰川,由于冰舌部分常被大量连续的表碛所覆盖,消融量随高程表现为非线性变化(图 3.3 中的科其喀尔冰川)。连续表碛覆盖主要是冰川中上部的岩石碎屑随冰雪崩进入冰川,并随冰川运动在冰舌融出而富集,或冰川底部岩石碎屑在冰川运动作用下沿冰层薄弱处挤出而形成,表碛厚度从冰川末端向上逐渐减小。由于厚层表碛对冰面消融有强烈的抑制作用,冰川消融速率在冰舌部分表现出随海拔升高而逐渐增大的特点。随着表碛厚度的不断减薄,表碛的隔热作用逐渐减弱,其在冰舌中上部裸露冰面逐渐显现,由此至平衡线附近消融速率才表现出随海拔增加而减小的规律。

与消融梯度受气温控制不同,冰川积累梯度的变化主要受降雪的纵向变化控制。对于许多山谷冰川及冰斗冰川,降雪量随海拔升高而近似线性增大,冰川积累量也表现为线性变化。而在许多山地冰川,由于源头海拔很高,气温低,多数上升水汽尚未到达最高海拔地区就因凝结而形成降水,形成一个最大降水高度带,因而积累区的降雪随高程呈现出非线性变化,即从平衡线起,先随海拔升高而逐渐增加,达到某一高度后又逐渐减小。这种降水分布特征在喜马拉雅山、喀喇昆仑山及天山等高海拔地区的山地冰川较为常见。此外,在南北极地区的冰盖及大型冰帽也广泛存在降雪随海拔增加而递减的现象,这是由冰川末端靠近水汽丰富的海洋,而极地内陆远离海岸且异常寒冷,水汽输送量很小所致。

3. 物质平衡率

由于不同冰川区的气候和地形等条件存在差异,其物质平衡曲线也表现出显著差别。但为了对不同冰川之间积累和消融的相对变化进行比较,提出了物质平衡率的概念。物质平衡率定义为消融梯度和积累梯度的比值,能够揭示出冰川的消融与积累速率的对比关系。北美阿拉斯加及西北部的部分海洋型冰川的物质平衡率为 $1.5 \sim 2.2$,高亚洲地区的大陆型冰川的物质平衡率为 $4 \sim 12$。低纬度地区的冰川由于全年均发生消融,具有较大的物质平衡率,如玻利维亚的 Zongo 冰川,物质平衡率达到了 25(Francou et al.,1995)。

通常情况下,物质平衡率较小的冰川拥有较大的消融区,中高纬度的许多冰川均属此类型;相反,物质平衡率大的冰川,其消融区可能较为狭小,如发育在低纬度热带及亚热带的冰川,平衡线距冰川末端的距离较其距源头的距离要小得多。对于表碛覆盖型冰川,由于消融梯度的非线性变化,根据物质平衡率来判断消融和积累的关系则不具备实质性意义。

4. 平衡线

冰川积累区接收雪冰物质,但在夏季由于 0℃线的上移,也有部分雪冰发生消融;同理,冰川的物质损失主要发生在消融区,但冬季消融区内的降雪也构成了冰川的积累。因此,在积累区和消融区之间就可能存在着一个界线,该界线处一个平衡年内的积累量等于消融量,这个界线称为平衡线(图 3.4),其海拔称为平衡线高度。平衡线高度的变化与冰川区气候(特别是降雪和气温)密切相关,是冰川-气候相互作用的直接反映。平均气温的持续上升可能导致冰川消融加剧,使冰川处于持续的物质负平衡状态,则平衡线高度不断升高;相反,降雪的增大可能使得冰川积累增加而处于正平衡状态,则平衡线高度降低。

冰川处于零平衡(积累量等于消融量)时的平衡线高度称为稳定态平衡线高度,表明在某一特定气候条件下,冰川处于均衡物质输入和输出状态。由于气候的不断波动,现实情况下很难出现冰川消融量完全等于积累量的情况。因此,稳定态平衡线高度是衡量当前物质平衡状态相对于稳定状态偏离程度的理想化指标:平衡线高度与稳定态平衡线高度的差值越大,则冰川物质平衡状态与平衡态相距越远,正值表明冰川在加速萎缩,负值

图 3.4　山地冰川积累区、消融区和平衡线示例

则表明冰川在不断发育。稳定态平衡线高度可利用长序列净平衡和平衡线高度数据,通过回归分析获得。稳定态平衡线高度是与当前气候的平均状态相适应的,当气候系统发生根本性改变后,稳定态平衡线高度也随之改变。当稳定态平衡线处于冰川源区附近或超过源区的海拔时,则表明冰川已经失去了发育的基本的气候条件,冰川将很快消亡或在此之前就因为持续的物质负平衡而消亡;反之亦然。

平衡线高度波动是反映气候变化的良好指标。由于平衡线上的年消融量能够完全为年积累量所抵消,所以平衡线附近的气温和降水具有良好的对应关系。通过对某条或某一地区多条冰川的长期观测,就可以获得针对某一冰川或某类冰川的平衡线处的气温-降水曲线。如果通过冰芯、树木年轮或深层地温等代用指标获得历史时期的气温数据,则可以利用这一关系曲线获得历史时期平衡线处的降水资料。因此,历史平衡线高度的恢复能够为冰川区乃至区域历史时期气候信息的重建提供有效的方法。常用的平衡线高度恢复方法包括平衡率法、积累区面积比率法、侧碛最大高程法和头尾高程比率法等。

3.2.2 积累

积累指冰川收入的固态水分,包括冰川表面的降雪、凝华、再冻结的融水,以及由风及重力作用再分配的吹雪堆、雪崩堆等。

冰川区降雪是冰川积累的主要来源(图 3.5)。降落于冰川积累区的降雪,经过雪晶的变形、雪层密实化和成冰作用等过程,转化为冰川冰。由雪转化为冰的时间长短,因成冰作用机制的不同而有较大差异。例如,等温变质成冰作用多发生于气温很低的极地冰盖或青藏高原内陆冰川的积累区。雪晶在圆化作用和重力作用下逐渐生长、变粗,晶粒间的距离缩小而逐渐转化为冰川冰。由于这些作用都是在负的等温条件下进行的,所以成冰过程十分缓慢。在山岳冰川上部,以这种方式成冰的时间为数十年,而在极地冰川上,成冰过程可延续数百年乃至数千年。而当雪面气温上升到零度以上发生融化或发生降雨时,液相水进入雪层发生融冻变质作用,可将雪层在数分钟至数小时内转化为冰川冰。受局地气候特征的影响,冰川区的降雪量在空间上存在较大差异。一般而言,距离海洋较近的冰川,水汽补给充足,年降雪量较大,如分布于阿拉斯加、冰岛南部、阿根廷南部、新西兰西部及我国喜马拉雅山东南部的海洋性冰川。据报道,阿根廷巴塔哥尼亚冰原的降雪量可达到 8m/a(Warren and Sugden,1993)。相反,在内陆地区,水分迁移路径长及较低的气温使得降雪量急剧减少,如在南极腹地,年降水量不足 50mm。

(a) 积雪

(b) 风吹雪

(c) 雪崩

图 3.5 冰川降雪补给、风吹雪及雪崩补给示例

对于发育于陡峻山区的冰川,冰川补给除直接降雪外,两侧山坡上的冰崩及雪崩补给也是冰川积累的重要来源(图 3.5)。例如,发育在中国天山西段的托木尔型山谷冰川,粒雪盆一般比较狭窄,而冰舌部分却比较长,且下伸较低。粒雪盆面积与冰舌面积之比(冰川系数)多小于 1.0,而粒雪盆两侧陡峭的山坡和高山夷平面上的积雪,通过冰、雪崩的途径,增大了冰川的补给量。据测算,托木尔型山谷冰川(具有热喀斯特的长、大山谷型大陆型冰川,因主要分布于天山托木尔峰附近而得名)雪崩的补给率可达 30%以上,从而能够平衡这种冰川的物质损耗。

风吹雪(由气流挟带起分散的雪粒在近地面运行的多相流或由风输送的雪)是山地冰川获得补给的另一种重要途径(图 3.5)。积累区两侧山坡及山顶积雪可在风力的作用下搬运至冰川表面。对于年降水量相对较少的地区,如我国天山西部、昆仑山、喀喇昆仑山及羌塘高原的冰川,风吹雪能够扩大冰川的补给区,对冰川物质平衡起到重要作用。

3.2.3　消融

冰川消融是对冰川失去冰雪物质的一切过程的统称,指冰川固态水的所有支出部分,包括冰雪融化形成的径流、蒸发、升华、冰体崩解、流失于冰川之外的风吹雪及雪崩等。在冷型冰川上,部分融水下渗后重新在粒雪、冰面或裂隙中冻结,这部分融水不造成冰川的物质支出,称为内补给。其中,以冰雪融化形成径流而流出冰川系统为主要方面。当冰雪面气温高于 0℃时,冰雪物质达到融点而发生由固体向液体的相态转换。除裂隙和融洞外,由于冰面为不透水面,冰面径流向冰川下游汇流,一部分水量可能暂存于汇流路径上的冰川储水构造内,而另一部分水量则通过冰川末端出水口离开冰川。相对而言,冰川表面积雪消融过程较为复杂。表面积雪消融后渗入雪层,一部分水量在竖向或侧向的迁移过程中,由于积雪冷储的释放而重新冻结于雪层中部或底部;而另一部分水量被吸附于雪粒间,使得积雪含水量增加。当积雪含水量达到饱和时,产生融雪径流。当冰川上部的融雪径流抵达裸冰区后,将与冰面径流汇合,并经冰川排水系统离开冰川。

积雪升华和融水蒸发也是冰川消融的一个重要方面。升华和蒸发都是冰川吸收潜热的表现,因而与近地表层的风速、气温、雪(水)温和下垫面特征等有关。气温升高和风速增大都有利于潜热的吸收。由于冰川融水的温度维持在较低水平(0～3℃),因而融水蒸发与常规水体相比较小。据测算,北半球中纬度山区积雪升华量可达年降雪量的 20%以上(Zhang et al.,2008),因而对冰川物质平衡产生直接影响。对于极地冰盖边缘、冰帽及平顶冰川等冰川地形高于周围地形的冰川区,风吹雪造成的冰川物质损失非常重要。例如,在南极大陆沿海地区,内陆冷空气向沿海移动,形成强劲的下坡风,从而将大量积雪从冰川上剥离。据估计,南极东部因风吹雪造成的物质损失约达冰川年积累量的 6%(van den Broeke and Bintanja,1995)。

同风吹雪类似,冰崩既是冰川常见的积累形式,同时也可能是冰川重要的消融途径。在南北极边缘及其他滨海地区,冰川末端常深入海洋中,受到海洋潮汐的侵蚀而发生冰体的崩解作用,从而在海洋中形成大小不一的浮冰体,即冰山。例如,南极冰盖,由于气温较低,其表面消融非常微小,主要的冰量损失是通过伸入海洋的冰架崩解及冰架下与海洋接触面的消融。受海洋影响,以崩解为冰量损失的冰川广泛分布于冰储量巨大的两极及其周边区域。崩解作用对山地冰川也有一定影响。例如,在我国喜马拉雅山、喀喇昆仑山等地区的大型山谷冰川末端及侧翼,常形成规模不等的冰碛阻塞湖或冰川阻塞湖。湖水对于冰体的侵蚀及应力作用能够使冰川发生崩解,从而在很短的时间内造成大量的物质损失。此外,巨大冰体崩塌造成的浪涌及冰湖体积增大,可能对冰碛坝或冰坝的稳定性造成威胁,甚至可能诱发冰湖溃决。

对于发育于山区的悬冰川、冰斗冰川及两者之间的过渡型冰川(冰斗-悬冰川),由于冰舌末端常终止于陡峭的山坡上,在重力、气候等作用下,末端的部分冰体易发生崩解而脱离冰川。冰崩可能补给发育于下方沟谷的其他冰川,使冰川积累,或者在坡度平缓处形成堆积。如果堆积冰体的消融速率小于崩塌造成的补给速率,则冰量不断增长,从而形成再生冰川。实质上,上部的冰川源头和下部的再生体构成了一个冰川的两个部分,但与普通冰川相比,其积累区和消融区的衔接形式由连续的冰量补给转变为间歇性的物质补充。对于发育于寒冷地区的部分山谷冰川或冰帽,冰崩的影响也非常重要。例如,在我国昆仑山、羌塘高原、冈底斯山、喜马拉雅山和喀喇昆仑山等地区的部分山地冰川末端发育大量冰崖,且呈直线分布于山谷中。冰崖的消融及结构变化容易造成冰崖崩塌,崩塌体散落于冰崖根部附近,因表面积增加而使消融得以加速。具有此类形态的冰川在极地地区也广泛存在。

3.3 产汇流过程及影响因素

3.3.1 消融特点

径流是冰川消融的主要产物。本节主要按照冰川成冰带分区,分别介绍不同类型冰川的融水径流过程及其差异。

1. 积累区

根据融水产生及再冻结发生的特点,可将冰川积累区划分为 4 个冰川带(图 3.6)。

1)干雪带

在南极冰盖及北极格陵兰冰盖的内陆地区,年平均气温低于 $-25℃$,积雪终年不化,雪层中的水分均以固体形式存在。因此,干雪带中没有融水产生。山地冰川中,除少数因纬度较高或海拔上限极高的冰川外,一般不发育干雪带。

2)渗浸带

在渗浸带中,夏季气温偶尔高于 $0℃$,表面积雪发生融化,融水沿雪层下移,途中逐渐冻结形成冰腺,或遇不透水层后沿侧向流动,冻结形成冰片或冰透镜体。渗浸带中虽然有融水产生,但所有融水均再冻结于雪层内部,因此也属于无径流区。同干雪带类似,渗浸带也主要存在于气候寒冷的南北极冰盖中,而在山地冰川区则极少发育。

3)湿雪带

在渗浸带的下界,随着夏季气温的不断升高,积雪消融显著增强,年积累的雪到夏末全部被融水渗浸,并继续渗浸到更早的粒雪层中,或遇不透水层后沿侧向流动。在气温较高且降雪丰富的地区,湿雪带中的液体水分较为充足,除在渗浸过程中再冻结而留存在雪层中外,也可能有少量融水形成径流。相对于南北极地区,山地冰川的气候温暖,湿雪带普遍发育。在中低纬度的海洋型和大陆型冰川区,夏季积雪的融水也构成了冰川融水径流的重要来源。

4）附加冰带

附加冰是指由于雪冰融水再冻结而形成于积累区下部的连续冰体。附加冰暴露于冰川表面且有年增长的区域称为附加冰带。附加冰带的下限就是平衡线。在许多山地冰川及北极格陵兰地区,由于夏季较短,当年形成的附加冰不能够完全消融,而在次年能够得到新附加冰的补充,从而形成附加冰带。而在海拔较低的中低纬度冰川,夏季较长且消融强烈,春季积累区形成的附加冰在当年消耗殆尽,因此会缺失附加冰带。由于附加冰为不透水层,融水在产生后沿冰面或裂隙直接进入消融区而形成径流。

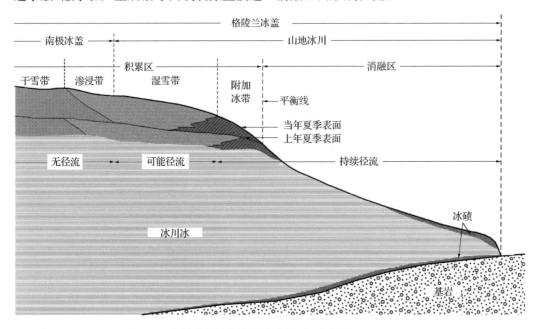

图 3.6　冰川分带及产流区示意图(修改自 Menzies,1995)

2. 消融区

消融区是冰川融水最为富集的区域。概括而言,消融区的冰川融水主要来源于裸冰消融、积雪消融、液态降水、表碛区消融、冰川存储释放、水汽受冷凝结等。不同冰川的融水组成可能存在较大差异,这主要与冰川的结构、类型、下垫面特征及冰川区的气候、地形等条件有关。

1）裸冰消融

对于大多数冰川而言,较为平整的裸露冰面为冰川的主要消融区,也是冰川融水的主要来源。影响裸冰消融强度的因素包括气温、太阳直接辐射、大气长波辐射、地表反照率、地形遮蔽度等。

2）积雪消融

消融区内的积雪融水主要由两部分组成：一是，冷季降雪在消融期来临后发生的消融；二是，夏季消融期内降雪的消融。在欧洲、北美洲、南美洲、新西兰等地，受来自海洋暖湿气团的影响，冰川区的冬季降雪非常丰富，至翌年春季，存储于冰川消融区的积雪开始快速消融，从而构成了春季冰川融水的主要部分。夏季融雪径流在冰川融水中也占有一定比重，特别是对于夏季积累型冰川。例如，天山的科其喀尔冰川，冬季降水量仅占全年降水量的 11%，大量降水出现在夏季，且在冰川中上部以雪的形式出现。在该冰川的融水径流中，夏季积雪融水约占冰川总径流的 20%。

3）降雨

在中低纬度末端海拔较低的冰川中，液态降水（降雨）对于冰川径流的贡献也不容忽视。一方面，雨水降落于冰面后会立即形成表面径流，部分弥补了气温降低而造成的冰面消融损失；另一方面，雨滴与冰之间会发生热量交换，对冰面的消融具有微弱的促进作用。据天山托木尔峰地区的研究结果，降雨径流量约占冰川总径流量的 10%。

4）表碛覆盖的冰川消融

发育于陡峻山谷中的大型冰川，由于冰雪崩及冰川运动对基岩的侵蚀，常带来丰富的岩石碎屑，并在冰舌部分形成连续的表碛覆盖。如图 3.7 所示的喀喇昆仑山 Mulungutti 冰川，末端附近的表碛厚度可达 3m。厚层的表碛对其下冰面的消融起到了强烈的抑制作用（图 3.8），但薄层表碛则由于其隔热作用微弱，且地表反照率降低，冰面吸收的太阳辐射增加，表碛覆盖反而有利于冰面的消融（Nakawo and Young，1982）。

图 3.7　喀喇昆仑山 Mulungutti 冰川（巴基斯坦）末端发育的表碛

5）冰崖消融

因冰体断裂、坍塌、差异消融等形成的陡峻冰坎或冰坡称为冰崖（图 3.9）。冰崖是冰川运动、热力作用和水力作用的产物，同时对冰川物质平衡、冰川融水径流、冰川运动和地貌形态等具有重要影响。冰崖的形态不拘一格，规模也相差很大。较小的冰崖（冰坎）长

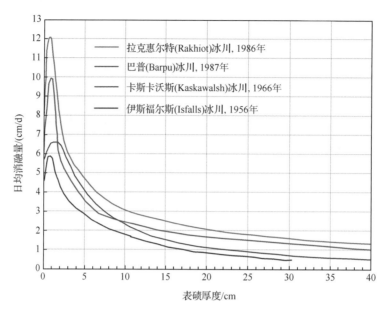

图 3.8　表碛消融速率同厚度的关系

度仅为 2～3m,中心高度小于 1m;而大型的冰崖长度超过 300m,中心高度可达 40m 以上。由于冰崖的分布处于消融区的下部,其裸露冰面消融异常强烈。例如,天山科其喀尔冰川冰崖的年均消融强度是裸冰区的 2.2 倍,而喜马拉雅山南坡的利龙冰川,冰崖面积仅占冰川总面积的 1.8%,但提供了 69% 的冰川融水(Sakai et al.,1998)。

图 3.9　天山科其喀尔冰川表碛区发育的冰崖

6)冰内及冰下消融

由于冰川垂向的结构差异,以及冰川运动、水力及热力对冰川的侵蚀作用,冰川内部及底部常发育有复杂的排水通道。地面融水径流通过冰裂隙、冰井(图3.10)等进入冰川内部,并沿冰内的排水通道向下游迁移。由于融水对通道侧壁和底部的动力冲刷和热力侵蚀作用,部分冰体发生消融并汇入其中,冰内通道随之扩大。冰川底部在有大量融水通过时也发生着类似的过程,此外,来自于底部基岩的热量也能够促进冰川底部的消融。同冰川融水径流总量相比,冰内及冰下的融水量仅占很小的一部分,其通常在冰川融水模拟中忽略不计。

(a) 大陆型冰川冰裂隙

(b) 海洋型冰川冰裂隙

图3.10　大陆型冰川及海洋型冰川冰裂隙示例

7) 冰川储水释放

运行于冰川表面和冰川内部的融水,可能因冰川运动、地形、气候和冰川构造等的变化发生排水不畅,而留存于冰川上,形成冰川储水,如冰面湖、冰内空洞和冰裂隙内的积水等。这些冰川储水可能在存储条件发生改变时排出冰川系统,形成冰川湖溃决洪水、冰川冬季径流等现象。尤其是对于大型山谷冰川,冰川的储排水效应对于冰川径流的变化具有重要影响。有关冰川的储排水作用将在融水汇流部分详细阐述。

3.3.2 汇流过程

1. 概述

冰川融水从产生到流出冰川系统经历了较为复杂的水量迁移过程。融水可以通过冰川表面、冰内和冰下3种途径抵达冰川末端,而这3种途径又相互沟通,构成了复杂的冰川排水系统。不同类型、不同大小冰川的排水系统和汇流过程也有较大差异。

对于小型大陆型冰川和极大陆型冰川,在冰川消融期,融水和液态降水在冰面的水道网中流动,逐步汇流到冰川末端,该过程类似于普通的坡面汇流过程。对于中大型冰川,尤其是海洋型冰川,大部分融水沿冰川表面的裂隙和冰内通道进入冰川内部,少部分沿冰面两侧和末端直接流出冰川体,而进入冰川内的水又汇流成一条或几条巨大水流从冰川末端流出来。冰内及冰下水体一般有以下4个来源:①冰川表面消融,包括冰面融水和降雨通过冰裂缝、冰裂隙或竖井进入冰床底部;②冰川底部融化,底部融化可能因冰床摩擦或地热造成;③冰下排水通道管壁的融化,造成融化的热量来自水流的湍流热交换,这部分的量较少;④其他蓄水体,如支流河、湖流入冰川的水体。

影响冰川汇流的因素,除常规的地形坡度以外,主要有冰川类型、长度、表碛和冰湖特征、积雪分布面积及厚度、冰川裂隙及其分布特征等。小型山地冰川基本不发育冰川裂隙和水下通道,汇流主要发生在冰面,汇流时间主要与冰面坡度和长度有关;若冰面有表碛覆盖,则冰面汇流受表碛覆盖特征的影响,增加了汇流过程的复杂性,在一定程度上延缓了汇流时间。对于中大型山地冰川,如托木尔型山谷冰川,或者具有水下通道的海洋型冰川,其汇流途径复杂多变。冰湖的蓄水或溃决过程、冰内裂隙和冰下通道的形成与演变,都会不同程度地改变汇流过程及时间。图3.11给出了大多数中大型山地冰川冰面、冰内及冰下主要水系通道的空间结构及相互联系。在非消融期或者弱消融期,积累区由于融水较少,加上粒雪层、冰晶体等的隔水作用,积累区融水基本不参加汇流过程,而消融区由于消融过程相对较强,且冰面、冰内和冰下水系没有完全闭塞,冰川汇流过程较为明显,这一阶段主要存在3种汇流途径:①饱和粒雪层底部融水量沿冰体表面或\和冰内水道直接汇流到冰川末端或沿冰下水道到达冰川末端;②裸冰表面消融水量沿冰内通道汇流到冰下通道或直接到达冰川末端;③裸冰表面产流量直接汇流到冰川末端。在强消融期,冰川消融剧烈,即便在积累区,由于粒雪层消融量的加大,其融水也会沿冰内、冰下管道系统进入冰体内部,整个冰体热融喀斯特作用强烈,排水系统发育,汇流途径更加复杂多变。冰内、冰下汇流过程是一个水、热及冰川运动相互作用的过程,在三者的作用下,冰内水道系统的管道形态、大小和长度都是动态变化的,下面详细阐述。

2. 冰面汇流

在微地形及冰面结构的影响下,冰面产生的融水会迅速沿冰面向低洼处汇集。如果冰面流比较集中且水量较大,则冰面能够在水流的动力冲刷和热力侵蚀作用下形成冰面河(图3.12)。冰面河的深度与其形成时间的长短和输送水量的大小等有关,从数厘米到数米不等,河的两侧陡直,底部平整、光滑。在冰盖、冰帽及大型山谷冰川的消融区,冰面

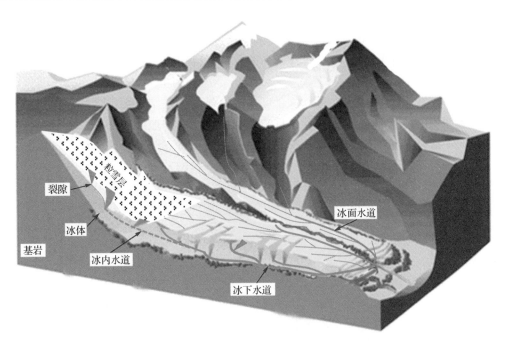

图 3.11　消融冰面、冰内及冰下主要水系通道及汇流途径示意图

图 3.12　天山科其喀尔冰川冰面河

河可能相互联通而形成巨大的冰面排水系统(图 3.13)。冰面排水系统与流域的地表径流网络类似,呈树枝状分布,但也存在自身的特点:①水系发达,但干流发育弱。由于冰面的夏季消融集中且非常强烈,水系中冰面河的数量多、密度大。但由于冰川向下游的运动和冰面的快速消融,难以形成深且宽大的干流。②冰面河的局地分布呈现平行的趋势。冰面河易发育在冰面结构的薄弱处,如密度差异明显的冰层结合部、弧拱构造的底部、支冰川与主冰川的结合部等,以及冰面的低洼处。这些结构和地形特征本身具有沿冰川横向或纵向平行发育的特征,因而其反映在冰面河的分布特点中。③冰面水系的密度向上游递减。这与天然的山谷水系明显不同,显示出垂柳状的发育特征。这是由于冰川下游的气温较高,冰面消融较上游强烈,因而水系也更发达。④冰面河的位置不固定,变化较快。冰川运动与冰面的快速消融使得冰面的结构和微地形快速变化,因而对冰面河的发育产生了较大影响。

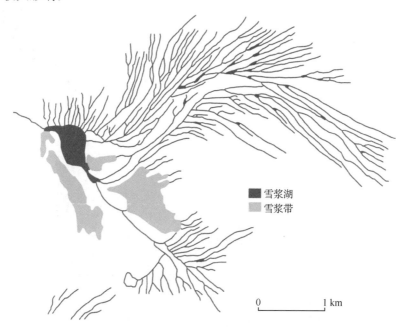

图 3.13　发育于格陵兰冰盖的一个冰面排水系统(Sugden and John, 1976)

3. 冰内汇流

对于多数山地冰川和小冰帽,由于冰川物质交换频繁,冰面水系的发育程度有限,仅有少部分冰川融水沿冰面到达冰川末端。大部分融水则通过冰裂隙或冰井进入冰内或冰下,通过冰川内部和底部的排水系统输送至出口。冰裂隙多发育于地形较陡的冰川中上部,当由重力引起的张应力大于冰的结合力时,冰层发生横向断裂,从而形成冰裂隙。在冰川消融区下部,冰川运动、差异化消融、冰面湖溃决等因素也会形成冰裂隙,但其宽度一般较上游冰裂隙窄。当冰面河的横断面上产生冰裂隙时,冰面径流被冰裂隙所截流,在冰面河入口处就形成了一个冰井[图 3.14(a)],即便两边的裂隙因冰川运动闭合后,冰井仍能存在较长时间。冰井同喀斯特地貌中的落水洞有类似的形态,多发育于冰川结构较脆弱的区域,如冰裂隙、不同密度冰层的结合部等。通过测量冰井的三维结构[图 3.14(b)]可以看到,冰井由上部竖直向下,局部可呈阶梯状或螺旋状,在深部逐渐向冰川下游倾斜,邻近的冰井间可能有横向的管道连通。受输入水量多少及排水能力大小的影响,冰井内的水位变化较为剧烈。当融水输入急剧增多时,由于内部通道扩张较慢,多余水量不能得到及时输送而暂存在冰井中,造成水位上涨;当冰面消融减弱、融水减少时,水位可能快速降低。当两个或多个冰井间因新的冰裂隙产生而贯通后,水位则可能快速升高或降低。

(a) 冰川竖井

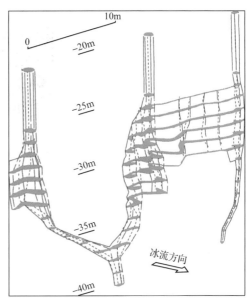

(b) 冰井三维结构

图 3.14　冰川竖井及瑞典 Storglaciären 冰川观测到的冰井三维结构[图(b)引自 Holmlund,1988]

　　除冰井及其连接水道外,冰川内部还发育着很多横向水道(图 3.15),水道直径从冰川上部的数毫米到消融区的数米不等。这些水道呈树枝状或呈辫状交错分布,同冰井一道构成了冰内的排水系统。这些水道可能源于积累区粒雪内的水流管路,因成冰作用而保留下来,后经流水的融蚀作用而发展壮大,或者由冰裂隙的闭合线演化而来。

　　4. 冰下排水

　　冰面融水通过冰裂隙及冰井等构造进入冰川后,只有少部分能够完全沿冰内通道到达冰川末端,大部分融水则最终到达冰川底部,并由冰下的排水系统流出冰川。冰下水系的发育同融水量、冰川底部下界面温度、冰床的地形条件等有关,其总体上可归为两类:分散式排水系统(树枝状排水系统)和分布式排水系统(街道式排水系统)。

　　分散式排水系统是指冰下的水道呈树枝状分布,所有支流最终汇集到若干条干流中而到达冰川出水口。分散式排水系统中水道仅占冰床面积的一少部分。由于水量集中,分散式排水系统的水流速度快,输水效率较高。构成分散式排水系统的水道可分为以下几种:①R 型水道。水道的上部及两侧切入冰内,而底部为基岩。与冰面流的方向受坡度控制不同,R 型水道的伸展方向主要受冰下水力梯度的影响,因此水道不一定沿冰川坡面

图 3.15　科其喀尔冰川内部侧向水道出口

向下发育,也可能沿侧向或逆坡分布。②N 型水道。水道向下切入冰川基岩,顶部为冰川冰或底碛。N 型水道是由于融水在较大水力梯度作用下,经过长时间冲刷冰床而形成的,如在 V 型冰床或粗糙冰床上,易发育 N 型水道。③隧谷。在有利的水力及地质条件下,N 型水道不断扩张,形成宽大的 U 型冰下河谷,称为隧谷。与冰川融水的输送需求相适应,N 型水道易发育在中上部冰床,而在冰川下部及末端附近,融水较为集中,则易发育隧谷。

　　分布式排水系统是指冰下水系呈面状分布,且占据了较大或全部的冰床面积。分布式排水系统有水膜、连通穴、辫状流、孔隙流等几种形式:①水膜。如果冰川底部处于压力融点,且冰床为渗透性较弱的基岩,则由于冰川底部的消融,在冰川与岩石界面间形成薄层水膜,水膜的厚度一般仅数毫米。②连通穴。连通穴是由发育在冰-岩界面上的空穴相互连通形成的排水系统(图 3.16)。受空穴间狭窄通道的影响,连通穴内的水流速度较慢,如果通道变窄或封闭,则空穴中的水可能暂时留存于冰川系统中,成为冰川存储。③辫状流网络。在冰床均由松散的冰碛物组成时,较易形成由 N 型水道相互交错构成的辫状流网络,其形态类似于径流量较小时宽广河道中形成的辫状流。④孔隙流,又可称作达西流,同土壤中的孔隙流类似。对于以上的分布式排水系统,可能独立或复合发育在某一冰川的底部,这主要与融水的供给、冰川温度、冰川结构、冰床的组成、底部地形等密切相关。

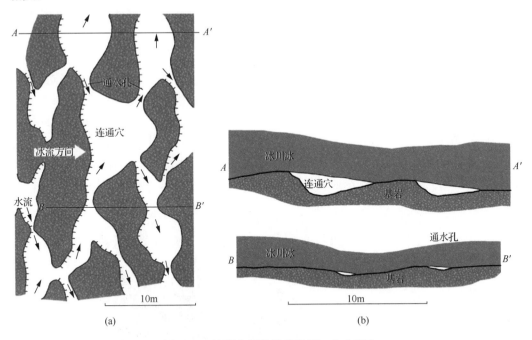

图 3.16　连通穴网络示意图(Kamb,1987)

(a)平面图;(b)A-A′及 B-B′剖面分别显示冰下排水系统中的连通穴及通水孔

5. 储水构造

冰川融水在向冰川末端迁移的过程中,可能因排水不畅而滞留于冰川中,造成冰川融水的存储。冰川的储水构造包括积雪和粒雪层、冰裂隙、冰川湖、冰内空腔、冰下空穴及冰川的排水网络(图 3.11)。存储于冰川中的融水会随新生融水的汇入和储水构造的变化而排出,其时间尺度从数日到数年不等,因而会对冰川末端融水径流的变化产生重要影响。

1) 积雪储水

对于降雪较为丰富的海洋型冰川,积雪特别是积累区的粒雪层,对积雪融水的截流作用非常显著,也常被认为是迟滞冰川融水的主要因素之一。当湿雪带表层的积雪消融后,融水下渗进入粒雪层,一部分融水重新冻结并释放出热量,使雪层温度升高,另一部分融水则受下部冰川冰的阻挡而沿粒雪层侧向运移,从而形成了类似于地下水潜水的粒雪含水层。粒雪含水层的厚度主要与粒雪中的水力梯度和排水能力有关,也受气候波动等外部因素的影响。例如,斯堪的纳维亚半岛的 Storglaciären 冰川,消融期内粒雪含水层的厚度可在 2~5m 波动(Jansson et al. , 2003)。

2) 冰内与冰下储水

冰裂隙和冰井是冰川融水进入冰内及冰下的主要冰川构造,当排水不畅时,部分融水可能滞留于冰裂隙或存储在冰井中。通过冰井结构的测量和冰井水位的变化,可大致估算出冰井的储水量,但对于冰裂隙和冰井等开放式冰川构造,所能存储的水量非常有限。

冰内横向的排水网络也具有一定的储水能力，其储水量由排水管路的输水效率决定。由于目前仍缺乏高精度探测冰内排水网络的手段，其储水能力的大小尚不确定，一般认为其最大储水量仅占冰川存储的一小部分。

3) 冰湖储水

与现代冰川或冰川作用相关的大型蓄水结构可统称为冰湖，根据其发育地点或结构特征，主要分为冰面湖、冰川阻塞湖和冰碛阻塞湖等。

冰面湖是山地冰川上常见的一种冰面储水构造，常发育于冰川消融区的低洼或排水不良地带[图 3.17(a)]。冰面湖的发育与演化在不同类型的冰川上存在显著差异。在温冰川上，冰面湖大多形成于消融初期，随着气温的升高，入湖水量增多，库容增大；同时，冰温逐渐达到压力融点，冰内排水通道扩张加剧，最终与湖底或湖岸相通，冰面湖溃决。而

(a) 冰面湖蓄满

(b) 冰面湖溃决

图 3.17　科其喀尔冰川冰面湖 2007 年 7 月 5 日蓄满及 7 月 18 日发生溃决后的景观

对于其他类型的冰川,冰川温度始终低于压力融点,冰面湖则可能存蓄数年,直到因动力或热力作用使排水通道打开而溃决[图 3.17(b)]。在有广泛表碛覆盖的冰川消融区,冰川的差异化消融常形成数量众多的冰面湖,且其一侧或周围湖岸常发育有陡立甚至内倾的冰崖;冰崖消融时,融水挟带大量的岩石碎屑与溶质进入湖中,使湖水浑浊且底部沉积较厚。有一部分冰面湖,由于冰崖的消亡,加上厚层的底部沉积,在较长的时间内隔断同其他融水来源的联系,从而形成相对独立的储水构造。除冰面湖外,在冰川末端形成的冰碛和冰川阻塞湖也可拦截大量冰川融水,并影响冰川水文过程,相关内容参见第 10 章。

3.4　融水径流及变化特点

3.4.1　融水径流特点

1. 季节性

对于绝大多数冰川而言,径流主要发生在日平均气温稍微低于 0℃ 及 0℃ 以上的季节,也就是所谓的暖季。也就是说,冰川消融过程主要是季节性的。北半球冰川消融的时间一般为 6～8 月,而南半球冰川则在 12 月至翌年 2 月。

2. 气温(热量)依赖性

不同于一般河川径流与降雨过程相伴增减的特点,冰川融水径流对气温(热量)具有高度依赖性。

3. 动态稳定性

在当今全球变暖的背景下,多数冰川的消融区不断变薄,冰川末端不断退缩,冰川面积逐步缩小。但冰川是一种塑性体,在重力作用下,冰川会发生运动,积累区物质不断向消融区运移,有些冰川运动比较缓慢,有些则较快,有时能达到每天运动数米或更多,从而使冰川消融区的消失速率减缓,得以输出相对稳定的冰川径流。冰川运动是冰川长期存在的主要原因。

4. 丰枯相反性

总体上看,冰川作为固体水库,可通过自身的变化对水资源进行调节。这一调节作用可分为短期(多年)和长期(几十年到数世纪)两种方式。从短期看,在高温少雨的干旱年,冰川消融加强,储存于冰川上的大量冰融化并补给河流,使河流的水量有所增加,从而减小或缓解用水矛盾;相反,在多雨低温的丰水年,又有大量的降水被储存于冰川,对应的冰川消融量也减少。例如,在乌鲁木齐河英雄桥水文站控制断面以上(冰川占流域面积的 4.1%),1982～1997 年冰川径流补给比例平均为 11.3%,但在高温干旱的年份,如 1986 年冰川径流比例高达约 28.7%,在丰水的 1987 年则只有 5.1%。这充分表明了冰川作为"固体水库"在调节径流丰枯变化方面的作用(叶佰生等,1999),这一现象在黑河山区流域也有明显体现(图 3.18)。1960～2013 年,该流域年均冰川融水比例仅为 3.5%,但在干旱年份可高达 5.4%,在干旱月份则高达 16%(月平均为 2.4%)。

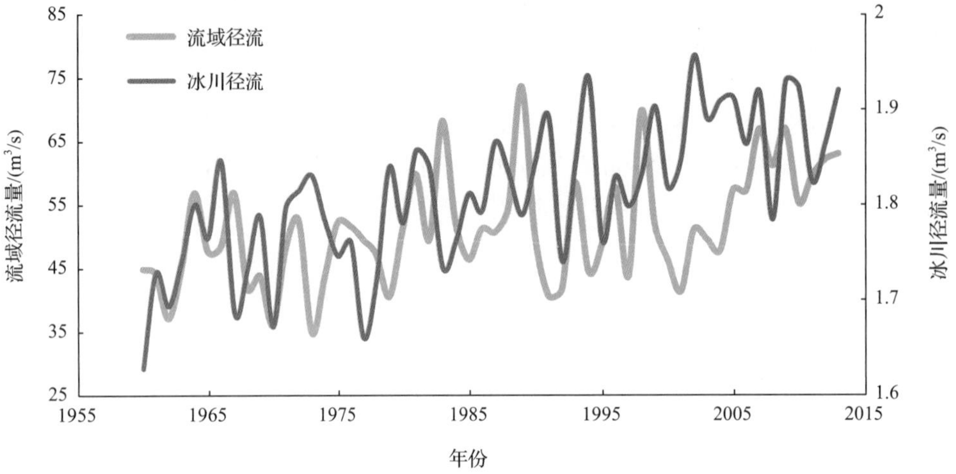

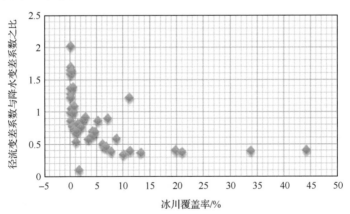

图 3.18　1960~2013 年黑河山区流域径流和冰川径流变化对比图

中国西北地区主要河流径流的冰川覆盖率与多年径流变差系数的统计结果也表明了这一点。图 3.19 为径流变差系数与降水变差系数之比,反映了除降水之外的其他因素对径流变差系数的影响。从图 3.19 中可以看出,对于冰川补给较丰富的河流(冰川覆盖率大于 5%),其年径流变差系数与年降水变差系数之比小于 0.5;对于无冰川补给的河流,上述比值大于 1.0。这充分表明了冰川对径流的多年调节作用,冰川径流的这种调节作用在冰川覆盖率大于 5%的流域尤为显著(叶佰生等,1999)。冰川融水补给量较大的河流受旱涝威胁相对要小,其对中国西部干旱地区农业稳定和持续发展起着重要作用。

图 3.19　中国西部流域径流和降水量变差系数之比与冰川覆盖率的关系(叶佰生等,1999)

从长期看,冰川的形成和变化受气候条件的影响,同时也受自身运动规律的制约,其形成和变化过程需要几百、上千年甚至于更长时间。因此,它可将几百年前储存在冰川上的水在某一特定的气候条件下释放出来,或者将部分降水储存于冰川上,使某一时期的冰川径流形成一定的增减变化趋势,这就是冰川波动对水资源的长期调节作用。正是由于冰川这种固体水库的存在,才使得一些寒区河流在枯水年份不至于断流,所以其具有重要的水资源意义。

5. 冰川自身变化的敏感性

冰川消融量的多寡主要取决于冰川表面的气象条件,如气温、风速、相对湿度、太阳辐射等,但冰川本身的物理特征,如冰川类型、大小、冰川表面的粒雪粒径、粒雪的新旧程度、表碛特征,以及坡度、坡向等对冰川消融过程及其产流量也有很大影响。在强烈消融区,消融过程会导致冰川表面形态发生变化,引起冰川消融速率和汇流路径发生变化。而冰川运动则在不断改变整条冰川,特别是消融区的形态、冰内及冰下通道的变化。这种变化反过来也会影响冰川的消融过程,特别是汇流过程。这种现象是冰川区产汇流过程的特色之一,从而形成了具有特色的融水径流过程。

6. 高产流特性

闭合的非冰川流域的年均径流系数一般为 0.2~0.6;而冰川流域的年径流系数一般接近于 1.0,近几十年来,伴随着全球变暖,冰川流域的年径流系数则基本大于 1.0,主要原因如下:①冰川区气候寒冷,坡度较陡,无植被覆盖,蒸散微弱;②在当今全球变暖的背景下,冰川加速消融、冰川面积萎缩、厚度变薄,其融水径流不仅来自于当年的降水积累量,而且来自于冰川本身体积的缩小,冰川时常处于负平衡状态,这也是冰川流域不同于非冰川流域的一个特点。

7. 降雨消融性

冰川融水径流的大小与降水的关系不密切,其主要与气温有关。降雪是冰川的主要补给源,但降雨会带来热量,部分强降水事件则会强烈冲刷冰面的雪及其他松散物质(图 3.20),因而降雨会加速消融,从而形成了具有特色的径流。这不同于非冰川流域。

(a) 强降雨前

(b) 强降雨后

图 3.20　强降雨前、后的小型山地冰川消融区表面形态

3.4.2　变化特点及主要影响因素

1. 变化特点

1) 日变化

无论是大陆型冰川还是海洋型冰川,其融水径流往往表现出峰-谷的日变化周期,峰值往往出现在下午。例如,乌鲁木齐河 1 号冰川水文断面的最低水位出现在 10 时左右,最高水位出现在 17~18 时,其峰、谷滞后于气温的日变化周期(图 3.21;韩添丁等,2010),滞后时间的长短取决于冰川类型、冰川排水性质、流域面积大小,以及水文观测断面距冰舌末端的距离等因素。径流的日变化特征在消融期的不同月份也有所不同。

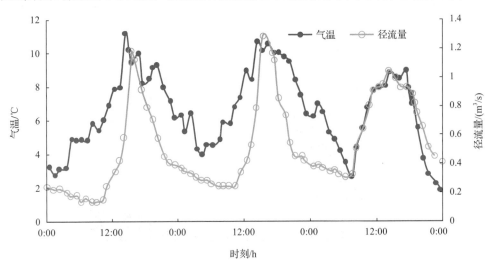

图 3.21　乌鲁木齐 1 号冰川水文点无降水时段气温-径流变化(韩添丁等,2010)

2) 年内分配

不同类型冰川的融水径流的年内变化特性也不同。大陆型冰川径流的年内变化很大,分配极不均匀,消融期短(5~9月),融水高度集中在6~8月,基流小,冬季甚至断流。例如,1959~1961年6~8月祁连山老虎沟冰川的径流量占年径流量的85.8%。海洋型冰川径流的年内变化小,分配也较均匀,消融期长(4~10月),5~9月为强消融期,基流大,一般不断流。例如,在贡嘎山海螺沟冰川的强烈消融期,冰川融水占年径流量的80%左右,最大值出现在7月或8月(图3.22)。

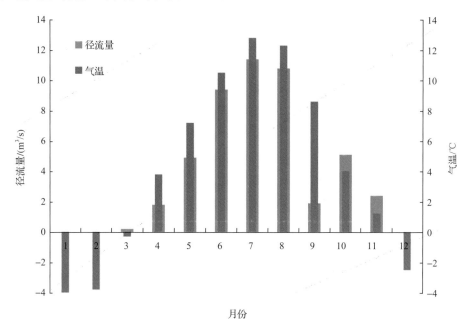

图 3.22　1990 年海螺沟站冰川融水径流与冰川末端气温对照图(曹真堂,1995)

2. 主要影响因素

冰川融水量的多少取决于冰川-大气表面的能量平衡状况,其与冰川表面的气象状况和冰川本身的物理特征紧密相关。大气提供能量用于消融,而大气状况又被随时间改变的雪冰影响。因此,冰川融水径流过程的主要影响因素包括以下几点。

1) 冰川表面的能量平衡

由于冰川区天气无常,总辐射主要受云的影响较大,因此,一般来讲,冰川区总辐射会随海拔的升高而降低。而对于反照率来说,新雪的反照率最高,其次是粒雪,裸冰最低。因此,到达冰川表面的净短波辐射总体随海拔的升高而降低。向下的长波辐射主要与气温呈正比,向上的长波辐射则主要与表面温度有关,而气温和冰面温度总体上也是随海拔的升高而降低。因此,冰川区净辐射总体随海拔的升高而降低。到达地表的净辐射主要分解为感热、潜热和消融热。潜热的多寡与湍流和水汽压及相对湿度等有较大关系,而感热也受限于各种环境条件。此外,降雨也会释放部分热量用于冰川消融;水汽凝结释放的潜热也有助于冰川消融,但冰川内部通过热传导产生的热通量消耗了一部分消融热,从而减缓了冰面消融的速率。

2）冰川的物质平衡和动力响应

冰川物质平衡的变化反映了冰川系统的收支状态,当收入小于支出时,物质平衡处于负平衡状态,消融量增加,冰川融水量也相应增加。通过塔里木河冰川物质平衡(B_n)与冰川融水径流(Q)的相关分析可以看出(图3.23),二者呈反相关关系,相关系数在0.95以上,且通过了$\alpha=0.01$的显著性水平检验,物质平衡越小,冰川融水量越大(高鑫等,2010)。

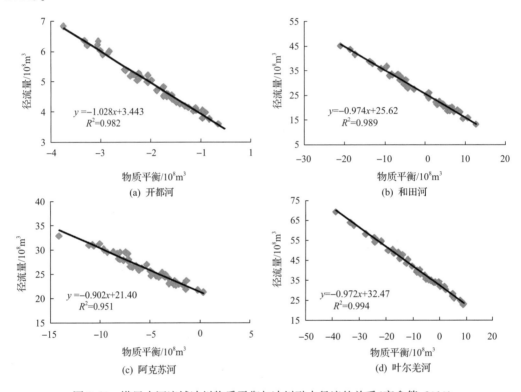

图3.23　塔里木河流域冰川物质平衡与冰川融水径流的关系(高鑫等,2010)

山地冰川是一定气候和地形共同作用的产物,气候的变化必将引起冰川的变化,这种变化是通过冰川内部自身的运动规律来调节其面积和长度,以适应新的气候条件。从理论上讲,某一气候条件下,冰川对应着一种稳定状态,但由于冰川为类塑性体,一方面它对气候变化有一个逐步适应的过程,另一方面气候也在不断影响冰川的变化。

3）冰面特征的影响

冰面地形、积雪覆盖状况等影响着冰川消融过程,表碛覆盖、冰湖和冰崖的存在,对于表面消融也有较大影响。研究表明,10cm厚的表碛能减少约10%的消融量,而20cm厚的表碛则一般要减少56%左右的消融量(Han et al.,2010)。对于厚度小于2cm的薄层表碛,薄层冰碛覆盖则有利于冰川消融。根据对第1次冰川编目的统计,60%以上的托木尔峰型冰川的消融区有表碛覆盖,超过2cm厚的表碛对于减弱冰川的消融有明显作用。对琼台兰冰川海拔4000m处冰川消融的对比观测表明,表碛厚度为1cm时的消融比无表碛覆盖区少 20％～30％,当表碛厚度为 2cm 时则减少 50％(王宗太等,1987)。在表碛覆盖区常分布有大量的冰崖和冰面湖,冰崖的后退融化是冰川融水的重要组成部分。在喜马拉雅山的利荣冰川,面积仅占冰川面积 1.8％的冰崖区约贡献了 69％的冰川融水(Sakai et al.,1998)。这些因素的存在使表碛覆盖区的融水模拟更为困难。

4) 冰内和冰下水系构造

冰内及冰下水系的形成与演化具有时空变化的特点,其会对冰川汇水储水及径流过程产生影响,与之紧密联系的冰下水文过程(水力状况)与冰川运动、冰川侵蚀及冰川洪水形成等过程息息相关。冰内及冰下水系的空间结构和形态复杂,且不同于一般的喀斯特水文系统,具有明显的季节变化特点,其空间分布和水力状况会因外界水体输入(降水和冰雪融水)的变化而改变。冰内及冰下水系的变化通过影响汇流对冰川融水的径流过程产生影响,冰川区一些溃决洪水事件的发生与冰内及冰下蓄水的突然释放也有很大关系。冰川蓄排水还通过改变冰下水力条件来影响冰川运动,反之冰川运动不仅影响蓄排水过程的转换效率,且通过改变冰川的消融强度(冰体向下游消融区输送速率的变化)来影响冰川排水系统的空间分布范围。

5) 吸光物质的影响

山地冰川表面及内部并不是纯冰,还存在黑炭、粉尘、内碛等吸光物质。在强消融期,山地冰川表面消融,大量深色石块形成污化面,能够吸收更多的热量,从而加速了冰川的消融过程。此外,黑炭对冰川消融也有重要影响。全球气候模式(GCM)的模拟表明,东亚和南亚的黑炭气溶胶对平流层中部和底部的升温贡献约为 0.6℃,这与温室气体的贡献相当(Meehl et al.,2008)。黑炭还通过另外的过程影响冰雪消融。

3.5　融水的侵蚀及搬运作用

3.5.1　动力侵蚀

冰川融水在运移的过程中会同其搬运的泥沙一起,对迁移路径上的冰面、基岩和冰碛物进行动力侵蚀或机械侵蚀。根据侵蚀作用的机理,可将冰川融水的动力侵蚀分为研磨侵蚀、气蚀、水流应力侵蚀和拖曳侵蚀。

1) 研磨侵蚀

挟带泥沙的融水径流通过水流及颗粒物对排水通道周壁和基岩的冲击和研磨作用而对其进行侵蚀,并在其表面形成洼坑、条痕和凹槽等侵蚀构造。影响研磨侵蚀速率的因素包括水流的冲击角度、流速、水中颗粒物的含量、颗粒及下垫面硬度、颗粒大小等。根据室内实验分析,随着冲击角度的增加,侵蚀作用将增强,且当水流与脆性岩层的夹角达到 90°时,岩层受到的侵蚀作用最强。因此,湍流的形成将增强融水的研磨作用。在排水通道的急弯段,由于水流被迫改变方向,研磨侵蚀作用也最为强烈。水流的速度表征了融水动能的大小,速度越快,侵蚀越强,侵蚀速率与水流速度大致呈指数关系。当融水中泥沙的重量百分比小于 20％时,侵蚀速率随泥沙含量的增加也呈指数增长。当泥沙含量继续增大时,泥沙间扰动的显著增加将使其侵蚀能力减弱。此外,随着泥沙粒径的增大,研磨侵蚀也迅速增强。

2）气蚀

融水在冰川内部通道运移的过程中，水流的压力会随着其流经通道的改变而发生波动。在低压区域，水中溶解的空气可能析出而形成气泡，这些气泡随融水迁移到高压区域后，因压力改变而发生爆裂。如果这些爆裂发生的地点接近水道侧壁，则可能对冰面侧壁造成侵蚀。侵蚀速率随水流速率和水道底部糙度的增加而增加，而随侧壁硬度的增加而减小。水流对侧壁的气蚀作用存在一种正反馈机制。气蚀使得侧向冰面的凹坑及凹槽增多，这些坑槽使湍流加强，从而促进了对冰面的侵蚀。

3）水流应力侵蚀

对于侧壁为基岩或冰碛物的水道，水中应力可以使岩层或冰碛物逐渐从侧壁剥离，或使侧壁发生塑性变形而导致流水的研磨侵蚀加剧。对于具有层状结构的基岩或者冰水沉积物，这种侵蚀作用较为显著。

4）拖曳侵蚀

拖曳侵蚀描述稳定水流对沉积于水道底部非附着性岩石碎屑的搬运作用。随着水流速度的增加，水流对于底部泥沙的拖曳力逐渐变大。当水流速度达到颗粒运动的临界速度时，泥沙颗粒克服阻力进入水体，并随之迁移。水中泥沙颗粒的阻力主要由重力和水体施加的浮力决定，因此，临界速度的高低同泥沙颗粒的大小、重量、形状及表面积等有关。在冰川排水系统中，湍流作用非常普遍，而这种非稳定流能增加颗粒的浮力。因此，拖曳侵蚀作用更为显著。

3.5.2　化学侵蚀

当冰川融水流过基岩和冰碛物时，固体物质中的一些离子被水溶解，其以水合物的形式随融水一起迁移，或者在适当的时候再次沉积形成沉淀壳。这种冰川融水化学侵蚀及其与流经环境的相互作用过程详见第 15 章。

3.5.3　沉积物运移

1. 悬移质输送

悬移质是指裹挟在冰川融水中，随水流一同迁移的碎屑及颗粒物。基岩和冰碛物表面的碎屑及冰川沉积物因融水的侵蚀而进入水体成为悬移质。在静止或者处于层流状态的水中，多数悬移质在重力作用下逐渐沉积于水体底部；而在湍流中，向上的水流能够使悬移质长时间悬浮于水体中，并能够随水流迁移很长的距离。

受冰川磨蚀作用影响，冰碛物中含有大量黏粒、粉砂等细粒物质，在冰川融水作用下，细粒物质进入河流形成大量悬移质，往往导致河流呈现乳白色，形成所谓的"奶河"（图 3.24）。

在碎屑供给充足的情况下，融水中悬移质的浓度随湍流的加强和流速的增加而增大，因此，在冰川融水径流的日变化过程中，表示水体悬移质含量的浊度随径流量的增加而增加。然而，在实地观测中发现，径流变化中浊度的峰值常常较径流的峰值提前出现，即在

图 3.24   含有大量细颗粒泥沙的冰川融水径流

悬移质浓度达到最大值后,随着径流的增加,水流中悬移质浓度逐渐减小。这主要是由于排水网络中细粒的沉积物和碎屑随前期水流逐步排空,悬移质的供给减少,水流的增强不能造成悬移质浓度的同步增大,在悬移质浓度的年变化中也表现出了这一变化趋势。

　　在冰川区,冰湖溃决等强排水事件可能对冰川沉积及基岩造成强烈侵蚀,形成介于泥石流和通常水流之间的高含沙水流,水流中悬移质的重量百分比可达到 20%～60%。高含沙水流通常表现为各粒径悬移质均匀分布的各向同性结构,在河道变宽、加深处,流速变缓,也可能形成上下两层的分层机构——细粒低浓度悬移质浮于水流上层,而粗粒高浓度悬移质在水流下部迁移。

　　2. 推移质输送

　　在冰川水流中,一些体积较大的粗粒岩石或碎屑因重量较大,不能悬浮于融水中,而是在水流的冲刷下,沿河床底部进行连续或间歇性移动,这种物质称为推移质。推移质的运动形式可分为滑动、滚动和跳跃 3 种。滑动是扁圆形的石块、长条形石块或中大型石块常见的运动方式,这些石块在重力、浮力、流水的推力和剪应力作用下沿河床滑动。由于岩块底部始终与河床接触,因而在滑动的过程中其对河床的侵蚀作用非常强烈。中小体积的块状岩石多以滚动或跳跃的形式迁移。这两种迁移形式虽然不能直接对河床造成强烈的侵蚀,但由于石块离开原来位置后,散布在石块周围的细粒沉积物更易遭受水流的冲刷,从而造成河床下切。

　　同普通河流类似,冰川融水对推移质输送的强度(包括粒径的大小和输送量的多少)同水流的速度、湍流强度及河道沉积物组成等有关。对同一条冰川而言,流速及径流量越大,对推移质的输送量则越多。例如,Ashworth 和 Ferguson(1986)对挪威的 Lyngsdalselva 冰川融水径流进行分析后认为,流速为 10m/s 时融水中推移质的输送量约比流速为 5～8m/s 时高一个数量级;∅strem(1975)研究挪威的 Jostedalsbre 冰帽排水时发现,在 1969 年夏季的 27 天里,冰川融水大约输送了 400t 推移质至下游。在夏季,由于消融强烈,冰川融水径流量较大,在冰川末端水流中,常可听到沿河床运动的石块相互撞击或敲击河床的声音。

　　冰湖溃决所产生的冰川洪水能够在短时间内输送大量的冰川沉积物,并对河床造成剧烈的侵蚀。例如,天山科其喀尔冰川上游沉积物供给丰富,在冰川末端水文断面,由于水面变宽,每年夏季末都会有大量的碎屑沉积于断面,造成河床升高;而在如 2011 年 4 月的洪水事件中(图 3.25),5 小时内河床整体下切达 11cm。

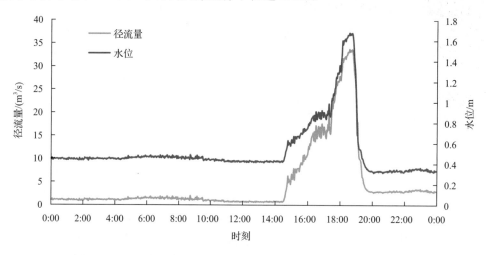

图 3.25　2011 年 4 月 24 日天山科其喀尔冰川末端记录的洪水事件

第 4 章　冰川水文的研究方法

野外观测是进行地学研究的重要环节。冰川水文学的研究需要采用科学、合理的观测方法，来获得详实、可靠的观测数据。本章前两节围绕冰川物质平衡和冰川融水两个主要方面，对相关观测内容、原理、方法和仪器等进行介绍。冰川径流模拟是剖析冰川流域产汇流过程及影响因素的重要方法，也是开展径流预报和预估的主要手段，因此 4.3 节着重介绍冰川径流模拟的原理和主要方法。通过阅读本章，读者能够初步了解冰川水文研究中主要的野外观测技能和模型分析方法。

4.1　冰川物质平衡观测

冰川物质平衡观测的实质是获得某段时间冰川特定区域的积累量、消融量及其对比关系。以测杆(花杆)出露高度变化观测及雪坑测量为主要手段的直接观测法，能够直观、准确地反映冰川收支状况，也是定位及半定位观测冰川物质平衡的主要测量方法。对于大多数难以进行现场观测的冰川，可采用地形测量、气候水文计算等间接方法获得物质平衡资料。本节将对目前应用于冰川物质平衡观测的主流方法进行介绍。

4.1.1　直接观测法

物质平衡的直接观测法又称为冰川学观测法(glaciological method)，是在冰川上布设测点，定期对各测点消融/积累进行测量，综合得到整个冰川或冰川的某一部分在全年或者某一时段内的物质平衡及其各分量，因而是目前物质平衡测量中最为精确的观测方法。由于需要在整个冰川区布设测杆或雪坑测量点，因此，适宜进行物质平衡直接观测的冰川需要具备一定条件。联合国教科文组织(UNESCO)对物质平衡观测典型冰川(mass balance benchmark glaciers)的条件进行了界定，其包括以下内容：①交通便利，后勤补给能够得到保障。②面积与冰川作用差适中。UNESCO 推荐 5km^2 左右为适宜的冰川观测面积。冰川面积也不宜小于 2km^2，因为太小的冰川受局地气候和地形效应的影响较强，面积和冰量波动幅度较大，很难反映区域性的总体状况。与冰川面积相适应，冰川作用差一般不应小于 500m。③具有清晰的冰川边界和简单的冰川形态，这样能够保证冰川物质的输入输出得以准确测量。④冰川补给大部分来源于降水。冰雪崩补给、冰川崩解作用等因素对于冰川物质平衡的影响既难于量化，也与气候的直接作用关系较小。⑤冰面应平整，冰裂隙不发育，无连续表碛覆盖。

实际发育的冰川较难满足上述所有条件，因此，需根据冰川结构、气候、地形、观测基础、交通条件等实际情况进行选择和观测。

1. 测点布设

冰川物质平衡观测点的选择在消融区和积累区有一些差异。对于观测条件比较理想的冰川,消融区同一高程带内的冰面融化较为均一,单点的测量结果能够代表该高程带的物质平衡变化。对于 5～10km² 的山谷冰川,只需要 10～15 根测杆即可对消融区内的物质平衡变化进行很好的测量。测杆的布设以高程带为基础,每隔 150～200m 设一个主测量断面,其上均匀分布 2～3 个花杆测点,主测量断面之间可设只有中流线测点的辅助断面,由此共同构成菱形或工字形展布的消融区观测网络(图 4.1)。应对每根测杆进行编号,以便于测杆的识别。除顺序编号外,较为流行的编号规则是将主流线上的测杆随海拔由低到高,顺序编为 10 号、20 号、30 号等整数,主流线左侧测杆由近及远编为 21 号、23 号等奇数,右侧测杆由近及远顺序编为 22 号、24 号等偶数。

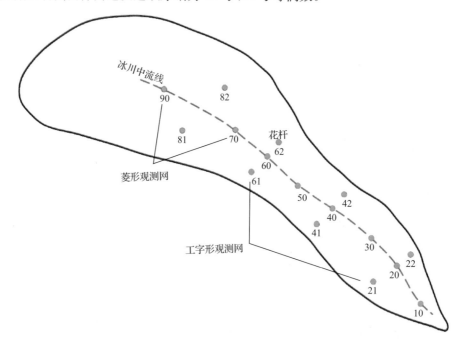

图 4.1　花杆网络布设方法及编号规则

由于积累区海拔较高、积雪厚、后勤补给困难等原因,物质平衡测量难度较大。因此,积累区观测点的选择不宜过多,但需要兼顾不同高度带的物质平衡差异,以及积累区边缘风吹雪、雪崩等对于物质平衡的影响。每个测点应尽量能够代表较大区域内物质平衡的平均状况,以便减小系统性的测量误差。

2. 消融区观测

对于夏季处于净消融的裸露冰区和粒雪区下部,可利用竖直插入冰内的测杆进行物质平衡测量。单根测杆的长度为 2m,其一般为粗细均匀的竹质、木质杆或结实抗风化的塑料管(PVC 等)。测杆栽入冰内的深度应根据当地的年消融量和冰川表面运动速度确定,需确保在一个测量周期内,测杆不因消融或冰川运动而倾斜甚至倾倒。对于消融强烈的冰川,可通过数根测杆首尾相接的方法增大测杆长度。

测杆利用蒸汽钻或手摇冰钻打孔的方式埋入冰内,每次读取测杆顶部至冰面的距离。当冰川表面有积雪(粒雪)及附加冰时,还要分别记录其厚度及平均密度。野外观测时,附加冰呈半透明或乳白色,并可见絮状气泡残体;冰川冰则完全透明,有时可见沿冰川流向分布的小气泡串。在通常的计算中,某时段、某点的物质平衡为雪平衡、附加冰平衡和冰川冰平衡的代数和,或可将雪和附加冰的厚度折算为冰川冰厚度,折算方法如下:

$$m' = m + h_f + h_s - (\rho_f h_f + \rho_s h_s)/\rho_i \tag{4.1}$$

式中,m' 为测杆顶部到折算后冰面的距离;m 为测杆顶部到雪面或附加冰面的距离;h_f 为积雪厚度;h_s 为附加冰厚度;ρ_f、ρ_s、ρ_i 分别为附加冰、积雪和冰川冰密度,附加冰密度可取 0.85g/cm^3,冰川冰平均密度取 0.9g/cm^3。根据一个时间段内的两次测量结果,即可计算得到该点在该时段内的物质平衡 b:

$$b = \rho_i(m'_1 - m'_2) \tag{4.2}$$

一个平衡年内某点的比净平衡(b_n)可根据平衡年初和年末的两次测量得到,也可通过年内多次测量的累积值(代数和)计算而来。测杆的观测频度可根据研究需要、物质平衡变化的波动幅度或者观测的难易程度确定,但观测时间宜在每月 1 号左右,以便于资料的对比。测杆因冰面消融、冰川运动等因素发生倾倒、倾斜、折断或大幅度位移后,需要尽可能在倒伏前重新布设。重设点应为测杆初始布设点,以利于数据资料的连续衔接。

3. 积累区观测

冰川积累区物质平衡的主要观测内容是积雪和粒雪的收入和支出,因为地形和气候因素,积累区的积雪密度及厚度变化很大,因此主要依靠雪坑法测量,测杆仅作为辅助方法。雪坑法的基本测量原理是,当冰川区气温、降水、大气沉降等发生变化时,积雪的密度、组成、颜色等发生变化而形成代表某一时间的特征层位或年层,通过测定特征层位间的积雪水当量而获得某一时间段的积累量。

在积累区,测量点人工挖掘雪坑的深度应大于当年的积雪厚度,按雪(粒雪)的结构变化分层测定密度和厚度,然后按式(4.3)计算出该年层的积累量:

$$b_n = \sum_1^n h_j \rho_j \tag{4.3}$$

式中,h_j、ρ_j 分别为各雪层的厚度及密度;n 为总层数。

在雪坑法中,年层标志的识别对于物质平衡的测量结果具有重要影响。在夏末,由于积雪表层发生显著消融,积雪中的尘土、杂质等暗色物质聚集,形成污化面,它是积累区中、下部积雪的重要年层标志。在夏季补给型的冰川中,积累区的一个年层中往往发育多个污化面,除夏末强烈消融期形成的污化面外,夏初的扬尘天气可能使冰川接收较多的风成尘埃,并形成一层浅黄色的污化面。一个夏季内,由于消融强度的变化也可以形成多个污化面。因此,污化面年层的识别需要对当地的气候、冰川积累特征等有一定了解,且具备丰富的野外观测经验。

在积累区上部,由于气温很低而消融较弱,夏季末往往见不到明显的污化面。在这种情况下,为准确识别夏末年层,需要采取雪层结构分析等辅助方法。连续数年的观测时,可以在夏末观测的同时,在一定范围内铺撒锯末等物质作为人工污化面,以利于下一年年层的识别。

当积累区的积雪发生强烈消融时,积雪融水的下渗和再冻结可形成冰川的内补给,需要在物质平衡观测时予以注意。当融水渗浸深度不超过当年年层时,可通过雪层的编录和测量,将内补给量计算于物质平衡中。而在渗浸带及渗浸-冻结带内,融水可能渗入当年年层以下,发生再冻结或者转化为径流流失。在此情况下,内积累或融水损失往往不被计入当年的积累量,因此得到的年积累量在渗浸带偏小,这在海洋型和大陆型冰川上表现得尤为显著。为测定这部分内补给,需要将雪坑深度延伸至融水下渗的最大深度,通过对照所有年层的物质平衡、密度和下沉量变化进行计算,但该方法较为复杂,在实践中难以应用。因此,在常规的物质平衡观测中只采用传统方法,对当年以下年层中的内补给通过雪层结构法进行评估,从而对当年物质平衡进行修正。

4. 单条冰川物质平衡计算

当获知单条冰川各观测点的平衡数据后,即可利用各点所代表的冰川面积,采用面积加权的方法获得一段时间内冰川的净平衡。常用的面积加权方法包括等高线法和等值线法。

1) 等高线法

根据冰川面积、冰川作用差、测点密度等,将冰川自上而下划分为若干高度带,并假设同一高度带内的各点具有相同的比净平衡。将同一高度带内测点的物质平均,得到该高度带的净平衡,依据式(4.4)计算全冰川净平衡:

$$b_n = \sum_1^n s_i b_i / S \tag{4.4}$$

式中,s_i,b_i 分别为两相邻等高线间的投影面积和平均净平衡;n 为高度带数量;S 为冰川面积。

2) 等值线法

当冰川物质平衡的测点较多时,可利用等平衡线法计算物质平衡。将各测点的净平衡值标示于大比例尺地形图上,并据此利用克里金等差值方法生成等平衡线图(图 4.2),依据式(4.5)计算全冰川净平衡:

$$b_n = \sum_1^n s_i' b_i' / S \tag{4.5}$$

式中,s_i',b_i' 分别为两相邻等平衡线间的投影面积和平均净平衡;n 为平衡线带数量。

在年净平衡等值图中,$b_n = 0$ 的等值线就是当年平衡线的位置,$b_n > 0$ 的地区为积累区,$b_n < 0$ 的地区为消融区。因此,绘制物质平衡等值线图的优点是能够直观地了解冰川物质平衡的空间分布,并通过不同年份等值线图的比较,了解物质平衡及平衡线随时间

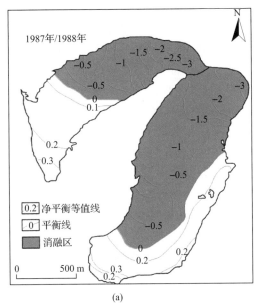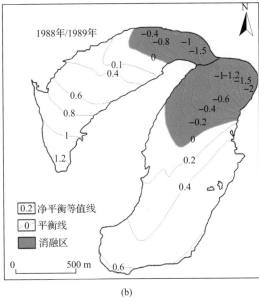

图 4.2　乌鲁木齐河源 1 号冰川物质平衡等值线图（据中国科学院天山冰川观测试验站年报绘制）

的变化。

　　等值线图的准确性在很大程度上取决于冰川物质平衡测点的密度和观测精度，测点越多，则等值线图越可靠。当物质平衡测点过于稀疏时，等值线图的误差将显著增大。因此，在观测点较少的冰川上，不宜使用等值线法计算物质平衡，可考虑使用等高线法或其他方法进行计算。

4.1.2　间接估算法

　　采用花杆、雪坑定期观测的直接测量法，能够获得准确的物质平衡变化资料，然而全球冰川数量众多，大多数冰川由于交通困难、地形复杂、海拔高、规模大等原因，无法进行实地直接测量，需要应用间接的方法进行冰川物质平衡的估算，这些方法包括重复测量法、ELA 测量法、气候水文计算法、重力测量法等。

　　1. 重复测量法

　　重复测量法又称大地测量法（geodetic methods），它是通过大比例尺地形图测量、地面近景摄影测量、航空摄影、卫星遥感影像分析、卫星测高等手段，重复获取冰川区的地形数据（地形图、DEM 等），通过比较不同时期冰面高程的变化，测算出冰川体积、面积、高程等变化数据，进而计算出观测时段的冰川平均净平衡：

$$b_n = \frac{1.8\Delta V}{\Delta t(S_1 + S_2)} \tag{4.6}$$

式中，ΔV 为两时段的冰川体积变化量；S_1、S_2 分别为两时段的冰川面积；Δt 为两时段间距（以年为单位）。

　　早期的重复测量法以地形图测量、地面近景摄影测量和航空摄影测量为主,但这些方法在野外测量和数据处理方面均需耗费大量的人力、物力,仅能够在少数观测条件较好的冰川上长期开展。近20年来,随着遥感技术的日益发展,特别是高分辨率卫星传感器的搭载应用,使得大范围、高精度的冰川物质平衡测量成为可能。例如,由法国空间研究中心(CNES)研制的SPOT5卫星,搭载两台高分辨率几何成像装置(HRG)和一台高分辨率立体成像装置(HRS),能够获得空间分辨率高达2.5m的实时立体相对。此外,ASTER、ALOS、ICESat、LiDAR等搭载的光学、激光雷达或微波观测系统,能够提供高分辨率的地面高程测量数据,从而极大地促进了无法接近地区冰川物质平衡的测量。

　　重复测量法观测冰川物质平衡的本质是对冰川体积变化量的测量,由此决定了其在应用中存在几方面的限制。每一期冰川地形图的绘制均需要覆盖整个冰川区,包括裂隙区、冰塔林、雪崩区等极端危险区域,采用人工测量或者地面近景摄影测量等人工观测的方法则无法实现;卫星遥感和航空测量的方法不存在这样的局限,但在积雪广泛分布的积累区,由于地面属性的不确定(如新雪、老雪、粒雪的区分等),易产生较大误差;积雪密度的空间差异及不确定性也是造成积累区测量误差的主要原因。此外,重复测量法也无法给出冰川特定点的比平衡率,因此也不能获取比净平衡随高程的变化信息(Kaser et al.,2003)。

　　2. ELA 测量法

　　对于某一特定冰川,尽管物质平衡每年都会发生波动,但其物质平衡梯度的曲线形态基本不变。因此,如果已知该冰川的平衡线高度(ELA)或积累区面积比率(AAR)同净平衡的对应关系(图4.3),则可通过当年ELA或AAR的观测获得年物质平衡数据。

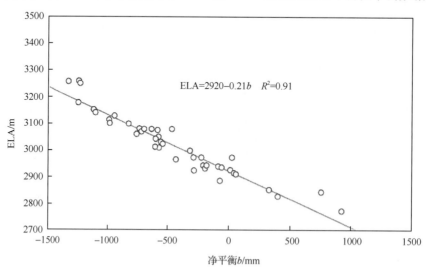

图 4.3　阿尔卑斯山 Hintereisferner 冰川 ELA 同年物质平衡关系(修改自 Kuhn et al.,1999)

　　这种通过ELA或AAR变化来反演物质平衡的方法简单易行,但需要具备两个基本条件:第一,待测冰川需要具备长期(5年以上)物质平衡和ELA观测历史,以提供可靠的

ELA-年物质平衡对应关系;第二,ELA 或 AAR 易于利用航空或遥感影像确定。对于温冰川或海洋型冰川,ELA 同粒雪线或夏末雪线较为一致,易于从影像上识别。但在极地冰帽或大陆型冰川上,粒雪线与平衡线中间可能存在一个附加冰带,在影像上难以区分新形成的附加冰和老的冰川冰,所得到的 ELA 或 AAR 误差较大。

3. 气候水文计算法

冰川物质平衡变化是气候波动的结果,因此,可以通过气候变量的观测,利用能量平衡和水量平衡原理对物质平衡进行计算。气候计算法可以在气候数据和模型的支持下,获得任意时段任意区域的积累、消融和净平衡。冰川任意区域某时段单位面积上的净平衡(b)可依据式(4.7)计算:

$$b = p - m - e \pm \Delta s \tag{4.7}$$

式中,p 为某时段降水量;m 为冰雪融化量;e 为蒸发或升华损失;Δs 为其他补给或损失,包括雪层内补给、冰雪崩补给、凝结或凝华等。式(4.7)右侧所有补给项的代数和即为某时段积累量,所有损失项的代数和即为某时段总消融量。气候计算法的核心在于冰雪消融量的计算。视冰川观测详细程度及数据可用性的不同,可采用基于物理过程的能量平衡计算法或基于经验关系的温度系数计算法。

能量平衡计算法的基本原理是,通过建立冰雪表面的能量平衡方程,计算冰雪消融耗热来计算其消融量,如式(4.8),式(4.9)所示:

$$Q_m = Q_s + Q_l + H + LE \tag{4.8}$$

$$m = Q_m / L\rho \tag{4.9}$$

式中,Q_m 为冰雪消融热;Q_s 为净短波辐射通量;Q_l 为净长波辐射通量;H 为感热通量;LE 为潜热通量;L 为相变潜热;ρ 为冰雪密度。能量平衡法的应用需要对冰川进行包括降水、辐射、气温、相对湿度、风速等变量在内的详细观测,因此,其只适用于极少数具备完善观测系统的冰川。对于大量仅具备简单气象要素观测的冰川,可应用温度系数法进行计算。

温度系数法是基于气温与消融变化正相关关系而建立的一类模型方法,其物理意义在于与冰雪消融速率密切相关的大气长波入射和感热通量均受气温的控制(Ohmura,2001)。温度系数法中最典型的是度日因子法(degree-day method),其基本方程为

$$m = DDF \cdot AT \tag{4.10}$$

式中,DDF 为冰或雪的度日因子[mm/(℃ · d)];AT 为一段时间的积温或正积温(℃)。由于该方法简单易行,所以被广泛应用于从山地冰川到极地冰盖的物质平衡计算和分析。

水文学方法的理论基础是基于冰川流域的水量平衡原理:

$$B = P - R - E \pm \Delta S \tag{4.11}$$

$$B_n = B/k \tag{4.12}$$

式中,B 为整个流域的水量平衡;P 为全流域平均降水量;R 为全流域径流深;E 为流域

平均蒸发量;$\triangle S$ 为流域除冰川系统外的水量增量,包括地下水补给和渗透等水量;B_n 为流域中冰川及雪斑的物质平衡;k 为流域内冰川面积 S 所占比重。

在水文学方法中,降水和径流观测结果是影响物质平衡测量的关键。降水观测点的分布应考虑降水随高程的变化、降水异常区域、地形因素等,确保观测结果能够客观地反映一段时期内的降水总量或平均降水量。在大型冰川中,冰川储水效应对于融水出流的调节作用非常显著,当年形成的融水并不一定在当年完全流出,从而造成年径流量小于或大于全年产流量的情况。因此,对此类冰川应用水文学方法评估物质平衡时,应具备一定的观测基础,以了解冰川储水的变化特征,及其同气温等要素的变化关系,并对径流量进行修正。

气候水文计算法以能量平衡和水量平衡原理为基础,通过实测的气象、水文、冰川等数据,对冰川物质平衡进行计算,其适用原理与计算方法同冰川径流相同。

4. 重力测量法

利用重力卫星探测极地或区域重力变化进行物质平衡测量是新兴的一种测量方法。GRACE(gravity recovery and climate experiment)重力卫星由美国航天局(NASA)和德国空间飞行中心(DLS)联合研制,并于 2002 年 3 月发射升空,其专门用于测量物质运动(特别是水体迁移)、地质结构等变化所引起的区域性重力异常。其测量原理是利用 GRACE 双星的 K 波段测距系统,对两颗低轨极圆轨道卫星之间距离变化进行不间断的测量,以获得陆地的精确时变重力场。

目前,应用重力卫星测量数据已经对包括南极、北极格陵兰地区、北美阿拉斯加、中亚天山、喜马拉雅等地区的冰川物质平衡进行了尝试性的分析。但目前对山地冰川的研究结果仍存在争议,争议的焦点主要有两个:第一,GRACE 数据产品的空间分辨率较小,而山地冰川作用区呈斑块状分布,斑块的大小通常远小于 GRACE 数据所能分辨的最小空间单元,同时由于冰川物质平衡波动所造成的水量变化相对较小,冰川物质平衡的变化可能难以显著地反映在 GRACE 数据所反演的重力场变化中;第二,由于 GRACE 数据仅能反映较大区域的重力变化,其产生的原因除了冰川物质平衡的变化外,还包括地下水、冻土水含量等区域性的水量变化,而后者往往是引起区域重力场变化的主要因素,如何将冰川物质平衡引起的重力变化同其他因素引起的变化区分开来,也是利用 GRACE 重力数据反演物质平衡变化的争论焦点和研究议题。鉴于 GRACE 数据产品在山地冰川应用的疑问,目前重力测量法的应用主要集中于南北极冰盖及其周边等冰川面积大且受非冰川因素影响较小的区域。

4.2 冰川水文观测

冰川水文观测围绕冰川融水的形成、运移、存储及其变化过程等几个方面展开,包含冰面消融观测、水文断面测量、融水汇流观测、冰湖观测和融水沉积物观测等内容,其中冰面消融观测和水文断面测量是进行冰川水文观测的基本内容,在本节中作详细介绍。

4.2.1　冰面消融观测

冰面消融观测的主要目的是获取某段时间内冰川试验区域的冰面消融深。观测数据可用于研究冰面消融的变化特征及其同气候因子的变化关系、率定水文模型参数、分析融水的物理及化学组成等。冰面消融观测依下垫面差异,可分为平整冰面、倾斜冰面及特殊冰川冰面观测等方面。

1. 平整冰面

由于冰川常沿山谷的走向发育,冰面高程沿山谷向下逐渐降低,因此,冰面总体上呈现出一定的坡度,坡度的大小与局地地形条件及物质平衡状况等有关。同时,由于冰川结构、冰面附着物等差异,裸露冰面表现出显著的差异化消融,导致冰面凹凸不平。因此,冰川中不存在绝对平整的冰面,一般以冰面平均坡度小于 $15°$ 为平整冰面,否则可认为是倾斜冰面。

对于特定区域的平整冰面消融,可采用测杆法进行观测,即在一定时间内重复测量测杆的出露高度,得到冰的消融深,进而折算为融水当量。这与利用直接观测法测量冰川物质平衡是一致的。由于单根测杆的测量结果受局地平整度和测量误差影响较大,有时为了准确了解一定区域内的冰面消融量,可设立冰面径流场或冰川消融场进行观测。

1) 冰面径流场

冰面融水径流场可选择在平坦且无裂隙和冰面河道发育的冰川中部。径流场的尺寸取决于冰川规模和冰面地形,一般采用 $2m×(4\sim6)m$ 或 $5m×(10\sim15)m$ 的矩形布置,长边沿冰川最大坡度方向展布。径流场四周应设有围栅或截水沟,防止场内融水流出或场外融水流入。径流场下方地势最低点预留出水口,开挖排水沟或泄水槽,将融水引入一定尺寸的储水池中。用度量容器将储水池中的融水及时舀出,并计算其次数和融水体积。当水量较小时,也可采用标准翻斗式雨量计连接数据采集器进行自动计量。计算时只需将翻斗的次数换算为入流的体积即可。径流场融水以 m^3 为单位,也可以按照径流场的面积换算为径流模数。开展观测的同时需记录径流场的坐标位置、大小规格、朝向、平均坡度、冰面及周边地貌特征等内容,并拍摄全景及近景照片。为配合径流场的观测,可在其附近架设自动气象站,对气温、辐射、风速、降水等进行同步观测,以便进行后期数据分析。

2) 冰川消融场

冰川消融场是由一组规律排列的测杆组成的冰川消融观测设施。由于其相对于冰面径流场布设简单,所以可用于较大范围内的冰川消融同步观测,因此,其可用于冰川消融随高度变化规律的研究和不同下垫面的物质平衡变化研究等。

冰川消融场可设置于冰川消融区下部和中部、平衡线高度处、积累区中部等区域,在有表碛覆盖的地段也应设观测场。选场的基本要求同冰面融水径流场相同,即冰面相对平坦,场内不应有裂隙和冰面河道通过。消融场依据冰面地形布设为平行四边形或正方形,面积以 $5m×5m$ 为宜,将测杆布设于四角,按冰川物质平衡单点观测的要求进行观测,4 根测杆的平均值作为该高度处的冰川积累、消融和物质平衡值。

冰川消融场观测从春季融雪前开始,首次需要观测雪的积累量,并将 4 根测杆的平均值作为该高度处的冬平衡值;此后,在每天日出前后对消融场测杆进行观测,项目包括积累、消融和净平衡。当有降雪发生时,应及时测量降雪量及降雪密度。若观测时部分新降雪发生融化,则要根据基准站的降水资料对降雪量进行修正。对于部分冰川,夏季消融区下部可能有降雨发生,需要用雨量计观测,并进行降雨量修正。冰川消融场附近,同样应架设自动气象站对近地层气象变量进行同步观测,以方便数据的分析。

2. 倾斜冰面

冰川发育的倾斜冰面包括冰坡、冰塔林、冰瀑布、冰崖或冰坎等平均坡度大于 15° 的裸露冰面。由于冰面倾斜且具有一定坡向,地表的能量平衡过程受辐射入射角度、周围地形等影响而与平整冰面显著不同。

1) 冰坡

冰坡是平整但具有一定倾斜度的冰面,其一般坡度较缓,人员借助冰镐等简易登山器械能够攀爬。例如,在冰川消融区中上部,冰床坡度稍大,但冰内应力尚能维系冰体的连续和完整而形成冰坡。冰坡消融的测量仍可以采用测杆法实施,但需要注意的是,由于测杆为竖直插入冰体,在计算消融和物质平衡量时,需要将测杆的观测结果折算为垂直于冰面方向的消融量,因此有

$$m_p = m_v \cos\alpha \tag{4.13}$$

式中,m_p 为垂直冰面方向的消融量或平衡量;m_v 为测杆观测的消融量或平衡量;α 为冰面平均坡度。

2) 冰瀑布(icefalls)与冰塔林(ice towers)

冰瀑布形成于冰床坡度较陡的区域,常见于冰川消融区的上部(图 4.4)。由于地形坡度较大,冰流汇入此区域后,在重力引起的张应力作用下形成较强的扩张流,冰体沿结构脆弱处断开、拉伸和崩塌,形成破碎的冰面结构。冰瀑布分布区是冰川最危险的区域,

图 4.4　天山科其喀尔冰川冰瀑布

攀登难度极大,且高大的不稳定冰柱随时有崩塌的可能,对人员的安全构成巨大威胁。此外,冰瀑布也是冰川运动速度最快的区域,其运动速度常超过冰川其他区域 3 倍以上。冰瀑布的危险性、复杂结构及快速变化使得其消融和物质平衡观测非常困难,目前可以尝试的方法包括利用全站仪对特定点的消融进行定位测量,或者利用地形扫描仪进行局部区域的测量。

　　冰塔林也是一种破碎的冰川地貌特征(图 4.5)。它们的形成是由于冰川运动速度差异、冰体结构差异或下垫面变化,在冰川表面形成纵横相间的裂隙,从而将冰川分割为相对独立的冰块,然后在特定的气候条件下,经差异化消融,形成尖耸的冰塔(中国科学院西藏科学考察队,1975)。冰塔常成群出现,即为冰塔林。与冰瀑布不同,冰塔林可发育在从平衡线到冰川末端的整个消融区。由于冰塔表面光滑陡立、冰塔林地形错综复杂且危险性大,在之前的研究中,常将其视为整体平整的冰面进行物质平衡计算。但实际上,冰塔林极大地增加了冰面面积,因此在冰川尺度及流域尺度的冰川融水估算中,应该考虑冰塔林的规模、形态及冰塔差异化消融对融水和物质平衡的影响。冰塔林消融的观测,可选择较为安全且具有一定代表性的若干冰塔,在每个冰塔的主要倾斜面上,利用冰钻垂直于冰面布设消融测杆,通过一定时期的观测,了解不同坡向倾斜面的消融速率,并结合附近气象观测资料,评估单个冰塔的消融量及其与气温、辐射、冰塔结构等关系,然后推而广之,对整个冰塔林的消融状况进行评估。

图 4.5　喜马拉雅山龙巴萨巴冰川表面发育的冰塔林

3）冰崖（ice cliffs）

冰崖是发育在表碛区内具有一定坡度和坡向的裸露冰面。由于厚度大于 0.02m 的表碛覆盖能够对冰面消融起到显著的抑制作用，随着表碛厚度的增加，冰面消融迅速减弱。因此，表碛区内冰崖的消融成为表碛区融水的重要来源。对喜马拉雅地区 Lirung 冰川的研究表明，冰崖的面积虽然只占消融区总面积的 1.8%，但却提供了 69% 的消融区融水（Sakai et al.，1998）。因此，对具有广泛表碛和冰崖发育的冰川进行研究时，必须考虑冰崖的融水。

由于冰崖的裸露冰面通常具有较大的坡度（>30°），且由于冰崖的消融退缩（back-wasting），冰崖顶部的冰碛不断塌落，在坡度较陡的冰崖面上实施花杆测量具有较大的危险性。为此，可选择冰崖顶部后方较为稳固的大块冰碛物（岩石）作为固定参照物，定期测量参照物与冰崖顶部特定点的距离（图 4.6），从而获得一段时间内冰崖后退的距离，并通过式（4.14）计算冰崖消融深（R_c）：

$$R_c = \frac{\rho_i L_c \sin\beta}{\rho_w} \tag{4.14}$$

式中，L_c 为冰崖后退距离；β 为冰崖平均坡度；ρ_i 为冰密度；ρ_w 为水的密度。当冰崖较小或者坡度较缓时，可在确保安全的前提下进行测杆测量，以获得更为准确的测量结果。应用测杆法时，测杆应垂直于冰面插入冰崖中。由于夏季冰崖消融速率普遍较大，应根据局地的气候条件、冰崖消融状况等，合理确定观测周期，以避免测杆融出或被落石砸坏而延误观测。

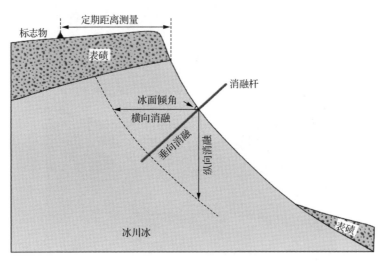

图 4.6　冰崖观测示意图

3. 埋藏冰

表碛覆盖是大陆型和海洋型山谷冰川冰舌区域常见的地貌特征。当冰川上部岩石碎屑补给丰富时，能够在冰舌下部形成连续的厚层表碛覆盖区。当表碛厚度较薄时，可利用测杆法进行直接测量,观测步骤同平整冰面测量,但同时需记录测杆附近表碛的平均厚度及结构组成等。

对厚层(>0.3m)表碛下的埋藏冰测量,需开挖坑穴,以便测杆的栽入。开挖点应远离冰崖、冰湖等不稳定下垫面。由于埋藏冰的消融较弱,插入冰内的测杆长度可不必过长,以降低工作强度。坑穴回填时应尽量按照原有的地层结构进行复原。若原有地表为乱石等不平整地面,可在测杆周围铺以少量细沙或碎石,构成平整地表,以减小测量误差。厚层表碛区的埋藏冰测量可数月进行一次。由于冰面消融微弱,地表沉降缓慢,频繁地测量反而会增大测量误差。

4.2.2　冰川水文断面径流观测

冰川融水径流量是冰川水文研究中的重要指标,其对于评估冰川物质平衡及冰川水资源的现状、特征和变化趋势具有重要意义,也是进行水文分析和模拟的必需参数。冰川融水径流量主要通过冰川水文断面的观测获得。

冰川水文断面是根据冰川定位观测或野外考察需要而设立的,其是以观测冰川融水径流量为目的的专业性水文站。由于多数冰川作用区分布于人迹罕至的山区,交通及后勤补给条件较差,因此,水文断面应尽可能选择地形条件较为理想的自然河道,以开展水位、流速、径流量、水质及相关气象要素的测量。

1. 水文断面的选址

水文断面应尽可能接近冰川末端出水口,且能控制冰川区全部径流量,包括所有冰川融水径流和流域内非冰川下垫面径流。理想的水文断面应设立于冰川末端附近河道平缓顺直、水流平稳的峡谷地段。由于冰川融水河道常发育在前期冰川退缩后的河谷中,河道相对较宽且河床不稳定,有辫状水流发育。因此,水文断面的布设需依托天然河道,选择较为平直的河段,在河道较窄且水流集中处开展流量监测。此外,需要考察当地历史洪水线的位置和最大流量,测桥、测井、气象站等观测设施应具备足够的高度和稳固程度,以避免突发洪水冲毁水文断面和损坏观测设施。对于长期监测的冰川,在条件允许时,应对天然断面进行人工改造,包括河岸的衬砌加固、河床混凝土抹平等,这样一方面可获得均匀平稳的水流,减少测量误差;另一方面可减小水流对断面的侵蚀,降低人工维护的成本。

当冰川流域中的裸露山坡等非冰川下垫面所占比例较大时,应在水文断面附近选择一个无冰川覆盖的小流域或小型试验区,设立径流测量装置,对裸露山区的坡面径流系数或产流能力进行测量,依此资料计算流域内非冰川下垫面的径流量,然后在总的融水径流中予以扣除,从而得到冰川的融水径流量。

2. 融水径流测量

1) 测量设施

当冰川面积较小,夏季冰川融水较少时,可设立测流堰作为水文断面进行流量测量。测流堰由浆砌块石浇筑成矩形或梯形水文测流断面,其尺寸视流量大小和河道条件而定,如天山乌鲁木齐河源 1 号冰川测流断面的长宽分别为 1.0m 和 1.6m,其能够满足夏季融水通过和测量的要求。测流堰属于稳定的人工测流断面,断面形状不受融水侵蚀的影响,具有快速测量和免维护的优点。

当冰川流域面积较大时,形成的河道往往较宽,水流常被漫滩或巨石分隔为辫状。此时,应按照水文断面的设置要求,尽量选择顺直的理想河段开展径流监测。当水流浅、水量较小时,测量员可趟入水中进行测量;反之,则需要利用已有的桥梁或自建测桥开展观测。

利用天然河道测量时,由于融水的侵蚀或沉积,河床断面变化较快,需要定期对水文断面附近的河道进行平整,主要是清理影响水流的岩石和石块,减小湍流的发生,使径流更为平稳地流过水文断面。河道平整可在每年 4 月消融期开始前、流量较小时进行。

水位及水质测量也是冰川融水径流的基本测量要素。为保证水尺及传感器的安全,当河道宽、水量大时,应在岸边设置测井来安置测量设备。测井多为钢制管或厚壁 PVC 管,口径不宜小于 20cm,以便于传感器的安装。测井长度根据水流深度及最高水位确定,一般其顶部应高于历史最高水位 30cm 以上。测井壁上钻取若干通水孔,底部设置排沙槽,防止泥沙大量淤积。测井安装于河岸平直、水流平稳的区域,以减少回水造成的泥沙淤积和湍流造成的水位剧烈波动。同时,安装点应处于河床较低点,防止冬季水量减小后测量点完全暴露于河床。测井应竖直安装,并使用角钢及钢丝绳拖曳加固。

2)测量仪器

融水径流常用的测量仪器主要包括水位测量和径流测量两类,下边分别作简单介绍。

(1)水尺。水尺是用于人工观测水位变化的专门的水文测量仪器,材质为搪瓷铁板、铝合金、不锈钢或高分子材料,长为 1.0m,宽为 0.08~0.3m。水尺正面由上至下标注刻度,最小度量值为 1cm,安装时,固定于靠桩(角钢、木桩等)或绑缚于测井外壁。当水深超过 1m 时,可将两个或两个以上的水尺进行联级测量,并应用不同颜色的水尺交错安装,以区分不同的水位高度。

(2)水位计。水位计是连续测量水位变化的自动装置,早期主要应用浮筒式走纸记录仪,通过浮筒位置的变化带动滚轮转动,用定时移动的水笔,将水位变化刻画于专用图纸上。这种记录仪需要经常性的人工维护(换纸、调整部件位置等),且测量结果需要人工读取数值,目前已基本淘汰。取而代之的是各类电子化的传感器或装置,包括压力式水位计、超声波水位计和电子水尺等(图 4.7)。

压力式水位计的主要测量部件是不锈钢壳体包裹的压电感应器件,其负责将水的压力变送为电流或电压信号,然后传送给内置或外置的数据测量和存储模块。许多压力式水位计同时带有气压补偿和温度补偿装置,以抵消气压或温度波动对测量结果的影响。

超声波水位计主要利用水面对声波脉冲的反射原理,获取脉冲的发射与回波接收的时间差,依据空气中声波的传播速度,计算传感器与水面间的距离,以获得水位数据。

电子水尺一种新型数字式水位测量设备,它主要利用水的导电性或材料的电特性,通过测量分布电极的电信号或者感应体电容、电阻等变化来测量水位,并将测量结果通过现代通信方式(无线电台、GSM/GPRS、蓝牙、WIFI、红外)传输给监测和记录终端。这些电子水位计具有可进行自动全天候观测、测量误差小等优点,因此被广泛应用于冰川水文断面的监测。

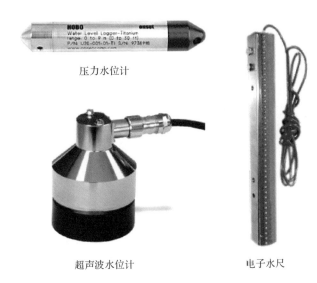

压力水位计

超声波水位计　　　　　　　电子水尺

图 4.7　常用水位计类型

（3）流速仪。流速仪是专门用来测量液体运动速度的测量设备,其类型主要有旋桨式流速仪、电磁式流速仪、声学多普勒流速仪（ACDP）等(图 4.8)。

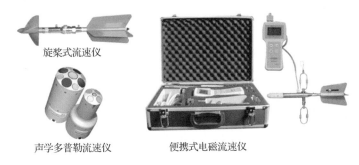

旋桨式流速仪

声学多普勒流速仪　　　　便携式电磁流速仪

图 4.8　常用流速仪类型

　　旋桨式流速仪的原理是利用水流推动桨叶旋转,通过测定规定时间(历时)内桨叶旋转产生的信号数,计算得到测量时段的平均流速。由于旋桨式流速仪结构简单、工作可靠、成本较低,所以其是目前水文测量中应用最广泛的测流仪器。

　　电磁式流速仪是将水流作为导体,在一定的磁场中切割磁力线而产生电动势,其电压同流速成正比。仪器体腔中有励磁线圈,在外表面与磁力线垂直的方向上镶有一对电极与水体相通。当水流在其表面流动时,电极间产生微弱的电信号。通过对该信号进行放大和转换,即可得到水流速度。电磁式流速仪具有体积小、灵敏度高、功耗低、流速即时测量等优点。

　　声学多普勒流速仪是应用声学多普勒效应原理制成的测流仪。测流仪一般装备 3～4 个超声换能器,换能器与测量探头轴线呈一定夹角。换能器发射某一固定频率为 f_s 的声波,然后接收被水中悬移质散射回来的声波。假定悬移质的运动速度 v 与水流速度相同,c 为声波在静止水体中的传播速度,则声学多普勒频移,即发射波频率与回波频率之差，f_d 可由式(4.15)确定：

$$f_d = \frac{2v}{c} - f_s \tag{4.15}$$

由此可知，多普勒频移与水体速度成正比，只需测得多普勒频移，即可计算出水流速度。在实际测量中，可根据水流大小、深度等进行固定式或走航式测量。声学多普勒流速仪具有简便、快捷、准确等优点，可同时测量水深、流速、断面流量等多种要素，其适用于河道较宽、径流量大、含沙量较小的河水流速、流量测量，但高含沙水流对声波的穿透能力及回波信号有较大影响。

3）断面流量计算

分段流量测量法是冰川融水观测中最常用的径流测量方法。该方法依据河道宽度、断面流速变化等，将水文断面分割为等距的若干子断面，同时假设各子断面内的水流具有相同的深度和流速，通过获取各子断面的平均流速和流量，累计得到断面流量。

剖面流速的测量需根据水流深度的不同进行单点或多点测量，以得到剖面的平均流速。当水流深度较浅（$h<1.0$m）时，可采用单点流速测量法，以 $2/3h$ 处的水流流速作为剖面平均流速；若水深较大时，可在 $0.2h$、$0.8h$（两点法）或 $0.2h$、$0.6h$、$0.8h$（三点法）分别进行流速测量。单点测流历时应在 100 秒以上，以消除水流波动造成的影响。对于靠近岸边的两个子断面，由于河岸对水流的拖曳作用，水流流速向岸边迅速减小，同时靠近河岸水深变浅，岸边的水面与河底的剖面形状呈三角形，若按照均匀的流速和矩形的剖面计算，必然高估子断面的径流量。因此，在计算子断面流量时，需要乘以岸边系数对流量进行修订。岸边系数的选择与河岸及河床结构有关，其一般为 0.5～0.9。

若融水的水深太浅或无可用测桥等时，可用浮标法进行粗略的流量估算。测量时，选择平直的一段河道，设置测量起始点和终止点，并测量两者之间的距离。在起始点投掷专用浮标或其他清晰可辨的漂浮物，同时记录时间，当浮标漂过终止点时，立即记录时间，从而计算出浮标的运动速度，即水流流速。对于河道较宽、水流量大的河段，应分段进行浮标速度测量，且同一分段应进行 5 次以上的测量，以减小测量误差。浮标法只能测量水流表面流速，由于稳定水流中，流速随水流深度的增加而减小，因此需要对浮标流速进行修正，以便得到断面平均流速。

在一个水文年中，应根据本地的测量条件，尽可能对不同水位高度进行流量测量，特别是需要捕捉到最高和最低水位的断面流量。利用得到的流量和对应水位，绘制水位-流量曲线(图 4.9)，并进行多项式拟合，生成水位-流量拟合公式，据此将连续的水位记录转化为连续的流量资料。对于天然河道断面，由于夏季融水对断面强烈的侵蚀作用，断面形态经常改变，特别是经冰川洪水冲刷后的断面，变化更为剧烈。因此，需根据水文断面形态的变化程度，每年或年内分时段建立水位-流量曲线和拟合公式，以降低测量误差。

对于测流堰和其他人工水文断面，由于断面结构及形态稳定，水位同水流流速、径流量等具有较为固定的对应关系，可通过一年或更长时期的径流观测，确定水位-流量关系曲线。此后，仅通过水位的连续自动观测，即可获得连续的径流量数据。

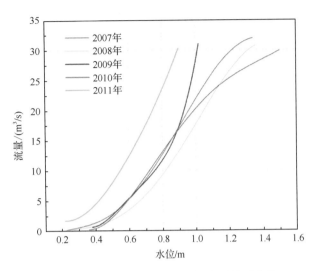

图 4.9　天山科其喀尔冰川水位-流量关系曲线

4.2.3　冰川汇流观测

某时刻流经水文断面的冰川融水是不同时刻不同地点冰川产流的集合（刘时银，2012），其使得冰川径流量同气温、辐射等冰川消融驱动因子之间呈非线性变化关系，其中最直接的反映就是两者峰谷变化的时间差，即汇流时滞。这种非线性变化及汇流时滞一般随冰川规模（特别是冰川长度）的增大而显著增加。因此，在进行冰川汇流模拟时，需要了解冰川不同区域融水的汇流路径及其变化特征，并进行合理的参数化描述，以达到准确计算径流过程的目的。

开展汇流的观测试验研究，就是了解不同冰川下垫面融水的汇流路径、汇流时间、变化特征及影响因素，从而为汇流过程的参数化提供信息和参考依据。对于规模较小的冰川，由于其汇流时间较短，在进行日尺度或更大时间尺度的模型计算时，可以假设汇流时间为零，即融水产生后立即通过计算断面，此时可有效地降低模型复杂度和运算时间，而不会产生较大的误差。本节讨论的冰川汇流观测内容及方法主要针对大、中型冰川。在具体实践中，可根据冰川融水及径流状况、冰川结构与下垫面特征、研究的时间尺度、研究目的等选择实施。

1. 冰面汇流观测

冰面汇流观测主要包括两部分内容，分别是坡面汇流和冰面河道汇流。坡面汇流需要选取代表性产流区建立径流场进行观测。对于冰面径流场的设立在 4.2.1"冰面消融观测"一节中已有详细介绍。需要注意的是，进行汇流观测的径流场应尽量大些，在观测时间上也应持续一到两天时间，以便完整地记录该径流场流量的变化过程。除径流场规格、地形及气象要素外，观测过程中需同步记录径流量、消融强度等水文要素。

径流场设置完成后，可通过示踪试验确定冰面的汇流速度。示踪剂可在径流场不同部位单独投放，同时记录投放点坐标、投放时间、断面首次侦测到示踪剂的时间、示踪剂浓度变化等信息,由此可以获得汇流时间和汇流速度数据。示踪剂应以点状形式投放,且投放剂量以不影响冰面消融且在出口处可探测到为宜。示踪试验可在不同的气温、辐射等气象条件下进行,以分析汇流速度同气象要素、消融强度、冰面粗糙度及坡度坡向等的关系。此外,观测数据可用于坡面运动波方程(Stephenson and Meadows,1986)中经验参数的确定,或其他参数化方案的调试与验证。

示踪试验以荧光剂或易溶盐类为示踪剂。荧光剂是一种吸收可见光或紫外线而反射磷光的化学颜料。常用的荧光剂有硅酸锌、硫化锌镉、荧光黄、桑色素等,可通过荧光光度计进行浓度测量。由于荧光剂通常具有鲜艳的颜色,易于观察和检测,但大量使用能够造成水体污染。易溶盐类是一种安全的示踪剂,包括 NaCl、CaCl$_2$ 等,可通过盐度检测仪进行测量。但由于天然水体本身经常含有 Na$^+$、Ca^{2+}、Cl$^-$ 等易溶盐离子,因此其检测和分析难度相对较大。

在坡面汇流的示踪试验中,由于示踪剂的投放量很小,可优先选择荧光示踪剂,这样能够提高观测精度与数据质量,且不会对环境造成较大污染。

在大型冰川的消融区中上部,只有少部分融水能够沿冰面长距离运移,大部分融水则经短距离坡面汇流后进入纵横交错的冰面河道,经快速运移进入冰内和冰下,而后迁移至出口断面,或直接经裂隙进入冰川内部运移。因此,冰面河道汇流也是冰面汇流的重要方面。

冰面河道汇流的观测应选择平直的主河道或具有代表性的冰面河段,即河道的平均坡度(水力梯度)、河道宽度、河道走向等在该冰川具有一定的代表性。固定记录项目包括河道形态特征(坡度、走向、断面形态、集水面积等),连续观测项目包括水位、流速、径流量等。结合坡面汇流资料,可以获知在不同的冰面消融强度下,河道的输水效率和输水时间,并为模型分析提供基础数据。

2. 冰内及冰下汇流观测

对于大多数冰川而言,冰面融水汇至冰川末端的主要途径是经冰内及冰下的空隙或排水通道,但冰内构造、冰下地形及其中进行的汇流过程无法直接观察,因此可采用流量过程线法、钻探法和示踪剂法等进行间接测量。

1) 流量过程线法

冰川末端的径流过程在一定程度上反映了冰内及冰下水系通道季节发育的情况,特别是冰川突发洪水与冰内及冰下快速排水系统发育有直接关系。通过对冰川末端流量过程线形态进行分类,可间接分析冰内及冰下排水管道的变化。而基于聚类分析法、交叉相关分析法和主成分分析法的冰川末端流量过程线分析,能定性分析冰川排水通道类型转换、出现时间、气温-径流时滞关系,以及冰内及冰下快速通道与慢速通道的季节变化等冰内及冰下汇流特征。

2) 钻探法

冰川钻孔测量法是对冰内及冰下结构进行探测的最直接的方法。其基本原理是利用专用冰钻在冰川上钻出一定深度的钻孔,从而获得冰川内部结构的信息。在钻孔内安装传感器,可以获得连续的水位、水压、水温、水质等数据,通过对这些数据进行分析,可以获得冰内及冰下径流的流速、流量等动态信息。钻孔内可同步开展钻孔摄像、微地形扫描等工作。

钻探方法的应用受观测时间、精度、空间代表性等限制,且观测成本较高。过去主要利用热水钻进行浅层钻探,但随着钻孔深度的增加,钻孔外部水压增大,且热损耗迅速增加,钻探效率很低。近年来,高性能的自旋进机械钻得以开发和应用。便携式钻机可以在山地冰川进行 200m 以内的中浅层钻探,而大型车载钻机可进行冰盖钻探(图 4.10),最大钻探深度可达数千米。

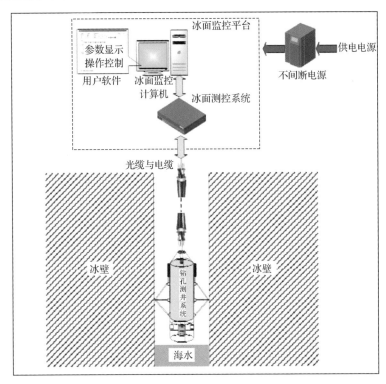

图 4.10　大型冰钻的结构及工作示意图

3) 示踪剂法

冰雪融水形成后,绝大部分经短暂的冰面汇流后,经裂隙和冰井(落水洞)等构造进入冰内及冰下运移,直至出口断面。然而,由于冰内结构复杂,除在个别观测点通过钻取的透底钻孔观测水位变化外,无法直接观测融水的汇流路径、运移速度及相关变化过程。示踪试验可获取冰川内部难以抵达部位的相关特征信息,其是冰内及冰下汇流观测的主要技术途径,在冰下水系研究中得到广泛应用。

示踪试验通常由投放组和观测组两组成员组成。投放组前往冰川消融区上部,选择冰川融水大量汇入的主冰井,将事先称量的示踪剂溶于水后,分批次投放入冰井,使其进入冰内排水系统。投放前需记录投放点坐标、冰井结构、入水量等信息,并拍摄照片;投放时需记录投放时间、示踪剂种类、计量等,同时将该信息通过电台通知观测组。观测组获得信息后,应通过示踪剂浓度测量仪器密切监视融水中示踪剂的变化,并以一定的时间间隔进行连续的自动或人工记录。观测组需记录示踪剂从出现直到完全通过断面的整个过程。条件允许时,示踪试验应进行多次,以获得不同水流情况下的汇流数据或提高相近水流的观测精度。为避免不同投放批次的示踪剂相混合干扰观测结果,两次投放之间应保持足够的时间间隔,特别是对于储排水效应显著的大型冰川,投放间隔应在一天以上。

通过示踪试验,可获取出水口示踪剂浓度变化过程曲线,以及相关水力状况参数(重现时间、水流平均流速、扩散系数、扩散度和排水通道平均截面指标),以分析流速和流量关系、扩散度变化、示踪剂浓度变化,可间接反演和模拟冰内冰下水系演化的时空变化特征,进而可对冰川内部的汇流过程进行模拟。

4.2.4　冰湖观测

冰湖是由于冰川消融或冰川运动而在冰川或其边缘形成的储水结构,其随冰川的变化而改变。冰湖的稳定性及溃决洪水观测是冰湖观测的重要目的。冰湖的观测通常涉及冰湖规模、水量变化、水热环境、坝体及湖岸稳定性等几方面,针对不同的观测目的,可进行一个或多个项目的观测,现分别作简单介绍。

1. 冰湖规模

冰湖规模的观测包括外观形态、水面面积、湖水深度、湖底构造、冰湖体积等参数的测量。冰湖的几何形态数据均可通过高精度 GPS 的实时或后处理差分测量得到,利用基于 GIS 的分析方法或软件(如 ArcGIS 等),能够获取冰湖面积、平均宽度等基本信息,还可以进行不同时期冰湖形态、面积的比较分析。对于面积很大的冰湖,可通过高分辨率遥感影像进行几何测量。

小型冰湖的深度、湖盆构造及体积的观测,可利用绑系重物的皮尺或专用测尺进行多点测量。对于面积大、湖水深的冰湖,可利用测船搭载声纳进行快速、连续测量,观测数据可通过专用分析软件快速绘制整个湖盆三维图像。在进行声纳测量的过程中,需要选择若干测点进行人工水深观测,以便对声纳观测资料进行校正。

冰湖形态及规模的变化较快,因此,需根据研究需要对冰湖进行多次重复测量,以便获取其变化特征和趋势。

2. 水量变化

冰湖的水量平衡主要取决于入湖水量和出湖水量的对比关系,但与普通湖泊不同,冰湖出入湖水量的直接测量往往存在很多困难:冰面湖的入流和出流常隐藏于地表之下,多数情况下无法直接观测;发育于冰川末端的冰碛阻塞湖,其上游与冰舌末端相连,冰川融水直接汇入湖中而无法测量;冰川阻塞湖的入湖水量可通过流量测量获得,而出流为冰川阻挡或从冰川底部穿过,难以观测。因此,冰湖水量变化的观测主要依赖水位的测量,在获取湖盆形态后,可以计算出冰湖水量的变化。冰湖水位的观测所采用的仪器和方法与径流水位观测相同,但需注意观测仪器应安装在较深的水域,以免水位快速降低导致观测落空。

3. 水热环境

冰湖的水热环境包括湖面的大气环境、冰川消融环境及湖内的水温环境等。

冰湖的气象观测能够提供气温、相对湿度、风速风向、降水、辐射、降水等湖区气象变量,是冰湖观测的基本内容之一。由于冰湖观测区下垫面的稳定性和平整性较差,可采用高度为 3.5m 以内的小型自动气象站进行测量,观测高度可采用 2m 处的单层测量或 1m 和 3m 的双层测量。条件允许时,可安装涡动观测系统进行湖区垂向水热通量的测量。气象观测设备应尽量安装于稳定、平整的湖岸,并采取固定措施,保证观测人员、设备及数据安全。

冰川消融环境主要考察附近冰面或埋藏冰的消融状况、变化及对冰湖发育的影响,可参照"冰面消融观测"一节进行消融速率的观测,同时需要对下垫面组成、冰面特征、坝体形态、周围地形等进行记录或测量。

冰湖的水温分布不仅可以反映冰湖内部的热量分布,还能够反映冰湖同冰川的水力联系、湖水对冰坝的侵蚀强度等信息。对于冰面湖而言,由于注入的冰川融水常保持在 $1\sim5$℃的水温区间,而冰湖由于能够接收较多的太阳及大气辐射,其水温常高于本地的冰川融水。如果冰湖水温与融水温度相差较小,则说明冰湖的水量更新较快,同冰川的水力联系较强,冰湖溃决的可能性也随之增大;否则,两者差异较大,则说明冰湖同冰川的水力联系较弱,冰湖趋于稳定。此外,对冰湖内部温度场的观测,可有助于分析冰川融水对冰面湖的补给强度和湖水对湖岸冰体的侵蚀状况等。冰湖的水温观测应采用防水性能较好的温度传感器,进行单点测量或剖面测量。剖面测量时,可依据剖面湖水的深度变化规划测线的长度和温度测点的安装位置,将充气球等漂浮装置固定于测线上,并将各测线沿剖面展开、固定(图 4.11),分别对测线上的水温传感器进行编号,并将测量端引至自动或人工设备进行观测。

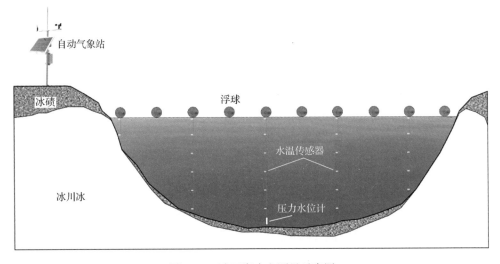

图 4.11　冰面湖水文测量示意图

4. 坝体及湖岸稳定性

冰湖的坝体及湖岸稳定性是评估冰湖溃决风险的重要指标,其观测内容主要包括坝体的形态和体积规模、坝体埋藏冰分布、冰坝及湖岸冰体的消融强度、冰湖周边冰体的排水通道及裂隙的分布及变化、湖岸冰体稳定性等方面。

冰湖的坝体是其最为脆弱的单元,绝大多数冰湖溃决均由坝体失稳或湖水漫坝造成,因此,冰湖坝体是冰湖溃决研究的主要观测对象,所有能够对坝体的物理和力学结构产生影响的现象和因素都应列为观测内容。其中,坝体的高度及长度决定了冰湖的最大库容;坝体的厚度和体积可用于分析湖水施加于坝体的应力分布;坝体的冰含量及其消融状况直接影响坝体的物理强度;坝体内部或周围的地下排水通道及裂隙分布不但降低坝体稳定性,而且可能成为溃决洪水的排泄通道(管涌)。

GPS测量和GIS分析,是进行坝体规模及形态测量的有效手段,目前已得到广泛应用。探地雷达(GPR)可用于坝体的埋藏冰、空洞、裂隙等内部结构探测。探地雷达所选天线的中心频率越高,分辨能力越强。一般认为,探地雷达在冰川上探测的垂向分辨率为电测波波长的1/4。探测时,需要调节天线间距、天线移动步长、设置采样频率、叠加测量次数等参数,以获得较为理想的分辨率(何茂兵等,2003)。冰坝或坝体埋藏冰的消融可用测杆法进行测量,其方法和注意事项同冰川物质平衡观测一致。

湖岸相对于坝体具有较高的稳定性,特别是对形成于山谷中的冰湖,其两岸稳定性可不予考虑。但对于冰面湖,其四周及底部均有冰体分布,则需要对冰面的消融进行观测,同时利用探地雷达扫描湖岸裂隙及冰内排水通道的发育状况。对于冰川伸入水中的冰碛阻塞湖或冰川阻塞湖,需要注意冰舌崩塌造成巨大浪涌,进而造成冰湖溃坝的可能性。对此类冰湖,可利用地形扫描仪或定点摄影测量观测冰体崩塌的频率及冰量变化,并通过水位监测或定时照(摄)相观察崩塌对冰湖造成的影响。同时,可结合气象、冰川结构探测、冰川运动和物质平衡等观测数据,分析其与冰舌崩塌可能的关系,从而对冰崩的发生及影响进行评估。

4.2.5　沉积物观测

1. 直接测量方法

1)悬移质输沙率测验

悬移质输沙率测验内容包括断面输沙率测验和单位水样含沙量测验。断面输沙率是指单位时间内通过河渠某一断面的悬移质沙量,以t/s或kg/s计。断面输沙率的测验是为了准确推求断面平均含沙量,测验时根据泥沙在横向分布的变化情况,布设若干条垂线。取样方法如下:在每条垂线的不同测点上逐点取样,称为积点法;各点按一定容积比例取样并予以混合,称为定比混合法;各点按其流速比例确定取样容积,并予混合,称为流速比混合法;用瓶式或抽气式采样器在垂线上以均匀速度提放,采集整个垂线上的水样,称为积深法等。断面输沙率测验方法的选择,可根据水情、水深和测验设备条件合理选用。需要注意的是,断面输沙率测验需与流量测验同时进行。由于断面输沙率测验工作量大,费时较多,难以测定每一个变化点的断面输沙率,更不可能进行连续实时测定。因此,运用实测断面输沙率与测定单位水样含沙量两者相结合的方法,即在测得的断面输沙率资料中,选取 1 条或 2~3 条垂线的平均含沙量同断面平均含沙量建立稳定的对应关系,进而只要在此选定的垂线位置上测取水样,求得此单位水样的含沙量后,通过上述对应关系,就可以求得断面平均含沙量与该时段的平均输沙率。由于现有悬移质泥沙采样器不能测到临近河底的沙样,因此实测悬移质输沙率不能代表真实值,必须通过实测资料的试验与分析计算,对悬移质输沙率进行修正,以获取较为接近真值的输沙率。

当断面比较稳定、主流摆动不大时,断面平均含沙量与断面某一垂线或某一测点的含沙量之间有良好的统计关系。通过多次实测资料的分析,建立数学方程。简化后的泥沙取样可以在此选定的垂线上进行,从而大大简化测验工作。

根据多次实测的断面平均含沙量和单样含沙量的成果,建立统计关系,从而可进一步计算日平均输沙率、年平均输沙率及年输沙量等。

含沙量的计算公式为

$$悬沙含沙量 = \frac{校正后的悬沙样品质量}{水体体积} \tag{4.16}$$

2) 推移质输沙率测验

推移质测验的目的如下:一是,联合悬移质输沙量推求总输沙率;二是,研究推移质运动规律。单位时间内通过河渠某一断面的推移质沙量称为推移质输沙率,以 kg/s 计。直接进行推移质输沙率测验的方法如下:①器测法,即将推移质采样器直接放在床面上采集推移质样品。由于推移质粒径不同,推移质采样器分为沙质和卵石两类。沙质推移质采样器适用于平原河流,我国自制的这类仪器有黄河 59 型和长江大型推移质采样器。卵石推移质采样器通常用来施测 1.0~30cm 粗粒型号,主要采用网式采样器,有软底网式和硬底网式两种。②坑测法,是在河床上设置测坑,测定推移质沉积量。推移质输沙率的测次因河床组成性质的不同而异。推移质输沙率测验垂线数量反映推移质输沙率的横向变化,在强烈推移带,垂线加密,每条垂线上重复取样 2~3 次,以消除推移质的脉动影响。需要注意的是,当断面流速不同时,推移质输沙率差异较大。

长期以来,河流悬移质浓度的现场观测一直采用传统的水样本方法。用 2000ml 采样器采样,样品在过滤前先摇均后量样,过滤中待样品全部滤干后再加蒸馏水冲洗数次并滤干,用马丁炉灰化滤纸并烘干样品,后用万分之一精度的分析天平测定泥沙含量,从而求出悬浮泥沙的浓度。水样法得到的含沙量数据精度高,基本上排除了二类水中丰富的浮游动植物、黄色物质等干扰。

2. 间接测量方法

输沙率直接测定法在很大程度上取决于所取样品的代表性,而且其测量周期长、操作过程烦琐、劳动强度大,不能很好地、实时地监测水流的动态过程。基于传统测量方法的局限性,一些新的理论和方法发展起来并逐步取代传统的测量方法,如射线法、超声法、红外线法、振动法、激光法、电容式传感器测量法、人工神经网络的数据融合法等。

1）γ射线法

依据γ射线在含沙溶液中经泥沙颗粒的折射、散射和吸收作用,其投射强度将减小的原理测定含沙量。在窄束单能γ射线的照射下,强度 I 将随通过介质质量厚度的增加而呈指数规律减弱。当强度为 I 的γ射线穿过厚度为 d(即放射源与探头间的距离)的浑水后,射线被浑水所吸收,根据水和沙对γ射线共同吸收的原理,可查标准曲线或计算而得含沙量。

2）浊度法

浊度传感器根据光学原理设计,光发射器采用的脉冲光源不受周边光源干扰,波长为 $860\mu m$,发光光纤及检测光纤与探头平面都成 $45°$,总测量角为 $90°$,聚焦点为 $8mm$。浊度测量范围 $0\sim1000NTU$,读数可以准确到 $\pm5\%$(即 $2NTU$),分辨率达 $0.1NTU$。浊度主要取决于粒子对进入样本水体的光线散射率,影响浊度读数的因素有叶绿素、浮游植物色素、黄色物质、器件玷污等。浊度法的优点是多参数数据采集便捷,仪器性能稳定,数据准确可靠。缺点是只能测量探头所在位置的悬沙浓度,测量不同层次的数据时,需要人为地改变传感器的入水深度。

3）红外线法

红外线法的测量原理同射线法类似:当红外线通过悬沙水体时,部分被溶质吸收,吸收的数量与溶质浓度及入射距离有关。当射线进入被吸收后,透过的光强度与入射光的强度之间的关系由朗伯-比尔定律确定,并由此可估算悬沙含量。由于红外线法可测量的含沙量极低,而冰川融水中含沙量变化幅度较大,因此在实际测量中较少采用。

4）超声法

超声法依测量原理的不同可分为超声反射法和超声衰减法。前者根据超声波的反射量与沙粒的含量呈正比例关系,来测定含沙量。后者考虑泥沙颗粒对超声波的散射、吸收和超声波自身的扩散因素,利用传感器检测其能量的衰减来计算含沙量。超声波反射法对于低含沙量水流较敏感,其测量精度高,但测量范围较窄,在 $0\sim3kg/m^3$。超声波衰减法利用声波在泥水中传播时声波大小受到衰减的原理,通过接收换能器,将衰减后的声波信号转化为电信号,经放大处理后得到随含沙量变化的模拟电信号,依据其与含沙量之间的关系测量含沙量。

运用超声波法测量含沙量时,为保证超声波经衰减后信号能够被接收到,声波发射强度不能太小。当发射强度较大时,声波穿过含沙溶液时会与泥沙颗粒发生相互作用而影响溶液浓度,同时还会造成大的泥沙颗粒粉碎而改变原有溶质粒子的粒径组成。由于超声波法可能对水流造成扰动而改变其原有的动力学特征,使得超声波法测量泥沙含量的范围较窄,所以其更适合于低含沙溶液的测量。

5）振动法

根据谐振棒在不同含沙量泥水中振动周期的不同来推求含沙量。当泥沙密度及粒径组成一定、泥沙颗粒运动速度相同时,谐振棒振动周期同含沙量近似呈线性变化关系。对于材料一定的谐振棒,棒体密度与其振动周期的平方成正比。由于实际测量中棒体的运动受水深、流速等影响较大,测量设备一般采用空心金属管代替谐振棒。当含沙水流进入管体时,由于金属管材料和体积一定,测量管的密度完全由管中液体的密度决定。如果水流中含沙量发生变化,相当于整个罐体的密度发生变化,此时测量出泥水的密度,并通过管体密度-振动周期关系计算出含沙量。

由于进行现场测量时,融水中泥沙的比重、粒径组成及颗粒运动情况等变化复杂,使进入管体水量的流速和密度随时间而不断变化,因而利用振动法测量泥沙含量的结果稳定性较差,零点漂移严重,因此其适合于稳定水流含沙量的测量。

6)激光测量法

激光测量法同样利用了水对光的散射和吸收原理,通过检测衰减程度来检测水中含沙量。采用激光作光源,具有高度的空间相干性和时间相干性,以及高度集中的能量密度,特别是光导纤维的应用,使外界漂移或扰动的影响大大减小,从而进一步提高了测试效率和测试精度。激光测量法的缺点是测试仪器成本较高,设备笨重。

7)电容法

电容法利用泥沙与水的混合物引起的介电常数差异的电物理特性,采用变介电常数电容式传感器原理,将被测的泥沙含量的变化转换成电容量的变化。虽然电容式传感器测得的结果精度比较高,但电容受温度变化影响较大,电容两端输出电压随温度、融水含盐量的升高而呈非线性增加的趋势,加之径流流速变化的影响,使得电容法的适用性受到一定限制。

4.3 冰川径流模拟

冰川径流模拟是冰川水文研究的重要方面,其主要内容是对冰川融水径流的客观过程逐步分解,并对各子过程进行概括性的数学描述,从而建立体系化的模型结构,并以气象、地形、下垫面等数据资料为模型驱动,进行冰川径流的计算或产汇流过程的还原。冰川径流的模拟,可以通过相关观测数据的输入,评估冰川径流量、径流组成及其变化过程和影响因素,研究冰川径流的产流及汇流过程,预测、预估冰川径流的变化趋势等。

4.3.1 冰面消融估算方法

冰川消融主要取决于冰川表面的气象条件,如气温、风速、相对湿度、太阳辐射等(Ohmura,2001)。传统的冰川消融模型就是构建冰面消融与气象因子(如气温、太阳辐射)之间的统计学关系。随着观测手段的提高,研究者开始从冰面消融的物理机制角度出发,研究冰面消融和能量平衡之间的关系。随着 3S 技术的发展和观测技术的提高,冰川消融计算也从点扩张到面尺度,基于能量平衡的分布式冰川消融模型大量涌现。冰川消融模型大体上可以分为两类:基于气象因子的统计模型和基于物理机制的能量平衡模型。

1. 基于气象因子的统计模型

影响冰面消融的气象因素主要有气温、风速、辐射、降水等,且不同性质和规模的冰川由于下垫面和气候特征条件的不同,其热力学特性也存在显著差异。由于大多数冰川区缺乏常规气象,特别是辐射平衡观测资料,而气温是反映辐射平衡、湍流热交换等状况的综合指标,且易于通过空间差值或遥感反演获得,因而基于气温-消融关系的冰川消融模型被广泛应用,这主要包括冰川平衡线法和度日因子法。

1) 冰川平衡线法

早在 1924 年,Ahlmann 就利用平衡线高度处消融与气温关系来推算冰川消融值。Khodakov(1965)首先用经验公式计算了平衡线高度处的年消融量,Kotlyako 和 Krenke(1979)则根据不同气候条件下数十条冰川的观测资料,推出冰川夏季(6～8 月)平均气温 T 与冰川平衡线处年消融 A 的关系模式,该公式被称为"全球公式":

$$A = 1.33 \times (9.66 + T)^{2.85} \tag{4.17}$$

刘潮海和丁良福(1988)根据上述思路,利用天山山区气象站和冰川目录资料,建立了平衡线高度处年消融量(A)的经验公式:

$$A = 0.78 \times (T + 9.0)^{3.09} \tag{4.18}$$

2) 度日因子法

度日因子模型也是基于冰川消融量与气温关系的统计模型,早在 1987 年,Finsterwalder 和 Schunk(1887)在对阿尔卑斯山冰川的研究中就提出了这一概念,在随后的一个世纪内,度日因子模型被广泛应用到全球的冰川消融研究中。该模型的基本形式如下:

$$M = \text{DDF} \times \text{PDD} \tag{4.19}$$

式中,M 为某一时段冰/雪的消融水当量(mm w. e.);DDF 为冰川或雪的度日因子[mm/(℃·d)];PDD 为某一时段的正积温(℃)。

受地形、冰川性质、辐射状况等要素的影响,冰/雪度日因子在时间和空间差异较大,雪的度日因子范围为 2.5～11.6mm/(℃·d),而冰川的度日因子范围为 6.6～20.0mm/(℃·d)(Hock,2003)。鉴于采用度日因子冰川消融模型进行空间和时间拓展存在一定的局限性,一些研究者提出加强的度日因子法,即在经典的度日因子模型中引入其他要素(如风速、反照率、辐射等)。Hock(1999)为了提高模型的时空精度,将太阳辐射引入到经典的度日因子模型:

$$M = \left(\text{DDF} + \alpha I \frac{G_s}{G_0} \right) \times \text{PDD} \tag{4.20}$$

式中,α 为辐射系数;I 为晴天太阳直接辐射(W/m^2);G_s 为观测的太阳总辐射(W/m^2);G_0 为晴空条件下的太阳总辐射(W/m^2);PDD 为正积温(℃)。

基于气象因子的统计模型,由于其结构简单、数据易获得、模拟结果较为理想等特点,目前其在国内外冰川径流估算研究中被广泛应用。但由于统计模型只是在一定数据范围或区域内对水文物理意义进行统计分析,无法精确表征冰川消融的实际物理过程,由此造成模型不易在空间和时间上推广,特别是在较长的时间尺度上,其预估结果缺乏可信度。

2. 基于物理机制的能量平衡模型

随着冰川观测中自动化水文、气象仪器的大量应用,观测数据不断丰富,从而使得能量平衡模型的广泛应用成为可能。单点能量平衡模型可在有辐射观测数据的观测站点处开展,主要目的在于测试和改进冰川能量平衡理论及分析冰川消融过程能量平衡组成特征。Kraus(1975)较早使用能量平衡模型计算山地冰川的消融。随后涌现出大量基于单点的能量平衡模型,其基本原理如下:

$$Q_N + Q_H + Q_L + Q_G + Q_R + Q_M = 0 \tag{4.21}$$

式中,Q_N 为净辐射;Q_H 为感热;Q_L 为潜热;Q_G 为地热通量;Q_R 为降水传递的热量;Q_M 为冰雪消融耗热。以上各能量分项的单位均为 W/m^2。

1)净辐射

净辐射是指冰川表面接收到的净短波辐射和净长波辐射之和,可表达为

$$Q_N = Q_S(1 - \alpha) + L\downarrow - L\uparrow \tag{4.22}$$

式中,Q_S 为太阳短波辐射(W/m^2);$L\downarrow$ 为大气长波辐射(W/m^2);$L\uparrow$ 为冰面向上长波辐射(W/m^2);α 为冰川表面的反照率。

2)感热和潜热

湍流交换计算方案主要有波文比能量平衡法、空气动力学法和涡旋相关法。空气动力学法是用不同高度处的风、温、湿资料,基于莫宁-奥布霍夫(Monin-Obukhov)相似理论,间接计算热通量和动量通量。波文比能量平衡法基于能量平衡方程计算热通量;涡度相关法利用超声风温仪直接观测脉动资料计算通量。由于冰川区的气象观测条件较差,自动气象站普遍采用单层的要素观测方案,因而在冰川区湍流模拟中,多采用基于空气动力学原理的整体法进行计算:

$$Q_H = \rho_a c_p C_h u_a (T_a - T_s) \tag{4.23}$$

$$Q_L = (\rho_a 0.622 L/P_a) C_e u_a (e_a - e_s) \tag{4.24}$$

$$C_{en} = C_{hn} = k^2 [\ln(z_a/z_s)]^{-2} \tag{4.25}$$

式中,ρ_a 为大气密度(kg/m^3);P_a 为大气压(Pa);c_p 为大气热容[$J/(kg \cdot K)$];L 为蒸发或升华的汽化耗热(J/kg);C_h 和 C_e 分别为感热和潜热整体输送系数;C_{en} 和 C_{hn} 为中性稳定大气的感热和潜热整体输送系数;k 为卡曼常数(~0.4);u_a、T_a 和 e_a 为 z_a 高度处的风速(m/s)、气温(K)和水汽压(Pa);T_s、e_s 为冰面的温度(K)、水汽压(Pa);z_s 为冰川表面的粗糙长度(m)。

冰川表面大气的稳定度能够显著影响湍流和感热交换。空气与相对温暖的表面接触会加热膨胀,从而上升,因此可以使湍流得以增强,并使大气偏离稳定状态;相反,温暖的大气与较冷的冰川表面接触会被降温,密度增加,空气下沉,进而抑制湍流交换,此时大气处于稳定状态(Anderson,1976)。为了考虑大气稳定度对湍流的影响,需采用大气稳定度指数对处于中性层结大气下的整体输送系数进行修正。大气稳定度状况可采用理查逊

系数($\mathrm{Ri_B}$)进行表示：

$$\mathrm{Ri_B} = [gT_\mathrm{m}^{-1}]z_\mathrm{a}(T_\mathrm{a} - T_\mathrm{s})/(u_\mathrm{a}^2) \tag{4.26}$$

$$T_\mathrm{m} = (T_\mathrm{a} + T_\mathrm{s})/2 \tag{4.27}$$

当 $\mathrm{Ri_B}$ 为较大的负值时，表示大气处于不稳定状态；当 $\mathrm{Ri_B}$ 为较大的正值时，表示大气处于稳定状态；当 $\mathrm{Ri_B}$ 接近于 0 时，表示大气处于中性层结状态。对于稳定和非稳定大气状况下的整体输送系数，可采用以下方法进行修正获得（Oke,1987）。

$$\text{非稳定大气：} C_\mathrm{h} = C_\mathrm{e} = (1 - 16\mathrm{Ri_B})^{0.75} \times C_\mathrm{hn} \tag{4.28}$$

$$\text{稳定大气：} C_\mathrm{h} = C_\mathrm{e} = (1 - 5\mathrm{Ri_B})^2 \times C_\mathrm{hn} \tag{4.29}$$

3）降雨传递的热量

降雨所引起的冰川表面能量平衡变化包括两个部分：①温暖的雨水降到冰川表面所传输的感热；②降到低于 0℃ 冰川表面的雨水再冻结所释放的热量。

处于消融期的冰面可假设表面温度为 0℃，此时降雨感热输送量可表达为

$$Q_\mathrm{R1} = P_\mathrm{r}\rho_\mathrm{w}c_\mathrm{w}(T_\mathrm{r} - T_\mathrm{s}) \tag{4.30}$$

式中，Q_R1 为降雨的感热交换（$\mathrm{W/m^2}$）；P_r 为降雨强度（$\mathrm{m/s}$）；ρ_w 为液态水密度（$10^3\,\mathrm{kg/m^3}$）；c_w 为液态水热容[$4.1867 \times 10^3\,\mathrm{J/(kg \cdot ℃)}$]；$T_\mathrm{r}$ 为降雨的温度（℃，一般假设等于气温）；T_s 为冰川表面的温度（0℃）。

雨水再冻结释放的热量可表达为

$$Q_\mathrm{R2} = P_\mathrm{r}\rho_\mathrm{w}L_\mathrm{f} \quad T_\mathrm{s} < 0 \tag{4.31}$$

式中，Q_R2 为降雨再冻结所释放的潜热（$\mathrm{W/m}$）；L_f 为冻结潜热（$\mathrm{J/kg}$）。

4）冰内热通量

冰内热通量是指冰层因垂向温度梯度而损失或增加的热量，具体可表达为

$$Q_\mathrm{G} = k_g \mathrm{d}T_g/\mathrm{d}z \cong k_g (T_g - T_\mathrm{sb})/(z_2 - z_1) \tag{4.32}$$

式中，k_g 为冰的热导率[$\mathrm{W/(m \cdot ℃)}$]；z 为冰层深度（m）；T_g 为冰层 z_2 深度处的温度（℃）；T_sb 为冰川表面的温度，即冰层深度为 $z_1 = 0$ 处的温度（℃）。很多研究表明，该分量在冰川能量平衡分项中占有的比例很小，可以忽略不计。

5）冰川消融量计算

消融速率 M（m/s）可根据消融耗热计算获得：

$$M = \frac{Q_\mathrm{M}}{\rho_\mathrm{w}L_\mathrm{f}} \tag{4.33}$$

式中，ρ_w 为水的密度（$\mathrm{kg/m^3}$）；L_f 为冰的融化潜热（$3.35 \times 10^5\,\mathrm{J/kg}$）。

受观测数据的限制，研究者提出了多种不同的冰川能量平衡简化计算方案，如在实际计算中忽略地热通量和降水导热量，简化感热和潜热的估算方法等。康尔泗（1994）根据乌鲁木齐河源 1 号冰川的观测数据，构建了一个基于常规气象观测要素的简化能量平衡

模型,讨论了消融期冰川表面辐射平衡和能量平衡,为研究高山冰川和周边大气之间能水交换过程,冰川对气候变化的响应,以及冰川融水径流的形成,提供了一个便于实际应用并具有明确物理意义的计算方法。

4.3.2　冰川区气象数据的空间分布

由于冰川地形复杂,气温、降水、风速、湿度、辐射及反照率等在空间上差异很大,也就使得冰川区的消融存在显著的空间差异。将冰川区划分成多个高程带或网格,每个高程带或网格上的气象状况和参数有所差异,而高程带内假设相同,对每个高程带或网格采用消融模型计算消融量,最后输出每个带和网格的物质平衡、消融量、产流量等信息。在进行冰川空间消融模拟时,所面临的最大问题就是将站点观测数据正确分布到地形复杂的各高程带或格网中,即由点到面的尺度转换问题。本节将主要介绍一些常用的空间分布方法。

1. 气温和降水的空间分布

在进行冰川空间消融时,首先需要考虑地形对气温和降水的影响。对于气温,通常主要考虑高程的影响,采用温度梯度计算,将站点观测的气温外延到各个高程带或格网:

$$T_i = T_{st} + \gamma(h_{st} - h_i)/100 \tag{4.34}$$

式中,T_i 为模拟高程带或格网的气温(℃);T_{st} 为站点观测的气温(℃);γ 为气温梯度(℃/100m);h_{st} 为气温观测站点的高程(m);h_i 为模拟的高程带或网格的高程(m)。

海拔同时也是影响降水的重要因子。山地对水汽的阻挡抬升作用易形成降水,在一定高程范围内随着海拔的增加,降水也在增大,但当水汽含量降低到一定程度后,降水转而随海拔的升高而下降。研究表明,年或月尺度的降水与高程存在明显的梯度关系,但日、时降水与海拔梯度的关系不明显,因而给日或时降水的空间插值带来一定困难。对于具有完善的空间降水观测网络的冰川区,可直接利用多点降水观测值,采用反距离权重、泰森多边形等插值方式,获得面上的降水信息。也有研究采用年或月降水随高程变化的百分比的方法来考虑高程对降水的影响,如

$$P_i = P_{st}[1 + P_{calt}(h_{st} - h_i)/10000] \tag{4.35}$$

式中,P_i 为模拟高程带或网格的气温(℃);P_{st} 为站点观测的气温(℃);P_{calt} 为模拟时段的降水高程梯度(%/100m);h_{st} 为气温观测站点的高程(m);h_i 为模拟的高程带或网格的高程(m)。

2. 太阳辐射的空间分布

太阳辐射是冰川消融的主要能量来源。Munro 和 Young(1982)分析了地形对太阳辐射的影响,从而将站点观测的太阳辐射分布到地形复杂的各冰川单元格。Arnold 等(1996)提出了一个分布式冰川消融模型,系统地讨论了地形对太阳辐射和反照率的影响。模型输入的参数包括流域 DEM、太阳高度角和方位角、冰川表面积雪初始分布状况,以及站点气象数据等。模型将单元格分为受太阳直射和被地形阴影遮盖两类,分别计算

各冰川单元格太阳辐射通量。其计算方法简介如下。

（1）太阳照射的单元格太阳辐射通量：

$$Q_S = Q_1/\sin H[\cos Z \sin H + \sin Z \cos H \cos(A - A_1)]\qquad(4.36)$$

式中，Z 为坡度；H 为太阳高度角；A 为太阳方位角；A_1 为坡向；Q_1 为站点实测短波辐射值（W/m²）。

（2）遮蔽的单元格太阳辐射通量：

$$Q_S = 0.2Q_1\cos^2(Z/2) + \alpha_m Q_1 \sin^2(Z/2)\qquad(4.37)$$

式中，α_m 为整个山谷的平均反照率。

3. 冰川表面反照率空间分布

冰川表面反照率（α）受太阳入射角、地形及云层遮蔽、下垫面类型、消融状况等作用的影响，其空间参数化方案是分布式冰川消融模型所考虑的一个重要方面。由于雪冰反照率的差异性，在进行冰面反照率模拟时，需分别对其考虑。

积雪表面的反照率（α_s）主要受积雪的颗粒大小、消融状况、太阳高度角、大气状况等影响，但由于观测数据的限制，简化的计算方案，如积雪反照率随雪龄变化的方案仍被广泛应用：

$$\alpha_s = \alpha_0 + be^{-n_d k}\qquad(4.38)$$

式中，α_0 为最小的积雪反照率；n_d 为积雪存续时间（d）；k 为经验参数；b 为经验系数。

在冰川区应用时，一些研究者也提出了积雪反照率随高程、雪深、消融状况的变化方案（Oerlemans，1993）：

$$\alpha_s = \max[0.12, \alpha_{fresh} - (\alpha_{fresh} - \alpha_b)e^{-p_1 d} - p_2 M_a]\qquad(4.39)$$

式中，α_{fresh} 为新雪的反照率；d 为雪深（m w.e）；M_a 为累计的积雪消融量（m w.e）；α_b 为积雪反照率随海拔变化量。α_b 的公式如下：

$$\alpha_b = p_3 \arctan[(E - L + p_4)/p_5] + p_6\qquad(4.40)$$

式中，E 为单元格的海拔（m）；L 为平衡性处的高程（m）；$p_1, \cdots, p_6$ 为经验参数。

此外，考虑到雪晶在变化过程中积雪密度逐渐增大，反照率相应减小，为反映不同阶段积雪反照率变化，Brock 等（2000）提出了以下解决方案：

$$\alpha = (1 - e^{-d/d_0})\alpha_S + e^{-d/d_0}\alpha_i\qquad(4.41)$$

式中，d_0 为雪深的特征值（m）。当雪深 d 为 0m 时，可视为冰面反照率。

目前，冰的反照率（α_i）研究较少，在冰川能量平衡模型中冰的反照率一般设为常数，也有一些研究者提出了冰的反照率随海拔梯度（E）的变化公式（Brock et al.，2000）：

$$\alpha_i = (490.88 - 0.34372E + 6.077 \times 10^{-5}E^2)^{-1}\qquad(4.42)$$

4. 其他气象要素的空间分布

地形对风速、湿度等也有一定影响。一些研究表明,在较小的冰川尺度上,水汽压的空间变化并不明显,但由于地形对气温的影响,相对湿度在空间上仍然存在显著差异。在实际应用时,可尽量使用观测点的水汽压进行空间分布,如果没有水汽压的直接观测,可利用观测的相对湿度、气温等计算出水汽压,再进行空间分布。在计算冰面消融时,一般假设冰面温度保持 0℃,因此冰川表面的水汽压也可设为 0℃时的饱和水汽压。

风速受风向、坡度、坡向及地形遮蔽等影响,在空间上存在明显的差异性。目前,风速的空间分布是分布式模型面临的一个难题,尽管少量研究也提出了地形对风速的影响方案,但在目前的实际应用中,主要还是根据多个站点观测的风速,采用反距离权重、克里金等插值方式,直接插值获得。

4.3.3　冰川产流模拟

冰川水文模型的发展紧跟其他水文模型的步伐,经历了经验统计模型、分析模型、数字模型 3 个阶段。前两个模型在冰川径流方面的应用没有明显的时间上的界限,都是发展于 20 世纪 70 年代。到 90 年代初,单纯的统计模型在冰川径流模拟中的应用已较少,概念性的冰川水文模型逐渐成熟,并重视冰川径流形成的物理过程。由于地理信息系统(GIS)和遥感(RS)的发展,直到 90 年代末,Arnold 等(1998)首先将分布式水文模型应用到冰川水文过程研究中,基于物理过程的分布式水文模型能够真实地描述冰川区水文循环的时空变化过程,并易于和大气环流模型 GCM 嵌套,从而将冰川径流的模拟研究推向一个新的发展高度。

1. 统计模型

统计模型不考虑冰川径流形成的物理过程,模型参数少,计算简单,在冰川径流模拟中使用广泛。该方法以气温为主要统计变量,假设气温与冰川末端流量呈统计学关系。统计模型忽略了冰川消融强度随高度的变化,而表现了气温同融水径流量之间的平均关系,其对于粗略、简单的估算仍不失为好的方法。

统计模型的主要函数关系包括线性相关、指数相关等。例如,路传琳(1983)对乌鲁木齐河源 1 号冰川消融深与不同高度带的气温进行比较,发现旬平均冰川径流(Q)与冰川气温旬平均值(T_h)关系最密切:

$$Q = 0.106T_h \tag{4.43}$$

杨针娘(1991)根据我国不同地区冰川径流量(Q)与日平均气温(T)的变化,提出了两者之间的指数关系:

$$Q = a \times e^{b(T+c)} \tag{4.44}$$

式中,a,b,c 为经验系数,它们与冰川类型、气候环境、冰川下垫面状况等有关。

随着观测资料的大量积累,为提高模拟精度,陆续开发出多种较为复杂的统计模型和随机模型,如时间序列分析和复回归模型等。例如,叶佰生等(1996)考虑了冰川面积和冰川消融强度随高度变化这一特征,引入消融强度函数方法,使得冰川径流的估算精度得到明显提高。谢自楚等(2002)应用冰川系统对气候变化响应的功能模型,对西藏外流水系的冰川及其融水径流的变化趋势作了预测研究,并推广到其他冰川系统变化趋势研究中。

2. 分析模型

自 20 世纪 70 年代以来,考虑流域物理过程的分析模型得到广泛应用。此类模型着眼于水量和能量平衡原理,对流域的产流和汇流进行简化的过程描述,具有较明确的物理概念。例如,杨针娘(1991)使用径流模数外推法估算祁连山冰川流域径流,其实质就是一种集总式概念水文模型。冰川径流模数法,是对有观测资料地区的冰川径流资料进行分析,得出冰川测量点的产流能力,按冰川面积进行放大,将其应用到整个流域。在其他冰川流域的应用,同时需要根据冰川形态、气候背景、地形条件等进行一些修正。由于冰川融水径流模数具有显著的区域相似性,可通过区域内插补求取无资料地区冰川融水径流模数,进而计算融水径流。赖祖铭和叶佰生(1991)根据高寒山区特点,专门设计了一种以月为时间步长的水量平衡模型,该模型依据高寒流域的特性,将整个流域按高度分成冰川区、多年冻土区和季节冻土区 3 个子流域。冰川径流的估算考虑了冰川消融强度随高度的变化,分别计算不同高程带中的径流,汇总得到流域冰川总径流。目前,在我国冰川区单纯用这类模型也较少,而是向较为成熟的概念性水文模型方向发展。

瑞典水文气象研究所 HBV 水文模型是较早的包含了冰川径流模型的一个概念性集总模型,目前已开发了多个衍生版本。由于 HBV 模型输入数据简单、实用性强、模拟效果较好,已被广泛应用到包括水库管理、洪水预测和气候变化的水文响应等多个领域。模型输入数据包括日降水量、日均温、月潜在蒸发量和少量地形数据等,输出数据包括日径流深、实际蒸发量等。模型共分 4 个模块(图 4.12):日温度方法计算的融雪模块,土壤蓄水量函数描述的土壤模块,线性水库方程表述的响应模块和三角权重函数表示的路径模块。康尔泗等(2002)较早地在我国黑河山区进行了模型应用。

以度日因子模型为基础,融合物质平衡、水量平衡等基本原理进行冰川径流估算,也属于分析模型的范畴。Zhang 等(2012a)在考虑降水、气温和度日因子在空间上区域分布规律的基础上,进一步改进了月尺度的度日因子模型,利用长期和短期的物质平衡观测资料、第一次冰川编目的雪线资料,以及冰川径流模数资料等,对中国各流域的冰川融水径流变化的长期序列进行了重建。Immerzeel 等(2010)在 Snowmelt Runoff Model (SRM)模型的基础上增加了一个度日因子冰川消融模块,从而实现冰川径流的模拟,利用该模型对印度河、恒河等"亚洲水塔"的冰雪融水贡献量进行了模拟。

3. 数字模型

数字模型主要指基于物理过程的分布式水文模型。在过去几十年,随着冰川区各种自动观测的广泛开展、观测数据的积累、基础理论的发展,以及计算机的普及应用,基于物理过程的分布式水文模型得到了飞速发展。

1998 年,英国人 Arnold 等(1998b)首先利用分布式物理模型对瑞士的一个山谷冰川进行模拟,预测了冰川径流变化,并揭示了冰川内部流域系统的特征,从而将分布式水文

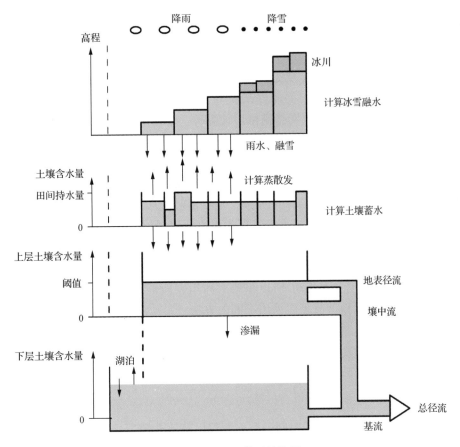

图 4.12　HBV 模型结构图

模型引入冰川水文的研究中。Reijmer 和 Hock(2008)发展的 DEBAM(distributed energy balance model)冰川径流模型是目前比较完善的冰川径流数字模型。该模型包含了冰川能量-物质平衡模块、多层积雪能量平衡模块及三级(积雪或粒雪、冰及表碛)线性水库汇流模块,能够较好地体现冰川流域中融水的产流及汇流过程。

　　冰川数字水文模型的研制在我国起步较晚,目前还没有比较成熟或得到普遍认可的分布式冰川水文模型。尝试开发具有广泛适用性的自主分布式模型或模块也是目前国内冰川水文领域研究的重点之一,如陈仁升等(2008)利用天山科其喀尔冰川 2005 年 NCEP/NCAR 再分析资料,构建了针对大型山谷冰川的分布式冰川融水径流模型,Zhao 等(2013)则以 VIC(variable infiltration capacity)为基础,开发了基于动态面积变化的冰川径流模块,显著提高了该模型在我国西部冰川流域模拟的效果。

4.3.4　冰川汇流模拟

　　由于对冰川内部实际排泄方式、水热交换、冰内排水系统的演化及影响因素等缺乏详细、全面的认识,基于物理过程量化冰川汇流还存在很大困难。目前,国内外对冰川汇流过程的描述均进行不同程度的简化处理。以下从冰川表面汇流、冰川内部汇流和冰川底部汇流 3 个方面，分别介绍冰川汇流的简单数学描述方法。

1. 冰川表面径流

冰川表面径流的汇流方向主要是由冰川表面的地形坡度决定。汇流方向和汇流路径可以利用 ArcGIS 水文模块等相关软件来获取。首先需要对冰川表面的数字高程模型(DEM)进行填洼处理，生成径流网络栅格后计算每一个栅格单元与其相邻的 8 个单元之间的坡度，按最陡坡度原则，即 D8(deterministic eight-neighbors)原则，确定各单元的水流方向和路径长度，由此获得单元格到裂隙或垂直通道的距离。冰川裂隙或垂向通道的位置可以通过分析冰川表面曲率并利用卫星遥感影像进行校正获得，即冰川凸起部位一般可以作为冰川表面张力的指示，而在张力、太阳辐射和水流等共同作用下，这些部位可能沿粒雪纹理演变成裂隙，并最终可能发展为垂直通道(Fountain and Walder,1998)。积雪覆盖与否对冰川表面汇流有很大影响，由于冰面相对于积雪来说是一个隔水层，当表面有积雪时，水在重力作用下先从表面沿晶体间缝隙向积雪底部运动，在冰面上形成一个饱和水层，然后随地形坡度向下流动，所以积雪对冰川表面汇流有滞后效应。因此，冰面汇流速率的计算依据有无积雪覆盖而采用不同的方法。

1) 积雪覆盖单元格汇流

水从积雪表面到达底部的时间可用 Colbeck(1978)提出的公式计算：

$$D = \frac{k_e d}{(3\rho_w g\mu^{-1})^{1/3} k^{1/3} q^{2/3}} \tag{4.45}$$

式中，D 为水流到达积雪底部的时间(s)；k_e 为雪层有效孔隙度；d 为雪深(m)；ρ_w 为水的密度(kg/m³)；g 为重力加速度(m/s²)；μ 为水的黏滞系数(Pa·s)；k 为雪的渗透比；q 为水流通量(m³/s)。积雪层下部饱和水流运动速率用式(4.46)表示：

$$C_s = \frac{\rho_w g\mu^{-1} k\theta}{k_{snow}} \tag{4.46}$$

式中，C_s 为饱和积雪层下部的水流速率(m/s)；θ 为坡度(rad)；k_{snow} 为雪的孔隙度。

2) 无积雪覆盖单元格汇流

Arnold 等(1998a)采用曼宁公式计算每个单元格冰川融水的流速：

$$C_i = \frac{R^{\frac{2}{3}} \theta^{\frac{1}{2}}}{n} \tag{4.47}$$

式中，C_i 为水流速度(m/s)；R 为冰川表面水道的水力半径(m)；n 为曼宁糙率系数(m$^{-1/3}$·s)。

综上所述，模型首先需要判断冰面是否有积雪。若有积雪覆盖，需计算水流到达冰面的时间。然后，根据每个单元格水流方向，获得该单元格到下一个单元格的距离，联合水流速率，可以得到该单元格到下一个单元格的汇流时间。最后，根据每个单元格到达裂隙/垂直通道或冰川末端的汇流路径，计算每个单元格的总汇流时间。冰面若有连续表碛覆盖，可参照土壤水动力学和冻土水文学的原理，计算水流到达冰面的时间，然后计算汇流速率。

　　冰川表面形态也会随冰川运动、消融过程等发生变化,而实际工作中很难实现冰川表面形态(DEM)的实时测量,因而增大了冰川表面汇流过程模拟的误差。为此,许多学者提出了一些简单的改进方法,如 Jarosch 和 Gudmundsson(2012)用一个相对简单的函数概括了冰川表面运动、紊流、融水热损耗等对冰面河道季节形态演化的影响。

　　2. 冰川内部汇流过程

　　冰内水系是连接冰面和冰下水系的过渡系统。冰内水系作为冰川储水体之一,其发育程度对冰下水系的空间分布有直接影响。冰川融水进入冰川内部的主要通道是裂隙和冰川竖井,但冰川内部的管道一般是很细小的,且在任何特定时间内,均有两种相反的作用决定管道的大小和长度,即 Shreve(1972)提出的管道理论:①水在管道中流动会融化管壁上的冰而使管道扩大;②若上覆冰的压力超过水压,则水流进入管道并减少管道的直径。该理论对冰床处的冰内管道是同样适用的。同时,Shreve 认为,水在总势能(重力势和冰的压力势)的作用下会沿最陡的方向形成一个树枝状的排泄结构,除坡度大于表面坡度一个量级管道内的情况外,水流方向基本由表面坡度所控制。冰内水系总体上呈树枝状结构,相对冰下水系其时空变化更明显,各种冰内水系通道会因融水再冻结或冰体运动过程产生的不均匀内应力而封闭、伸张甚至改向。这种状况使冰内水流的描述和模拟具有很大难度。

　　Flowers 和 Clarke(2002)为了简化冰川内部的汇流过程,把冰川内部管道系统理想化为 3 种结构:垂直通道(即冰内竖井,假设均达到冰川底部)、表面裂隙通道和底部裂隙通道。冰川内部的水流连续方程可以用下面方程描述:

$$\frac{\partial h^{e}}{\partial t}+\frac{\partial Q_{j}^{e}}{\partial x_{j}}=\phi^{r,e}-\phi^{e,s} \tag{4.48}$$

式中, h^{e} 为冰川内水的平均体积(m³);Q_{j}^{e} 为单宽流量(m³/s);$\phi^{r,e}$ 为冰川表面和冰川内部之间的水流交换量(m³/s);$\phi^{e,s}$ 为冰川内部和冰川下部水流交换量(m³/s);t 为时间(s);x 为方向差;j 为水流方向。

　　3. 冰川底部汇流过程

　　冰川底部一般存在树枝状(快速)和街道式(慢速)两种水系系统(图 4.13)。树枝状系统由相对顺直的管道组成,而街道式系统则由连通穴、通水孔、曲折水道、冰下沉积物等组成,且对于不同的冰川,其水系的组分也有较大差异。在消融初期,街道式系统随融水输入量的增加可转变为树枝状系统,而在消融末期,随着冰川运动和来水量的减少,树枝状系统则会转变成相对封闭的街道式系统。

　　为了简化冰内、冰下排水管道的空间结构,目前一般采用如下方式:①将冰下排水通道横截面定义为半圆形(Shreve,1972);②用圆柱体、四棱柱和三菱柱分别对冰川锅穴、冰裂隙和冰下空洞进行描述(Flowers and Clarke,2002);③将冰下空洞水流概化为平行的微小流束,在特定情况下(如融水量达到一定阈值时),冰下水系的排水结构会随融水量的变化而发生改变(Hewitt et al. ,2012);④ 用不规则三角形网格对冰下水系结构进行描述

 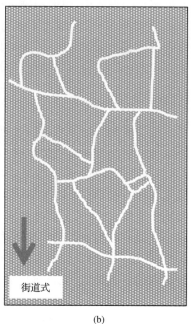

图 4.13　冰下水系系统示意图

(Werder et al.,2013),三角形的内部代表汇流速率较慢的街道式水系,三角形的边界代表汇流速率较快的树枝状水系。

　　根据这些假设方法,可以采用不同的数学方程来描述冰下系统的水流过程,如 Arnold 等(1998a)建立的模型相对简单、被广泛应用。该模型借用洪水管理模型 SWMM (storm water management model)中的管网汇流子系统来描述冰下水系系统,以 SWMM 中的进水或排水口表征冰川裂隙或垂直通道(冰内竖井),用 SWMM 中的管道分布表征树枝状和街道式两种排泄系统,SWMM 中的管网汇流子系统的水流运动过程采用圣维南方程组(Saint-Venant)求解。其方程形式为

$$\frac{\partial A}{\partial t}+\frac{\partial Q}{\partial x}=q \tag{4.49}$$

$$\frac{v}{g}\times\frac{\partial v}{\partial x}+\frac{1}{g}\times\frac{\partial v}{\partial t}+\frac{\partial h}{\partial x}+S_{\mathrm{f}}-S_{0}=0 \tag{4.50}$$

式中,A 为管道面积($\mathrm{m^2}$);Q 为流量($\mathrm{m^3/s}$);q 为管道侧向单宽流量($\mathrm{m^3/s}$);t 为时间(s);x 为长度(m);h 为管内水深(m);g 为重力加速度($\mathrm{m/s^2}$);v 为流速($\mathrm{m/s}$);S_{f} 为摩阻坡度;S_{0} 为底坡;S_{f},S_{0} 均无量纲。A 是一个随融水输入量 Q 和冰川流变而变化的量,根据管道内水流速度和冰川下部管道中的水压 P_{w} 及上覆冰的压力 P_{i},以小时为步长,对模型中管道面积及其长度进行调节。管道融化速率可计算为

$$M=\left[(\pi s)^{1/2}\rho_{\mathrm{w}}(f_{\mathrm{r}}gv^{3}/4)\right]\times\frac{1}{L} \tag{4.51}$$

式中，M 为管道的融化速率(m/s)；ρ_w 为水密度(kg/m³)；f_r 为摩擦系数；v 为流速(m/s)；L 为冰的融化潜热(J/kg)。

管道长度的变化速率：

$$M' = -(P_i - P_w) \mid P_i - P_w \mid^{m-1} \times 2\left(\frac{1}{mB}\right)^m A \tag{4.52}$$

式中，M' 为由于冰川蠕变造成的管道面积的变化速率(m²/s)；P_i 为上覆冰的压力(Pa)；P_w 为管道中的水压(Pa)；m 为格伦定律中的指数；B 为格伦定律中的阿列纽斯参数[N/(m² · s^{1/m})]。

第 5 章　冰川水资源变化及预估

冰川水资源是水资源评价的重要内容之一,其变化对于中国西部干旱区的水资源可持续利用尤为重要。本章从国内外冰川水资源评价的方法入手,对比分析了不同流域过去几十年冰川水资源的变化特征,归纳了不同冰川覆盖流域未来冰川水资源变化及其对冰川径流贡献的预估成果。

5.1　冰川水资源评价方法

传统的水资源评价是对流域或区域水资源的数量、质量、时空分布特征和开发利用条件进行全面分析和评估的过程,是水资源规划、开发利用、保护和管理的基础性工作。冰川水资源作为水资源的重要组成部分,与降水资源相比,其受气候变化影响突出,具有"易变性",因此冰川水资源变化及其对流域水资源的影响成为关注重点。

中国于 20 世纪 80 年代开展了第一次全国水资源评价工作,其中就包括了对冰川水资源的评价。对冰川水资源的评价主要包括两个方面:冰川的静态水资源(冰川储量)和可用水资源量(冰川融水量)。冰川储量的变化与冰川融水的变化紧密相关,两者联系的纽带为冰川物质平衡。当冰川的年积累量与年消融量相等时,冰川融水等于当年冰的消融总量,冰川储量不变。当年积累量小于年消融量时,冰川为物质负平衡,冰川储量减少,冰川融水量除了当年冰的消融之外,还包含冰川因体积和储量减少所产生的融化量,一般表现为冰川融水量增加。相反,当冰川当年积累量大于年消融量时,冰川为物质正平衡,冰川储量增加,当年的冰川补给并没有全部转化为融水,一般表现为冰川融水量减少。在分析冰川融水量对河流流量的贡献时,一般把流域内的冰川融水量称为融水径流,其年融水量常为换算为冰川年径流深。

冰川储量的变化评价偏重于长期或阶段性(如几十年)的累积变化,主要表现为多年冰川累积物质平衡的变化;冰川融水量的变化评价偏重于冰川融水量的年内与年际变化。冰川水资源的动态评价则包括对冰川水资源的现状、变化动态,以及对未来的预估。对冰川储量和冰川融水的评价过去主要依赖于冰川编目,随着资料的积累和技术的发展,对冰川储量变化和冰川融水量的评价逐步发展为以模型和遥感监测为主的阶段。

5.1.1　冰川储量及变化评价方法

单条冰川储量的估计主要是通过冰川厚度计算。冰川厚度测量一般先在冰川上不同部位建立样线,利用探地雷达,沿样线进行厚度测量。由于冰川测厚的工作量很大,全球只有非常有限的冰川完成了厚度测量。对于区域乃至全球的冰川储量的估计,主要通过建立冰川体积-面积公式,进而利用冰川编目所量测的冰川面积估计获得。对于单条冰川来说,冰川面积-体积公式为

$$V_{\mathrm{a}} = c \cdot S_{\mathrm{a}}^{\gamma-1} \tag{5.1}$$

式中，V_{a} 为冰川体积（km³）；S_{a} 为冰川面积（km²）；c，γ 为经验参数，γ 在不同地区的统计结果有所差异，在不同时期，由于估算储量的冰川条数不同 γ 也会有所不同。目前，对全球 144 条冰川的统计结果表明，山地冰川的 γ 为 1.375，冰帽的 γ 为 1.25。对中国西部 27 条山地冰川的统计结果表明 γ 为 1.35。c 值随 γ 值的不同而有所差异，在中国西部 c 值为 0.04。

全球具有长期物质平衡观测资料的冰川数量非常有限，中国只有乌鲁木齐河源 1 号冰川拥有超过 50 年的物质平衡观测资料。因此，如何利用有限的几条冰川的物质平衡，推求流域乃至全球尺度的冰川物质平衡及其对海平面上升的影响一直是国际冰川学界研究的重点问题之一。国际上早期的研究主要集中在分析观测点的资料对区域的代表性，随后的大量研究发展了各种不同的插值方法来提高对区域物质平衡估计的有效性，近年来则发展了大量与不同气候资料驱动的大区域/全球物质平衡模型，所使用的气候资料包括了站点观测资料、气候模式再分析资料、卫星观测资料，以及融合了多种资料的同化产品，这些资料和模型大大减少了全球尺度冰川储量变化估计的不确定性。此外，重力卫星 GRACE 资料为评估区域的冰川水资源变化提供了有利手段，但由于利用 GRACE 资料分析区域冰川储量变化时还受到地下水变化、径流估算，以及 GRACE 空间分辨率较低等影响，其对山地冰川储量变化的估计还存在一定争议，但可作为一种辅助手段，与其他冰川变化资料进行对比，相互验证。

5.1.2　冰川融水评价方法

冰川融水径流的直接观测仅限于非常有限的冰川覆盖率高的小流域，主要通过在冰川末端建立水文断面进行径流观测，进而通过径流分割去除冰川区内裸露地表的产流，从而计算出冰川区的产流量。国外最早在阿尔卑斯山冰川小流域开始观测，中国于 1958 年在乌鲁木齐河源开展了冰川径流观测，此后在对其他地区冰川考察中开展了短期冰川融水观测。这些小流域的观测结果为认识不同气候区、不同区域的冰川融水量特征提供了依据。

对于流域的冰川融水量分析研究，主要是在小冰川流域观测资料的基础上建立模型来估算，并将代表性小流域的结果扩大至山脉、山区以至更大区域。例如，我国首先利用西部典型小流域的冰川径流观测成果，估算了西部主要河流的冰川融水量，随后基于第一次冰川编目数据，更新了中国的冰川融水年径流。也有学者应用冰川系统对气候变化响应的功能模型，估算了中国的冰川融水年径流量。近年来，有学者利用月尺度的度日因子模型，估算了塔里木河流域的冰川融水径流在 1962~2006 年的变化，并采用同样的方法，计算了中国冰川融水年径流量在过去几十年的变化。

总体来看，在全球尺度上，国际上对冰川水资源的评估主要着重于冰川储量（或冰川融水量）的长期变化对全球海平面上升的影响，其研究方法包括基于实测资料的全球冰川物质平衡估算方法，建立各种消融模型，利用物质平衡观测资料和区域的冰川变化资料，率定和检验各种模型，利用全球气候模式输出的情景驱动模型或利用气候敏感性实验，预估冰川未来变化及其对全球平均海平面的影响。在流域尺度上,近年来开展了大量水文模型与冰雪融水模型的集成,重点研究流域水文过程对气候变化的响应过程及其未来变化,单独对冰川融水量评价的研究很少。

5.1.3　中国冰川融水量评估实例

以中国冰川融水量评估为例,简单介绍评估中国冰川融水量的方法和流程,以及模型参数的率定和检验过程(Zhang et al.,2012a)。

1. 评估思路

考虑到中国包含了多个气候区,要用统一的方法对中国冰川融水量进行评估,必须考虑不同气候区的不同特征。因此,在评估中采用了子流域—流域—全国的评估思路,月尺度子流域的划分依据为每一子流域有且仅有一个水文观测站点。在子流域内部,按照冰川高程带(间距 100m)计算各高程带的水量平衡。模型分别对各个子流域的冰川融水量进行计算和调整参数,最后得到子流域的冰川物质平衡和融水量。流域和全国尺度的冰川融水是对各子流域融水量的累加。

2. 模型的组成及参数

模型采用月尺度的度日因子模型计算[模型原理见第 4 章,主要方程参见文献(Zhang et al.,2012a)]。度日因子模型的计算流程如图 5.1 所示。

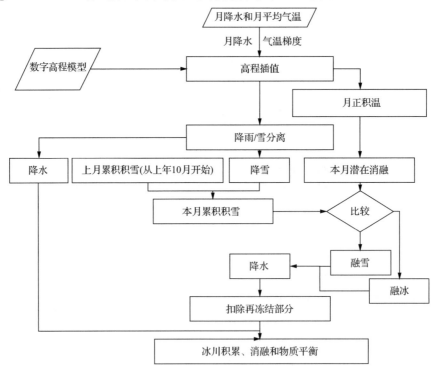

图 5.1　度日因子模型计算流程图(Zhang et al.,2012a)

　　模型采用中国西部 242 个气象台站 1961~2006 年月降水和气温数据、1∶25 万的数字高程模型(digital elevation model，DEM)和第一次冰川编目数据；出山口及其以上流域受人类活动影响较弱的水文站 1961~2006 年的月径流资料。

　　模型在计算过程中所需参数包括雪和冰的度日因子、降水梯度、最大降水高度带、雨雪分离气温、液态降水临界气温、固态降水临界气温、液态降水校正系数、固态降水校正系数、融水渗浸冻结率、高程分带间隔等。

　　流域冰川面积-高程分布：按 100m 高程分带间隔生成冰川面积高程分布。流域的冰川物质平衡与融水径流按高程带面积加权得到。

　　降水梯度和气温递减率：空间插值方法参见第 4 章。

　　度日因子：图 5.2 总结了过去 50 年不同时期长短不一的 15 条冰川的观测数据，据此

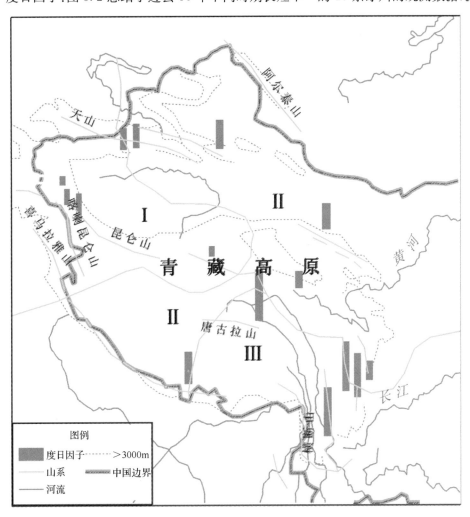

图 5.2　中国西部度日因子分布及其分区(修改自张勇等，2006)

图中柱状代表度日因子值。Ⅰ 为 DDF 低值区[≤6.0mm/(d·℃)]；Ⅱ 为 DDF 中值区[6.0~9.0mm/(d·℃)]；

Ⅲ 为 DDF 高值区[≥9.0mm/(d·℃)]

获取了西部冰川度日因子的空间变化特征(张勇等,2006)。在本模型中,初始的度日因子是根据邻近观测数据插值获得的,进而通过模型验证,调整度日因子。调整后的度日因子误差来源可能包括以下几方面:①模型确定的度日因子是流域冰川的平均度日因子,没有考虑其时空变化,而天山南坡科其喀尔巴契和乌鲁木齐河源1号冰川的观测资料表明,度日因子具有明显的年际、高程、月份变化;②实际观测冰川的度日因子,大多由短期野外考察和观测资料得出,观测时段也都比较短,最短的只有几天,并且这些度日因子值都是某个高度带或观测点上的值,并不能代表整个流域冰川区的平均度日因子。

其他经验参数:固、液态降水临界气温和固、液态降水校正系数是根据乌鲁木齐河源和祁连山的观测结果及相关研究确定的;融水渗浸冻结率来源于天山乌鲁木齐河源1号冰川的研究结果。其经验参数见表5.1。

表 5.1　模型计算过程中的参数

模型参数	参数值
液态降水临界气温/℃	2
固态降水临界气温/℃	−0.5
融水渗浸冻结率	0.1

3. 模型率定与检验

模型参数的率定是根据模型计算的相关结果与同一时段流域内观测的短期资料,以及以前冰川融水量计算的相关成果对比完成的。通过模拟结果与实测资料的对比,调整子流域的融雪和融冰度日因子,最后利用调整后的模型参数重建流域的物质平衡和冰川融水径流系列,评价过去几十年内对流域水量变化的影响。冰川融水量变化评估的参数率定如图5.3所示。

模拟结果的对照验证数据包括第一次冰川编目的平衡线高度及来源时间;短期考察数据和相关文献中的平衡线与时间;流域有实际观测冰川的物质平衡、平衡线等,以及流域冰川融水量的结果;中国第一次冰川融水量计算结果(杨针娘,1991);其他的冰川物质平衡与冰川融水量研究结果。由冰川面积变化推算冰川储量变化,与模型计算的物质平衡变化量对比也是模型验证的依据之一。

以上用不同方法得到的数据都可作为模型参考及验证的资料,具体到不同的子流域,用不同的数据进行验证。在验证时,如果有多项参考资料,不同资料具有不同的优先级,从高到低依次为冰川编目资料,单条冰川物质平衡观测资料,遥感获取的局地累积物质平衡资料,杨针娘(1991)估计的20世纪70年代的融水年径流深,其他研究方法估计的融水径流资料等。

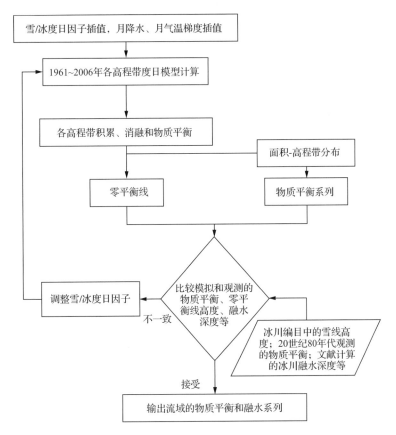

图 5.3　评估中国冰川融水量模型中的参数率定流程(Zhang et al. ,2012a)

5.2　冰川融水量变化特征

5.2.1　单条冰川的融水量变化特征

对于单条冰川来说,气候变暖初期,冰川融水径流系数会显著增加,而冰川的面积变化不大,进而导致冰川径流的增加。在持续增温和降水变化不大的情景下,随着冰川面积的退缩,冰川径流到一定时期将达到峰值并随后开始减少(图 5.4)。冰川动力模拟结果显示,径流达到的峰值大小和出现的时间取决于未来的升温速率和冰川规模,升温速率越大,径流峰值越大,出现时间越早(图 5.4),冰川越小,融水径流对气候变化越敏感(峰值大,出现时间早)(Ye et al. ,2003)。在同一流域内,通常有不同规模大小的冰川存在,这为预估流域尺度的冰川融水径流变化带来了巨大困难和挑战。

5.2.2　典型流域冰川融水变化特征

乌鲁木齐河源 1 号冰川(43°05′N,86°49′E)是我国观测序列最长的冰川,冰川径流的观测点(简称 1 号冰川水文点)位于 1 号冰川下游约 300m 处,包括 1 号冰川在内的流域

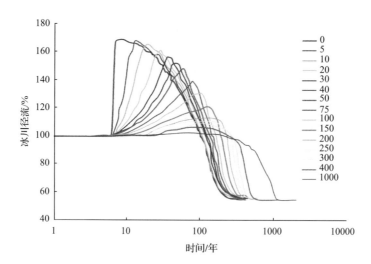

图 5.4　冰川融水径流对不同升温速率的响应过程图（冰川面积为 5km²）（Ye et al.，2003）
图例为升温 1℃ 所需时间

控制面积 3.34km²，流域内冰川覆盖率在 1980 年为 55.6%，到 2006 年已下降为 50%，实测径流资料显示（图 5.5），乌鲁木齐河流域 1 号冰川径流平均年径流深从 1980～1995 年的 583.1mm，增加到 1996～2006 年的 839.7mm，增加了 256.6mm，占观测期间年平均径流的 37.3%，而同期的降水量增加了 84.8mm（18.1%），降水变化对径流增加的贡献约 12.3%，其余 171.6mm（约 25%）为冰川物质负平衡损失的贡献，同期的冰川物质平衡为 −349.2mm，考虑到 53% 的冰川覆盖率，其对径流的贡献相当于 185mm（26.9%）。从径流变化和流域水量平衡看，两者结果较为一致，表明强烈的升温过程导致了冰川的强烈消融，其次降水的增加也起到了叠加的效应。

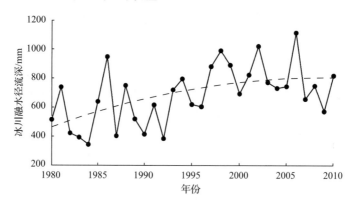

图 5.5　乌鲁木齐河源 1 号冰川融水年径流深逐年变化（数据来自乌鲁木齐 1 号冰川年报）
虚线为二次多项式回归

瑞士 48 个站 1931～2000 年径流记录的变化趋势表明，径流的变化趋势与流域的平均海拔和冰川覆盖率呈正相关。随着海拔的升高和冰川覆盖率的增大，径流的增加趋势一般也越大，几乎所有冰川覆盖率超过 10% 的流域的夏季径流均增加，而冰川覆盖率低于 10％的流域的夏季径流呈下降趋势或没有明显趋势(Birsan et al.，2005)。在瑞士中部 Rhone 河流域上游冰川覆盖率较高的 Massa 支流(超过 60％)，径流变化与气温变化密切相关，径流在 20 世纪 40 年代、90 年代随气温上升而增加，在 70 年代随气温的下降而减少；在冰川中覆盖(35％～60％)流域，径流直到 80 年代才出现增加趋势，而在 90 年代已开始减少(Casassa et al.，2009)。

　　南美秘鲁 Cordillera Blanca 流域不同冰川覆盖率的几个水文站在过去 40 多年的径流系列(Baraer et al.，2012)表明，其中的 7 个站点已经呈现出下降趋势，一个站点的径流呈现明显的上升趋势，另一个趋势不明显(图 5.6)。这说明即使在同一区域，径流的变化趋势可能也有很大差异。

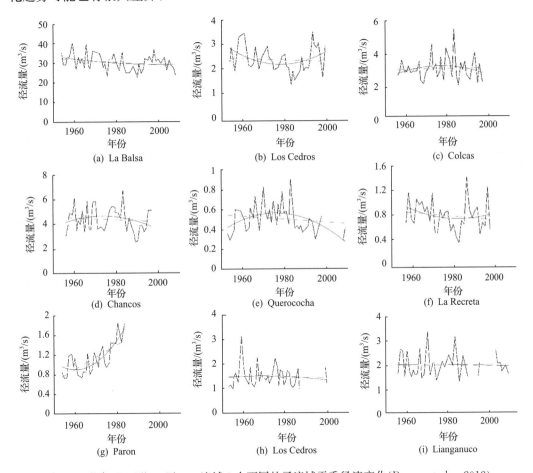

图 5.6　秘鲁 Cordillera Blanca 流域 9 个不同的子流域干季径流变化(Baraer et al.，2012)
绿色虚线为线性回归，红色实线为二次多项式回归

　　总之，世界各地流域不同冰川覆盖率的径流变化特征表明，1990 年后冰川覆盖率较高的流域，观测到的河流径流多呈现增加趋势，但在部分冰川覆盖率较低的流域，观测到的径流已经出现了下降趋势。

　　各流域冰川径流变化的不同趋势不仅与冰川规模、冰川覆盖率有关，同时也与冰川对气候变化的敏感性有关。除气候本身变化的区域差异之外,冰川融水径流变化的不一致还取决于冰川的物质平衡水平、冰川规模(可能与冰川中值面积和冰川作用差有关)和冰川类型的差异。随着区域持续升温,冰川消融速率增大,冰川面积不断萎缩,导致冰川产流区范围也逐步缩小,相应地,冰川总体产水量也趋于减少,最终的结果是流域冰川融水径流在未来的某一时刻将开始减少,对河川径流的调节能力会逐渐降低,直至失去对河川径流的调节能力。

另外,随着气候的变暖,冰川消融增强,冰川区裸冰区面积相对扩大,导致反射率降低,其对冰川的消融也起到促进作用。气温的升高也导致平衡线高度随之上升,冰川上的粒雪区和积雪区面积减小、厚度减薄。但是,同样平衡线高度的变化所引起的冰川积累区面积变化的程度不同,不同规模的冰川则有较大的差别,规模较小的冰川积累区面积的相对变化远大于规模较大的冰川。

5.2.3　冰川融水量变化特征

1. 世界冰川融水量变化特征

冰川的负物质平衡与冰川融水量的增加紧密相关,因此在缺乏区域冰川融水总量变化数据的情况下,可以用区域物质平衡的变化估算冰川融水的变化趋势。除了南北极冰盖外,其他地区在 2003～2009 年冰川平均物质负平衡,为(259±28)Gt,相当于对海平面变化的贡献约为 0.71mm/a,但不同方法估计的结果有所差异。从 IPCC(2013)的综合评估(表 5.2)中可以看出,2003～2009 年冰川减薄最为显著的地区是低纬地区和欧洲中部,物质负平衡平均超过－1000mm/a,冰川融水增加最为显著;其次是加拿大西部和美国,以及高加索山和安第斯山南部;加拿大北极北部和新西兰地区物质负平衡在－300mm/a左右;俄罗斯北极地区和亚洲冰川的物质负平衡较小,物质平衡约为－200mm/a,其中挪威斯瓦尔巴群岛物质平衡为－130mm/a,喀喇昆仑地区的冰川物质平衡为 0 左右,融水总量变化不大。随着对地观测技术的进步、资料的积累,以及模拟手段的增强,各地区估计的融水总量精度还会不断提高。

表 5.2　全球 19 个地区的冰川面积及估计的 2003～2009 年的年平均融水变化量

区号	区域名称	冰川面积/km²	冰川覆盖率/%	潮水比例/%	物质平衡/(mm/a)	融水变化量/Gt	海平面变化/(mm/a)
1	阿拉斯加	89267	12.3	13.7	－570±200	50±17	0.14
2	加拿大西部和美国	14503.50	2	0	－930±230	14±3	0.04
3	加拿大北极北部	103990.20	14.3	46.5	－310±40	33±4	0.09
4	加拿大北极南部	40600.70	5.6	7.3	－660±110	27±4	0.07
5	格陵兰	87125.90	12	34.9	－420±70	38±7	0.10
6	冰岛	10988.60	1.5	0	－910±150	10±2	0.03
7	挪威斯瓦尔巴群岛	33672.90	4.6	43.8	－130±60	5±2	0.01
8	斯堪的纳维亚	2833.7	0.4	0	－610±140	2±0	0.01

续表

区号	区域名称	冰川面积 /km²	冰川覆盖率/%	潮水比例/%	物质平衡 /(mm/a)	融水变化量/Gt	海平面变化 /(mm/a)
9	俄罗斯北极	51160.50	7	64.7	−210±80	11±4	0.03
10	亚洲北部	3425.6	0.4	0	−630±310	2±1	0.01
11	欧洲中部	2058.1	0.3	0	−1060±170	2±0	0.01
12	高加索山	1125.6	0.2	0	−900±160	1±0	0.00
13	中亚	64497	8.9	0	−220±100	26±12	0.07
14	南亚(西部)	33862	4.7	0	−220±100	26±12	0.07
15	南亚(东部)	21803.20	3	0	−220±100	26±12	0.07
16	低纬区	2554.7	0.6	0	−1080±360	4±1	0.01
17	安第斯山南部	29361.20	4.5	23.8	−990±360	29±10	0.08
18	新西兰	1160.5	0.2	0	−320±780	0±1	0.00
19	南极及附近	132267.40	18.2	97.8	−50±70	6±10	0.02
总计		726258.30	38.5		−350±40	259±28	0.71

注：冰川融水变化量(Gt)及相应的对全球平均海平面变化的贡献(mm)的数据来自 IPCC(2013)，海洋面积按照 $362.5 \times 10^6 \mathrm{km}^2$ 计算。

2. 中国冰川融水量的变化特征

自 20 世纪 60 年代有气象观测资料以来，中国西部气温总体呈上升趋势，尤其 1980 年以后上升较快。伴随着气候的持续上升，冰川加速退缩，冰川融水量也发生了显著变化。

表 5.3 是度日因子模型模拟的中国西部各水系冰川融水量变化。从表 5.3 中可以看出，内流水系中，塔里木河水系冰川融水量绝对变化量最大，21 世纪初与 20 世纪 60 年代相比，融水量增加了 $59.34 \times 10^8 \mathrm{m}^3$；青藏高原内流水系相对变化量最大，21 世纪初与 20 世纪 60 年代相比，冰川融水量相对增加了 162.1%；外流水系中，由于恒河水系冰川面积最大，其冰川融水量变化也是最大的，平均增加量约为 $2.87 \times 10^8 \mathrm{m}^3 /\mathrm{a}$。中国西部年平均冰川融水量为 $629.56 \times 10^8 \mathrm{m}^3$，从 20 世纪 60 年代的 $517.65 \times 10^8 \mathrm{m}^3$ 到 70 年代和 80 年代的 $601.57 \times 10^8 \mathrm{m}^3$，增加到 90 年代的 $695.48 \times 10^8 \mathrm{m}^3$，21 世纪初后更是 46 年冰川融水量最大的时期，平均融水量达 $794.67 \times 10^8 \mathrm{m}^3$，高出多年平均值 26.2%，而与 20 世纪 60 年代相比，21 世纪初的融水量已经增加了 54%。

从冰川融水年径流深变化的空间分布(图 5.7)看，2001～2006 年的均值与 20 世纪 60 年代相比，大部分流域的融水径流深呈增加趋势，增加幅度最大的地区出现在藏东南地区，增加的幅度甚至高达 2000mm，另一个增幅较大的地区出现在喜马拉雅山西段，增加的幅度达到 1300mm，新疆地区增幅在 100～500mm，河西地区的增加幅度在 200～400mm。从增加的相对幅度来看，最大值主要出现在西藏南部、藏东南地区，西藏中部地区最大，达到了 160%，新疆地区增加的相对幅度均在 20%～30%，河西地区的增幅则在

表 5.3　中国西部冰川融水量变化　　　　　　　　　　　单位：10^8m^3

流域水系	1961~1970 年	1971~1980 年	1981~1990 年	1991~2000 年	2001~2006 年
印度河	5.36	7.39	7.96	10.76	12.58
恒河	260.16	298.02	312.22	341.06	379.41
怒江	23.45	24.60	25.43	29.54	35.70
澜沧江	3.83	3.96	4.07	4.52	5.30
黄河	1.75	1.82	1.77	1.91	2.19
长江	17.04	18.75	18.68	22.54	28.47
额尔齐斯河	3.23	3.33	3.32	3.50	3.63
外流水系合计	314.83	357.87	373.45	413.83	467.27
塔里木盆地	121.05	136.73	139.26	157.85	180.39
哈拉湖	0.11	0.12	0.13	0.15	0.16
甘肃河西内陆河	8.12	9.06	9.12	11.67	14.76
柴达木盆地	7.36	8.23	8.62	11.45	14.52
天山准噶尔盆地	17.92	18.81	18.65	20.76	22.73
吐-哈盆地	2.39	2.36	2.40	2.59	3.12
新疆伊犁河	21.16	22.55	22.86	24.79	26.91
青藏高原内流区	24.73	35.13	40.68	52.38	64.81
内流水系合计	202.82	233.00	241.71	281.64	327.40
总计	517.65	590.87	615.16	695.48	794.67

注：冰川融水量变化根据月尺度的度日因子模型计算。

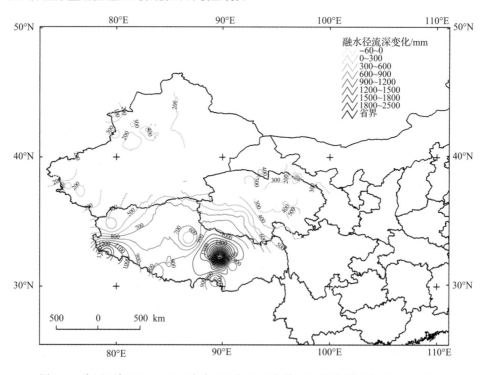

图 5.7　中国西部 2001~2006 年与 20 世纪 60 年代的平均冰川融水年径流深对比

冰川融水径流深变化根据月尺度的度日因子模型计算

30%～60%。需要指出的是,在冰川径流深增加的同时,冰川面积的减少也可能导致冰川融水量的减少。

5.3　冰川水资源未来变化预估

5.3.1　冰川水资源预估方法

对于未来水资源变化的预估,国内外常用的方法是利用未来气候变化情景驱动水文模型进行,对于冰川水资源变化的预估也是如此。冰川径流预估的经典算法为冰川动力学模式,其需要大量观测资料,主要用于对典型冰川或小流域的冰川及冰川径流变化的机理研究。近年来,为了预估流域/区域尺度冰川变化对水资源的影响,也发展了大量其他模型,其中应用更多的是在度日因子消融模型中耦合简单的冰川统计变化方案,如面积-体积变化方案,中国冰川融水量预估也属于该类模型。本节分别介绍动力学模式和中国冰川融水量预估流程。

1. 未来气候变化情景

未来气候变化情景中通常考虑了不同社会、经济和技术发展模式下,温室气体的排放情景,而对这些情景的表达也随着对气候变化认识的不断深化而发生变化。文献中常用的气候情景包括 IPCC AR4 中的排放情景(special report on emissions scenarios,SERS),IPCC AR5 中的代表性排放路径(representative concentration pathways,RCPs),其中考虑不同经济政策和适应对策的影响。2015 年,巴黎气候峰会上,各国同意到 21 世纪末将地表气温相对于工业化前的增温控制到 2℃以内,我国提出在 2030 年前降低温室气体的排放。这些新的协议和承诺促使了新情景的产生,即所谓的"共享的社会经济途径"(shared socioeconomic pathways,SSPs),SSPs 将在 IPCC 第六次气候变化评估中使用。表 5.4 和表 5.5 分别是 IPCC AR4 和 IPCC AR5 中常用的一些气候变化情景及其特征。

表 5.4　IPCC AR4 中常用的气候变化情景及其特征

排放情景	特征
A1B	经济快速发展;人口持续增加,人口数量 2050 年后下降;各种能源消耗基本平衡;使用清洁能源,提高能耗利用效率;随着平衡的经济发展,不同经济体之间的收入差距缩小
A2	各个国家独立自主发展;人口持续增加;区域性的经济体发展;缓慢的科学技术进步和国民收入增长
B1	经济快速发展,但经济重心快速向服务和信息产业转移;全世界人口会在 2050 年增加到 90 亿人,然后下降;降低能效消耗强度,使用清洁能源,提高能耗利用效率;强调维护全球的经济、社会和环境的稳定

表 5.5　IPCC AR5 中常用的气候变化情景中 2100 年的辐射特征及 CO_2 浓度

排放路径	辐射强迫/(W/m²)	CO_2 浓度/ppm①	辐射强迫变化趋势
RCP2.6	2.6	450	下降
RCP4.5	4.5	650	稳定
RCP6.0	6.0	850	稳定
RCP8.5	8.5	1350	仍在增加

2. 冰川动力学模式

冰川动力学模式基于冰川流动定理与物质守恒原理,以物质平衡模式的结果为输入端,不仅能够预测冰川在气候发生变化时详细的几何形状响应过程,而且可以预测出冰川在给定气候情景下的最终退缩状况,实现由气候变化—冰川物质平衡变化—冰川动力学响应—冰川融水径流变化的完整推算。

早在 20 世纪 60 年代,国际上就开展了利用动力学模式进行冰川变化预测方面的研究,并且发展了几套较为系统的模式,这些模式均建立在冰川流动定理和物质守恒原理之上。将运动波波速与运动波扩散参数等概念引入冰川运动系统,建立了一系列由冰川物质平衡来推算冰川响应的模式理论,其中以频率响应模式理论最为完备,研究了冰川厚度变化对物质平衡变化的幅度及相位响应,这一方法能从理论上给出冰川变化的一般规律。随后,在一维动力学模式的基础上先后建立了二维及三维的冰流模式(ice flow model)。20 世纪 80 年代,有学者在动力学模式应用中讨论了冰盖各种物理特征随时间的变化情况,也有学者尝试将冰川动力学原理与冰川几何特征相结合,引入了剖面形状因子(Jóhannesson et al., 1989)。近年来的发展趋势是将动力学模式与物质平衡模式进行耦合,并辅以遥感、热动力学和水量平衡等方法,实现气候变化—冰川物质平衡变化—冰川动力学响应—冰川形态体积变化—冰川径流量变化的完整推算,形成了一些实用性很强的预测模式体系。在具有较好观测基础的区域,有学者尝试利用观测的物质平衡迭代优化动力学模型中的有关参数,将动力学模型应用于较大区域的山地冰川的未来变化预估(Clarke et al., 2015)。

对于山地冰川来说,目前常见的冰川动力学模型主要有频率响应理论(frequency response model)、剖面形状因子模式(factor of profile model)、冰流模型(ice flow model)、数值模型(numerical models)等 4 类。频率响应理论将物质平衡对冰川系统的扰动形式划分为 3 种:瞬时扰动、阶段性扰动及频率波扰动。据此分别构建了 3 种函数形式,代入连续性方程及流动方程中进行数学运算,从而得到冰川对物质平衡的动力学响应。实践发现,物质平衡扰动的频率波理论最具实际意义。剖面形状因子模式以冰川动力学及质量守恒原理为基础,在实际使用中该模式常常被当作一种单纯的几何模型,而剖面形状因子也被当作冰川对气候变化响应阶段的直接指示参数。这一模型的最大优势是在冰川长度与平均厚度的变化之间建立了关系,大多数冰川的长度变化可以通过终碛垄测量及

---

① 1ppm＝1mg/L。

实测的方法获得,因而该模型在估算和预测冰川变化时具有很强的可操作性。冰流模式以物质平衡变化为扰动输入,而以冰川厚度随时间的变化为输出结果。一维冰流模式所需实测参数较少,模式架构具有合理、简洁与直观等特点,适用于观测资料不是很详细的冰川。迄今为止,不仅建立了二维甚至三维的冰川扩展模型,而且与热动力学、大地平衡构造学及冰川物质平衡模式等相结合的次级模型也已经比较成熟。这一模式在冰川变化预测的研究中具有相对灵活性和实用性的特点。数值模型均以冰川动力学原理为基础,但实际的解决方案十分复杂。

由于动力学模式对观测资料有较高的要求,因此,用以研究的冰川需要有较好的基础观测数据,如冰川温度、冰川物质平衡、冰川厚度等。

对于流域尺度来说,许多学者建立了简化的考虑冰川形态特征的冰流模式。例如,结合数字高程模型和冰川编目资料,提取了模型所需的参数,对唐古拉山当曲的冰川进行模拟。图 5.8 给出了该模型的主要流程示例。下面是模型的主要公式:

$$\frac{\partial S}{\partial t} = -\frac{\partial Q}{\partial x} + BW \tag{5.2}$$

式中,S 为冰川横断面面积(km^2);Q 为通过横断面的冰通量(m^3/s);B 为该断面的冰川物质平衡(mm);W 为冰面宽度(km)。

$$\begin{cases} Q = \bar{U} \cdot S \\ \bar{U} = U_d + U_s = f_1 H \tau_d^3 + \dfrac{f_2 \tau_d^3}{\rho g} \\ S = H(W - H \tan\gamma) \\ \tau_d = -\rho g H \sin\alpha \end{cases} \tag{5.3}$$

式中,$\bar{U}$ 为该断面上不同冰厚的平均冰流速(m/s);U_d 为冰川内部变形所产生的冰流速(m/s);U_s 为冰川滑动所产生的冰流速(m/s);f_1 为冰的流动和断面形态参数;f_2 为冰川底部活动参数;τ_d 为冰川底部的剪切应力[$kg/(m \cdot s^2)$];H 为冰川厚度(m);α 为冰面沿主流线的坡度,冰川的横断面面积是冰川宽度、厚度和侧面沟谷坡度的函数;γ 为冰川侧面沟谷的坡度,假设冰川剖面为倒梯形,则 γ 为 45;ρ 为冰的密度,一般取 $900kg/m^3$;g 为重力加速度,取 $9.8 m/s^2$。

3. 中国西部冰川融水量预估

以建立的中国冰川融水量评估平台为基础,介绍未来中国冰川融水量预估的流程。本流程首先利用气候中心提供的数据,计算了流域内及邻近各气象站点所在格网 2007~2050 年各月相对过去时间段(如 1971~2000 年)的相对变化,再利用各站点 1971~2000 年观测数据的平均值加上相对变化值,从而获得了各站点未来气候变化情景下的气象数据,该方法常被称为差值(△)法。未来气候变化情景采用 IPCC 4 推荐的 A1B、A2、B1 共 3 种情景,未来气候变化情景下的月降水、气温数据采用国家气候中心提供的 1961~2050 年的 23 个模式的集合预估成果。在计算气温时,相对变化采用差值法,降水则采用比值法计算。预估的流程如图5.9所示。

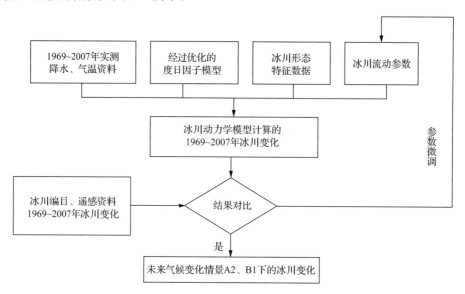

图 5.8　基于简化的冰川动力学模型预估长江源区融水径流变化流程

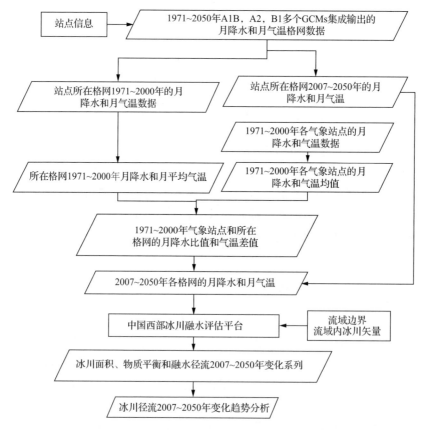

图 5.9　基于中国西部冰川融水量评估平台预估未来冰川径流变化流程(Zhang et al.,2012b)

5.3.2　全球典型流域冰川径流未来变化预估

1. 不同流域的冰川融水径流量预估结果

不同气候情景下,乌鲁木齐 1 号冰川流域冰川融水径流的预估表明(图 1.8),只有在 20 世纪 80 年代以来大西沟平均升温速率的情景下,冰川融水径流才表现出先快速增加、随之又迅速下降的所谓峰值,而在其他升温的情景下,冰川径流在未来 60~70 年内是相对平稳的,而在 2050 年后可能快速下降。

对位于热带的秘鲁 Cordillera Blanca 流域(冰川覆盖率为 34.3%)的模拟表明,在 A1、A2、B1 和 B2 四种气候变化情景下,到 2050 年冰川面积将减少 38%~60%,冰川融水径流减少 35%~53%。到 2080 年冰川面积将减少 49%~75%,冰川融水径流将减少 44%~69%(Juen et al.,2007)。

然而,处于北温带的叶尔羌河流域(单条冰川平均面积为 1.94km²),其未来冰川融水径流的预估表明,冰川融水径流深在持续增加,增加速率为 3.6~16.5mm/a。这主要是因为冰川面积萎缩较慢,同时冰川区融水径流持续增加,包含了冰川退化区降水径流的冰川年径流在 2050 年前在 A1B、A2 和 B1 情景下均会增加,2011~2050 年相对于 1961~2006 年的冰川融水年径流将增加 13%~35%(图 5.10)。

对同处于北温带的北大河流域(冰川平均面积为 0.45km²)的预估表明,冰川融水径流深没有明显的变化趋势,由于冰川面积减小较快,冰川区径流 Q 持续减少,减少速率为 0.013~0.016$10^8$m³/a,包含了冰川退缩区降水径流的冰川年融水总径流 Q_t 在 A1B、A2 和 B1 情景下均出现先增加后下降变化的拐点,拐点发生的时间为 2011~2030 年(图 5.11)。

总的来看,全世界不同气候区、不同流域的冰川融水径流变化趋势迥异,其与流域内不同规模冰川的组成情况及未来气候变化情景密切相关。以大冰川为主的流域,其冰川面积减小的速度慢,冰川融水径流在 21 世纪可能往往还处于增加阶段;在以小冰川为主的流域,对气候变暖的响应更为敏感,冰川面积减少快,冰川融水径流可能已经到达拐点。

2. 冰川径流年内分配特征的未来变化预估

不同流域在不同的气候变化情景下,其季节分配特征也会发生变化。总体来看,在气候变暖的情景下,春季冰川融化期提前,融水径流增加,而夏季,特别是夏末的冰川融水径流会减少,但由于不同地区未来气候变化情景的不同,各流域年内分配的变化幅度差异也较大。下面以 A1B、A2 和 B1 情景下叶尔羌河流域和北大河流域 2010~2030 年和2031~2050 年相较于 1970~2000 年平均冰川融水径流的年内分配变化为例进行分析。

叶尔羌河在各种情景下,春季、夏季和秋季的气温均有显著增加,且增加幅度相近,冬季除 2 月外,气温略有增加,2 月的气温减少 1℃左右。预估的降水在各月有不同幅度的增加,其中冬季降水增加最为显著,增加幅度为 12%~18%,夏季降水增加幅度在 8%左右。冰川融水径流在夏季有显著增加,特别在 7 月增加明显,而 5 月与 10 月的变化较小

（图 5.12）。

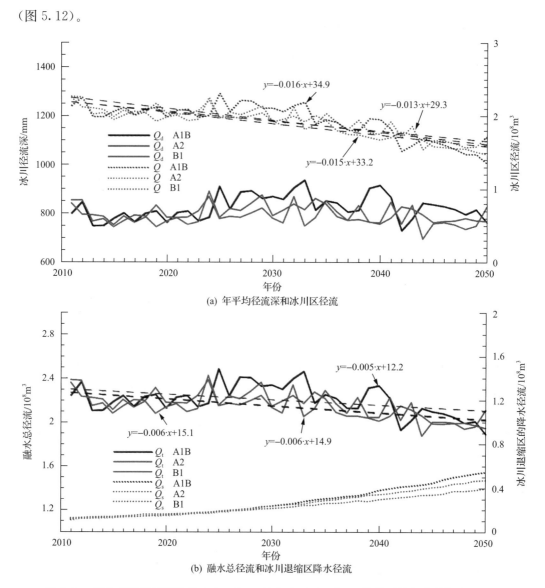

图 5.10　叶尔羌河流域预估的 2011～2050 年在 A1B、A2 和 B1 情景下的年冰川径流深 Q_d,
冰川区径流 Q,融水总径流 Q_t 和冰川退缩区的降水径流 Q_r (Zhang et al.,2012b)

北大河流域在 A1B、A2 和 B1 情景下,除 11 月外各月气温均增加,夏季增温显著,降水有一定幅度的增加,但不同气候模式的预估结果相差较大。11～12 月增加幅度为 4%～8%,其他月份的增加幅度在 10%左右。冰川融水径流在春末夏初显著增加,而在夏末明显减少,其峰值也明显减少(图 5.13)。

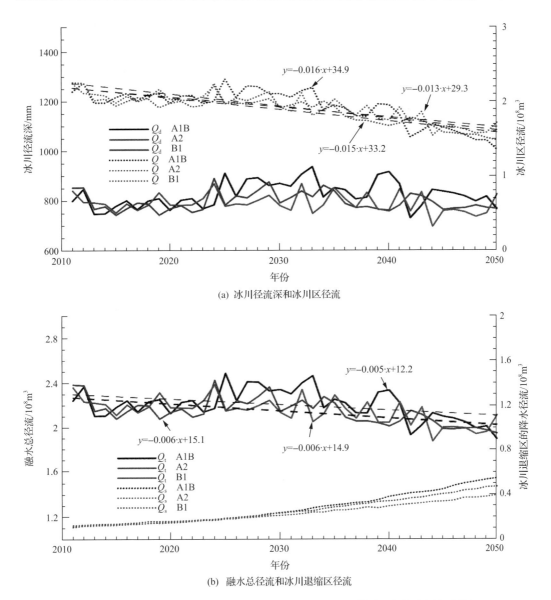

图 5.11　北大河流域预估的 2011～2050 年在 A1B,A2,B1 情景下的年冰川径流深 Q_d,
冰川区径流 Q,融水总径流 Q_t 和冰川退缩区径流 Q_r(Zhang et al.,2012b)

3. 冰川融水径流对河川径流的影响

随着气候变暖的持续影响,在冰川面积萎缩、冰川径流减少、降水增加的条件下,融水
径流减少和降水增加综合影响下的河川径流可能会出现增加、减少或基本保持稳定几种
情况,其主要取决于未来气候变化情景、流域冰川覆盖率及流域其他土地利用的变化。

例如,预估阿克苏河流域在 21 世纪 50 年代气温增加 2℃,降水增加 8%,相对于
RCP2.6 和 RCP4.5,在 RCP8.5 情景下,融水径流和河川径流均增加最大,在冰川面积相

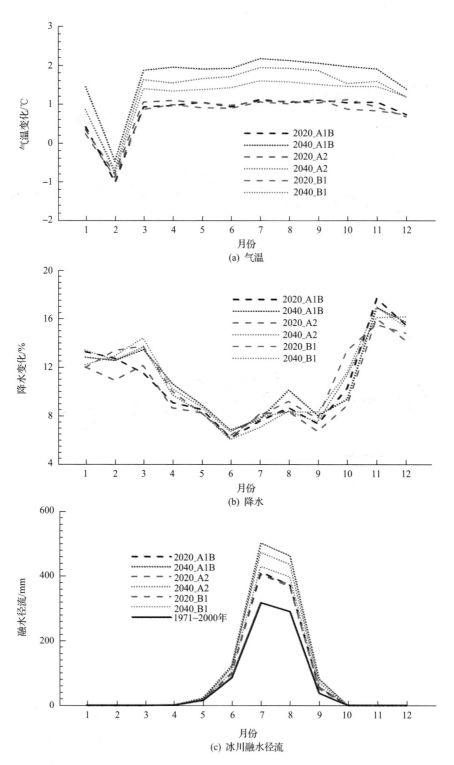

图 5.12　A1B、A2 和 B1 情景下叶尔羌河流域 2010～2030 年和 2031～2050 年与 1970～2000 年
多年平均气温,降水,冰川融水径流的年内分配变化(Zhang et al.,2012b)

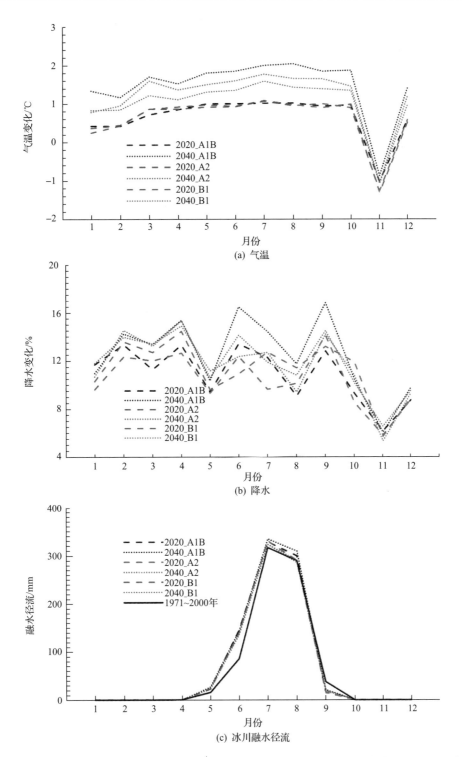

图 5.13　A1B,A2 和 B1 情景下北大河流域 2010~2030 年和 2031~2050 年与 1970~2000 年
多年平均气温,降水,冰川融水径流的年内分配变化(Zhang et al. ,2012b)

对于 2007 年减少 20% 的情况下, 融水径流和河川径流均将持续增加。而在冰川面积减少 30% 的情景下, 只有 RCP8.5 情景下融水径流和河川径流均增加。如果冰川保持目前的萎缩速率, 则在 20 世纪 50 年代所有气候变化情景下冰川径流和河川径流都可能减少 (Zhao et al., 2015)。

河川径流可能不变的例子来自热带的秘鲁 Cordillera Blanca 流域。该流域的冰川覆盖率为 34.3%(1991 年), 全年气温波动较小, 而大气中相对湿度的年内和年际波动很大, 与其他中纬度地区不同, 本区冰川消融主要受湿度变化的影响。在 B1,B2,A1,A2 四种情况下, 20 世纪 50 年代降水将增加 2.5%~8.5%, 气温增加 1.1~3℃; 在 80 年代年降水将增加 3.5%~13%, 气温增加 1.5~4.7℃。冰川为了逐步趋向于稳定态而不断缩小自身面积。流域非冰川区由于面积增加和降水增加, 预估的径流在 20 世纪 50 年代将增加 23%~40%, 在 20 世纪 80 年代将增加 31%~56%, 从而导致预估的河流总径流几乎没有变化, 但径流的年内分配会发生很大变化(Juen et al., 2007)(图 5.14), 湿润季节的径流由于降水的增加而显著增大, 干季的径流由于冰川径流的减少而减少 11%~23%, 其对春季干旱、灌溉等带来很大影响, 对干季的水资源管理带来很大挑战。利用 SDSM4.2 统计降尺度后的 HADCM3 未来气候变化情景驱动 HBV 模型, 预估的大安第斯山地区的径流变化也表现出同样特征。相对于 1980~2000 年, 在 A2 情景下, 预估的径流只有在冰川覆盖率不变的情况下增加最为显著, 而在冰川面积减少的情况下, 径流变化较小。在 50 年代冰川覆盖率减少为 50% 和 90 年代冰川完全消失情况下, 预估的河流径流与当前的径流总量几乎一致。

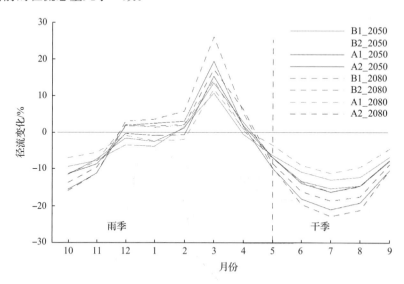

图 5.14　秘鲁 Cordillera Blanca 流域在 A1,A2,B1,B2 未来气候变化情景下河流径流
变化预估(修改自 Juen et al., 2007)

5.3.3　预估的不确定性

冰川径流预估的不确定性主要来自两个方面: 一是未来气候变化情景的不确定性, 其

主要来自不同全球气候模式输出结果之间的巨大差异,也包括对全球气候模式输出结果进行降尺度所带来的不确定性。二是冰川水文模型的不确定性。不同的水文模型中对冰川动态变化过程的描述相差较大。两种不确定性中前者占主要地位。

例如,利用 9 个区域气候模式(RCM)驱动 GERM(glacier evolution runoff model)模型对阿尔卑斯山瑞士 Findelengletscher 流域径流的预估(Huss et al.,2014)表明,冰川将退缩,消融季节的融水径流在短暂增加后开始下降。然而,不同模型模拟的 2100 年冰川面积变化为−100%~−63%,年融水径流为−57%~−25%(图 5.15)。不同 RCM 对径流模拟误差的贡献在 20%~50%。除区域气候模式以外,初始冰厚、冬季积雪的分布

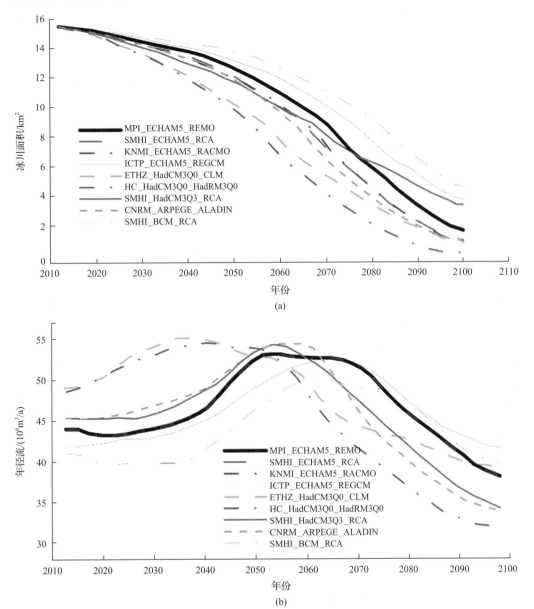

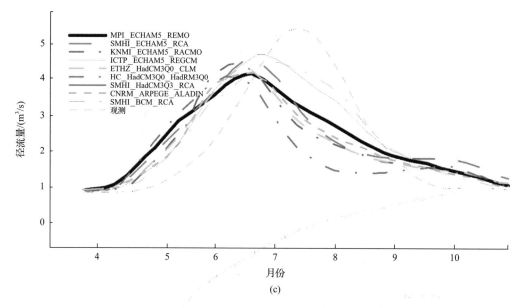

图 5.15　利用 9 个区域气候模式(RCM)降尺度的气候变化情景驱动下计算的阿尔卑斯山
瑞士 Findelengletscher 流域相对于 1962～2010 年的变化(Huss et al.，2014)
(a)冰川面积；(b)融水径流；(c)融水径流量的年内分配

和冰川的退缩对径流预估具有最重要影响，RCM 的降尺度过程、消融模式对径流的影响占次要地位。

冰川融水径流预估的不确定性导致对同一地区预估的河川径流的未来变化趋势的差异很大，甚至出现相反的结果。图 5.16 是基于 SRM 模型，预估的喜马拉雅地区 5 条大河在未来气候变化情景 A1B 下，2046～2065 年的日平均流量与 2000～2007 年日平均流量的对比。预估在冰川持续退缩的情景下，印度河上游径流将减少 8.4%，恒河上游径流将减少 17.6%，雅鲁藏布江径流将减少 19.6%，长江上游河流径流将减少 5.2%(Im-merzeel et al.，2010)。而 Su 等(2016)预估的长期(2041～2070 年)长江上游的径流将增加 10.7%～21.4%，印度河上游的河流径流将增加 6.3%～22.4%(Su et al.，2016)，两者获得的印度河上游的径流变化趋势(减少与增加)完全不同。这些不确定性给流域的水资源管理者带来了困惑，也是未来需要进一步研究的重点。

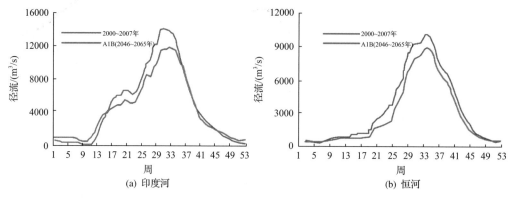

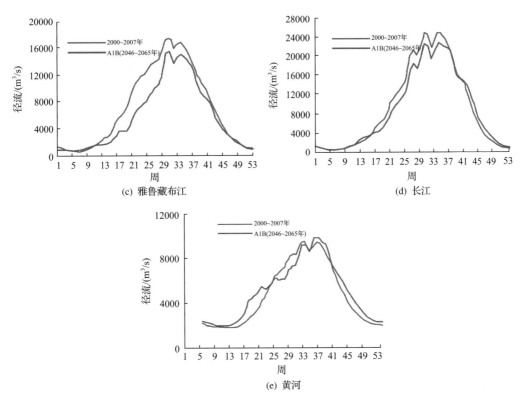

图 5.16　基于 SRM 模型预估的喜马拉雅地区 5 条大河在未来气候变化情景 A1B 下 2046~2065 年的日径流与 2000~2007 年日径流的对比(修改自 Immerzeel et al. ，2010)

第6章 积雪的基本概念及分布

固态降水(降雪)到达地表形成雪层,也就形成所谓的积雪。地球表面存在时间不超过一年的雪层,即季节性积雪,简称积雪(snow cover)。积雪是陆地表层十分重要且特殊的水文要素。在北半球的冬季,陆地表面的 40% 都被积雪覆盖。作为一种特殊的下垫面,其具有高反射率、低热导率的特点,对天气和气候系统有重要影响,是气候系统中不可忽视的一个因子。同时,积雪是中高纬度地区重要的水资源,融雪径流为地表年径流的 50%~70%;即使在较低纬度的高山地区,融雪水在河道径流中也占有重要的比例。因此,积雪及其消融过程对全球能水循环具有重要影响。

为了更好地理解积雪水文的科学内涵,本章在解释积雪一些的基础上,简要介绍了积雪的形成及分布规律。

6.1 积雪的基本概念

地表的积雪在积累和消融过程中会经历变质作用、密实化、风吹雪、崩塌、蒸发/升华、融化和再冻结等物理过程,从而导致积雪性质和物质量的变化。本节主要介绍积雪的一些基本概念,其他相关概念在相关内容中论述。

降雪。通常所说的降水分为降雨、降雪和雨夹雪等形式,降雪是降水的一种形式,是从云中降落的结晶状固体冰,多以雪花形式存在。

雪花。雪花是在大气中形成并向地面降落的冰晶体的聚合体。最初云层中过冷水滴冻结成冰晶,这些冰晶在下落过程中,其形态和体积会不断发生变化,在大气中水汽饱和的情况下,水汽在冰晶体冰面凝结使体积增长,晶粒相互碰触、合并、聚合。因温度、湿度、气压及风力等条件的时空差异,到达地表时这些冰晶聚合体的形态和体积各有不同,以至于不存在结构、形态和尺寸等各个方面完全相同的雪花,但它们最基本的形态为六角形(图 6.1)。

雪浆。雪浆即含水量到达饱和或过饱和状态的雪和粒雪,实际上是水和冰的混合物。

雪深。雪深即从积雪面到地面的垂直深度,以厘米为单位,是一个可以随着积雪的加深不断累积变化的数值。一般通过测量标准气象观测场上未融化的积雪得到。

积雪密度。积雪密度即地面积雪层中单位体积的质量,单位为 kg/m^3 或 g/cm^3。雪的密度变化范围很大,新雪的密度为 $0.04\sim0.1g/cm^3$,融雪时雪的密度可达到 $0.6\sim0.7g/cm^3$。雪密度随时间会发生变化,主要受以下因素影响:由对流、凝结、辐射而引起的热量变化及来自地表的地热;上面雪的压力;风;积雪内温度和水分的变化;融雪水的渗漏;等等。总体来看,积雪密度会随时间的推移而增加。由于降雪时断时续,积雪常具有成层性,各层的密度也存在较大的差异。

雪线。雪线是指常年积雪的下界,一般用海拔来表示,简言之,即在这个海拔年降雪

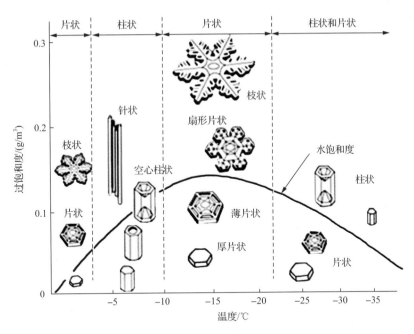

图 6.1　不同温度和过饱和条件下形成的雪花形态(秦大河,2014)

量与年消融量相等,在这个海拔以上全年都有冰雪,而且不会融化。一个地方的雪线位置不是固定不变的,季节变化就能引起雪线的升降:夏季气温较高,雪线上升;冬季气温降低,雪线下降。这种临时界线叫做季节雪线。只有夏季雪线位置比较稳定,每年都恢复到比较固定的高度,由于这个缘故,雪线高度都是在夏季最热月进行测定的。

积雪日。在现今中国积雪研究中存在两种标准:第一种是根据天气现象来定义的,即当观测场上视野范围内一半以上被积雪覆盖时,记为积雪日;第二种是根据积雪深度来定义的,即当积雪面积达到观测要求,且其深度达到 1cm 时,记为积雪日。积雪日数是一段时间内积雪日的总和。

雪水当量。雪水当量即雪的当量水深度,是积雪层完全消融后所得到的水形成水层的垂直深度。目前,其直接观测手段有测雪板、雪枕及伽马射线等;也可通过积雪深度(d_s)和密度(ρ_s)计算获得:

$$\text{SWE} = 0.01 \times d_s \times \rho_s \tag{6.1}$$

式中,当 d_s 的单位为 cm,ρ_s 的单位为 kg/m³ 时,SWE 的单位为 mm。

雪硬度。雪硬度即积雪表面对外界物体穿入的阻抗力。其与积雪的温度、湿度、密度及沉积时间等相关。

雪蚀。雪蚀是与积雪有关的侵蚀过程,包括积雪消融和融水冻胀产生的寒冻风化、融雪水和物质搬移等作用产生的侵蚀过程。

风吹雪。风吹雪是由气流挟带起分散的雪粒在近地面运行的多相流或由风输送的雪。风从地面吹起的雪低于 2m 高度时,称为低吹雪,高于 2m 且由于吹雪造成水平能见度小于 11km 时,称高吹雪。

雪崩堆积扇。雪崩堆积扇是由雪崩物质在山坡坡脚呈扇形分布的堆积体。

雪灾。雪灾是对人和社会经济造成负面影响的降雪或风吹雪。雪灾的表现形式多样,常见的有暴雪、风吹雪、雪崩,牧区、农区雪灾等。人类居住地区最常见的雪灾是以强风和低温为特征的暴风雪造成的低温和积雪,其影响交通和社会的正常运转。暴风雪发生时,常常风雪交加、气温陡降、能见度低。城市道路积雪,交通中断、高速公路关闭、机场航班延误;牧区和农区常造成牧畜因受冻和饥饿大量死亡、农作物因冻害受损等。

雪崩。雪崩即山区大量积雪突然崩塌下落的现象。偶尔在特大暴雪中也会发生雪崩。由于热动力作用,山区积雪内会形成抗剪性能力较弱的深霜层或干雪松散层。在上覆雪层加厚重力作用增大的情况下,一旦应力达到和超过极限,雪体会沿深霜或松散层断裂,沿山体快速崩落。一旦一处雪体崩落,其声波会引起共振,带动更多的地方雪体崩落。成千上万吨的积雪夹杂着岩石碎块,以极高的速度从高处呼啸而下,横扫一切,造成极大的灾害。

融雪径流。融雪径流即积雪融化并在地表形成的径流。积雪融水或降雨通过积雪层到达地表,并在融雪汇聚过程中,在下伏土壤形成一个饱水薄层。随着气温升高,融化加剧,积雪深度和分布范围都会减小。影响融雪径流的主要因素包括表面融化强度、积雪层位特征、融雪水在雪层内部运动、融水与下伏土壤相互作用及积雪底部的侧向流过程等。积雪融水超过流域内的土壤、河道、湖泊和水库的持水能力时,就形成了融雪型洪水。

6.2　积雪的形成与分类

积雪的高反照率极大地影响了地球表面能量平衡,进而影响了区域和全球尺度的气候,而全球气候系统的变化也可以影响积雪的分布状态。此外,积雪作为重要的固体水库,在消融季节可以补给土壤、地下水、河流和水库。了解积雪的形成条件及在全球的分布状态是雪水文过程研究的基础。

6.2.1　降雪的发生及条件

雪是降水形式的一种,是从云中降落的结晶状固体冰,多以雪花形式存在,其形成条件包括以下几点:①大气中需含有较冷的冰晶核;②充分的水汽;③足够低的气温。

水汽在上升过程中,因周围气压逐渐降低,体积膨胀,温度降低或不断有水汽输入,使云滴周围的实际水汽压大于其饱和水汽压,云滴(冰晶)就因为水汽凝结或凝华而逐渐增大。在云中过冷水滴、水汽和冰晶并存的条件下,因为过冷水滴的饱和水汽压比冰面的大,造成过冷水滴逐渐蒸发,而冰晶则由于水汽的凝华而逐渐增大。云内较大的冰晶在下落过程中相互碰撞、粘黏在一起后,形成了不同形状的更大冰粒(雪花),如果大气层的温度足够低,这些冰粒来不及融化就降落到地表形成了降雪。

降雪的形成和发生一般取决于合适的地理和气候因素:纬度、海拔及区域大气循环特征等。在纬度带上,中纬度至高纬度(即大约于南回归线以南/北回归线以北地区)气候区,降雪是常见的降水形态;在海拔梯度上,海拔 2000m 的高山或高原常有降雪事件发生;大气循环能间接影响降雪的概率,高纬度较多的暖流支配会减低该区降雪的机会,而寒流入侵能增加降雪频次。

降雪量是从天空中降落到地面上的固态水未经蒸发、渗透、流失,在水平面上积聚的液态水层深度,以 mm 为单位,一般用雨量筒测量。降雪与降雨一样,也有降水强度之分。单位时间的降雪量称为降雪强度,以 mm/h 为单位。有时也用降雪在平地上所累积的深度(雪深)来度量。

6.2.2　积雪形成条件

降雪在地表形成积雪,其在地表存留的时间主要受气候条件控制。在暖季,降雪在接触地表后可迅速消融,或在几天之内消融,这种积雪被称为瞬时积雪。瞬时积雪往往发生在海拔较低的地区,在消融季节海拔较高的地区也可出现。降雪在地表覆盖超过几周或几个月,这种积雪被划分为季节性积雪(seasonal snow cover)。在冷季,降雪事件发生频繁,积雪时间超过几周或几个月,因而积雪具有多层特征。雪层的最初性状由降雪时候的天气状况决定,而后续雪层的演化则由雪层内部的变质作用控制。积雪厚度(雪深)由降雪量的大小决定,而消融再冻结、风吹雪等因素也可能导致积雪厚度的变化。总体而言,积雪分布往往由地形、植被及风等因素共同决定,其中风吹雪加剧了积雪分布的异质性。随着时间的推移,积雪厚度不断发生改变,这与降雪的积累、密实、升华与蒸发、消融过程都有密切联系。积雪以一年为周期完成积累和消融过程。长期积累下来的积雪只能出现在冰川积累区(图 6.2)。

图 6.2　山区积雪分布示意图

6.2.3　积雪分类

为研究和描述方便,积雪具有多种分类方法。根据液态含水量的不同,国际雪冰分类委员会将积雪分为干雪(0)、潮雪(0~3%)、湿雪(3%~8%)、很湿雪(8%~15%)和雪粥

（>15%）（表 6.1）。

表 6.1　基于液态含水量的积雪分类

分类	湿度指数	代码	描述	体积含水量		图标
				范围/%	平均/%	
干雪	1	D	雪温低于0℃,雪结构在挤压时破坏,轻压雪层时,积雪颗粒并不相互黏连	0	0	
潮雪	2	M	雪温为0℃,肉眼及放大镜看不到雪中的自由水,轻轻挤压时,雪粒会黏结在一起,并形成雪球	0~3	1.5	I
湿雪	3	W	雪温为0℃,可以根据相邻雪粒之间自由水的弯月面判读水的存在,但用中等力捏时,挤压不出水	3~8	5.5	II
很湿雪	4	V	雪温为0℃,中等力捏时可以产生自由水,但空气在雪粒之间含量较高	8~15	11.5	III
雪粥	5	S	水几乎填满雪层颗粒,空气含量较少	>15	>15	IV

根据积雪在地表的存留时间,可将积雪划分为新雪和老雪。新雪是最近降落在地表,其冰晶与起初降落时的形态依然类似的积雪,而老雪的冰晶与降落之初差异很大,初始的冰晶形态已经不能辨别。

在几天之内迅速消融的积雪被称为瞬时积雪;当积雪在地表存留时间不足一年的称为季节性积雪,常说的"积雪"概念,即指该类;在地表积累时间超过一年以上的积雪主要分布在冰川积累区或冰盖之上,称为冰川。

根据积雪日数可将积雪分为不稳定积雪(积雪日数<60天)和稳定性积雪(积雪日数≥60天)。

此外,根据积雪的物理属性,如雪深、形态、热传导性、含水率、雪层内晶体结构和特征,以及各雪层相互作用、积雪横向变率和随时间的变化特质等,并经验性地参考各类积雪存在的气候环境特点(如降水、风和气温),可将全球积雪分为 6 类(Sturm et al.,1995):苔原积雪、泰加林积雪、高山积雪、草原积雪、海洋性积雪和瞬时积雪,其中我国主要的积雪类型为高山积雪和草原积雪。

6.3　积雪层变化的物理过程及特征

6.3.1　变质作用

从大气降落到地表的雪晶随着时间的推移,其形状和大小发生改变,继而形成积雪。由于温度、压力、温度梯度的变化和粒间水的迁移,雪的物理力学性质全部或部分发生改变,即变质作用。积雪中冰雪颗粒变质过程是雪水文学研究的重要内容之一,这种变质作用会改变积雪的密度、导热系数、水传导率,从而影响积雪的能量平衡和融雪水的释放。积雪的变质作用机理与积雪类型相关,基本可以分为干雪和湿雪两类,此外风、液态水重冻结及本身重力等也会改变积雪的结构和密度。

1. 干雪中的变质过程

冰晶的凸面曲率半径小于凹面的曲率半径，以至于凸面的水汽压大于凹面，水汽压梯度使凸面的水汽向凹面迁移和扩散，从而使得不规则形状的冰晶结晶为圆形颗粒（图 6.3）。水汽的扩散也会使得周边冰晶凹面颈部的生长，使冰颗粒之间相互黏合，这将增强积雪层的结构稳定性。这种水汽扩散作用会最终形成黏合良好、圆冰颗粒组成、密度更大的积雪。当雪花降落到地表积累时，这种变质作用就会发生，当积雪层温度接近 0℃时，这种变质作用会更剧烈。因为在积雪内部不存在温度差异的情况下，这种取决于曲率半径的水汽扩散也会发生，所以被称为等温变质。

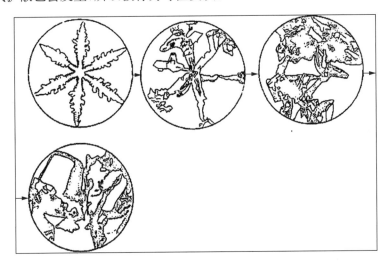

图 6.3　干雪中雪花向圆形冰晶转化过程（王彦龙，1982）

积雪中存在大量孔隙，这些孔隙中的水汽压一般接近或达到饱和水汽压，而饱和水汽压大小又受温度控制，那么雪层中的温度梯度会形成大的水汽压梯度，从而引起水汽的扩散。通过孔隙从温度高向温度低的水汽扩散，常会形成各种各样的多面体冰晶（如条状、层状、阶梯状、杯状等）。水汽的扩散速率、多面体冰晶大小和量均取决于雪层中的温度梯度和孔隙度。孔隙大、厚度小的积雪多面体冰晶发育较多，而孔隙度小、厚度大的积雪多面体冰晶发育较少；此外，水汽扩散对积雪温度变化更为敏感，在冬季和早春气温梯度引起的水汽扩散占主导作用。由于凝华作用形成的冰晶发生在临近的冰晶底部而不是在冰晶之间的连接点，所以会使得其不能很好地连接到冰晶上，从而导致积雪层结构的稳定性下降和塌陷。这种类型的变质也被称为气温梯度变质。

2. 湿雪中的变质过程

冻融循环和降雨会改变雪层中的冰晶大小、形状和黏合度。在湿雪中冰晶的变质主要由于小冰晶的融点比大冰晶低，当低于冰点的积雪温度升高，小冰晶由于融点较低首先融化，同时吸收周围大冰晶的能量，以至大冰晶温度更低并冻结雪层中的自由水，造成大冰晶"吞噬"小冰晶。这种情况也会发生在冰晶间的连接处，尤其当来自上部积雪重量形成一定压力时,这种情况会更明显。雪层孔隙中的液态水也会加速冰晶间能量的交换,当液态水充足时,大的圆冰晶颗粒会增长得更迅速。

冰晶间的这种消融-冻结融合会减弱雪层结构的稳定度,但由于冰晶之间更紧密而会增大雪层的密度。消融和降雨时,冰晶和冰晶表面水膜的毛管水的重冻结会增加雪层的强度。这种冻结-消融变质作用主要发生于季节性积雪的后期。

3. 其他的积雪变质过程

风的作用、液态水的重冻结、积雪表面的升华及积雪本身的压力都会改变积雪的密度和结构。风的作用会在积雪表面形成一个密度大的干雪层,也被称为雪壳。积雪表面的融水和降雨在积雪内部的重冻结会在地表形成底冰。在冷的、晴朗的、无风的夜晚,积雪表面的凝华作用会在积雪表面形成霜。此外,对于多年积雪(存在于冰川之上的雪,属于冰川的一部分),积雪本身重力所造成的压实变质作用也是非常明显的,这种变化过程类似于黏弹性材料的压缩过程,经过长时间的压力变质,使得雪花向粒雪和冰转化。这些积雪变化均会对积雪的消融、积雪表面的状况、积雪内水的传导等产生一定影响。

6.3.2　积雪密度和密实化

一般来说,积雪密度是随积雪变质作用的进程、雪层液态水含量的增加、孔隙度减少而逐步增大的[式(6-2)],积雪密度的逐步增大过程,称为密实化过程。

$$\rho_S = \rho_i(1-\phi) + \rho_w \phi S_w \tag{6.2}$$

式中,ρ_S 为积雪的密度(kg/m^3);ρ_i 为冰的密度($917kg/m^3$);ρ_w 为水的密度($10^3 kg/m^3$);S_w 为孔隙中的饱和体积含水率(m^3/m^3);ϕ 为积雪中的孔隙度(m^3/m^3),孔隙度是积雪动态变化的一个重要参数,其随积雪经历各种变质作用而减少。

积雪的密实化过程反映了积雪的变质过程,初始的新雪密度主要由冰晶的类型和结晶量决定,新雪的密度一般为 $40\sim100kg/m^3$;在消融期后期,积雪密度可高达 $500kg/m^3$。图 6.4 展示了中国天山雪崩站点观测的积雪密度随时间和垂直剖面深度的变化情况,随着积累时间的推移,积雪的密度呈增加趋势。垂直剖面密度观测数据表明,由于变质时间长短的差异,由新雪构成的积雪表层的密度一般要小于积雪底部的密度。但可能受其他要素的影响,积雪稳定期内,积雪剖面密度中部最大,表层和底层密度较低。

6.3.3　积雪的热传导

积雪内沿着温度梯度方向发生的热量传输主要包括 3 个过程:①积雪中冰晶的固体热传导;②积雪内孔隙中的空气热传导;③由于水汽分子扩散的潜热传导。

冰晶的热导率约为空气的 100 倍(0℃时 $K_{冰}=2.24W/(m \cdot K)$,$K_{空气}=0.024W/(m \cdot K)$),所以积雪的热导率主要受控于冰晶体之间的黏合程度及积雪的整体结构。通常积雪孔隙中的空气热传导可以忽略,但如果积雪孔隙中因凝结/升华产生的潜热形成水汽传输,其最高可增加 50% 的热传导量(Sturm et al., 1997)。从温度较高的冰晶颗粒表面蒸发或升华的水汽,通过雪层内的孔隙扩散到外界大气或在较冷的冰晶体表面凝结,在

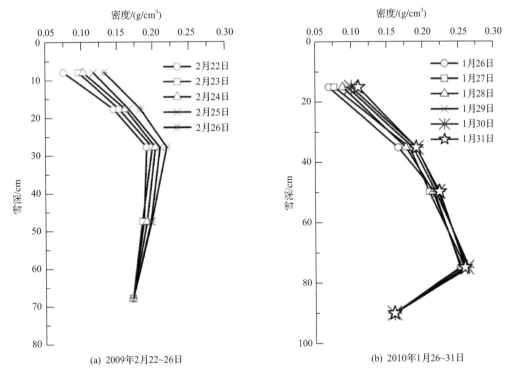

图 6.4　天山雪崩站观测点雪层密度、积雪时间和深度的变化(陆恒等，2011)

这个过程中会产生一个沿着温度梯度方向的潜热传导。

积雪的热导率通常指的是固体热传导和潜热传递的一个组合结果,其中冰晶的传导率一般随温度的升高而减小,但潜热传导恰恰相反,总体看来,积雪的热传导会随雪温的升高而增加:

$$q = -k_{\text{eff}} \text{d}T/\text{d}Z \tag{6.3}$$

式中, q 为雪层热传导(W/m²); k_{eff} 为雪层有效的热导率[W/(m·K)]; $\text{d}T/\text{d}Z$ 为雪层中的温度梯度(K/m)。

对于冰晶间黏合度高且经过风压实后的积雪,热传导率(k_{eff})与雪密度(ρ_s)呈现良好相关性,而对于冰晶间黏合度低的浓霜, k_{eff} 与 ρ_s 的相关性会很差或者不存在相关,浓霜的 k_{eff} 只是相同密度且冰晶黏合度低的其他薄雪的 $1/4 \sim 1/2$,其 k_{eff} 常采用一个简单的统计值。对于稳定的、冰晶间黏合度高的、均匀积雪的热传导率(k_{eff})可采用式(6.4)计算(Sturm et al. ,1997):

$$\begin{cases} k_{\text{eff}} = 0.138 - 1.01\rho_s + 3.233\rho_s^2 & 0.156 \leqslant \rho_s \leqslant 0.6 \\ k_{\text{eff}} = 0.023 + 0.234\rho_s & \rho_s < 0.156 \end{cases} \tag{6.4}$$

当雪的密度高达 0.6kg/m³ 时,雪的有效热导率仍然小于固体冰的热导率,而当雪的密度非常小时,有效热导率与空气的热导率[0.024W/(m·K)]相当。

6.3.4　积雪温度和冷储

1. 积雪温度

雪层的温度取决于雪-气接触面上的太阳辐射、感热、潜热、雪面长波辐射、大气长波辐射及地表热通量的能量交换过程,由于积雪内复杂的能量迁移过程,积雪层温度存在日和季节变化。

图 6.5 为西天山雪崩站 2009 年 12 月 15 日~4 月 1 日观测到的雪层温度变化曲线,由图 6.5 可以看出,冬半年观测场积雪各层的温度基本小于 0℃,由于积雪的低热传导率,热量不能从表面快速地传导到雪层深处,也不能从雪层深处快速释放到表面。因此,表层处的积雪表现出很大的温度梯度,并且会延迟每日温度波的传播和快速地抑制深层积雪温度的日波动,所以雪温变化的日振幅由雪面向下逐渐减小。随着气温的回升,积雪剖面各层温度呈现出波浪式上升的趋势。30cm 以上雪温受气温影响显著,变化剧烈,尤其是雪表面温度。30cm 以下雪温对气温波动的响应很微弱,温度几乎保持固定值,如积雪-土壤交界面温度稳定在-3~0℃。

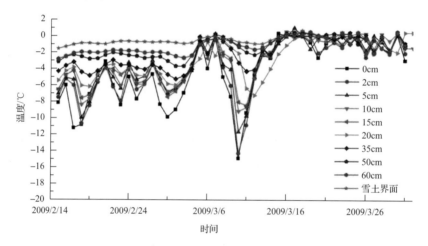

图 6.5　西天山雪崩站不同积雪层的日平均温度序列(高培等,2012)

2. 积雪的冷储

积雪的冷储为将积雪从当前温度升高到 0℃恒温条件时所需的热量。为了便于水量平衡计算,一般将其转化为释放同等热量需多少液态水(包括降水和积雪融水)发生再冻结,具体可由式(6.5)计算获得:

$$\text{SCC} = [\rho_s c_i d (273.16 - T_s)]/(\rho_w L_f) \tag{6.5}$$

式中, SCC 为积雪的冷储(mm);ρ_s 为雪层的平均密度(kg/m³);c_i 为冰的比热[J/(kg·K)];d 为积雪深度(m);T_s 为雪层的平均温度(K);ρ_w 为液态水的密度(kg/m³),即 10^3 kg/m³;L_f 为融化潜热(J/kg)。式(6.5)除了可以计算整个积雪层的冷储之外,还可以计算某一积雪层冷储的大小。

下面为新疆库威积雪综合观测站积雪层冷储的计算示例,该站 2012 年 2 月 1 日 0 时的积雪温度为 253.86K,平均积雪密度为 151.5kg/m³,积雪深度为 41.5cm,取冰的比热和融化潜热分别为 2100J/(kg·K)和 0.334×10⁶J/kg,此时积雪层的冷储为

$$SCC = [151.5 \times 2100 \times 0.415 \times (273.16 - 253.86)]/(10^3 \times 0.334 \times 10^6)$$
$$= 7.629 \times 10^{-3} \text{m}$$
$$= 7.6 \text{mm} \tag{6.6}$$

由于一天的消融量常超过 10mm,这种量级的冷储存在消融期一天内就可以满足。

6.3.5　雪中液态水

表层的积雪融水和降雨进入积雪层内,首先满足积雪的冷储,逐步达到积雪的持水能力。一般情况下,剩余的液态水将在雪层内下渗到达土壤表面,然后会发生超渗或蓄满产流。积雪的液态水含量可采用体积含水量(θ_v)或质量含水量(θ_m)表示,两者的关系如下:

$$\theta_v = \theta_m(\rho_s/\rho_w) \tag{6.7}$$

式中,ρ_s 为积雪的密度（kg/m³）;ρ_w 为水的密度(10³kg/m³)。

受积雪表面降雨或消融的影响,积雪中的液态水含量随时间而变化。夜间积雪中的含水量变化幅度很小,而当白天积雪大量融化时,由于融雪水的下渗,导致积雪的质量含水量变化幅度可达到 30%。

积雪中的液态水含量会影响消融出流,对于高含水量的积雪,单位能量的输入会从积雪中释放更多的水。在计算积雪消融时,需考虑积雪中的液态水含量及冷储的影响,一般可使用一个无量纲的参数-热量(B)来反映,即 B 被定义为 0℃时,融化单位质量积雪所需能量与消融单位质量冰所消耗能量的比值。

融化单位质量积雪所需的能量包括:①提高雪温到 0℃所需的能量;②融化积雪中固态的冰晶所需的能量。热量(B)可由式(6.8)计算:

$$B = [(1 - \theta_m)L_f + C_i T]/L_f \tag{6.8}$$

式中,θ_m 为积雪中的液态水质量含水量;L_f 为 0℃时冰的融化潜热(0.334×10⁶J/kg);C_i 为冰的比热[2.1×10³J/(kg·℃)];T 为雪温与 0℃间的偏差。

当积雪温度达到 0℃,并且包含一定的液态水,那么 $B<1$。当积雪温度低于冰点 0℃时,$B>1$。对于含有液态水、温度为 0℃的积雪来说,忽略积雪中空气的影响,热量(B)也就等于积雪中冰的质量比。

6.4　积雪的分布

1. 积雪面积

积雪面积是指积雪覆盖区域的范围。据 1966～2014 年 NOAA 积雪遥感资料,全球积雪面积最大可达约 47×10⁶km²,约占全球陆地面积的 31.5%,其中 98% 分布在北半

球。在南半球,除南极洲之外鲜有大面积陆地被积雪覆盖。

积雪面积季节变化明显(图 6.6),北半球月陆地积雪面积最小为 $1.9 \times 10^6 \, km^2$(8月),最大可达 $45.2 \times 10^6 \, km^2$(1 月),接近北半球陆地面积的一半。北半球平均积雪面积夏季最小,年际变率相对变化最大,而秋季降雪造成积雪范围扩张,积雪面积绝对变化量最大,而冬季积雪空间分布变化则不大。

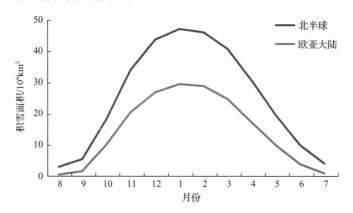

图 6.6　北半球及欧亚地区积雪面积年内逐月变化(利用 1967~2014 年
Rutgers University Global Snow Laboratory 提供数据)

我国一般以年内累积积雪日数 ≥60 天作为标准来划分稳定积雪区和非稳定积雪区。据基于观测结果修正的 MODIS 积雪数据,中国稳定积雪区面积为 $334.4 \times 10^4 \, km^2$(图 6.7),非稳定积雪区面积为 $490.6 \times 10^4 \, km^2$。其中,中国三大积雪区东北-内蒙古区

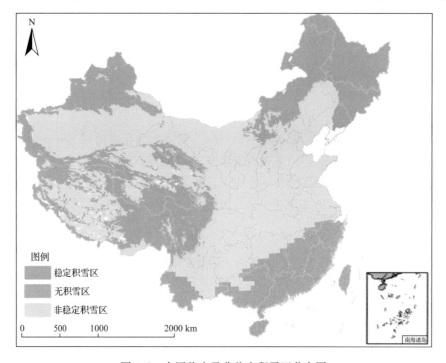

图 6.7　中国稳定及非稳定积雪区分布图

稳定积雪区面积达到 $117.9 \times 10^4 \mathrm{km}^2$，青藏高原则为 $153.7 \times 10^4 \mathrm{km}^2$，新疆地区稳定积雪区面积最小，仅为 $56.8 \times 10^4 \mathrm{km}^2$（表 6.2）。

表 6.2　中国稳定、非稳定积雪区面积分布

	东北-内蒙古区	新疆地区	青藏高原	其他地区	全国
稳定积雪区/km^2	1178497	568000	1537097	60409	3344003
非稳定积雪区/km^2	751719	740653	953531	2460491	4906394
稳定积雪面积比例/%	62.9	42.5	40	2.4	34.1

2. 积雪日数

积雪覆盖地表的时段通常能反映某一地区积雪的多寡，图 6.8 以 2014 年为例，给出了全球积雪覆盖周期的长短。由图 6.8 可以看出，纬度越高，积雪日数越长，格陵兰冰盖被积雪全年覆盖，随着纬度降低，积雪日数逐渐减少。中国青藏高原地处高海拔亚洲，为地球第三极（高极），尽管其纬度较低，但降雪量较大、积雪日数较长，属于同纬度带积雪覆盖周期较长的地区。

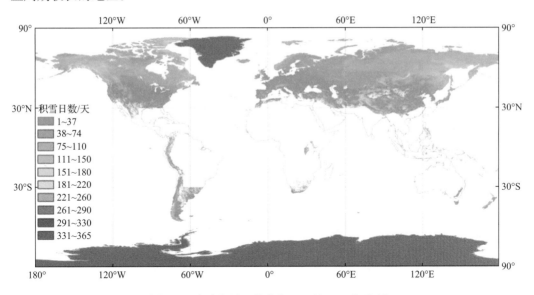

图 6.8　全球积雪日数分布——以 2014 年为例

基于 MODIS 遥感积雪数据，我国积雪日数较高的地区主要集中在新疆、东北地区及青藏高原，其中青藏高原积雪日数较高的地区主要集中在高原南部，以及喀喇昆仑山、昆仑山、祁连山、喜马拉雅山等高大山系及其周边地区（图 6.9）。

3. 雪深

图 6.10 为加拿大气象中心（CMC）（snow depth Analysis）利用 1999～2013 年北半球12 月至翌年 2 月平均雪深数据计算的北半球月平均雪深，可以看出随着纬度升高，雪深呈现增加趋势。在中国青藏高原地区由于缺乏足够的实测数据支撑，其给出的雪深数据

存在偏大的问题。

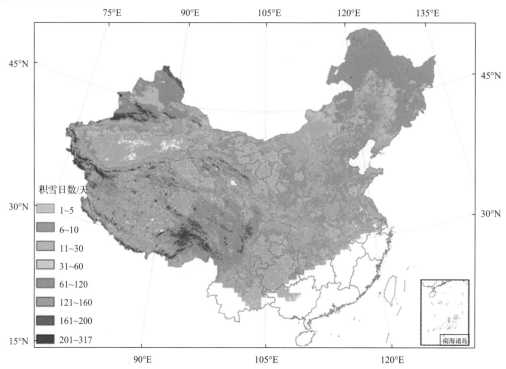

图 6.9　MODIS 多年年平均积雪日数分布

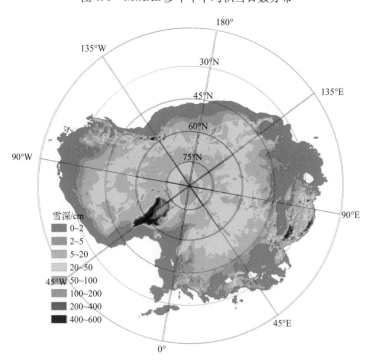

图 6.10　1999～2013 年北半球 12 月至翌年 2 月平均雪深分布

被动微波遥感数据与实测数据融合,是获取大尺度雪深分布的有效手段。据此结果(图 6.10),中国雪深高值区主要分布在东北地区、新疆地区,以及青藏高原三大区。具体来讲,新疆地区的雪深高值区主要分布在天山及阿勒泰地区;东北地区则主要分布在大兴安岭山区及高纬度的漠河地区等;青藏高原则主要分布在高大山系,包括祁连山、喜马拉雅山脉、念青唐古拉山、喀喇昆仑山及昆仑山等地区(图 6.11)。

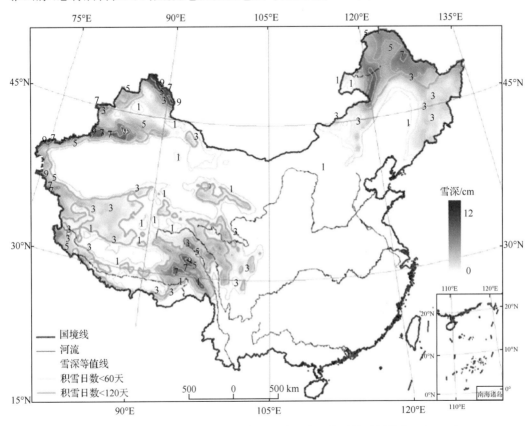

图 6.11　1978～2006 年 SMMR 与 SSM/I 数据反演的中国年平均雪深分布(Che et al.,2008)

4. 雪水当量

1) 全球积雪雪水当量及分布

本节积雪水资源量是指积雪的总雪水当量,不是融水资源量。

基于 1999～2013 年雪深及密度估算数据(CMC snow SWE analysis),北半球 10 月至翌年 6 月的积雪水资源量(雪水当量)分布如图 6.12 所示。其总体变化趋势与雪深分布类似,逐月变化从 10 月开始逐渐增加,到 1～2 月达到最大,此后受气温增加的影响积雪消融加快,导致积雪储量依次逐渐降低(图 6.12)。研究表明,北半球积雪的最大水当量约为 $3×10^{15}$ kg(Foster and Chang,1993),与北半球最大积雪面积相比,相当于 65mm 的平均雪水当量。雪水当量的最大值在一年中出现的时间依赖于地理位置。例如,在芬兰南部一般出现在 2～3 月,而芬兰北部大约出现在两个月以后,一般为几百毫米(Koskinen et al.，1997)。

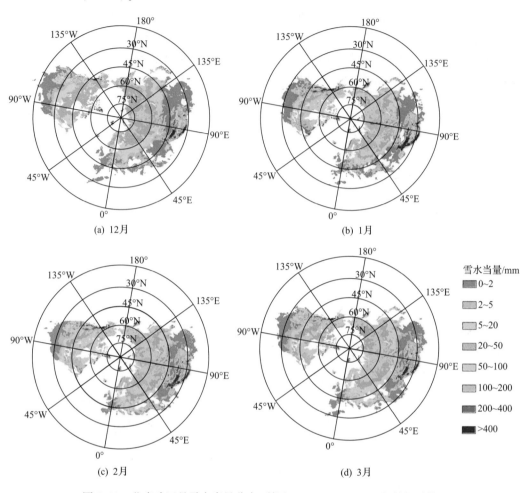

(a) 12月　　　　　　　　　　　　　　(b) 1月

(c) 2月　　　　　　　　　　　　　　(d) 3月

图 6.12　北半球逐月雪水当量分布(利用 CMC 1999～2013 年数据计算)

2) 中国积雪储量

中国积雪水资源主要集中在新疆、青藏高原及东北地区。利用 Scanning Multichannel Microwave Radiometer (SMMR)和 Special Sensor Microwave/Imager (SSM/I)获取的新疆及内蒙古西部最大雪水当量约为 $17.8 \times 10^9 \, m^3$,青藏高原为 $41.9 \times 10^9 \, m^3$,东北地区则为 $36.2 \times 10^9 \, m^3$。我国以上三大积雪区最大积雪储量约为 $95.9 \times 10^9 \, m^3$,约为长江多年均径流量的 10%(Li et al.，2008)。积雪在年内的分配受气温和降雪分配所支配,我国青藏高原积雪主要受降雪在年内分配的影响,春秋两季最多,冬季反而较少或最少。而我国其他地区则与青藏高原呈现相反的趋势,积雪集中在冬季最寒冷的月份(李培基和米德生,1983)。

第7章 积雪水文研究方法

积雪水文是寒区水文过程中的重要环节,积雪的水文过程研究需要开展流域尺度或更大大范围的积雪观测,以便获取积雪时空分布信息,分析融雪径流过程及其对径流的贡献量,因此积雪参数的观测至关重要。目前,世界各地建立了不少积雪观测系统,观测项目也逐渐增加。为了弥补点上观测的不足,卫星遥感技术获取的积雪参数也已用于水文过程研究中。积雪水文过程模拟是积雪水文研究中的一个重要方面,也是进行融雪水文预报和水资源管理的重要方法。模拟所刻画的物理过程包括雪积累与密实化过程、积雪的消融过程与空间差异,以及融雪径流过程等。本章将从单点观测和遥感反演两个方面,介绍积雪水文过程参数获取,以及积雪水文模拟中的关键过程。

7.1 地 面 观 测

目前,在积雪分布广泛的欧洲、北美地区,以及我国都已建立完善的积雪观测系统。积雪观测项目和内容也在不断扩充和完善,包括雪深、降雪量、积雪密度、反照率、积雪含水量、粒径、雪层内部变质作用、雪水当量和积雪温度等要素。观测手段从之前单一的人工观测发展为现在的自动化综合观测系统。据世界气象组织(WMO)不完全统计,35 个WMO 成员国的降雪监测点达到 17561 个(Nitu and Wong,2010)。在我国,大范围的积雪监测网建立于 20 世纪 50 年代,监测站点主要分布于积雪丰富的新疆、青藏高原和东北地区,观测内容主要包括降雪量、雪深及积雪日数等。

积雪地面观测布点需依据观测目的而定,但其一般原则包括以下几个方面:①便利性。要求观测点选择在交通方便,以便于数据的维护和持续观测。②代表性。积雪时空分布差异性很大,根据观测目的要选择合适的观测方法,明确观测时段和频次,同时观测点的密度和位置要求具有一定的科学性和代表性。科学性包括观测的规范、准确,同时根据目的,观测能够满足需求。就积雪水文而言,观测参数包括降雪量、雪深/雪水当量、雪密度、含水量、雪粒径、雪温度及反照率等。③安全性。积雪观测往往面临着恶劣的天气或雪崩等不可预知的危险,在保证获取数据可靠性的基础上,尽量避开恶劣的天气和雪崩易发时段和区域。

7.1.1 观测要素

1. 降雪

雨量筒是降雪量的主要观测仪器,其样式各异,包括人工采集与自动记录两种。

人工降雪量观测主要采用直立的圆柱型雨量筒,可使用 $\phi20cm$ 标准雨量筒(图 7.1),但冬季观测需要将储水瓶和漏斗去除。

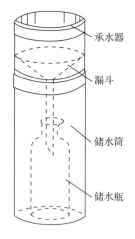

图 7.1　中国标准雨量筒

筒口直径和高度在各个国家有所不同,据 WMO 统计,有 100 多个国家的人工观测雨量筒的高度介于 0.5~1.5m,如美国国家气象标准为 60cm 高,筒口直径为 20.32cm,而我国标准人工观测雨量筒筒口距离地面 70cm,筒口直径为 20cm。降雪发生时,应将桶内漏斗去掉,使雪粒直接落于桶底,然后采用称重法测量雨量筒降雪重量。根据降雪质量和筒口面积,计算降雪量:

$$P = 10m/314.16 \qquad (7.1)$$

式中,P 为降雪量(mm),实际折算为雨量筒中水深,约定水的密度为 $1\mathrm{g/cm^3}$;m 为雨量筒中的降雪净重(g)。除称重法外,还可对筒内积雪加热消融后测量融水体积,以获取降雪量 P。

由于人工观测耗时费力,近年来,自动化的降雪观测逐渐取代人工观测。自动化仪器可以分为以下 4 种类型:翻斗式雨量计、称重式雨量计、可视化传感器及浮标雨量筒。翻斗式雨量计在冬季自动加热筒内积雪,通过定量翻斗的方法量取融水量,并依据筒口面积和降雪加热消融后的体积计算降雪量;称重式雨量计通过实时测量筒内积雪质量的变化获得降雪量;可视化传感器则主要利用雨滴或雪花等物体穿过特殊传感器造成的散射、消光或光线闪烁等物理特性,判断降水量和降水类型;浮标雨量筒则利用雨量筒内浮标的刻度变化测算降水量(Nitu and Wong,2010)。

地形、风速和植被等对雨量筒的观测精度有直接影响。特别是降雪时,随着风速的增加,雨量筒对雪的捕捉率快速降低,同时不同类型防风圈的捕捉率也存在差异(图 7.2)。由此提出了两个问题,其一是如何准确观测到实际降水量?其二是对于受风影响较大的雨量筒,如何修正其观测误差?目前,国际标准的降雪观测装置为双层隔栅(double fence

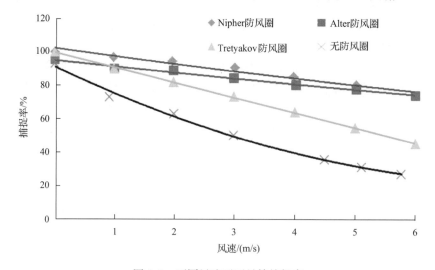

图 7.2　不同风速下雨量筒捕捉率

intercomparison reference)结合 Tretyakov 雨量筒,简称 DFIR(图 7.3)。由于 DFIR 在受到风扰动时的捕捉率高于其他雨量筒,所以其目前是 WMO 推荐的标准降雪观测装置。

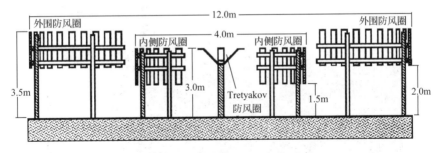

图 7.3　双层隔栅 DFIR 示意图

由于 DFIR 架设成本较高,难以普及。实际观测中,可依据雨量筒在不同风速下的捕捉率进行降雪量的修正。以下给出了中国标准雨量筒捕捉率与距地面 10m 处风速之间的关系[式(7.2)～式(7.4)]和整体修正公式[式(7.5)]:

$$CR_{snow} = 100\exp(-0.056W_s) \qquad (0 < W_s < 6.2) \qquad (7.2)$$

$$CR_{rain} = 100\exp(-0.04W_s) \qquad (0 < W_s < 7.3) \qquad (7.3)$$

$$CR_{mix} = CR_{snow} - (CR_{snow} - CR_{rain})(T_d + 2)/4 \qquad (7.4)$$

式中,CR_{snow} 为降雪捕捉率;CR_{rain} 为降雨捕捉率;CR_{mix} 为雨雪混合降水捕捉率。由于微量降水的修正量很小,Yang 等(1991)将微量降水修正为 0.1mm,其他降水修正考虑了湿润损失 ΔP_w 和风的扰动。

$$P_c = \begin{cases} K(P_g + \Delta P_w) = (P_g + \Delta P_w)/CR & > 0.1mm\ 降水 \\ \Delta P_t & 微量降水 \end{cases} \qquad (7.5)$$

式中,P_c 为修正后的降水量;K 为动力修正系数;P_g 为观测降水量(mm);ΔP_w 为湿润损失(降雪取 0.3mm,降雨和雨雪混合降水取 0.29mm);CR 为捕捉率。

2. 雪深

雪深是地表积雪深度的度量,一般用于表述地表积雪覆盖的平均深度。在实地测量中,由于雪深的空间异质性很大,所以应注意观测点的代表性,选择不受风吹雪影响、积雪覆盖较为均匀的地点进行测量。雪深可用直尺测量,但应重复 3～5 次计算平均值。当积雪覆盖率未达到 100% 时,应按照未覆盖区比例,对覆盖区积雪深度进行加权计算。例如,当积雪覆盖面积为 50% 时,覆盖区积雪深度为 5cm,该点平均雪深计为 2.5cm。当雪深较大,直尺等测量工具不能穿透雪层获取其深度时,测量可采用花杆测量的方法。在降雪期之前布设好测量花杆,在每次降雪后记录露出雪层的花杆长度,利用观测前后出露花杆长度的变化计算雪深。读数时,需与花杆保持一定距离,避免破坏花杆周围雪层的自然状态。观测频次在冬季积累期可以进行旬或月测,而春季消融期则要适当增加观测频次。

目前,自动雪深观测设备以超声波测量应用较为广泛,其分辨率可以达到 0.25mm,精度为 ±1.0cm,测量范围为 0.5～10m(图 7.4)。此外,利用延时拍摄像机也可以准确获取单点的积雪雪深变化过程。

图 7.4　流域积雪单点综合观测系统
包括风速、风向、温度、湿度、四分量辐射、降水量、雪深、雪水当量、风吹雪通量

3. 雪水当量

雪水当量(snow water equivalent,SWE)是指地面积雪完全消融后,形成的对应水层厚度(mm),表征了真实的地表积雪量,其对于融雪径流及雪水资源的估算具有重要意义。其直接观测方法包括雪板测量、蒸渗仪法、雪枕法及伽马射线法等。

测雪板(snowboard)一般为白色高分子塑料板或金属板,大小为 40cm×40cm 的矩形。测雪板需水平放置于地表,降雪后测量雪深并称重,利用人工称重的方法获取雪水当量。观测完毕后清理干净,并放在雪层顶部以备后续观测。

蒸渗仪(lysimeter)法根据降雪前后重量的变化获取地表雪水当量,但不同于测雪板,该方法还可以观测雪层中渗透出的融水量。由于蒸渗仪桶口面积受限,雪层往往会形成雪桥,进而影响观测精度。

雪枕(snow pillow)利用积雪产生的压力计算雪水当量。由于雪枕面积较大(3m×3m 或 1m×1m),不易形成雪桥,其测量精度较高(图 7.4)。

伽马射线法的原理是地面自然辐射出的伽马射线量取决于放射源(即地面)与探测器之间介质的水分量,积雪越多,对伽马射线的吸收越强,因此可测量积雪上部的伽马射线量来推算雪水当量。例如,Campbell GMON 3(GammeMONitor)传感器就是利用此原理获取雪水当量的(图 7.5)。

4. 雪密度

人工雪密度观测可以采用称重法[图 7.6(a)]和溶解法。称重法是采取测量已知体积雪的重量,通过重量与体积之比来获取雪密度。溶解法是将采集的雪样投入盛有水的量杯或量筒中,待雪全部融化后读取容器前后的体积差,根据水的密度计算雪样的重量,

图 7.5　GMON 雪水当量传感器

然后计算雪密度,需要注意的是,溶解法中水温不宜过低,因为会使雪样融化过慢。

目前,SNOWFORK 自动测量[图 7.6(b)]在国内应用相对较为普遍。相对人工雪密度观测方法,该仪器携带方便,可以实时获取雪密度。但其测量精度受积雪本身特性的影响较大,如对污化雪或夹有冰层的积雪测量精度较低。

(a) 称重法测量雪密度　　　　　　　　(b) 利用 SNOWFORK 测量雪密度

图 7.6　雪密度测量

5. 含水量

雪中的液态水含量占雪样总重量的百分比表示含水量,其测量方法可以利用 SNOWFORK 直接观测,也可以在室内进行测定,室内测算公式为

$$W = \frac{100}{M_2} \left\{ M_2 - \frac{1}{80} \left[(T_1 - T_2) M_1 - T_2 M_2 \right] \right\} \tag{7.6}$$

式中,W 为含水量(%);T_1 为温水温度(℃);T_2 为雪样融化后水体的温度(℃);M_1 为温水质量(g);M_2 为雪样品质量(g)。

6. 积雪反照率

积雪消融主要依赖太阳辐射带来的能量输入,而反照率作为积雪能量平衡计算中的关键参数,是积雪水文研究中重要的物理量。雪表面反照率观测可采用便携式的辐射表分别观测地面反射辐射和太阳短波入射,两者之比即为反照率(图 7.7)。

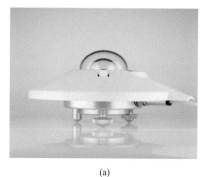 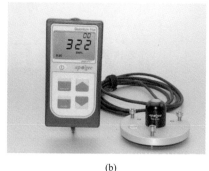

(a)   (b)

图 7.7 积雪反照率观测

(a)为 Kipp&Zonen 的 SMP 系列直接辐射表;(b)为 Model MP-200 型反照率观测表

7.1.2 流域积雪观测

山区积雪的空间分布存在很大的异质性,造成这种分布差异的原因有多种,积雪再分布和地形影响是其中重要的原因。积雪再分布过程自降雪发生就已开始,在积雪表面和内部结构未稳定时都有可能发生。直到雪后一段时间,新雪雪层表面形成雪壳,或者是在消融期积雪颗粒之间含水量大大增加导致其内部结构具有一定的稳定性时,积雪再分布发生的概率则会降低。当以上条件未达到时,积雪很容易受到风与地形、植被的共同作用而形成积雪的差异性分布。以往的研究表明,风吹雪是造成积雪再分布的主要因素。由于风吹雪导致积雪空间分布的差异性,进而导致积雪消融的差异性,最终将导致融雪径流过程的差异性。此外,不同坡度坡向能量分布的差异性,能够造成积雪消融、升华的差异性,从而导致积雪分布发生变化。因此,积雪观测必须选择具有代表性的观测点、测线和观测指标体系。

流域积雪观测需要获取流域的平均雪深、积雪面积及雪水当量的时空变化序列。具体的观测方法有以下几种。

1. 积雪测线观测

在山区,雪深随海拔变化剧烈,为了解雪深沿海拔梯度的变化或流域尺度雪水当量的分布特征,需要沿固定路线对雪深进行重复测量。这些离散的观测点可选择在观测方便且具有一定代表性的地区,由此构成了积雪测线,简称测线(图 7.8)。测线以周、旬、月为周期进行定期观测,观测项目包括雪深、雪密度、含水量及雪水当量等。由于人工观测耗时费力,随着自动化积雪观测仪器的成熟,常规的积雪测线可以利用多个自动观测站替代。

2. 积雪空间分布

大范围的积雪时空分布信息获取主要依赖于遥感卫星等手段。小范围的积雪时空分

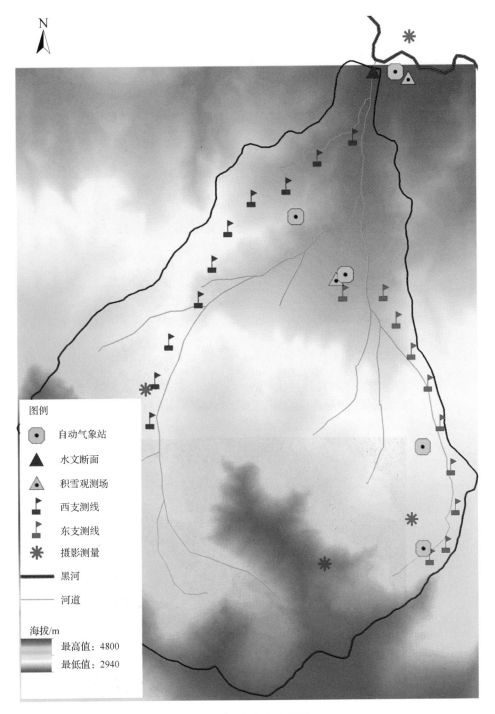

图 7.8　流域积雪观测

给出了祁连山葫芦沟流域沿着海拔 3200~4500m 测线分布的自动化观测仪器,包括 5 套自动气象站、雪深红外相机 4 套。自动气象站配备有雪深探头、称重雨量筒、4 分量辐射、雪面温度,以及常规的温度、湿度和风速风向。雪深红外相机则主要记录单点的雪深变化布可利用踏勘、相机拍摄(图7.9)等手段获取。其中,相机摄影测量可以将像片中的积雪分布信息转化为正射投影,以便于积雪分布信息在模型中的输入与验证。不同于卫星遥感数据,地面摄影测量可以根据需要设定拍摄高度与时间间隔,因此可以获取较高时空分辨率的积雪空间分布数据。但受拍摄角度和视角影响,摄影测量拍摄的范围有限,地形对影像的遮蔽影响也较大,因此可通过不同角度的多次拍摄,扩大测量范围,并尽量减少地形遮蔽的影响。

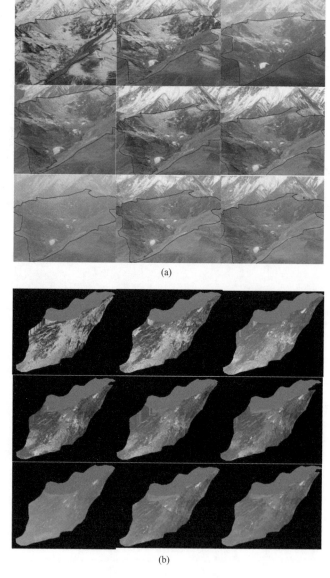

图 7.9　祁连山葫芦沟一级支流小流域积雪消融过程摄影测量

(a)为拍摄的一次降雪过程照片;(b)为对应的正射投影图像

3. 激光雷达雪深

激光雷达雪深测量是一种较新的手段,利用积雪前后多期的激光雷达影像,计算流域表面高程变化,从而可以获得不同时期的雪深。结合地面密度观测,获取流域尺度雪水当量。目前,激光雷达仪器设备可以固定在某一位置,通过延时激光雷达扫描的方法获取一定区域的雪深数据,也可以通过机载激光雷达获取大范围的多期雪深数据。

7.1.3 融雪径流观测

融雪径流的大小和持续时间主要与积累量、消融强弱、下垫面特征及地面蒸发等有关。在天山、阿尔泰山等地区,由于冬季积累量大,春季融雪径流较强,而在降雪量较少的祁连山,融雪径流过程与之相比则较弱。高海拔地区雪积累量相对于低海拔地区较多,因此其融雪径流量更大。在多年冻土地区,由于融水下渗能力较差,积雪消融容易产生径流,而在植被发育很好的有腐殖质层的土壤,融雪径流则多以壤中流形式汇集。在冰碛物和崩塌堆积的松散岩屑区,由于下渗能力强,融雪难以产生坡面径流。

1. 融雪径流观测

融雪径流在我国北方地区一般集中出现在 3~4 月。径流的观测首先要选择顺直、比降均匀、无宽窄变化的河段。如果融雪径流期间测流河段断面形态变化较小,则只需测算一次水位-流量关系曲线。当测流时期河段底部有变化时,则需要通过人工测流掌握河流断面形态变化,重新建立水位-流量关系曲线。

融雪径流观测期,河道往往受河冰影响,在早晚观测时,需要事先进行除冰工作,保证水流不受河冰影响。需要捕捉最高水位和最低水位的流速或流量,以便于绘制水位-流量曲线,从而通过水位记录计算径流量。利用水位自动记录仪时,尽量减少水位计不受冰冻、砂砾石等外界因素的干扰。

当受到泥沙淤积、结冰等因素影响,无法利用传统水位自计仪器时,可利用相机定时拍摄或超声波传感器监测断面水位变化。

2. 融雪径流分割

径流分割方法从初始的图形分割、模型分割到后来的同位素分割,分割的精度逐步提高。同位素径流分割因其明确的物理机制,可以避免图形分割的主观性,分割方法也从最初的二水源分割,过渡至三水源分割,乃至目前的多水源径流分割,径流分割中的水源划分越来越多,分割过程也呈现出复杂化。融雪期同位素径流分割的难点主要在于积雪融水同位素较大的时空变化范围。前期的融雪水径流分割过程中,积雪融水的取样是采集完整的雪芯。在此后的研究中发现,这种采样方法忽略了采样过程中同位素的分馏,参数误差在结果中累积,而利用雪中渗透仪对雪样进行采样可以避免积雪融水的富集带来误差。

河水径流在春季融雪期主要的补给水源包括地下水、积雪融水、季节性冻土融水等。由于不同水源氢氧同位素受到蒸发分馏的影响而具有不同的同位素特征,因此应用 ^{18}O

与 Cl⁻ 等天然示踪剂可以将其从河水中分割出来,从而达到定量分割径流组成的目的。

径流分割工作主要包括:①野外采样及实验室内样品测定,同时采集气象观测数据进行辅助分析;②利用采样结果确定融雪期同位素的变化规律;③利用水源模型确定包括融雪径流在内的径流组成。其中,水源模型包括:

$$Q_t = Q_g + Q_p + Q_s \tag{7.7}$$

$$Q_t\delta_t = Q_g\delta_g + Q_p\delta_p + Q_s\delta_s \tag{7.8}$$

$$Q_tC_t = Q_gC_g + Q_pC_p + Q_sC_s \tag{7.9}$$

式中,Q 为河水径流流量;δ 为相对应水体的 ^{18}O 同位素千分偏差值;C 为三水源径流分割中保守 Cl⁻ 浓度;下标 t 为总河流径流;g 为积雪融水;p 为地下水;s 为壤中流。

同位素径流分割误差来源包括:①同位素组分及流量测量误差;②降水过程中 δ^{18}O 的变化;③Si 与 δ^{18}O 的高程效应;④产流过程中矿物质的溶解;⑤示踪剂(氢氧同位素组分)的时空变化。建议使用下述方法可求得较精确的误差范围:①用观测期全年降水的 δ^{18}O 年平均值代替用于当天 δ^{18}O 值的计算,可以得到误差上限;②采用降雨后一天的 δ^{18}O 值来取代计算当天的 δ^{18}O 值,可以得到误差下限。

随着积雪研究的不断深入,积雪地面观测在传统的雪深、密度、含水量、反照率观测的基础上,还可进行积雪的粒径、雪内粉尘、化学组成、炭黑、微生物等观测。在单点的积雪系统性观测中,需要考虑积雪从降雪开始到植被截留、地面积累、地表迁移、升华、雪层演化、雪层内水的迁移和消融再冻结等过程,而流域尺度上则关注不同下垫面和地形差异对积雪分布及其产汇流过程的影响。

7.2　遥　感　观　测

遥感技术能大范围、实时地获取地球参数信息,弥补了传统观测的不足。早在 40 年前,遥感就在积雪水文过程中展示其重要性,美国国家气象局利用 NOAA-AVHRR 业务生产了北美 3000 个流域的积雪面积制图。遥感的出现为流域水文过程研究起到了重要的推动作用。随着科学技术的不断进步,传感器性能提高,参数反演方法不断成熟,积雪参数估计精度越来越高,出现了高质量的积雪参数产品,并且广泛地应用于流域水文研究。

积雪水文过程涉及积雪面积、雪深或雪水当量、积雪密度、积雪粒径、积雪温度、反照率等参数,它们在一定程度上都能利用卫星遥感反演获得,但以积雪面积和雪深(或雪水当量)的遥感反演应用最为广泛。本节将重点介绍遥感产品反演积雪参数的基本原理,并对目前已有的相关遥感产品进行简要介绍。

7.2.1　积雪参数遥感反演原理

用于积雪参数反演的遥感方法以可见光/近红外遥感和微波遥感为主,积雪面积、粒径和温度一般用可见光遥感反演,而雪深、雪水当量和积雪密度则用微波遥感反演。

1. 积雪面积

在可见光波段,由于积雪的反射率高(一般在 0.7 以上,新雪可高达 0.95),容易与其他地物区分(图 7.10)。在近红外波段,积雪反射率呈明显递减的趋势。因为在可见光波段积雪反射率高,电磁波难以穿透雪层,因此,可见光遥感常用于积雪范围的识别,而无法获得雪深信息。

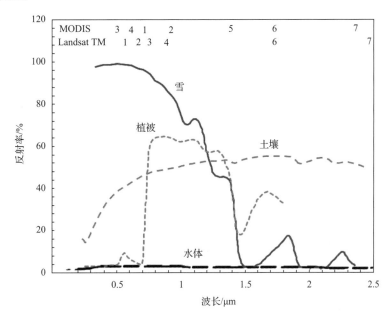

图 7.10　可见光和近红外波段典型地物的反射光谱特性曲线(曹梅盛等,2006)

1）阈值法

一般情况下,积雪的反射率高于其他地物,通过设定图像亮度阈值,可以有效地区分积雪和其他地物。该方法通过对可见光图像中包含雪和其他地物样区的亮度直方图进行分析,确定整幅图像在相同光照条件下积雪亮度(反射率)的判别阈值。由于受地形、大气传输等因素的影响,不同区域的阈值不尽相同。例如,阴影区、植被地区的积雪亮度值偏小,可能小于沙漠和岩石。实际操作过程中,在样区选择上人的主观性比较大,因此,阈值法只在早期数据缺乏时有一定应用。

2）归一化积雪指数

归一化积雪指数(NDSI)法是将雪在可见光波段的高反射率和近红外波段的低反射率进行归一化处理,以突出雪的特性。归一化积雪指数表达式为

$$NDSI = \frac{R_n - R_m}{R_n + R_m} \tag{7.10}$$

式中,R 为反射率;n,m 分别表示可见光和近红外波段号。在全球范围内,通常以 NDSI =0.4 作为区分积雪和其他地物的标准,当 NDSI 大于 0.4 时表示积雪存在。但事实上,该标准值随地区和地形条件的不同而发生变化。例如,在祁连山区,MODIS 积雪面积产

品的 NDSI 取值调整为 0.33(郝晓华等,2008)。因此,在进行区域尺度上的积雪面积提取时,还需进行 NDSI 阈值的确定,以获得更适合研究区的判别阈值。

2. 积雪面积比例

阈值法和归一化积雪指数都是通过像元值来判别积雪是否存在,而像元值表示的是像元覆盖区域不同地物光谱数据的平均值。在积雪-非积雪过渡带或是积雪融化期,往往存在一个像元包含积雪和非积雪部分。因此,用积雪面积比例来代替"二值图"表示积雪覆盖状态更合理。

1) 线性解混法

假设瞬时视场下观测到的像元反射率是像元内所有端元(混合像元内的基本组分单元)反射率的线性组合。一个混合像元的反射率可以表示为

$$r_i = \sum_{j=1}^{n} f_j a_{ij} + e_i \tag{7.11}$$

$$f_1 + f_2 + \cdots + f_n = 1 \tag{7.12}$$

式中,f 为端元百分比;i 为波段;j 为端元地物;a 为反射率;e 为误差项;n 为端元的类别数。对于有 m 个波段的多光谱影像 $i = 1,2,\cdots,m$,将有 m 个线性方程。通过求解方程组,即可获得积雪端元的端元百分比。因此,该方法只适合于多光谱或高光谱影像,并且只有在波段数大于或等于 $i-1$ 的情况下,方程组才有解。

2) 线性回归法

线性回归法认为,归一化积雪指数(NDSI)与积雪面积比例(FSC)存在线性关系。通过大量样本可建立 NDSI 和 FSC 的线性回归方程:

$$\text{FSC} = a \times \text{NDSI} + b \tag{7.13}$$

式中,a 和 b 为回归系数。该方法简单易行,最新发布的 MODIS 积雪面积比例产品即采用了该方法。在我国北疆地区,a 和 b 的值分别为 1.21 和 0.06(郝晓华等,2012)。

3) 其他方法

以上两种方法是常用的积雪面积比例提取方法,还有一些研究者尝试用稀疏回归解混法及非负矩阵解混法提取积雪面积比例,但这两种方法计算复杂,运算效率很低,尽管其精度略高于线性解混方法,但是没有用来制备积雪面积产品。其基本理论可参考 Iordache 等(2011)与 Lee 和 Seung(1999)。

3. 雪粒径

1) 单波段法

雪由冰颗粒和空气组成,光谱反射率随着冰粒径的增大而降低。雪对可见光的吸收作用弱,反射率高;而在近红外波段,因强烈吸收作用雪面反射率显著下降,且吸收作用对雪粒径变化敏感(图 7.11),尤其是在波段 0.7～1.4μm 处,不同粒径的光谱反射率相差很大。因此,积雪在近红外波段的反射率和粒径存在一定关系,关系式如下:

$$R = ar^b \tag{7.14}$$

式中，R 为雪粒径；r 为单波段反射率；a,b 为用最小二乘法拟合的系数。由于反射率还受光线入射角度的控制，因此在雪粒径反演时，必须考虑太阳高度角的影响。

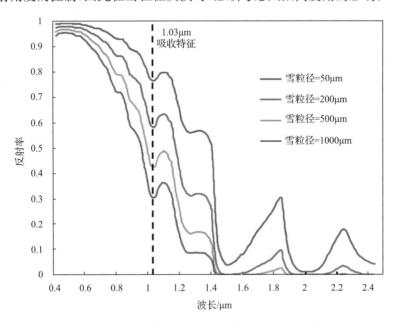

图 7.11　不同粒径下雪的反射率光谱曲线(修改自曹梅盛等，2006)

2）双波段法

利用单波段方法反演雪粒径依赖于反射率的绝对值，而微弱的地形变化和少量的云都会引起反射率的变化，从而导致拟合系数的变化。光谱吸收深度和吸收面积是地物相对反射率的反映，一定程度上可以降低地形的微弱变化和少量云引起的误差。因此，建立雪粒径和光谱吸收深度或吸收面积的统计关系比单波段反演方法更稳定。光谱吸收深度表示为

$$D = \frac{r_c - r}{r_c} \tag{7.15}$$

式中，D 为光谱吸收深度；r_c、r 分别表示 1.03μm 处反射曲线的包络线值和反射率值。

光谱的吸收面积(A)是对包络线内的吸收深度求波长的定积分，其公式表达如下：

$$A = \int_\lambda D d\lambda \tag{7.16}$$

雪粒径和光谱吸收深度或吸收面积的统计关系形式与单波段反演方法类似，可以是指数型也可以是线性型。

4. 积雪反照率

从遥感研究的角度来说，反照率又称半球反射率，定义为单位时间、单位面积上各方

向出射的总辐射能量与入射的总辐射能量之比,是反射率在半无限空间内的积分。因此,反照率要求获取地表方向反射率。雪表面是一个非 Lambert 反射体,具有强烈的前向散射特性,明显表现出各向异性反射特性。因此,从方向反射率转换到反照率时,需采用双向反射分布函数 BRDF 进行校正。方向反射率一般通过野外直接测量、对卫星观测进行某种换算后获得,或使用辐射传输模型来模拟。

5. 积雪温度

遥感获取的辐亮度是目标物发射辐射的亮度温度经过大气层衰减后到达传感器的亮度温度,因此它依赖于地表的发射率及大气状况。单通道温度反演方法是在假设已知地表发射率和大气参数的条件下,利用单通热红外信息反演地表温度。双通道和双角度方法则是利用传感器获得不同波段亮温之间的差异来消除大气影响,其不需要进行大气校正。

1) 双通道法

双通道法也叫分裂窗技术法,利用亮温差剔除大气的影响。它假设相邻通道具有相等辐射吸收,通过两者的差可以在一定程度上去除大气的影响。广泛应用的算法是针对 AVHRR 的 Becker-li 模型和针对 MODIS 的 Wan 和 Dozier 模型(Wan and Dozier, 1996)。针对于 AVHRR 的模型表达为

$$T_s = 1.274 + \left\{ \frac{T_4 + T_5}{2} \left[1 + 0.015616 \left(\frac{1-\varepsilon}{\varepsilon} \right) - 0.482 \left(\frac{\Delta\varepsilon}{\varepsilon^2} \right) \right] \right.$$
$$\left. + \frac{T_{11} - T_{12}}{2} \left[6.26 + 3.98 \left(\frac{1-\varepsilon}{\varepsilon} \right) + 38.33 \left(\frac{\Delta\varepsilon}{\varepsilon^2} \right) \right] \right\} \tag{7.17}$$

式中,T_4、T_5 分别为 AVHRR 第 4、第 5 波段的亮度温度,$\Delta\varepsilon = \varepsilon_4 - \varepsilon_5$,$\varepsilon = \frac{\varepsilon_4 - \varepsilon_5}{2}$,$\varepsilon_4$,$\varepsilon_5$ 分别为 AVHRR 第 4、第 5 波段处的比辐射率。第 4、第 5 波段中心波长分别为 11μm 和 12μm。

针对于 MODIS 的模型表达为

$$T_s = \left[A_1 + A_2 \left(\frac{1-\varepsilon}{\varepsilon} \right) + A_3 \left(\frac{\Delta\varepsilon}{\varepsilon^2} \right) \right] \frac{T_{31} + T_{32}}{2} + \left[B_1 + AB_2 \left(\frac{1-\varepsilon}{\varepsilon} \right) + AB_3 \left(\frac{\Delta\varepsilon}{\varepsilon^2} \right) \right]$$
$$(T_{31} - T_{32}) + C \tag{7.18}$$

式中,$A_1 \sim A_3$,$B_1 \sim B_3$,C 均为方程系数,其随水汽含量、大气下界温度和传感器高度角变化。T_{31},T_{32} 为 MODIS 31 和 MODIS 32 波段的亮度温度。

2) 双角度法

多角度法在一定程度上弥补了多通道法假设相邻通道具有相等辐射吸收的缺点。它认为,多角度下大气吸收的差异来自大气路径长度的改变。因此,可以利用两个不同探测角度下的信息差异纠正大气的影响。以 ATSR 数据为例,单通道双角度算法如下:

$$T_s = b_0 + b_1 T_n + b_2 (T_n - T_f) a_n / (a_f - a_n) \tag{7.19}$$

多通道双角度算法如下:

$$T_s = b_0 + b_1 T_{11n} + b_2 T_{11f} + b_3 T_{12n} + b_2 T_{12f} \tag{7.20}$$

式中,$b_0 \sim b_4$ 为定标系数;T_n 和 T_f 为单通道天底和前向探测时传感器获得的亮温;下标 11,12 为通道号,如 T_{11n} 为 11 通道天底探测时的亮温,a_n,a_f 分别为天底和前向探测扫描角度的正弦值。

6. 雪深和雪水当量

被动微波遥感是目前最有效的雪深和雪水当量监测手段,并且有丰富的卫星遥感数据,它也是目前制作遥感雪深和雪水当量产品的唯一方法,但是其缺点是数据空间分辨率很低。主动微波遥感也具有雪水当量监测的潜力,其空间分辨率高,但时间分辨率低。

1) 被动微波雪深和雪水当量反演

积雪下垫面辐射出的微波信号经过积雪层时受到雪粒的散射,积雪越深,散射路径越长,微波信号的散射消光程度越强,亮度温度越小。不同频率的微波受到的雪粒的散射强度不同,频率越高(波长越长)散射越强。通过矢量辐射传输模型模拟一定积雪粒径和密度下不同频率的亮度温度随雪深的变化发现,18GHz 和 36GHz 亮度温度差(TB$_{18}$ − TB$_{36}$)和雪深(SD)或雪水当量(SWE)呈线性关系(图7.12)。

$$\text{SD(or SWE)} = a(\text{TB}_{18} - \text{TB}_{36}) + b \tag{7.21}$$

式中,a,b 为回归系数,在雪粒径(R)为 0.3mm,雪密度为 100kg/cm^3 时,a 和 b 分别为 1.59 和 0。

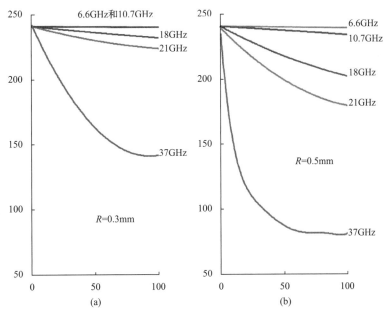

图 7.12 SMMR 5 个频率在 50°入射角、粒径分别为 0.3mm 和 0.5mm 情况下亮度温度随雪水当量的变化曲线(Chang et al., 1987)

不同积雪密度和雪粒径下模拟得到的亮度温度差与雪深的关系系数 a 和 b 不同。除了矢量辐射传输模型外,积雪辐射传输模型还有 HUT,MEMLS,DMRT,STR 等,不同模型对积雪粒子的散射模拟不同,因此得出的亮度温度也有差异。无论哪种模型,雪密度和粒径都是重要参数,但区域的有效积雪密度和粒径信息难以获取,通过物理过程模型来获取系数比较复杂。因此,很多研究者直接建立观测雪深或雪水当量与 18GHz、36GHz 亮度温度差的线性回归方程,该方法简单易行。

2) 主动微波遥感提取雪水当量

主动微波遥感提取雪水当量主要有两种方法。第一种方法是建立 SAR 后向散射系数和雪水当量之间的关系。当积雪覆盖下的地表处于冻结状态时,C 波段、X 波段和 L 波段的 SAR 后向散射系数与干雪的雪水当量成正相关关系;而在积雪积累初期,干雪底层冻融循环作用导致后向散射与 SWE 之间呈负相关关系。第二种方法是利用积雪的热隔离作用(热阻)。积雪的热阻影响雪下土壤温度,当土壤温度低于冻结温度时,介电常数随温度降低而降低。干雪后向散射主要来自雪-土壤面,因而同一区域积雪覆盖下的地表 SAR 后向散射系数低于无雪覆盖的地表后向散射系数。根据积雪热阻(R)与 SAR 变化检测图像(积雪覆盖图像与无雪覆盖图像差值图像)、热阻与 SWE 之间两个方程可以提取 SWE。

SAR 提取雪水当量还处于研究实验阶段,只是在某些流域开展了初步的研究。但由于缺少专为积雪观测设计的传感器及 SAR 积雪观测固有的问题,造成其应用受到较大限制。新一代积雪观测 SAR 的发射和传感器技术的发展将为 SAR 积雪研究提供非常有价值的数据,采用 SAR 数据反演 SWE 信息也不断出现新的进展。

7. 湿雪面积判别

湿雪是干雪和液态水的混合体,由于水的介电常数远大于冰的介电常数,所以湿雪的介电常数较干雪高,吸光性强,体现不出雪粒子的散射特性,因此,被动微波探测不到湿雪。但也正是由于干雪和湿雪的介电性差异大,干雪后向散射系数明显高于湿雪的后向散射系数,这一特征为主动微波提取湿雪提供了机会。

1) 基于多时相 SAR 积雪制图

选择研究区无雪覆盖时间段或干雪覆盖时间段的 SAR 图像作为区分湿雪覆盖的参考数据,通过待分类图像后向散射系数和参考数据后向散射系数的差值与给定的阈值进行比较判断湿雪区域(图 7.13)。其具体过程如下:

　　if （图像被掩没掉,或者是阴影,或者入射角 $\theta < 17°$ 或 $\theta > 78°$）为无值区;

　　else if:［后向散射系数-参考数据后向散射系数 $<$ TR(给定的阈值)］,则为湿雪区;

　　else 　　无雪或干雪。

2) 多频率多极化方法

多频率多极化方法是根据不同下垫面在不同频率或不同极化条件下后向散射系数的差异,将干雪、湿雪同水体,裸土、低矮植被,森林覆盖 4 类地表区分开,达到积雪制图的目的。该方法应用在美国 Mammoth 山区的分类结果与 TM 数据积雪分类二值图相比,其精度约为 TM 数据的 79%。由于分类中混合像元的影响,整体略微低估了积雪覆盖范围

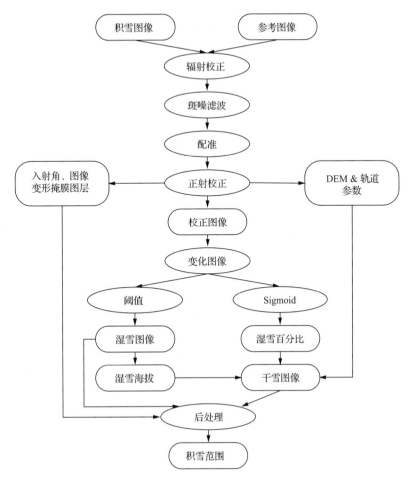

图 7.13　SAR 数据积雪制图方法

(Shi and Dozier，1997)。

7.2.2　遥感数据及积雪产品

1. 卫星遥感数据

光学遥感数据主要用于积雪面积、雪粒径、雪表面温度的反演,被动微波遥感数据用于雪深和雪水当量的反演,而主动微波用于湿雪的判别。表 7.1～表 7.3 列出了已有的用于积雪参数反演的传感器。这些传感器有高空间分辨率而低时间分辨率的,有中时空分辨率,粗空间分辨率而高时间分辨率的。积雪具有季节性特征,要求具有高时间分辨率。因此,广泛应用的卫星遥感积雪产品主要来自于中分辨的 MODIS、AVHRR 和粗分辨率的被动微波数据。高分辨率遥感数据一般用于算法的发展和对粗分辨率产品的验证。

表 7.1　主要可见光-近红外传感器特性

传感器	卫星平台	起止年份	波段范围	波段数	空间分辨率	重访周期
TM	Landsat	1982 年 6 月～2012 年 5 月	0.45～3.35μm	7 个	30m	1 次/16 天
AVHRR	NOAA	1979 年 6 月～	0.58～12.5μm	5 个	1.1～4km	2～4 次/天
MODIS	EOS-Terra/Aqua	1999 年 12 月～	0.4～14.4μm	36 个	250m/500m/1000m	1 次/1～2 天
Hyperion	EO-1	2000 年 11 月～	0.4～2.5μm	220 个	30m	1 次/16 天
ASTER	Terra	1999 年 12 月～	0.52～11.65μm	14 个	15m	1 次/16 天
ATSR/AATSR	ERS-1 ERS-2 ENVISAT	1991 年 6 月～2000 年 3 月 1995 年 4 月～2011 年 9 月 2002 年 3 月～2012 年 4 月	1.6μm/3.7μm/11μm/12μm	4 个	1km	35 天
MERSI	FY-3	2008 年 6 月～	0.47～2.13μm	20 个	250m/1000m	1 次/1～3 天
HIS	HJ	2008 年 9 月～	0.45～0.95μm	128 个	100m	4 天
多光谱	ZY-1 02C	2011 年 12 月～	0.5～0.8μm	3 个	10m	3～5 天
多光谱	ZY-3	2012 年 1 月～	0.45～0.89μm	4 个	6m	5 天
多光谱	GY-1	2013 年 4 月～	0.45～0.89μm	4 个	8m	4 天

表 7.2　主动微波传感器特性

传感器	卫星平台	起止年份	波段范围	极化方式	空间分辨率	重访周期
ASAR	ENVISAT	2002 年 3 月～2012 年 4 月	5.6cm	VV/HH	30m	35
SAR	RADARSAT-1、2	2007 年 12 月～	C	全极化	25m	24
PALSAR	ALOS	2006 年 1 月～2011 年 2 月	L(1270MHz)	全极化	7～44m	46
SAR	TERRASAR-X	2007 年 6 月～	X(9.65GHz)	单、双、全极化	1～16m	11
SAR	HJ-1 C	2008 年 9 月～	S 波段	VV	15～25m	31

表 7.3　被动微波传感器特性

传感器	SMMR	SSM/I	SSMIS	AMSR-E	MWRI
平台	NIMBUS-7	DMSP	DMSP	EOS-Aqua	FY3B
运行时间	1978 年 10 月～1987 年 8 月	1987 年 7 月～2009 年 4 月	2003 年 10 月～	2002 年 6 月～2011 年 10 月	2010 年 11 月～
频率(GHz)和 FOV(km×km)	6.6:148×95	19.35;69×43	19.35;69×43	10.65;29×51	10.65;51×85
	10.7;91×59	22;60×40	22;60×40	18.7;16×27	18.7;30×50
	18.7;55×41	37;37×28	37;37×28	23.8;18×32	23.8;27×45
	21;46×30	85;16×14	85;16×14	36.5;8.8×14.4	37;18×30
	37;27×18		37;37×28	89;4×4.5	89;9×15
极化	V & H	V & H	V & H	V & H	V & H
采样间隔/(km×km)	26×26	25×25	25×25	25×25	10×10
视角/(°)	50.2	53.1	53.1	55	45
数据采集频率	两天一次	每天			
带宽/km	780	1400	1700	1445	1400

2. 卫星遥感积雪产品

广泛应用的全球或北半球的积雪产品包括 IMS 积雪面积产品、MODIS 积雪系列产品(包括积雪面积和反照率)、NASA 和 ESA 被动微波雪水当量产品、GLASS 反照率产品等。中国范围内的积雪产品包括基于 MODIS 数据的青藏高原逐日无云积雪面积产品,中国区域逐日被动微波雪深产品,以及由中国气象局发布的我国卫星遥感数据反演的积雪产品等。

1) IMS 积雪面积产品

早在 1966 年,美国国家海洋和大气管理局(NOAA)就开始制作北半球雪冰分布图。1997 年,IMS(the interactive multisensor snow and ice mapping system)成为业务化制图系统。该数据由通过培训的气象员解译光学遥感图像,并手工积雪制图,早期数据的空间分辨率在 150~200km,时间分辨率为 1 周。从 1997 年开始,NOAA 开始提供北半球逐日的空间分辨率为 24km 冰雪面积图,随后空间分辨率提高到 4km。目前,NSIDC 发布逐日的 24km 和 4km 的冰雪制图数据(http://nsidc.org/data/g02156)。该数据的制作过程包含了很多人工经验的判别信息,因此制作过程无法复制。

2) MODIS 积雪面积产品

MODIS 积雪产品始于 1999 年,是目前最常用的积雪面积产品,包括积雪面积的二值产品和积雪面积比例产品。表 7.4 列出了 MODIS 系列积雪产品的相关信息。10 表示积雪产品的代号。L2(level 2)二级产品是包含了经纬度坐标,但没有地理投影的数据,数据以景为单位(swath)。L2G 是在 L2 的基础上进行了地图投影的数据。MOD10_L2 包括积雪面积和积雪面积比例数据,空间分辨率为 500m,没有经过重新采样。MOD10L2G 是在 L2 的基础上进行正弦地图投影后的产品,后续其他产品都在它的基础上生成。MOD10A1 是采样成 500m 空间分辨率的逐日积雪面积产品。MOD10A2 为 MOD10A1 的 8 天合成产品。MOD10C1 是逐日全球积雪面积产品,空间分辨率 0.05°。MOD10C2 是 MOD10C1 的 8 天合成产品。这些数据以 HDF 的格式存储,包含 4 个数据层:积雪二值图、积雪面积比例图、积雪反照率和精度图。产品的具体制作过程及格式和使用方法请参考(http://modis-snowice.ge.gsfc.nasa.gov/sugkc2.html)。

表 7.4　MODIS 积雪产品总结

数据类型	产品级别	每幅影像大小	空间分辨率	时间分辨率	投影
MOD10_L2	L2	1254km×2000km	500m	每日(景)	无投影(有经纬度参考)
MOD10L2G	L2G	1200km×1200km	500m	每日(多景重合)	正弦曲线
MOD10A1	L3	1200km×1200km	500m	每日	正弦曲线
MOD10A2	L3	1200km×1200km	500m	8 天	正弦曲线
MOD10C1	L3	360°×180°(全球)	0.05°×0.05°	每日	经纬度
MOD10C2	L3	360°×180°(全球)	0.05°×0.05°	8 天	经纬度
MOD10CM	L3	360°×180°(全球)	0.05°×0.05°	每月	经纬度

3）我国卫星积雪面积产品

我国的气象卫星起步较晚,但随着 FY 系列卫星和 HJ 小卫星的成功发射,国家气象卫星中心已经开始利用 NOAA-17 和 FY 数据,提供 2001 年以来我国全国范围的日、旬、月积雪覆盖产品。我国已经将这些数据用于与积雪有关的业务化监测,如雪灾。数据下载和相应文档参考 http://satellite. cma. gov. cn/portalsite/Data/DataView. aspx。

4）其他小区域积雪面积产品

由于可见光遥感受云层的影响,逐日产品中由云导致的无效数据很多,因此,很多针对 MODIS 产品去云研究的工作已开展,并生成了无云积雪产品。中国西部生态环境数据中心提供了青藏高原 2000～2011 年逐日无云积雪面积比例产品,以及青藏高原2002～2010 年逐日无云积雪产品。这些产品在区域范围内比全球和中国区域的产品精度要高。数据下载和文档参考 http://westdc. westgis. ac. cn。

5）雪深和雪水当量产品

目前,国际上有两种利用被动微波获取的雪水当量和雪深产品。第一个是 NASA 发展的全球 2002～2011 年,从 AMSR-E/Aqua 亮度温度数据提取的逐日和 5 天的雪水当量(SWE)产品,以及从 SSM/I 数据提取的逐周雪水当量产品。数据下载网址和相应文档参考 http://nsidc. org/data/AE_DySno。

第二个是 1979 年至今北半球 25km 逐日雪水当量产品(GlobSnow),其投影方式为等积方位投影,产品提取的方法为数据同化方法。数据下载网址和相应文档参考 http://www. globsnow. info/index. php? page=Data 或是 http://nsidc. org/data/NSIDC-0595

由于以上两种产品在中国区域出现高估,中国西部环境与生态科学数据中心(WESTDC)提供了 1979 年至今的中国地区逐日的雪深数据产品,包含 SMMR,SSM/I,AMSR-E 及 SSMI/S 产品。雪深提取的方法采用改进的 Chang 算法(Che et al. ,2008)。数据下载网址和相应文档参考 http://westdc. westgis. ac. cn/data/f957004d-0756-4796-b4c5-c02265be64e1。

此外,中国气象局利用 FY-3BMWRI 数据生产了 2011 年以来中国地区逐日雪深和雪水当量产品。数据下载网址和相应文档参考 http://satellite. cma. gov. cn/portalsite/Data/DataView. aspx。

6）其他积雪参数产品

到目前为止,雪粒径和雪密度的产品尚未见发布,也没有专门针对雪反照率和雪表面温度的产品,只是在陆表反照率和陆表温度产品中有部分积雪表面反照率和温度数据。反照率产品包括 MODIS 的反照率产品和北京师范大学发布的 GLASS(global land surface satellite)反照率产品。其中,MODIS 积雪反照率是 MODIS 积雪产品中的一层数据,其在 7.2.1 节中有介绍。北京师范大学发布了 1981～2010 年 8 天的反照率产品,1985～2000 年空间分辨率为 5km,2000 年以后为 1km。该产品 1981～1999 年用 AVHRR 数据生成,2000～2010 年用 MODIS 数据生成。数据下载和相应文档参考 http://glass-product. bnu. edu. cn。

7.3　数值模拟方法

积雪水文过程模拟是积雪水文研究中的一个重要方面,也是进行融雪水文预报和水资源管理重要的方法和手段。积雪过程作为一种特殊的水文现象,其复杂的物理过程是模拟积雪水文过程的重点和难点。本节将系统介绍积雪水文模拟中的关键过程,包括积雪积累与密实化过程、积雪的消融过程、消融的空间差异,以及融雪径流过程。

7.3.1　风吹雪与密实化过程模拟

1. 积雪积累

积累期,积雪的水量(物质)平衡可表达为

$$\Delta\text{SWE} = P_{\text{snow}} + P_{\text{rain}} - Q_{\text{sub}} - B \tag{7.22}$$

式中,ΔSWE 为积雪雪水当量变化量(mm);P_{snow} 为固态降水量(mm);P_{rain} 为液态降水量(mm);Q_{sub} 为雪面升华量(mm);B 为风吹雪的迁移量和升华量(mm)。积累期表面的升华量计算方法可参考冰川表面升华的计算方案,在此不再赘述。本节主要介绍风吹雪对积雪水量平衡的影响。

风吹雪作为积雪水文循环中一种特殊的质能输送过程,其升华和迁移在积雪质能平衡中占有相当的比例,因而产生的积雪再分布对冬季积雪积累及春季消融等有很大影响。已有的观测发现,苔原地带有 18% 的降雪由于高风速而重新分配到低洼地带,而在北美北极草原环境下,冬季风吹雪升华可占到降雪量的 10%～50%。纵观所有风吹雪模拟工作的重心,其主要集中在以下两个方面:一是因风吹雪而形成的积雪重新分布;二是风吹雪本身所形成的不同于雪面升华机理的吹雪升华。

1) 风吹雪的发生

风吹雪发生与否是由风速、气温、雪面状态及地形状况等要素综合决定的。当风吹雪对雪面颗粒的启动力大于雪颗粒之间的剪切力时,风吹雪现象就会发生。风的驱动力取决于积雪表面的粗糙度和风速,大的风速和粗糙的积雪表面会产生更大的驱动力。统计表明,风吹雪发生的平均临界风速和空气温度之间有很大的统计相关性。在特定的空气温度 T_{a}(℃)下,风吹雪发生的平均临界风速(μ_{T})可估算为

$$\mu_{\text{T}} = 9.43 + 0.18T_{\text{a}} + 0.033T_{\text{a}}^2 \tag{7.23}$$

式(7.23)给出了临界风速的平均值,准确判别单次风吹雪的发生需要非常细致的雪面状态数据。一般可以认为,风吹雪发生是一个概率过程,其发生概率分布类似于累积正态分布,其可简化表达如下:

$$P_{\text{s}} = \left\{ 1 + \exp\left[\frac{\sqrt{\pi}(\mu^* - \mu_{10})}{\delta} \right] \right\}^{-1} \tag{7.24}$$

式中,μ_{10} 为 10m 高度处风速。对于干雪和新雪则有

$$\mu^* = 11.2 + 0.365T_a + 0.00706T_a^2 + 0.91\ln A \tag{7.25}$$

$$\delta = 4.3 + 0.145T_a + 0.00196T_a^2 \tag{7.26}$$

式中，A 为雪龄。对于湿雪及再冻结的雪则有

$$\mu^* = 2.1\text{m/s} \quad \delta = 7\text{m/s} \tag{7.27}$$

2）风吹雪迁移和升华

风吹雪运动的基本过程按雪颗粒离开地面的程度分为蠕移、跃移及悬移运动（图7.14）。由于不同运动类型对雪颗粒迁移的贡献大小不同，蠕移并不是主要的传输方式，在研究时可以忽略不计，一般仅模拟跃移及悬移运动。跃移层雪颗粒尺寸和质量相对较大，颗粒之间的相互撞击和风的作用力是其运动的主因，湍流对其的影响较小；相比之下，悬移层雪颗粒尺寸和质量相对较小，湍流运动成为其运动的主因。风吹雪运动的 CFD（computational fluid dynamics）数值模拟一般采用欧拉-欧拉方法，利用两相流理论，在考察风致积雪运动的力学机理的基础上，通过在空气相的流体力学纳维-斯托克斯（N-S）微分方程中增加雪相控制方程进行求解计算。此外，由于风吹雪粒子在空气中快速运动，一般用于计算雪面升华所采用的方法并不适用于风吹雪升华的计算。Pomeroy 等（1997）提出了一个有效处理风吹雪的模型 PBSM，以后许多涉及风吹雪升华的模型基本都是来源于 PBSM 的算法。一般将风吹雪分作悬浮层和跃动层两层。风吹雪质量改变表示为

$$B = B_{\text{salt}} + B_{\text{susp}} + B_{\text{s}} \tag{7.28}$$

式中，B_{salt} 为跃动层迁移量；B_{susp} 为悬浮层迁移量；B_{s} 为风吹雪升华量。

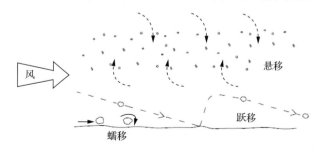

图 7.14　风吹雪运动的 3 种形式示意图

计算积雪迁移量的物理公式非常复杂，PBSM 模型根据观测数据，拟合了一个统计学公式来计算迁移量：

$$B_{\text{salt}} + B_{\text{susp}} = \left[(1710 + 1.36T_a)\times 10^{-9}\right]\mu_{10}^4 \tag{7.29}$$

风吹雪升华（B_{s}）通过地面以上不同高度的吹雪密度进行计算，可简化表示为

$$B_{\text{s}} = \frac{b\sigma_2}{F(T_a)}\mu_{10}^5 \tag{7.30}$$

式中，b 为经验常数；σ_2 为 2m 高度处水汽压不饱和度；$F(T_a)$ 为空气温度、水汽发散度等的函数。$F(T_a)$ 的公式如下：

$$F(T_a) = \frac{L_s}{\lambda_a(T_a + 273)}\left[\frac{L_s M}{R(T_a + 273)} - 1\right] + \frac{1}{D\rho_a} \tag{7.31}$$

式中，L_s 为雪的升华潜热；M 为水的分子量；R 为通用气体常数；λ_a 为空气的热传导率；D 为空气中水汽的扩散系数；ρ_a 为水汽饱和密度。

2. 密实化

由于积雪的变质、压实等作用，积雪密度会随时间和深度发生明显变化，这些统称为积雪的密实化过程。积雪密实化过程的模拟方法有很多，较为流行的包括 SNTHERM89 和 BASE 模型中的积雪密度模拟方案，在本节着重予以介绍。

1) SNTHERM89 雪密实化方案

该方案将积雪的密实化分为两个过程：破坏性压缩和重力压实过程。新雪的密度一般小于 150kg/m^3，破坏性压缩过程对于新雪的密实化过程很重要，Anderson(1976)对这一阶段的压实速率提出以下经验公式：

$$\left|\frac{1}{\Delta z}\frac{\partial \Delta z}{\partial t}\right|_{\text{metamorphism}} = -2.778 \times 10^{-6} \times C_3 \times C_4 \times e^{-0.04(273.15 - T_s)} \tag{7.32}$$

$$
\begin{array}{ll}
C_3 = C_4 = 1 & \text{if}\gamma_{\text{ice}} \leqslant 150 \text{ 和 } \gamma_{\text{liq}} = 0 \\
C_3 = \exp[-0.046(\rho_{\text{ice}} - 150)] & \text{if}\gamma_{\text{ice}} > 150 \\
C_4 = 2 & \text{if}\gamma_{\text{liq}} > 0
\end{array} \tag{7.33}
$$

式中，T_s 为积雪的温度(K)；γ_{ice} 为积雪层中固体冰的体积密度(kg/m^3)；γ_{liq} 为积雪层中液态水的体积密度(kg/m^3)。

积雪经历最初破坏沉降阶段，其后的密实化过程主要取决于积雪层上部的积雪重力压实。在此阶段，积雪密度的变化速率相对较慢，压实速率与积雪重力压力 $P_s(\text{N/m}^2)$ 呈线性关系：

$$\left|\frac{1}{\Delta z}\frac{\partial \Delta z}{\partial t}\right|_{\text{overburden}} = -\frac{P_s}{\eta} \tag{7.34}$$

式中，η 为黏性系数($\text{N} \cdot \text{s/m}^2$)，其随雪温和密度的增加呈指数方式增大，可表示为

$$\eta = \eta_0 \exp[C_5(273.15 - T_s)]\exp(C_6 \rho_{s0}) \tag{7.35}$$

式中，η_0 为雪温度为 273.15K，积雪密度为 0kg/m^3 时的黏性系数($\text{N} \cdot \text{s/m}^2$)，一般取 $3.6 \times 10^6 \text{N} \cdot \text{s/m}^2$；$\rho_{s0}$ 为压实前积雪(包含雪层中的液态水)的密度(kg/m^3)；C_5、C_6 为经验系数，一般分别取 0.08K^{-1} 和 0.021kg/m^3。

积雪的融化过程也会同时改变积雪的密度，其压缩作用可表达为

$$\left|\frac{1}{\Delta z}\frac{\partial \Delta z}{\partial t}\right|_{\text{melt}} = \begin{cases} -\dfrac{\text{meltrate}}{\gamma_{\text{ice}}\Delta z} & \gamma_{\text{ice}} < 250 \\ 0 & \gamma_{\text{ice}} \geqslant 250 \end{cases} \tag{7.36}$$

式中，meltrate 为积雪消融速率(m/s)。

综上所述,积雪的总压实率(CR)可表示为

$$\mathrm{CR} = -\left| \frac{1}{\Delta z} \frac{\partial \Delta z}{\partial t} \right|_{\mathrm{metamorphism}} - \left| \frac{1}{\Delta z} \frac{\partial \Delta z}{\partial t} \right|_{\mathrm{overburden}} - \left| \frac{1}{\Delta z} \frac{\partial \Delta z}{\partial t} \right|_{\mathrm{melt}} \tag{7.37}$$

而经过压实化的积雪密度 ρ_s 为

$$\rho_s = \rho_{s0}(1 + \mathrm{CR} \times \Delta t) \tag{7.38}$$

式中,Δt 为模拟的时间步长(s)。

2)BASE-雪密实化方案

该方案简单假设积雪密度的改变主要是由重力压实和新的降雪造成的。在 BASE 模型中,这些过程采用高度简化的算法进行表达。

由重力的压实而引起的密度变化表述为

$$\begin{aligned}
\frac{\partial \rho}{\partial t} &= \rho_{s0} \sigma_v / \eta \\
&= \frac{1}{2} \rho_{s0} g \frac{N}{\eta} \\
&= \frac{1}{2} \rho_{s0} gN / [10^{-7} \exp(-0.02\rho_{s0} + \mathrm{ks}/T_s - 14.643)]
\end{aligned} \tag{7.39}$$

式中,ρ_{s0} 为压实前积雪的密度(kg/m³);N 为积雪的雪水当量(kg/m²);T_s 为积雪的平均温度(K);g 为重力加速度(9.8m/s²);η 为积雪压实黏性系数(MPa·s);ks 用来描述 η 与气温之间的依赖关系;表面 ks 值的范围为 2600~4600,在 BASE 模型标准版本中,对 ks 取值为 4000(Cogley et al.,1990)。

上述计算方案没有考虑新降雪会减小积雪的平均体积密度,在该模型中,当新降雪时间发生时,积雪的密度为经历重力压实的积雪和新雪的密度权重求和。其计算公式如下:

$$\frac{\partial \rho_{s0}}{\partial t} = \frac{\partial \rho}{\partial t} + \frac{P_s(\rho_{s,\mathrm{new}} - \rho_{s0})}{N} \tag{7.40}$$

式中,P_s 为计算时段的降雪量(m);$\rho_{s,\mathrm{new}}$ 为新雪的密度(100kg/m³)。

7.3.2　积雪消融模拟

积雪消融的模拟和估算经历了从简单的单一气温指标模型到能量平衡模型的发展,目前融雪模型大体上可以分为两大类:统计模型(度日因子模型)和物理学模型(能量平衡模型)。

1. 统计模型(度日因子)

积雪消融实质上是能量的交换与转化,而气温是反映辐射平衡状况的一个综合指标。很多研究均表明,积雪的消融与气温之间存在良好的相关关系。度日因子消融模型是基于冰雪消融与气温,尤其是正积温之间的线性关系而建立的。综合众多研究,度日因子模型的形式一般为

$$M = \mathrm{DDF} \times (T_{\mathrm{air}} - \mathrm{TT}) \tag{7.41}$$

式中，M 为某一时段积雪的消融水当量（mm w. e.）；DDF 为度日因子[mm/(℃・d)]；T_{air} 为气温(℃)；TT 为融雪的临界温度，一般取 0℃，具体工作中可根据研究区的实际情况进行调整。

在早期的研究中，为了简化问题，度日因子一般设为固定值，但随着模型的发展，可变度日因子的方案也逐渐得以应用。例如，积雪反照率的变化在很大程度上影响了度日因子的取值；森林植被的覆盖作用也会改变积雪表面的能量交换过程，从而影响积雪的消融。所以，一些研究者建议要考虑积雪表面的污染程度来取不同的度日因子值，对于森林区和非森林区的度日因子也应取不同的数值。

为提高模型模拟的精度，一些复杂的度日因子消融模型也考虑了辐射、风速等要素。相关研究也表明，融合其他要素的度日因子模型在模拟效果上显著提高。融入辐射变量后的度日模型的表现形式一般为

$$M = \mathrm{DDF} \times (T_{\mathrm{air}} - \mathrm{TT}) + \alpha R \tag{7.42}$$

式中，α 为辐射调整系数；R 为太阳短波辐射或者净辐射。

度日因子消融模型计算比较简单，气温为模型的主要变量，相对于其他观测要素，气温更易获得且模型的分布式计算很容易实现。基于这些特点，度日因子消融模型已被广泛应用于冰雪消融计算及冰雪融水径流模拟等研究中。

2. 能量平衡模型

1956 年，美国陆军工程兵团首次提出基于积雪和环境的能量交换计算积雪消融的方法，随后经过不断完善，形成了基于物理过程的点尺度能量平衡融雪模型，可通过气象及能量观测数据估算雪面的能量交换，从而计算融雪量。能量平衡主要包括以下几个部分(图 7.15)：①积雪储热变化；②净短波辐射和长波辐射；③地下的热传输；④大气和积雪之间的热传递；⑤蒸发/升华潜热；⑥降雨所传送的热量。

早期的能量平衡融雪模型主要考虑积雪表面的能量交换，即将地表积雪作为单独的层进行处理。具体的计算方法与冰川能量平衡模型基本一致。由于太阳辐射在积雪中的穿透性、雪层的温度梯度，以及融雪水或雨水在积雪内部的入渗和冻融等原因，国外很多研究者建议在建立能量平衡模型时，把积雪考虑成一个体而不是一个面。Marks 等(1998)考虑到雪表面温度和雪内的温度差异，提出了双层的能量平衡模型(SNOBAL)，通过雪层的温度梯度计算一个临界冻结深度，从而将积雪分为融化层和非融化层。目前，大多融雪模型中均采用双层或多层能量平衡融雪模型，其基本原理和方法来自于SNOBAL 模型。本节主要介绍双层模型的基本原理。

双层积雪模型是指将积雪层分为两部分：较薄的积雪表层(融化层)和积雪下层(非融化层)，并假定大气、冠层和积雪的能量交换仅发生在积雪表层，通常取积雪表层的厚度为 10cm。积雪表层的能量平衡采用在时间步长 Δt 上的向前有限差分方法进行计算：

$$\Delta Q_{\mathrm{i}} = \frac{\Delta t}{\rho_{\mathrm{w}} c_{\mathrm{s}}} (Q_{\mathrm{N}} + H + \mathrm{LE} + Q_{\mathrm{P}} + Q_{\mathrm{m}}) \tag{7.43}$$

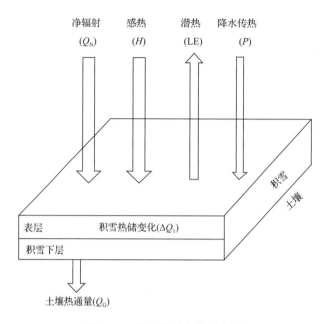

图 7.15　积雪能量交换示意图

$$\Delta Q_{\mathrm{i}} = W^{t+\Delta t} T_{\mathrm{s}}^{t+\Delta t} - W^t T_{\mathrm{s}}^t \tag{7.44}$$

式中，c_{s} 为冰的比热；ρ_{w} 为水的密度；W 为雪水当量(m)；T_{s} 为积雪表面温度；Q_{N} 为净辐射；H 为感热通量；LE 为潜热通量；Q_{P} 为降雨和降雪提供给积雪层的能量；Q_{m} 为液态水冻结时向积雪层释放的能量或融化时从积雪层吸收的能量；积雪表层吸收的能量记为正，否则为负，各能量分量的单位均为 w/m²。对于积雪表面各能量分项的求取算法详见节 4.41，在此不再赘述。

在计算时段内，积雪相变所用的能量来源于积雪表层发生的净能量交换：

$$Q_{\mathrm{net}} = (Q_{\mathrm{N}} + H + \mathrm{LE} + Q_{\mathrm{P}})\Delta t \tag{7.45}$$

如果 Q_{net} 为负值，那么积雪层能量损失，液态水发生冻结；如果 Q_{net} 为负值且绝对值足够大，那么所有的液态水都会冻结，雪层温度将会降低。如果 Q_{net} 为正值，首先一部分能量将用于积雪升温，达到 0℃，然后多余的能量将会使积雪融化。

$$\begin{cases} Q_{\mathrm{m}}\Delta t = \min(-Q_{\mathrm{net}}, \rho_{\mathrm{w}}\lambda_{\mathrm{f}} W_{\mathrm{liq}})\Delta t, & Q_{\mathrm{net}} < 0.0 \\ Q_{\mathrm{m}}\Delta t = (-Q_{\mathrm{net}} + C_{\mathrm{s}} W_{\mathrm{ice}} T_{\mathrm{s}}^t)\Delta t, & Q_{\mathrm{net}} \geqslant 0.0 \end{cases} \tag{7.46}$$

式中，W_{liq} 为雪中液态水含量；W_{ice} 为雪层中冰的水当量。

表层水量的质量守恒式如下：

$$\Delta W_{\mathrm{liq}} = P_{\mathrm{L}} + \left[\frac{\mathrm{LE}}{\rho_{\mathrm{w}}\lambda_{\mathrm{v}}} - \frac{Q_{\mathrm{m}}}{\rho_{\mathrm{w}}\lambda_{\mathrm{f}}} \right]\Delta t \tag{7.47}$$

$$\Delta W_{\mathrm{ice}} = P_{\mathrm{I}} + \left[\frac{\mathrm{LE}}{\rho_{\mathrm{w}}\lambda_{\mathrm{s}}} - \frac{Q_{\mathrm{m}}}{\rho_{\mathrm{w}}\lambda_{\mathrm{f}}} \right]\Delta t \tag{7.48}$$

式中，λ_s，λ_v，λ_f 分别为升华潜热、汽化潜热和熔解热。如果存在液态水（$W_{liq} > 0$），那么 Q_e 为液态水蒸发潜热，否则为固态并升华潜热。

积雪表层与积雪下层的能量和质量交换只有当有固态冰的交换或融雪水从上层进入下层时才发生。通过传导和扩散方式，在上下雪层之间或者地表与土壤之间进行的能量交换可以忽略不计。如果积雪中的含冰量超过上层的最大厚度（SWE 中一般取为 10cm），那么超出部分连同其要吸收的热量一起分配给积雪下层。如果 W_{liq} 超过积雪表层的最大蓄水（液态水）能力，那么多余部分也会流进积雪下层。如果下层温度低于 0℃，来自积雪表层的液态水会再冻结，同时释放能量给积雪下层。任何超过积雪下层最大持水能力的液态水都会进入土壤层或直接产流。

3. 模型比较

度日因子模型简单易行，所需要的输入数据简单易获得，所以现在很多流行的融雪径流模型中的融雪模块常采用度日融雪模型。但由于度日因子存在明显的时空差异，外延拓展能力差，应用于预估研究中可能存在很大的不确定性。能量平衡模型相比度日因子模型来说，其在体现融雪过程的物理学意义及研究复杂情况的融雪量计算方面具有很大优势，但能量平衡模型需要大量的数据支持，其中能量数据获得难度较大，多用于小尺度有大量观测数据的区域/流域，而在大尺度融雪和径流模拟计算中应用有较大难度。然而，随着观测手段和 3S 技术的发展，能量平衡模型也将是今后积雪水文模拟的一个重要的研究方向（表 7.5）。

表 7.5　积雪消融计算方案对比

模型分类	基本输入数据	优点	缺点
度日因子	气温、降水	结构简单，输入数据易获得，便于实际操作，所以被广泛应用	度日因子的时空差异性大，不易推广，且其外延预报结果缺乏可信度
能量平衡	气温、降水、能量分项等	具有物理机制，外延预报效果好，便于分析积雪对气候变化响应的机理	结构很复杂，输入数据多，受数据的影响，在实际应用中存在一定困难

7.3.3　积雪消融影响因素参数化

在进行区域/流域尺度的积雪模拟时，通常将研究区划分成若干网格。考虑到气象要素和下垫面的空间异质性，分别计算每个网格积雪的积累和消融，充分考虑气象要素和下垫面要素空间差异对积雪积累和消融的影响。在积雪的积累和消融过程中，主要影响因素是地形和植被分布。本节主要讨论在进行积雪空间模拟时，如何考虑地形和植被对积雪消融的影响。

1. 地形的影响

地形包括高程、坡度和坡向等，这些要素会影响积雪表面的能量交换，从而影响积雪的消融。中纬度流域降雪集中于地形复杂的山区，为了准确模拟融雪过程，必须考虑地形的影响。坡度、坡向及山坡的阴影会改变太阳的直接、散射辐射，以及大气长波辐射，降水量、降水类型、风速、气温及湿度等气象要素也会受高程和坡度的影响。

1）坡面短波辐射

计算坡面短波辐射的复杂性主要来自4个方面：①太阳直接辐射与太阳入射光线和地表法线的夹角有关；②山体阴影对太阳直接辐射的遮蔽；③天空散射辐射随地表的天空视角变化；④斜面对邻近地形反射附加辐射的影响。

坡面接收到的太阳短波辐射通量 $K_s\downarrow$ 可以采用式（7.49）计算：

$$K_s\downarrow = K_{dir} + K_{dif} + K_a \tag{7.49}$$

式中，K_{dir} 为地表太阳直接短波辐射；K_{dif} 为天空散射辐射；K_a 为临近地形反射附加的辐射。对于被周围地形遮蔽的格网，太阳直接辐射为0。直接短波辐射计算公式为

$$K_{dir} = \begin{cases} K_b\cos I & I < 90 \\ 0 & I > 90 \end{cases} \tag{7.50}$$

式中，K_b 为垂直于太阳光线方向上的太阳直接辐射；I 为坡面实际的太阳入射角，即太阳入射光线与坡面法线的夹角，按式（7.50）计算：

$$I = \arccos(\vec{S}\cdot\vec{N}) = \arccos[\cos Z_s\cos S + \sin Z_s\sin S\cos(A_s - A)] \tag{7.51}$$

式中，$\vec{S}$ 为太阳光线矢量；$\vec{N}$ 为地表法线矢量；Z_s 为太阳天顶角；A_s 为太阳方位角；A 为坡向；S 为坡度。

坡面上的天空散射辐射 K_{dif} 一般通过对平坦地形下的天空散射辐射 E_{dif} 进行计算，并利用天空视角因子 Φ_{sky} 进行订正获得：

$$K_{dif} = E_{dif}\times\Phi_{sky} \tag{7.52}$$

其中，天空视角因子可以简化计算：

$$\Phi_{sky} = \cos^2 S/2 \tag{7.53}$$

式中，S 为坡度。

对于周边地形坡面以反射作用而产生的附加辐射，只考虑地形坡度、天空视角因子及周边地形的平均反射作用：

$$K_a = C_t\times\alpha_{mean}\times(K_{dir} + K_{dif}) \tag{7.54}$$

式中，C_t 为地形系数，反映了地形特点对地面辐射的影响。C_t 可简化计算：

$$C_t = 1 - \Phi_{sky} \tag{7.55}$$

式中，Φ_{sky} 为天空视角因子；α_{mean} 为邻近地形的平均地表反射率。

2）坡面长波辐射

坡面接收到的长波辐射包括大气长波辐射及周围地形的长波辐射，同时假设大气长波和周边地形的长波辐射各向同性。对于坡面长波辐射的计算仍然采用天空视角因子进行修正。坡面地表向上的长波辐射的计算与水平地面的计算方法一致。如果忽略反射的长波辐射，那么坡面净长波辐射可表达为

$$Q_{nl} = L_s \downarrow - \varepsilon_s \sigma T_s^4 \tag{7.56}$$

$$L_s \downarrow = L \downarrow (\cos^2 S/2) + (1 - \cos^2 S/2)\varepsilon_t \sigma T_t^4 \tag{7.57}$$

式中，$L_s \downarrow$ 为坡面接收到的长波辐射；$L \downarrow$ 为水平面所接收的大气长波辐射；ε_s 为积雪的比辐射率；σ 为 Stefan-Boltzmann 常数 $[5.67 \times 10^{-8} \text{W}/(\text{m}^2 \cdot \text{K}^4)]$；$T_s$ 为雪面温度(K)；ε_t 为周围地形的比辐射率；T_t 为周围地形的表面温度；S 为地面坡度。

3) 其他要素

在进行高山区积雪空间模拟时，首先要考虑地形对气温、风速和湿度等气象要素的影响。在小的流域尺度上，常假设湿度的空间差异较小；受地形的影响，风速空间差异较大且很难估算其空间分布；对于气温和降水主要考虑高程的影响，常采用梯度的方法，将站点观测的气温和降水推算到各个格网：

$$T = T_{st} + \gamma_T (h_{st} - h)/100 \tag{7.58}$$

$$P = P_{st}[1 + \gamma_P (h_{st} - h)/100] \tag{7.59}$$

式中，γ_T 和 γ_P 分别为气温梯度 $[\text{℃}/100\text{m}]$ 和降水梯度 $[\%/100\text{m}]$；h_{st} 为气温观测站点的高程(m)；h 为网格的高程(m)；T 和 P 分别为格网的降水和温度。

风速受地形及下垫面等因素的空间差异影响较大，因此在进行风速空间分布插值时，还需要进行风向的持续观测。为简化起见，多数模型单纯采用简单的插值方式，未考虑地形的影响，仅少量研究采用风吹雪运移模型或剪切流模型模拟风速的空间差异性。

2. 森林的影响

森林覆盖对积雪表面的能量交换有显著影响，尤其是辐射和湍流交换(图 7.16)。目前，林地内积雪场的辐射、风速、气温和湿度等气象数据的观测非常较少，因此在森林内积雪的实际模拟过程中，需要对在非林地的气象观测数据进行必要的调整和修正。森林对积雪表面能量平衡的影响程度也会随树木的种类、树龄、密度及林下植被状况等的不同而发生改变。

1) 林地内的短波辐射

太阳短波辐射经过叶片、树木躯干及地表之间复杂的多重反射、透射和吸收，最终到达林冠下的积雪表面。短波辐射的传输路径会随太阳天顶角的变化而改变，传输路径变长会增加植被对短波辐射的削弱作用。林区上空的天空散射辐射与林下积雪表面的散射辐射比例相对较为稳定。总体而言，林内积雪表面接收到的短波辐射受大气云盖状况、天顶角类等其他要素影响。

森林植被的种类和分布差异也会对传入的短波辐射产生明显影响。对于林株密度高的针叶林，短波辐射的穿透率很小，而对于冬季的落叶林，太阳短波辐射的穿透率可以高达 50% 以上。林下积雪反射的短波辐射部分又会被森林再次反射回雪面，冠层截留的积雪可能会加强积雪和森林之间的多次反射，而这一过程也可能加强雪表面的短波辐射。

目前，森林短波辐射传输模型有很多，包括结构简单的比例模型和大气-森林-地表相互作用的模型。在相对密闭的森林中，短波辐射传输与森林郁闭度、叶面积或树干面积指

图 7.16　森林内积雪（张伟于 2014 年 3 月摄于额尔齐斯）

数等之间存在相关关系。在冬季落叶林，叶面积指数是指植物面积指数或树枝、树干和残余树叶的面积总和指数。穿透林冠到达积雪表面的短波辐射比例（$K{\downarrow}_f/K{\downarrow}$）能被简单地表达为

$$K{\downarrow}_f/K{\downarrow} = \exp(-\kappa \times \text{LAI}) \tag{7.60}$$

式中，κ 为森林对短波辐射的消光系数；$K{\downarrow}_f$ 为林冠以上的太阳短波辐射；$K{\downarrow}$ 为林下积雪表面的太阳辐射。消光系数在可见光波段和近红外波段有所差异，并且会受太阳高度角、散射辐射和直接辐射的比值、林冠高度等影响，需要根据实际观测进行确定。

大气-森林-地表相互作用模型以林地内的辐射平衡为基础，通过简化的参数化方案，计算林地积雪的辐射通量。例如，简化的林地辐射传输模型（Link and Marks，1999），该模型对直接短波辐射的削弱过程采用 Beer 定理方法，对散射辐射的削弱率采用一个固定值。那么穿透林冠到达积雪表面的短波辐射可表达为

$$K{\downarrow}_f = \tau_d \times D + I_b \times \cos Z \times \exp(-\mu \times \text{ht} \times \sec Z) \tag{7.61}$$

式中，$K{\downarrow}_f$ 为林地内积雪表面接收到的短波辐射（W/m^2）；τ_d 为散射辐射的削弱系数；D、I_b 分别为林冠以上的散射辐射和直接辐射（W/m^2）；Z 为太阳天顶角（或坡面的太阳入射角）；μ 为直接短波辐射的消光系数（1/m）；ht 为森林树木平均高度（m）。

直接辐射和散射辐射的消光系数可根据实际观测获得，表 7.6 列出了部分林地类型的消光系数。τ_d 与 μ 相关联，在理论上，由于散射短波传输是半球短波传输，所以 τ_d 可以看作是直接短波辐射在天顶角 $0°\sim90°$ 的消光系数的平均值。

表 7.6　典型森林的短波辐射传输系数

森林类型	直接短波辐射(μ,单位 m^{-1})	散射短波辐射(τ_d)
阔叶林	0.025	0.44
针阔混交林	0.033	0.30
中密度针叶林	0.040	0.20
高密度针叶林	0.074	0.16
落叶混交林	0.019~0.027	—

资料来源：de Walle and Rango,2008。

2）林地内的长波辐射

林下积雪表面接收到的长波辐射主要由两部分组成：①通过树木冠层空隙传输的大气长波辐射；②森林冠层向下的长波辐射。由于林冠接收到的长波辐射几乎被吸收，很少被透过，因此相对于林冠下短波辐射计算，长波辐射计算相对简单。如果上面冠层相对于积雪表面的可视因子为 $F_\mathrm{s}-f$，则大气对于积雪表面的可视因子为 $1-F_\mathrm{s}-f$。根据这一思路，林冠下的净长波辐射可表达为

$$Q_\mathrm{nlf} = L\downarrow(1-F_\mathrm{s}-f) + \sigma\varepsilon_\mathrm{f}T_\mathrm{C}^4(F_\mathrm{s}-f) - \sigma\varepsilon_\mathrm{s}T_\mathrm{s}^4 \tag{7.62}$$

式中，Q_nlf 为林冠下的净长波辐射通量($\mathrm{W/m^2}$)；$L\downarrow$ 为开阔地接收到的大气长波辐射($\mathrm{W/m^2}$)；σ 为 Stefan-Boltzmann 常数$[5.67\times10^{-8}\mathrm{W/(m^2\cdot K^4)}]$；$T_\mathrm{C}$ 为林冠温度(K)；ε_f 为林冠的比辐射率(0.97~0.99)；ε_s 为积雪的比辐射率；T_s 为积雪的表面温度(K)。

林冠的辐射温度很少被观测，这也是计算林冠下净长波辐射的困难之一。早期的一些研究中假设冠层的温度与气温相同，但实际上白天冠层和树干由于阳光照射，其温度会高于气温，从而增加林冠的长波辐射。冠层相对于地面的可视因子不易直接获得，所以该可视因子可采用冠层的郁闭度、冠层和树干在水平地表的投影或者散射辐射的透过率进行表达。

3）森林对风速和湍流的影响

森林内积雪和大气之间的感热和潜热交换研究相对较少。由于林地积雪表面风速很小，如果采用整体输送公式计算感热和潜热，计算值可能存在显著误差。而开阔积雪区的湍流计算方案并不完全适合林区，因为林地地表的风速通常受水平压力梯度控制，林内湍流更受周围树干和林下植被气流影响，而不是积雪表面的气流。林地地表的整体输送系数需要根据实际对流观测进行重新调整，一般是开阔地积雪表面同等粗糙长度时的数倍到数十倍(Tanaka, 1997)。

此外，根据开阔区域观测的风速，也没有有效的方法估算林内积雪表面的风速，因为林内风速和开阔地的风速比值会随气候状况、地形、森林特点的不同而有明显差异，即使针对同一类型的林地，目前也没有统一的结果。一个可行的方法是采用植物面积指数或叶面积指数(PAI 或 LAI)估算林地的风速(Rauner,1976)：

$$u_z/u_\mathrm{h} = \exp(-n\mathrm{PAI}) \tag{7.63}$$

式中，u_z 为林地近地表的风速(m/s)；u_h 为林冠上的风速(m/s)；PAI 为植物面积指数

（或叶面积指数）；n 为风速衰弱系数。

4）森林对其他要素的影响

积雪表面的气温和湿度会受森林覆盖的影响。相对于开阔地，一般来说，由于森林的遮蔽，日最高气温会减小，而增强的长波辐射会使日最低气温增加。树木同时会减小林地气温的日内波动幅度和日平均气温，针叶林对气温的影响程度要大于落叶林。

相比于开阔地，林地内的水汽压要稍高些，主要是由于林地内积雪表面对流和蒸发/升华相对要小，以及融雪后期冠层的蒸腾作用。由于林内和林外的气温差异，会使得两者间的相对湿度有较大差异，但是在融雪期，林内外水汽压相差较小。

积雪表面的大气稳定度也会受森林的影响。林内较小的风速，以及积雪表面和大气间气温的差异变化可能会影响 Richardson 系数（Ri_B）和对流稳定性校正。由于风速的减小可能决定林内气温的一些变化，所以 Ri_B 可能增加。

7.3.4　融雪径流模型

融雪径流的模拟是积雪水文过程中一个重要的组成部分，也是水资源合理规划和防灾减灾等的一个重要手段。目前，融雪径流模拟大体可分为两种：统计方法，即基于融雪径流量与气象要素之间的统计关系；水文模型方法，即通过在水文模型中加入融雪模块（度-日或能力平衡），从而模拟融雪径流过程。

所有模型也都有时间和空间尺度特征，统计模型可用于预测整个径流期的径流总量，而水文模型考虑水文过程，运行的时间尺度可短到 1 个小时，可给出连续的水文过程。由于数据限制和融雪径流过程特征，春季融雪径流的预测和模拟常采用日尺度。空间尺度将流域作为整体，将流域分割成多个格网或节点。

1. 数理统计模型

统计模型只研究输入和输出间的关系，几乎不考虑输入变成输出的中间过程。统计融雪径流模型一般根据春季观测的融雪径流总量与积累期最大积雪或雪深等观测值之间的统计关系而建立。其中，一个经典的统计融雪径流模型是根据积累期最大的雪水当量（SWE）与融雪期融雪径流总量的关系而建立的。这个模型早期主要用于美国西部的一些流域，用于估算春季河流能提供的工农业用水量，其形式一般如下：

$$R = a + b\text{SWE} \tag{7.64}$$

式中，R 为总的融雪径流量（m^3）；a 和 b 为经验系数；SWE 为积累期最大的雪水当量（m w. e.）。雪水当量数据来自积雪人工勘测或站点雪枕（snotel）自动观测。

统计模型的经验参数随着流域的不同及时间的变化而发生改变，这也使得在某个流域建立的统计模型无法直接应用到其他流域，且也只能预测融雪期或某段时间的径流总量，无法实现预测更高频次的径流数据。

2. 融雪水文模型

目前流行的水文模型大多可以模拟和预测持续融雪流过程，表 7.7 对比了 6 个在全球范围内被广泛应用的包含积雪水文的水文模型,并给出了一些模型特点的描述。简单的融雪-径流模型(SRM)仅仅需要几个参数和简单数据,而复杂的完全分布的 SHE 模型考虑全面的物理过程,但也需要众多的参数输入。这些包含积雪水文过程的径流模型常包含了对地表、土壤、地下水和汇流明确的或概念性的表述。这些模型径流模拟的时间步长最短可达到 1 分钟,最长为 1 天。本节主要介绍目前比较认可的 6 种模型。

表 7.7　融雪径流模型的比较

名称	最小输入数据	消融方案	集总或分布	考虑的融雪过程	时间步长
NWSRFS	T_a,P,u	DDF	集总式(积雪消融曲线)	冷储、雪温、雪面降雨、液态水汇流	6 小时
SRM	T_a,P	DDF	半分布式	定义积雪开始融化的时间,季节调整	天
PRMS	$T_a,P,$太阳辐射或云盖	DDF 或 EB	分布式(水文响应单元)	冷储、雪温、雪面降雨	1min/d
HBV-ETH	$T_a,P,$月潜在蒸发量	DDF	半分布式(高程带)	根据地形和森林调整参数	天
SSARR	$T_a,P,$蒸发	DDF	集总式或半分布式(高程带)	冷储、雪温、雪面降雨、冠层截留	0.1 小时
SHE	T_a,P	DDF 或 EB	分布式(格网)	冷储、雪面降雨、冠层截留、森林影响	0.1 小时

注:T_a 为气温;P 为降水;u 为风速。

(1) NWSRFS 模型:NWSRFS (national weather service river forecast system)模型本质上是采用度日因子的方法来计算积雪的积累和消融,需要一些简单的数据输入,当积雪表面有降雨发生时,模型采用一个简单的能量平衡的方法来进行融雪估算,这也就需要额外风速的输入。这个模型采用积雪消退曲线来考虑积雪面积变化,尽管该模型仅需要一些简单的数据输入,但该模型还是比较详细地考虑到积雪表面温度、冷储及液态水的汇流过程等。

(2) SRM 模型:SRM(snowmelt runoff model)模型是于 1975 年瑞士科学家 Martinec 建立的第一个半物理机制的融雪径流模型,是国际气象组织推荐的融雪径流模型,被广泛应用于模拟逐日流量,预报季节性径流,分析气候变化对积雪、融雪径流的潜在影响。该模型中融雪量的计算基于度日算法,采用径流系数、消退系数等水文学概念进行汇流计算,结构简单,主要依赖于气温、降水等观测资料,以及遥感图像所提取的积雪覆盖率及GIS 系统采集的区域面积-高程曲线。

(3) PRMS 模型:PRMS(precipitation runoff modelling system)是于 1983 建立的一个具有物理基础的分布式水文模型,该模型在流域的每个水文响应单元(HRU)采用分布式能量平衡积雪模型,全面考虑坡度、坡向、高程及森林覆盖的影响。该模型最小的数据输入为气温和降水,当有融雪发生时还需要日太阳辐射的输入。在每个水文响应单元使用积雪消退曲线来表述积雪面积变化,最近更新的模型还支持积雪面积监测数据的输入。PRMS 模型在美国被广泛应用。

(4) HBV 模型:HBV 模型最早于 1995 年由瑞士气象水文研究所开发出来,是一个半分布式的水文模型,将流域划分成多个高程带,将站点的气温和降水数据插值到各高程带,然后进行计算,采用线性水库模型进行汇流,初始的 HBV 模型采用简单的度日因子进行融雪计算,后面随着模型的发展,一些研究者在简单的度日因子模型中引入了坡向的修正方案。

(5) SSARR 模型:SSARR(streamflow synthesis and reservoir regulation)模型是一种概念性的河流系统水文预报数学模型,由美国陆军工程兵团河流预报中心于 20 世纪 70 年代中期研制。该模型采用度日积雪消融方案,为了研究高程对融雪的影响,将流域划分成多个高程带来进行融雪计算,另外也可采用简单的积雪消退曲线来反映流域积雪覆盖变化。

(6) SHE 模型:SHE(system hydrological european)是一个网格化的具有物理基础的空间分布式水文模型,其采用物理方法模拟水文过程,包括积雪水文过程。对于融雪过程模型提供度日因子和单层的能量平衡模型,并且考虑到积雪温度、冷储及液态水的迁移,在模型中还可考虑高程、坡度、坡向及森林覆盖的影响。

3. 融雪径流模型的比较与选择原则

如何选择一个模型来模拟和预测融雪径流取决于众多因素,如研究目标、可行的数据、流域的特点、空间和时间尺度,所以不能一概而论。当研究目标主要是季节性径流过程和总水量,可选择统计模型或几个日尺度的简单物理模型,然而当需要日径流过程和流量或季节洪峰流进行洪水预报或水力发电时,可能需选择有较小的时间步长并且具有空间分布能力的径流模型。时间步长小于一天的话,意味着模型应该采用的是能量平衡的融雪方法。

流域的特点也会影响融雪径流模型的模拟效果,一个采用度日融雪方法的日尺度集总式水文模型也可以用于大的有森林覆盖的流域(Bengtsson and Singh,2000),但是,如何选择一个模型来处理大流域地形、土地利用和土地覆盖的复杂性,很大程度上取决于研究的目标、数据的限制,以及应用时间和空间尺度。

1986 年和 1992 年世界气象组织(WMO)对一些模型在季节或年融雪径流模拟效果及预测能力方面进行了测试和评价,表 7.8 给出 WMO 组织提供的 5 个模型在 3 个流域(Drance,W3 和 Dischma)多年径流模拟效果的平均值统计结果。通过对比结果来看,5个模型径流模拟效果都比较理想,多个模型模拟结果的一致性也说明可行的数据输入很大程度上决定模拟偏差。在加拿大 Illecillewaet 流域提前 20 天日径流预测能力的对比分析结果表明,对于大多数模型来说,均方根误差值随预测时间的增长而增大,日径流预测平均的相对误差大约为 20%,采用模型预测要比早期使用当日的径流去预测后期径流的效果要好很多。如果采用预测的气温和降水去驱动模型进行预测的话,预测的误差可能较大,这主要是由不准确的气象输入数据造成的。模型间的比较研究工作有利于让我们认识不同融雪径流预报的精度及其机制。

表 7.8　5 个融雪径流模型在 Drance,W3 和 Dischma 流域的模拟效果比较

评价指标	HBV	SRM	SSARR	PRMS	NWSRFS
Nash 效率系数(R^2)	0.806	0.846	0.830	0.784	0.880
径流模拟偏差(D_v,%)	5.6	5.0	6.3	7.6	5.8

第8章 积雪消融与产汇流过程

积雪的消融和产汇流过程是积雪水文过程的基本研究内容。和降雨的产汇流过程相比,积雪参与的产汇流过程更加复杂。积雪降落到地面以后,经过复杂的水热过程才能形成径流,这些过程主要包括积雪的储存和融化、融水的下渗和汇集等。本章主要从积雪水量平衡、积雪融水的运移过程和融雪径流的基本特征3个方面进行论述。

8.1 积雪水量平衡

8.1.1 积雪水量平衡基本原理

积雪的水量平衡由积雪的积累和消融过程共同决定。对于某一特定时间段内,单点上积雪的水量平衡变化可由式(8.1)表示:

$$\Delta \mathrm{SWE} = Q_c + Q_a \tag{8.1}$$

式中,$\Delta \mathrm{SWE}$ 为雪水当量的变化量;Q_c、Q_a 分别为积雪的净积累量和净消融量。

对于一个完整的积雪期,积雪的水量平衡为零,即

$$Q_c = Q_a \tag{8.2}$$

降雪 P_{snow} 是积雪最主要的物质来源项,降雪的多少直接决定雪水当量的大小。同时,积雪的积累项还包括降雨冻结成冰量 P_{rain};空气中的水汽在积雪表面凝结成冰量 Q_c;因此,积雪的积累项可表述为

$$Q_c = P_{\mathrm{snow}} + P_{\mathrm{rain}} + Q_c \tag{8.3}$$

积雪的消融项主要包括积雪升华损失量和积雪融化量两部分。在积雪消融期,积雪融化是积雪最主要的消融项,部分地区的积雪日最大消融速率可达 $7\sim8\mathrm{cm/d}$,小时积雪消融速率可达 $0.1\sim0.3\mathrm{cm/h}$。但是,就整个积雪期而言,积雪升华对积雪的水量平衡至关重要。另外,树木、灌丛及风吹雪等过程造成积雪重分布而影响积雪的物质平衡过程。因此,积雪的消融损失量 Q_a 可表达为

$$Q_a = Q_{\mathrm{is}} + Q_s + Q_e + Q_m \tag{8.4}$$

式中,Q_{is} 为林冠截留升华量;Q_s 为积雪升华量;Q_e 为雪层中液态水蒸发量;Q_m 为积雪融化损失量。

因此,完整积雪期的物质平衡方程可表述如下:

$$P_{\mathrm{snow}} + P_{\mathrm{rain}} + Q_{\mathrm{is}} + Q_s + Q_e + Q_m \pm \Delta Q = 0 \tag{8.5}$$

式中,ΔQ 为由雪崩、风吹雪等其他因素造成的积雪迁移量。式(8.1)～式(8.5)中所有项

的单位均为 kg/m²。

8.1.2　影响积雪水量平衡的主要因子

气温和降水是影响积雪积累和消融最直接的因素:降水直接决定了积雪的物质来源,温度则控制了降雪和积雪消融过程的发生。除了降水和气温外,海拔、地表植被状况、坡度、坡向和风等也对积雪的积累和消融过程有一定影响。

1. 气温

气温主要通过影响降水的形态(降雪、降雨和雨夹雪)来影响积雪的累积过程。然而,区分降水各种形态的温度阈值并不是固定不变的,而是与海拔和相对湿度密切相关。在不同区域,降雨和降雪过程发生的温度范围也存在差异。例如,美国 1000 多个观测站点的分析结果显示,在 6.1~0℃降雨或降雪过程均可能发生(Auer et al. ,1974)。而根据瑞典 19 个站点的观测结果,降雨或降雪过程均可能发生的温度范围为-3~5℃(Feicca-brino and Lundberg,2008)。2008 年,祁连山降水过程显示,在温度范围为 0~4℃时,降水会以雨夹雪的形式出现(李弘毅等,2009)。因此,很多情况下不能直接将 0℃作为区分降雨和降雪的温度阈值。

气温直接控制了积雪的消融过程,而海拔梯度是影响气温主要的地理因素。在某一地区,气温随海拔梯度而降低的数值被称为气温直减率。气温直减率具有时空异质性。在空间尺度上,气温直减率从东部沿海向西部内陆地区呈现逐渐增大的趋势,至青藏高原达到最大值。在时间尺度上,气温直减率有明显的季节变化特征,与温度呈现正相关关系,而与空气湿度呈现负相关关系,冬季的气温直减率一般在 0.3~0.9℃/hm 变化。在缺少实际观测时,一般以 0.65℃/hm 为常用的气温直减率。大部分区域内,气温均随海拔的上升而下降,而在一些特殊区域,气温会随海拔的上升而上升,形成一些异常的逆温层,导致气温直减率的分布状况更加复杂。在积雪较为丰富的流域,准确估计气温直减率的分布规律对于精确描述积雪消融和积雪水文过程,特别是对于准确模拟积雪水文过程至关重要。

2. 降水

在高海拔山区,降水主要以降雪的形式出现。降雪是积雪过程的主要物质来源,海拔梯度则是影响降水形态主要的地理因素。由于降水量随海拔而变化,在不同地带、海拔、坡向、季节和干湿年份,降水存在着很大差异,这也使得山区的降水过程和积雪分布呈现显著的地带性分布规律,而且也具有很大的不确定性。降水的海拔分布是形成积雪分布海拔效应的主要原因。与地形、森林植被等因素相比,海拔对积雪深度的分布规律影响最为显著,特别是在积雪较为丰富的年代,积雪深度的海拔分布效应更加显著(Lehning et al. ,2011)。

3. 植被状况

植被,特别是森林,对积雪的积累和消融过程均有一定影响。在大陆性气候显著且森林和灌丛广泛分布的地区,森林、灌丛等截留的积雪通过升华和蒸散发等方式进行消耗,它们是影响积雪积累过程最重要的因素之一。地表的植被特征对降雪的截留率也存在显著影响。秦岭地区的研究表明,林分类型和降雪量是森林地区地表积雪空间分布主要的影响因素,积雪的类型对其也有一定影响,不同林分对降雪过程的拦截率为 19.22%～48.60%,且针叶林对积雪的拦截效果优于阔叶林(党坤良和吴定坤,1991)。我国小兴安岭地区的降雪截留实验表明,森林对降雪的截留率主要受郁闭度和树种综合控制,其中云冷杉红松林对降雪的截留效果最突出,其截留率达 39.7%,分别约为次生白桦林和人工落叶林的 5 倍和 2.5 倍;同时还发现,对于相同郁闭度的树种而言,降雪过程的特征对截留率的影响不可忽视,云冷杉红松林、红松人工林和阔叶红松林对大雪和小雪的拦截作用最强,次生白桦林和落叶松人工林则对小雪的截留效果更好(刘海亮等,2012)。

区域微地形和地表覆盖类型的差异导致温度分布、辐射传输和风速风向等发生变化,进而影响积雪的消融过程。在加拿大科特尼山,通过分析 60 个分布在不同海拔、不同坡向和森林特征的积雪样地观测数据发现,海拔、坡向和森林可以解释 80%～90%的积雪变化,且坡向对积雪融化过程的影响仅次于海拔效应。

4. 风吹雪和地形

风是积雪重分布的主要的动力来源,地形(如山谷和山脊)和地表覆被情况(主要指裸土、植被和灌丛)的差异显著影响风吹雪的结果。在某些积雪丰富的山区,风吹雪是控制地表积雪发展和积雪空间分布异质性的主要因素,风速和积雪年龄,特别是表层积雪的性质决定风吹雪的程度。风吹雪发生的最低风速称为风吹雪临界风速。对于较为干燥、松散的新雪,风吹雪临界风速介于 0.07～0.25m/s;而伴随着积雪堆积过程的发展,积雪密实作用使雪粒间的相互作用增强,风吹雪的临界风速逐渐增大至 0.25～1.0m/s(Pomeroy ct al.,1995)。另外,雪层中液态含水量增加了雪粒间的黏结力,从而也会引起风吹雪临界风速的增加。

地形和地表覆被条件不同会影响积雪的分布。首先,地形在一定程度上影响风的方向和大小及其在空间上的分布特征,不同的地貌特征通过改变地表的粗糙程度而影响近地层的空气动力学特征。其次,不同的地形和地表条件直接影响积雪的容纳量和季节差异(Pomeroy et al.,1997)。例如,北极地区灌丛发育程度(尺寸和覆盖度)不同的地区,积雪厚度相差 10%～25%(Sturm et al.,2001)。在冬季末,由于风吹雪的作用,北极地区的积雪量将在原始降雪量的 54%～419%变化。全球气候变暖使得灌丛和草地向高寒地区发展,这一陆表条件的变化必然引起区域积雪空间分布的变化,从而对区域积雪的水文过程产生影响。

风吹雪产生的积雪升华也是积雪消融的重要组成部分。利用 PMSM 风吹雪模型计算发现,2008 年,祁连山冰沟小流域由于风吹雪引起的积雪升华量约占总积雪升华量的 41.5%(李弘毅等,2012);而在加拿大落基山脉计算得到的积雪升华量为总降雪量的 20%～32%,其中风吹雪升华损失量为 17%～19%(MacDonald et al.,2010)。与祁连山和落基山相比,瑞士阿尔卑斯山的积雪升华量则相对较少,应用 Alpine3D 模型计算的风吹雪升华量区域均值仅为同期降水的 0.1%(Groot et al.,2013)。总体上,风吹雪升华的研究还刚刚开始,相关的理论和观测手段还不完善,需要更进一步的深入研究。

8.2 积雪融水的运移过程

降雪—冬季储存—春季消融—坡面产流—汇集河道是积雪径流形成的整个过程。受气候因素、积雪消融过程及土壤、地形等条件的影响,积雪融水到达河道的时间远落后于降雪发生的时间,从而造成融雪径流不同于降雨型径流过程。本小节主要讨论融雪径流的滞后性、融雪水的汇流路径和冻土对融雪型径流的影响。

8.2.1 积雪融水在雪层中的储存和滞后

从积雪至积雪融水到达地表的过程主要包括以下 3 个环节:表层积雪融化形成积雪融水(S1);积雪融水在积雪空隙运移过程中,因下层积雪较低的温度通过重冻结形成固态水,积雪融水(或雨水)重冻结过程中释放的潜热加热雪层,致使雪层温度升高(S2);积雪融水在积雪空隙中运移(S3)。融水要经过积雪层到达地表,首先要经过积雪层,本节重点介绍积雪冷储造成的融水汇流时间滞后、积雪持水能力造成的时间延迟,以及积雪融化的时间滞后。

1. 积雪冷储引起的时间滞后

积雪冷储引起的时间滞后是指积雪从当前积雪温度升高到 0℃时所需要的时间(过程 S2),可由积雪冷储、降雨强度和融化速率计算得出:

$$t_c = \mathrm{SCC}/(P_r + M) \tag{8.6}$$

式中, t_c 为积雪冷储引起的时间滞后(h);SCC 为冷储的大小(cm); P_r 为降雨强度(cm/h); M 为融化速率(cm/h)。

由于雨水的感热相对较小,在计算冷储引起的时间滞后过程中,为了计算简便,经常忽略雨水的潜热。相对于冷储为 0.76cm 的积雪来说,在无降雨输入,当积雪以 0.5cm/d 的适中融化速率消融时,积雪冷储引起的时间延迟为

$$t_c = (0.76\mathrm{cm})/(0.5\mathrm{cm}/24\mathrm{h}) = 36.5\mathrm{h} = 1.52 \text{ 天} \tag{8.7}$$

在积雪消融初期,雪层的冷储较大;随着积雪温度的升高,在相同能量输入的前提下,积雪的融化速度加快。因此,在积雪消融后期,积雪的消融速率远大于积雪消融前期,积雪出现加速消融现象。降雨对积雪的消融过程至关重要,往往较小的降雨过程就可导致积雪的快速消融。以降雨强度为 2.5mm/h 的小雨为例,此时由降雨引起的冷储滞后时间为

$$t_c = (0.76\mathrm{cm})/(0.25\mathrm{cm}/\mathrm{h}) = 3\mathrm{h} \tag{8.8}$$

相对于积雪的融化过程,降雨对冷储引起的时间滞后的影响更加显著。以积雪厚度为 1m,平均积雪温度为 −10℃ 的积雪为例,即使积雪以 2cm/d 的强消融速率融化,积雪冷储引起的滞后时间也达到 3.1 天;但是,即使降雨以 2.5mm/h 的雨强持续,消耗整个积雪层的冷储也仅仅需要 1 天左右。因此,若在积雪消融末期出现较大降雨事件,极易引

起降水-融雪混合型洪水灾害。

2. 积雪持水能力和时间滞后

积雪的持水性也在一定程度延缓了积雪融水到达地面的时间。表层积雪融水在向下运移的过程中受到重力和积雪固体颗粒黏滞力的共同作用。在底层积雪的液态水达到饱和前,积雪颗粒的黏滞力总是起到一定作用。积雪总量的 3%~5% 总是受到雪层持水特性的影响。由积雪的持水性引起的时间延迟 t_f 可由式(8.9)计算:

$$t_f = (f)(\text{SWE})/[100(P_r + M)] \tag{8.9}$$

式中,f 为积雪的液态水持水能力;SWE 为雪水当量(cm)。

以持水能力为 4%、雪水当量为 30cm 的积雪为例,当积雪以 2cm/d 的消融强度融化时,由积雪的持水能力引起的时间延迟为

$$t_f = (4\%)(30\text{cm})/[100(0 + 2\text{cm/d})] = 0.006 \text{ 天} \approx 0.144\text{h} \tag{8.10}$$

和积雪冷储引起的时间滞后相比,积雪的持水特性诱发的时间延迟相对较小。在积雪的融化过程中,一旦积雪中液态水含量达到积雪持水能力,雪层中的液态水开始快速释放,进而积雪融水在积雪底部形成地表径流或通过下渗形成壤中流。在夜间或遇到气象变冷事件时,储存在积雪层中的液态水通过重冻结作用重新冻结成冰,此时根据重冻结作用发生的程度,需要重新对积雪的冷储进行评估,并重新计算有积雪冷储和积雪的持水特性引起的时间滞后。

3. 积雪融化在积雪层中的运动和时间滞后

一旦积雪层温度达到 0℃,且积雪中液态水含量达到饱和状态时,积雪的进一步融化将引起积雪融水径流。积雪融水在饱和积雪层中的运动也将引起融雪径流一定时间的滞后。饱和积雪层中积雪融水从形成至到达地表的时间可简单由式(8.11)计算:

$$t_t = d/\nu_t \tag{8.11}$$

式中,t_t、d、ν_t 分别为液态水在积雪层中运移的时间(h)、积雪层厚度(cm)和液态水的运动速率(cm/h)。美国陆军工程兵团在 1956 年的观测结果显示,雪层中液态水的运动速率为 2~60cm/min,对于雪水当量为 1m、平均雪密度为 250kg/m³ 的积雪层来说,假定液态水的运动速率为 10cm/min,此时液态水在雪层中的运动时间约为

$$t_t = (0.86\text{m})/(6\text{m/h}) = 0.14\text{h} \approx 0.01 \text{ 天} \tag{8.12}$$

从上面的计算结果可以看出,对于积雪厚度为 0.86m 的积雪来讲,积雪融水在积雪层中的运动时间也仅为 0.01 天,相对于积雪冷储引起的时间延迟来说基本上是可以忽略的。另外,在计算过程中,我们用到的液态水运动速率也存在较大的不确定。目前,在大部分的积雪消融模型中,并没有考虑由积雪融水在积雪层中运动引起的时间滞后。

以上分析可知,由积雪的冷储、积雪的持水能力和液态水在雪层中的运动 3 个过程引起的总的时间延迟可表示为

$$t_1 = t_c + t_f + t_t \tag{8.13}$$

　　和冷储引起的时间滞后(1.52天)相比,积雪持水和液态水在雪层中运动引起的时间滞后(分别为0.006天和0.01天)太短,基本可以忽略不计。以上的计算都是基于整个积雪层为均质这一假设进行的,但在实际的积雪层中,由于地形、植被等的差异,经常出现积雪融水的快速流动通道(如沿着灌丛的茎秆),这种情况的出现有利于积雪融水快速聚集并到达地面。因此,在实际积雪的条件下,积雪融水到达地表的时间延迟更加难以估计,其存在更大的不确定性。

　　为了在实际应用中更加有效地估计积雪融水的时间延迟,在积雪水文的模拟过程中,发展了很多有效的积雪融水时间延迟参数化方案。例如,在1973年,Anderson基于融雪观测实验和模型结果,得出总的延迟时间可用下列公式进行简单的表示:

$$\text{LAG} = 5.33\{1 - \exp[(-0.03)(\text{SWE}/\text{EXCESS})]\} \tag{8.14}$$

式中,LAG、SWE和EXCESS分别为总的时间延迟(h)、雪水当量(cm)和超过积雪持水能力的液态水含量(cm/6h)。

8.2.2　积雪融水产汇流路径

　　和降雨径流过程相比,积雪水文过程具有显著的差异。积雪融化结束前,上层土壤处于冻结状态,积雪融水在土壤中的下渗能力有限,一旦融水到达地表,融水将在雪层底部快速汇聚并形成地表径流。积雪融水到达地表以后,可以通过以下4种汇流方式进入河道:①直接产流;②坡面汇流;③壤中流;④地下径流。一个完整的汇流过程图如图8.1所示,下面将分别介绍4种汇流形式。

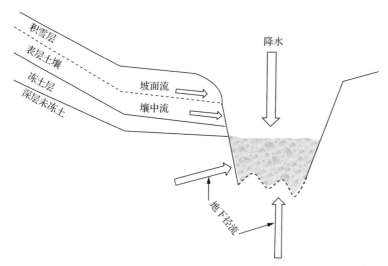

图8.1　积雪融水(降雨)汇流过程示意图(修改自de Walle and Rango,2008)

1. 直接产流

直接产流是指降水(包括固态降水、液态降水和固态-液态混合类型的降水形式)直接降落在河道内流动的水中,它是形成径流最直接、最有效、最快速的方式。但是,这种产汇流方式也有一定的条件限制:首先,降水必须降落在流动的水中;其次,河道未封冻。总体上,由于河道特别是水面占整个流域面积的比重基本上可以忽略不计(通常小于1%),直接产流对流域总径流量的贡献基本上也可以忽略不计。因此,水文过程研究很少考虑直接产流过程。但是,在湿地或湖泊分布较多的地区,特别是当湿地或湖泊面积达到一定比重之后,直接产流成为最重要的产汇流方式之一。在寒区,湖泊或湿地也可能经历封冻-解冻过程,当水面封冻后,冬季降雪以积雪的形式在冰面上储存下来,直到积雪融化和河道解冻,积雪和融水直接形成径流。

　　河床沟槽状的地形在一定程度上有利于积雪的累积,特别是在风速较大的流域,风吹雪造成的积雪重分布现象也有利于积雪在河床积累。在河冰较为发育的流域,冬季大量的积雪堆积在河冰表面。在积雪消融初期,因河冰阻滞了积雪融水的路径,大量的积雪融水在河冰表面形成径流。随着径流的进一步增加,积雪融水直接挟带河冰表面积雪形成了雪水混合径流,此时的固态积雪将作为径流的一部分直接参与产汇流过程。例如,在额尔齐斯河一级支流卡依尔特斯河流域,冬季河冰厚度超过1m,2014年积雪消融前,河冰表面上的积雪厚度普遍高于岸边积雪。2014年3月19日,由于积雪融水大量汇聚于河冰表面,致使河冰上的积雪随积雪融水一同形成融雪径流(图8.2)。我们把这种现象简单地称为"河道清雪"现象。

(a) 前期　　　　　　　　　　　　　　　　(b) 初期

(c) 清雪期　　　　　　　　　　　　　　　(d) 无冰期

图 8.2　卡依尔特斯河流域冰上融雪径流形成过程

(a)、(b)、(c)拍摄于 2014 年 3 月;(d)拍摄于 2013 年 9 月

2. 坡面产流

坡面产流是指雨水或者积雪融水接触地面以后,在地表直接形成径流的产汇流形式。当雨水或者积雪融水接触地面以后,主要有两种运动形式:一是通过下渗形成壤中流;二是当到达地表的雨水或者积雪融水超过表层土壤的下渗能力,或者表层土壤处于饱和状态时,直接形成坡面径流。和降水的产流过程不同,在融雪过程中,积雪下覆的土壤层一般处于冻结状态(仅有表层一层薄薄的土壤层因积雪融水的能量输入而处于融化状态),因为冻土相对较低的不通水性(低渗透系数),积雪融水(或雨水)很难通过下渗补给土壤层,大量的积雪融水(或雨水)直接通过坡面汇流的方式到达河床。2014 年,春季融雪期在阿尔泰山额尔齐斯河源区的融雪观测实验显示,积雪融水直接通过坡面汇流的方式形成河川径流是非常常见的。同时,由于表层土壤的融化,地形较为陡峭的地区,坡面产流形成的地表沟壑随处可见,且在融雪过程中,极易形成小型融雪型泥石流(图 8.3)。

图 8.3　卡依尔特斯河流域融雪期坡面汇流过程
图片拍摄于 2014 年 3 月融雪期间

3. 壤中流

壤中流是指积雪融水或者雨水到达地面以后,通过下渗作用进入表层土壤,迅速汇流并形成径流的产汇流方式。和深层土壤的物理结构相比,相对松散的表层土壤的下渗能力大于深层土壤,因此,壤中流的产汇流方式总是存在的。特别地,在积雪融水和雨水充足的情况下,当深层土壤处于冻结状态时,下渗的水分能够通过表层土壤中的水流通道快速到达河床,进而形成径流。其主要阶段如下:在融雪初期,积雪融水首先补给表层土壤,土壤层中前期储存的土壤水在积雪融水的作用下首先发生排泄补给河流;随着融雪过程的进一步加强或伴随降水过程的发生,大量水分进入表层土壤中,致使表层土壤层中的水分含量急剧增加,继续以壤中流的形式补给河流。

在干旱半干旱地区,上层土壤水分往往在春季融雪期间达到全年的极大值。图 8.4 是中国科学院西北生态环境资源研究院库威积雪站,于 2014 年在阿尔泰山中段额尔齐斯河源区卡依尔特斯河流域观测到的 5cm 土壤深度处土壤水分的变化过程,结果显示,流域内的积雪消融过程开始于 3 月 19 日,表层土壤的水分含量也在此时达到全年的最大值。土壤水分和积雪的综合观测表明,由于融雪过程持续的时间较长且可对表层土壤水形成稳定的补给,积雪融水对壤中流的补给相当可观,甚至大于降雨过程对壤中流的补给。

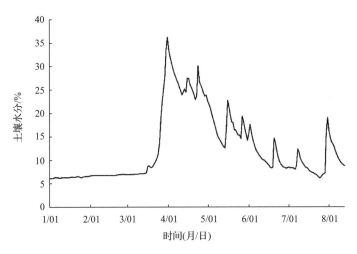

图 8.4　2014 年卡依尔特斯河流域库威积雪观测站观测到的 5cm 深度处日平均土壤水分的演化过程

4. 地下径流

和壤中流不同,地下水在重力和外界压力的作用下,通过岩石空隙补给河流。多年冻土和季节冻土地带地下水流动方向和速度的机制相同,其计算的理论基础是达西定理:

$$\nu_{\mathrm{g}} = -K_{\mathrm{w}}(\mathrm{d}h/\mathrm{d}x) \tag{8.15}$$

式中,ν_{g}、K_{w}、$\mathrm{d}h/\mathrm{d}x$ 分别为地下水流速、饱和水力传导系数(m/s)和水力梯度。

K_{w} 与孔隙度、孔隙大小及土壤破碎程度有关,在冻土中,冰晶所占孔隙对其也有较大影响。此外,地下冰的形成会阻滞地下水的流动,土壤的冷凝程度与土壤水的化学浓缩对土壤冰晶的形成影响较大,若土壤中裂隙含有冰,那么多年冻土往往被视为地下水流动系统中的不透水层或者弱透水层。

8.2.3　冻土对融雪径流的影响

积雪与冻土的影响是相互的。一方面,积雪的热绝缘作用显著影响冻土的冻融过程。另一方面,冻土层的低水力传导系数明显改变融雪径流的产汇流过程。

积雪对冻土的影响已经受到了广泛关注。和草地、裸地等下垫面相比,积雪具有较高的反照率、较低的热导率和较大的消融潜热等 3 个主要特征。积雪的低导热率使其成为阻滞地气间能量运移过程的"热绝缘"物质。在冷季,积雪的存在在一定程度上限制了土壤层中热量的释放,使得土壤层保持了较高的温度,从而不利于冻土的冻结。

积雪深度常作为评价积雪热绝缘作用的重要指标。当积雪较薄时,积雪的高反照率使大部分太阳辐射不能到达地面,但其热绝缘作用较弱,不能有效阻止土壤中的热量向大气中扩散,致使土壤层变得更冷。随着积雪深度的增加,积雪的热绝缘作用逐渐占据上风,利于土壤保温。然而,并不是越厚的积雪其保温作用越显著,随着积雪厚度的持续增加,积雪的持续期将显著增加,甚至形成多年积雪或冰川,此时积雪对土壤温度状况的影响将变得更加复杂(Zhang et al.,2005)。基于上述基本理论,积雪深度阈值成为判断积雪保温作用的有效指标。俄罗斯的研究认为,40cm 的积雪对土壤的保温效果最好。新疆阿勒泰地区 50 年的气象、积雪、土壤温度和冻结深度观测结果显示,20cm 以内的积雪对土壤冻结深度没有明显的保温作用,20cm 的积雪深度是积雪对下覆土壤冻结影响的下界限,不影响其达到最大冻结深度;当积雪深度超过 20～40cm 时,积雪可以使土壤冻结深度减小 15～50cm,具有一定的保温作用;当积雪深度超过 40cm 时,气温对下覆土壤的冻结影响保持稳定;当超过 70cm 时,积雪对土壤的冻结影响进一步改变,不同监测站的结果显示,冻结深度可能增加或者减小(王国亚和毛炜峰,2012)。西大滩地区的积雪和浅层地温观测结果显示,冷季地温和气温都在-10℃左右时,不足 10cm 厚的积雪对地温影响不是很明显;在暖季积雪的厚度超过 10cm 且积雪持续 10 天时,积雪的绝缘保温作用比较显著(孙琳婵和赵林,2010)。在祁连山冰沟站,CoupModel 模型模拟结果显示,0～20cm 积雪的存在有利于冻土的冻结过程;20～70cm 的积雪具有显著的保温作用(张伟等,2013)。

在寒区水文研究过程中,冻土区的积雪水文过程也因冻土的存在而发生改变:当积雪在较短时间内发生大量融化时,冻土层上积雪融水因难以下渗而形成地表积水,进而形成坡面径流,从而在较短的时间内形成较大的融雪径流过程。因此,合理估计并描述冻土的冻结深度和冻土的下渗能力是冻土区积雪水文过程模拟的关键。

位于美国佛蒙特州的典型积雪小流域,由于冻土冻结深度的差异导致前后两年的积雪水文过程差异显著(图 8.5)。1993 年,因为土壤冻结深度较大,当积雪融化开始时,其下伏土壤仍处于冻结状态,大量的积雪短时间内快速融化形成坡面汇流,在更短时间内到达河床,从而形成了 1993 年 3 月 26 日至 4 月 2 日的较大融雪径流过程。而在 1994 年,因其下覆冻土层较薄,积雪融水呈现出逐渐增加的趋势,并没有出现 1993 年的融雪洪水。因此,对依靠融雪补给的地下水系统,冻土的冻结深度在一定程度上影响地下水系统的补给(如阿尔泰山额尔齐斯河源区)。

一般情况下,在处理融水的下渗过程中,多年冻土常被作为隔水层处理,而季节冻土则具有一定的透水性。理论上,冻土的透水性主要由冻结前的土壤质地和冻结时的含水量(或者冻土中的含冰量)决定。通常,颗粒较大的土壤类型(如砂土),因其土壤颗粒间的孔隙较大,冻结后其透水性更好。而含水量较高的土壤,在冻结过程中,易形成较多的冰晶,从而降低土壤的透水性。因此,颗粒较大且含水量(含冰量)较低的土壤,其冻结后冻土的透水性更好,渗透系数更大,更有利于积雪融水的下渗和对地下水的补给。另外,积雪融水对冻土层的渗透系数也有一定影响。

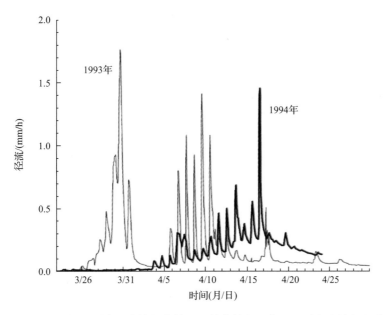

图 8.5　1993 年、1994 年不同冻土冻结深度情况下佛蒙特州的典型积雪小流域的积雪水文过程

　　积雪和冻土是冰冻圈最主要的两个要素,积雪主要通过改变地表的能量运移和分配而影响冻土的发育,而冻土主要通过影响积雪融水的汇流过程而影响积雪的水文过程。随着全球变化不确定性的增加,积雪和冻土变化也更加复杂,更好地理解积雪与冻土的关系有利于我们准确地理解寒区水文过程。

8.3　融雪径流及特征

8.3.1　融雪径流水量平衡

　　流域积雪水量平衡是理解积雪水文过程的理论基础。对于一个完整、封闭的积雪流域而言,积雪的水平衡方程如下:

$$P + Q_c = \Delta \text{SWE} + Q_m + Q_s \tag{8.16}$$

式中,P 为降水,包括降雨和降雪;Q_c、ΔSWE、Q_m、Q_s 分别为凝结量、残余积雪量、积雪融化量和积雪升华量。其中,降水和残余积雪量可通过野外观测获得,积雪融化量可通过度日因子和能量平衡算法进行估算,而凝结量因其量较少,在现有的积雪水文研究中常被忽略不计。

　　积雪升华过程在整个积雪期内持续发生,其升华量的多少除与当地的气候条件直接相关外,也与地形和地貌等条件相关。积雪升华过程中需要较大的升华潜热(在 0℃标准大气压下为 2.838kJ/kg),约为融化潜热的 8 倍。融化过程仅当在积雪温度达到 0℃并有能量持续输入时才发生(一般在一到两周内完成),而积雪升华过程持续时间较长(从积雪开始一直持续到春季积雪融化),整个雪季积雪的升华量也相当可观。已有的研究结果表明,积雪升华量占到冬季降雪量的 $10\%\sim60\%$（Montesi et al.，2004；MacDonald et al.，2010）。

积雪升华量的计算则较为复杂。积雪升华损失量可由称重法、空气动力学法、涡动相关法、示踪法、模型法等获得，各种方法均有其自身的优缺点。

（1）**称重法**是最基本的积雪升华测量方法，主要通过测量有积雪的蒸渗仪或雪枕重量直接获得时段内的积雪升华损失量，称重法简单直观、可信度高，在野外较易实施，能够在不同地表条件下进行野外观测实验，并直接获取积雪的升华损失量。但是，如何在蒸渗仪中装入原状雪且使蒸渗仪处于天然状态相对困难，同时风吹雪等过程造成的表层物质迁移也可显著影响实验精度。称重法同时也存在费时、费力和采样频率低等缺点，无法反映积雪升华的高时间分辨率动态。

（2）**空气动力学法** 依赖于半经验的 Monin-Obukhov 相似性函数，具有气候扰动小、时间分辨率高和满足连续长期观测等优点。但由于函数的参数不统一，造成计算的湍流通量存在差异，得到的感热、潜热通常也难以满足能量平衡方程，且需要对气温、雪表面温度、湿度、风速、太阳辐射、表面粗糙度等参数进行长期监测，野外观测成本较高，因此其精度和适用性受到制约。

（3）**涡动相关法** 可直接测量雪-气间水热通量，具有较高的观测精度，已成为研究地-气间物质能量交换的主流方法。但是相关仪器的安装要求及费用较高，难以在不同地表状况下进行大范围的野外观测实验。

（4）**示踪法** 主要是利用积雪中的"指示剂"，如水体中的氢氧同位素及常规离子（如 Na^+）。一般认为，在升华过程中，较轻的氢氧同位素会优先进入气体，从而造成固（雪）-气间的同位素分馏，在不考虑干沉降的情况下，积雪中的非挥发性离子不会因升华而减少，从而可以利用同位素、离子等"指示剂"的含量变化反推积雪的升华量。在利用氢氧同位素及常规离子进行升华计算的过程中要求其含量有显著变化，因此积雪微弱的升华过程难以用该方法进行计算。同时，积雪表面的部分物理过程也可对整个计算结果产生影响，如积雪表面的凝结过程。

（5）**模型法**是基于积雪积累及消融模型，评估不同的积雪过程对不同时间段内积雪物质平衡要素（如融化、升华）的影响。积雪模型能够在一定程度上对某些复杂的物理过程进行定量解释，如升华和凝结，但是模型也需要大量的野外观测数据以进行模型的驱动和验证，且在模型构建过程中，参数化方案的应用、参数的不确定性及模型结果的可信度仍需要大量的室内外实验进行验证。总体来讲，目前仍缺少估计面积雪升华量的有效的监测/计算方法。

8.3.2 融雪径流特征

积雪是重要的固态水资源库，积雪本身是形成冰川最重要的物质来源，积雪融水也是河川、湖泊重要的淡水补给来源。积雪的消融过程主要受控于能量输入，前期积雪积累量和能量输入的时空差异决定了积雪产流量的大小和时空差异性；而降雨径流的水文过程主要取决于降雨时间和降雨量。因此，积雪融水型的径流过程明显区别于降水型径流过程。下面就以祁连山冰沟流域和阿尔泰山额尔齐斯河源区卡依尔特斯河流域为例，重点阐述积雪水文过程的主要特征。

1. 日内过程

气温是最易获取的气象要素,因此在最初的积雪消融过程研究中,积雪的消融量可简单地由气温来表达,从而形成了最初的度日因子融雪理论:

$$\sum_{i=1}^{n} M = \mathrm{DDF} \sum_{i=1}^{n} T^+ \, \Delta t \tag{8.17}$$

式中,M 为积雪消融量;DDF 为度日因子;T^+ 为正温;Δt 为时间间隔。

随着更全的数据资料的获取成为可能,研究者们发现,将辐射因子加入到度日因子模式中,可以在很大程度上提高融雪过程的模拟效果,从而形成新的度日因子模型:

$$M = f_\mathrm{m} T + aR \tag{8.18}$$

式中,f_m、R 分别为度日因子和辐射量。

不管是简化的度日因子模型,还是考虑辐射过程复杂的度日因子模型,积雪的消融量都可简单地用能量的输入量来表示,积雪的消融量与能量输入量存在显著的正相关关系。由于能量输入的日循环过程,积雪的消融过程也表现为随日温度变化的日循环过程。积雪的日循环过程具有以下特征。

(1) 晴天积雪的消融主要发生在白天且集中于下午,而阴天或在积雪消融过程的后期,积雪的消融过程可全天进行。

(2) 在日平均空气温度低于 0℃时,积雪的消融速率较低;而当日平均气温持续高于 0℃时,积雪的消融速率显著加快。

(3) 积雪消融速率呈现逐渐增加的趋势。消融初期,由于积雪层较大的冷储,外界热量首先需要加热雪层,积雪的消融过程一般发生在积雪的表层;随着积雪温度的升高,整个积雪层逐渐达到融化的临界状态,外界较小的能量输入即可引起积雪的快速消融,从而表现出积雪快速融化的现象。

(4) 降雨过程对积雪融化过程的影响显著。

下面以新疆阿尔泰山额尔齐斯河源区典型积雪流域——卡依尔特斯河流域为例来分析融雪径流的特点。卡依尔特斯河流域位于阿尔泰山中段南坡,是额尔齐斯河的一级支流。该流域从每年的 10 月至翌年的 6 月均由积雪覆盖,多年的统计结果显示,在积雪消融开始前的 3 月底或 4 月初,流域的积雪深度均在 40cm 以上。从 2011 年开始,在流域内开展气象、积雪和水文观测,其中水文观测包括面积为 2365km²(卡依尔特斯河流域)和 310km²(狼沟流域)的两个流域(图 8.6)。

图 8.7 给出了 2014 年狼沟流域(海拔为 1396～2815m)观测到的固定点河水水位变化。结果显示,从积雪消融季开始至 5 月 7 日,以固定点水深为代表的流域水文过程表现出明显的日变化过程,由于汇流时间延迟,流域的最大融雪径流出现在午夜 12 时附近,而最小融雪径流则集中出现在上午。随着融雪过程的发展,河水水深的日变化过程逐渐减小,从 4 月 25 日的 0.40m 持续减小到 5 月 13 日的 0.01m(图 8.7,图 8.8)。同时,积雪径流的大小与空气温度呈正相关关系,且积雪径流的日变化振幅逐渐减小,表明积雪加速消

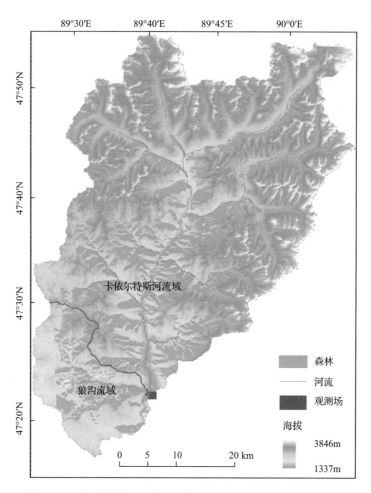

图 8.6　卡依尔特斯河流域地理位置状况、水系及森林分布状况

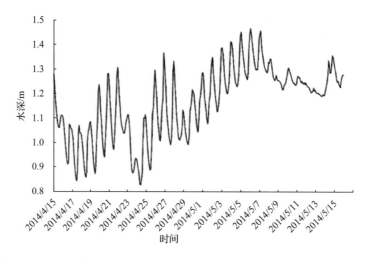

图 8.7　卡依尔特斯河流域代表性小流域 2014/4/15～2014/5/15 两小时时间步长河流水深过程线

融(图 8.9)。另外,4 月 28 日 1.5mm 的降水量引起积雪融水径流明显增加。从 5 月 8 日开始,尽管日平均气温持续高于 0℃,但固定点水深的变化却低于 0.1m,说明积雪融水对水文过程的贡献量已经微乎其微。

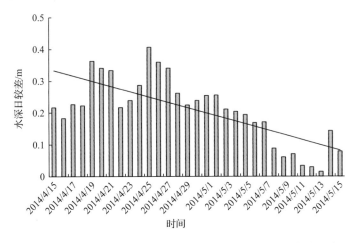

图 8.8　2014 年融雪季卡依尔特斯河流域河流固定点水位波动

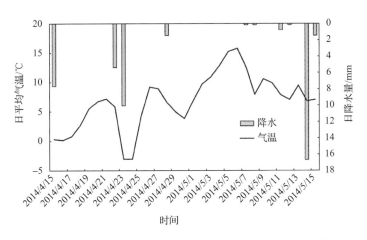

图 8.9　2014 年融雪季库威站日平均气温和日降水量变化

2015 年开河(4 月 16 日)以后至 9 月初,库威积雪站观测的日平均气温和径流过程线更直接地显示积雪对卡依尔特斯河流域水文过程的影响(图 8.10)。从开河开始至 6 月底,径流过程线与空气温度存在显著的正相关关系;从 7 月初开始,流量过程线与空气温度的关系可以忽略不计。同时,在 6 月 15 日以前,流量的变化总是滞后于空气温度,随着积雪消融向更高海拔发展,积雪融水补给的中心区逐渐向距离流域出口更远处的高海拔地区发展。从 6 月中旬开始至 6 月底,尽管流量过程线与温度呈现显著的正相关关系,但是空气温度的变化晚于流量过程线的变化,表明此时的融雪对径流的影响已经开始减弱。卡依尔特斯河流域的积雪消融结束于 6 月中下旬,积雪消融结束后,积雪融水对流域内水文过程的影响消失,此时的空气温度与地表径流过程的正相关关系也随之消失。

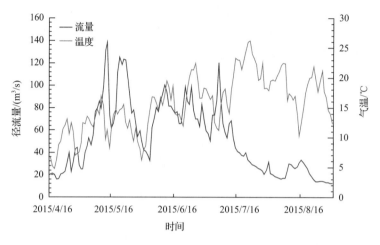

图 8.10　卡依尔特斯河流域库威积雪站观测的 2015 年 4～9 月日平均气温
和径流量的逐日变化过程

2. 年过程

积雪的消融过程直接受控于能量的输入过程,温度可以直接影响积雪的消融过程。
山区积雪的消融过程总是从低到高随海拔梯度变化,并且阳坡的积雪消融早于阴坡。因
此,积雪融水对发源于山区河流的补给要持续几周至几个月的时间。3～6 月一般是积雪
融水集中补给北半球河流的时间。在我国,积雪融水的补给时间集中在 4～6 月。

以积雪融水为主要补给源的河流水文过程不同于以降雨补给为主的河流水文过程。
图 8.11 为祁连山区冰沟流域 2008～2009 年两个完整年的径流过程,图 8.12 为阿尔泰山
卡依尔特斯河流域 2010 年和 2014 年水文过程线。结合冰沟流域的野外观测结果和

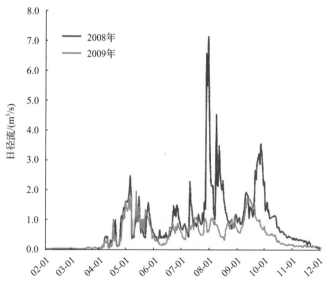

图 8.11　祁连山冰沟流域 2～12 月(2008 年、2009 年)逐日径流过程线

图 8.11 可以看到,流域内的积雪消融开始于 3 月底,直到 5 月底流域内的积雪已基本消融殆尽,积雪融水对河流的贡献主要发生在 4~5 月,且此时是祁连山区的旱季,降水相对稀少,期间主要由积雪融水补给,能量输入的年循环相对稳定,所以 2008 年和 2009 年 4~5 月的水文过程线基本完全重合,6~10 月的水文过程线存在极大差异。

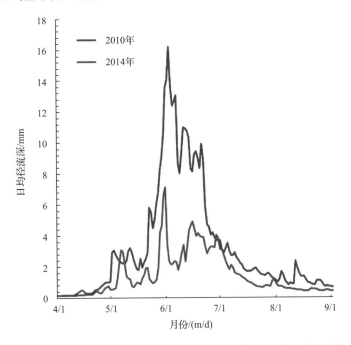

图 8.12　阿尔泰山卡依尔特斯河流域 4~9 月(2010 年、2014 年)逐日径流过程线

由图 8.12 看到,阿尔泰山地区的融雪径流特征不同于冰沟流域。阿尔泰山地区的融雪径流有其独特的特点。阿尔泰山河源区的融雪径流过程开始于 4 月中旬,一直持续到 6 月中下旬。在 4~6 月,卡依尔特斯河流域不同年份间的过程线变化趋势基本一致,年最大流量过程均出现在 5 月底至 6 月初,但是日均流量的量级存在较大区别,如 2010 年的最大流量出现在 6 月 2 日,最大日均流量为 442.0m³/s,而 2014 年的最大流量出现在 5 月 31 日,最大日均流量仅为 194.0m³/s,不足 2010 年的一半,主要是由冬季累计积雪量的差异造成的,2009~2010 年和 2013~2014 年 10 月至翌年 3 月的降水量(主要是降雪)分别为 304.7mm 和 137.3mm。

胡汝骥(2013)根据融雪径流的特点和河流动态,将我国北方以积雪融水补给为主的河流分为阿尔泰山型、塔城类型、黑松类型和长白山型(表 8.1)。总体上,我国东北及西北的阿尔泰山地区,冰川发育较为稀少,但是降雪量却很大,它们是我国两大主要的积雪分布区,这些地区的河流也主要受积雪融水的补给,而冰川融水的贡献较小。上述两地区的积雪消融基本上集中在 3~6 月,河流最大的径流也出现在 4~6 月。在我国青藏高原周边及天山山区,由于积雪和冰川的发育均较为普遍,积雪融水、冰川融水和降水成为这些地区河流的共同补给源。与积雪的消融时间不同,青藏高原及天山的冰川消融主要集中在 7~8 月,冰川融水的补给也导致这些地区河流的最大径流主要出现在 7~8 月。

表 8.1　我国北方以积雪融水补给为主的河流分类

积雪融水径流分类	主要特点	典型分布区
阿尔泰山型	春水大于秋水,汛期开始于 5 月,最大月水量一般出现在 6 月,而 5~7 月的径流量占到年径流量的 65% 左右	额尔齐斯河、乌伦古河
塔城类型	春汛约占年径流量的 40%,积雪融化较阿尔泰山提前 1 个月左右,最大水量发生在 4~6 月,其水量占年净流量的 60% 左右	额敏河、布克河
黑松类型	春汛一半始于 4 月中旬,终于 5 月下旬,接着出现一个"马鞍形"低水,延续时间较长,在 7 月上旬出现夏汛,该型的融雪径流表现出典型的双峰、多峰型径流过程	嫩江、松花江和黑龙江大部分支流
长白山型	径流量从 3 月下旬逐渐增加,终于 6 月上旬,积雪融水补给仅占 15% 左右,有短暂的春、夏汛间的低水,较高的冬季枯水,春季水量大于秋季水量	西流松花江、绥芬河、鸭绿江及图们江的部分支流

第9章 融雪径流的变化及预估

全球气候变化已对积雪水文过程产生明显影响,同时与积雪水文相关的极端降水事件频率增加,积雪水文过程的预报/预警、预测及预估方面的研究已引起全球水文工作者的广泛关注,其是当今积雪水文研究的热点和关注的焦点。预警是指在灾害或灾难及其他需要提防的危险发生之前,根据以往总结的规律或观测得到的可能性前兆,向相关部门发出紧急信号,报告危险情况的行为;预报是根据当前及近期的形势,对某一地未来一定较短时期内的状况进行预测,时效的长短通常分为3种:短期预报(1~3天)、中期预报(4~9天)、长期预报(10~10天以上);预测即根据过去的演变规律,推断未来某一时期内的可能趋势,对于水文预测来说,预测期可达数月以上;预估则基于相关的各种假设或情景,如未来也许会或也许不会实现的社会经济、技术发展及工业排放等,推断未来的变化趋势,时间尺度可达到数百年,因此具有相当大的不确定性,一般通过相关的数值模式或地球系统模型来实现。

本章主要从融雪径流过去变化、预报/预警、预测及未来预估3个方面进行阐述。

9.1 融雪径流变化

在全球气候变化背景下,由于降水量及气温的变化,导致积雪的时空分布发生了明显变化,从而引起流域融雪水文过程在过去几十年也发生了明显改变。本节将从积雪变化及对应的流域融雪径流变化两个方面进行阐述。

9.1.1 降雪变化

随着全球气候的变化,冬季降雪量也发生了改变。由于气温升高,在美国的西部、中部、东北部、西北太平洋地区,更多的冬季降水以降雨形式发生,降雪日数有所减少,从而导致冬季积雪减少,而在北美大平原和五大湖区,冬季降雪有所增加(Knowles et al.,2006;Feng and Hu,2007);加拿大北部降雪量有所增加,而加拿大西南部降雪量明显减少(Mekis and Vincent,2011);日本本州积雪区,由于冬季气温的升高,降雪量减少(Takeuchi et al.,2008);中国青藏高原西部降雪量有所减少,但中国西北部冬季降雪量呈增加趋势(沈永平等,2007)。20世纪50年代至1990年,整个南极降雪都呈增加趋势,而2004年后又开始下降,南极洲降雪变化趋势总体上是不确定的(Monaghan and Bromwich,2008)。

综上所述,降雪量的变化趋势在空间上存在很大的差异性。全球大多数区域的冬季降雪量可能有所减少。

9.1.2　积雪变化

对积雪进行量度的指标主要包括积雪面积(SCE)、降雪量、雪深(SD)、雪水当量(SWE)及积雪持续时间(SCD)。目前,由于积雪观测站观测手段的不断改变和各国观测积雪指标的不尽相同,再加上有些站点的观测数据不连续,使得积雪长期观测数据连续性不好。遥感积雪数据是积雪变化研究中重要的数据源,目前最长时间的积雪面积遥感产品是 NOAA 起始于 1966 年的北半球的每周最大积雪面积产品。此外,卫星反演的 SD 和 SWE 数据的准确性较低,尤其在地形复杂的山区和林区。考虑到数据质量、持续时间,微波遥感反演的 SWE 在数据缺少的南半球应用相对较多。

1. 积雪面积变化

目前,积雪面积变化研究主要集中在北半球,其中最为常用的数据是由 Brown 和 Robinson(2011)基于观测和遥感发展的北半球积雪面积(NH SCE)产品。这个长时间系列数据表明,在过去 90 年,NH SCE 明显减小,减少的时间主要是 20 世纪 80 年代以后,并呈现加速减小的趋势;1979~2012 年 3~4 月北半球积雪面积每 10 年平均下降 2.2%;6 月的积雪面积减少趋势要比 3~4 月更为显著,1979~2012 年北半球 6 月积雪面积每 10 年平均下降 14.8%(图 9.1)。MODIS 积雪遥感产品表明,2002~2010 年,中国稳定性积雪(年积雪日数≥60 天)面积先增后减,总体上看变化不明显。气温的升高是春季和夏季积雪面积减少的主要原因。

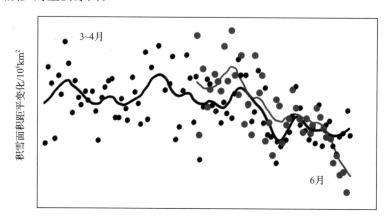

图 9.1　1979~2012 年北半球 3~4 月(黑色圆点)和 6 月的(红色圆点)积雪面积距平变化情况
图中的黑线和红线分别为这两组数据 33 年的平滑线(IPCC,2015)

NOAA 的积雪面积(SCE)的数据表明,由于春季融雪的提前,与 1972~1973 年相比,北半球积雪的持续时间减少了 5.3 天(Choi et al.,2010)。欧亚大陆站点观测数据表明,冬季积雪积累量明显增加,但积雪期减短(Bulygina et al.,2009)。被动微波遥感数据表明,1979 年以来欧亚大陆和泛北极区积雪融雪期明显减短,并且融雪期开始时间每 10 年约提前 5 天,融雪期结束时间每 10 年约推迟 10 天(Tedesco and Monaghan,2009)。

综上所述,由于气温升高,融雪开始时间明显提前,融雪结束时间推迟,积雪期减短,北半球的春季和夏季积雪面积明显减少。

2. 雪水当量的变化

模式模拟结果和多个国家积雪观测结果表明,在冬季气温接近 0℃ 的区域,由于气温的升高,致使积雪积累减小,积雪消融量增加,春季积雪量出现下降趋势;从全球尺度来看,大部分站点的雪水当量在不同观测时期均表现为下降趋势,特别是在较为温暖/低海拔地区,雪水当量减少趋势更加明显。

中国 754 个站点的观测数据表明,中国冬季的积雪深度和雪水当量呈增加趋势,但春季却呈下降趋势(Ma and Qin,2012);欧洲瑞士阿尔卑斯山及德国高海拔的积雪观测未发现冬季雪水当量有明显变化,由于气温变暖,春季积雪持续时间明显减短,春季的雪深和雪水当量明显减少(Marty and Meister,2012);南半球安第斯山脉观测点数据表明,冬季最大的雪水当量数据没有明显的变化趋势(Masiokas et al.,2010);澳大利亚观测点数据表明,春季雪水当量呈下降趋势(Nicholls,2005)。

总体来看,由于气温的变暖,春季雪水当量呈明显下降的趋势,而由于区域气候和地形的差异,全球冬季雪水当量未表现出统一的变化趋势。

9.1.3 流域融雪径流变化

随着全球的变暖,融雪期明显提前已经成为一个不争的事实。由于大量积雪提前融化,前期的融雪径流明显增加,而后期相应减少,从而融雪径流也有所减少。这就改变了流域融雪径流的年内分配,对于以积雪融水为主要补给的河流,径流年内分配也会发生明显变化。但融雪径流总量的变化存在明显的空间差异性,从全球尺度来看,融雪径流总量可能有所下降。

1948~2002 年,北美融雪开始时间明显提前,以至于北美众多河流的融雪径流集中期明显提前(图 9.2)。由于气温变暖,过去 50 年北美大多数融雪开始时间提前了 15~20 天,对应河流融雪径流集中也大多提前 10~30 天。融雪和融雪径流的提前改变了流域径流的年内分配(Stewart et al.,2004,2009)。

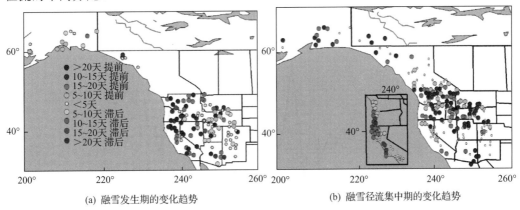

(a) 融雪发生期的变化趋势　　　　　　(b) 融雪径流集中期的变化趋势

图 9.2　1948~2002 年北美主要河流融雪发生期及融雪径流集中期(CT)的变化趋势

在我国,以积雪融水为主的克兰河的研究也表明,流域融雪径流显著提前。随着气候的变暖,河流水文过程(主要为融雪径流)变化极为明显,包括最大径流月由 6 月提前到 5 月,相应地,最大月径流也增加了 15%,4~6 月融雪季节的径流由占总径流的 60% 增加到近 70%(图 9.3 和图 9.4);随着气候的变化,克兰河流域积雪增加,融雪提前,引发融雪洪水的增加,主要表现在发生洪水的时间提前,洪峰流量增加,破坏性增大。从图 9.5 可以看出降雪量增多,随着春季的快速升温,积雪融化速率加大,引起融雪洪峰量级加大,发生时间提前,观测到的最大洪峰流量由 20 世纪 70~80 年代的 200m³/s 增大到 90 年代以来的 350m³/s(沈永平等,2007)。

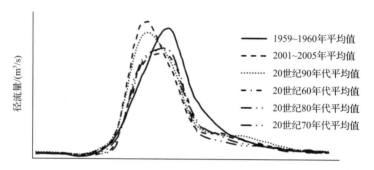

图 9.3　1959~2005 年克兰河阿勒泰水文站年代际年内径流变化过程

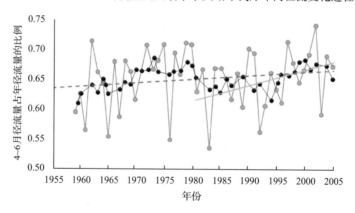

图 9.4　4~6 月阿勒泰水文站融雪季径流占年径流比例变化

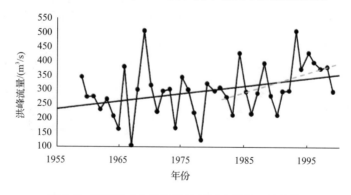

图 9.5　阿勒泰水文站记录的年最大洪峰流量变化

9.2　融雪径流预报/洪水预警

径流预报按预见期可分为短期径流预报和中长期径流预报,一般以流域汇流时间为界,凡预报的预见期小于流域汇流时间的称为短期预报,预报的预见期大于流域汇流时间的称为中长期预报。融雪径流预报是径流预报重要的分支之一,相对于降雨径流预报而言,因为存在积雪和融雪物理过程,因此其更为复杂。融雪径流预报主要根据热力学原理,在分析大气与积雪层的热量交换,以及雪层中"雪-水-冰"混合系统的热量交换的基础上,考虑雪层特性,如雪的密度、雪水当量、导热性、透热性、反射率、雪层结构等,以及下垫面情况,如冻土影响、产水面积等,选定有关水文、气象等因子,借助数学模型或相关图预报融雪出水量、融雪径流总量、融雪径流峰值流量及其出现时间等。

洪水预警与径流预报是密切相关的。两者之间的区别是,径流预报的结果是时间序列的流量或水位,而洪水预警是利用这些预报的径流数据做出是否应该向公众发布洪水警告或取消先前发布的洪水警告信息。

9.2.1　融雪水文模型预报方法

1. 方法概述

流域径流预报是根据径流形成的基本原理,直接从实时气象数据和积雪观测信息预报流域出口断面的径流总量和径流过程,前者称为径流量预报(又称产流预报),后者称为径流过程预报(又称汇流预报)。流域汇流时间是流域洪水径流预报可能获得的理论预见期。

目前,流域融雪径流预报方法主要应用的是融雪径流模型方法,即以实测的气温、降水及积雪信息作为模型系统的输入,经过系统的作用,输出流域出口的流量过程。因此,建立融雪径流预报方案时,首先要选择或建立融雪径流模型;其次要用实测融雪径流资料来率定及调试模型参数;最后采用实测的气象观测数据驱动优化后的融雪径流模型进行径流预报。随着人们对流域产汇流过程认识的深入和计算机的发展,产生了大量的融雪径流模型,目前国内外具有代表性的水文模型有 SRM、HBV 模型等。

2. 应用实例

有研究者采用实时观测的气象数据驱动改进的 SRM 水文模型,对中国中国新疆伊犁河第二大支流喀什河的融雪径流过程进行预报,预见期达到 9 个小时,径流预报结果理想,可为各级防汛指挥部门提供了决策依据(陆玉忠等,2011)。

1) 融雪径流模型

根据径流预报的功能目标、实际要求及实时资料,冰雪融水与雨水混合洪水预报对融雪径流模型 SRM 进行的改进包括以下方面。

(1) 将日模型调整为时段计算模型:SRM 采用度日因子积雪消融模型,无法模拟中小流域的洪水过程和洪峰出现时间,对此采用"度时"因子积雪消融方案,计算时长调整为

3 个小时；

（2）增加降雨时融雪度时因子：融雪期降雨会增加积雪的消融量，当降雨发生时，增大融雪"度时"因子值；

（3）降雨产流部分计算采用三水源新安江流域模型方案进行替代：针对 SRM 模型简单的降雨径流系数方案进行改进，采用相对成熟的三水源新安江水文模型的降雨产流方案替代 SRM 降雨产流部分；

（4）汇流计算采用单位线法：SRM 采用流量计算公式显式递推，只能预报一个时段的流量，难以满足洪水预报的实际需要，将日模型改为时段模型，应用单位线法进行汇流计算，可预报多个时段的融雪流量。

2）流域观测数据及模型参数优化

（1）不同高度带积雪覆盖率衰减曲线：在融雪期，积雪的不断消融和流域积雪覆盖率的不断缩小是一个非常显著的特征，作为重要的基本输入驱动变量，每日积雪覆盖率的准确计算关系到模型模拟效果的好坏。吉林台水库控制流域积雪覆盖率分析采用中巴资源卫星遥感影像，将流域高程分带图和流域积雪分类图叠加，并运用 GIS 功能分带提取。

（2）融雪模型参数：SRM 模型中的"度时"因子、温度梯度、融雪发生的临界温度等参数需要根据流域实际情况进行必要的调整和设置，在该流域长期气象、积雪及水文观测的基础上，结合相关文献的研究成果，最后确定模型的参数。

（3）模型的气象驱动数据：以流域 2007 年连续汛期多个气温和降水观测站的实时气温、降水观测值（3h）作为模型的气象数据输入。

3）预报结果

对该流域两个主要以冰雪融水为补给的控制站（乔尔玛站、巴拉克铁站）的径流进行预报，图 9.6 给出了 2007 年最大一场洪水两个控制站流量的预报过程与实测过程的对比情况。上游控制站乔尔玛站的预报结果与实测结果基本相符，预报效果较为理想，预见期约为 9h 左右。巴拉克铁站缺少实测流量资料，无法对比显示，但从上下游流量相关度分析看是合理的。

9.2.2　大气水文模式耦合的融雪径流预报方法

1. 方法概述

提高融雪径流的预报精度、延长预见期的关键是引入更多的气象信息，其中一个有效的途径是在径流预报模型中耦合气象数值预报模式，提前获取即将发生的气温、降水信息。近年来，随着计算机、探空探测技术的发展，数值预报模式取得了迅速的发展，出现了许多高分辨率的中尺度数值天气预报模式，如加拿大的 MC2、美国的 MM5 和 WRF 等，定量气象要素预报的精度显著提高，空间分辨率达到了几千米，预见期在 3 天以上。采用单向和双向方法，将数值天气模式与水文模型进行耦合，从而进行流域径流预报，这样会获得比传统预报方法更长的预见期。

大气模式与水文模型结合进行融雪径流预报的具体思路如下：①以历史气象、水文和积雪观测数据对要采用的水文模型进行参数校正；②考虑气象预报场数据，其空间分辨率

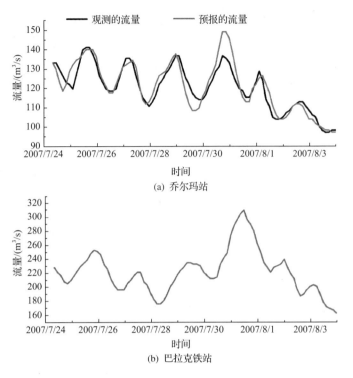

图 9.6　两个控制站洪水预报结果

和时间分辨率有时无法达到水文模型的需求,所以采用区域气候模式对其进行时空降尺度,从而输出高时空分辨率未来几天的气象数据(气温、降水、辐射等),实现有限区域的数值天气预报;③将区域气候模式输出的气象预报数据结合积雪信息数据,与水文模型耦合(双向或单向),从而预报流域水文断面的流量、流量过程线及洪峰数据等。

2. 应用实例

采用天气预报模式对国家气象局 T213L31 气象预报场进行时空降尺度后,驱动分布式水文模型 DHSVM,从而对天山北坡军塘湖小流域的融雪径流过程进行预报,预见期超过 24 小时,预报精度满足径流预报要求(赵求东,2008)。

1) 预报步骤

(1) 有限区域天气数值预报:利用 WRF 大气模式,以国家气象局 T213L31 资料作为初始场和侧边界条件,积分预报时间段流域内气象场,进行数值天气预报。

(2) 模型参数:采用 Landsat TM、MODIS 遥感影像获取了研究区内的植被及积雪信息(积雪、雪面反照率等),并基于 GIS 技术提取流域水文信息(流域边界、水系等)及实现数据的空间管理。典型研究区野外观测数据具体包括自动气象观测仪的气象数据、典型断面流量信息、定点积雪观测数据等,对分布式水文模型 DHSVM 进行参数率定。

(3) WRF-DHSVM(单向耦合)融雪径流预报模式:为了实现对径流过程的预报,采用大气水文过程耦合的方法,以区域气候模式 WRF 输出的高时空分辨率的气象预报场数据驱动分布式水文模型 DHSVM,从而进行径流过程的预报。

具体的预报技术路线如图 9.7 所示。

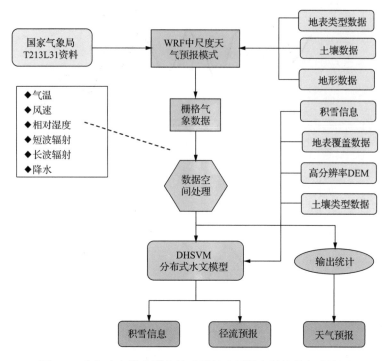

图 9.7　大气水文模式耦合的融雪径流预报实例的技术路线图

2) 融雪径流预报结果

对 2008 年 2 月 29 日 01:00～2008 年 3 月 6 日 00:00 融雪期的融雪径流水文过程进行预报,图 9.8 给出了预报的时径流过程与实测径流的对比情况。分析表明:①从流量过程的吻合程度看,模式预报的流量过程线与实测流量过程线保持高度一致的变化趋势,Nash 确定系数均大于 65%,且多数都在 80% 以上;②对于洪水预报最关心的洪峰流量的预报结果略微偏低,预报最大的相对误差为 13.2%,平均相对误差仅为 7.4%;③从洪峰

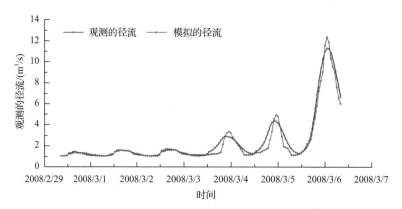

图 9.8　大气水文模式耦合的融雪径流预报实例的预报流量和实测流量对比图

出现时间来看,存在一定偏差,但是在融雪高峰期的绝大部分时间内,该模式的预报结果还是较精确的。总体上看,预报精度可以满足径流预报及洪水预警要求,这为洪水减灾和灾害防治提供了科学依据,具有重要的现实意义。

9.3 融雪径流的预测

预测比预报的时间尺度要长,预见期可以达到数月。目前,融雪径流中长期预测的主要方法是数理统计,通常根据冬季或早春的气象观测数据(气温、降水等)、积雪信息(积雪面积、雪深度或雪水当量)与春季融雪期径流的数理统计关系,进行中长期的融雪径流预测。该预测方法包括两部分内容:①基于过去观测的气象、积雪信息和融水径流数据拟合最优方案;②根据已观测的气象和积雪信息数据预测未来融雪径流。

美国农业部在美国 Donner und Blitzen River 流域采用主成分分析方法,从 3 个积雪观测站 18 个不同时段反映雪水当量和雪深的观测变量中,筛选出可预测 4～9 月流量的最优变量组合。最终得出了 Silvies 站点 4 月 1 日的雪水当量观测值、Fish Creek 站点 3 月 1 日和 4 月 1 日雪水当量观测值,以及 Buck Pasture 站点雪水当量估算值与观测径流有良好的统计关系(图 9.9)。采用该统计关系,利用 3～4 月的积雪观测,预测了 4～9 月该流域的融雪径流,预测结果与实际基本相符。

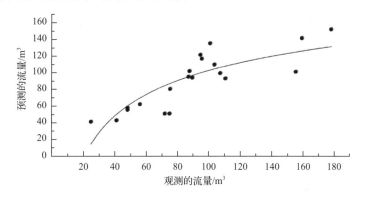

图 9.9 美国 Donner und Blitzen River 流域 4～9 月预测流量与观测流量
对比(de Walle and Rango,2008)

相关研究采用灰色系统理论中的关联分析方法,对中国河西内陆河流域有关水文气象台站的气温、降水及积雪面积等因子进行了筛选,找出与我国河西地区春季 4～6 月融雪径流关系最密切的因子,建立了融雪径流的灰色预测模型,对河西地区主要河流 1995 年 3～6 月各月、旬平均流量进行了预测,预测结果达到《水文情报预报规范》(SD 138-85)的预测标准(蓝永超等,1997)。

总体上看,这种基于数理统计融雪径流的预测方法只能有效预测融雪期某时段内的融雪径流总量,但很难准确预测融雪径流洪峰值及径流过程。

9.4　融雪径流预估

目前,所有气候模型都预估在大气中温室气体含量增加的背景下,未来近地表将持续变暖。全球升温会对水循环产生重要影响,尤其对以冰或雪为主要水资源的区域,随着气温的上升,冬季降水中降雪的比例会减少,春季积雪的消融时间会提前。即使降水强度不发生变化,但由于积雪的提前消融,河流径流峰值会从最需要水的夏季和秋季提前到早春。全球超过 1/6 的人口主要依靠冰川和积雪的融水,这种水文水资源未来变化会对这些区域的经济和社会发展产生巨大影响。融雪径流的预估主要包括以下几个方面。

9.4.1　积雪预估

北半球的积雪覆盖度最大且对气候变化非常敏感,目前积雪对气候变化的响应研究主要集中在北半球。在积雪期的开始和结束,积雪覆盖率减少与积雪持续的时间密切相关,而雪水当量对降雪量更为敏感。CMIP5-GCMs 模型预估结果表明,相比参考期(1986～2005 年),3 个排放情景(RCP2.6、RCP4.5 和 RCP8.5)下,2016～2035 年春季(3～4 月)积雪覆盖率分别减少 5.2%±1.5%, 4.5%±1.2% 和 6.0%±2.0%;到 21 世纪末分别减少 7%±4%,13%±4% 和 24%±7%(图 9.10)。年最大的积雪雪水当量变化预估更复杂,气温的升高会减少冬季降水中降雪的比例并增加消融,而北半球高纬度地区冬季降水将会增加,那么地表雪水当量变化取决于这些要素之间的平衡。CMIP3-GCMs、CMIP5-GCMs 及 VIC 陆面水文模式预估结果均表明,在北半球最冷的区域,未来年最大雪水当量将会增加或微弱减少,而靠近积雪南部边缘区的年最大雪水当量将会明显减少(Adam et al. , 2009,图 9.11)。

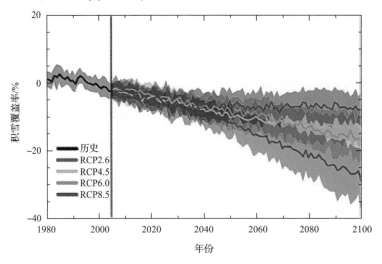

图 9.10　CMIP5 北半球春季积雪面积相对于参考期(1986～2005 年)的变化情况预估
粗的实线表示多模式的平均结果,阴影部分表示模式之间的标准偏差。
观测的参考期积雪面积为 32.6×10⁶ km²(来自 IPCC,2013)

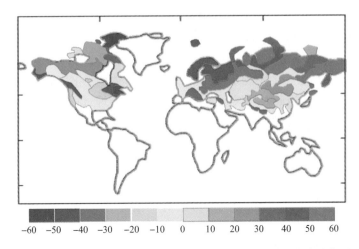

图 9.11 IPCC SRES A2 排放情景下,20 世纪 40 年代(2025~2054 年)全球早春(北半球:3~4 月;
南半球:9~10 月)平均雪水当量相对于参考期(1961~1990 年)的变化情况(Adam et al.,2009)

综上所述,到 21 世纪末,北半球的积雪覆盖率将非常有可能明显减少,年最大积雪雪水当量的变化可能具有纬度特性(最冷的高纬度区可能增加或微弱减少,在低纬度的积雪区可能明显减少)。

9.4.2 融雪径流预估

流域融雪径流预估的主要方法是采用未来气候情景下的预估数据驱动融雪径流模型来预估流域未来的融雪径流变化(图 9.12)。全球气候模式输出的气候情景数据空间分辨率很低(大多为 $1°×1°$),难以直接驱动水文模型,所以需要经过降尺度。降尺度方法大

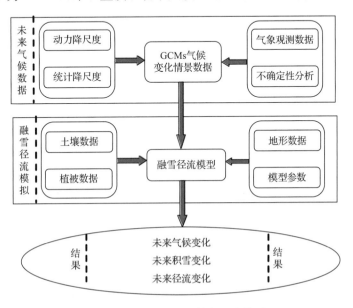

图 9.12 融雪径流预估方法路线图

约可以分为两大类:统计降尺度和动力降尺度。此外,由于流域水资源的未来预估也存在很多不确定性,所以在实际工作需对预估结果进行不确定性分析。不确定性主要来自以下几个方面。

(1) 气候情景预估数据的不确定性:现阶段采用的气候变化情景数据主要是 IPCC 的 GCMs 模式输出的,由于当前对气候系统中各种强迫和物理过程科学认识的局限,气候模式本身仍不完善,模拟的气候状况与真实情况还有很大差距;此外,温室气体排放预测是气候模式重要的输入条件,IPCC 也已制定了多种排放情景,但对未来社会环境、土地利用、政策等难以准确预测和描述,因此未来排放情景很难准确表述,其不确定性也必然会对气候模式输出的气候情景产生一定影响。

(2) 降尺度方法的不确定性:降尺度方法对于相同的 GCM 预估结果采用不同的区域气候模式(RCM)或不同的统计降尺度方法,这样也会得到不同的区域气候情景。因此,降尺度技术的不确定性也是区域气候变化情景和水文模拟结果不确定的根源之一。

(3) 水文模型的不确定性:水文模型将高度复杂的水文过程采用相对简单的数学公式来描述复杂的水文过程往往会出现"失真",这必然会导致流域水文模型的不确定性;此外,模型需要输入大量参数,用于率定模型参数的各种观测数据本身的精度和序列的代表性,这样会影响模拟评价的结果,尤其是由于人类活动和气候变化的加剧,流域水文的基本规律也在不断发生改变,用历史的水文序列拟定的参数不能完全反映未来流域的特性,进而会给预估结果带来一定的不确定性。

下面主要介绍国内外在流域融雪径流预估及其影响方面的相关成果。

1. 美国西部

美国西部年降水量的大部分以冬季山区降雪形式发生,春季和夏季的积雪消融补给河流。2000 年的 ACPI(the accelerated climate prediction initiative)计划开展了该区域气候变化对水资源影响的研究。利用 NCAR-DOE Parallel Climate Model 预估的结果表明,21 世纪中期,该区域气温将增加 $0.8 \sim 1.7 ℃$,而降水没有太明显的变化。以该气候模式预估的气候情景数据驱动水文模型来预估未来美国西部的径流变化,2050 年由于气温升高,山区积雪将大量减少,径流的年内分布也发生明显变化,春季径流最大的月份将提前一个月。由于没有足够大的水库容量来处理这种径流峰值月的提前,以至于大多数的春季融水被释放到海洋,这种融雪径流变化将对当地水资源利用和管理产生重大影响。例如,美国西部的哥伦比亚河流域,由于 2050 年冬季降雪的减少和积雪的提前消融,使得当地水库调水面临选择,是确保夏季和秋季水力发电,还是保护春季和夏季鲑鱼的繁殖和生长。

2. 欧洲的莱茵河

采用 GCM-UKHI 和加拿大的 XCCC 气候模式的气候情景预估结果驱动了 5 个水文模型,对莱茵河流域的径流过程进行了预估,虽然水文模型模拟结果存在一定偏差,但反映的趋势一致(Middelkoop et al.,2001)。结果表明,21 世纪中期,莱茵河流域气温将增加 $1.0 \sim 2.4 ℃$,由于气温的升高,该河流将会从由降雨径流和融雪径流共同补给变成主要由降雨补给为主的河流。莱茵河的冬季径流增加,夏季径流减少,峰值流量增加,高峰值流量出现的频率增多,夏季径流的低值将会频繁出现并且持续的时间也会增加。这种径流未来的变化将对当地的社会经济产生重要影响:需水高峰期的工农业和生活可用的水资源将减少;低径流日数的增加会对航运产生影响,会增加航运成本;部分流域水力发电量会减少;山区滑雪季的缩短会减少当地经济收入(图9.13)。

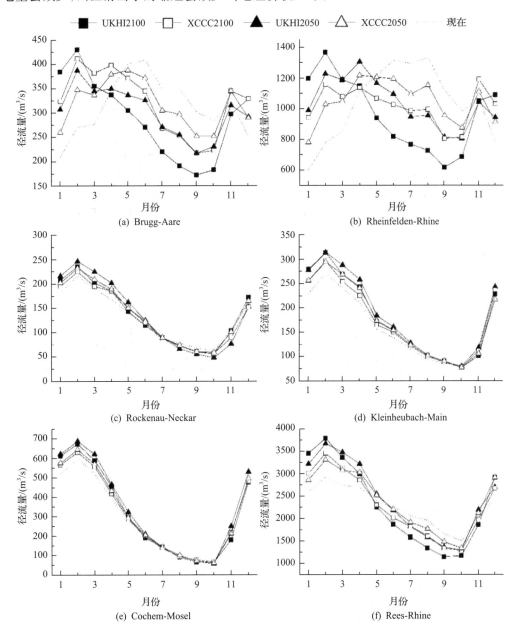

图9.13 莱茵河流域 UKHI 和 XCCC 气候情景下不同站点的月平均径流状况

高山区站点:Brugg-Aare 和 Rheinfelden-Rhine;主干流:Rockenau-Neckar, Kleinheubach-Main 和

Cochem-Mosel;整个流域:Rees-Rhine

3. 土耳其东部流域

土耳其东部山区是土耳其最大的降雪区,冬季积雪量大,该区域流域的水量主要来源于积雪融水。根据 RegCM3-A2 气候情景预估结果,到 21 世纪末,该区域气温约增加6℃。气温的升高会导致冬季积雪量下降,融雪期进一步提前。该区域 4 个流域径流峰值出现的时间将平均提前 4 周,冬季流量明显增加,由于积雪的提前消融,4~5 月的径流明显下降(图 9.14)。径流这种变化会对当地水库安全、水资源管理产生重大影响(Yucel et al.,2015)。

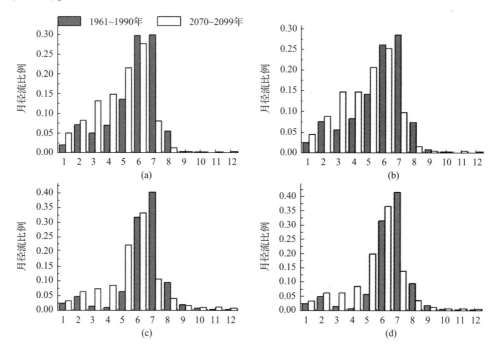

图 9.14　过去(1961~1990 年)和未来(2070~2099 年)的月径流比例(每月径流量超过年径流量)
分配情况
(a)幼发拉底河流域;(b)底格里斯流域;(c)阿拉斯河流域;
(d)乔鲁赫河流域。对未来的预估是基于一个高排放情景 A2

4. 中国黑河流域

融雪径流是干旱区黑河流域一个重要的补给源,约占总径流量的 25.4%。NorESM1-ME 气候模式预估结果表明,未来流域的气温将持续升高,降水也呈现增加趋势。由于降水的增加,未来的融雪径流呈现增加趋势,在 RCP2.6 气候情景下,融雪径流总量的增加趋势相对不明显,而在 RCP4.5 和 RCP8.5 气候情景下,融雪径流增加趋势很明显(图 9.15)。

综上所述,在北半球低纬度的积雪区,未来气温上升会使冬季降雪量减少,融雪径流峰值出现的时间会明显提前,春季径流增大,夏季径流会有所减少,这种径流过程的改变势必会对水资源利用和管理及当地社会经济发展产生重大影响。

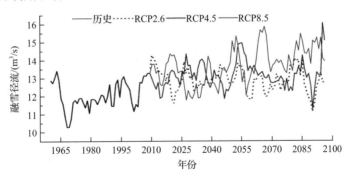

图 9.15　黑河流域融雪径流预估结果

第 10 章　冰雪洪水与灾害

冰雪消融洪水、冰湖溃决洪水、冰川泥石流是 3 种重要的冰雪相关灾害。冰雪洪水主要包括冰川融水、积雪融水，以及两者与降雨混合形成的洪水，其与气候变化密切相关，多发生于春、夏季。高寒山区最常见的冰湖溃决洪水为冰碛阻塞湖溃决洪水和冰川阻塞湖溃决洪水，以发生突然、洪峰短促，以及径流模数大而著称，其预测难度非常大。冰川泥石流在高寒山区也较为常见，一般具有爆发突然、来势凶猛、历时短暂、破坏力极大的特点。冰湖溃决洪水和冰川泥石流成因复杂，许多评价参数很难获取或很难准确获取，一般对冰湖溃决洪水/泥石流灾害模拟和评价结果的不确定性较大，实践中往往根据评价的层次/深度要求和可获得的数据源情况，选择性构建适合研究对象实际情况的评价方法。

10.1　冰雪消融型洪水

冰雪消融型洪水是指由冰川融水和积雪融水为主要补给来源所形成的洪水，以冰川融水为主要来源的称为冰川消融洪水，以积雪融水为主要来源的称为积雪消融洪水，以暴雨和冰川、积雪融水混合形成的洪水分别为降雨＋积雪消融混合洪水和降雨＋冰川消融型混合洪水。4 类冰雪洪水的特征、分布以及对气候变化的响应见表 10.1。高寒山区单纯由冰川融水补给或单纯由积雪融水补给的河流很少见，一般由冰川融水、积雪融水、雨水等混合补给。冰雪消融洪水是季节性洪水，与气候变化密切相关。每年当气温回升到 0℃以上时，冰与雪融化成为液态水。太阳辐射越强、冰川面积和前期积雪厚度越大，则融化强度越大。由冰川和积雪融化的水一部分形成地表径流直接补给河流，一部分通过下渗以浅层地下水的形式补给河流，形成春、夏季洪水。

表 10.1　冰雪洪水的基本特征、分布及其对气候变暖的响应

类型	特征	分布	对气候变暖的响应
积雪消融洪水	主要发生在春季气温升温期，冬季积雪随着春季气温的上升开始消融，到后期大量融水集中从雪层中释放，汇流集中成洪水	中高纬地区和高山地区	洪水提前，洪峰增大，洪水强度和频率增加
冰川消融洪水	在夏季少雨时段，持续的气温上升使高山雪线和 0℃温层上升明显，冰川大部分处于消融状态，融冰水流汇集形成冰川消融洪水	高山地区	雪线上升明显，冰川大部分处于裸冰状态，冰面污化面发育，反照率降低，冰面消融增加，融水增加

续表

类型	特征	分布	对气候变暖的响应
降雨＋积雪消融混合洪水	春末夏初,当季节积雪大量消融之时,如叠加暴雨,一方面促使积雪加速融化和破坏了积雪本身的调蓄作用,另一方面积雪融水与暴雨洪水同时汇入河道,加大了河流流量,形成混合型洪水	高山带、平原带	极端暴雨事件是触发因素
降雨＋冰川消融型混合洪水	前期长期干旱、高温,使得冰川全面消融,在一个大范围降水过程突然到来,产生大暴雨,暴雨产流与冰川融水产流汇合,是最为常见的冰雪洪水类型	中高纬地区和高山地区	气温升高是关键,但极端暴雨事件是触发因素,随着气候变暖,强度增加

资料来源:沈永平等,2013。

　　冰雪洪水在全球高纬地区和高山地区广泛分布,在俄罗斯高加索、中亚、欧洲阿尔卑斯山、北美西海岸山脉等地最为普遍。在中国,冰川消融洪水主要分布在天山中段北坡的玛纳斯河流域,天山西段南坡的木扎尔特河、台兰河,西昆仑山喀拉喀什河,喀喇昆仑山叶尔羌河,祁连山西部的昌马河、党河,喜马拉雅山北坡雅鲁藏布江部分支流等。积雪消融洪水主要分布在新疆阿尔泰山,东北一些河流等也有冰雪洪水。

10.1.1　积雪消融洪水

　　积雪消融洪水是指由积雪融化形成的洪水,简称雪洪。其一般发生在春、夏两季的中高纬地区和高山地区,可分为平原型和山区型两种。由于前期时段降雪较大,随后气温回升又很快,于是加速了积雪消融的速度,从而造成洪水。与普通洪水不同的是,积雪消融洪水当中会夹杂着大量的冰凌和融冰,所到之处带来的破坏性极大。在一些中高纬地区,冬季漫长而严寒,积雪较深,来年春、夏季气温升高超过 0℃,积雪融化形成洪水,积雪消融洪水与累积积雪量密切相关,且时空分布特征差异明显(阿不力米提江•阿布力克木等,2015)。影响积雪消融洪水大小和过程的主要因素是积雪的面积、雪深、雪密度、持水能力和雪面冻深,融雪的热量,积雪场的地形、地貌、方位、气候和土地使用情况,这些因素彼此之间有交叉影响。

　　春季积雪消融洪水是由冬季的积雪消融形成的,积雪消融洪水发生的时间一般在 4~6 月(图 10.1)。积雪消融洪水洪峰流量出现在 5~6 月。处在同纬度附近的河流,平原积雪消融洪水发生时间较山区早。中国阿尔泰山区河流的积雪消融洪水一般出现在 4~5 月,最迟至 6 月就结束。

　　积雪消融洪水是积雪、热量条件、地形等因素综合影响的结果,因而具有与降雨洪水不同的特征,主要表现在以下几个方面:①洪水过程与气温过程变化基本一致,但在升温初期,气温上升比较快,河流流量变化不大,呈缓慢上涨趋势,当气温即热量积累达到一定程度后,洪水过程上涨比气温过程陡,整个洪水过程落后于气温过程,洪峰滞后于温峰

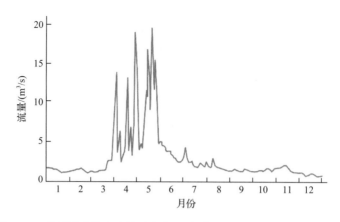

图 10.1　积雪消融洪水流量过程线（沙拉依灭勒河乌什水站，1970 年）

（图 10.2）。②洪水过程有明显的日变化，洪水日变化呈现一峰一谷。洪峰通常出现在午后，谷出现在夜晚，由于各个水文观测站离积雪区远近不同，各条河流峰谷出现时间不一样。③洪水虽然出现在开春，但由于春温极不稳定，不同年份气温回升速度差异很大，因而开春时间气温年际变化也很大。

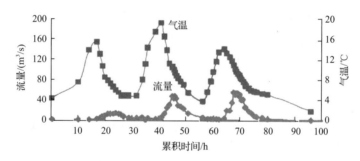

图 10.2　2000 年 3 月 25～29 日军塘湖河流量气温逐时过程线（隗经斌，2006）

10.1.2　冰川消融洪水

冰川素有"高山固体水库"之称，每年夏季气温升高，冰川大量融化形成洪水，给下游人民的生命财产安全带来危害。同时，冰川区往往覆盖积雪，夏季冰川消融也往往包含积雪消融，因此冰川消融洪水也会在不同程度上含有积雪消融的成分。发源于冰川区的这两类洪水成因及其过程相似，但以冰川消融洪水为主，因而统称为冰川消融洪水。

冰川消融洪水根据冰川消融洪水流量过程特征可分为两种类型：一种是由于冰川正常的融化，一年一度形成的季节性洪水，洪水过程线无明显暴涨暴落，而是缓慢连续上升。冰川消融洪水的洪峰、洪量及洪水形态在相同的地质地貌条件下，主要取决于冰川消融区面积，一般呈肥胖单峰型，洪峰值出现在 7～8 月（图 10.3）。另一种是在极端天气条件下，如较短时间内出现极端高温天气，引起冰川异常消融，形成洪水。这类冰川消融洪水随着气温的急剧变化而呈现暴涨暴落的现象。

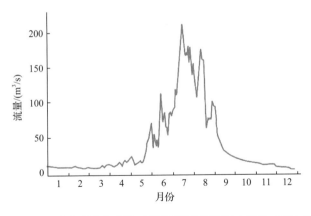

图 10.3　冰川消融洪水流量过程线(玛纳斯河红山嘴站,1974 年)

冰川消融洪水是夏季持续高温后产生的洪水,一般具有如下特点:①冰川消融洪水流量与气温变化具有明显的同步关系,流量与降水变化呈非同步关系。②洪峰、洪量大小与升温幅度关系很大,也与冰川面积、雪储量、夏季降雪量有关。原因除了与太阳辐射、升温幅度、高温维持时间有关外,还有洪水随气温等热量条件变化缓慢,高山冰雪具有调蓄滞缓作用,洪水源于高山,受到河道调节、洪水平坦化等因素有关。③与积雪融水一样,高山冰雪融水有明显的日变化,这种日变化因发源于不同山区的河流而呈现出不同的日变幅。④冰川消融洪水年际变幅小,如新疆主要河流最大洪水与最小洪水的比值为 1.54～2.80。⑤冰川消融洪水洪峰型反映了山区高温期长短特点,如果迅速升温,冰川大量消融,洪水涨水快,降雨期间,气温骤降,融水减少,洪水退水快;反之,高温持续,则洪水退水慢。例如,发源于天山山区的河流,由于该区高温期短,洪水历时通常在 4～10 天,涨水、退水段坡度较陡。

10.1.3　降雨＋积雪消融混合洪水

春末夏初,正值积雪大量消融之时,如叠加大暴雨,一方面促使积雪加速融化和破坏了积雪本身的调蓄作用,另一方面积雪融水与暴雨洪水同时汇入河道,加大了河流流量,形成降雨＋积雪消融混合洪水。

降雨＋积雪消融混合洪水过程有如下特征:①洪水一般没有日变化,由于暴雨破坏了积雪融水随气温变化的规律,所以在洪水过程线上看不出峰谷日变化;②洪水过程线底部宽,历时长,峰顶主要取决于雨量、雨强,雨量大、强度高,形成的洪峰陡高(图 10.4)。这类洪水由于受积雪面积大小,积雪分布状况,升温幅度,以及雨量、雨强影响,在不同河流出口断面上的过程线形状差别较大。

降雨＋积雪消融混合洪水灾害在我国西北洪水灾害中占的比例较大,根据新疆 19 条主要河流统计,在 201 场洪水灾害中,37％为降雨＋积雪消融混合洪水灾害,其中天山、阿尔泰、塔城等地混合洪水灾害占 56％,居 4 类冰雪洪水产生灾害之首。

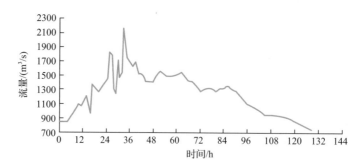

图 10.4　叶尔羌河卡群站记录的 1999 年 8 月 1 日 0∶00～6 日 8∶00 暴雨融雪洪水过程
（沈永平等,2008）

10.1.4　降雨＋冰川消融混合型洪水

降雨＋冰川消融型混合洪水与降雨＋积雪消融混合型洪水最为显著的区别是,降雨＋冰川消融型混合洪水发源于有冰川（包含冰川区积雪）分布的高山区。夏季,前期长期干旱、高温使得冰川、积雪全面消融,高山冰雪融水泄至中低山带,如遭遇一个大范围降水过程（大暴雨）,暴雨产流与冰川融水产流汇合,形成降雨＋冰川消融混合型洪水类型。相比降雨＋积雪消融混合型洪水,该类型洪水年内发生时间相对要晚（降雨＋积雪消融混合型洪水一般发生于春季或春夏之交,而降雨＋冰川消融混合型洪水多发生于盛夏）,洪水源区海拔位置要高。此外,降雨＋冰川消融混合型洪水的洪峰洪量取决于雨前气温及降雨强度。降雨前气温高,高温维持时间长,过程线底部宽,雨量大、强度高,形成的洪峰陡立。

河水自高山流入平原,途中流经不同地带,常会产生几种洪水类型相互交错叠置,因而在高寒山区河流中出现的洪水大多为降雨洪水＋积雪消融洪水、降雨洪水＋冰川消融洪水等混合型洪水。尽管不同类型洪水过程存在明显差异（图 10.5）,但因高寒区气象水文站网稀少,山区降水观测资料缺乏,很难判断一次洪水过程是由多少降雨贡献产生的洪水。

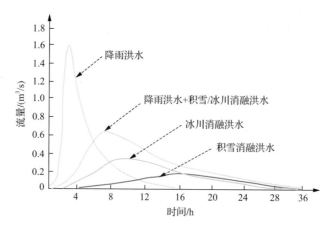

图 10.5　山区不同类型洪水过程

10.2　冰湖溃决型洪水

冰湖(glacial lake)属于在洼地积水形成的自然湖泊的一种,一般把在冰川作用区内与冰川有着直接或间接联系的湖泊称为冰湖,是冰冻圈最为活跃的成员之一。冰湖的补给来源主要是冰雪融水,可分为冰碛湖、冰川湖和冰面湖等类型。与一般自然湖泊相比,冰湖多具有如下特征:①规模小,多变化于 $1\times10^{-3}\sim1\times10^{2}\,\mathrm{km}^{2}$;②受补给水源影响,年内和年际的面积/水量变化大;③存在周期短,一般从不足一年到数十年;④与冰川有着直接或间接联系,对气候变化敏感;⑤位于高寒山区,既是一种珍贵的水资源,又是灾害的孕育者。

冰湖溃决洪水(glacier lake outburst flood,GLOF)是指在冰川作用区,由于冰湖突然溃决而引发溃决洪水/泥石流,危害人民生命和财产安全,并对自然和社会生态环境产生破坏性后果的自然灾害。冰湖溃决包括冰川阻塞湖、冰碛阻塞湖、冰面湖、冰内湖等冰川湖突发性洪水,最为常见的是冰碛湖溃决洪水和冰川湖溃决洪水。

冰湖溃决灾害在世界各地均有发生,喜马拉雅山、安第斯山、中亚、阿尔卑斯山和北美等地的冰川作用区是冰湖溃决灾害的多发区(图 10.6)。自 20 世纪 30 年代以来,兴都库什-喜马拉雅山有记录的冰湖溃决灾害已呈增加趋势,到 2010 年,累计发生的溃决灾害超过 32 次,平均每年发生 0.46 次,尤其是 60 年代中期以来,平均每年发生 1 次冰湖溃决事件。在冰湖溃决灾害中,一般又以冰碛湖溃决洪水规模大、影响范围广,在相似规模的冰湖中,冰碛湖的溃决洪峰可能较冰川湖的洪峰要大 2~10 倍,因此冰碛湖溃决灾害研究备受关注。

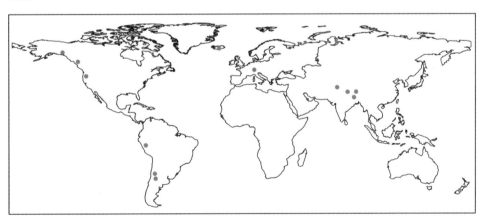

图 10.6　全球有记录已溃决冰碛湖的分布图

10.2.1　冰碛湖溃决洪水

1. 溃决概率估算

冰碛湖溃决影响因素多,溃决成因复杂,要准确估算冰碛湖溃决概率,所选取的指标应力求全面反映冰碛湖各关联组分、环节的状态及变化。然而,冰碛湖多位于高寒遥远的山区,受当前认知水平的限制,以及地形、政治(边界区域)和安全等因素的影响,许多估算参数很难准确获取。研究者往往根据评价的层次/深度要求和可获得的数据源情况,选择性地构建适合研究对象实际情况的冰碛湖溃决概率评价体系,并基于概率论和数理统计数学方法,提出冰碛湖溃决概率计算模型。当前应用较多的主要有逻辑回归模型、模糊综合评价模型、等级矩阵图解模型和溃决概率事件数模型等。

1) 逻辑回归模型

定量地估算冰碛湖溃决危险性主要是基于对已溃决冰碛湖的分析归纳出来的概率性经验公式。逻辑回归是线性回归的扩展,主要适用于相互关联的非连续数据/名义数据间的回归分析。McKillop 和 Clague(2007a)以加拿大 British Columbia 及其毗邻地区 20 个已经溃决、166 个未溃决的冰碛湖为样本,从 18 项备选参数筛选出 4 项参数,建立冰碛湖溃决概率的逻辑回归方程:

$$p(\text{outburst}) = \{1 + \exp - [\alpha + \beta_1(M\_hw) + \sum \beta_j(\text{Ice\_core}_j)$$
$$+ \beta_2(\text{Lk\_area}) + \sum \beta_k(\text{Geoloy}_k)]\}^{-1} \tag{10.1}$$

式中,$P(\text{outburst})$ 为溃决概率;α 为截距;β_1、β_2、β_j、β_k 为回归系数;M_hw 为湖水位距坝顶高度与湖坝高度之比;Ice_core 为冰碛坝内冰核;Lk_area 为冰碛湖面积;Geoloy 为冰碛坝主要岩石组成。

2) 模糊综合评价模型

模糊综合评价法是一种基于模糊数学的综合灾害评标方法,即根据模糊数学的隶属度理论把定性评价转化为定量评价,即用模糊数学对受到多种因素制约的事物或对象做出一个总体评价。模糊综合评价法的最显著特点如下:①相互比较,以最优的评价因素值为基准,其评价值为 1;其余欠优的评价因素依据欠优的程度得到相应的评价值。②可以依据各类评价因素的特征,确定评价值与评价因素值之间的函数关系(即隶属度函数)。其计算过程主要包括以下几个步骤。

首先,选取评价指标。评价指标的选取直接决定模糊综合评价模型结果的可靠性,不同的学者依据样本湖的特点、评价目标、指标属性知识的可获取性等因素选定不同的危险性评价指标。例如,黄静莉等(2005)以西藏洛扎县 14 个冰碛湖为例,选择海拔、冰湖面积、距现代冰川冰舌前端距离、终碛堤坝宽度、背水坡度、主沟床纵比降等 8 项作为评价指标;Wang 等(2011)在评价藏东南伯舒拉岭地区冰碛湖危险性时,选取冰湖面积、母冰川面积、冰湖与母冰川之间的距离、冰湖与母冰川之间的坡度、冰碛垄坡度和母冰川冰舌坡度 6 个判别指标。

其次,确定评价指标权重。确定各评价指标的权重系数是进行模糊综合评价的关键。当前应用较多的是基于模糊一致矩阵的模糊层次分析法确定危险评价指标权重系数。第一,构造模糊一致矩阵。模糊一致矩阵 $R = (r_{ij})_{m*n}$ 是表示因素间两两重要性比较的矩阵,其中 $0 \leqslant r_{ij} \leqslant 1$,$r_{ij} + r_{ji} = 1$。$r_{ij}$ 表示因素 r_i 比因素 r_j 重要的隶属度。也就是说,r_{ij} 越大,因素 r_i 就越比因素 r_j 重要,而当 $r_{ij} = 0.5$ 时,则表示因素 r_i 与因素 r_j 同等重要。若模

糊矩阵 $R = (r_{ij})_{m*n}$ 满足 $r_{ij} = r_{ik} - r_{jk} + 0.5$ 时,则称 R 是模糊一致矩阵。第二,根据模糊判断矩阵,通过式(10.2)计算求危险性评价指标的权重值 (w_i):

$$w_i = \frac{1}{n} - \frac{1}{2a} + \frac{1}{na} \sum_{k=1}^{n} A_{ik} \tag{10.2}$$

式中,a 为计算参数,a 值不同,求得的权重值也不同,a 值越大,权重值之间的差值越小,当 $a = (n-1)/2$ 时,权重值之差达到最大。

3) 等级矩阵图解模型

该模型是先对区域内冰湖危险评判指标进行等级划分,依据划分出来的等级构建图解矩阵来评判冰碛湖危险性等级(Mergili and Schneider,2011),模型流程如图 10.7 所示。该模型提出了溃决洪水发生及其到达某一地域单元的易损性概念,即主要通过确定内外因诱发冰碛湖溃决洪水形成的易损性(H)和冰湖溃决洪水影响某一区域/像元的易损性(I),发展一种基于中等空间分辨率的遥感影像和数值高程模型(DEM)数据的危险冰碛湖识别及其溃决概率等级评价模型,并在帕米尔西南部、塔吉克斯坦的境内 Gunt 和 Shakhdara 山区的冰湖进行成功实践。

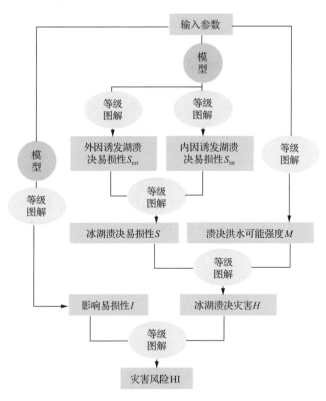

图 10.7　冰碛湖溃决概率等级矩阵图解模型流程(Mergili and Schneider,2011)

4) 溃决概率事件树模型

在不同气候背景组合形式下,冰碛湖溃决可划分成由若干具有因果环节(状态)组成的溃决模式(马尔柯夫链)。对于某一溃决模式的发生,后一环节(状态)发生的可能性由前一环节(状态)决定。也就是说,冰碛湖溃决环节(状态)是前面若干环节(状态)的条件概率,这是借助事件树分析冰碛湖溃决事件最基本的理论依据。冰碛湖溃决概率事件树模型的计算过程如下。

首先,确定冰碛湖溃决的可能荷载。所谓荷载,本书是指与冰碛湖溃决密切相关的本底值的度量。冰碛湖溃决归根结底一般是水、热累积的结果,通常取冰碛湖溃决当年的背景气候度量值(Wang et al.,2012)。根据对已溃决冰碛湖当年气候背景的分析和度量,中国已溃决冰碛湖发生的气候背景可分为暖湿、暖干、冷湿和接近常态 4 种状态,即 4 种荷载。

其次,确定冰碛湖溃决概率事件树。对某危险性冰碛湖来说,所有可能荷载作用下的所有可能破坏途径都应该考虑。"所有可能荷载"应根据冰碛湖溃决的实际气候背景情况进行划分。在某一背景气候荷载下,描述溃决事件发展的过程,形成溃决途径,并对每个过程发生的可能性赋予某一概率值,得到在这一荷载下溃决途径(模式)的发生概率;依次可描述这一荷载下其他可能的溃决途径(模式)及发生概率,最终形成描述冰碛湖溃决概率的事件树。

最后,应用事件树方法计算冰碛湖溃决概率时,有 3 个步骤。

(1)计算每种荷载状态下每一溃决途径(模式)的溃坝概率,即各个环节发生的条件概率的乘积。

设在某一气候荷载下,某一溃决模式中各环节的条件概率(条件概率,满足概率乘法定理)分别为 $p(i,j,k)$,$i=1,2,\cdots,n$;$j=1,2,\cdots m$;$k=1,2,\cdots,s$;参数 i 为气候荷载;j 为破坏模式;k 为各环节。因此,第 i 种荷载下第 j 种溃决模式下冰碛湖溃决的概率 $P(i,j)$ 为

$$p(i,j) = \prod_{k=1}^{s} p(i,j,k) \tag{10.3}$$

(2)同一荷载状态下的各种破坏模式一般并不是互斥的(即非互不相容事件,不适用概率的加法定理),因此,同一荷载状态的溃决条件概率可采用 de Morgan 定律计算。设第 i 个荷载状态下有 m 个溃决模式 A_1、A_2、A_3、$\cdots$、A_m,其概率分别为 $P(i,1),P(i,2),\cdots,P(i,n)$,则 n 个溃决事件发生的概率 $P(A_1+A_2+\cdots+A_m)$ 为

$$P(A_{1i}+A_{2i}+\cdots+A_{ni}) = 1 - \prod_{j=1}^{n}[1-P(i,j)] \tag{10.4}$$

de Morgan 定律就是式(10.4)中事件并集概率的上限。$P(A_1+A_2+\cdots+A_m)$ 即为第 I 种荷载下的冰碛湖溃决的概率 $P(i)$。

(3)对可能导致冰碛湖溃决的气候背景逐一重复上述步骤,则可以得到"所有可能荷载"下的所有可能溃决途径和溃决概率。由于不同荷载状态一般是互斥的(即互不相容事件,适用概率的加法定理),则冰碛湖溃决概率等于各种荷载状态下溃决概率之和。即

$$P = \sum_{i=1}^{m} P(A_{1i}+A_{2i}+\cdots+A_{ni}) + E \tag{10.5}$$

式中,E 为常数,其取值反映非气候荷载模式下冰碛坝溃决的概率。

对于冰碛湖溃决概率计算模型,一方面,冰碛湖溃决事件的发生具有明显的地域性特征,不同地区冰碛湖溃决概率的分析,应立足于本区域已经溃决冰碛湖的历史资料,建立适合本研究区溃决概率的分析方法。另一方面,任何冰碛湖溃决概率的计算方法都有其地域局限性,将一种方法推广到样本湖以外的区域应用时,其参数的选择和应用效果等问题均需进一步探讨。

2. 溃决洪水模拟

冰碛湖溃决洪水模拟主要从湖水量计算、洪峰估算、洪水过程模拟、洪水演进模拟等方面进行。本节选取龙巴萨巴湖为例,说明冰碛湖溃决洪水模拟过程。龙巴萨巴湖位于喜马拉雅山朋曲流域的支流给曲的源头,北纬 27°56.67′,东经 88°04.21′,行政区划属于西藏自治区日喀则地区定结县琼孜乡。近年来,当地牧民发现该湖水位不断上升,处于危险状态,并向当地政府汇报,引起了有关部门的重视。2009 年至今,研究人员每年夏季对该湖进行科学考察与观测,并建立了半定位观测站。基于上述观测结果,对龙巴萨巴湖溃决洪水的模拟从以下 4 个方面展开。

1) 冰湖库容计算

利用 Syqwest 公司生产的 HydroboxTM 高分辨率回声测深仪对冰湖水深进行测量,共获得 6916 个离散湖水深度数据点,利用 6916 个离散点的三维坐标($X,Y,$Depth)和湖泊边界数据,获得龙巴萨巴湖库容量。计算表明,龙巴萨巴湖库容大小为 $0.64\times10^8\,\mathrm{m}^3$,湖盆表面积为 $1.22\mathrm{km}^2$,假设龙巴萨巴湖水深保持不变,利用模拟的湖盆形态和不同时期冰湖边界矢量数据,通过空间叠加和三维分析,可计算出龙巴萨巴湖各年库容量大小。结合不同时期龙巴萨巴湖面积和库容量,得到龙巴萨巴湖库容-面积关系(图 10.8)。

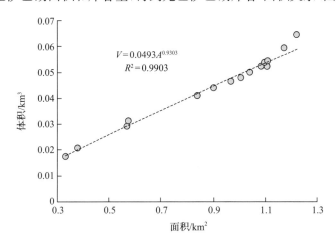

图 10.8 龙巴萨巴湖库容与面积关系(姚晓军等,2010)

2) 洪峰流量估算

最大洪峰流量($Q_{\max}$)是评价冰碛湖溃决危险度和估算洪水可能造成损失的重要参数。当前用于估算最大洪峰流量的模型分为基于统计模型(表 10.2 中 1~6)和基于物理过程模型(表 10.2 中 7)。利用目前用于估算冰碛湖溃决最大洪峰流量的方法,以冰湖储量($=1.066\times10^{8}\,\mathrm{m}^{3}$)和冰湖潜能(冰湖体积、坝高和湖水容重的乘积$=1.07\times10^{14}\,\mathrm{J}$)为参数,估算龙巴萨巴湖和皮达湖"最坏"溃决情景下(因龙巴萨巴湖和皮达湖最近相距24m,皮达湖较龙巴萨巴湖高75.9m,皮达湖溢出的水直接流入龙巴萨巴湖。为有利于相关部门规划防洪应急措施,从"最坏"溃决情景来模拟溃决洪水,即皮达湖发生溃决,洪水瞬间倾入龙巴萨巴湖,使其随即溃决)的$Q_{\max}$,见表10.2。

表 10.2　龙巴萨巴湖和皮达湖溃决的最大流量的估算

编号	公式	结果/(m³/s)	离差/%
1	$Q_{\max}=0.0048V^{0.896}$	7.5×10^{4}	59
2	$Q_{\max}=0.72V^{0.53}$	1.3×10^{4}	−73
3	$Q_{\max}=0.045V^{0.66}$	1.0×10^{4}	−79
4	$Q_{\max}=0.00077V^{1.017}$	1.1×10^{5}	133
5	$Q_{\max}=0.00013P_{\mathrm{E}}^{0.60}$	3.4×10^{4}	−28
6	$Q_{\max}=0.063P_{\mathrm{E}}^{0.42}$	4.9×10^{4}	4
7	BREACH model	4.0×10^{4}	−15

由表10.2可见,不同方法估算的冰碛湖溃决最大洪峰流量的差异很大,最大洪峰流平均值量为 $4.7\times10^{4}\,\mathrm{m}^{3}/\mathrm{s}$,变幅在 $1.0\times10^{4}\sim1.0\times10^{5}\,\mathrm{m}^{3}/\mathrm{s}$,离差 $\left[(Q_{\max}-\sum Q_{\max}/7)/(\sum Q_{\max}/7)\right]$ 从−79%到133%不等。

3) 溃决口水文过程模拟

选用美国国家气象局开发的基于物理过程的土石坝溃决模型——BREACH 模型对龙巴萨巴湖和皮达湖溃口处溃决洪水水文过程进行模拟。该模型建立在水力学、沉积物传输及堤坝土壤结构的基础上,应用堰流或孔流方程来模拟水流进入溃决水道后逐渐侵蚀土石坝的流量。基于2005年和2006实测数据(表10.3),运用 BREACH 模型的漫顶、无心墙、裸露土石坝溃决方式,对龙巴萨巴湖和皮达湖溃决进行模拟,结果显示,在龙巴萨巴湖溃口处溃决洪水将持续5.5小时,溃决后1.8小时将达到最大流量 $4.0\times10^{4}\,\mathrm{m}^{3}/\mathrm{s}$,最后溃口的深度、上宽、下宽分别为100m、97m 和 5m;溃口处溃决洪水水文过程曲线如图10.9所示(Wang et al.,2008)。

表 10.3　BREACH 模型预测龙巴萨巴湖和皮达湖溃决的主要参数

冰碛湖参数		堤坝形状参数②		堤坝材料参数	
总面积/km²	2.05	坝高/m	100	容重/(kg/m³)	1700
总水量/m³	1.066×10^{8}	坝宽/m	163	空隙率/%	36
平均深度/m	52	坝顶长度/m	388	D_{50}的粒径/mm	16
龙巴萨巴湖入湖水量/(m³/s)	6.4①	坝底长度/m	100	内摩擦角/(°)	32
皮达湖入湖水量/(m³/s)	2.8①	迎水坡坡度	1/4	凝聚力/(kg/m³)	0
		背水坡坡度	1/4		

注:①取 2004 年 8 月 1 日,2005 年 8 月 6 日和 18 日实测的平均值;②龙巴萨巴湖堤坝。

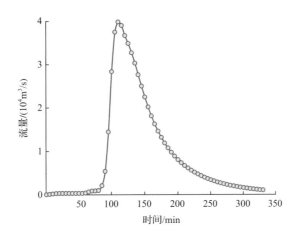

图 10.9　龙巴萨巴湖、皮达湖溃口处溃决洪水水文过程曲线(Wang et al. ,2008)

4) 洪水演进模拟

根据 1 : 5 万的 DEM 获得河谷水流中心线,应用 FLDWAV 模型,模拟龙巴萨巴湖和皮达湖溃决洪水从给曲源头经叶如藏布至朋曲入口为止,在全长约 125km 的河道里演进最大洪峰流量和洪水位高度。模型的输入断面为沿河道分别在溃口处、强木村、扎贵村、扎西村、茫热村、帕定村、定结县、西宁桥附近测量的 8 个水文断面的位置、宽度和海拔(西宁桥缺断面资料,根据 1 : 5 万的地形图量测;其他断面为结合野外现场观测结果在纸质地形图上量测、标注)。

模拟考虑简单情形:①龙巴萨巴湖溃决后沿一条河道演进,即先经给曲在琼孜乡汇入叶如藏布,折向西偏北演进,并假定洪水沿非网络状或树枝状河道演进;②由于没有沿途松散堆积物的调查资料,假定洪水演进不发生泥石流;③对于内边界只考虑冰碛坝条件,而对于沿途桥、坝死水区域、支流和桥梁等内边界条件,由于资料欠缺,且在最大洪峰流量和洪水位情况下影响不大,不予考虑;④上游边界条件以首断面的流量过程线来表示,即取 BREACH 模型计算的溃决口水文过程曲线和溃口形状参数为上游边界条件;⑤下游边界条件以测量的尾断面(即朋曲入口西宁桥附近的断面)的水位过程线来表示;⑥河道糙率系数 n 无实测值,根据天然河道的参考值,结合洪水演进河道的实际情况,平均取 $n=0.045$;⑦模拟时间步长为 1min。模拟溃决洪峰水位高程和溃决洪峰流量如图 10.10 所示。结果显示,洪水从溃决口至西宁桥 125km 的河道,将历时 4.3 小时;洪水波在强木村附近以下流速迅速减小;洪水位由溃决口 15m 以上下降至扎西村附近的 4m 以下。

10.2.2　冰川湖溃决洪水

1. 洪水特征与溃决机制

与冰碛湖溃决的时间特征不同,许多冰川湖规律性地以突发性冰下洪水或者冰川阻塞湖溃决洪水的形式向外排水。这一现象说明,冰川阻塞湖系统受某一临界条件所控制,当湖水蓄积达到某一临界条件(如一定水深或者水压)时,湖水很可能冲破冰坝,形成突发洪水。洪水持续时间比湖水的蓄水期要短得多,一般是几天到几周。冰川湖溃决洪水的

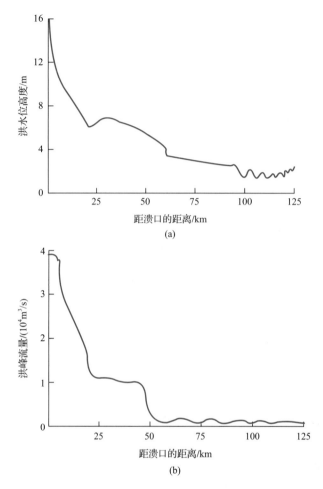

图 10.10　龙巴萨巴湖和皮达湖溃决洪水沿给曲—叶如藏布河谷演进过程

(a)溃决洪水位的沿河谷演进过程；(b)溃决洪峰流量沿河谷演进过程

特征由位于天山的麦兹巴赫湖和喀喇昆仑山的克亚吉尔特索湖洪水可见一斑。

　　天山昆马力克河源区的麦兹巴赫湖洪水为冰川湖溃决洪水的典型。该湖自 20 世纪 50 年代以来，几乎每年暴发一次溃决洪水，洪水沿着萨雷贾兹河穿过天山汇入中国境内阿克苏河。结合阿克苏河上游协合拉水文站 1956～2005 年的 51 次溃决洪水事件记录，麦兹巴赫湖溃决洪水发生的时间呈现出复杂性：大部分自然年发生一次溃决洪水，个别年份没有发生洪水（1960 年、1962 年、1977 年、1979 年），而有的年份发生两次洪水（1956 年、1963 年、1966 年、1978 年、1980 年）；大多数溃决洪水发生在夏末秋初（7～9 月），8 月最多，7 月次之，但 1～4 月没有洪水发生，5 月和 12 月洪峰次数不多（Felix and Liu，2009）（图 10.11）。在一年中，溃决发生的天数呈现弱的下降趋势（线性趋势约为 -0.6d/a），表明麦兹巴赫湖在自然年中溃决的日期有提前的趋势（图 10.12）。麦兹巴赫冰川湖蓄水、排水及一年内的二次排水取决于当年南、北伊力尔切克冰川表面消融期开始时间的早晚、消融期持续时间的长短及冰面消融强度，这与年内气温变化过程密切相关，消融期开始的早,则有可能于夏初发生突发洪水,若夏、秋季节持续高温,则有可能于夏、秋季乃至冬季发生突发洪水。

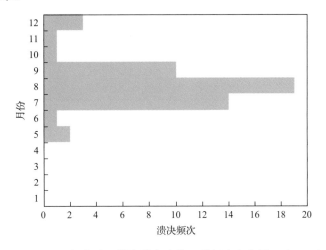

图10.11　1956～2002年麦兹巴赫湖洪水事件逐月频次直方图(Felix and Liu,2009)

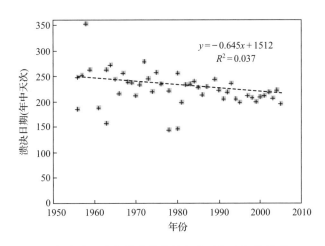

图10.12　1956～2002年麦兹巴赫湖洪水暴发的年内日期与年份关系(Felix and Liu,2009)

喀喇昆仑山叶尔羌河灾害性突发洪水系由冰川阻塞湖泄洪所致。在喀喇昆仑北坡与克勒青河河谷呈正交的冰川,由于有4～5条冰川下伸到主河谷阻塞冰川融水的下排,包括克亚吉尔冰川、特拉木坎力冰川、迦雪布鲁姆冰川等,经常形成冰川阻塞湖,当冰坝被浮起或冰下排水道打开时,就会发生冰湖溃决洪水。例如,1998年11月5日发生的突然洪水是卡群站60年来在冬季的最大洪水,流量从87m³/s在2h内突然增大到1850m³/s;1999年8月10日发生的突发洪水是卡群站60年来实测到的第二大洪水,当时河流处于汛期,流量从1100m³/s在18h内急剧增大到6070m³/s,洪水分割后得知此次洪水水量达168.0×10⁶m³。可见,叶尔羌河冰川突发洪水没有像麦兹巴赫湖一样几乎每年暴发一次,1971～2002年共发生11次冰湖溃决洪水(沈永平等,2004),溃决重现周期在0～10年不等(表10.4)。总体看来,以20世纪80年代暴发次数最多,80年代初期至中期暴发最为频发,几乎每年暴发一次溃决洪水;在年内分配上,溃决洪水发生在 8~11 月,其中一半以上的溃决洪水发生在 8 月,迟于年内最高气温出现日期(7 月)。

表 10.4　近 30 年卡群站冰湖突发洪水纪录

溃决时间	洪峰流量/(m³/s)	净洪量/10⁸m³	据上次溃决间隔时间/年
1971/8/2	4570	0.699	
1978/9/6	4700	1.037	7
1980/9/6	802	0.226	1
1982/11/16	856	0.299	1
1983/10/28	854	0.425	0
1984/8/30	4570	1.027	0
1986/8/14	1980	0.392	1
1997/8/3	4040	0.85	10
1998/11/5	1850	0.854	0
1999/8/11	6070	1.41	0
2002/8/13	4550		2

资料来源:沈永平等,2004。

由此可见,无论是冰川前进堵塞主河谷蓄水成湖(如喀喇昆仑山亚吉尔冰川阻塞克勒青河谷形成的克亚尔冰川阻塞湖)或是支冰川快速退缩与主冰川分离,在支冰川空出的冰蚀谷地中,由主冰川阻塞而形成的冰川阻塞湖(如天山地区的库马拉克河上游的麦兹巴赫湖等),都是以冰川冰体作为坝体拦河蓄水,其溃决的机制与冰川坝的活动密切相关。洪水在时间上的不确定性和突发性,给洪水预报和防洪减灾带来极大困难。但冰川湖准规律性地以突发性洪水形式向外排水,这一现象说明冰川阻塞湖系统受某一临界条件所控制。在这个系统中,当湖水蓄积达到一定水深(或者水压)时,冰下水流则很可能冲破冰坝,形成突发洪水。由于洪水期湖水位快速下降与蓄水期湖水位缓慢上升交替出现,每一溃决周期都经历“蓄水—水位升高—达到临界水位—溃决—再蓄水”过程(图 10.13),蓄水期可能持续几个月、几年或几十年,溃决期可能持续从数小时到数周。从长期来看,湖

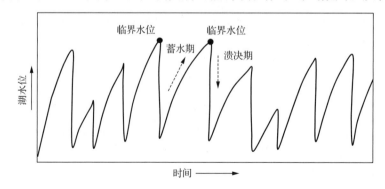

图 10.13　典型冰川阻塞湖湖水位变化的时间系列
每一溃决周期都经历“蓄水—水位升高—达到临界水位—溃决—再蓄水”过程

水位的变化呈现锯齿状周期循环,一般湖水位变化是控制冰川阻塞湖是否溃决的关键因子。

关于冰川阻塞湖突发洪水的排水机制问题,不少学者对其进行过考察研究,概括起来主要有以下几种结论:①当湖水水深达到冰坝高度的 9/10 时,在湖水巨大的静压力作用下,冰坝浮起造成冰坝断裂冰湖排水。②冰川在运动和消融过程中,在冰面、冰内及冰下形成纵横交错的排水通道。当湖水水位升高时,这 3 层排水通道建立水力联系,在静压力和热动力作用下,湖水沿冰川边缘或冰床底原生水道排出,并且这些水道在水流热力融蚀作用下,其断面面积不断扩大,加速了排水过程。由于冰川冰的塑性变形作用,当冰川排水道的收缩率大于湖水对冰川排水道的热力融蚀扩张率时,冰川排水道的断面不断收缩以至完全闭合,排水量也逐渐减少直到断流,冰川阻塞湖突发性的排水过程暂告结束。③冰坝在净水压力和冰川流动产生的剪切应力作用下,湖水沿冰裂隙或冰层断裂处向外排泄。④由于地震、火山爆发或地热作用,致使冰坝崩塌、融化,造成冰湖溃决(突发排水)。上述 4 种原因并不是孤立存在的,造成冰川阻塞湖突发排水(溃决)的原因可能是以上述一种因素为主其余为辅、综合作用的结果。对于多数冰川阻塞湖来说,可以发生多次冰湖突发性洪水,有时甚至一年连续发生两次。与冰碛阻塞湖主要在盛夏或初秋发生溃决不同,冰川阻塞湖一年四季都可能发生突发性洪水,如新疆的叶尔羌河、麦兹巴赫湖等,深秋或隆冬季节都偶有特大洪水发生,这可能与冰川阻塞湖溃决原因的复杂性有关。

2. 溃决洪水监测与预报

考察发现,天山麦兹巴赫湖下湖在蓄水期有大量浮冰漂浮(图 10.14),被认为是由于水体连续撞击下湖冰坝和湖体边缘冰川,从而导致冰坝和边缘冰川破裂,且浮冰的存在及其运动对坝体的撞击有可能加速湖体的溃决,溃决后会在坝体前端残留大量浮冰。因此,浮冰的出现成为冰湖突发洪水发生前的重要特征。依据溃决时湖体的特征及浮冰面积和湖体总面积的变化与湖体溃决的密切关系,可确定浮冰面积与湖体溃决的关系指数,即麦兹巴赫湖洪水溃决指数:

$$\text{Index} = (X_{i+1} - X_i)/(Y_{i+1} - Y_i) \tag{10.6}$$

式中,X_i、X_{i+1} 分别为当天遥感影像获取的浮冰面积和下一次遥感影像获取的浮冰面积;Y_i、Y_{i+1} 分别为当天遥感影像获取的湖体总面积和下一次遥感影像获取的湖体总面积。

图 10.14 麦兹巴赫下湖溃决后的碎冰

由式(10.6)计算得到 2009 年和 2010 年的湖体溃决指数图(图 10.15)。浅蓝色区域指数图表现为上升趋势,表明冰体面积变化的速率比湖面面积快,冰湖处于快速冰崩期;此后,蓝绿色区域和紫色区域指数图表现为下降趋势,这个时期湖面面积变化速率明显比浮冰面积变化快,冰湖进入快速蓄水期。但在紫色区域,溃决指数由正转变为负,表明湖面面积在减小,说明湖体的入水量小于出水量,也意味着洪水正在发生,只是不一定达到最大洪峰值,所以这个期间预警将是最佳选择。在黄色区域,由于部分浮冰随洪水流失且浮冰随湖面减少而更加密集,浮冰面积也存在一定程度的减少,溃决指数再次表现为正,突发洪水进入后期。

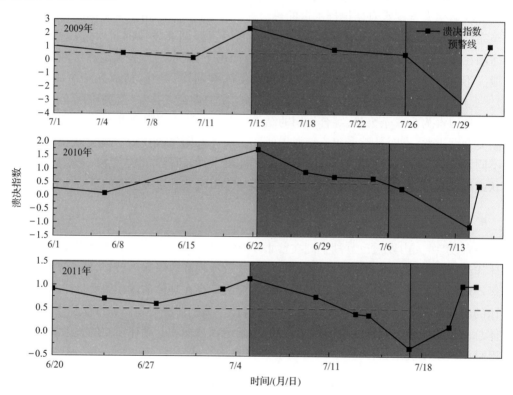

图 10.15　麦兹巴赫冰川湖突发洪水溃决指数
浅蓝色区域为冰湖的快速冰崩期,蓝绿色区域为冰湖的快速蓄水期,紫色区域为冰湖的溃决预警区,
黄色区域为冰湖的溃决后期

通过分析这两年溃决指数图得知,麦兹巴赫湖溃决指数图对于湖体溃决全过程有着很好的指示作用,湖体从蓄水到完全溃决结束按照指数曲线可划分为 4 个阶段:快速冰崩期、快速蓄水期、溃决预警期和溃决后期。而对于湖体溃决的预警,最关键的还是溃决预警期的确定。结合上述两年溃决指数图的分析和野外观测研究,判定当湖体的面积大于 3km² 且溃决指数小于 0.5 时,湖体进入溃决预警期,湖体即将在 5～9 天内溃决。本实验推测具体溃决日期的方法是溃决日期在溃决指数负值最大值到第一个正值之间。由图 10.15 可知,2009 年溃决发生在 7 月 30 日,2010 年溃决发生在 7 月 15 日,这个结论和这两年野外观测得到的溃决日期相符。

利用上述提出的指数公式和溃决预警期的判定,对 2011 年麦兹巴赫湖溃决事件进行了预警,并验证了本方法对麦兹巴赫湖溃决预警的可行性与有效性。首先从 2011 年 6 月开始,利用环境减灾卫星数据对冰湖进行实时监测,并利用提取的冰湖面积信息计算溃决指数。由 2011 年冰湖洪水溃决指数图可得,2011 年 7 月 13 的湖体面积为 3.3km^2,溃决指数为 0.4,指示 7 月 13 日麦兹巴赫湖洪水过程已经进入了溃决预警期。按照以前的分析与经验判定,该湖体应在 5~9 天内溃决,即 7 月 18 日~7 月 22 日。从 2011 年麦兹巴赫湖溃决指数图(图 10.15)可见,麦兹巴赫湖从 7 月 17 日开始,溃决指数达到负值最大值,再结合本方法推测溃决日期,即 2011 年溃决日期在 7 月 17 日~7 月 20 日。野外验证证实,麦兹巴赫湖于 7 月 19 日溃决,于 7 月 21 日溃决一空。此外,表 10.5 表明,快速蓄水期时间为 8~16 天,预警期的天数为 6~7 天,表明了预警期的稳定性。

表 10.5　快速蓄水期、溃决预警期天数统计

年份	快速蓄水期/天	预警期/天
2009	11	6
2010	16	7
2011	8	7

图 10.16 为 2012 年冰湖洪水溃决指数图。2012 年,在监测期间内遥感影像受云的影响,6 月 24 日~7 月 7 日未能获得遥感影像,7 月 13 日以后也未能获得较高质量的影像,这些因素对湖的突发洪水溃决指数的连续性有一定影响。7 月 8 日的遥感显示,整个湖体充满水,湖水蔓延到冰坝上。此外,汇水期的时间已经超过 20 天,种种迹象表明,溃决洪水将于 7 月 8 日后发生。7 月 13 日遥感影像显示下湖面积为 2.27km^2,溃决指数达到负值最大值,说明 13 日溃决已经发生,湖面面积正在缩小。2012 年 8 月,对麦兹巴赫湖的考察发现,溃决时间为 7 月 12~13 日,7 月 15 日湖水基本排空。

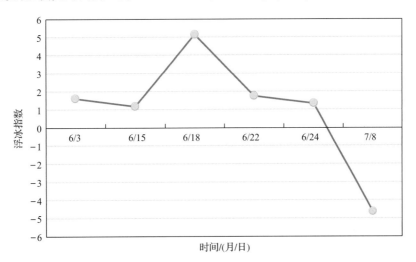

图 10.16　2012 年麦兹巴赫冰湖洪水溃决指数图

总之,2011 年、2012 年麦兹巴赫湖溃决事件的成功预警验证了该方法的可行性和有效性,将来有望以浮冰面积与湖体溃决的关系指数为基础,建立对麦兹巴赫湖的信息进行动态实时监测,对冰湖进行溃决洪水预报。

10.3　冰川泥石流

冰川泥石流(glacial debris flow)是发育在现代冰川和积雪边缘地带,由冰雪融水或冰湖溃决洪水冲蚀形成的含有大量泥砂石块的特殊洪流。其常发生在增温与融水集中的夏、秋季节,晴、阴、雨天均可产生。与暴雨泥石流相比,冰川泥石流具有规模大、流动时间长等特征。目前,国内外学者对冰川泥石流类型尚无统一的认识。但冰川泥石流是泥石流的子类,对冰川泥石流的分类可以借鉴泥石流的分类依据,从以下 3 方面进行:第一,按照泥石流的流体物理性质进行分类,即主要从泥石流流态、固体颗粒物质级别的百分含量、泥石流容重、黏度、流速、流量、能量等因素综合归纳;第二,按照应用分类,即主要从泥石流强度、规模大小、一次泥石流暴发的独体颗粒物质淤积数量、对人类生产生活造成的破坏程度及损失大小等进行;第三,按照泥石流的成因分类,即从形成泥石流的水源、固体颗粒物质的补给强度、泥石流发生的地质地貌背景、人类活动的影响因素进行分类。但是,前两种分类方法的标准和特征等与普通泥石流分类相似(施雅风等,2000),本节主要介绍按冰川泥石流水源成因不同的分类方法。

冰川泥石流成因复杂,其成因分类可以从形成冰川泥石流的水源、泥石流固体物质的补给方式、发生泥石流的地质地貌条件等方面进行。根据形成冰川泥石流的主要补给水源,将冰川泥石流划分为冰川融水型、积雪融水型、冰崩雪崩型、冰碛阻塞湖溃决型、冰川阻塞湖排水型和冰雪融水与降雨混合型 6 种冰川泥石流类型(表 10.6)。

表 10.6　冰川泥石流成因分类

类型	亚类	主要补给水源	活动特征
冰川融水型		冰川(尤其是海洋型冰川)急剧消融而形成的洪水	冰川泥石流中最主要的类型。分布面积广,数量多,活动频繁。多发生在夏季晴日的午后和夜间
积雪融水型		积雪(尤其是积雪)骤然融化而形成的洪水	分布范围多限于冰川之下。多产生在春季和初夏气温骤然升高时,频率低,规模大小不等,小于冰川融水型泥石流
冰崩雪崩型	冰崩雪崩堆积融化型	冰崩或雪崩堆积的冰雪迅速消融而形成的洪水	多形成于冰舌之下。规模一般较小,但当遇到大地震时则规模可能很大。出现的频率小于上列两类泥石流。多暴发在春、夏季
	冰崩雪崩堵塞型	冰崩或雪崩阻塞河道后发生溃决而形成的洪水	规模和频率一般均小于其他类型冰川泥石流,但具有更大的突发性

续表

类型	亚类	主要补给水源	活动特征
冰碛阻塞湖溃决型		冰碛阻塞湖突发性排水	一般暴发规模大,来势猛,但频率小。开始多为黏性泥石流,随后即转为稀性泥石流
冰川阻塞湖排水型		冰川阻塞湖突发性排水	其中以支冰川阻塞主河道而发生溃决时规模最大。其余特征类似于冰碛阻塞湖溃决型泥石流
冰雪融水与降雨混合型		冰雪极速融化与降雨共同组成的强大水流	由于冰雪融水和降雨叠加,所以规模很大,但频率小,仅发生在夏季

10.3.1　冰川泥石流形成

冰川泥石流是一种介于山洪和块体(如滑坡)运动之间的固、液二相流体运动,一般具有暴发突然、来势凶猛、历史短暂、破坏力极大的特点。一般较陡的地形,大量的冰碛、冰水沉积物和充沛的水量是形成冰川泥石流的主要条件。例如,在我国西藏自治区内,冰川消融型泥石流和冰湖溃决型泥石流往往为大规模(泥石流总量大于 $1×10^5 m^3/$ 次)和特大规模(泥石流总量大于 $1×10^6 m^3/$ 次)泥石流,破坏能力极强,是主要成灾的泥石流(崔鹏等,2010)。泥石流物源主要分为沟道堆积物、崩塌、滑坡、撒落和倒石锥、冰碛物、冰水沉积物、残积物和坡积物等 8 类(周志远等,2015)。冰川泥石流的形成过程除了受降水影响外,还主要受气温变化(冰川融水)、冰湖溃决等众多因素影响。冰川流体中的固体物质主要为现代冰川作用和古代冰川作用形成的新、老冰碛物,而水源主要由冰川和积雪的强烈消融、冰湖溃决、冰崩和雪崩体极速融化产生的强大水流所补给。因此,充沛的冰雪水源、丰富的新老冰碛物是冰川泥石流形成的两个必不可少的物质条件。

1. 充沛的冰雪融水

冰川融水、积雪融水、冰湖溃决洪水、冰崩与雪崩堆积体融水等,既是冰川泥石流这一特殊两相流中的液相组成部分,又是形成冰川泥石流的水动力条件。无论是大陆型冰川还是海洋型冰川,每到暖季由于气温回升而迅速融化。尤其是在西藏东南部发育有大量的亚热带季风海洋型冰川,冰川融水量远大于大陆型冰川。海洋型冰川区的冰川泥石流一般发生在每年的 $7～9$ 月。而西北大陆型冰川区的冰川泥石流一般暴发在 $7～8$ 月。天山地区单纯由积雪融水补给的融雪泥石流有时也发生在 $3～4$ 月。例如,1977 年 3 月 25～26 日,乌苏的融雪泥石流流量即达 $167m^3/s$;1994 年 4 月,天山铁力买提达坂曾发生大范围融雪泥石流。由于冰湖溃决洪水的突发性与快速排泄,常诱发规模巨大的冰川泥石流。例如,在西藏唐不郎沟源头 8 条现代冰川中最大的一条——达门达咳冰川冰舌下,前端有一个面积为 $18.9×10^4 m^2$ 、深为 22m、储水量达 $415.8×10^4 m^3$ 的冰碛阻塞湖,1964 年 9 月 26 日 23 时许,由于冰舌前端的冰体极速崩落至冰湖中,使湖水位骤然雍高,引起冰碛湖溃决,并形成了容重为 $2000kg/m^3$ 、龙头高 10m、流量达 $2010m^3/s$ 的特大冰川泥石流。

2. 丰富的新老冰碛物、冰水沉积物和雪崩岩屑

冰川泥石流开始以洪水的形式出现,冰川消融洪水转化为泥石流的主要物质来自上游沟道新老冰碛物,以及沟道和沟床两侧边坡的松散堆积物。若沟床物质多为洪积物,沟床两侧分布有众多的崩塌滑坡,沟道物质容易侵蚀,岸坡容易冲蚀失稳,则洪水会不断被挟带固体物质增大容重而演变为泥石流;否则,沿途固体物质不易侵蚀汇入,难以形成泥石流。如果沿途物质补给多或局部地段有滑坡、崩塌体堵塞沟道,补给相对集中,则会形成黏性或大规模的泥石流;沿途物质补给少,会形成稀性泥石流或一般山洪。冰川残体的存在对冰川泥石流的发生有着重要作用,且多数冰川泥石流发生后均能在冰碛物与冰川残体接触面看到明显的分界痕迹,这主要是因为覆盖在冰川残体上的冰碛物在前期水体(冰湖溃决、暴雨、冰雪融水等)的作用下,其稳定性会极大降低,冰碛物会沿冰川残体表面运动,进而形成泥石流。在冰川泥石流沟内,由于第四纪冰川作用盛行,从而行成了丰富的冰碛物。例如,在西藏古川泥石流沟源头,储存的古冰碛厚达 300 余米,总体积为 $4 \times 10^8 \, \mathrm{m}^3$。因此,沿途物质的数量、堆积方式和易蚀性决定了溃决洪水能否演化为泥石流,以及所形成泥石流的性质和规模。现代冰川作用形成的新冰碛物和冰水沉积物在冰川泥石流的形成中也占有十分重要的地位。例如,在古乡 6 条现代冰舌区分布着平均厚度达 $1 \sim 1.5 \mathrm{m}$ 的表碛,它们经冰川运动被搬至基岩陡坡处,多以冰崩和岩崩的形式崩落至源头主沟中,直接参与冰川泥石流的形成。此外,雪崩在冰川泥石流的形成中起着重要的补给作用。在喜马拉雅山和天山还分布着由雪崩碎屑与雪崩堆积融水共同作用而形成的雪崩泥石流。

10.3.2　冰川泥石流灾害评估

高寒区冰川泥石流的发育程度主要取决于现代冰川作用和山地侵蚀所造成的地形切割程度。我国冰川分布区的现代冰川作用差异很大,其积消水准从东南部海洋性冰川的 3000mm 以上至西北部大陆性冰川的 300mm 以下,随着年积累和消融水平的下降,冰川泥石流的分布和发育程度具有明显减弱的趋势。针对溃决泥石流的模拟研究主要从溃决泥石流体积、最远距离和最大淹没范围 3 个方面展开。

1. 最大体积计算

首先,对于冰湖溃决型泥石流,通常冰碛坝在溃决时会贡献相当比例的物质,对溃决泥石流体积的估算往往是从估算冰碛坝产生的泥石流量开始,最简单的是用观察到溃决口处最大断面积 $750 \mathrm{m}^2$ 乘以冰碛坝宽度估算(Huggel et al.,2004)。根据对冰碛坝的几何形状分析,提出以下公式计算冰碛坝产生的泥石流量(V_b)(McKillop and Clague,2007b):

$$V_b = W(H_d^2 / \tan\theta) \tag{10.7}$$

式中,W 为冰碛坝底部宽度;H_d 为冰碛坝底距湖水位高度;θ 为溃决坡面的坡度角,在没有实测资料的情况下可取自然堤坝的休止角 $35°$。

其次,坡面剥蚀和沟床泥石流主要与沟床的形状(梯度、宽度、深度等)、岩石性状、植被状况,以及上游泥石流来量等因素有关。McKillop 和 Clague(2007b)提出了 5 种沟床类型的泥石流产流速率(e_i)(表 10.7)。

最后,把冰碛坝产生的泥石流量与不同泥石流产流速率的沟床段泥石流量求和,便估算出某次泥石流体积(V_m):

$$V_m = V_b + \sum (A_i^{1/2} L_i e_i) \tag{10.8}$$

式中,A_i 为第 i 个沟床段的面积;L_i 为第 i 个沟床段的长度。

表 10.7　沟谷泥石流产流速率

沟谷类型	平均梯度/(°)	沟谷底物质	沟谷侧坡物质	产泥石流速率/[m³/(m km)]
A	<10	N/A	N/A	0
B	>10	不可侵蚀物质	不可侵蚀物质	0～5
C	>10	薄的不连续沉积物	很少有侵蚀物质	5～10
D	>10	厚的连续沉积物	沟谷侧坡高度<5m	10～15
E	>10	厚的连续沉积物	沟谷侧坡高度>5m	15～30

资料来源：McKillop and Clague,2007b。

2. 最远距离计算

影响冰碛湖溃决泥石流移动距离的因素主要有地形和水力因素等,用来模拟泥石流路径的模型有基于物理过程的模型和基于 GIS 技术的模型。为适合从遥感影像和 DEM 获取参数,Huggel 等(2003)根据瑞士阿尔卑斯山至少 6 条冰湖溃决泥石流的研究结果,把泥石流移动的停滞角(即溃决口到泥石流停滞处的垂直距离与水平距离之比)定为 11°,并被应用于估算泥石流移动距离;后来 McKillop 和 Clague(2007b)根据加拿大哥伦比亚冰湖溃决泥石流的情况,把这个标准降为 10°,且指出在冰川泥石流停滞之前存在减缓坡度的因素,或泥石流漫出沟谷两岸时,应用这个标准易造成对泥石流移动距离估计过长。

3. 最大淹没面积计算

定量估算冰湖溃决泥石流淹没最大面积一般以估算泥石流体积为基础,Griswold(2004)提出基于泥石流体积(V)计算泥石流最大可能淹没面积(B_m)的经验公式:

$$B_m = 20V^{2/3} \tag{10.9}$$

此外,Jakob(2005)根据泥石流规模量级,对泥石流淹没面积进行分类(表 10.8),这一成果也可用于对冰碛湖溃决泥石流淹没范围进行半定量估算。

表 10.8　泥石流的体积、洪峰流量及淹没面积的数量关系

数量级类型	体积范围/m³	洪峰流量范围/(m³/s)	淹没面积/m²
1	$<10^2$	<5	$<4\times10^2$
2	$10^2\sim10^3$	$5\sim30$	$4\times10^2\sim2\times10^3$
3	$10^3\sim10^4$	$30\sim200$	$2\times10^3\sim9\times10^3$
4	$10^4\sim10^5$	$200\sim1500$	$9\times10^3\sim4\times10^4$
5	$10^5\sim10^6$	$1500\sim12000$	$4\times10^4\sim2\times10^5$
6	$>10^6$	无观测值	$>2\times10^5$

资料来源：Jakob,2005。

第 11 章　冻土分布与类型

11.1　冻土的概念及其分布

11.1.1　冻土的概念

冻土是指温度低于 0℃ 并含有冰的土或岩层。温度低于 0℃ 不含冰的土或岩称为寒土。不含冰也不含重力水的寒土被称为干寒土,如被冻结的基岩和干沙等;而不含冰却含负温的卤水或盐水的寒土被称为湿寒土。较多情况下,自然界的冻土与寒土同时存在,准确区分二者需要深入细致的调查。目前,针对多年冻土的常规勘察和监测方法并不能区分寒土和冻土,主要是钻探时的动力扰动和摩擦热作用会使地下冰融化,以至无法区分岩土属于冻土还是湿寒土;常规的地温监测方法仅能判断地温的高低,并不能区分岩土是否冻结。事实上,深层岩土由于受上覆土层压力的影响,在负温条件下也不一定冻结。因此,冻土学中一般把寒土也包含在冻土之内,以温度条件为唯一条件定义冻土是实际工作中常用的方法。

冻土学中按照冻土存在时间的长短,将冻土分为短时冻土(数小时、数日至半月以内)、季节冻土(半月、数月乃至 2 年以内)和多年冻土(2 年至数万年以上),其中存在时间在 1 年以上 2 年以内的季节冻土又被称为隔年冻土。存在多年冻土的区域一般称为多年冻土区。受特殊地质、构造、地理和局地气候特征的影响,多年冻土区的某些地段因特殊的水热条件而不能发育多年冻土,多年冻土区内部的这些没有多年冻土发育的地段被称为融区。多年冻土区包括发育多年冻土的地区和不发育多年冻土的融区,多年冻土区的面积要大于多年冻土实际分布的面积。

季节冻土是年平均地温高于 0℃ 的融土在寒季丧失热量而冻结的结果。通常,随着寒季气温由正值转为负值并逐渐降低,季节冻土自地表向下单向冻结。浅表土层的冻结减弱了地表水的入渗和土壤水分的蒸发,同时冻结层下土层中水分由于受地温梯度的影响,由地温较高的深层向地温较低的浅层迁移,因此浅层季节冻土层内常会形成比融土高的含水(冰)量。在黏性土比例较高的土层中,通常会发育分凝冰并以透镜体形式存在。另外,在气温较低且变化剧烈的地区,地表会发生冻裂并由地表水充填而形成侵入冰。在暖季开始融化时,季节冻土通常由自上而下和自下而上两个方向融化。由于浅层土含水量较高,通常会导致地表过湿甚至形成消融期地表积水的现象。穿越季节性冻土区的道路在融化初期常会发生路面翻浆、融沉塌陷等灾害。季节冻土的冻结和融化对区域的水分迁移、产汇流能力和农田土壤水分保持等均有十分重要的影响。

在同样的气候条件下,季节冻土的发育受土的类型、含水量、坡度、坡向、积雪、植被和地表水体等诸多因素的影响。对于非冻胀性冻土而言,季节冻土的厚度即季节冻结最大深度。对于冻胀性土,季节冻土的厚度等于冻结深度加上冻胀量。在土壤含水量丰富的深季节冻土区,寒季冻结过程中地表会有不同程度的冻胀,而在暖季融化时,地表会有不同程度的融沉。季节冻土区也可发育季节性冻胀丘,常分布于寒冷地区的河漫滩、阶地、沼泽地及平缓山坡和山麓地带。通常来说,含水量较高土层或者黏性土成分较高的土层冻结深度较浅,而由卵砾石为主的岩土冻结深度大。

在同一地方,坡向对季节冻土冻结深度的影响为0.1~1.0m。积雪对季节冻土的影响视降雪季节和厚度而异。通常来说,寒季初期积雪层会阻止土壤内部热量排出,而消融期积雪层会阻止地表热量进入土壤,前者会减小季节冻土的厚度,而后者则会延长季节冻土的消融期。例如,中国东北地区降雪主要发生在冬季,雪盖对地表起着保温作用,减少年平均气温较差,所以使季节冻土冻结深度减薄。地表水体,如湖泊、河流等,由于水体温度通常高于冻结温度,因此在湖床、河床或者有季节性积水的地区,冬季一般不会发育多年冻土。

在大多数情况下,多年冻土通常简称为冻土,冻土学研究的对象主要为多年冻土。按一维垂直方向多年冻土结构特征,冻土学中一般将每年冬季冻结、夏季融化的接近地表的土层称为活动层。活动层厚度通常是指多年内的最大融化深度,在融化深度较小的年份,活动层就不能达到最大的深度,它的下部仍然保持冻结状态。活动层以下常年冻结的岩土,即多年冻土。通常把地面以下开始出现多年冻土的那个深度称为多年冻土的上界面;把在岩石圈内冻结带终止具有正温的表面称为多年冻土的下界面;把多年冻土的上、下界面与垂直面(剖面)分别相交而成的线分别称为多年冻土的上限和下限。多年冻土上限和下限之间的垂直距离称为多年冻土的厚度,其单位通常用米来表示。

在一个自然年度内,随着气温的变化,活动层内的岩土一般经历一次完整的冻结融化过程。活动层内地温对气温变化响应的滞后时间随着深度的增大而增大,地表的融化时间通常与气温的正温期一致,而活动层底部融化期要比气温正温期短得多,可能仅数天时间。垂直方向上地温变化差异在多年冻土内部同样存在。在多年冻土中,通常将一个自然年度内地温不随气温变化而变化的深度称为多年冻土地温年变化深度,从冻土上限到地温年变化深度以内的深度称为多年冻土地温年变化层。地温年变化层内的多年冻土地温随着气温的变化而发生周期性的变化,并且变化幅度随着深度的增大而减小,在年变化深度处,地温年变化幅度为0℃。鉴于现有的监测精度,在实际应用中,通常是将地温年变化幅度为0.1℃处的深度确定为地温年变化深度。年变化深度在不同冻土区差别很大,在极地低温多年冻土区,年变化深度一般在十多米至数十米,在青藏高原高温多年冻土区,年变化深度一般在10m以内,个别地区仅3~4m,略大于同一区域的活动层厚度。对于年变化层以下的冻土,地温可以在数年或者数十年、数百年内保持不变。

多年冻土是特定环境下地球表层与大气系统能量及水分长期交换的产物,是处于特殊物理状态的岩土体。与非冻土相比,冻土内部的热物理性能、力学强度及渗透性等均发生了显著变化。一般将饱和冻土作为不透水层对待,事实上,在实际水文研究中,将大多数的冻土均按不透水层处理。在一维垂直方向上,活动层内土壤水分通常参与区域水文循环过程,由于活动层内部冻结、融化深度的变化,活动层对地表产汇流的影响在不同时期并不一致。深层冻土内部的水分一般不参与短期的水文循环过程。

11.1.2　多年冻土的分类

多年冻土分类是指依据特定目的构建指标体系对多年冻土进行的类别划分。目前,有关多年冻土的分类主要有以下几种。

(1) 按照多年冻土与岩土层形成年代的先后顺序关系,多年冻土可分为后生多年冻土及共生多年冻土。后生多年冻土是在物质沉积之后自上而下冻结形成的,特点是含冰量相对较少,多为整体结构或层状结构,具有裂隙冰。共生多年冻土是指在沉积过程中发生冻结,产生自下而上冻结的多年冻土,如在沼泽、冲积平原和洪积扇等堆积地区,其特点是含冰量一般较高,多为层状或网状结构。由后生和共生作用混合形成的多年冻土称为多生多年冻土。现有多年冻土大多属于后生多年冻土。

(2) 按活动层最大融化深度是否与下伏多年冻土衔接,多年冻土分为衔接多年冻土和不衔接多年冻土。衔接多年冻土区的潜在冻结深度等于或大于潜在融化深度,而不衔接多年冻土区的潜在冻结深度小于潜在融化深度。

(3) 按多年冻土空间分布的连续性,将多年冻土分为连续多年冻土区(多年冻土占该区域总面积的 95% 以上)、不连续多年冻土区(多年冻土占区域总面积的 50%~90%)和岛状多年冻土区(多年冻土分布连续性在 50% 以下)。多年冻土的连续性界定在高纬度多年冻土区和高海拔多年冻土区并不通用,如按上述连续性的划分方法,我国青藏高原地区基本没有连续的多年冻土。我国学者把我国东北地区和青藏高原的多年冻土划分为大片连续多年冻土(连续性超过 75%)、连续多年冻土(65%~75%)、岛状融区多年冻土(50%~60%)和岛状多年冻土(5%~30%)(周幼吾等,2000)。

(4) 按冻土热状况的稳定性,将多年冻土分为极稳定性、稳定性、半稳定性,以及过渡型和不稳定性。有关多年冻土工程稳定性分类的报道多来自于我国科学家,其分类的主要技术指标为多年冻土温度。

(5) 按不同温度的多年冻土对气候和地表其他因素变化的响应差异,依据地温条件,将多年冻土划分为高温和低温两个类型。有研究将 $-1℃$ 作为临界温度来区分高温及低温多年冻土(Wu and Zhang,2010);也有以 $-1.5℃$ 作为临界温度进行分类的(刘永智等,2000)。

(6) 按冻土内部含冰量的多少及所含冰的状态,可把多年冻土划分为少冰、多冰、富冰和饱冰多年冻土及含土冰层。含冰量的多少直接影响到冻土的物理、力学和工程性质。

(7) 按多年冻土融化后地面融沉的程度,将多年冻土分为不融沉冻土、弱融沉冻土、融沉冻土、强融沉冻土和融陷冻土。多年冻土的融沉程度与冻土中含冰量的大小密切相关。多年冻土融沉的强弱对工程建筑的稳定性有重要影响。

从寒区水文的角度来看,多年冻土的存在形成了一道天然的隔水层。多年冻土层不同的连续性会带来强弱不一的隔水效应,从而对区域的冻土水文过程产生不同的影响。而多年冻土中存储的地下冰量及其分布,对区域水文过程也有重要的影响。因此,按多年冻土空间分布连续性分类和按冻土含冰量分类,对分析区域水文环境变化有重要意义。

11.1.3　全球多年冻土的分布

地球表层现代多年冻土分布面积约占陆地总面积的24%,除大洋洲外,其他洲均有多年冻土分布。北半球的多年冻土主要分布于环北极的高纬度地区和中低纬度的一些高海拔地区,其中包括北冰洋的许多岛屿(格陵兰、冰岛、斯瓦尔巴群岛等)及部分大陆架乃至于洋底。多年冻土分布面积最大的几个国家依次是俄罗斯、加拿大、中国和美国(图11.1,表11.1)。南半球的多年冻土主要分布在南极洲及其周围岛屿、南美洲的部分高山地区。按照多年冻土发育的地理位置和形成条件划分,全球多年冻土可分为高纬度多年冻土和中低纬度高海拔多年冻土。

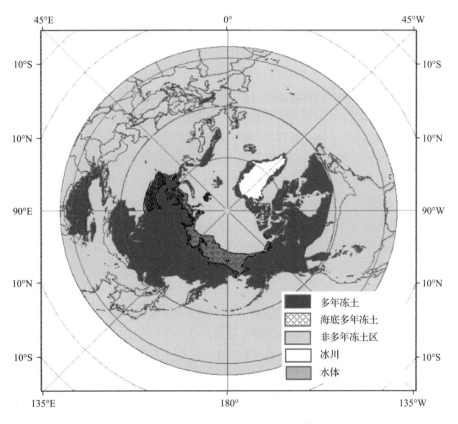

图 11.1　北半球多年冻土分布图

表 11.1　全球主要多年冻土区的面积

大陆	地区或国家	多年冻土区面积/$10^6 km^2$	资料来源
欧亚	原苏联	11.0	周幼吾等,2000
	中国	2.15	
	蒙古	0.99	蒙古国冻土图,1990
	小计	14.14	

续表

大陆	地区或国家	多年冻土区面积/10^6km²	资料来源
北美	加拿大	5.7	Zhang et al.，2003
	美国	1.73	
	格陵兰	1.6	
	小计	9.03	
南极	南极大陆	13.5	Zhang et al.，2003
合计		36.67	

环极地的多年冻土为高纬度多年冻土,其分布有明显的纬度地带性。在北半球自北而南,多年冻土空间分布的连续性逐渐减小。最北部为连续多年冻土分布区,通常以-8℃年平均气温等值线作为其分布南界;向南为不连续或大片连续多年冻土区,其南界大致与-4℃年平均气温等值线相吻合;纬度继续降低,则为高纬度多年冻土区的南部边缘地区,形成岛状多年冻土区,其南部界线即为多年冻土南界。在高纬度多年冻土南界以南,只在特定海拔上的寒冷地区才出现多年冻土,这部分多年冻土被称为高海拔多年冻土。高海拔多年冻土具有明显的垂直地带性,一般来讲,随海拔的升高,多年冻土分布的连续性和厚度均在增加。

对于高纬度多年冻土,伴随着气温由北向南逐渐升高,多年冻土区内的融区范围逐渐增大,多年冻土所占区域的比重逐渐减小,多年冻土厚度逐渐减小。一般将分布受多年冻土限制的融土定义为融区。冻土带内的融区一般发育在河流或者湖泊等水体下面。另外,还有辐射融区、化学成因融区、火山成因融区,以及人类工程活动融区。辐射融区是地表吸热大于地表放热时形成的,通常发生在多年冻土区边缘地带。化学成因的融区是在矿物或者有机物质氧化过程的放热反应影响下形成的,如地下煤田燃烧造成的融区。火山成因的融区也包括地热流造成的融区,这类融区在冰岛和堪察加半岛广泛发育。多年冻土区人类活动通常也造成大范围的融区,如柏油路面常会造成下覆冻土融化,形成不衔接冻土,以至出现融区;冻土区居民点或者城镇各类建筑物下面也会形成大范围的融区。根据融区下面是否有多年冻土,可将融区分为非贯穿融区和贯穿融区。随着全球气候的变暖,多年冻土退化趋势加剧,在冻土区出现了大面积的热融湖塘、热融洼地等,如果这类新形成的融化层不再冻结或者出现不衔接冻土,也可以看成是融区。

11.1.4　中国冻土的分布

我国的多年冻土主要分布于东北的高纬度地区、西北高山区,以及青藏高原等高海拔区,总面积约为 149×10^4km²,其中高海拔多年冻土约占中国多年冻土总面积的 92%(图 11.2,表 11.2)。

表 11.2   中国多年冻土分布面积统计表

多年冻土类型	地区		多年冻土区面积/10^4km²	连续性/%	多年冻土面积/10^4km²	合计/10^4km²
高纬	东北北部	大片多年冻土	7.1	70~80	5.3	11.6
		大片-岛状多年冻土	4.4	30~70	2.2	
		稀疏岛状多年冻土	27.1	<30	4.1	
高海拔	天山		6.3		6.3	137.3
	阿尔泰山		1.1		1.1	
	青藏高原		150		129.9	

资料来源：Zhou,et al.,2000。

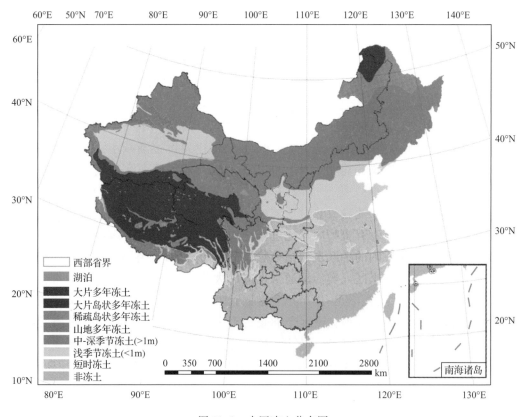

图 11.2   中国冻土分布图

青藏高原因较高的海拔和严酷的气候条件而发育着世界上中低纬度区面积最大的多年冻土。青藏高原多年冻土下界大致与年平均气温−2.5～−2.0℃等温线相当,纬度下降1°,冻土下界升高150～200m。在其他条件相似的情况下,海拔升高100m,冻土温度下降0.6～1℃,厚度增加15～20m(表11.3)。青藏高原周边地区主要包括阿尔金-祁连山、冈底斯-念青唐古拉山、横断山和喜马拉雅山等,为高山多年冻土区。处于羌塘高原的多年冻土具有较好的连续性,连续度在60%以上,为大片连续多年冻土(Zhao et al.,2000;周幼吾等,2000)。

表 11.3　青藏高原多年冻土分布特征

多年冻土区		多年冻土下界海拔/m	连续性/%	多年冻土厚度/m	年均地温/℃
阿尔金-祁连山高山多年冻土区		西部:4000 东部:3450 最低:3300	45	<139	-2.5~0
青南藏北高原多年冻土区	喀喇昆仑和西昆仑山脉	4200~4600	67	4~120	-3.2~-0.1
	昆仑山脉	4000~4200	63	4~100	-3.2~0
	羌塘高原	4500	97	<100	-3.2~-1.7
	青海东南部高山区	3840~4300	63	<70	-3.2~-0.5
冈底斯-念青唐古拉多年冻土区		4700~4800	51	5~100	
横断山高山多年冻土区		4600~4800	23	<20	-1.0~0
喜马拉雅山高山多年冻土区		4900~5100	40	<20	-0.5~0

资料来源:李树德等,1996。

阿尔泰山多年冻土的下界分布在海拔2200m左右的中山带山间沼泽化洼地中,以及阴坡海拔2560~2660m的地带,在2800m以上呈大片状或连续分布(表11.4)。受冬季较厚积雪的影响,阿尔泰山多年冻土下界处的年均气温比青藏高原和祁连山地区低2~3℃。天山北坡的多年冻土下界分布在海拔2700m以上,南坡下界较高,分布在海拔3100~3250m以上(邱国庆等,1983;Jin et al.,1993)。

表 11.4　西部高山多年冻土的分布特征

地区	峰顶海拔/m	多年冻土面积/10⁴km²	多年冻土下界高度/m	年平均气温/℃	年平均地温/℃	多年冻土厚度/m	
						实测值	计算最大值
阿尔泰山	4374	1.1	2200~2800	<-5.4	-5~0		400
天山	3963~7435	6.3	2700~3100	<-2.0	-4.9~-0.1	16~200	1000

资料来源:周幼吾等,2000。

我国的高纬度多年冻土主要分布于东北北部,多年冻土分布的南界与年平均气温0℃等温线相当,伴随着年均气温由北向南逐渐升高,多年冻土的连续性从80%以上逐渐减小到南界附近的5%以下;年均地温由北部的-4℃逐渐升高到南部的-1~0℃;多年冻土厚度由上百米减至几米(郭东信等,1981;周幼吾和郭东信,1982;周幼吾等,1996)。

中国的季节冻土分布极为广泛,包括贺兰山至哀牢山一线以西的广大地区,以及此线以东、秦岭-淮河线以北的地区,而短时冻土分布于秦淮线与南岭线之间的地区。具体分布如图11.2所示。短时冻土持续时间短,其厚度一般在数厘米至数十厘米之间,对区域环境影响相对较小。季节冻土厚度通常在数十厘米至数米之间,对区域生态水文环境及人工建筑物有十分重要的影响。

11.2　多年冻土的形成条件

多年冻土是特定气候条件下地表岩石圈与大气间能量、水分交换的产物,其中严寒的气候是多年冻土形成的必要条件,只有在气温足够低,地气能量交换达到平衡,地温处于负温时,才有可能形成多年冻土。气候是地球上某一地区多年时段大气的平均状态,其本身与太阳活动、地表各圈层,如水圈、岩石圈、生物圈和冰冻圈的水热状况有着密不可分的关系。因此,多年冻土的分布和特征在很大程度上受到气候、地质及地形地貌、地表覆被和土质等因素的影响。

11.2.1　气候条件

陆地气候系统的区域差异是导致冻土分布区域差异的主要原因。气温随纬度和海拔的升高而逐渐降低,当气温降低到一定程度时,多年冻土逐渐开始发育。在一年内,地表温度在某个平均值上下波动,这个平均值称为地表年平均温度。从理论上讲,当年平均温度低于 0℃ 时就会有多年冻土形成。然而,由于冷暖季岩土热物理特性的差异,通常多年冻土发育的年平均温度要低于 0℃。例如,在青藏高原地区,多年冻土一般发育在年平均气温低于 −2℃ 的地区。在同一气候区域内,由于土壤、地质地理综合条件等方面的差异,地表温度可以相差很大。地表面的特征,如坡度、坡向、土壤成分和含水量、积雪、土壤覆盖和植被,往往能使地表温度增加或者减小好几度。因此,虽然气温是冻土发育的主要控制因素,但其同时受其他条件的制约。

多年冻土与降水的关系比较复杂,降水形式、降水时间乃至于降水密度和强度等的变化均会改变地气之间的能量平衡关系。对于同一个地区,降水量的长期增加可能会导致地面蒸发增大、地表温度降低,不仅使得地表的感热、潜热发生变化,同时由于水分下渗,土壤水分状态发生变化,也会导致土层中热流、水分运移状况及土层水热参数发生变化,进而改变地表的热通量,影响多年冻土的发育变化。

降水的区域分布差异也是导致地表能量平衡特征差异的主要原因之一。对于全球的多年冻土区,降水量大的地区潜热一般较大,这在一定程度上抑制了热量向地下输送,因此,在同等条件下,降水量的增加有利于多年冻土的发育。此外,降水类型(雨或者雪)和降水时间的差异对多年冻土的水热特征也具有较大影响。

在我国西部高海拔区,降水量以北纬 40° 为界,此界以北的天山、阿尔泰地区的年降水量从东向西呈现增多的趋势,多年冻土下界海拔呈现出由东向西降低的趋势;而北纬 40° 以南的青藏高原及周边山地的年降水量自东向西呈现降低的趋势,多年冻土下界海拔自西向东呈现减小的趋势。

积雪对冻土区土/岩层的热状况有着较大影响,积雪较高的地表反照率和较强的热辐射性有利于降低雪表面乃至于地面温度;积雪较低的导热特性发挥着隔热层的作用;积雪融化时要吸收大量的融化潜热,从而将耗费较大部分的太阳辐射能量,抑制地面和土层温度的升高。因此,积雪对冻土热状况的影响是一个复杂的过程,积雪形成和融化日期、持续时间,以及积雪密度、结构和厚度等都发挥着重要作用。冬季的积雪在连续多年冻土区可以导致多年冻土上限处的地温升高数度之多,而在不连续和岛状多年冻土区,裸露的地面则更有利于多年冻土的发育和扩展。冬季裸露土壤表面温度有时比积雪覆盖的地表温度低 20~25℃。积雪在整个寒冷季节都起着保温作用。由于积雪的保温作用,甚至在地表(冬季为雪面)的年平均温度达到−6~−5℃时,土壤表面的年平均温度仍会保持正温。因此,在冬季积雪广泛分布的地区,多年冻土厚度相对较小,地温也较高。冬季积雪较少是青藏高原地区多年冻土广泛发布的一个重要因素。

云量和日照决定了地面接受的太阳辐射强度,进而通过地面辐射平衡(R_n)影响到地面和土层的温度。我国的多年冻土区一般都为少云多日照区,相对来讲,夏季云量多、降水也大、日照少,从而减弱了地面的受热程度;而冬季云量少,尽管日照多,但受太阳高度角的影响,总辐射量也较弱,辅之以冬季植被冠层密度减小、积雪增多,使得地表反照率增大,R_n 也可能出现负值,从而有利于地面冷却和土壤降温。

11.2.2　地质地形条件

地壳表层的温度场是地球内部热量与地表能量平衡过程共同作用的结果,在地表下特定深度的岩/土层内部,则表现为地表土层热通量和地热通量之间长期平衡的结果。地表太阳辐射的年度变化过程,即地表气温的年变化过程,可影响到地表之下 10~20m 深度,10 年尺度的地表辐射变化可影响到数十米乃至百米深度的地层,深层地温,千米尺度的地温变化是地球内部热量与地表能量平衡过程共同作用数千年乃至数万年的结果。

多年冻土是在全球气候背景下,区域地表能量与地热平衡的结果。当地表能量和地热流平衡过程使地表下一定深度内岩土层的温度持续低于 0℃时,多年冻土得以形成和发育。因此,处于地表能量和地下热流共同作用下的岩土层的热物理特征也就对多年冻土的形成和发育产生重要影响。不同岩土层的热容量和导热率可能存在显著差异,热量传输速率也可能不同。在地表热通量和地热流相同的条件下,导热率越大,多年冻土温度越低,多年冻土厚度越大;热容量越大,则多年冻土温度越高,多年冻土厚度越小。土层的含水率是控制土层热力学性质的重要参数,一般而言,含水率越高,土层的导热率越高,热容量也越大。另外,在含水率较高时,土层在冻结状态和融化状态下的导热率具有明显差异,由此导致了其在不同状态下对热量传输的差异,从而影响多年冻土的发育和发展。例如,饱水冻结的泥炭层与冰的导热系数[2.24(W·m/K)]相当,要比饱水融化的泥炭层的导热系数[与液态水相当,0.57(W·m/K)]大 4 倍左右,比干燥的泥炭层的导热系数(0.05~0.06W·m/K)大 40 倍以上(周幼吾等,2000);不同季节泥炭层冻结与否对热量传输过程的影响极大,冬季地表冻结的泥炭层有利于下伏土层的降温过程,而夏季饱水乃至干燥的泥炭层极大地限制了下伏土层的升温过程。

岩性对多年冻土影响的另一个方面表现在岩土的颗粒性质差异上。一般在细颗粒土分布地区更可能发育多年冻土,其本质在很大程度上归因于土层中的含水率。细颗粒土往往具有更大的含水率,在相同气候背景下,表层土壤为细颗粒的地区,蒸散发量要比粗颗粒地区大。此外,不同颗粒组成土层冻结过程中水分迁移和冰的分凝过程也有很大差异,形成的冻土构造也不同(表 11.5),而不同沉积类型的冻结土层的冻土构造也千差万别。如果坡积物中含有大量的细颗粒土,或整层都是细颗粒土,在冻结状态时常含有大量的地下冰。冲积类型土常由含粉黏粒的砂砾石及粉砂土组成,加上丰富的地下水补给,在冻结状态下也有较高的含冰量。残积堆积类型土由于其堆积位置较高,排水条件良好,物质成分较粗,冻结后通常含冰量较少。多数的洪积堆积物,由于排水条件良好,加上以砂砾石为主,含冰量一般比较少且与堆积位置有关(表11.6)。

表 11.5　不同粒径土层的冻土构造

岩性	不同水分条件下的冻土构造		
	过饱和状态	潮湿状态	湿润状态
黏土-亚黏土	中厚层冰层状冻土构造	透镜状、薄层状冰冻土构造	粒状整体或层状冻土构造
亚砂土	透镜状、中薄层状冰冻土构造	粒状整体构造,或薄微层状构造	隐晶状整体冻土构造
砂卵砾石	包裹状砾岩冻土构造	接触状砾岩冻土构造	充填-接触状砾岩冻土构造
含粉黏粒砂砾石	包裹状-透镜状混合冻土构造	接触状-透镜状冻土构造	充填-接触状冻土构造
碎块石(风化碎屑)	包裹状、透镜状冻土构造	粒状及接触状冻土构造	充填-接触状冻土构造
基岩风化层(指上部风化类型带)	裂隙状冰冻土构造		

表 11.6　不同类型沉积物的冻土构造

成因类型	主要冻土构造类型
残积	松散冻结土呈疏松状态,含冰量较少,有时可见零星分布的粒状冰。在一些大的风化碎屑物中能见到裂隙冰
坡积	松散土冻结层较厚,富含冰,常见中厚层状冰构造。多属于多年冻土区中富含冰的地段
冲积	在上升地区(即较强烈侵蚀剥蚀的地段),由于排水条件良好,冻土主要为接触式砂砾冻结层,含冰较少。在一些下降堆积沉积地段,由于排水条件较差,上部常属粒状冰整体状冻土构造,其中也可遇到微层、薄层状冰构造,下部常是包裹状砂砾石冻土构造,有时可见少量的透镜状冰
洪积	在洪积带的上方,多为接触状砾岩构造,常见冰仅充填部分孔隙,含冰较少。下方可见包裹状砾岩构造,常见微层状和透镜状冰的冻土
湖积	多为细粒土,一般为中厚层状地下冰
冰川堆积	冰碛地区,一般多为接触状砾岩构造,含冰较少。冰水堆积地带的性质与洪积相似

　　地形对多年冻土的影响表现在以下几个方面:第一,海拔本身就是一个地形因子,气温随海拔垂直递减是控制高海拔多年冻土分布的主要因子;第二,坡度、坡向显著影响地表太阳辐射,阴阳坡差异、地表遮蔽状况的变化直接影响到达地面的太阳辐射,进而影响进入地下热量的多少;第三,地形不仅可能通过水、风等外力过程,如水流、风化、物质搬运、沉积等动力过程影响地表土层的组成、结构等,也可能通过其对水文过程的控制作用影响区域水文环境,从而导致不同地形条件下水文地质特征和岩/土水热物理性质存在差异;第四,地形可通过上述几个因素而影响地表的植被状态,从而反过来影响地表接受到的太阳辐射,影响到地表能量的分配过程,如洼地和平坦谷地良好的水分条件本身具有较大的地面蒸发,同时也发育着相对较好的植被,进而不仅增大植被冠层对降水的截留和冠层蒸发,而且可能极大地增加植被的蒸腾作用,这些因素均会限制地表温度的升高,影响

到地表感热通量。可见,多年冻土区地形的差异不仅通过影响地表能水平衡和地下热流的大小,还可通过影响土层的水热物理特征而影响冻土层温度变化。

11.2.3　地表覆盖层和植被

地表覆盖特征是影响多年冻土发育的另一个主要因素。大量的研究表明,在连续多年冻土分布的南界以南,地表覆盖特征差异是造成多年冻土空间分布格局差异的重要原因之一。地表沼泽湿地、泥炭层、碎石层及植被均对多年冻土的发育有十分重要的影响。例如,兰州马衔山多年冻土就只发育在泥炭层发育的一小块沼泽湿地内,海拔更高的区域并没有发育多年冻土;由于碎石堆积层的隔热作用,在地处温带的河北省平泉县一处山坡发育了罕见的多年冻土;在青藏铁路建设中,在路基边坡铺设碎石层已经成为主动冷却路基的重要措施之一。

作为地表覆盖层的苔藓和泥炭也和积雪一样具有很好的隔热性能。在干燥状态下,它们的导热系数比积雪还小。在湿润状态下,它们的导热系数也只有土壤和松散土的20%～30%。苔藓、泥炭和积雪的不同之处在于苔藓、泥炭是全年覆盖在地表的。在一年中,苔藓和泥炭的隔热作用是随季节变化而变化的。它们在冻结状态下的导热系数比融化状态下增大 1～3 倍,这就意味着它们在夏季阻碍土壤表面受热的作用比在冬季阻碍土壤表面冷却的作用大得多。另外,由于泥炭极为潮湿,它们在夏季蒸发大量水分,从而使地表进一步冷却。因此,苔藓和泥炭覆盖层能够降低下面土层年平均温度,与无覆盖层相比,苔藓和泥炭能使下面土层温度降低 1～4℃。因此,苔藓和泥炭层对多年冻土的发育有促进作用,在岛状多年冻土区,这类覆盖层对多年冻土有很好的保护作用。

从热力学角度讲,地表土壤和植被对多年冻土的影响仍然是通过影响地表的能量平衡进行的。植被通过改变地表辐射平衡、能水平衡状况等对多年冻土状况产生影响。暖季植被能够阻挡太阳辐射到达地面,植物的蒸腾也能起到降低地表温度和增加空气湿度的作用,因而有助于缓解多年冻土层的融化和升温过程。冷季植物根系、地表凋落物和土壤有机质层保温效果明显,植物地上部分能够降低风速,以减少土层内部热量的输出,不利于土壤的冷却和冻结。植被盖度、类型、植物种类和高度等因素都对活动层和多年冻土变化产生重要影响。例如,地表植被覆盖状况对于浅层地温影响明显,良好的植被覆盖可以降低多年冻土对气候变化的响应。

第 12 章 冻土水文的基本特点

与非冻土区相比,寒区流域内广泛覆盖着多年冻土或季节冻土,这些冻土的特征与分布不尽相同,带来了程度不同的隔水效应,使得流域径流系数增大、峰值升高,水文过程发生改变。同时,冻土的存在深刻影响了流域的生态系统和水系模式,形成了特殊的地貌、景观与水文地质环境。多年冻土区地下冰也对区域水资源和水文过程有着重要影响。在全球变化的背景下,冻土不断发生退化,使得冻土层变薄、融区扩大、冻土的隔水作用减弱甚至消失,流域的水文过程和生态系统进一步发生深刻的变化。因此,深入研究冻土水文,不仅有助于对区域水文过程和生态系统的深刻理解,更有助于我们进一步解释和预测在全球变化背景下,流域水循环和水资源的形成和演化。

12.1 冻土中的水热过程

12.1.1 冻土的水热特征

冻土是由固、液和气三相物质组成的复杂非均匀体系。冻土的热容量和导热系数是影响冻土水热传输特征的主要热力学参数,主要与冻土内矿物质、液态水和冰等物质的含量、组成、结构、密度和分布等有关,同时受到冻土中液相和气相对流过程的影响。冻土的含水量、含冰量、导水系数和土水势是影响冻土水热传输特征的主要水力学参数,主要与冻土颗粒表面性质和孔隙结构有关。

土壤在冻结过程中,会发生从水到冰的相变,冰的存在极大地改变了土壤的水力学参数和热力学参数。具体来说,冰的导热系数高于水,比热低于水,能够增加冻土层的热量传导。同时,冰的形成会降低土体的液态水含量,减少土壤的孔隙度,导致毛细效应和下渗率降低,总体上降低了冻结土壤的导水系数,这是冻土与融土水热特征有所不同的主要原因。

土壤发生冻结时,由于毛细作用和土壤颗粒的表面吸附作用,部分水保持未冻结状态,与固态的冰共存,这部分液态水被称为未冻水。冻土中未冻水的含量、成分和性质不是固定不变的,而是随着温度等外界条件的变化处于一个动态平衡之中。根据未冻水含量随温度变化的情况,冻土可以划分出的 3 个相变区。

(1) 激烈相变区:温度每变化 1℃,未冻水含量变化在 1% 以上;

(2) 过渡区:温度每变化 1℃,未冻水含量变化 0.1%～1%;

(3) 冻结状态区:温度每变化 1℃,未冻水含量变化不超过 0.1%。

图 12.1 显示了兰州红色黏土的未冻水含量随温度变化的情况,初始含水量在 30% 以上的兰州红色黏土,经过降温,在 −8～0℃ 进入激烈相变区,未冻水含量迅速下降到 8% 左右,再经过 −12～−8℃ 的过渡区,未冻水含量达到了 5% 左右的平衡态,以后随着

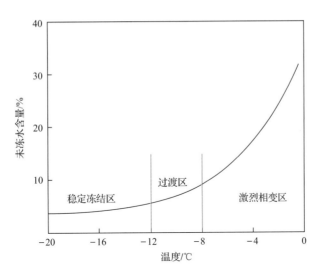

图 12.1 兰州红黏土的未冻水含量随温度变化的曲线

温度的下降,未冻水含量变化不大,进入了稳定冻结区(徐学祖,1991)。

一般来说,进入稳定冻结区时,土壤的未冻水含量通常在 10% 以下,饱和土壤中未冻水含量与温度的关系受土壤质地等环境因素的影响较大。土壤颗粒较细的黏土与土壤颗粒较粗的砂土相比,初始饱和含水量较大,进入稳定冻结区时,其未冻水含量也较大。可以根据以下的经验公式计算一定温度下土壤中的未冻水含量:

$$W_u = A \times T_d^b \tag{12.1}$$

式中,W_u 为未冻水的体积含水量;T_d 为土壤温度(T)与土壤冻结温度(T_f)的差值,即 $T_d = T - T_f$,以上温度值单位均为 K;A、b 为依据土壤性质确定的经验参数。A、b 值受土质等环境因素的影响较大,因此该公式的适用范围有限。

Fuchs 等(1978)根据 Clausius-Clapeyron 方程提出了计算一定温度下未冻水含量的物理方程:

$$\varphi_e \left(\frac{\theta_l}{\theta_s} \right)^{-b} = \frac{L_f}{g} \left(\frac{T}{T_K} \right) \tag{12.2}$$

式中,T 为当前温度(K);θ_l 为未冻水的体积含水量(%);φ_e 为空气压力势(m);θ_s 为饱和体积含水量(%);T_K 为冻结温度(K);b 为土壤孔隙度分布指数,L_f 为冰的潜热通量($3.35 \times 10^5 \text{J/kg}$);g 为重力加速度($9.81 \text{m/s}^2$)。当通过实验室和现场测量等手段求出 φ_e,θ_s,T_K,b 和 L_f 等参数时,就可计算一定温度下土壤中的未冻水含量。

冻土导水系数的计算方法与未饱和土壤导水系数的计算方法相同,当根据式(12.2)求出冻土中的未冻水含量时,可根据式(12.3)求出冻土的导水系数:

$$K = K_s \times \left(\frac{\theta_l}{\theta_s} \right)^{(2b+3)} \tag{12.3}$$

式中,K 为冻土的导水系数(m/s);K_s 为饱和土的导水系数(m/s);θ_l 为当前的体积含水量(%)；θ_s 为饱和体积含水量(%)；b 为土壤孔隙度分布指数。土壤导水系数随温度变化的曲线如图 12.2 所示。

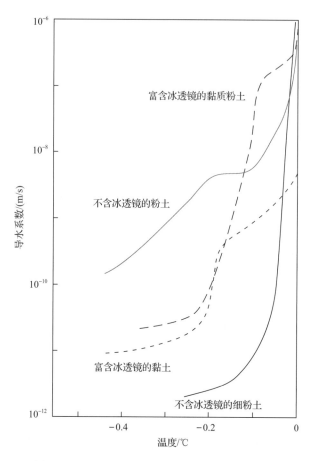

图 12.2　不同类型土壤冻结过程中导水系数发生的变化(修改自 Woo,2012)

　　从图 12.2 可以看出,冰晶的存在会降低土壤的导水系数。不同性质的土壤,由于土壤孔隙度分布指数、饱和导水系数及含冰量的不同,在冻结过程中,其导水系数的变化趋势不同。一般而言,土壤颗粒较粗的粉土,其导水系数大于土壤颗粒较细的黏土,在冻结过程中,粉土导水系数的下降速率也大于黏土。

　　冻土是由土壤矿物质、水、冰和空气等不同介质构成的混合物,冻土的导热系数是由以上物质共同决定的,可通过式(12.4)计算：

$$k = \frac{\sum m_j k_j v_j}{\sum m_j v_j} \qquad (12.4)$$

式中,k 为冻土的导热系数[W/(m·K)]；m_j、k_j 和 v_j 分别为某种介质(土壤矿物质、水、冰和空气)权重、导热系数和体积百分比。不同性质土壤中各个介质的权重、导热系数和体积百分比可以在实验室中测得,从而计算得到冻土的导热系数。

12.1.2　冻土中的水分迁移

土壤中的水分可以分为气态水、强相互作用水（吸附水）、弱相互作用水（薄膜水）、毛细水、重力水、固态水（冰）、结晶水和化学结合水。表 12.1 列出了土壤中不同类型水分的分类。

表 12.1　土壤中不同类型水分的分类

气态水	结合水	液态自由水	固态水	化学结合水
水蒸气	强结合水（吸附水）	毛细水	冰	化学结合水
	弱结合水（薄膜水）	重力水	结晶水	

强结合水是指被土壤颗粒吸附，不可溶解可溶性物质的水分，也称吸附水。弱结合水是指土壤颗粒在强结合水外围吸附的水分，也称薄膜水。强结合水基本不参与冻土冻融过程中的水分迁移，弱结合水则是冻土冻融过程中液态水迁移的主要成分之一。强结合水是土壤最大吸湿含水量的主要成分。土壤最大吸湿含水量可在实验室中测定，其主要成分除了强结合水之外，也包含一定量的弱结合水，因此土壤最大吸湿含水量总是大于强结合水的最大含量。实验室中另一项可测定的土壤参数是土壤的最大分子持水量，指的是土壤中的弱结合水达到最大值时的土壤含水量。

毛细水是指在土壤孔隙中气液界面的毛细效应的作用下，地下水沿土壤孔隙上升形成的水分。在自然界的降水和灌溉条件下，土壤中可以形成大量毛细悬着水，毛细悬着水达到最大值时的土壤含水量称为田间持水量。重力水是指在降水和灌溉等条件下进入土壤的水分，经过重力作用发生渗透和滞留，从而形成的自由水。此外，土壤的孔隙中还存在着水蒸气和冰，以及与土壤中的化合物结合的化学结合水。

由于土水体系中土壤水与周边介质的相互作用，导致土壤水的自由能降低，从而形成的土壤水势能称为土水势。其数值等于在等温条件下，在土壤中的不同部位迁移单位质量的水所做的功。一般认为，冻土冻融过程中的液态水分迁移主要受土水势梯度的驱动，土水势主要有以下 3 种类型。

1）基质势

基质势是指在土壤基质（固体颗粒）的吸附作用下，土壤水较自由水降低的势能。由于土壤基质的吸附作用，在土壤中的不同部位会形成基质势不同的土壤薄膜水，在基质势梯度的作用下，薄膜水会从水膜厚的区域向薄的区域迁移。在冻土中，由于未冻水膜的厚度可以看作是温度的函数，与温度呈现负相关关系。因此，当负温的土层中存在温度梯度时，也将形成相应的未冻水膜厚度梯度，使得未冻水在基质势的作用下，从含量高的区域向含量低的区域迁移，也就是从温度较高的区域向温度较低的区域迁移。

2）压力势

压力势是指由于压力的存在，使水的自由能发生改变形成的势能。在冻土和融土中，由于土壤孔隙与外部空气的联通，会形成一定的毛细空间，并存储一定量的毛细水。在土壤的冻融过程中，毛细空间的大小和位置都会发生变化，使得位于不同空间位置的毛细水具有不同的压力势，并在压力势的作用下发生迁移，直至达到平衡态。

3）重力势

重力势是指融土和冻土中的液态自由水在重力场中所具有的重力势能。在重力势的作用下，土层中的液态自由水将向下迁移。

不同土类的饱和土中的土壤含水量不同，但饱和土中的土水势均为零，处于平衡态。在非饱和土中，土壤含水量越小，土水势的绝对值越大。在冻土的冻融过程中，土体内的温度和水分含量受外界影响而发生动态不均匀变化，使得土壤水分的平衡态被打破，土体内部形成土水势梯度，驱动冻土内的水分发生迁移。在冻土的水分迁移过程中，温度是制约冻土中未冻水含量及土水势的一个主导因素。土壤中水的冻结是在一定温度范围内进行的，随着温度的下降，土壤含水量逐渐减小，土水势的绝对值逐渐增大，开始是包括毛细水和重力水在内的自由水冻结，接着是弱结合水（薄膜水）的冻结，而强结合水（吸附水）在足够低温下才会冻结。随着冻结过程的进行，土壤中的水分类型由重力水、毛细水向薄膜水过渡，土水势也相应地从以重力势和压力势为主向以基质势为主过渡。最终，当土壤温度降低为负温时，基质势成为未冻水迁移的主要驱动力。

未冻水迁移是冻土中汽、液和固相物质产生迁移的主要原因。在冻融过程中，土壤中的水分将向冻结锋面进行迁移，形成的冰体称为分凝冰。在自然界中，经过长期的冻融循环，冻土中的水分产生不等量迁移，在多年冻土上限附近形成厚层的重复分凝地下冰。这是多年冻土区的重要特征，其具体过程可见 12.1.3 节。

在自然界中，多年冻土区的季节融化层和季节冻土区的季节冻结层都属于近地表的土层，每年通过其冻结-融化过程与大气层产生热量和水分的交换。这一冻融过程会导致水分和盐分的迁移、土体内部冰透镜的形成，以及土体结构不可逆的改变。因此，自然界长期的冻融循环会使冻土区的水热特征缓慢变化。北半球的多年冻土区主要分布在环北冰洋地区和青藏高原，季节冻土区多分布在不连续多年冻土区的外围。环北冰洋地区存在较多的古多年冻土，最古老的多年冻土距今约 60 万年。青藏高原由于在晚中新世以来才开始剧烈抬升，现今存在的高原多年冻土的主体是在晚更新世冰盛期以来形成的，距今约 2 万年。20 世纪 70 年代以来，随着全球气候变暖的加速，冻土区出现了明显的退化，当前冻土区的水热状态和变化特征是古冰期冻土发育和当前气候条件下，地表及地下水热交换过程综合作用的结果，且具有明显的地区差异性。一般而言，靠近北极地区的多年冻土厚度大，含冰量高。青藏高原地区的多年冻土活动层厚度大，含冰量低，大部分地区的多年冻土属于温度在 $-4 \sim 0℃$ 的高温冻土，因而对气候变化更为敏感。

12.1.3　冻土的冻融过程

在多年冻土地区，年内的冻结-融化过程主要发生在活动层内，一般将活动层的冻融过程划分成 4 个阶段：即夏季融化过程、秋季冻结过程、冬季降温过程和春季升温过程。在冻结过程中，一般把土壤水开始发生结冰相变的面称为冻结锋面。冻结锋面是冻结层和未冻结层的分界面。在融化过程中，一般把土壤中的冰晶开始发生融化相变的面称为融化锋面。融化锋面是融化层和未融化层的分界面。随着冻土冻融过程的进行，冻土内会发生形式不同的热量传导，水分会发生有规律的迁移。本节重点介绍冻融过程中不同阶段内冻土内部的热量和水分变化情况。

1. 夏季融化过程

随着夏季地表温度的升高,活动层开始了夏季融化过程。在融化过程中,地表温度不断升高,自地表向下呈下降的温度梯度,融化锋面逐渐向下迁移,水分输运以由上向下为主,表现出如下的特点:融土层中的重力自由水在重力作用下向融化锋面渗透和迁移。同时,随着地面水分蒸发变干,土壤中的毛细水向地表迁移;另外,在不饱和融土层中,存在着水蒸气对流的现象。活动层的融化锋面向下,直到年最大融化深度处,这段土壤一直处于冻结状态,在温度梯度的驱动下,这段土壤内的薄膜水向下迁移。融化锋面上的传导性热传输和对流热传输等非传导性热传输均非常活跃;而在融化锋面之下,传导性热传输占绝对优势。

图 12.3 显示了青藏高原五道梁站在 1998 年夏季融化过程前后土壤中含水量的变化。在融化结束时,0～1.0m 层的含水量显著降低,这主要是重力水向下迁移和毛细水向上迁移并蒸发形成的。

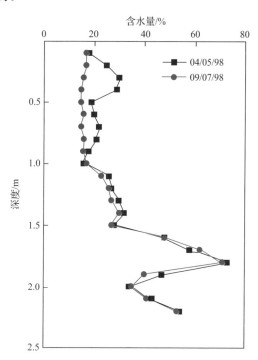

图 12.3　夏季融化过程前期和后期不同深度土层的含水量变化

2. 秋季冻结过程

随着活动层在秋初到达最大融化深度,气温逐渐降低,地表热量的输入停止,活动层开始秋季的冻结过程。冻结过程可以划分为两个阶段,即由活动层底部向上的单向冻结阶段,以及底部和地表发生双向冻结的"零幕层"阶段。单向冻结阶段自活动层底部向上冻结的时刻开始,到地表开始形成稳定冻结的时刻为止;而"零幕层"阶段从地表形成稳定冻结开始,到冻结过程全部结束为止。

在单向冻结阶段,随着冻结锋面向上移动,活动层底部的水分在温度梯度和薄膜水迁移机制的驱动下,从未冻结层向冻结锋面迁移、冻结,呈向下迁移趋势;热量从未冻结层向冻结层传输。在未冻结层中,存在由温度梯度驱动的传导性热传输,这部分热量较少。此外,还存在由水蒸气驱动的对流性热传输,随着冻结过程的进行,对流性热传输逐渐增大,并成为热量传输的主要部分。

在"零幕层"阶段,活动层中进行着双向冻结,温度是中部高、两端低,水分迁移主要是薄膜水迁移机制。根据"零幕层"的发展特征,又可以划分为两个时期,即快速冻结期和相对稳定冻结期。以青藏高原五道梁附近多年冻土活动层为例,从地表形成稳定的冻结层开始,未冻结层上部的冻结锋面在不到10天内快速向下移动了约1.10m,未冻结层下部的冻结锋面也在缓慢上移(赵林等,2000)。同时,未冻结层中的水分不断向冻结锋面迁移、冻结,在水的相变放热过程中,热量也从活动层的中部向上下两侧传输,水分与热量同步耦合传输是快速冻结期热量传输的主要方式。之后,冻结锋面从上向下的移动速率也明显减小,这就是"零幕层"的相对稳定冻结期。在这一阶段,水分继续从未冻结层向两侧的冻结锋面迁移,并在冻结锋面处冻结、放热,可以说,此时未冻结层中的热量传输完全是通过水热同步耦合传输实现的,而活动层的冻结部分则以传导性热量传输为主。这种状况持续约半个月后,活动层就实现了完全冻结。

图12.4显示了青藏高原五道梁站在1998年秋季冻结过程前后土壤中含水量的变化。由图12.4可以看出,在冻结结束后,0~0.5m层的含水量有了显著增加,0.5~1.0m层的含水量有减少的趋势。而1.0~1.5m层的含水量则在增加,这都是在"零幕层"阶段,活动层水分向表层和底部的冻结锋面迁移形成的。

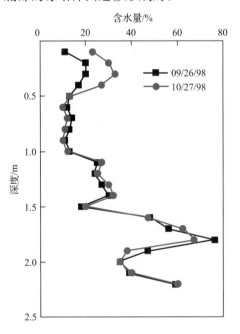

图12.4 秋季冻结过程前后期不同深度土层的含水量变化

3. 冬季降温过程

在活动层的冻结过程全部结束后,随着气温的进一步下降,开始了温度快速降低的冬季降温过程,这一阶段活动层中的温度上部低、下部高,梯度逐渐增大,传导性热传输为这一阶段热量传输的主要方式,同时伴有少量由温度梯度驱动的未冻水迁移。除地表附近少量的土壤水分蒸发外,活动层中的未冻水趋向于向上迁移,但由于地温极低限制了未冻水的含量和迁移能力,使得迁移量较少,整个活动层内的水分含量变化不大。

4. 春季升温过程

随着春季气温升高,地表热量开始输入冻结的活动层,活动层进入春季升温过程。此时,若地表呈裸露状态,则地表土层的水分蒸发量增大,含水量降低,水分从活动层内部向地表发生一定的迁移,但是由于温度低、迁移量较小,此时的热量传输仍以传导性热传输为主。在升温阶段后期,地表附近开始出现日冻融循环,白天土壤表层融化,水分蒸发,夜间土壤冻结,形成冻结锋面,此时活动层内部的水分也有向地表冻结锋面迁移的趋势。若地表有雪盖,则会阻止地表附近日冻融过程的发生,同时由于融雪水分的补给,土壤表层的含水量会明显增大,此时活动层内的水分不会向表层迁移。当地表不再发生冻融循环,完全变为融土时,春季升温阶段结束。

图 12.5 显示了青藏高原五道梁站自 1998 年冬季冻结过程开始,到春季升温过程结束为止,土壤中含水量的变化。由图 12.5 可以看出,经过这一阶段,0～0.5m 层的含水量变化不大,这与地表较强烈的水分蒸发有关。0.5～1.5m 层的含水量明显增加,这主要是由表层融水的补给造成的,深层水分的向上迁移对其也有一定影响。

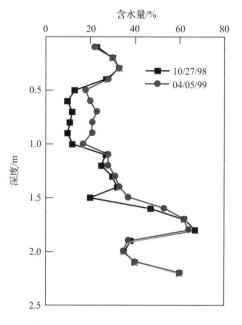

图 12.5 冬季降温过程前和春季升温过程后土壤含水量的变化

经过上述 4 个过程,活动层完成了一个冻融周期。可以看出,经过冻融周期,活动层中的水分在秋季冻结过程和夏季融化过程中向下迁移,迁移量也较大。而在冬季降温过程和春季升温过程中,水分的迁移量较小。表层土壤的水分迁移量较大,表层以下土层的水分迁移量较小。试验研究表明,在土壤的冻融过程中,水分向冻结锋面的迁移量与冻结速率相关,土壤冻结得越慢,锋面处水分的增加量就越大。而在活动层底部附近,由于温度波动幅度小,速率慢,其冻结过程始终进行得比较缓慢。因此,活动层中的水分在经历了一个冻融周期后,总体上有向活动层底部,也就是向多年冻土上限附近处聚集的趋势,从而导致多年冻土上限附近逐渐成为富冰区。这就是在多年冻土上限附近由于不等量水分迁移形成重复分凝冰的物理机制。Hinkel 等(1996)对北极阿拉斯加地区进行钻孔取样分析的结果表明,多年冻土上限附近的含水量在 1963～1993 年 30 年间约增加了 5%;在青藏高原的多年冻土区也发现,在经历过夏季融化过程之后,多年冻土上限附近的总含水量趋于增加(赵林等,2000)。这是自然界内,不同地区的多年冻土上限附近易形成厚层地下冰的主要原因。

在季节冻土区,季节冻土的年内冻融变化具有季节性规律,一般可以分为具有土壤冻融现象的冻融期,以及土壤没有冻融现象的无冻期。冻融期又可以进一步分为 4 个时期:即不稳定冻结期、稳定冻结期、不稳定融化期和稳定融化期。在稳定融化期结束和不稳定冻结期开始之间的时期是无冻期。在不同地区,各个时期的起始和结束时间有一定差别。在不稳定融化期,气温会在 0℃附近波动,所以并不总是发生融化过程,也会因为气温低于 0℃而发生冻结现象;同理,在不稳定冻结期,也并不总是发生冻结过程,也会因为气温高于 0℃而发生融化现象。与多年冻土相同,季节冻土在冻融期间也会发生不等量水分迁移的现象。冬季的冻结期,土层向下冻结,水分向冻结锋面迁移和凝结,增加了冻结深度内的总含水量(包括冰和未冻水)。夏季升温之后,土层由地表和冻结深度底部双向融化,水分向冻土内部迁移,冻结深度内的液态水处于饱和或者近饱和状态。而地表浅层由于蒸发又处于非饱和状态。如此经过一个冻融周期,冻结深度内地表浅层的水分重复着冬季含水量增加和夏季含水量减少的过程,这一过程对于区域生态环境的形成具有重要影响。

12.2 多年冻土地下冰含量

在地壳内部存在的所有冰晶统称为地下冰。多年冻土中含有的大量地下冰对区域的水资源和水文过程有着重要影响。在多年冻土的发育时期,不同来源的水在土壤中成为冻结的地下冰,对区域水资源而言是重要的"汇"。在多年冻土的稳定时期,冻土中的地下冰起到存储功能。在多年冻土的退化时期,地下冰发生融化,释放水分,从而起到"源"的作用。地下冰的存在极大地影响了区域水资源的分布和调控,以及区域的水文过程。本节以青藏高原和环北极地区为例,探讨地下冰含量的计算方法,为区域水资源的利用奠定基础。

12.2.1　地下冰的类型

按照形成机制,可以将地下冰分为构造冰、洞脉冰和埋藏冰(图 12.6)。

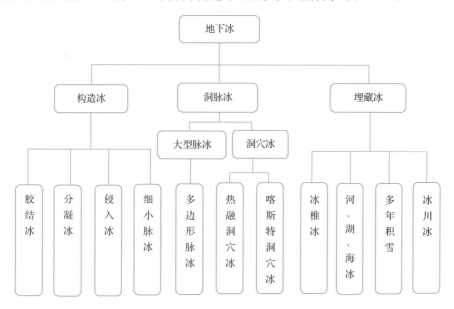

图 12.6　多年冻土区地下冰的分类

构造冰是指在土壤冻结过程中生成的冰。按照形态,构造冰可以分为较为细小的、填充在土壤孔隙中的孔隙冰,以及体积较大、通常呈层状的冰透镜体(图 12.7)。按照形成

图 12.7　野外观测到的多年冻土层内的地下冰

机制,构造冰又可分为胶结冰、分凝冰、侵入冰和细小脉冰。胶结冰是能够胶结土壤颗粒或团粒的细小的孔隙冰体,它是在土体含水量较小,或者冻结速度较快的情况下冻结形成的。分凝冰是指由弱结合水向冻结锋面迁移而形成的冰体,通常以冰透镜体和其他不规则的形状存在。分凝冰的形成过程往往伴随有土壤颗粒的移动,从而产生各种冻土的冷生构造和冰缘地貌。侵入冰是指承压地下水侵入多年冻土或季节冻土后冻结生成的冰。参与侵入冰形成的水是重力自由水,侵入水的冻结能够顶起上部冻土层,从而形成冻胀丘。细小脉冰是土岩裂隙中的水冻结后形成的冰。

洞脉冰是指存在于多年冻土区各种基岩裂隙、土体裂隙和洞穴中的冰体。按照生成的环境和形态的不同,洞脉冰可以分为大型脉冰和洞穴冰。洞穴冰通常在各种洞穴中生成,按照存在洞穴的不同可分为热融洞穴冰和喀斯特洞穴冰等。大型脉冰通常是水体进入基岩和土体裂隙后形成的裂隙冰,以多边形脉冰为主,延续深度较大。洞脉冰中的大型脉冰与构造冰中的细小脉冰除了在形态和大小上有差异之外,它们的形成机制也不同。细小脉冰是由未冻的土岩裂隙中的水冻结生成的,是与冻土共生的,而大型脉冰是由已冻的基岩和土体裂隙充水后再冻结形成的,是后生的。

埋藏冰是指各种生成于地表的冰(河冰、湖冰、海冰、冰椎冰和积雪等)被堆积在其上的沉积物掩埋而成为埋藏地下冰。当埋藏冰上覆盖的沉积物厚度大于季节融化层深度时,埋藏冰就能够保存多年。

构造冰和洞脉冰均是在地壳内部生成的,被称为内成冰。构造冰是与多年冻土层在同一时期生成的,被称为共生型地下冰。洞脉冰是在多年冻土层形成之后才产生的,被称为后生型地下冰。埋藏冰是在地壳外部生成的,被称为外成冰。多年冻土层中的地下冰主要为胶结冰、分凝冰和脉冰。其中,胶结冰在冻土中广泛分布;分凝冰的分布与岩性密切相关,主要发育在细颗粒土,如亚黏土、黏土、粉砂及淤泥质土等地层内,有些呈纯冰层存在于土层中间;脉冰则存在于冻土区的各种裂隙中。

12.2.2　青藏高原的地下冰含量

近数十年来,青藏公路沿线的多年冻土研究不断深入,并积累了大量有关地下冰分布和数量的资料。因而,计算青藏高原的地下冰含量传统上是以青藏公路沿线的资料为基础,以青藏公路为基线,采取以点连线、以线代面向公路两侧外延的原则,计算整个青藏高原多年冻土区地下冰总储量。

根据青藏公路/铁路多年冻土区已经完成的数千个钻孔的钻探工作,经过仔细筛选,对其中的 697 个钻孔剖面的地下冰分布状况和其中 9261 个重量含水量的分布特征进行了分析,把青藏公路/铁路沿线的多年冻土划分成少冰冻土、多冰冻土、富冰冻土、饱冰冻土和含土冰层 5 个含冰量类别,统计各类冻土沿公路所占里程。按照地形地貌和沉积物特征,将沿线划分了 14 个区(图 12.8),统计区段总长度为 630km,多年冻土分布长度为 440km。青藏公路/铁路沿线多年冻土的区段划分如图 12.8 所示。

在垂向上,将每个钻孔划分出 3 个深度段,即多年冻土上限以下 1m 范围内、上限下深 1～10m 段及上限下 10m 以下段,按照式(12.5)统计了各深度地下冰储量。

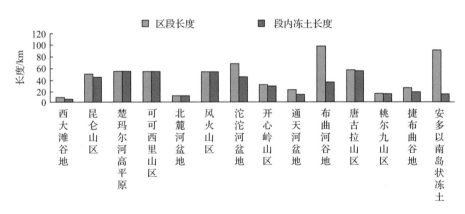

图 12.8　青藏公路/铁路沿线多年冻土区段的分布示意图(赵林等,2010)

$$I = [s \times h \times r_{\mathrm{d}} \times (W - W_{\mathrm{u}})]/\rho \qquad (12.5)$$

式中,s 为区段面积(m^2);h 为区段内平均冻土厚度(m);r_{d} 为青藏高原冻土层的平均干容重,取 $1.55 \times 10^3 \mathrm{kg/m}^3$;$\rho$ 为地下冰密度,由于含有杂质,取近似值 $1 \times 10^3 \mathrm{kg/m}^3$;$W$ 和 W_{u} 为土壤含水量和未冻水含量(%),按照区段平均值选取。计算结果如图 12.9 和表 12.2 所示。

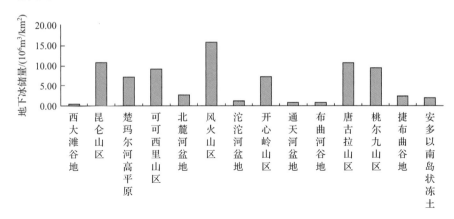

图 12.9　青藏公路/铁路沿线多年冻土地下冰储量示意图(赵林等,2010)

表 12.2　青藏高原多年冻土区地下冰在各个垂直分段的含量

垂直向上分段深度	重量含水率/%			每段冻土 厚度/m	地下冰量 /km³	据占比例 /%
	最小	平均	最大			
上限以下 1m 内	5.0	38.0	188.0	1.00	665	7.0
上限以下 1~10m 段	6.8	19.6	112.8	9.00	2650	27.8
上限以下 10m 以下段	5.0	15.7	95.2	28.79	6213	65.2
合计				38.79	9528	100.0

资料来源:赵林等,2010。

最后将所有区段的地下冰结果加总,得到青藏公路沿线多年冻土的平均厚度为38.79m,平均含水量为17.19%,据此初步估算出青藏高原多年冻土区地下冰的总储量为9528km³。

随着近年来多年冻土本地调查工作的开展,在青藏高原腹地的典型区域西昆仑、改则、温泉、杂多等地,布置了一系列的活动层观测系统和钻孔,取得了大量青藏高原腹地宝贵的冻土环境和冻土特征资料,根据更新的观测资料,以上结果可以得到进一步校正。

12.2.3 北半球的地下冰含量

北半球多年冻土和地下冰的分布研究一直是国际冻土学研究的热点。在过去的50年间,国际冻土协会在北半球多年冻土区布设了一系列监测网络,包括环极地地区活动层监测网(CALM)和全球冰冻圈观测计划(GCW)等,全球多年冻土的监测网络见第13章。科学家们绘制了数百种北半球各个区域的多年冻土分布图。1990年,国际冻土协会决定绘制统一标准的北半球多年冻土分布图。通过收集当时所有的多年冻土和地下冰的特征与分布的数据资料,制定了一套统一的标准参数,然后对北半球的多年冻土和地下冰进行了分类。按照多年冻土的覆盖度划分了连续多年冻土(90%~100%)、不连续多年冻土(50%~90%)、岛状多年冻土(10%~50%)和零星多年冻土(0~10%)4种多年冻土类型;按照含冰量将厚沉积覆盖的地区的地下冰划分为高(>20%)、中(10%~20%)和低(<10%)3种类型。将薄沉积覆盖的地区的地下冰划分为高(>10%)和低(<10%)两种类型。在标准分类和原有各种冻土分布图的基础上,通过综合和合并,在1998年发布了数字化的国际冻土协会"环北冰洋冻土和地下冰分布图"。

假设厚沉积覆盖物的沉积物厚度为10m,薄沉积覆盖物的沉积物厚度为5m,国际冻土协会发布的最新北半球多年冻土分布图显示,富冰冻土(地下冰含量超过20%)主要位于高纬度地区,约占北半球陆地裸露表面的2.02%和北半球多年冻土面积的8.57%。少冰冻土(地下冰含量不超过10%)主要位于山区和高海拔地区,约占北半球陆地表面的15.8%和北半球多年冻土面积的66.5%。以上数据明显低估了环北极地区沉积物的厚度。

因此,最新的假设(Zhang et al.,2008a)设定厚沉积覆盖物的沉积物厚度为20m,薄沉积覆盖物的沉积物厚度为10m。相应地,厚沉积覆盖物的高含量地下冰区域的含冰量为20%~30%;薄沉积覆盖物的高含量地下冰区域的含冰量为10%~20%;在剔除冰川、冰盖、海底多年冻土和湖底多年冻土之后,利用数字化的环北冰洋冻土和地下冰分布图、1km分辨率的全球土地覆盖特征数据集和全球陆地1km高程数据集(GLOBE DEM)等数据集,计算得出了北半球裸露地表地下冰的基本分布情况,得到北半球地下冰总量在11.37×10^3~36.55×10^3km³,相当于2.7~8.8cm海平面变化的水当量,见表12.3。

表 12.3　使用覆盖物厚度和含量假说计算得到北半球裸露地表各多年冻土类型的含冰量

多年冻土含冰量	厚沉积物覆盖(20m)						薄沉积物覆盖(10m)				合计 (10⁶km³)	
	20%~30%		10%~20%		0~10%		10%~20%		0~10%			
	高	低	高	低	高	低	高	低	高	低	高	低
连续(>90%)	9.00	0.54	5.24	2.36	0.76	0.00	4.32	1.94	5.70	0.00	25.02	9.70
不连续(50%~90%)	0.43	0.24	3.14	0.88	0.68	0.00	1.35	0.38	2.12	0.00	7.72	1.50
岛状(10%~50%)	0.33	0.07	0.62	0.06	0.58	0.00	0.32	0.04	1.34	0.00	3.19	0.17
零星(0~10%)	0.20	0.00	0.02	0.00	0.12	0.00	0.00	0.00	0.28	0.00	0.62	0.00
合计(10⁶km³)	9.96	0.85	9.02	3.30	2.14	0.00	5.99	2.36	9.44	0.00	36.55	11.37

资料来源：Zhang et al.，2008。

在上述的计算方法中，由于对高含量地下冰的含冰量估计偏低，而且只计算了 20m 厚度的多年冻土层的地下冰含量，因而计算得出的北半球地下冰含量仍然是明显低估的。需要根据最新观测结果进行进一步校正。

12.3　多年冻土区地下水分布特征

12.3.1　冻土区地下水的类型

按照与冻土层的关系，多年冻土区的地下水可以划分为冻土层上水、冻土层中水和冻土层下水 3 种类型：冻土层上水位于多年冻土层的上限之上，多年冻土层是冻土层上水的下部隔水板；冻土层中水位于冻土层之中；冻土层下水位于冻土层之下，冻土层是冻土层下水的上部隔水板。

3 种冻土区地下水的分布如图 12.10 所示。

12.3.2　冻土区地下水的补给和分布特征

3 种冻土区地下水与地表水、大气圈之间有着不同程度的复杂联系。

1. 冻土层上水

冻土层上水主要为位于活动层中的水，处于季节性冻结的状态。冻土层上水多处于平坦的分水岭、平原和河流阶地上，该地区坡度缓和，地下水流失少，易于富集。由于冻土层上水受到不同程度的矿化，同时又处于毛细空间中，因此它的冻结温度一般在 0℃ 以下，通常在 −0.5~0℃。

冻土层上水的补给主要来源于大气，有时也接受地表和深处含水层的补给，尤其是在裸露的粗颗粒土层，水蒸气的凝结水是重要的补给来源，融雪和冰川融水也可能成为重要的补给来源。对于活动层中水来说，产流和补给都发生在活动层，因而补给面积和分布面积基本重合。

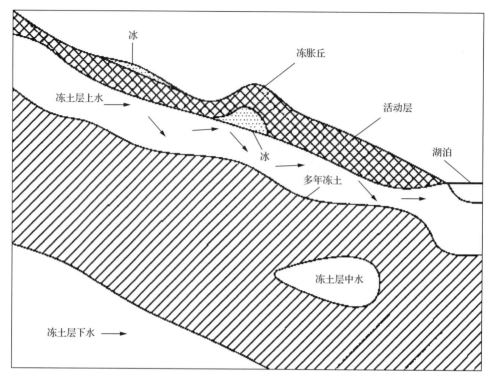

图 12.10　冻土层上水、冻土层中水和冻土层下水在冻土区的分布示意图(修改自 Woo,2012)

　　活动层中水在冻结时容易发生较为明显的体积膨胀并产生压力,引起地表的变形隆起,形成冻胀丘,部分冻土层上水会溢出形成冰锥。

2. 冻土层中水

　　冻土层中水多处于多年冻土层内或融区之中,呈现较为稳定的液态,通常由于溶解有一定的矿物质而处于 0℃ 以下的过冷状态。冻土层中水可分为 3 个亚类:①冻土层内水,完全被多年冻土包围的水,是完全封闭状态的,可能是过去长时间尺度上湖泊、河流内的水在冻结过程中逐渐封闭起来的。②冻土层间水,上、下被多年冻土层隔离的水。③融区通道水,周侧被多年冻土包围的垂向含水层的水。冻土层间水和融区通道水是贯穿融区的地下水,与冻土层上和层下的水都存在水力联系。随着近几十年来气候的变暖,融区可能会扩大,贯穿融区的水量和覆盖区域也会随之扩大。一旦与地表或者冻土层下水发生水力联系,就容易产生向外界释放的径流。一般而言,多年冻土对于外界的温度变化不如冰川敏感,但是一旦有足量的冻土层中水因气候变暖而释放,则会显著改变区域的水文水资源情势。

　　一般来说,冻土层中水的补给和分布决定于所在土层的融区特征,贯穿融区水通常存在于河床和河滩的阶地上,冬季,这些地方常常产生冰穴和大的冰锥,而封闭融区水常常呈透镜状,冻土层中水通常属于承压水。

3. 冻土层下水

冻土层下水水温通常在 0℃以上，与非冻土区的地下水一样，可以分为孔隙水、裂隙水和喀斯特水等，只是冻土层下水是以冻土层为隔水板的，因此冻土层下水通常具有承压和自流的特性，其稳定性较大。冻土层越厚的冻土层下水，其稳定性越大，水循环周期很长，地下水年龄可能十分古老。

冻土层下水的补给取决于冻土层的连续性，在不连续冻土区，大气降水、地表水和冻土层上水经融区补给冻土层下水。而在连续多年冻土区，补给一般通过一些断裂带和裂隙来实现，补给区与分布区可能分离得很远。

12.4　冻土区的水文特点

12.4.1　地表水入渗特征

一般认为，冻土层是一个相对隔水层，冻土的入渗率远小于融土。液态水能够在非饱和冻土层中入渗，在有外界的降水或者地表积雪融化的过程中，冻土地表的水分入渗率和时间满足一条关系曲线（图 12.11）。

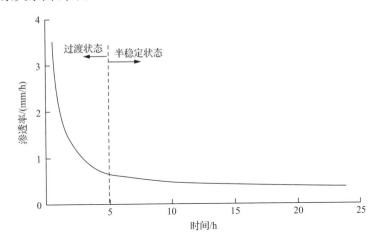

图 12.11　冻土地表水分的入渗过程（修改自 Woo，2012）

从图 12.11 中可以看出，入渗在约 5 小时内走完过渡状态，入渗率急剧下降，然后进入半稳定阶段，入渗率变化不大。入渗曲线满足经验公式(12.6)：

$$f = f_c + (f_o - f_c) \exp^{-bt} \tag{12.6}$$

式中，f 为入渗率(m/s)；f_o 和 f_c 分别为初始入渗率和饱和入渗率(m/s)；b 为与土壤和水分条件相关的常数。

在地表水入渗时，由于地表水在冻土层中被冻结成冰会放热，因此会使得冻土层升温，同时冻土层的含冰量增加，入渗率下降。入渗率下降会减少地表水的入渗量，但同时多年冻土活动层底部不断发生的重复分凝现象，又会将活动层顶层的水分迁移到活动层底部,从而引起地表水的入渗量加大,最终地表水下渗引起的活动层及多年冻土上限附近含冰量的变化和分布是地表水下渗-凝结和活动层水分迁移过程综合作用的结果。如果在冻土区存在冻土层上水,那么地表水的入渗过程还会与冻土层上水的水文过程发生联系,引起冻土融化期间的产流过程发生变化。

冻土区地表水的入渗过程按照入渗量可以分为有限型、无限型和受限型 3 种。如果入渗过程受到一个靠近地表的冰体、冻土层或者基岩的阻挡,其入渗量十分有限,称为有限型入渗。如果入渗在粗颗粒土层或者有巨大裂隙的土体和基岩中发生,则入渗过程能够全部完成而基本不产流,称为无限型入渗。如果入渗过程在细颗粒土体中发生,经过一段时间即达到土壤的饱和,则入渗过程停止,土体通过“蓄满产流”过程产生径流,则这种入渗过程称为受限型入渗。此外,在环北极圈的次亚北冰洋地区,一些季节冻土区的细颗粒土分布的地区中,具有较好吸水性的苔原广泛分布,而冻结土层也有一定的下渗率,并不产流的无限型入渗过程在这些季节冻土区广泛存在。

地表水在冻土区的入渗过程会受到多种环境因素的影响,首先是温度的变化会带来冻土弱透水性的变化;其次,外界水分的补给量及补给方式,包括降水和冰川、湖泊等各种水体的补给,都会影响入渗的效率;最后,土壤本身的性质和结构,如土壤颗粒与分层、孔隙大小和数量、裂隙大小,以及黏土含量等因素均对入渗有较大影响。干燥而黏土含量高的土壤通常有较强的蓄水能力和毛细作用,而黏土吸湿膨胀的现象比较明显;植被根系的存在会改变土壤的孔隙度等性质,植被的蓄水能力则直接影响地表土层的水分含量和排水性能,阻止了测流的存在,有利于水分的下渗。此外,人为工程等方面的干扰,自然因素包括动物的刨坑和洞穴等,也会影响入渗的效率。

12.4.2 冻土与水文过程

与非冻土区相比,多年冻土区的水文过程受到冻土层弱透水性的影响,具有以下特点。

(1)径流系数与多年冻土的覆盖度密切相关:冻土区的弱透水性使得大部分融雪和降雨变成直接径流。因此,高覆盖度多年冻土区通常具有产流率高、直接径流系数高、径流对降水的响应时间短和退水阶段时间短等诸多水文特性。随着冻土覆盖度的降低,以上特性逐渐减弱。

表 12.4 和图 12.12 显示了勒拿河流域典型多年冻土区的多年冻土覆盖率与径流系数的关系。

表 12.4 勒拿河流域不同观测站的基本情况

站点编码	站名或位置	北纬/(°)	东经/(°)	流域面积/(1000km²)	冻土覆盖率/%
A	Kachug	53.97	105.88	17	20
B	Zhigalovo	54.82	105.13	30	28
C	Gruznovka	55.13	105.23	42	22
D	Ust-Kut	56.77	105.65	71	23
E	Zmeinovo	57.78	108.32	140	30

站点编码	站名或位置	北纬/(°)	东经/(°)	流域面积/(1000km²)	冻土覆盖率/%
F	Krestovskoe	59.73	113.17	440	60
G	Solyanka	60.48	120.7	770	70
H	Tabaga	61.83	129.6	897	72
K	Lena At Kusur	70.68	127.39	2430	88

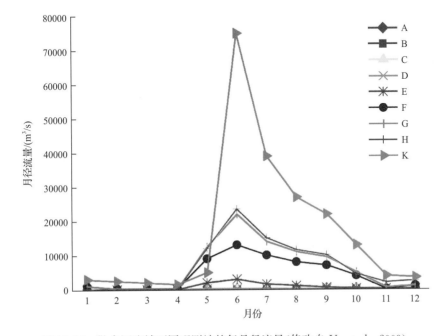

图 12.12　勒拿河流域不同观测站的每月径流量(修改自 Ye et al.,2009)

从图 12.12 中可以明显看出,多年冻土覆盖率最高的站点 K 在 5 月的春汛期迅速达到了径流峰值,表现出夏季径流量较高和径流量季节变化大等特点。这一特点随着冻土覆盖率的降低而减弱,在多年冻土覆盖率在 30% 以下的站点 A,B,C 和 D,径流量的季节变化已经比较小了。

(2)年内径流分配表现出径流峰值高和冬季径流小的特点:多年冻土区的径流峰值通常出现在春夏之交,此时降水和融雪产流量较大,冻土层的隔水作用较强,下渗率低,因此出现较高的径流峰值。随着时间进入夏季,活动层逐渐融化,冻结面下降,隔水作用逐渐减弱,地表径流量开始从峰值下降。至活动层完全解冻时,下渗强度加大,流域蓄水能力增强,蒸发加大,此时的活动层能够起到减弱洪峰的径流调节作用。在冬季,由于冻土层阻断了地下水对径流的补给,因此冬季径流量小,如果区域冻土覆盖率为 100%,则冬季径流量甚至可能接近于零。

(3)地表水与地下水之间的水循环过程受到多年冻土特征和分布的重要影响:地下水的水位不仅受融雪和降雨补给量的影响,还受活动层融化深度和冻土区补给路径的影响。活动层的变化是地下水位变化的主要控制因素。在大片连续多年冻土区,大气降水、地表水和浅层水从局部融区或基岩破碎带入渗,再侧向运移补给深层地下水,补给和排泄条件较差,因此地下水水量分布极不均匀,与地表水的水力联系差。在岛状多年冻土区,地下水的补给、径流和排泄条件好,地下水和地表水相互转化频繁,水力联系复杂,因此地下水类型较多;在高山多年冻土区,地下水的补给和排泄与地貌岩相带关系密切,一般以高山冰雪冻土带为补给带,山前戈壁砾石带为主要径流带,盆地中心绿洲、湖沼带为排泄带。

(4) 多年冻土具有显著的生态水文效应:多年冻土阻止了活动层内的下渗过程,使活动层内保留了一定量的水分,这对于维持多年冻土区内的生态系统具有重要意义。多年冻土区的植物生长期较短,植被根系通常呈现纵向延伸较浅、横向延伸较广的特点,与非冻土区的植被相比,其持水能力较弱。一般而言,冻土的分布及特征与冻土区的植被类型具有一定的相关性,苔藓、灌丛、草原和草甸等不同的植被覆盖都对应着不同的土壤性质、土壤温度、土壤含水量和冻土类型,所以具有不同的生态水文过程。

季节冻土区的水文过程与多年冻土区相似,因为季节冻土区年平均气温较高,产流时间一般较多年冻土区提前,季节冻土区的季节冻结层也具有隔水层的作用,其水文效应随着季节冻结层的融化而消失。季节冻土水文特性变化过程如图 12.13 所示,具有以下特点。

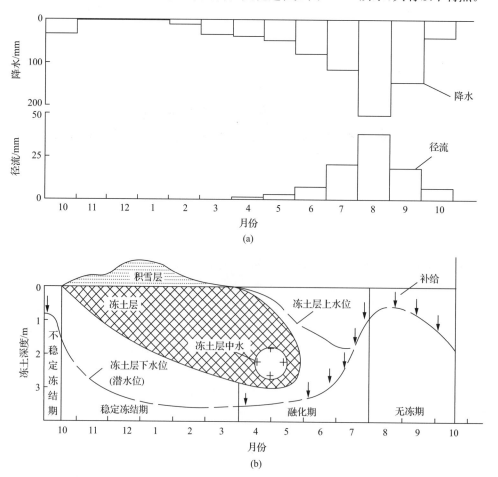

图 12.13　季节冻土水文特性变化过程示意图(修改自肖迪芳等,2008)

　　(1) 季节冻土增加了土层的蓄水量:冻土在冻融循环的不同时期增加的水量有不稳定冻结期雨雪入渗水量;稳定冻结期内,因为深层土壤水和潜水发生水分迁移而冻结在锋面的水量;融化期融雪和降雨入渗水量;融化期冻土层释放的冻土层中水量等。以上蓄水过程加上冻土的弱透水性造成季节冻土区在冻融期比无冻期的径流系数高。

　　(2) 季节冻土的蓄水调节作用使地下水的补给时间滞后:由于在封冻期,冻结在河槽和土壤中的水量将在融化期释放补给地下水,同时,冻层上水在冻土融化后能够以重力水的形式补给地下水。因此,降雨补给地下水的时间明显滞后,只有当冻土全部融化之后,降雨与地下水位变幅才有直接的关系。

　　(3) 季节冻土区的季节性冻结滞留的冻土层中水具有显著的生态水文效应:冻土存在期土壤蒸发能力显著降低,表层蒸发几乎为零。滞留的冻土层中水较冻结前水量的增加值可达 20%~40%,是植物在冬春期间直接吸收利用、维持生存繁衍能力不可缺少的地下水资源,在干旱和半干旱区甚至是唯一的水资源,也是促进盐渍化、沼泽化和保持生态平衡的主导因子。

　　(4) 季节冻土的存在影响了地下水与地表水之间的水力联系:冻土层在冻结期积蓄的冻土层上水在融冻期往往被土壤渗吸或者转化成径流,对冻土层下水的补给有限。例如,在我国的小兴安岭季节冻土区,地下水对年径流的补给量通常在 12% 左右。由于季节冻土区的地表水和地下水水力联系有限,二者通常呈现不同的水化学性质。

　　多年冻土区与季节冻土区的水文过程的一些区别如下。

　　(1) 多年冻土区存在一些特殊的冷生冰缘地貌,包括冻胀丘,冰锥、石环等,对水文过程产生了一定的影响。

　　(2) 多年冻土区的地表水与地下水的水力联系通常比季节冻土区弱:多年冻土区冻土层下水上升到地表的机会较少,与冻土层中水和上水之间的水力联系也较少。同样的,冻土层上水一般只能入渗到活动层底部,很难补给冻土层下水。

　　(3) 多年冻土区与季节冻土区的植被类型有一定差别,通常情况下,多年冻土区的植被根系较浅,持水能力较弱。因此,二者的生态水文过程的差异较大。

12.4.3　多年冻土退化对水文过程的影响

　　过去 50 年来,全球气候变暖不断加剧,多年冻土区出现了多年冻土面积缩小、年平均地温升高和活动层加厚等冻土退化现象。这一过程使得多年冻土的隔水作用减小,冻土中的地下冰发生融化,不但在冻土区形成融区,还可能向所在流域释放大量的水。这些冻土水文效应对流域的产汇流过程和水循环都产生了深刻的影响(图 12.14)。

　　多年冻土退化对流域水文过程的影响表现在以下方面。

　　(1) 多年冻土退化导致冬季退水过程发生变化:在多年冻土退化的影响下,河流冬季退水过程明显减缓,流域退水系数在多年冻土覆盖率高的流域表现出增加趋势。但是对多年冻土覆盖率低的流域则没有影响。这是因为多年冻土的隔水作用减小后,流域内有更多的地表水入渗变成地下水,使得流域地下水水库的储水量加大;活动层的加厚和入渗区域的扩张也使得流域地下水库库容增加,从而导致流域退水过程减缓,冬季径流量增加。同时,流域最大与最小月的径流量比值也出现了减小趋势。

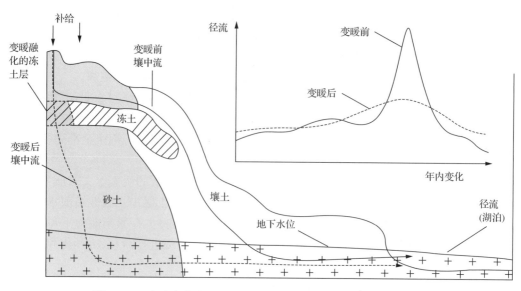

图 12.14　全球变化背景下冻土区流域水文过程和水文特征的变化

（2）多年冻土退化导致热融湖塘的扩张及消失：多年冻土退化过程中大量地下冰开始融化，冻土层中水被逐步排出，导致表层岩土失稳，地表会出现融沉、坡面过程加剧和热喀斯特地貌发育等现象，在一定条件下，会在沉陷凹地汇集形成热融湖。由于地表水的热侵蚀作用，热融湖塘会持续扩大，致使地面蒸发增加，从而增加了空气湿度，最终导致区域降水量的增加。如果冻土退化继续进行，当整个冻土层发生融化，多年冻土的隔水板作用消失时，包括热融湖在内的地表湖泊中的水可能快速排泄，进入地下水循环，进而导致湖泊消失干涸。

（3）多年冻土退化导致区域水循环过程发生变化：在热融湖塘区，如果融蚀贯穿多年冻土层或者侧向上沟通了其他融区，则可能发生湖水的排泄，并通过地表或地下径流补给到河流或内陆湖泊中，形成新的水循环过程。在山区，多年冻土退化带来的地下冰融水会以潜水的形式向低处渗流，进入非冻土区参与水循环。在一些地区，多年冻土作为隔水顶板，封闭着一定量的承压水。当冻土层变薄，甚至某些部位出现贯穿融区时，会形成新生上升泉，补给地表水。在含冰量较少的冻土区，随着冻土的消失，融区扩大，冻结层上水将疏干，含水可容空间增加，在补给量减少的情况下，会发生区域地下水水位下降及区域地表、地下水的动、静储量减少的现象，最终导致部分河流区段的频繁断流（张森琦等，2004）。

（4）多年冻土的退化会引起高寒生态环境的显著退化，导致一系列的生态水文效应：主要表现为地下水位下降、泉口下移、高寒沼泽湿地和湖泊萎缩、高寒草地沙漠化和荒漠化加剧等。在地表热量平衡方面，以沼泽湿地、河湖和高寒植被为代表的下垫面发生荒漠化，会导致地表反射率减小、比辐射率增大和吸收热量增多，从而加速了多年冻土的退化。在地表水量平衡方面，冻土退化后区域地表蓄水能力减弱，含水量减小，使得蒸发和融化过程中消耗的相变热减少，增加了地表热量吸收，加速了多年冻土退化。

12.4.4　冻土退化对流域径流的影响

根据 IPCC 2013 年发布的第五次评估报告,以及 2012 年发布的《中国气候与环境演变:2012》(秦大河等,2012),目前全球的多年冻土已发生显著变化。自 20 世纪 80 年代初以来,高纬度地区多年冻土温度明显升高,美国阿拉斯加北部部分地区多年冻土温度上升 3℃(20 世纪 80 年代到 21 世纪中期),而在俄罗斯北方地区的多年冻土已升温 2℃(1971~2010 年)。在我国青藏高原高海拔地区,多年冻土也呈现明显升温的趋势,高温多年冻土升温速率约为 0.22℃/10a,低温多年冻土约为 1℃/10a。温度升高导致多年冻土面积退化和活动层增厚,改变了寒区流域多年冻土的时空分布,对流域的产汇流过程和水循环都产生了深刻的影响,并引起了区域径流的变化。然而,高纬度地区和高海拔地区多年冻土的退化速率和分布不尽相同,也带来了不同的水文效应,本小节重点介绍多年冻土退化对不同流域水文过程的影响。

1. 环北极地区

多年冻土约占北半球陆地面积 25%,其中大部分高纬度冻土主要分布在俄罗斯、加拿大和美国阿拉斯加等环北极地区。在全球变化的大背景下,环北极多年冻土温度上升明显,多年冻土退化,活动层增厚,融区变大。有研究指出,1997~2005 年,俄罗斯沃尔库塔(Vorkuta)地区,多年冻土南界北移了 80km,连续多年冻土南界则北移了 15~50km,活动层厚度在最近 30 年也增加了 0.6~6.7m(Oberman,2008)。

环北极地区的多年冻土退化引起了该地区径流的变化。在全球变暖的大背景下,北极地区各大流域年径流有增加的趋势。西伯利亚中部的勒拿河和叶尼塞河流域均出现了冬季径流明显增加的现象,但是这一现象在加拿大麦肯齐河和育空河却并不显著。流域多年冻土覆盖率差异会形成不同流域的不同径流的年内分配方式。多年冻土退化改变流域的多年冻土覆盖率,进而形成径流变化差异。冻土退化引起的活动层增厚也会改变土壤蓄水能力,并影响产流系数和退水过程。季节冻土的每年最大融化深度差异也对径流产生影响。降水的增加也可能影响环北极地区径流量变化。一般来说,小流域影响明显,大流域因为如积雪内的储水量、融雪时间不同、地貌、无冻土区存在等相关要素会更出现复杂的关系。总的来说,在环北极地区,多年径流变化呈现较明显差异:在欧亚大陆西部,不管流域大小和变化时间,冷季基流均显著增加,东部区域的径流则没有明显变化;北美大陆东部冷季径流是减少的,而西部则是增加的(图 12.15)。

除了冻土变化外,人类活动也会影响环北极地区河流水文过程。例如,在俄罗斯勒拿河和叶尼塞河流域,发现在人类活动(主要指水库)较小的流域上游的区域,冻土退化对流域径流有显著影响;在流域中下游,人类活动对径流过程的影响起主要作用(Yang et al.,2004)。

多年冻土退化对环北极地区径流的影响复杂,目前的认识尚处于初级阶段,其影响过程和影响机理还需要进一步研究。

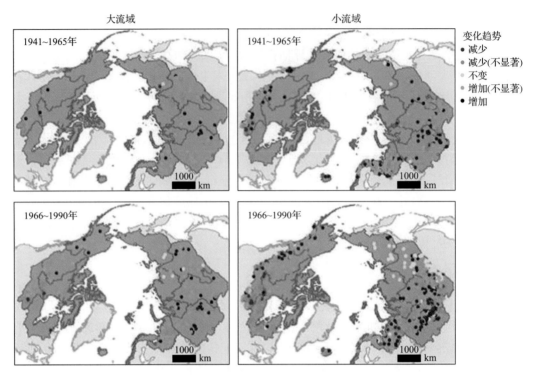

图 12.15　环北极地区大流域($>50000\text{km}^2$)和小流域($10\sim50000\text{km}^2$)不同时期的
冬季径流变化图(Rennermalm et al.,2010)

2. 青藏高原地区

青藏高原是世界上中低纬度海拔最高、面积最大的多年冻土分布区,也是众多河流的发源地。在全球变暖背景下,青藏高原多年冻土退化已直接影响区域内流域径流过程。温度的升高导致青藏高原多年冻土面积在 20 世纪 60~90 年代约减少 1 万 km^2。伴随着多年冻土温度的上升,活动层厚度也在增加。以青藏公路沿线为例,1995~2002 年的 7 年间,公路沿线天然地表活动层厚度增加了 25~60cm。在长江源区,近 30 年来,多年冻土活动层平均增厚 0.8~1.5m,零星冻土分布界限已普遍升高,升高幅度为 50~70m,多年冻土面积减小及河谷融区面积扩大等现象明显(杨建平等,2004)。多年冻土活动层增厚将会增加土壤蓄水能力,导致更多降水储存土壤中,降低产流系数;多年冻土退化将会释放液态水,可能增加径流。因此,冻土退化对径流影响复杂,且冻土退化为缓慢过程,其对径流影响呈现一定的滞后性。目前,青藏高原区不同地区流域实测径流多年变化呈现较大差异性。

冻土退化对寒区流域径流过程影响复杂,为分析其对退水过程的影响,牛丽等(2011)提出了冬季退水系数这一概念,定义为 1 月径流与 12 月径流的比值。下面就以祁连山石羊河、黑河和疏勒河和黄河源为例,结合冬季退水系数,分析冻土退化对流域退水过程的影响。

　　图 12.16 显示为石羊河、黑河和疏勒河山区流域控制水文站杂木寺、莺落峡和昌马堡，以及黄河源区唐乃亥水文站多年退水系数与负积温变化图。从图 12.16 可以看出，近几十年来，对于多年冻土覆盖率较大的河流，如疏勒河和黑河(分别为 73% 和 58%)，冬季退水系数增大，退水过程明显减缓，这一减缓过程与流域负积温变化较为一致。在多年冻土覆盖率较小的流域，如石羊河和黄河上游(多年冻土覆盖率分别为 33% 和 43%)近 50 年径流比率没有明显变化，即这两个流域的冻土退化还没有影响到径流的年内分配。

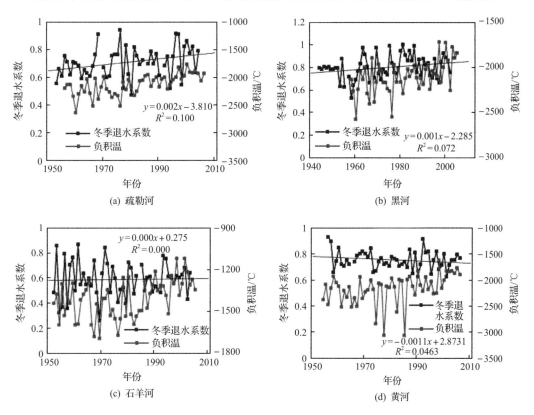

(a) 疏勒河　　(b) 黑河　　(c) 石羊河　　(d) 黄河

图 12.16　疏勒河、黑河、石羊河和黄河源区冬季退水系数与负积温变化(牛丽等，2011)

　　从退水系数和负积温的年际变化看(图 12.17)，两者的对应关系较差，但从 7 年滑动平均的结果看，疏勒河流域两者有显著的相关关系，但黄河上游关系不够明显，这一结果与空间对比结果一致，表明在冻土覆盖率较大的河流，冻土退化已经对流域的水文过程产生影响。冻土退化的这一水文效应主要是由于随着冻土退化，冻土的隔水作用减小，一方面使流域内有更多的地表水入渗变成地下水，使流域地下水水库的储水量加大，导致冬季径流增加；另一方面，入渗区域的加大和活动层的加厚，使流域地下水库库容增加，导致流域退水过程更为缓慢。

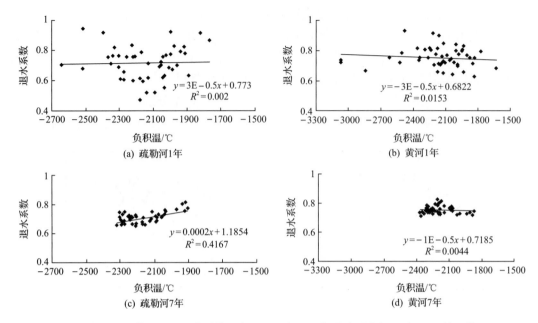

图 12.17　疏勒河和黄河源区退水系数和负积温 1 年和 7 年滑动平均间的关系(叶柏生等,2012)

第13章　冻土水文研究方法

冻土水文学是区域水文学的分支学科之一。研究方法有系统分析方法、成因分析法、基于水文过程的分析方法，以及数理统计法。冻土水文的主要研究对象是冻结土壤中水分及热量变化迁移传输，以及冻土区流域水文过程的物理机理。因此，在冻土水文研究中，以基本物理学原理为根据，研究冻土区水文现象的形成、演变，揭示冻土区水文现象的本质、成因及内在定性或定量联系，建立物理模型或统计关系，进行短期预报和长期水文预测。

具体研究方法是以野外定点监测、区域调查数据等资料为基础，基于冻融过程的物理机制，对相关过程进行抽象化的数学表述，建立数值模型。通过模拟，还原冻融期间土壤水热运移规律和产汇流过程。在气候变化背景下，利用模型开展冻土区水文现象变化的预估工作，为冻土区水文水资源利用管理及生态环境保护提供科学支撑(图13.1)。

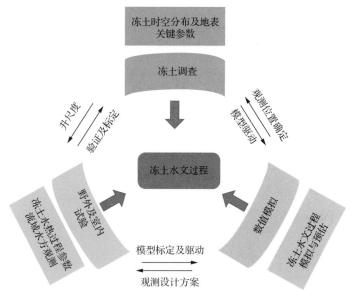

图13.1　冻土水文研究方法及内容

13.1　冻土水文观测方法

季节冻土和多年冻土地区的水文过程因各自冻结融化过程的差异，其观测方法有一定区别。另外，在不同空间尺度上，冻土水热状态和冻融过程观测研究存在差异。因此，单点、坡面、流域尺度上的冻土水文研究和室内试验的具体观测方法和目标不尽相同。

本节主要论述如何通过定点观测、室内试验和野外调查等手段获得冻土区水体时空分布和运动变化的信息。定点关键观测要素一般包括土壤基本理化性质、土壤水分特征参数、土壤热特性参数。

13.1.1　土壤基本理化性质

有别于普通土壤,冻土的组成除了土壤基质(矿物质颗粒、有机质)、液相(水溶液)、空气外,还包括固态物质——冰。

土壤是土壤水分、热量储存和运移的物质基础。土壤颗分、容重、孔隙度等土壤物理性质能够直接影响土壤冻融过程中土壤含水量的变化。土壤有机质含量的多少通过改变土壤容重和热导率直接影响土壤热特性特征;土壤盐分和浓度对土壤中水分冻融相变过程也有着不可忽视的影响。在土壤冻结后,土壤水分并不是全部冻结成冰,其影响因素主要有 3 个:土质(包括土壤颗粒矿物化学成分、分散度、含水量、密度、水溶液的成分和浓度)、外界条件(温度和压力)、冻融历史。因此,作为分析研究冻土水热特征和冻融过程的首要数据,土壤容重、孔隙度、颗分、有机质含量及土壤盐分是冻土区土壤基本理化性质主要测定的对象。

1. 土样采集

土壤样品的正确采集决定了土壤理化性质参数的测定是否准确可靠,根据不同的研究目的,采用相关处理方法和措施,规范采样就可以减少采样误差,提高数据可靠性。

1) 采样点

为了保证土壤样品的代表性,取样前应依据研究区已有的冻土分布、土壤类型和地形资料,结合现场的植被覆盖情况、微地形等因素,选取能够代表研究区土壤类型的采样地点。

具体措施是在地势平坦、植被均匀的地表,采用对角线取样,样品不应少于 3 个点;在地势轻微起伏、植被不均匀的区域,根据植被盖度情况,采用多点平均分布选取采样点;在地势崎岖、斑块化植被地区,需要在更大范围根据斑块比例开展随机布点采样。采集土壤同时,应开展 GPS 定位工作,记录描述样点位置的相关信息。

2) 采样时间

多年冻土区应选择冻土开始冻结前,具体时间一般选择秋末冬初。这一时间段活动层的厚度达到最大,排除冻结的不利因素,便于开挖钻孔;季节冻土区在土壤未冻结时期采集即可。

3) 采样方式

野外一般采用钻孔和剖面两种方式进行采集(图 13.2)。钻孔法又分为人工和机械两种方式。

人工钻孔法的优点是快捷简易,环境干扰小。具体方法是在采样点,利用取土钻垂直向下,将取样管压入土壤一定深度后提出,切割采样。在冻土区进行钻探时,根据目测土柱中有无冰夹层、土柱胶结程度及其颜色的变化来确定冻结融化层厚度。一般来说,多年冻土区的最大冻结深度可以从土柱多年冻土区活动层底部,即多年冻土上限的位置,通常会形成的一层连续发育,厚度达数毫米至数厘米乃至数十厘米的富冰土层或冰层鉴别,从

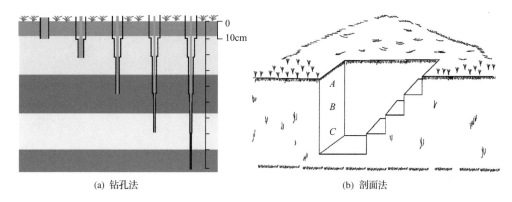

(a) 钻孔法　　　　　　　　　　　　(b) 剖面法

图 13.2　土壤样品采集方法

地表到此冰层顶部的深度即为多年冻土上限埋藏深度。

剖面法的优点是能够直观地观察土壤垂直方向上的结构,易于原状土壤样品的采集。开挖剖面时需要分层次采样。方法是在采样点挖掘 1.0m×1.5m 左右的长方形土壤剖面坑,采样剖面向阳以便观察。为保护植被,开挖应先将低矮植被分块挖出放置在探坑一侧;根系以下的土应放在坑外垫布上,以免遮盖植被。开挖出的草皮及土方应放置于观察面两侧,以免影响土壤采样和剖面编录。采样的深度要根据土壤冻结融化的最大深度设定,一般情况下,采样的最大深度要达到地温稳定深度。

4）样品标记保存

采回的土壤样品根据不同的分析目的及时进行保存和标记。土壤样品的保存方法视分析目的而不同:①用于颗分、养分等分析的,野外采样时,在量取容重等数据后,装入土样袋再套上塑料袋密封冷藏保存;②室内各项参数试验需要的原状土,采用环刀取样封闭冷藏保存。标记时需要在塑料袋内外各放置用铅笔记录相关信息的标签一张。样品标记的信息一般应包括采样的地点和深度。

2. 颗粒分析

土壤粒径分布是最基本的土壤物理性质之一,它强烈地影响着水力热力性质等重要的土壤物理特性。在土壤冻结过程中,相同温度条件下未冻水含量表现为黏土＞粉土＞砂土,即未冻水含量随土壤颗分组成粗细程度而变化(图 13.3)。

土壤粒径分布的测定方法相对简单便捷,精度也较高,颗粒分析一般分析固体颗粒粒径的大小及其所占的百分比,以及固体颗粒的矿物成分及颗粒的形状等。土壤样品经过烘干后使用筛分法筛选出 0.075mm 以上的沙粒,0.075mm 以下的黏粒采用密度计法。通过土壤颗粒分析,测定各级颗粒所占百分含量,从而可以确定土壤的质地。

3. 土壤容重与孔隙度

1）土壤容重

土壤容重是原状土壤单位体积的烘干重量。通过土壤容重的测定,可以计算土壤孔隙度、土壤饱和含水量和密度。冻结土壤中未冻水的含量也会随土壤干密度的增大而增

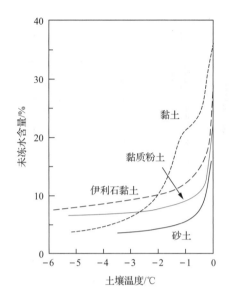

图 13.3　冻结过程中土质对未冻水含量的影响

大,这是由土壤孔隙的大小随密度而变化所造成的。

　　测定土壤容重的方法很多,如环刀法、蜡封法、水银排开法等,一般是环刀法,利用称量固定体积的环刀内的土壤重量获取容重。环刀法时需注意环刀内一般不能含大块石块。

　　(1) 准备工作:预先准备环刀、天平(感量 0.01g)、烘箱、环刀托、削土刀、铝盒、记号笔、小铁铲等工具;将环刀、铝盒逐个编号并称量记录铝盒的重量(准确到 0.1g)。

　　(2) 测量步骤:在选择好的土壤剖面点,从土壤植被根系和土壤水分及颗分层次综合考虑,自下而上,每 10cm 平稳打入环刀,待环刀全部进入土壤后,用铁铲挖去环刀周围的土壤,取出环刀,然后用削土刀削平环刀两端的土壤,使得环刀内土壤容积一定(图 13.4)。在采样过程中,应该注意确保不扰动环刀内的土壤和及时称量环刀土壤总量。如需原状土,可用环刀盖和胶带直接封存环刀冷藏。测量样品一般每层不少于 3 个。将采集好的土壤样品转移到标记好的已知重量的铝盒内,称量铝盒及新鲜土壤样品的重量,然后放在 105℃烘箱内烘干至恒重,称量烘干土及铝盒重量。

图 13.4　环刀法土壤样品采集

2）土壤孔隙度

土壤孔隙度指土壤孔隙容积占土体容积的百分比,是土壤中矿物质颗粒等固相物质排列集合而成的骨架内部孔隙,土壤孔隙是土壤中气体、水分迁移储存的场所。土壤孔隙度反映了土壤孔隙状况和松紧程度,按照大小分为大孔隙($30\sim500\mu m$)、中孔隙($0.2\sim30\mu m$)和小孔隙($<0.2\mu m$)。一般粗砂土多为大孔隙,孔隙度为 $33\%\sim35\%$;黏质土孔隙多为小孔隙,孔隙度为 $45\%\sim65\%$;此外,按照孔隙直径区分孔隙时,可分为毛管孔隙和非毛管孔隙。毛管孔隙具有毛管作用,其大小反映着土壤的持水能力;而非毛管孔隙反映着土壤通气、透水及涵养水源的能力。在冻土区,土壤中冰的存在是影响土壤孔隙度除土壤质地、生物干扰之外的第三因素。在冻结融化过程中,土壤孔隙度会随着冰的形成消融而发生变化,从而直接作用于土壤导水率和土壤水势等水力参数,其是冻土水文的主要研究对象之一。

（1）毛管孔隙度测定:大盘中倒放培养皿,上面放置大于培养皿的滤纸一张,将野外采集的环刀土样轻放其上。盘中加水至滤纸接触低于培养皿上端。通过滤纸,使土柱吸水纸环刀土样重量稳定,即毛管管充满水分。切除膨胀高出环刀的土壤部分,称量环刀内湿土重量。烘干土样得到环刀内干土重,同样体积湿土和干土重之差除以土壤体积就是毛管孔隙度。

（2）非毛管孔隙度测定:首先要获得土壤的总孔隙度。总孔隙度是根据土壤容重和土壤比重计算得到的,其中土壤容重是指单位体积内固体干土粒的重量与同体积水重之比,不包括土壤孔隙。非毛管孔隙度是总孔隙度中排除毛管孔隙度剩余的孔隙。

4. 有机质含量

土壤有机质既是植物矿质营养和有机营养的源泉(本身含有氮、磷、钾、钙、镁、有机碳、硫和其他微量元素,以及各种简单的有机化合物),又是土壤中异养型微生物的能源物质,同时也是形成土壤结构的重要因素。因此,土壤有机质直接影响着土壤的耐肥性、保墒性、缓冲性、耕性、通气状况和土壤温度等,因此土壤有机质是鉴别土壤肥力的重要标志。

土壤有机质含量是植物矿物质营养和有机营养的来源(氮、磷、钾、钙、镁、有机碳、硫和其他微量元素。以及各种简单的有机化合物),是土壤肥力的指标,同时也是形成土壤结构、影响土壤化学和生物过程的重要因素。在热力学方面,土壤有机质能够降低土壤热导率,起到保温作用,降低土壤水分的冻结温度。有机质含量较高还可以使土壤热容量增大,减缓土壤的温度变化。浅层土壤中较为密实的植被根系极大地降低了土壤热导率,土壤水势增加,蒸散发也得到加强。因此,在青藏高原草甸覆盖的多年冻土区域,植被根系和有机质作用的忽略在模型模拟时会直接影响其预测结果。

土壤有机质按照分解程度分为 3 类:粗有机质、半分解有机质、腐殖质。我国东北季节冻土发育地区有机质含量较高,高达 $40\sim50g/kg$;青藏高原多年冻土区高寒草甸表层腐殖质层较厚,有机质含量高达 $50\sim85g/kg$;稀疏草地的土壤质地较粗,有机质含量普遍较低,约 $7\sim16g/kg$。

测定土壤有机质含量比较普遍的方法是重铬酸钾容量法。其主要原理是在加热条件下,用过量的重铬酸钾-硫酸溶液($K_2Cr_2O_7$-H_2SO_4),氧化土壤有机质中的碳,$Cr_2O_7^{2-}$中Cr^{2+}被还原成Cr^{3+},剩余的重铬酸钾($K_2Cr_2O_7$)用硫酸亚铁($FeSO_4$)标准溶液滴定,根据消耗的重铬酸钾量来计算有机碳量,从而获得土壤有机质量。

5. 土壤盐分

已有研究表明,在给定温度的条件下,冻土中的未冻水含量会随土壤盐量的增大而急剧增大,其原因是水分的冰点随含盐量的增大而直线降低。土壤不同盐类和浓度对未冻水含量的影响会有所差异。

(1)质量差法:将土壤与蒸馏水以一定比例混合后,过滤成浸提液。取定量液体至于铝盒,再放入90℃烘箱的烘干,无水分时,在105℃烘箱烘干。使用分析天平测量铝盒质量的变化,以确定土壤盐分含量。

(2)电导法:称取定量土壤,蒸馏水土配比5:1,充分搅拌静置,使用标定过的电导率仪测量待测液体。

13.1.2 土壤水力特性参数

在土壤冻结融化过程中,初始的土壤水分部分冻结转变为冰,改变了土壤结构和热力特性,从而影响了土壤基本的物理性质。其中,含冰量、未冻水含量会处于一个动态变化的状态,其所占比例直接决定了土壤的水热状态和冻融过程。因此,冻土的土壤含水量、未冻水含量、土壤水势和导水率是分析土壤水分迁移和热量传递的基础水力特性参数。

1. 土壤含水量

土壤含水量又称土壤含水率,是相对于土壤一定质量或容积的水量分数或百分比。目前,常用的测定方法有烘干法、电阻法、中子散射法、γ射线法。

(1)烘干法:烘干法是测定土壤水分最普遍的方法,也是标准方法。其步骤具体为从野外获取一定量的土壤,然后放到105℃的烘箱中等待烘干。其中,烘干的标准为前后两次称重恒定不变。烘干后失去的水分即为土壤的水分含量。计算公式为土壤含水量=(土壤湿重-土壤干重)/土壤湿重×100%。

(2)电阻法:电阻法利用石膏、尼龙、玻璃纤维等的电阻和它们的含水量密切相关进行测定。在测定前需要先标定电阻和土壤含水量间的对应关系。测试时,把这些中间物加上电极放置在潮湿的土壤中,一段时间后,这些组件的含水量达到平衡,可以通过这些组件,得到1~15cm大气压吸力范围内的水分读数。

(3)中子散射法:中子法适合测定野外土壤水分。它根据氢在急剧减低快中子的速度并把它们散射开的原则,现在市面上已经有测定土壤水分的中子水分计。中子水分计有很多方面的优点,但是对有机质土壤有相当的限制,而且它不适宜测定0~15cm的土壤水分含量。

(4)γ射线法:与中子仪类似,γ射线透射法利用放射源[137]Cs放射出γ线,用探头接收γ射线透过土体后的能量,换算得到土壤水分含量。

2. 未冻水含量

未冻水含量的测量方法主要有膨胀法、绝热量热法、等温量热法、X 射线衍射法、核磁共振（NMR）、时域反射法（TDR）、频域反射仪（FDR）、差示扫描量热法、超声法、介电谱仪法等。

核磁共振（NMR）技术是确定未冻水含量最可靠的方法。脉冲核磁共振技术是利用射频信号照射土壤样品，测量信号经过土壤样品的自由磁感衰减的过程。其间，不同物理状态的土壤样品中氢核受干扰后松弛时间有很大差异，快慢松弛信号的时间差会清晰地反映不同物质存在的数量。对于冻土来说，这一时间差与土壤温度、含水量及化学成分相关。在土壤冻结过程中，土壤内部的液态水分逐步相变为固态冰，信号强度随着未冻含水量的减少和含冰量的增加而逐渐减弱。NMR 方法可靠、测量准确，但需要采集野外样品进行室内分析，采集和运输过程中对样品水分的扰动很难避免。此外，核磁共振的试验设备较为昂贵。

目前，测量未冻结水含量比较简单、应用最为广泛且精度相对较高的是时域反射法（TDR）和频域反射法（FDR）（图 13.5）。TDR 是通过测量土壤中的水和其他介质介电常数之间的差异原理，并采用时域反射测试技术研制出来的仪器，具有快速、便捷和能连续观测土壤含水量的优点。由于空气、干土和水中的介电常数相对固定，如果对特定的土壤和介电常数的关系已知，就可间接对土壤水分进行有效介电常数测量。时域反射法是基于埋设在土壤中的波导头发射高频波，高频波在土壤的传输速度（或传输时间）与土壤的介电常数相关，介电常数与土壤的含水量相关，这样测量高频波的传输时间或速度可直接测量土壤的含水量。

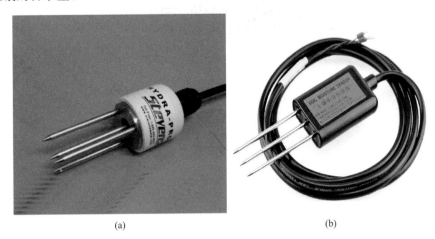

(a)　　　　　　　　　　　　　　　　　(b)

图 13.5　(a)仪器基于 TDR 法测量土壤水分,(b)仪器基于 FDR 法测定土壤水分

FDR 土壤水分监测传感器的测量原理是插入土壤中的电极与土壤（土壤被当作电解质）之间形成电容，采用在某个频率上测定相对电容，即用介电常数的方法测量土壤水分含量。频域法相比时域法结构更简单，测量更方便。但是，在过去，通常人们很难得到准确的介电常数测量值。可靠的土壤水分含量必须对每一个应用通过后续的标定来得到。

近年来,随着电子技术和元器件的发展,测量介电常数的频域水分传感器已研制成功,由于频域法采用了低于 TDR 的工作频率,在测量电路上易于实现,造价较低。

3. 土壤水势

在土壤中,单位质量的水分在恒温情况下移动到参照位置所做的功就是水势。土壤中液态水发生迁移输送是由于水势梯度的存在。在冻土中,这一势能并不一定与土壤含水量梯度对应,主要是因为冻结土壤中,土壤水势中占支配地位的不是重力势而是土壤基质势,土壤未冻水含量越低土壤水势越高,土壤水分向冻结锋面迁移聚集。

常见的测量土壤水势的方法是使用张力计直接测量土壤的基质势。然而,张力计只能测量含水量较高的土壤,测量范围较小,且当土壤温度低于 0℃ 时,无法进行测量。因此,在冻土中土壤水势的测量较为困难。

近年来,冻结土壤的水势测量有了新的进展。pF-Meter 土壤水势传感器采用加热后平衡技术测量基质势(图 13.6),从而克服了张力计的上述使用限制。其原理是假设冻结土壤四相(土、气、水、冰)的热容量均为常数,利用摩尔热容原理,通过测量多孔陶土头中的热容量平衡过程而获得土壤的基质势。陶土头的材质具有已知的、稳定的土壤水分水势关系。将传感器和已知水势值进行精确标定,使仪器能够实现土壤基质势的测量。当 pF-Meter 埋设到土壤中后,陶土头与周围土壤迅速平衡,也就是基质势相等。这样,通过 pF-Meter 测量陶土头的基质势从而得到土壤的基质势。pF-Meter 测量精度高,在 $0\sim10^7$ mBar (pF $0\sim7$) 的测量范围内无需标定。

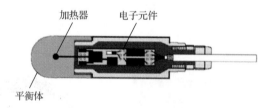

图 13.6　土壤水势传感器 pF-Meter

pF-Meter 应当垂直安装在土壤中,水平安装会对 pF-Meter 测量产生微小的滞后效应。具体安装方法是将 pF-Meter 放置在预先钻好的孔中,钻孔的最小直径为 25mm。然后,将取出的少量土壤去掉石子,用水和成糊状注入钻孔中。与张力计不同,pF-Meter 不要求与土壤完全接触,只要陶土头与土壤能够建立毛管通道即可。

4. 导水率

土壤导水率是单位时间土壤内所通过的水量,分为饱和导水率和非饱和导水率。土壤饱和导水率是土壤被水饱和时,单位水势梯度下、单位时间内通过单位面积的水量,它是土壤质地、容重、孔隙分布特征的函数。饱和导水率由于土壤质地、容重、孔隙分布,以及有机质含量等的空间变量的影响,其空间变异强烈。其中,孔隙分布特征对土壤饱和导水率的影响最大。相比饱和导水率,非饱和导水率是在土壤为非饱和状态情况下,单位水势梯度下单位时间单位面积土壤的水量,是土壤含水量和土壤水势的函数。

1) 饱和导水率的测定

饱和导水率的室内测定方法较多,根据水头变化,可分为定水头和降水头两种方法;根据金属环的数量,可分为双环法、单环法。国内外普遍采用的方法一般是定水头和降水头法。

定水头法是采用图 13.7 的实验装置,通过土柱测量段初始段给定水头压力,待测压管压力差稳定后,测量出水口流量。依据达西定律,如式:

$$Q = K_s A \frac{h_1 - h_2}{L} \tag{13.1}$$

式中,Q 为出流量(cm^3/s);K_s 为土壤饱和导水率(cm/s);A 为土柱横截面积(cm^2);h_1 为测量初始段水头压力(cm);h_2 为测量段末端水头压力(cm);L 为测量段土柱长度(cm)。根据式(13.1),可求出定水头条件下的饱和导水率。

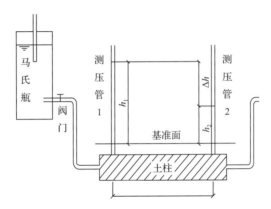

图 13.7　室内饱和导水率测量装置

降水头法与定水头法同样采用图 13.7 的实验装置,差别只是待土柱出流稳定后,关闭阀门,1 号测压管成为水源。进流量可以用式(13.2)表达:

$$Q = -a \frac{\Delta h_1}{\Delta t} \tag{13.2}$$

式中,Q 为进流量(cm^3/s);a 为测压管横截面积(cm^2);t 为时间(s)。

基于土壤内部水分迁移连续的原则,根据式(13.1)和式(13.2)有

$$K_s A \frac{h_1 - h_2}{L} = -a \frac{\Delta h_1}{\Delta t} \tag{13.3}$$

降水头测量过程中,保持测量段末端水头压力 h_2 不变,可以将式(13.3)两侧积分,从而可得定水头条件下的饱和导水率:

$$K_s = \frac{aL}{A(t_2 - t_1)} \ln\left[\frac{\Delta h(t_1)}{\Delta h(t_2)}\right] \tag{13.4}$$

式中,t_1、t_2 为不同时刻。

由于野外土壤质地的空间异质性很大,所以在野外采样,然后在室内测试的手段往往

容易受到土壤剖面代表性的影响,得到的结果误差较大。因此,野外原位测试是不可缺少的工作。一般野外饱和导水率的测定是用圆盘渗透仪法;通过开挖土壤剖面,可以测定不同深度土层的饱和导水率。在地表测试时应将地表平整,表层植被小于 2mm,半径大于 10cm。

仪器由负压管、储水管和圆盘组成(图 13.8)。通过负压管在圆盘底部给定一负压,排除土壤大孔隙的影响。水分通过与土壤紧密接触的圆盘从圆盘面上均匀下渗,形成一饱和区。水流下渗时,其供水的速度取决于土壤水势的作用。忽略圆盘下极薄水膜的压力势,下渗水量只受重力势和基质势控制。因此,供水速率与饱和导水率 K_s 有以下关系:

$$Q = \pi r_b^2 K_s + \frac{4 K_s \gamma_b}{\alpha} \tag{13.5}$$

式中,Q 为水流量(cm^3/min);K_s 为土壤饱和导水率(cm/min);γ_b 为圆盘半径(cm);α 为土壤结构毛管吸力因子,一般 $0.2cm^{-1}$。式(13.5)中第一项为重力势项,第二项为基质势项。

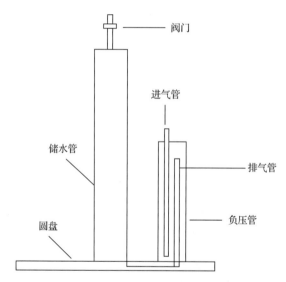

图 13.8 野外饱和导水率测量装置(圆盘入渗仪)

水流量可由累积入渗水量与累计时间回归而得,曲线线性部分的斜率即为水流量 Q。累计入渗水量是储水管水位高度差和截面积的乘积,由此可得土壤饱和导水率。

$$K_s = \frac{Q}{\pi r_b^2 + \dfrac{4 \gamma_b}{\alpha}} \tag{13.6}$$

2)非饱和导水率的测定

非饱和导水率的测定同样根据达西定律,利用饱和-蒸发原理,在原状土样中内置土壤水势传感器矩阵(图 13.9),通过精密称重系统测定土壤含水量的变化过程,综合分析可以获得土壤的非饱和导水率。

$$v_z = K \frac{\Delta \varphi}{\Delta z} \tag{13.7}$$

$$\frac{\Delta \varphi}{\Delta z} = \frac{(\psi_t - \psi_b) - \Delta h}{\Delta z} \tag{13.8}$$

式中，v_z 为水分迁移速率(cm^3/s)；K 为土壤非饱和导水率(cm/s)；φ 为土壤水势(kPa)；z 为测量位置(高度)(cm)；ψ_t 为顶部测量水势(kPa)；ψ_b 为底部测量水势(kPa)；Δh 为重力势(位置高差)(kPa)；Δz 为土壤水势传感器的距离。

图 13.9　非饱和导水率测量装置

在土壤饱和的初始状态下测量不同高度的土壤水势和总含水量的变化(称重法)。随着土壤开放表面水分的蒸发，土壤表面产生水分迁移流速 v_t，而测试土壤密封底部的流速 $v_b = 0$；非稳流状态下，测试样品中部的流速 v_m 可以用式(13.9)求得：

$$v_m = \frac{1}{2}(v_t - v_b) = \frac{\Delta V}{2A\Delta t} \tag{13.9}$$

式中，v_m 为样品中部的流速(cm^3/s)；Δt 为样品测量时间(s)；ΔV 为 Δt 时间段蒸发的水量(cm^3)；A 为土样表面积(cm^2)。

由上述公式可以推导出非饱和导水率的计算公式：

$$K = \frac{\Delta V}{2A\Delta t} \cdot \frac{\Delta z}{(\psi_t - \psi_b) - \Delta h} \tag{13.10}$$

在测定实验结束后，必须将实验土壤烘干测量土壤容重。

13.1.3　土壤热特性参数

土壤热特性参数是决定土壤热传递和土壤冻结融化的基本参数，其控制着土壤的冻结融化过程，改变着土壤中水分的固、液态的相态。土壤温度低于冻结温度后，由于土壤水分的重分布和相变，土壤结构的变化导致冻土的热学性质发生了明显变化。冻土的土壤热特性参数主要包括土壤温度、土壤热导率、土壤热通量等。

1. 土壤温度

假设 0℃ 作为判断冻土冻结或融化的依据,多年冻土区和季节冻土区的土壤冻结过程有很大差异。多年冻土中的土壤温度常年处于 0℃ 以下,基本处于冻结状态。而与多年冻土相反的是,暖季来临,季节冻土从地表开始向下融化,直至最大融化深度。随着冷季的到来,季节冻土又从地表向下和最大融化深度地向上双向冻结。无论季节融化层还是季节冻土层,其温度变化均有穿越 0℃ 的波动。由此引起了土壤水分的物理状态发生、相变潜热的吸收和释放等一系列现象的出现。因此,季节融化或冻结层的发育过程、温度状况及厚度变化是研究冻土水分迁移的基本条件。土壤温度的测量是获取上述状况变化的有效途径。

冻土土壤温度观测在观测场内可以钻孔和探坑布设。不论野外测量还是室内试验,大多采用热电偶和热敏电阻(图 13.10)测温法测量土壤温度。目前,土壤温度廓线的整体测量也日趋增多,此类仪器通过精确分布的热电偶和加热线,可以在监测不同深度土壤温度的同时进行加热自检测,从而提高了测量精度和稳定性。

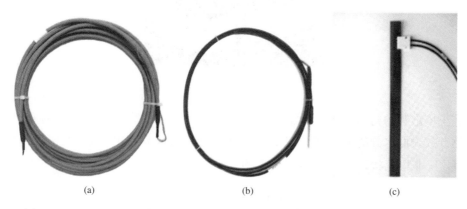

(a)　　　　　　　　(b)　　　　　　　　(c)

图 13.10　(a)105E 热电偶温度、(b)109 型热敏电阻温度、(c)STP01 温度廓线传感器

冻土水文过程一般在多年冻土活动层和季节冻土冻融层发生,所以温度探头布设深度达到冻结融化层底部。土壤温度测点布设从地表至根系层一般间隔 10cm 布设,根系层以下根据土壤分层情况,以 10cm 或者 20cm 间隔布设,直至冻土活动层底部。传感器安装要求紧密贴实。布设完毕后,需预留一定时间的土壤温度恢复稳定期(一般大于 90 天),只有这样其后的观测数据才可作为正式观测数据。

2. 土壤热导率

土壤热导率主要由土壤矿物质颗粒、土壤中有机质、水分、冰和空气的热导率耦合,其直接影响着陆地表面与大气热量和水分的交换,是土壤冻结融化过程中关键的基础参数。土壤的质地、结构、温度、含水量和含冰量是影响土壤热导率的主要因素。在这些因素中,给定土壤中矿物质颗粒和有机质基本固定不变,由于土壤冻结融化过程中土壤水分的相变、土壤孔隙度的变化,随之土壤质地和结构发生改变,导致了土壤热导率的动态变化过程。因此,冻土区土壤热导率的监测是研究冻融过程含冰量变化、低温条件下陆面过程模式中的重要参数。

　　土壤热导率测定技术一般包括稳态法和瞬态法。稳态法通过维持土柱两端恒定温度梯度,测定土壤中的热通量来获得热导率。瞬态法通过给土壤施以较短时长的脉冲热量,测定一定位置处土壤温度随时间的变化,进而计算热特性参数。由于加热量低、加热时间短且引起的水分对流可降至最低,瞬态法测定的土壤热特性相对可靠。瞬态法包括单针法和多针法两种。单针法将加热源与温度感应器放在同一个探针中,加热量较低,而且探针塞入土中时不存在变形问题,一般被认为是测定土壤热导率最准确的方法,也是野外较为常用的方法。在土壤中布设时需要注意热导率传感器必须和土壤充分接触,安装时尽量减少对土壤的扰动。具体可采用爱尔兰 Suparule 公司的 TP 系列热导率传感器(图 13.11)。

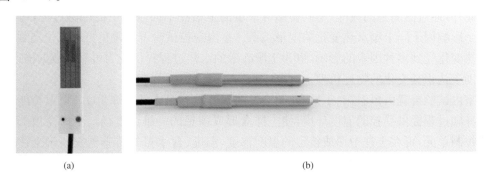

(a)　　　　　　　　　　　　　　　　　　　　(b)

图 13.11　TP01 和 TP02、TP08 土壤热导率仪

3. 土壤热通量

　　土壤热通量是单位时间单位面积上的土壤热交换量。土壤热通量的方向和大小可以说明土壤热量的收支情况,它直接影响到土壤内部热量的变化。土壤热通量一般随土壤深度近似呈指数衰减趋势。土壤热通量是地表能量平衡的重要分量,其测量计算方法对理解能量平衡有十分重要的意义。

　　土壤热通量一般可由热流板测量(图 13.12)。热流板用于测量流过其附和的主体中的热,其探头是一个热电偶。该热电偶测量热通量板塑料体上下的温差,产生一微小的、与该温差呈正比的电压输出。假定热通量是稳定的,而塑料体的热导率是常数,其对热流类型的影响可以忽略,则热通量板的信号与该地热通量成正比,从而实现土壤中热流量的测量。在活动层监测中,土壤热通量观测仪器一般布设在地表以下 5cm、10cm、20cm 深度处。

图 13.12　HFP02 型土壤热通量板

　　但是热流板测量时有一定埋深,其测量值能够展示土壤中内部热流传递情况,但是不能代表地表的土壤热通量。为了弥补热流板的这一问题,通过计算土壤热通量板上的土壤热储存量,

然后加上土壤热通量板的观测值,从而得到地表土壤热通量,这是目前获取地表土壤热通量采取的普遍做法。一般是根据土壤热通量板上的多层土壤温度、湿度廓线数据来分别计算各层的土壤热储存量。此外,还可以根据多层土壤热导率和土壤温度的测量,直接计算土壤热通量。

13.1.4　室内实验

在室内可控环境下,通过不同性质土体冻融过程观测,探索不同温度下土体冻结-融化的基本规律,从而可以确定相变过程中土体的热力学和水力学参数。在恒温箱中模拟冻土的气温环境,对按比例配制的土壤进行冻融试验,从而监测冻土在受控条件下的水热变化过程,其能够为研究冻融过程中水热变化的物理机理提供理想化的模型和参数化方案。此外,通过监测不同级配、不同初始含水量的土壤在不同条件下的冻融过程,可以确定单个影响因子同土壤水热变化的定量关系。室内受控试验可以避免野外原位观测中冻土水热变化受到多种因素的影响,也为土壤冻融的水热过程提供较为可靠的数据描述,从而有助于认识其变化的物理机理。

室内试验装置由恒温箱、土样盒、制冷及附属部件等组成(图 13.13)。恒温箱能够为土壤冻融过程提供受控的温度环境,使土样盒形成理想的一维温度场。土样盒顶部安置温度控制单元,可在土柱中形成特定的温度梯度,温度、含水量等传感器安装于土柱不同位置,可实时监测土柱各项参数的变化情况。

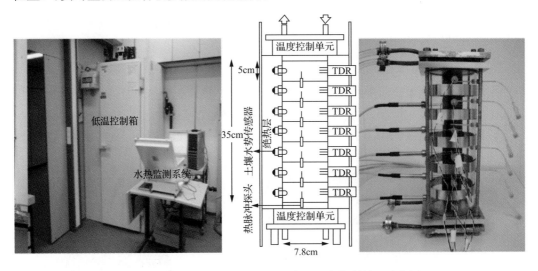

图 13.13　恒温箱、土样盒、监测设备及温度控制单元示意图

室内试验的具体方法如下。

1) 总体思路

不同土壤质地、不同水分条件和不同控制条件下,在土壤冻融相变过程中,对土壤水热状况进行精确观测,同时评估不同仪器的观测精度,并为水热参数化方案的优化改进积累基础数据。

2）实验设计

实验采用在控制单一变量变化而其他变量相同的情况下，对某一变量进行调查研究的实验方案进行设计，具体可分为以下 4 个方面：①土壤质地实验。实验在保证温控条件、土壤含水量（包括含冰量）一致的条件下，通过改变土壤质地，对比分析不同土壤质地条件下土体冻融过程的差异。②土壤水分实验。在土壤性质、温控条件一致的条件下，观测单一土壤质地在不同水分条件下（5％、10％、20％、30％、50％和饱和含水量）的冻融相变过程，分析土壤水分条件差异对土体相变前后土体热力学和水力学性质的影响。③温度控制实验。在保证土壤水分和质地不变的情况下，分别观测不同温度梯度下的土体的冻融过程，同时，观测不同冻土温度状况下同一温度梯度下冻土的冻融过程，探讨气候变化对冻融过程的潜在影响。④原状土冻融过程观测实验。观测不同类型土壤、水分条件和温度状况下真实土壤的土体冻融过程，以便分析均质土壤条件下的冻融过程。需要说明的是，土壤含水量采用质量含水量，单位为 g/g；整个实验根据设定的气候背景和土壤水热状况进行设计，在观测某一变量的影响时，其他指标参考土壤样品采集地的观测数据进行设定。

3）实验准备

实验分别制备足量的黏土、粉土和砂土，并用去离子水对土壤样品进行处理，在烘箱中进行烘干处理，密封保存；从野外采集不同类型的土壤，充分混合后，烘干，剔除根系等杂质，作为自然均质土壤，已备使用；在冬克玛底流域，根据下垫面的不同（高寒草甸带、高寒草原带和戈壁荒漠带），采集原状土柱；准备足量的去离子水，密封保存；准备实验过程中用到的所有观测仪器、温控系统等。

4）土柱制备

土柱外壁使用无规共聚聚丙烯的塑料防冻管（−20℃时可保证不变形），在管壁 0cm、5cm、10cm、20cm、30cm 和 50cm 处打孔，以便安装观测探头；土体装填过程中，对土体进行充分压实；土体装填完成后，用保温材料对土柱壁进行充分的隔热处理；土壤水分采用重量含水量，从土柱上端倒入一定数量的超纯水，保证水分在土柱中充分下渗；土体上下两端分别安装温控系统。根据土体性质的差异，对制备的土柱进行编号。

5）观测系统

在土柱 0cm、5cm、10cm、20cm、30cm 和 50cm 处安装土壤温度、水分、土水势、热导率和热通量等观测探头，分别对土体相变发生和持续时间、土壤温度、土壤液态水含量、含冰量、热通量、土壤热导率和土水势进行观测，所有的传感器连接到一台 CR1000 数字采集仪统一进行数据自动采集，一次完整的冻融实验室后对数据整理一次。实验前，对所有的仪器进行实验室标定，以确保实验数据的精度。

6）温控系统

温控系统由低温控制单元、恒温箱、土样盒组成。一般低温控制单元由低温冷浴循环槽和水冷板组成，一般制冷在−20~90℃，最佳恒温波动度达到±0.05~0.1℃，可以满足模拟野外现场水分迁移影响的长大土柱制冻融化试验；目前，半导体制冷也能够满足模拟单因素对水分定量影响的短小土柱制冷单元的要求。恒温箱的作用在于试验期间土柱高温端处于模拟环境温度中。减少土柱与环境的温差,是保证土柱内温度呈线性分布的重要措施。土样盒主要由顶板、底板和保温筒组成。

7)实验流程

整个实验流程以"土壤质地为主,土壤水分和温控条件为辅"的思路进行,主要包含以下两个原则:①根据土壤类型,按照土柱编号进行实验。当同一土柱需同时进行多个实验时,优先考虑土壤水分。②当土壤质地和水分条件均符合其他实验时,优先进行其他控制实验。以黏土土柱(编号LZ-001)为例,在进行黏土控制实验时,优先考虑较低含水量的土壤实验,当土壤含水量达到土柱温度和外界控制条件的实验时,直接进行不同土柱温度和外界控制条件下的土壤冻融实验,最后再进行较高土壤含水量的控制实验。该思路有利于保证实验更高效地进行,避免了土柱的重复制作和实验的重复进行。

内试验的注意事项如下。

1)土壤样品的处理

野外采集土样经过离子水处理去盐,颗粒分析后按照不同粒径分别装入实验装置进行试验。

2)确定未冻水含量

采用脉冲核磁共振技术或伽马射线法确定实验样品的未冻水含量,分析其和水势、土壤热特性及温度的相关关系,以供对比分析。

3)可控温度试验

按照不同的温度变化过程进行冻融试验,获取冻融过程中土壤水热学参数、土壤冻结曲线。利用已有算法和数据获取土壤含冰量、未冻水含量的经验公式和参数化方案。

通过以上步骤,对不同土壤级配类型进行土壤含冰量、未冻水含量等水热参数及其变化规律监测试验。受控冻融试验数据可用于标定野外观测资料、建立和改进土壤水热参数化方案、获取模型参数、验证模拟结果等。

13.1.5　野外观测系统

单点空间尺度上的主要观测内容是冻结融化区土壤的水热状态和同期气象数据;通过一维垂直方向上的土壤热特性和水力特性参数的观测,了解土壤相变区冻融过程中土壤水热状态变化及传输过程。坡面尺度的冻土水文观测是通过选择具有一定坡度的单一植被下垫面,建立标准径流场,开展冻土区降水坡面径流过程的观测,获取坡面径流系数和水土流失量,从而分析土壤水分相变过程中地表及土壤水分的迁移变化特征和过程。流域尺度观测试验是利用天然形成的封闭流域,开展复杂下垫面综合观测试验,针对水文循环的现象、过程和原理,揭示流域水量平衡的基本规律。

冻土水文的野外观测试验根据研究目的和研究对象的不同,按照不同的空间尺度(单点、坡面、流域尺度)开展观测研究工作,野外观测分为气候环境、冻土水热、产汇流等系统观测。野外观测布点应当按照以下原则进行。

(1)代表性:依据研究区域内冻土的分布状况,在植被、土壤均具有代表性的平缓地点,选择能够反映周围一定范围冻土发育状况的场地布置观测系统。

(2)准确性:冻土区气候较为恶劣,日温差较大,需要注意测量仪器的适用范围。

（3）安全性：偏远区域交通较为困难，长期观测除了仪器本身的维护调试和定期检查外，为防止动物和人为破坏，观测仪器需要设置围栏及警示标志。

1. 一维单点观测

一维单点冻土水文监测主要是冻土水热过程及近地层气象的观测。其中，野外单点上冻土冻融过程的自动观测项目一般是土壤温度、热通量、热导率、土壤含水量、土壤水势。匹配的气象观测一般为多层温湿风、四分量辐射、气压、降水、雪深等（图 13.14）；此外，蒸散发也是冻土水文过程的单点观测项目之一。

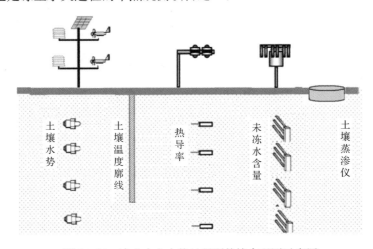

图 13.14　冻土水文水热过程野外综合观测示意图

需要注意的是，由于冻土分布于气候高寒高海拔地区，观测仪器应适用于低温环境，如能够观测固态降水的加热式/称重式自动降水观测仪器；同时，地下部分的观测仪器安装应选择在冻土融化层达到最大厚度时期（9～10 月）实施，使得监测系统可以观测到整个冻融活动层的水热变化过程。

蒸散发是水量平衡观测的关键要素之一，冻土区的地表蒸散发一般采用蒸渗仪进行观测。常用的有人工小型蒸渗仪和大型自动蒸渗仪两种（图 13.15），人工小型蒸渗仪称量范围在 15.0kg 以上，一般考虑渗漏，制作材料选用薄壁铁皮，外形似桶，简称为桶式蒸渗仪，直径与深度一般在 25cm 或 25cm 以上。其特别适用于对比测算异质环境、相同植物的生理属性差异变化及蒸散发，其面积一般小于 0.2m²。制作与安装土柱时，要求土体内部结构不受破坏，当土柱面积稍大时，要求土壤整体比较紧实，所以适宜于大型蒸渗仪的分层取土、再回填土的方法是不适宜于人工小型蒸渗仪的。当在草地与林地内制作原始土柱，桶壁碰到较大的水平根系时，应该放弃重作。

大型蒸渗仪的安装需要较大的土柱面积与土深，以满足下渗过程与植物的用水不受尺寸效果的影响，使得测算结果可以代表原始环境下的蒸发。世界气象组织建议大型蒸渗仪面积不小于 3.0m²，所以蒸渗仪的称量范围为几吨到几十吨。一般压力传感器能感应到 50g 的重量，能把精度控制在 0.02～0.05mm。此外，为观测方便与修正观测，还需要开挖地下室，但其造价昂贵。

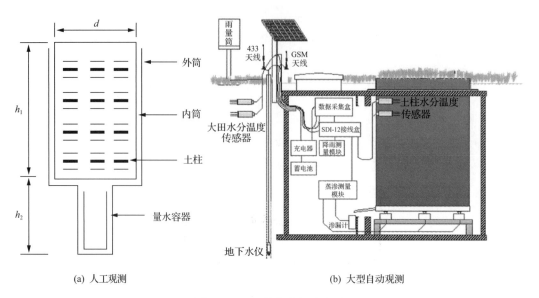

(a) 人工观测　　　　　　　　　　　　(b) 大型自动观测

图 13.15　土壤蒸渗仪示意图

2. 坡面尺度观测方法

　　坡面尺度的冻土水文过程是普通水文坡面的降水过程、蓄渗过程、坡面漫流过程叠加冻土下垫面效应的复杂的综合物理过程。在蓄渗过程中,部分降水被植被截流,更多的是用于填洼、下渗、蒸发。冻土区土壤的冻融循环使得土壤的导水率处于非稳定状态,这对坡面过程中的填洼、下渗、蒸发和壤中流产生了巨大影响。在冻结融化过程中,随着冻结层的逐渐增大,土壤在初始水分条件下,土壤导水率因为冰的形成而逐渐变小;反之,解冻融化时,导水率逐渐增大。季节冻土区冻土的融化会因为冻结层的消失而直接连通地下水,从而导致地表水分迅速下渗;多年冻土区活动层底部的多年冻土会保持隔水效应,填洼大量出现,土壤水分以壤中流的形式汇入河道(图 13.16)。

　　坡面径流常常受地形的影响,其径流过程是非恒定的非均匀流。其主要影响因素还有气象因素、下垫面因素及人类活动。其中,气象因素包括降水、蒸发、气温、风和湿度等;下垫面因素包括坡度、坡长、微地形起伏、植被覆盖状况及冻结融化层状况等;研究坡面尺度的冻土水文过程,一般是布设坡面径流场,再配合一维单点测量来布控开展实验工作。

　　1) 坡面径流场

　　按照常规坡面径流场设置规范,可以在山坡选择适宜坡度且坡面较为平整的直行坡,长度为 20m、宽度为 5m 的标准试验场(图 13.17)。径流场主要由集水区、边界墙、集水槽、引水槽和接流池组成。径流场下端设承水槽,其他三面设挡水边墙。边墙用厚铁皮配防水胶皮或混凝土预制板建造,不易损坏,其规格为长×宽×高=60cm×50cm×14cm,一般插入地表约 50cm,高出地面 10cm 左右。径流场上部和两侧设有截水坝,以防外来径流侵入。截水坝靠近径流场的边坡,距边墙应不少于 0.5cm,沟的尺寸为深 30cm,顶宽50cm,底宽 30cm。承水槽设计成矩形,用混凝土预制,砖砌水泥护面或石板浆砌,槽上加

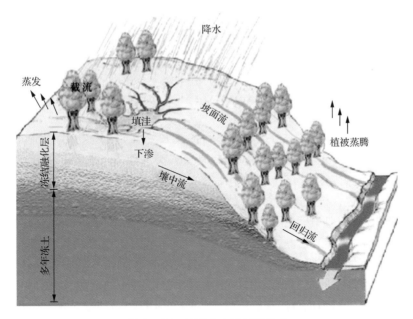

图 13.16　坡面水文过程示意图

(a) 示意图　　　　　　　　　　(b) 黑河野牛沟坡面径流场

图 13.17　坡面径流场

设金属或木制桶盖,以防雨水进入,影响观测精度;槽底壁内面抹 0.5cm 厚的沥青,以防裂缝漏水。

2) 观测系统

在测量坡面出水量的同时,径流场内布设小型蒸渗仪测量蒸发。坡面径流场周边应有气象、降水观测系统。

　　3. 流域尺度的观测方法

　　冻土区水文过程最大的特点就是地表直接径流大、地下径流相对较小,使得河川径流峰值大、冬季基流流量小;同时,多年冻土活动层的变化或消失将直接控制多年冻土区地下水位的变化,并在一定程度上抑制了蒸发过程。基于参数获取及验证的目的,选择一个能较为完整地反映由降水、冻土变化引起的产流及汇流全部过程的闭合小流域进行观测研究,其是了解和掌握冻土区水分运移规律和各种水文特征变化及影响机制的首选方法。由于多年冻土区通常处于高海拔寒区或亚极地等人类活动稀少地区,交通条件有限,野外试验布设难度较大,针对多年冻土区的小流域水文观测并不多见。目前研究阶段对冻土水文过程的了解还存在很大的局限性,更无法对冻土区的水文模型进行精准的验证。因此,选择具有代表性的典型冻土小流域进行水文过程观测,对于明确冻土区的产流过程和为分布式水文模型提供参数和验证尤为必要。

　　自然闭合小流域具有很大的空间异质性,影响冻土水文过程的因素众多,包括土壤、植被、地形、降水等在空间上分布不均;冻土土壤水分随时间的变化也有很大的随机性和不确定性。为了综合监测流域内这些变量的空间和时间分布规律对水文过程的影响,需要在流域内布设众多的具有代表性的一维单点尺度观测。

　　试验流域选址方需要考虑以下 3 个原则。

　　(1) 可控性:易于控制的闭合流域山坡小流域。

　　(2) 代表性:流域中下垫面类型在整个研究区域内具有代表性。

　　(3) 单一性:尽可能减少多个因素对产汇流过程的影响,从而开展较为理想的观测试验,流域的下垫面及土壤类型应相对单一。

　　冻土流域水文过程观测主要观测冻土区水量平衡,观测项目主要包括降水、径流、蒸散发、冻土活动层水热状况、地下水位等。布设这些观测应该考虑流域下垫面的因素(如地形、土壤类型、植被等)和气象因素(降水、气温、辐射等)等空间分布对流域水文循环的影响,分别在地形特征(高程、坡度、坡向)、植被、土壤类型等相似的水文响应单元内建立相应的观测(图 13.18)。

13.1.6　冻土调查

　　目前,冻土调查基本集中于多年冻土覆盖区。多年冻土调查涉及的范围很大,一般是从对特定区域多年冻土空间分布特征(分布边界、上下限)、物理特征(温度、含冰量、水分),以及与多年冻土有关的地质现象(地层、构造、地貌、水文)和环境因子(气候、植被、土壤)等方面展开的。其主要是通过应用遥感、地球物理勘探、地质勘探等各种手段和综合分析方法,查明多年冻土的边界、活动层及多年冻土厚度、地温与地下冰特征、冰缘地貌现象、土壤与植被等特性。

　　冻土水文研究对于冻土调查有自己的需求。根据冻土水文研究的目标和内容,冻土调查一般涉及的项目有冻土分布、冻结融化深度、活动层水分状况及地下冰。针对以上项目,具体常用的方法有钻孔、探坑、探底雷达监测和遥感观测等。

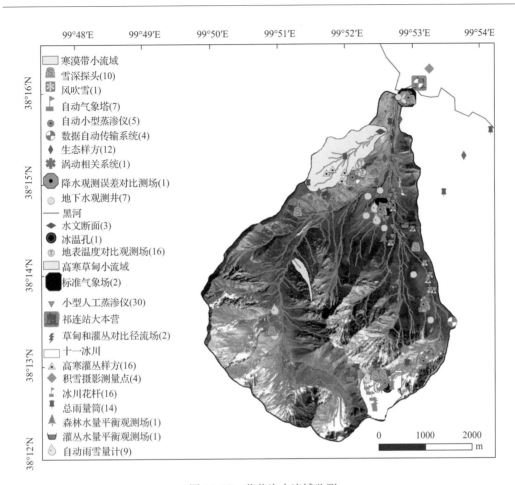

图 13.18　葫芦沟小流域监测

1. 钻孔、探坑法

钻孔和探坑是冻土调查中认识多年冻土地层的主要手段。钻孔主要用于多年冻土分布点控制、区域内代表性多年冻土地层剖面调查与描述、多年冻土测温与监测、多年冻土取样等;探坑主要用于辅助钻孔进行冻土分布调查、活动层土层剖面详细描述、活动层土层取样。探坑法可以参考 13.1.1 节的土样采集。

钻孔的布设应在面上反映整个调查区的整体特征,在点上代表调查区典型的地形地貌、植被覆盖等条件;而探坑是对钻孔勘探的补充。当两个钻孔不能完全控制其间的多年冻土地层剖面时,或者由于经济、交通等原因,在两者之间不能再布设钻探工作时,可以布设一个或者数个探坑揭露地表土层,来探知多年冻土是否存在、可能的上限深度及近地表的土层特征。探坑也是进行土壤调查的必要手段,因此,探坑的布设还要综合考虑研究区的土壤分布特征,要以能够全面代表调查区土壤特征为布设原则。

1) 全面性

根据选定区域的基本地形地貌特征、植被条件,来划分若干年冻土赋存类型,确保各类型区域均有钻孔控制,即均匀分布性原则。观测场址应选在能较好地反映典型冻土特征的地段,避免局部地形的影响,且不受人类活动影响或人类活动影响不大。

2)典型性

根据调查区典型地貌、植被等条件,确定具有代表性的钻孔、探坑位置。对某一影响多年冻土状态的局地因素而选择的代表点应该尽量突出该因素的影响,而消除或尽量减少其他因素的干扰,以便比较准确地反映局地因素对多年冻土的影响程度,进而向调查区推广。

3)钻孔地温可比性

根据多年冻土地温随海拔升高而降低的规律,在各局部地区建立地温与高程统计关系是寻找下界、了解多年冻土分布的有效方法。这就要求在局地因素(主要为坡向)基本相同的情况下,尽量选择受海拔影响的若干孔位,以便利用地温随海拔的变化率,做外推评估。

4)交通可达性

目前,采用的钻探工具主要为汽车钻和小百米钻,由车辆牵引或运输,其到达性受到限制,而且部分场地布设完成后需要进行定期观测,仪器也需要定期维护。因此,选择场地位置时必须考虑交通条件。另外,为解决钻进中泥浆或清水循环冷却需求,尽量靠近地表水体为上策。

5)仪器设备安全性

对场地周边环境应有明确认识,避免建立在有流水冲刷的冲沟边缘和有泥石流、滑坡等地质灾害的地段,需要架设仪器的场地应避免人为扰动破坏,在人类活动频繁地区的观测场需要布设围栏。

场地大小应满足观测项目的要求。

2. 探地雷达监测

雷达电磁波在有明显介电常数值差异的介质分层界面处会产生电磁波反射,在大多数富冰冻土区,多年冻土上限附近会形成饱和含冰冻土层或纯冰层,该层会在雷达图像中表现为相对强反射层,在这种条件下,可以通过分析每个反射层位的雷达波反射强度来确定冻土上限位置。探地雷达在冻土探测中常使用的探测方式是剖面法(common offset method)。为了能够获取高质量的剖面数据,一般应选取地形相对平坦、地貌部位和地表覆盖特征相对一致的地点布设探测剖面。常用的雷达测速方法有共中心点(common midpoint method,CMP)法和宽角(WARR)法。

图 13.19 为对冻土剖面进行解译的一个例子。根据反射层的雷达波速计算得出反射层①对应的深度约为 2m,②对应的深度约为 3m,③对应的深度约为 4.8m。该雷达探测剖面起始位置处 2m 深探坑显示该处 2m 处出现地下水,图右侧为该探测剖面的测温结果,与左图中反射层位②的深度解译结果吻合,从而可以确定②为冻土上限反射层位,而①为地下水位所对应的位置,层位③由于没有可参考的解译资料,所以无法确定,推测③可能为冻土上限附近的富冰冻土层反射层位。

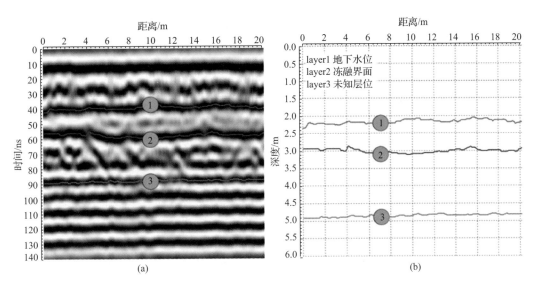

图 13.19　雷达剖面的解译结果图

对比①、②、③三个反射层位的雷达波反射强度和雷达波传播速度,可以看出②处的雷达波反射较强,且雷达波速相对较低,因此可以认为②处为冻土上限反射层。

3. 遥感观测

野外观测的不足限制了寒区大区域尺度冻土水文研究,大尺度冻土水文研究需要收集获取多年冻土和季节冻土的各种信息,遥感和地面雷达技术的兴起为解决这一问题提供了新途径。在地球观测系统(EOS)、寒区科学实验(CLPX),以及很多国际研究计划都把冻土遥感作为重要的目标之一。美国国家航空航天局(NASA)与 2014 年发射的 Hydro 卫星更是将土壤水分和土壤冻融并列作为其两个主要目标。

多年冻土区地表的冻融循环过程研究可以通过微波遥感和雷达获取数据来进行,利用亮温观测数据来估算近地表(<10cm)土壤的冻融状况。常用于推导地表冻融循环的遥感资料包括 SMMR、SSM/I、AMSR-E、ERS-1/2、EnviSat、RadarSat-1/2、ALOS 和 HJ-1C。被动微波辐射计从 1978 年 SMMR(scanning multichannel microwave radiometer)发射升空后,包括后继的 SSM/I (special sensor microwave/imager)和 AMSR(advanced microwave scaning radionmeter-EOS)已有 30 年时间序列的数据积累(表 13.1),可为研究气候变化背景下冻土的时空变化特征提供时间连续的观测数据。

表 13.1　冻土遥感观测的参数、遥感传感器、精度及分辨率

参数	传感器	精度 (绝对∶相对)	时间分辨率	水平分辨率	垂直分辨率
冻结/融化状 态/冻融循环	AMSR-E\SSM/I\ERS\JERS\ Radarsat\Hydros	—	1 次/d 至 1 次/周	15m(雷达) 3~25km(被动微波)	—
土地利用	ASTER\ETM+	10%	1 次/a	15~30m	—

参数	传感器	精度 (绝对::相对)	时间分辨率	水平分辨率	垂直分辨率
地表反射率/ 反照率	ASTER\ETM+\MODIS	4%::1%	8次/a(夏季)	15~30m\500m	—
地表温度	ASTER	1-4k::1%	8次/a(夏季)	90m\1km	—
数字高程模型	ASTER	5~10m	1次/a(夏季)	15m	1m
地表形变	ASTER\ETM\ERS\JERS\	1cm~15m	1次/a(夏季)	1~15m	—

被动微波遥感数据,如 SMMR 和 SSM/I 可根据亮温对近地表土壤水分状态(液态或固态)的谱敏感性探测地表冻融。数据的优势在于其连续性、全球覆盖及频繁的重访周期(SMMR 两天一次,SSM/I 一天两次),能保证探测地表冻融时空变化。数据的缺点主要是分辨率较粗,25~100km。AMSRE 于 2002 年发射,具有较低微波频率和较高空间分辨率,适用于探测区域尺度和全球尺度的土壤冻融循环的地表温度和土壤湿度。

13.2　冻土水文过程模拟

13.2.1　冻土水热过程模拟

冻土冻融过程中土壤水的相变改变了水在土壤中的固液态分配比例,直接影响其水热状况和水热传导系数,进而改变土壤的水热传输过程,其成为冻土区水热传输过程区别于其他地区的主要特点。冻土区土壤水运动的初期研究主要借鉴传统的经验入渗模型,如 Horton 和 Kostiakov 入渗公式等,较少考虑冻融过程中土壤热量运动。通过热量传输过程可以较好地计算土壤冻融状态,其中应用较多的冻融模型主要有 Stefan 和 Kudryavtsev 模型,但其对于冻土中土壤含水量的差异考虑较少。以上众多方法均侧重于土壤水或热的单项运动,忽略了冻融过程的冻土水热连续耦合变化,经过近十年的发展,基于物理过程考虑冻土水热耦合模型已成为目前活动层水热过程模拟的主要手段。土壤热量和水分传输耦合总方程分别采用经典的土壤能量传输过程方程和在非饱和状态下的水分运动 Richards 方程:

$$C_s \frac{\partial T}{\partial t} - \rho_i L_f \frac{\partial \theta_i}{\partial t} = \frac{\partial}{\partial z}\left(k_h \frac{\partial T}{\partial t}\right) - \rho_l c_l \frac{\partial q_l T}{\partial z} - L_v \left(\frac{\partial q_v}{\partial z} + \frac{\partial \rho_v}{\partial t}\right) \quad (13.11)$$

$$\frac{\partial \theta_l}{\partial t} + \frac{\rho_i}{\rho_l} \frac{\partial \theta_i}{\partial t} = \frac{\partial}{\partial z}\left[k_w\left(\frac{\partial \psi}{\partial z} + 1\right)\right] + \frac{1}{\rho_l} \frac{\partial q_v}{\partial z} + U \quad (13.12)$$

式中,C_s 和 T 分别为土壤体积热容[J/(kg·℃)]和温度(℃);ρ_i 为冰的密度(kg/m³);L_f 为冻融潜热(J/kg);θ_i 和 θ_l 分别为冰和液态水的体积含水量(%);k_h 为土壤热传导系数[W/(m·℃)];k_w 为不饱和土壤水力传导率(m/s);ρ_l 为液态水的密度(kg/m³);c_l 为液态水热容[J/(kg·℃)];q_l 为液态水通量(m/s);q_v 为水汽通量[kg/(m²·s)];L_v 为蒸发

潜热(J/kg)；ρ_v 为土壤中水汽密度(kg/m^3)；ψ 为土壤水势(m)；U 为土壤水通量汇源项。

由于本节重点关注冻土水热过程的模拟，而水热传导系数的确定是计算其运动过程的基础，也是冻土区别于融土的重要参数，以下重点介绍两种经典且应用较广的水热模型 SHAW(Flerchinger and Saxton,1989)和 CoupModel(Jansson and Moon,2001)在土壤水热传导系数上的不同解析方法，并简单介绍适合于冻土区的入渗模型。

1. 土壤热传导系数

两个模型在热传导系数的解析差异主要体现在如何处理冻结过程对土壤热传导系数的影响上。

SHAW 模型计算土壤热传导率相对简单，理论假设将土壤中的空气、水、冰，以及土壤颗粒看成一个概念性整体，计算公式如下：

$$k_h = \frac{\sum m_j k_j \theta_j}{\sum m_j \theta_j} \tag{13.13}$$

式中，k_h 为土壤热传导率[$W/(m \cdot ℃)$]；m_j，k_j 和 θ_j 分别为土壤中各种成分组成(砂土、粉沙、黏土、有机物、水、冰和空气等)的权重因数、热传导率和体积含量，权重因素 m_j 来自于 De Vries。

在计算土壤的热传导率时，CoupModel 模型将土壤分为非冻结土壤、完全冻结土壤和未完全冻结土壤，并给定一个特殊的地温阈值 T_f，假定低于这个阈值的土壤处于完全冻结的状态，此时土壤中液态水仅有残余含水量 θ_{lf}：

$$\theta_{lf} = d_1 \theta_{wilt} \tag{13.14}$$

式中，d_1 为常数；θ_{wilt} 为土壤水势 pH 为 4.2 时的体积含水量(%)。

1) 非冻结土壤

CoupModel 模型计算非冻结土壤的导热系数时，应用以下方法分别计算腐殖质(有机质)和矿物质土壤的导热系数：

$$k_{ho} = h_1 + h_2\theta \tag{13.15}$$

式中，k_{ho} 为腐殖质导热系数[$W/(m \cdot ℃)$]；h_1，h_2 为经验系数，推荐为 0.06 和 0.005；θ 为土壤体积含水量(%)。

$$k_{hm} = 0.143\left(a_1\log\left(\frac{\theta}{\rho_s}\right) + a_2\right)10^{a_3\rho_s} \tag{13.16}$$

式中，k_{hm} 为矿物质土壤导热系数[$W/(m \cdot ℃)$]；a_1、a_2 和 a_3 为经验系数，推荐取值 0.1、0.058 和 0.6245；ρ_s 为土壤干密度。

2) 完全冻结土壤

CoupModel 模型计算完全冻结土壤的导热系数时，通过以下方法分别计算腐殖质(有机质)和矿物质土壤的导热系数：

$$k_{ho,i} = \left[1 + h_3 M \left(\frac{\theta}{100} \right)^2 \right] k_{ho} \tag{13.17}$$

式中，M 为土壤中的热量比［式(13.10)］；k_{ho} 为土壤未冻结时利用式(13.5)计算的导热系数；h_3 为经验系数，取值 2.0。

$$k_{hm,i} = b_1 \, 10^{b_2 \rho_s} + b_3 \left(\frac{\theta}{\rho_s} \right) 10^{b_4 \rho_s} \tag{13.18}$$

式中，$b_1 \sim b_4$ 为经验系数，推荐取值 0.00158、1.336、0.0375 和 0.9118。

3）未完全冻结土壤

地温在区间 0℃ 到 T_f 之间时，CoupModel 模型计算土壤导热系数为

$$k_h = M k_{h,i} + (1 - M) k_h \tag{13.19}$$

式中，$k_{h,i}$ 为完全冻结土壤的导热系数［W/(m·℃)］；k_h 为未冻结土壤的导热系数［W/(m·℃)］；M 为热量比。M 可用式(13.20)计算：

$$M = -\frac{(E - H)}{L_f w_{ice}} \tag{13.20}$$

式中，E 为土壤中的总能量［J/(m²·d)］；H 为感热［J/(m²·d)］；L_f 为冻结潜热［J/(m²·d)］；w_{ice} 为可冻结水量［式(13.20)］。

2. 土壤水力传导率

土壤水力传导率是影响土壤水运动的重要的物理参数，冻结过程会改变土壤在融土状态下的水力传导系数。SHAW 和 CoupModel 模型都提供了不同的方法，来计算不同冻融时期的土壤非饱和水力传导率。

非饱和土壤的水力传导系数和土壤含水量的相对饱和程度有一定关系，相对饱和度 S_e 定义为：

$$S_e = \frac{\theta - \theta_r}{\theta_s - \theta_r} \tag{13.21}$$

式中，θ_s 为饱和含水量(孔隙度，%)；θ_r 为残余含水量(%)；θ 为实际体积含水量(%)。

Brooks 和 Corey 在 1964 年提出了基于水压(水势) ψ 的相对饱和度计算公式：

$$S_e = \left(\frac{\psi}{\psi_a} \right)^{-\lambda} \approx \theta_l / \theta_s \tag{13.22}$$

式中，ψ_a 为进气压力(cm)；λ 为孔隙大小分布指数；S_e 为有效饱和度(%)。

非饱和水力传导系数计算为

$$k_w^* = k_{mat} \left(\frac{\psi_a}{\psi} \right)^{(2+3\lambda)} \tag{13.23}$$

式中，k_{mat} 为饱和基质势传导率(mm/d)。

综合式(13.11)～式(13.13)可以得出水力传导系数公式：

$$k_w^* = k_{mat}(S_e)^{(3+2/\lambda)} \tag{13.24}$$

SHAW 模型假设冻土中的水力传导系数类似于非饱和土壤,也就是上述方程也同样适用于冻结土壤。另外,假设当孔隙度减少到小于 0.13 时,冻土的水力传导系数近似为零。冻结过程的水力传导系数计算的基础在于未冻水含量的确定,含冰土壤土水势会受到土内冰晶表面饱和水气压的控制,SHAW 模型利用 Fuchs 等(1978)提出的冻土冰点下降方程来描述并确定冻土中的未冻水含量:

$$\phi = \pi + \psi = \frac{L_f}{g}\left(\frac{T}{T+273.15}\right) \tag{13.25}$$

$$\pi = -cR(T+273.15)/g \tag{13.26}$$

式中,ϕ 为土水势(m);π 为土壤溶质势(m,不考虑盐分时可为零);g 为重力加速度(m/s²);c 是溶质浓度(1/kg);R 为普适气体常数[8.3143J/(K·mol)]。式(13.25)和式(13.26)联合可以得出未冻水含量[式(13.27)]:

$$\theta_l = \theta_s\left[\frac{1}{g\psi_a}\left(\frac{L_f T}{T+273.15} + cR(T+273.15)/g\right)\right]^{-\lambda} \tag{13.27}$$

不同于 SHAW 模型计算非饱和水力传导率的方法,CoupModel 模型认为在部分冻结的情况下,土壤中主要存在两种流径:一种为小孔隙,由于水势低而未冻结;另一种为充满空气的大孔隙,主要受表面压力的影响。前一种由小孔隙组成,水流与高流动性区域相比流速较低,因此称这个区域为低流动性区域。高流动性区域由含有空气的大孔隙组成,允许水流快速通过。低流动性区域的土壤含水量由土壤温度(低于 0℃)和凝结温度下降曲线(未分冻结土壤感热量和潜热量)决定;高流动性区域的土壤含水量由渗透水决定、区域导水率由水分再冻结率决定。通过土壤含水量,利用式(13.11)~式(13.13)可计算导水率。

1) 未完全冻结土壤中感热和潜热的变化

土壤感热变化会导致土壤中温度的变化:

$$T = \frac{H}{C_f} \tag{13.28}$$

式中,H 为感热;C_f 为冻结土壤的热容[J/(kg·℃)]。相变发生在区间 0℃ 到 T_f 之间。在整个温度区间内,感热可用式(13.29)计算:

$$H = E(1-f_{lat})(1-r) \tag{13.29}$$

式中,r 为凝固-温度低压[式(13.22)];E 为土壤中总热量;f_{lat} 为温度 T_f 时,冰的潜热和土壤总热量 E_f 的比值。

$$f_{lat} = \frac{L_f w_{ice}}{E_f} \tag{13.30}$$

式中,L_f 为冻结或融化潜热;E_f 为温度 T_f 时土壤总热量;w_{ice} 为可冻结水量,定义为

$$w_{\text{ice}} = w - \Delta z \theta_{\text{lf}} \rho_{\text{water}} \tag{13.31}$$

式中，w 为总水量；Δz 为厚度(m)；ρ_{water} 为水的密度。

凝固-温度低压下降依赖于土壤的结构，表现为在温度 T(当温度 0℃到 T_{f})时的热量 E 中的潜热量与在温度 T_{f} 时热量 E_{f} 中的潜热量的比率：

$$r = \left(1 - \frac{E}{E_{\text{f}}}\right)^d \min\left(1, \frac{E_{\text{f}} - E}{E_{\text{f}} + L_{\text{f}} w_{\text{ice}}}\right) \tag{13.32}$$

式中，d 为经验常数 10；λ 为孔隙度分布指数。

在温度 T_{f} 时，土壤中总热量用式(13.33)计算：

$$E_{\text{f}} = C_{\text{f}} T_{\text{f}} - L_{\text{f}} w_{\text{ice}} \tag{13.33}$$

在区间 0℃到 T_{f} 之间，土壤热容计算为

$$C_{\text{f}} = f_{\text{s}} C_{\text{s}} + \theta_i C_i + \theta_{\text{lf}} C_{\text{w}} \tag{13.34}$$

式中，$C_{\text{s}}, C_i, C_{\text{w}}$ 分别为土壤中矿物和有机质等固体物质、冰和水的热容[J/(kg·℃)]；θ_i 为固态含水量(%)；f_{s} 为土壤中矿物和有机质的体积含量(%)，$f_{\text{s}} = 1 - \theta_{\text{m}}$，其中 θ_{m} 为孔隙度，即饱和体积含水量。

除了以上方法，低流动性区域的导水率也可以考虑利用阻抗因子来计算部分冻结状态下的导水率 k_{wf}：

$$k_{\text{wf}} = 10^{-c_{\text{fi}} Q} k_{\text{w}} \tag{13.35}$$

式中，c_{fi} 为阻抗系数，一般为 4；k_{w} 为不考虑冰出现的未冻水含水量计算的导水率(mm/d)。

2) 再冻结过程

当水在快流区运动时，如果此时土壤的温度接近 0℃，可能会出现再冻结现象。土壤水在快流区的再冻结会导致大孔隙中慢流区和冰的边界发生变化，从而导致边界条件发生变化。快流区土壤水的再冻结可以看作是水在快流区和慢流区的重新分配。再分配系数 q_{infreeze} 可通过式(13.36)计算：

$$q_{\text{infreeze}} = \alpha_{\text{h}} \Delta z \frac{T}{L_{\text{f}}} \tag{13.36}$$

式中，α_{h} 为能量转移系数(0.5~0.8)。

高流动性区域的导水率 k_{hf} 计算公式如下：

$$k_{\text{hf}} = e^{\frac{\theta_i}{c_{\theta,i}}} \left[k_{\text{w}}(\theta_{\text{tot}}) - k_{\text{w}}(\theta_{\text{lf}} + \theta_i)\right] \tag{13.37}$$

式中，$k_{\text{w}}(\theta_{\text{tot}})$ 为在饱和状态下的导水率(mm/d)；$k_{\text{w}}(\theta_{\text{lf}} + \theta_i)$ 为低流动性区域和含冰情况下的导水率(mm/d)。

由于土壤中含有一定盐分，其成分和含量也将影响土壤的冻融过程；反过来，土壤的冻融过程也将影响土壤盐分的迁移。在活动层水热过程模拟中，还应考虑盐分对土壤水热耦合过程的影响。

3. 地表入渗模型

地表水分入渗是地面水转化为土壤水和地下水的唯一途径,土壤冻结时期的降水和积雪融水也能下渗至土壤中进行再分配。非冻结期的土壤下渗可以通过常规入渗方法计算,如 Horton 和 Kostiakov 入渗公式等。冻结期的地表入渗量可根据实际获取参数选择如下经验公式计算(Zhao and Gray,1997):

$$INF = 5(1 - \theta_P)SWE^{0.584} \tag{13.38}$$

$$INF = C_1 S_0^{2.92}(1 - S_1)^{1.64}[(273.15 - T_1)/273.15]^{-0.45}t^{0.44} \tag{13.39}$$

式中,INF 为入渗速率(mm/s);SWE 为雪水当量(mm);θ_P 为近地表(0~30cm)平均未冻水含量;S_1 和 S_0 分别为土壤表层液态含水量和上层土壤平均含水量;T_1 为入渗开始时刻的表层温度(K);t 为入渗时间(h);C_1 为入渗参数(1.3~2.05)。

除了经验公式,也可以选择具有物理意义的 Green-Ampt 入渗模型来计算下渗:

$$INF = k_s[1 + (\theta_s - \theta_{ini})\psi_w/z] \tag{13.40}$$

式中,k_s 为未冻结时的饱和导水率(mm/s);θ_s 和 θ_{ini} 分别为饱和含水量和初始含水量;ψ_w 为湿润锋面的水势(m);z 为入渗深度(m)。Green-Ampt 入渗模型是基于干燥均匀土质在薄层稳定水头下的入渗率,Mein 和 Larson(1973)将其发展为可计算稳定降水后填洼前后的入渗率:

$$INF = \begin{cases} k_w(\psi_w + Z_f)/Z_f & t < t_p \\ k_w(\psi_w + Z_f + Z_p)/Z_f & t \geqslant t_p \end{cases} \tag{13.41}$$

式中,k_w 为湿润锋面的导水率(mm/s);Z_f 和 Z_p 分别为下渗深度和填洼深度(m);t 和 t_p 分别为下渗时间和填洼时间(s)。在此基础上,Smith 和 Parlange(1978)发展出计算降水变化条件下的填洼前后的入渗率:

$$INF = \begin{cases} k_s + C_2(t - t_0)^{-C_3} & t < t_p \\ k_s e^{zk_0/\beta}/(e^{zk_0/\beta} - 1) & t \geqslant t_p \end{cases} \tag{13.42}$$

式中,k_0 为不饱和导水率(mm/s);C_2,C_3 和 β 为系数;t_0 为开始时间。

13.2.2　流域尺度冻土水文过程模拟

冻土的冻融过程影响流域内多种水文过程,因此对冰冻圈流域水文模拟必须关注冻土对水文过程的影响。早期,冻土流域水文模型主要通过在传统水文模型中简单增加冻土变化来实现流域尺度水文过程模拟,随着水文模型的发展及冰冻圈冻土对水循环影响认识的加深,考虑冻土水热耦合的分布式流域水文模型也有一定的发展。由于水文模型有大量相关资料专业介绍,本小节重点关注流域尺度的冻土水文模型,以下重点介绍几种流域水文模型产汇流过程中对冻土的处理,其他过程不再赘述。

1. 冻土对产流过程的影响

1) 关志成和段元胜模型

关志成和段元胜(2003)参考国内外非寒区流域模型(新安江模型、水箱模型、萨克拉门托模型),构建了一个概念性寒区流域水文模型,模拟了东北牡丹江流域,模型中假定冻土的冻融过程主要影响包气带的蓄水过程。伴随着冻土的不断融化,土壤包气带非冻土厚度由小到大变化,相应的产流能力从大到小变化。此外,假设融化时期的产流损失分布与流域蓄水容量的分布相似。据此,这期间的土壤蓄水容量则也是一个变数,因而,假定土壤蓄水能力是时间的线性函数:

$$W_{\mathrm{m}} = W_{\mathrm{m0}} \cdot B_{\mathrm{L}} + (1 - B_{\mathrm{L}}) \cdot W_{\mathrm{m0}} \cdot \left[(r - r_{\mathrm{hksts}})/t_{\mathrm{s}} \right] \tag{13.43}$$

式中,W_{m} 为包气带冻土期土壤蓄水容量(mm);W_{m0} 为包气带非冻土期土壤蓄水容量(mm);B_{L} 为比例系数(反映产流损失);r 为年初起累计日数;r_{hksts} 为多年平均融雪开始日期;t_{s} 为多年平均融雪天数。

上述模型公式中需要经验给出流域的冻土开始形成与结束的日期参数,对于一确定流域可以给出多年平均值。但其缺点是无法反映各年的实际情况,为此考虑冻土形成是温度累计负气温的函数,所以将式(13.33)冻土模拟改进为如下形式:

$$W_{\mathrm{m}} = W_{\mathrm{m0}} \cdot B_{\mathrm{L}} + (1 - B_{\mathrm{L}}) \cdot W_{\mathrm{m0}} \cdot (t_{\mathrm{ij}}/t_{\mathrm{ijmax}}) \tag{13.44}$$

式中,t_{ij} 为累积负气温值(℃);t_{ijmax} 为累积负气温最大值(℃)。

2) CRHM 模型

Pomeroy 等在 2007 年构建了一个除了冰川以外,几乎包括各种水文过程的寒区水文模型(the cold regions hydrological model,CRHM),并在加拿大半干旱草原、森林、山区及沼泽等各种地貌都得到了应用。

CRHM 模型的冻土入渗模型主要参考 Granger 等(1984)的方案,按照土壤冻结温度将土壤分为 3 类:①土壤温度高于 0℃时,土壤为融土,为正常入渗,按非冻结期正常计算;②土壤日均温度低于 -10℃时,土壤完全冻结,假定土壤无渗透,下渗为 0;③土壤温度高于 -10℃且低于 0℃时,土壤虽然冻结,但仍允许入渗,此时为限制入渗,其入渗量为表层含水量和融雪雪水当量的函数,见式(13.28)。

3) VIC 模型

可变下渗容量模型(variable infiltration capacity,VIC)模型是一个 1994 年提出并开发而成的大尺度陆面水文模型(Liang et al.,1994),既可同时进行陆-气间能量平衡和水量平衡的模拟,也可只进行水量平衡的计算,输出每个网格上的径流和蒸发,再通过汇流模型,将网格上的径流深转化为流域出口断面的流量过程,弥补了传统水文过程对热量过程描述的不足。该模型关于冻土的处理与试验点尺度的 SHAW 模型类似,土壤热传导率根据土壤中各种成分组成(土、水、冰和空气等)各自的热传导率、体积含量和及其权重因数计算;冻土的土壤水势按照冻土冰点下降方程描述,详见 13.3.1 小节中第三部分"水热耦合模型"。

4) DWHC 模型

在国内外流域冻土水文模型的基础上,陈仁升等(2006a)以祁连山区黑河干流流域为例,建立了一个内陆河高寒山区流域分布式水热耦合模型(DWHC),该分布式模型考虑了冻土水热耦合问题。其冻土水热耦合计算方法主要参考一维尺度上 CoupModel 模型的原理,其具体土壤冻融过程水热计算方法参见 13.3.1 小节。

5) Kuchment 模型

Kuchment 等(2000)在西伯利亚东部的科雷马河流域发展了一个应用于冻土地区的分布式水文模型,该模型的主要特点在于考虑了冻土融化深度会引起地表和近地表径流水量的重新分配。其冻土融化深度公式为

$$C_{uf} \frac{\partial T}{\partial t} = \frac{\partial}{\partial z} \left(\lambda_{uf} \frac{\partial T}{\partial z} \right), \qquad 0 < z < H(t) \tag{13.45}$$

$$C_f \frac{\partial T}{\partial t} = \frac{\partial}{\partial z} \left(\lambda_f \frac{\partial T}{\partial z} \right), \qquad H(t) < z < L \tag{13.46}$$

$$\lambda_{uf} \frac{\partial T}{\partial z} \Big|_{z=H-0} = \lambda_f \frac{\partial T}{\partial z} \Big|_{z=H+0} + \chi \frac{\rho_i}{\rho_w} I \frac{dH}{dt} \tag{13.47}$$

$$T(0,t) = T_a(t); T(H,t) = 0; T(L,t) = T_L; T(z,0) = T(z) \tag{13.48}$$

式中,$H(t)$ 为时间 t 时的冻土融解深度(m);$T(z,t)$ 为土壤深度 z 在 t 时的温度(℃);χ 为土壤中冰的融化潜热(333.55kJ/kg);ρ_i 和 ρ_w 分别为冰和水的密度(kg/m³);I 为土壤中冰的体积含水量;L 为可将地温视为常数的土壤深度(推荐 3m);λ_{uf} 和 λ_f 分别为融土和冻土的导热系数[J/(m·s·℃)],可利用式(13.49)和式(13.50)计算:

$$\lambda_{uf} = 1.1 \times \lg(\theta/\rho_g) + 1.8 \tag{13.49}$$

$$\lambda_f = 1.3 \lambda_{uf} \tag{13.50}$$

式中,θ 为土壤液态含水量;ρ_g 为土壤密度(kg/m³)。

C_{uf} 和 C_f 分别为融土和冻土的热容[J/(kg·℃)],可利用土壤中土壤固体、土壤水和冰的加权平均计算:

$$C_{uf} = \rho_m C_m (1 - \theta_m) + \rho_w C_w \theta \tag{13.51}$$

$$C_f = \rho_m C_m (1 - \theta_m) + \rho_i C_i I \tag{13.52}$$

式中,ρ_m,ρ_w,ρ_i 分别为土壤中固体、液态水和冰的密度(kg/m³);θ_m,θ,I 分别为土壤中固体、液态水和冰的含量;C_m,C_w,C_i 分别为土壤中固体;液态水和冰的热容[J/(kg·℃)]。

2. 冻土对汇流过程的影响

土壤的冻融过程一般对水文模型中的地表和河网汇流过程影响不大,其主要集中对在土壤壤中流的影响。由于冻土导水率远低于融土,所以壤中流主要发生在融土中。冻土的冻融过程会改变融土在冻土区的分布位置和分布范围,影响壤中流在土壤中的流通

范围,进而影响土壤壤中流汇流过程。下面简单介绍一下 CRHM 模型和 Kuchment 模型中冻土对壤中流的影响。

1) CRHM 模型

CRHM 模型的冻土入渗模型主要为概念模型,认为冻土表层中的土壤入渗为表层含水量和融雪融水的函数。该模型假设冻土为不透水层,壤中流主要集中发生在地表融化层中,因此,如何计算冻土融化深度成为该模型壤中流计算的重点。在计算冻土融化深度时,认为深度的变化与地表热量和融化锋面的土壤水热过程有关:

$$\sum h dt = (\sum Q_i / \rho_1 h_f) f_i \tag{13.53}$$

式中,Q_i 为融化锋面的热量(J/m^2);是地表热量的函数;ρ_1 为冰的密度;h_f 为融化潜热($333.55 kJ/kg$);f_i 为融化锋面冰的体积含水量。该模型在确定融化深度后,下层按照不透水层处理,汇流过程仅在融化层中进行。

2) Kuchment 模型

Kuchment 模型利用水热耦合过程计算冻土冻融深度,并假设融土深度通过改变横向水力传导系数影响汇流过程。

$$(\theta_m - \theta_f) \frac{\partial h}{\partial t} + \frac{\partial q}{\partial x} = G \tag{13.54}$$

$$q = K(H) i_0 h \tag{13.55}$$

式中,θ_m 为孔隙度;θ_f 为田间持水量;h 为壤中流深度(m);q 为壤中流量(m/s);i_0 为壤中流坡度;G 为水文单元内的总输入水量,包含降水和积雪融水;$K(H)$ 为水平水力传导率;H 为冻土融化深度(m)。水平水力传导率可假定随深度指数衰减:

$$K = K_0 \exp(-\varphi H) \tag{13.56}$$

式中,K_0 为近地表水平饱和水力传导率(m/s);φ 为衰减系数(3.1/m)。

第 14 章　河冰、湖冰、海冰水文

河冰、湖冰、海冰是冰冻圈的重要组成部分,其发育过程不仅直接反映了气候变化,还对全球水循环产生了深远影响。与形成于内陆开放水面的河冰、湖冰不同,海冰的发育面积非常广阔,其高反照率和动力阻隔作用能够对海-气间的辐射平衡和海-气相互作用产生重要影响。巨量海冰的冻融也会改变海洋的水温和盐度,从而影响海洋的热盐环流过程,继而引起大气环流和全球气候的变化。

河冰、湖冰、海冰的发育变化也影响水利工程设施(如边坡护岸、坝体、桥墩和沿河建筑物等)的设计、运营和维护,甚至可能形成灾害,威胁人民群众的生命和财产安全。了解河冰、湖冰、海冰的发育特点,掌握其冰情变化规律,是开展防灾减灾工作的重要前提。

14.1　河湖冰水文

河冰与湖冰均发育于陆地水系,其形成规模、冰情特点和发育过程等具有较多的相似性,因此合并进行介绍。河湖冰水文主要研究河湖冰的冻结过程、冻结形态、生消演变等冰情特征变化,冰情发展与气候变化的关系,河湖冰动力学及灾害防治等问题。

14.1.1　河湖冰概况

1. 河湖冰概况

河湖冰是寒冷季节河流、湖泊或水库表面冻结形成的冰体。河冰(图 14.1)通常是在水流流动条件下生成的,在气候和水文条件的作用下,其生消过程包含了复杂的热力学和动力学过程。而湖冰则是在相对稳定的水流中生成的,在同样的温度下,湖冰结冰时间相对河冰短。湖冰(图 14.2,图 14.3)的生消过程除受主要热状况影响外,还受风力及其对水面的剪切作用,这种剪切作用引起表面流及湍流混合,从而减少水体分层状况,其对区域能量和水循环有较大影响。另外,高原湖泊冬季结冰与否,除受气候因素影响外,与湖水矿化度也有关系。

河湖冰冰情的季节性变化能反映不同空间尺度的气候变化特征。河湖冰的冻结时间、厚度和消融时间是表征区域气候变化的指标,也是冬季气温变化的指示器,特别是在资料缺乏的地区。

2. 河湖冰冰情术语

当河流、湖或水库水温降到冰点以下时,即进入结冰期。结冰期是指河流、湖泊或水库的水面或水内从形成初始冰晶到封冻的整个过程。

(a)

(b)

图 14.1　山西省吉县壶口冰瀑(a)和青海省祁连山疏勒河上游河冰(b)

(a)图资料来源:http://dp. pconline. com. cn/photo/list_3237117. html

图 14.2　西藏三大圣湖之纳木错湖冰

(http://blog.163.com/joy_zym/blog/static/14062154620103162633379/)

图 14.3　美国明尼苏达州苏必利尔湖湖冰

(http://weibo.com/1644225642/Dj9XDzZJL? mod=
weibotime&sudaref=www.so.com&retcode=102&type=comment#_rnd1479087325917)

　　结冰期内,随着气温的变化,河流、湖或水库生成不同的冰情现象。河湖冰通常经历水内冰、薄冰、岸冰、冰覆盖和封冻等阶段,以冰花、底冰、锚冰、冰礁等多种形态呈现。依据河湖冰的冻结位置,在河、湖水面形成的称为薄冰或岸冰,水内、河湖底部形成的统称为水内冰。依河湖冰的生消过程出现的不同冰情现象,在河湖冰生成过程中一般有微冰、冰凇、棉冰、泥冰、岸冰、水内冰、冰花、流冰花、流冰、清沟、冰礁、冰桥、封冻和连底冻等现象(图 14.4)。河湖冰消融过程出现的冰情现象有冰上有水、冰上流水、冰上结冰、岸边融冰、冰层浮起、冰层滑动、解冻、流冰、流冰堆积、冰塞、冰坝等(图 14.5)。

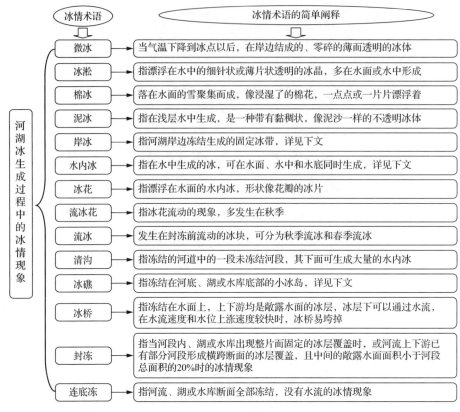

图 14.4　河湖冰生成过程中的冰情现象(修改自戴长雷等,2010)

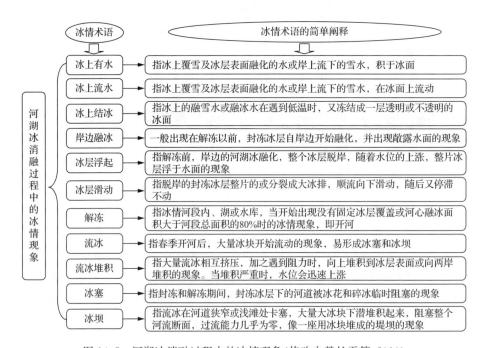

图 14.5　河湖冰消融过程中的冰情现象(修改自戴长雷等,2010)

1）薄冰

薄冰即河水温度冷却至 0℃时，水面形成冰晶。初成的冰晶体被释放的潜热融化，河水紊动使冻结放出的热量散失，河水出现过冷却状态，进而促进了冰晶的形成。冰晶逐渐发育聚合，形成松散易碎的薄冰。

2）岸冰

岸冰即因河岸岩土失热较快，且岸边河水流速较低，易形成沿河岸展布的冰带。岸冰按发展阶段可分为初生岸冰、固定岸冰、冲积岸冰、再生岸冰、残余岸冰 5 种（表 14.1）。

表 14.1　按冻结阶段划分的岸冰分类及解释

分类	冰情术语解释
初生岸冰	一般是在无风寒冷的夜里，当气温降至 0℃以下时，在岸边的水表面最初冻结形成薄而透明的冰带。白天气温升高后，往往就地融化或离岸顺流而下
固定岸冰	在气温稳定降至 0℃以下后，初生岸冰逐渐发展成牢固的冰带，其宽度、厚度随着气温的持续下降而增加
冲积岸冰	河中的冰花、冰块被冲积到岸边或固定岸冰边凝聚冻结而成的冰带，这种岸冰的边缘，有时会高出固定岸冰冰面，形成一道冰堤
再生岸冰	指河流、湖或水库在全部融冰后又遇寒潮，再次生成的岸冰
残余岸冰	指河流、湖或水库中央区域全部融冰后在岸边留下的冰

3）水内冰

水内冰悬浮在水中或附着在河底或其他水内物体上的多孔不透明冰体，多形成于尚未封冻的河流或封冻后尚未冻结的清沟。依据水内冰生成位置和发展阶段的不同，可分为冰花、底冰、浮冰等。

4）冰花

冰花即水汽在冻结作用下快速形成的冰晶体，如同形态各异的花朵，所以叫做冰花（图 14.6）。冰花可散布于整个水面，在弱过冷却水中很活跃，具有使冰粒黏附于接触表面的特性。冰花之间也发生粘连，从而形成冰团或有较大"沉降速度"的浮动冰花，这些冰花在冰层形成和主要的冰情现象中起着关键作用（蔡琳和陈赞廷，2008）。

5）底冰

底冰即固着于河底卵石、砂砾上的水内冰（图 14.7）。当水体紊流达到将过冷却水带到河底的强度时，冰粒可在河底发生成核作用，即生成底冰。底冰也可由冰花形成。由于冰花在过冷却条件下很活跃，并易于粘住水下物，湍流可将水内冰花卷至河底形成底冰。底冰可依附于水草、沙砾石等较为固定的河床物质，但在河床质为细沙、沙土、黏土等松散物质时，因其易受水流侵蚀，因此较难形成底冰。

图 14.6　新疆赛里木湖冰花图片
(http://p. weather. com. cn/2016/02/zrds/2471651. shtml♯p＝1)

图 14.7　底冰
(http://js. people. com. cn/html/2012/12/10/192176. html)

6) 锚冰

锚冰即水面以下冻结于河底或水下某些物体上的冰体,由水内物体表面的辐射失热
形成(图 14.8)。与冰花不同,锚冰附着于水下物体上,这种外包的水内冰层可厚达数厘
米,在锐角部分增长更迅速,有时会改变河床形态或阻塞河流,从而在河流中形成一道道
小冰坝,在小冰坝后形成静水区。随着冰量的增加和黏滞度加大,紊动受阻,河床抬高。

图 14.8　2012 年 2 月多瑙河下游河段结冰——锚冰

(http://news. xinhuanet. com/photo/2012-02/12/c_122689260_2. htm)

7）冰礁

　　冰礁即固着于河底却生长露出水面的冰体。通常指固结在河底的小冰岛，由水内冰堆积，或者与棉冰，冰凇和冰花等结合而形成，能迅速地从河底增长到水面(图 14.9)。水内生长的冰礁部分不结实，长到水面后就冻结得很紧密。冰礁常见于水流较浅的沙洲和浅滩等处。

图 14.9　冰礁

(http://www. hiao. com/content/2010-01/15/content_8265335. htm)

除上述冰情术语外,文中还涉及了下列术语:

冰层指横跨河道、湖或水库两岸覆盖水面的固定冰层。

冰堆指高出平整封冻冰层表面的局部冰体,一般由冰块挤压生成。

冰丘(冰锥)指在封冻冰层表面鼓起的锥形或椭圆形冰包,若是河、湖水从冰层裂缝中冒出来冻结生成的,也叫冒水冰。

浮冰指浮在水上的任何形态的冰。

冰脊指在封冻冰层表面隆起的垄状冰带。

冰缝指封冻冰层上的缝隙,由气温和水位的剧烈变化引起。

冰期指河流、湖或水库出现冰情现象的整个时期。

冰花密度指单位体积冰花的质量。

冰流量指单位时间内通过测验断面的冰块体积或冰花扣除空隙后的体积。

碎冰指由不超过 2m 宽的碎片组成的浮冰堆积物、冰的其他形式的残片。

流凌指冰块或兼有少量冰花流动的现象。冰流或轻或重,可由屑冰、锚冰、冰花或片冰组成。开河后,冰盖破裂随水流动。文开河时,流冰和缓;武开河时,流冰迅猛、冰质坚硬,易形成流冰堆积或冰坝而造成危害。

封冻日期指首次观测到水体出现完全封冻现象的日期。

封冻期(日数)指河流、湖或水库出现封冻现象到解冻的整个时期(天数)。

解冻日期指首次出现解冻冰情现象的日期。

终冰日期指解冻后,河流冰情现象最后消失的日期。

上述河湖冰的冰情现象通常采用封冻日期、解冻日期、封冻日数、冰厚等来描述。目前,随着全球的变暖,河湖冰的封冻日期普遍推后、解冻日期提前、封冻日数缩短、冰厚减薄。

14.1.2 冻融过程

一般,高海拔、中高纬度地区的江河和湖泊每年冬季都可能出现不同程度的冰情。河湖冰的冻结和消融主要受气象条件、水温、流量和人为干扰等因素影响(图 14.10)。冰情按照其形成和消融过程分为 3 个阶段:结冰期、封冻期和解冻期(图 14.11)。

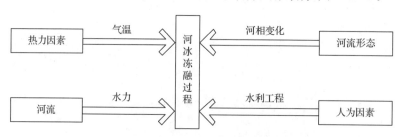

图 14.10 河冰水文冻融过程影响因素

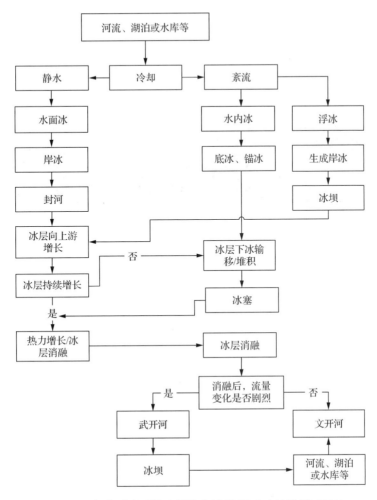

图 14.11　河湖冰主要的生消演变过程(修改自沈洪道,2010)

1. 一般性冻融过程

1) 结冰期

结冰期内,当水温降到冰点以下时,河湖水面最先形成冰晶。在冰点,各种类型冰的生成取决于紊流强度、流速和热量散失的速率。在缓流区域,水面形成薄冰,在低流速区域,将形成完整的薄冰层,但在较高的流速区也会形成一定的薄冰、水内冰层流、冰盘或充分混合的水内粒状冰流。

河、湖或水库岸边因岩土失热较快,水流较小,冰晶体生成较早,所以先在岸边形成薄而透明的岸冰。岸冰的生成、发展主要受 5 个要素的影响,即局部热交换、岸边流速、浮冰密度、河道形态及水深。岸冰生成的同时,若河流流速降低,河水内存在零度以下的过冷却水,在水流的过冷却及混掺作用下,即在过冷却水的任何部位产生冰晶体,逐渐形成各种尺寸及各种形状的水内冰。通常,水内冰的数量由水面向河底递减。但当水内冰体积不断增大,浮至水面,与河面冰晶等顺流而下时,将生成流冰。水内冰和底冰的密度比水小,在紊流作用下,可能会上浮到水面,形成浮冰(图 14.12)。浮冰的生成取决于水表面温度和紊流强度。

(a)　　　　　　　　　　　　　　　　(b)

图 14.12　黄河宁夏段河中浮冰
(http://picture.youth.cn/qtdb/201601/t20160117_7533856_4.htm)

2）封冻期

在我国北方,河流封冻通常分为武封和文封,前者主要受冰动力影响,后者主要受温度影响。封冻期内,河湖冰冻结主要经历冰层生成和冰层增厚两个阶段。一般,湖泊或水库易受热力作用而形成平整光滑的冰层,而河面冰层多由结冰期生成的浮冰受阻堆积并逐渐由下游向上游发展,形成整片冰层。当冰层面积占到全河、湖泊或水库全部水面的80％以上时,河流、湖泊或水库即进入封冻期。

封冻期内,冰层形态取决于河道上游来冰情况和水流条件,冰层向上游发展有平封和立封两种。其中,平封冰面平整光滑,由冰层并置积聚而成;立封则是河段流速较大或受大风影响,使得冰花相互挤压堆叠,冻结生成表面起伏不平、犬牙交错的冰层。但当河段流速达到一定程度时,立封冰层向上游延伸的同时,还会出现冰块和冰花随水流下潜,并堆积在初封冰层底下,生成初封冰塞。冰塞的形成使水流从明流变为封闭的暗流,过水断面湿周加大,水力半径减小,尤其是冰层、冰塞的阻塞作用,显著增加了水流阻力。当河道、湖泊表面形成连续冰层后,水体与大气的热量交换只能通过冰层的传导作用,冰层厚度将随热交换而发生增长变化。

3）解冻期

当气温回升达到冰点以上时,河流进入解冻期,冰面开始融化。通常,岸边升温较快,岸冰首先消融并脱离河岸。随着气温的继续上升,冰层不断消融,最后在水流和风力作用下发生断裂,滑动并再次形成浮冰。这时,根据河湖冰面的不同解冻形式,可分为文开河和武开河。如果流量变化小,水流作用不强,冰层主要在热力作用下就地融化,没有或很少有冰塞或冰坝危害,即文开河;反之,若流量增加很大,冰层并未充分消融,主要是在水流作用力下破裂解冻,易造成冰塞或冰坝危害,即武开河。武开河形成的主要原因是在河道封冻期间,若上下游气温差异较大,当春季气温上升,上游融雪大量消融或河道先行解冻,水量增大并使水位快速升高,而下游河道仍然固封,冰水齐下冲击下游河道冰层。若大量冰块在弯曲形的窄河道内堵塞,则易形成冰坝,引起水位上升,形成凌汛。

2. 多年冻土区的河冰冻融特点

多年冻土区的河道水量受到挤压和河道水力梯度影响导致承压水增加时,水位将高于隔水层并冻结形成河冰。对于整个流域而言,河流补给形式和热量损失是影响河冰形成的主要因素,河冰的冻结和消融贯穿整个冬季和春季。冻结过程主要经历 3 个阶段:初冬季节,河道开始冻结成冰;隆冬季节,浮冰持续增长、冰面雪和汇入的壤中流将冻结,继而发展成平整且很厚的冰面,但若没有河流上游多年冻土区地下水的渗入,将不会形成厚度较厚的冰;晚冬季节,冰体继续增厚并向下游发展,当渗流水量停止汇入河流之后,随着水量减少,清沟河水冻结(Ming-ko Woo,2012)。

高纬度地区的河冰冻融过程对不同冻土区的响应差异显著(图 14.13)。相对于不连续的多年冻土区而言,连续多年冻土区河流的冻结开始时间较早且持续时间较长[图 14.13(c)];不同河流的河冰年最大体积变化很大;冰厚在消融开始前达到最大值(地下水补给很少的河流除外)[图 14.13(a),图 14.13(b)];但消融刚开始时,背阴区的河冰和积雪融水可能再次冻结;夏季气温低的少数地区,河冰可能并未完全融化就同随之而来

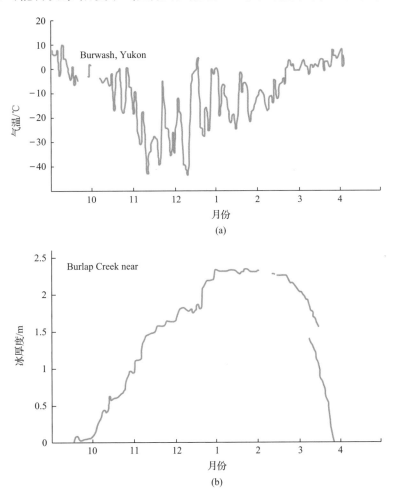

(a)

(b)

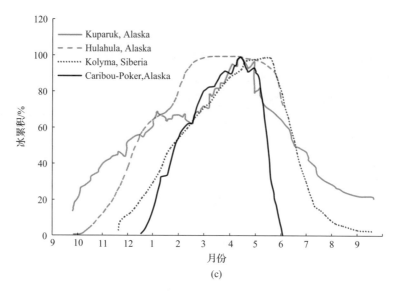

图 14.13　不连续多年冻土区(加拿大育空的 Burlap Creek 和美国阿拉斯加的 Caribou-Poker Creek)
和连续多年冻土区(美国阿拉斯加的 Hulahula 河和 Kuparuk 河,及西伯利亚的 Kolyma 河)的河冰
生消变化(资料来源:据 Yoshikawa et al.,2007 修改)

的冬季进入下一个冻结过程(如位于西伯利亚印帝吉尔河的支流之一的 Moma 山谷)
(Ming-ko Woo,2012);同一区域不同年份河冰的冻结程度和形态随冻结时的水量和冻结
位置而不同;冬季连续多年冻土区河冰的生成通常受控于地下水量的补给,但来水量补给
源多、矿化度高的河流除外。

3. 多年冻土区的湖冰冻融特点

湖冰是寒区湖泊所具有的独特的周期性特征冰情。整个冬季,湖冰冰情的季节性变
化特点总体呈现冰厚平稳增加的趋势,且在融雪水期间或之后达到最大值,之后快速减
退。湖冰开始冻结滞后于寒冷气温。湖冰解冻也相对滞后,直到绝大部分或全部陆地表
面的雪融化才开始消融,其中,大湖泊(如 Athabasca,Great Slave 和 Great Bear)全部封
冻要比小湖泊滞后将近一个月。

湖冰冰情变化的时空差异明显(图 14.14)。以高纬度寒区为例,高纬度地区相对靠
南的湖泊冻结开始时间滞后,但靠北的湖泊解冻时间相对较晚;封冻持续时间也由亚北极
的 7 个月到北极的 10 个月甚至更长时间,但也存在年际变化,温暖年份无冰时间延长,但
在夏季气温低的年份,一些北极湖冰全年都未能完全融化;且在同一区域,面积小的湖泊
相对面积大的湖泊拥有较短的无冰时间。从冰厚特征的空间分布看,亚北极地区湖冰厚
度因没有北极地区冬季长和冬季严寒而相对薄;但同一湖泊的湖冰厚度也不一样,沿着湖
岸,湖冰从湖底开始冻结,初生岸冰因水位很浅不能发展到其最大厚度;冰面积雪厚的冰
厚厚度相对较薄。

湖冰冻结由湖泊的热量净损失决定,消融则是热力和动力相互作用的过程,但流入湖
泊的暖流会加速湖冰的消融,这种主导的放大作用将破坏冰层的完整性。整个解冻期,湖

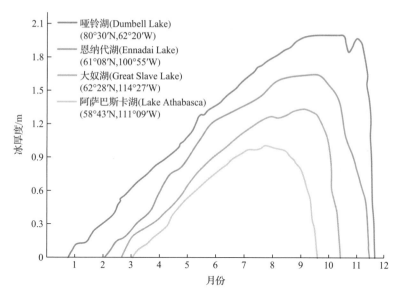

图 14.14　加拿大中部由南向北、4 个规模不同湖泊水文断面的冰厚平均季节变化图
(修改自 Ming-ko Woo,2012)

冰形状随着内部融化和融水对冰整体性的渗透破坏而改变。消融初期,平整的冰面变得粗糙并开始出现冰面融水;冰面消融引起冰体边界处的垂直裂缝变大,冰面粗糙度和反照率增加;冰层内部的消融侵蚀其附近的小河道直到坚冰变成针冰;最后冰层失去黏合力而破碎消融。

　　总之,河湖冰的冻融过程控制着年均水量及其汇入海洋的时间,不仅对冰冻圈水文过程很重要,而且还起着储存、输出水量的功能。

14.1.3　研究方法

　　河湖冰水文是基于河湖冰的冰情分析,研究河湖冰冻融变化过程的一般规律及其生消过程产生的水文影响和灾害问题。当前,针对河湖冰冰情特征采用的研究方法包括野外观测、遥感监测、室内试验和数值模拟等。

　　1. 野外观测

　　野外观测为开展河湖冰水文研究提供了基础数据和对比验证资料,其观测内容包括气象资料、河流水位、河流的流速和流量、水温和冰温、冰厚、冰花浓度和分布、粗糙度、封冻日期、解冻日期、封冻日数等(图 14.15)。

　　1) 冰情目测

　　首先冰情目测的河段、湖或水库断面选择应使观测到的冰情有一定的代表性,需要选择视野开阔、便于观测、水面宽度均匀、位置较高且尽量满足观测冰凌密度的河段。观测范围一般在河流、湖或水库测站基本水尺断面及其附近可见范围进行,范围内应尽量包括所选河流、湖或水库的深槽段和浅滩段。冰情目测的顺序通常按照先远后近、先面后点、

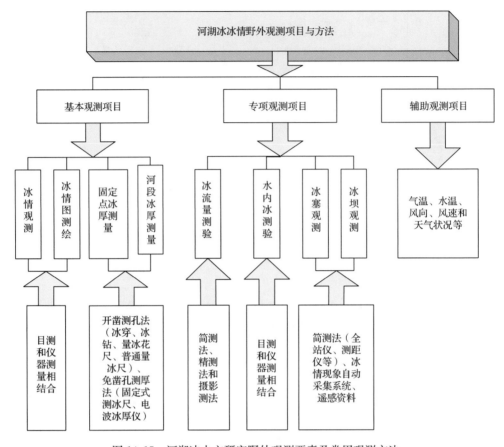

图 14.15　河湖冰水文研究野外观测要素及常用观测方法

先岸边后河心、重点到局部再到特殊冰情的观测。测量项目包括岸冰的宽度和厚度,棉冰、冰块和冰花等流冰现象,冰堆、冰塞、冰坝等特殊冰情发生的时间、地点(桩号)、范围(长度)及生消情况。

2) 固定点冰厚测量

该测量工作一般从河段、湖或水库封冻后,冰上能安全行走时开始,到完全解冻时结束。一般每隔 5 天测量一次,当冰厚变化显著时增加至每天一次。该测量工作一般结合当天 8 点的水位观测同时进行。当测量断面封冻不稳定时,可改测岸边冰厚。冰厚测量地点一般应能代表河段、湖或水库的一般情况,应选择离开清沟、离岸边近、浅滩、道路、污水、冰堆、冰坝、冰上流水、冒水等处。冰厚测量应在同一断面上分两处进行,一处是将冰孔布设在河中央,分别打 3 个冰孔量取冰厚,取其平均值,作为测量冰厚的具体结果;另一处是将冰孔设在离河岸、湖岸 5~10m 处。冰孔位置应固定不变,以便于前后数据对比,但也要避免冰孔长期与空气接触而使冰厚失去代表性。测量过程中,应将冰上雪深、冰厚、冰下冰花厚一并量出。

3) 河段冰厚的测量

测量范围与目测冰情范围相同,断面及冰孔数的选择应能控制沿河长及横向冰厚变化情况,单位河长的冰体积等方面要有足够的代表性。一般在河道的转折处、弯道清沟、急滩等处多布设断面,顺直河段可适当少布设断面。断面布设应尽量与测流及常规观测断面相结合,在横断面预先设好固定标志,引测高程点等。然后,在冰厚测量的每个断面上按规定布设冰孔,测出冰孔在断面上的起点距。测量时凿开冰孔,测量各冰孔的冰厚、冰上雪深、冰下冰花厚、冰浸冰厚及水深。测量时应由下断面逐渐向上断面进行,当冰厚及冰花变化复杂时,可根据实际情况增加辅助断面,以较准确地掌握其变化。同时,测冰厚时还需测量冰下冰花界限,其观测方法是在有冰花的冰孔与无冰花冰孔中间加打冰孔,当有无冰花两个冰孔的距离为河宽的 1/20~1/10 时,这两个冰孔的中间位置即冰花界线(戴长雷等,2010)。

4)冰流量测验

测量冰流量首先要选择仪器设备,包括经纬仪、手旋、直尺、记录簿等。其次是人员组织分工,包括司镜 1 人、记录 1 人、跑冰速 1 人、联络及测量冰厚 1 人。再者是确定测量顺序,测量敞露河面宽、冰速及起点距、疏密度、冰厚度、冰花和冰花团厚度。最后计算测量数据,从而得到冰流量。

5)冰塞监测

在有冰塞冰情发生的河段,当需要进行重点工程规划、设计、施工及布设水工建筑物时,应建设专门测站,或指定测站进行观测。观测项目主要包括:①冰情目测与冰情图绘制;②冰花流量测验或清沟内水内冰观测;③测定冰塞位置、范围及体积;④水位观测;⑤灾情测记。预估河流出现冰塞现象,应分别在冰花聚积段和下潜段开始进行冰情目测与冰情图绘制,聚积段至冰塞完全消失时停止,下潜段至该段完全封冻时停止。

观测断面应满足以下规范要求:①冰花积聚段断面布设数量宜为 5~10 个,断面应选在河段有明显收缩、扩散和坡降变化等处;②冰花下潜段观测断面的布设,应满足冰花流量测验或清沟内水内冰观测的要求;③在冰花积聚段有桥梁、水工建筑物地点和受冰塞影响的居民区、厂矿区等布设辅助断面;④断面选定后应设置固定标志,联测各标志高程,并将冰花聚积段断面标志标绘于河道地形图上。

冰塞位置、范围及体积应在冰塞发生时期内通过河段冰厚测量确定。河段内冰厚测量的河段长度应为冰花聚积段全长,测量次数如下:①当冰塞稳定,持续时间不足一个月时,可在冰塞体最大时测量一次;②当冰塞有缓慢移动或持续时间超过一个月时,可依据冰塞冰情变化测量 2~3 次。同时,水位观测需在冰塞河段河流纵断面发生转折有代表性的地点,设立数个临时水尺(或临时水位站)观测水位,了解冰塞期水位变化的特性和确定有冰塞时的水面比降。水位观测自流冰花起至稳定封冻后冰塞消失时结束。测量次数视冰塞变化确定,应满足测取河水涨落与受冰塞变化影响的水位过程和推求冰塞壅水水面线的要求。开始流冰时,3~5 天观测一次,在冰塞发展期每天观测次数达 6 次或更多。

6)冰坝监测

在冰坝冰情发生较频繁的河流上进行观测之前,应确定冰坝观测河段长度,布设观测断面和实测河段地形图。观测项目包括河段冰厚测量、冰情目测与冰情图测绘、测定冰坝位置尺寸、冰质测验和水位观测等。

观测河段长度一般不小于已发生冰坝最大长度的 1.5 倍(已发生冰坝最大长度可通过实测资料或调查资料分析确定);在有分流浅滩、急弯等河段处的观测断面布设间距,中等河流应不大于 200m,大河应大于 500m;其余断面布设间距,中等河流不宜大于 1000m,大河不宜大于 2000m。

冰坝体积可采用质测法和冰量平衡法估测。质测法主要是采用目测冰坝形成期的总体长度,根据头部和尾部的冰堆高度及中间冰坝高程计算冰坝平均高度,据冰坝封坝河道的水面宽来估测冰坝体积。冰量平衡法根据测定的来冰量及下游输出的冰量的差值来估测冰坝体积。

总之,野外现场观测可以直观地看到河流、湖泊(或水库)从封冻到解冻的变化过程,对了解特定区域河湖冰的冻结、消融规律有很大帮助,对预防河湖冰灾害也有着积极的指导意义,但其也有自身的局限。

2. 遥感监测

河湖冰冰情监测研究,除飞机直接巡航观测和机载传感器进行遥感监测外,卫星遥感监测也是获取冰情信息的重要手段。随着星载传感器时空分辨率的不断提高,遥感分析技术被越来越多地应用于河湖冰情监测,特别是微波雷达技术的发展,使得全天候、高精度的冰情跟踪成为可能,为开展河湖冰水文的大尺度、系统研究提供了技术支撑。应用遥感技术进行河湖冰冰情研究所能获取的主要参数包括河湖冰面积、冰密集度、冰厚度、封冻与解冻日期、冰下水深、冰面反照率、冰面温度、冰面粗糙度、与河流凌汛灾害有关的冰塞位置及与高山冰湖溃决等潜在灾害有关的信息(如冰坝或冰碛坝的出水高度、湖泊水位及面积等)。当然,研究目的不同,研究目标特征不同,拟选择的遥感资料也不同。有时除应用不同时空尺度的遥感信息外,还需要结合高程、地貌和水文等其他信息,必要时还需要一定的野外观测相关工作。

20 世纪 70 年代,国外湖冰研究就开始借助于多光谱和雷达影像进行了监测,当时传感器分辨率较低,主要监测内容是湖冰面积、冰体类型和冰厚。90 年代初步验证了通过卫星遥感获取的大面积湖冰物候事件(特别是开始消融的时间)是衡量气候变化的有力指标(魏秋方和叶庆华,2010)。

目前,湖冰遥感监测的主要内容是反映气候变化的时间参数和属性参数。前者包括湖泊开始冻结、完全冻结、开始消融、完全消融的时间;后者包括冰厚、冰体类型、冻结速率、不同时期绝对冻结面积等。湖冰封冻和解冻的遥感监测方法主要有阈值法和指数法。阈值法是根据冰水反射率、温度、后向散射系数等特征因子的不同,直接区分冰水,其精度较高,误差在 5 天以内;指数法主要是根据冰水波谱特性和极化特性,做波段运算后间接区分冰水。湖冰冰厚监测常采用经验公式法,用实测数据与反射率、极化比、亮温等建立关系式,反演整个湖泊冰厚,此方法较适用于特定的某个湖泊。

诸多研究通过多光谱和微波遥感资料反演湖冰冻结面积、冻结时间和冰厚等要素(表 14.2)。但从数据本身来讲,热红外、被动微波等高时间分辨率数据比可见光、主动微波等高空间分辨率影像更适合监测大面积湖泊冰情。冰厚识别是湖冰监测的难点,主动微波比多光谱数据更适合监测冰厚,被动微波数据也多用于冰厚研究,多光谱数据则主要用于湖冰物候事件研究。可见,基于多源遥感数据,发展自动反演算法将是湖冰遥感监测的发展趋势。

表 14.2　湖冰遥感监测常用数据

波谱	遥感数据源	主要研究内容
多光谱	NOAA/AVHRR,Terra/MODIS,Aqua/MODIS	时间参数、面积
主动微波	TOPEX/Poseidon,Jason-1,Envisat, Geosat Follow-on,ERS/SAR,Radasat/SAR	时间参数、冰厚、湖冰制图
被动微波	SMMR(1978~1987 年),SSM/I(1987~2005 年),AMSR-E	时间参数、冰厚

3. 室内试验

国内外的河冰室内模型试验以水槽试验为主,总结出了冰塞形成与演变的一般机理、冰层下的流速分布和泥沙输移等一些规律。近年来,国内外学者开展了弯槽段冰塞试验研究,但实验研究大都处于定性描述探索阶段,尚不能完整地阐释弯槽段冰塞的形成机理和一般规律。

湖冰室内试验多是针对取自典型湖冰的冰坯样,开展湖冰物理结构观测、导热系数测定、抗剪和抗弯试验等方面的研究。

目前,国内外常用的模型冰材料见表 14.3。国内使用模型冰材料较多的是工业白蜡,白蜡的密度是 $0.92t/m^3$,在变态模型中,可以在白蜡中掺入其他材料来调整其密度,以达到变态模型对冰材料密度的要求。

表 14.3　国内外常用的模型冰材料

材料名称	密度/(g/cm³)	试验实例
天然冰	0.917~0.908	
低强冰(含盐度 28‰)	0.91	原苏联科学院低温实验室中应用
工业白蜡	0.907~0.915	合肥工业大学冰实验室及中国建筑东北设计研究院试验
微孔塑料(米波可)	0.9	原苏联 A.M 弗列普夫冰坝试验
木块粘素水泥外涂工业白蜡	0.917~0.92	万家寨水库冰试验

室内模型试验为可控条件下的冰情研究提供了途径,但该方法在研究中需要忽略个别参数来满足主要参数的需求,在阐释河湖冰水文变化规律的定量过程中会产生误差,需要加强对比验证分析工作。

4. 数值模拟

河湖冰水文野外观测和室内试验模型的发展为数值模型模拟河湖冰水文过程提供了数据支撑。以美国和加拿大为代表的国外河湖冰水文数值模拟研究比较系统。近些年来,随着野外观测验证资料的增多,我国的河湖冰水文数值模拟也取得了一定进展,主要集中研究冬季河道冰情发展过程、冰塞形成、冰塞溃决时的洪水波等河湖冰动力学模拟。

目前,一个能够完整描述河流结冰、封冻和解冻过程的河冰数学模型包含水力模型、热力模型和冰冻模型 3 个组成部分(图 14.16)。水力模型主要用于计算河道中流场和其水力要素;热力模型主要用于计算水体热交换、水温分布和降温过程;冰冻模型主要用于模拟水内冰的产生,冰花输移,浮冰输移,底冰增厚和消融,冰层的形成、推进和增厚,冰层的热力增厚和消融,冰层前缘下潜输冰能力和冰塞演变过程。这 3 个模型相互影响和相互作用,水力条件影响热力交换和冰冻过程,热力条件决定冰冻过程,冰冻条件又反过来影响水力条件和热力条件。

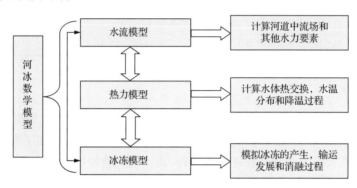

图 14.16　河冰水文学数学模型

目前,研究中使用较为系统和成功的模型是 RICE 模型(river ice model)。该模型引入了表面流冰量和悬浮流冰量两层冰输运概念,包括了水温和流冰量的分布、冰层演变、冰层下的沉积与侵蚀、浮冰和岸冰的形成等众多冰过程。该模型通过在滩地渠道网络的应用实例,构建了适用于河网(实例:尼亚加拉河上游和黄河下游)的精细河冰模型,改进后的模型在冰过程模拟方面有了质的提高,表现在以下几个方面:①模拟过冷现象和锚冰生成能力提高;②用输运能力方程代替临界速度判断依据,来模拟冰层下冰的输运和集聚过程;③考虑了风、人工破冰及流冰水流阻力的影响。其模拟的冰过程包括过冷过程的水温沿河道变化;水内冰浓度分布;底冰的增长和消融;冰输移;冰层的推进、稳定及消融;冰层下冰的输移、堆积和冲蚀等(Shen et al.,1990,1993;顾李华和倪晋,2008)。

湖冰水文模拟相对河冰水文研究较少,其工作主要是立足于长期野外的湖冰冰情观测资料,通过遥感数据反演建立模型,模拟湖冰冻结、消融时间等物候事件和冰厚变化。

14.1.4　凌汛

凌汛是冰凌对水流产生阻力而引起江河水位明显上涨的水文现象。凌汛主要受气温、水温、流量与河道形态等几方面因素影响,多发生在冬季的封河期和春季的开河期,可在河道形成冰塞、冰坝等,并造成灾害隐患(图 14.17)。

冰塞的形成、演变涉及热力学、固体力学、水文学、水力学、河流动力学等多学科的知识。通常,流冰的阻塞是冰塞形成的必要条件,但能否形成冰塞,还与来冰在冰层前缘的稳定性有关。一般,初始冰塞在流冰密度较高和冰流量集中的地方形成。当遇到高流速河段时,冰层前缘停留在某一断面处而停止朝上游发展,此时,冰塞位于冰层前缘的上游河段,在冬季将不断产生颗粒状的水内冰,并随水流输移直至封冻河段。这些粒状冰堆积在冰层下表面,形成水内冰冰塞。水内冰冰塞的形成与发展将导致水位升高和冰盖厚度

图 14.17　黄河凌汛

(http：//www. ya123. com/ly/show. asp？classid＝18&id＝18375&typeid＝6)

增加。冰塞体占据了部分过流断面,致使过量的水中粒冰集聚堆积,这是冰塞体崩溃释放的可能的潜在因素(茅泽育等,2002)。

冰坝形成的条件有三个:一是河段上游武开河,冰质较强;二是有足够的来水量和来冰量;三是有阻止冰块顺利下泄的河道。

1. 凌汛概况

国内凌汛多集中分布在我国北方地区的黄河流域、东北各河流和新疆地区。黄河凌汛主要集中在上游宁蒙河段、中游河曲河段和黄河下游河段,其中上游宁蒙河段和黄河下游河南、山东河段较为常见。黄河下游河道是举世闻名的地上悬河,河道上宽下窄,河流流向由低纬度向高纬度,南北纬度相差 3°,凌汛期常出现冰塞、冰坝等现象,造成堤坝决口,引发重大灾情。黄河上游宁蒙段凌汛期,年年都有不同程度的凌汛灾情发生。这两段河道的共同特点是河道比降小,流速缓慢,都是从低纬度流向高纬度,冬季气温河流上游相对下游暖,结冰时冰厚上游相对下游薄,所以封河时从河流的下游往上游发展,开河时自上游流向下游。

东北地区位于我国高纬度地带,冬季漫长,气候寒冷。该区容易发生冰凌洪水的河流主要集中在 46°N 以北的黑龙江中上游河段、松花江依兰以下河段以及嫩江上游河段。黑龙江中上游是冰凌洪水的高发区,局部河段冰凌的堵塞几乎每年都有,具有一定规模的冰坝平均每 3 年发生一次。松花江干流依兰以下河段也是冰凌洪水的高发区。据依兰水文站 35 年(1954～1988 年)的资料统计,年最高水位出现在凌汛期的占 31%。嫩江上游冰凌洪水也很频繁,据历年水位资料统计,上游石灰窑至库漠屯河段年最高水位出现在凌汛期的超过 40%。

新疆地区地势由三山两盆构成,大部分河道为内陆河,由山区流向盆地,冬季的冰凌洪水主要是山区河段大量流凌在弯曲、峡谷段堵塞后,再自行解决。由于冬季河流流量小,山麓地区河道比较宽,行洪能力比较大,加上盆地边缘人烟稀少,没有形成明显的冰凌灾害,但是凌汛期的冰坝溃决洪水对引水式电站引水口及引水渠道的安全构成了较大威胁(马喜祥等,2009)。天山北坡的四棵树河是新疆地区凌汛最严重的河流之一。四棵树河上游的山区河谷深切狭窄,横断面呈 V 字形,多次出现急弯,水系呈羽状分布,容易发生堵塞形成冰坝。当发展到一定规模可导致河流溃决,冰水俱下形成"冰洪"。自有资料记载以来,四棵树河的最大冰洪流量出现于 1984 年 12 月 17 日,洪峰流量高达 $467\text{m}^3/\text{s}$,约为多年平均流量($9.16\text{m}^3/\text{s}$)的 51 倍,是夏季最大洪峰流量($207\text{m}^3/\text{s}$)的 2.3 倍。

2. 凌汛特点

黄河上游宁蒙河段位置偏北,气温较低,是黄河冰凌灾害最为严重的河段。黄河上游凌情总体呈现以下特点:蓄水量大、封冻河段长、冰层较薄、流凌和首封日期推后、开河日期提前、封河和开河水位高、最大冰厚明显变薄。在黄河下游,河道封冻期为 12 月至翌年 2 月,历年冬季气温变化趋势与凌汛期、河道结冰、岸冰厚度的变化趋势具有显著的对应关系,河道封河均发生在强寒潮过后 1～2 天。其中,20 世纪 90 年代黄河下游河段的凌汛情况是 20 世纪下半叶以来封河长度最短、冰量最少、流量最小、封河时气温最高的 10 年。

中高纬度冰坝凌汛是东北地区河流(黑龙江、松花江、嫩江等)水文特性呈现的主要特点,以黑龙江河上游、松花江下游和嫩江上游河段最为典型。这些典型河段有 30%～40% 的年最高水位出现在春凌汛期,20%～30% 的年份出现冰坝。当然,东北北部一些山区性中小河流在前秋河槽蓄水,冬季积雪或开江期降水集中、气温急剧回升等条件下,也会发生不同程度的冰坝冰情现象。

自 1896 年有水文记载以来,黑龙江上游大型冰坝出现过 10 余次,其中 1957～1994 年的 38 年间,大型冰坝即出现 9 次,以 1960 年、1985 年为特大冰坝。1985 年的冰坝是近百年来最突出的一次,其形成的凌汛洪水波及范围广,灾害严重,实属罕见。该河段的冰坝多发生在额尔古纳河入汇处至呼玛河入汇处 500km 的河道上,以洛古河、连崟(古城岛)最为频繁。大型大范围的冰坝常延续到结雅河入汇处下游的孙吴县沿江乡,河段长度约为 1000km。冰坝长度一般为 10～20km,最长为 30～50km。冰坝形成后的水头高度一般为 6～8m,最高水头达到 13.56m(连崟)。连崟指新街基 300km 的河段上,冰坝凌汛最高水位超过近百年历史夏汛最高水位 0.5～1.0m。形成冰坝的年份,冰坝多出现 1～2 处,有的年份出现明显大倒开江时,往往出现串联型冰坝。冰坝出现时间集中在 4 月末至 5 月初,最早为 4 月 18 日,最晚为 5 月 5 日,持续时间一般 2～3 天,最长达到 15 天(马喜祥等,2009)。该河段发生的冰坝多属河床阻塞型,即在解冻开河期,上游流动的水流和浮冰在束狭、急弯或浅滩处封冻边缘,因过水能力减小而形成的冰凌堆积、河道堵塞、明显壅高上游水位的现象。所以该类型冰坝又多属于冰水流量叠加组合型,具有强度大、距离长、稳定度高、持续时间久、涨落急剧的特点。

松花江下游发生的冰坝凌汛特点是冰坝卡塞河段多、影响河道长、冰坝涨水速度快、洪峰水位高、持续时间长。通常冰坝持续 2~7 天,1960 年 4 月发生冰坝持续时间最长的是木兰站,持续时间为 11 天。1981 年 4 月在松花江下游依兰至富锦总长近 300km 的江段上,发生了新中国成立以来较为罕见的冰坝凌汛。在 4 月 5~19 日,该江段出现冰坝 16 处,高度为 6~13m,横跨断面 600~2000m。该江段处于冰坝多发河段,具有山区性河流的特性,冰层受热之后强度大,往年的大型冰坝和串联型冰坝多发生在此。1994 年 4 月中旬,松花江下游在解冻过程中发生了大型冰坝凌汛,冰坝中心位于佳木斯江段下游约 14km 处的桦川县星火灌溉站江段。冰坝长度达 7~8m,高度达 6~7m,造成了河道堵塞、河水出槽、冰块上岸。该次冰坝从形成到溃决,历时 4 天,形成时间短,水位变化剧烈(戴长雷等,2010)。

嫩江上游冰坝凌汛水源充足,凌汛洪水波及范围大、灾害严重,1957 年发生的冰坝长度一般为 10~20km,大江河为 30~50km,洪水从石灰窑站起波及大赉站,相距约 900km,中小河流洪水影响范围也一般在 100km 以上。1984 年 4 月上旬,受气温连续升高及伴有大风、降水等天气过程,嫩江上游各支流水系水位急剧上涨,在长度为 206km 的江段上出现了多处冰坝和冰凌卡塞现象,造成了继 1957 年之后的第二次冰坝大凌汛洪水(戴长雷等,2010)。

进一步对比东北地区各河流 20 世纪 40 年代~50 年代和 80 年代至 2000 年年初两个时间段的监测资料,发现该河流的冰坝发生频次均明显减少;同期,冰厚除哈尔滨站变化不大外,佳木斯站和嫩江站后期比前期偏薄约 0.1m(于成刚等,2007)。

以四棵树河上游河段为代表的新疆河流,坡陡流急,冬季大多不封冻,流冰期长,流冰量大。遇强烈寒潮,气温骤降,流冰量迅增,在山区狭谷河段,容易发生堵塞形成冰坝,当发展到一定规模,可能形成冰洪。该河流的冰洪现象多发生在 11 月底至翌年 1 月初,即河流封冻期前期的不稳定阶段,该特征有别于新疆南疆地区的夏季冰川湖溃坝型洪水和黄河流域上游及东北个别区域开春时河流解冻期出现的凌汛。该地区的冰洪事件的特点是具有突发性、随机性,年际分布不均且集中在河流稳定封冻期的前段,洪峰流量特征值差距悬殊,峰型尖耸,冰洪历时短暂等(邵义,2012)。

在全球变暖的背景下,我国北方气温升高明显,河流冰情也随之变化,总体表现出以下特点:流凌、封河日期推迟,开河日期提前,封河天数明显缩短,冰厚变薄;封河长度和封河流量有不同程度的减少;最大冰量减少,最大冰厚偏薄。东北地区河流冰坝发生的频率也有所减少。但由于凌汛的复杂性,其对我国北方河流的威胁并未解除。

3. 凌汛的成因分析

就黄河宁蒙河段而言,上游来水量减少及冬灌引水等人类活动影响是 20 世纪 90 年代以来凌情明显变少的重要原因。冬季降雪量和开江期的降水量、热力条件和河道地形条件和河流走向是影响松花江凌汛的主要因素。结合我国北方其他地区河流凌汛分布及其特征,凌汛的主要影响因素可归纳为热力因素(气温)、水力因素(灌溉引水影响、河段入流、出流及槽蓄水量)和河道条件,其中气温变化为主要因素。

就黄河的宁蒙河段及下游的山东、河南河段来说,冰坝成因主要是在还没到开河期时,河段受水文、地形及气象条件的影响强行开河,这些南北向河流的下游就往往形成壅水高、破坏力大的冰坝。

东北各河流出现凌汛的河段多属山区性河流,比降落差大,河道特性及流向使冰坝形成具备了先决条件,但冰坝的形成程度主要与水温因素有关。首先,发生冰坝的年份,冬春整个时段气温多数为负距平。气温偏低的年份,结冰量较大,融冻期冰层厚度和强度大,具备充足的冰源和水源,利于冰排卡塞。其次,封冻前期河槽需水量大的年份,翌年冰坝相对严重。最后,冬春季降水偏多,使得开河期河槽有足够的冰量和水量,这是冰坝形成的关键因素(戴长雷等,2010)。

新疆四棵树河冰洪形成主要是河冰自身冻结堆积形成多级暂时性阻塞的冰坝,阻截部分河道水流,随着气温的逐渐或突然升高,冰骨架结合力下降,当冰坝阻力形成的水压力超出冰骨架支撑力时,上游某一冰坝突然破裂垮塌,冰水迅猛下泄,导致下游虚冰坝连续溃坝形成冰洪。虚冰坝破裂垮塌,冰水下泄,少部分冰块被推向两岸,大部分随水流运动,冰块在运动中逐渐分选,大冰块升至上层,由于上层流速大,大冰块不断前移,聚集在冰洪头部。冰洪头部前端的河冰受动水和水头挤压碰撞破碎,部分冰块不断向两岸滑动,冰洪过后,会留下两道矗立的冰墙。越往下游,河冰越厚,冰层承载能力越大,得不到冰源补给的冰洪头部也就逐渐消失。当冰洪发源于后山带时,距吉勒德水文站较远,冰块撞击概率大和运移时间长,体积小,呈圆球形,破碎程度大,下游跨溃的虚冰坝数量多,冰洪量也很大。但稳定封冻期及解冻期,该河一般不出现冰洪,待冬季进入稳定封冻期,上游水量减少,冰层密实,强度增加,虚冰坝变实,冰洪现象消失。解冻期下游气温高于上游,下游首先融冰解冻,也不可能出现冰洪(马喜祥等,2009)。

14.1.5 冰情预报

冰情预报是利用影响河流冰情的前期气象因子和河段水情信息,通过建立相应模型,对封冻期和解冻期各水文要素进行预测预报的过程,多从热力因素、水力因素、河道特性和地理因素等方面进行分析。河道特性、地理条件作为固定因素,冰情预报重点分析反映热力和水力因素的气温、降水、水位、冰厚等。气温高低不仅直接影响河道的冰量和冰质,还对凌汛期冰凌的发生、发展和消融产生重要作用。可见,气候、气温是冰情预报的主要因子,及时准确的气温预报对提高冰情预报的预见期和预报精度至关重要(马喜祥等,2009)。按河湖冰的冰情发展阶段,冰情预报分为封冻预报和解冻预报。冰情预报方法有经验模型、物理模型和综合业务化平台等。

1. 经验模型

1) 经验模型

经验模型是根据所要研究现象的实际观测结果,借助某一变量的阈值(即临界值)进行预测,因此也常称为阈值模型。经验模型可分为单变量阈值模型、多变量阈值模型和加权多变量阈值模型。阈值可通过两条途径获取,一是基于野外观测结果,对水文参数分析评估得到;二是通过对历史记录资料的回归分析得到。

（1）单变量阈值模型:只有一个变量作为临界值进行判别的模型,模型中所含参数比较易于测量或预测。其阈值常通过对相关水文参数历史观测资料的分析评估而得到,或通过对历史记录资料回归分析而得到。

（2）多变量阈值模型:在实际工程中,仅采用一个变量往往很难准确判别冰坝是否发生或形成,因此多变量阈值模型应运而生。这种类型的预测模型较为适用于具有详细气象资料的小型河道或气象条件变化较小的河道。

（3）加权多变量阈值模型:模型中含有多个变量阈值,每个变量赋予不同的主观加权系数,若模型中所含变量值容易确定,且能取得可靠的预测结果,则该阈值模型对特定地区开河冰坝的预测是最适合的。

2）统计模型

为避免经验模型中变量的随机性、预测开河发生概率过高的缺点,从而提出了统计模型预测方法。应用统计模型预测方法可对变量的选取提供一个合理框架,减小变量选取的任意性。目前,已有一些建立在统计理论基础上的预测方法,如以线性回归、逻辑回归、判别函数分析等为基础的预测模型。该预报方法主要是依据河段历年实测数据及综合决策要求,对冰期各要素的演变规律进行分析,应用统计分析、相关分析、回归分析等技术,建立统计预报模型。

（1）线性回归模型:线性回归模型是对非确定性关系进行定量描述的一种数学模型,常用于对连续变量线性组合后所得的结果变量进行预测。影响开河的各种因素可分为确定性和非确定性两种,非确定性因素可以通过线性回归模型确定。

（2）逻辑回归模型:当因变量是一个分类变量时,连续变量只要选定一个分界点便可以转换为二分类变量。分析二分类变量时,通常采用的是对数线性模型。当对数线性模型中的一个二分类变量被当作因变量并定义为一系列自变量的函数时,对数线性模型就变成了逻辑回归模型。

（3）判别函数分析模型:判别函数分析法是一种多元统计方法,预测过程中具有重要影响的模型变量的确定是采用判别函数分析法的关键。判别函数分析模型应用于开河预测有助于判别开河发生的水文和气象等变量的组合方式。

3）人工智能模型

随着计算方法和设备的进步,冰情预测的人工智能方法研究得到了迅速发展。人工智能技术能再现复杂非线性系统中输入和输出变量之间的关系,具体方法有遗传算法、神经网络、决策树,以及模糊逻辑等。当然,国外学者尝试通过模型模拟不同气候条件和水流条件对冰花产生、冰层形成、演变和消减等的影响。根据其数学模型的初步预测,人们可以调整水流条件来减少冰对建筑的影响。

学者们开发并应用了河道冰情预报数学模型,该模型将大气、冰、水和河床看作一个系统,考虑了所有交界面处的热交换,在水力学计算中使用了不恒定流计算方法。该模型通过对圣劳伦斯河冰情的模拟预测,可反映有冰层时的水流和水位的变化,以及水温和冰情各要素的变化过程,还可及时对河流冰情做出预报（马喜祥等,2009）。水流运动可由以下连续方程和动力方程来描述:

$$\frac{\partial Q}{\partial x} + \frac{\partial A}{\partial t} = 0 \tag{14.1}$$

$$\rho \frac{\partial Q}{\partial t} + \rho \left(\frac{2Q}{A} \frac{\partial Q}{\partial x} - \frac{Q^2}{A^2} \frac{\partial A}{\partial x} \right) + \rho g A \frac{\partial H_1}{\partial x} + (p_i \tau_i + p_b \tau_b) = 0 \tag{14.2}$$

式中，Q 为流量；A 为河道断面面积；$H_1 = Z_b + d_w + \bar{h}_l$，等式左边为水位，右边分别为河床高程、水深、冰盖相应厚度；x 为河长；t 为时间，ρ 为水的密度；g 为重力加速度；p_i 和 p_b 为冰层和渠道的湿周；τ_i 和 τ_b 为冰水界面和渠道底部的切应力。当河流有支流汇入时，式(14.2)右边则为 q_1。

预测河道的水温和冰花密度方程如下

$$\frac{\partial}{\partial t}(\rho C A \, T_w) + \frac{\partial}{\partial x}(Q \rho C \, T_w) = \frac{\partial}{\partial x}\left(A E_x \rho C \, \frac{\partial T_w}{\partial x} \right) + B \phi_T \tag{14.3}$$

式中，C 为水的比热容；T_w 为水温；E_x 为纵向扩散系数；B 为河宽，ϕ_T 为热交换量。

总结河湖冰冰情预报经验型方法研究进展（表 14.4），应用最多的是人工智能模型，其使用的参数相对简单，可解决天然河道河流边界、河道等难以分辨的模糊情况，涵盖多个河湖冰水文过程，预报精度随观测资料的完备性日益增强且相对较高。

表 14.4 河湖冰冰情预报经验型模型概述

模型	方法	案例	优点	适用性
经验模型	单变量阈值模型		模型所需参数易于量测或预测	适用于具有详细气象资料的小型河道或气象条件变化较小的河道
	多变量阈值模型			最适于预测特定地区开河冰坝
统计模型	多元回归分析和 GM(0,N)法	宁蒙河段冰情预报		应用于开河预测，有助于确定判别开河发生的水文和气象等变量的组合方式
人工智能模型	改进传统 BP 神经网络	黄河上游宁蒙河段冰情预报	神经网络对信息含糊、不完整等复杂情况的处理有较强的适应性；对复杂问题很强的非线性映射能力、对信息处理的鲁棒性和容错性；具有广泛的自学习能力和对环境变化的自适应能力	适用于流凌、封河、开河、水温、流凌密度、冰塞、冰坝等的预报
	基于成因分析的可变模糊综合模型	对黄河内蒙古段的流凌、封河、开河日期进行预报	能够科学、合理地确定预报因子的相对隶属度、权向量，符合实际情况	
	采用 GASS-BPEE 交叉训练法和逐步回归结合的方法	对松花江依兰、佳木斯江段开河日期进行了预报	河道冰情预报组合模型结构简单、预报精度较高，具有实用价值	

模型	方法	案例	优点	适用性
人工智能模型	灰色拓扑预测方法	预测黄河内蒙古段 1984～2005 年的开河、封河情况	模型预见期长,计算所需参数简单,使用范围广	用于中长期预报
	投影寻踪回归模型与多元逐步回归相结合	黑龙江上游江段开河日期的预报	预报的精度及稳定性较高,其性能优于常用的 GA-BP 模型	用于确定冰情预报的预报因子较为适宜
	改进的遗传 BP 交叉训练算法	松花江依兰、佳木斯江段封河、开河日期预报	网络训练的成功率和快速向全局最优区域逼近	

2. 物理模型

近些年来,关于河道冰水动态过程的物理模型相继提出,包括河流水力模型、热力模型和冰冻模型,以及冰盖糙率和冰期河道综合糙率的各种计算方法。黄河流域在冰水动力学模型方面进行了许多有益的探讨,但因冰水动力学模型在河道断面地形的连续观测问题、实时气象和冰情观测数据问题、多泥沙变动河床条件下冰凌演变问题等方面对资料要求较高,限制了该预报模型的应用。

3. 综合业务化平台

基于冰情预报系统,应用相关遥感影像信息、计算机、GIS 等技术,依托软件平台,对冰情发展变化进行模拟,即可实现冰情预报结果和图像的结合,即 GIS 及可视化技术,该方法的可视化、形象化程度高。以黄河宁蒙段为代表的冰情预报系统,集成了该河段气温预报模型、冰凌物理统计模型、水文学模型和冰水动力学模型,结合黄河雨水情数据库,具有操作方便、快捷的优点,大大提高了冰情预报制作效率。

14.2 海 冰 水 文

从水文学角度来说,全球 2500 万 km^2 的海冰也属于淡水冰,它是冰冻圈的重要组成部分。实质上,海冰作为海水在低温条件下的产物,是淡水冰晶、盐分和气泡的混合物。海冰作为冰冻圈的一个组成部分,在两极及中高纬度地区都有分布,在全球海洋中占一定比例,极易受气候影响,且在气候系统中扮演着重要角色。

14.2.1 海冰的生成与发展

海冰是海洋表面海水在低温下冻结形成的冰体。海冰表面的降水再冻结也视为海冰的一部分。由于海水中盐分含量高,其冻结温度与海水的盐度有关。在海水的冻结过程中,水分不断凝固成冰释放出潜热,其中的盐分则逐渐被析出并回到海水中,部分来不及流失的盐分则被包裹在冰晶之间的空隙里形成"盐泡"。与此类似,空气也可能被包裹在冰晶之间,形成"气泡"。因此,淡水冰晶、盐分和气泡为海冰的主要组成部分。

海冰生成、发展、融化均在海洋中进行,其主要分布在南极和北极。在北半球,海冰分布南界大致在中国渤海湾(约北纬38°);在南半球,海冰仅在南极洲附近生成,并由北向发生至南纬55°。

1. 海冰冰情术语

海冰的形成可以在海水的任何深度发生,甚至于海底。与河湖冰类似,在水面以下生成的冰叫做水下冰,也称为潜冰,粘附在海底的冰称为锚冰。由于冰的密度比海水密度小,当水面下的冰川发育至一定程度时,将上浮到海面,使海面上的冰不断增厚。

海冰按其存在形态、冻结过程、表面特征、冰块尺寸、晶体结构等的不同,可以分为以下几种海冰类型(表14.5)。

表14.5　不同分类依据的海冰类型

分类特征	海冰类型	解释/定义
存在形态	固定冰	不随洋流和大气风场移动,以陆冰形式为主,多与海岸岛屿或浅滩冻结在一起。其中,附着于岸边的是冰礁,附着于浅滩上的是岸冰,浅海水域里一直冻结到底的是锚冰
	漂浮冰	受洋流和海表风场强迫影响,又可分为两类,一类由海水冻结而成,另一类则是大陆上的冰河破裂后流入海中生成
冻结过程	初生冰	指海水最初冻结形成的冰,包括针状冰、油脂状冰、黏冰和海绵状冰等
	尼罗冰	海冰形成过程中,初生冰继续生长冻结成厚度10cm以内的有弹性的薄冰层。表面无光泽、颜色较暗,在波浪作用下易弯曲凸起,互相推挤叠置,可形成堆积脂状冰
	饼冰	因冰块之间的碰撞导致其边缘向上凸起的饼状冰,又称为莲叶冰,是流动水体从初生冰到海冰成冰层过程中的冰生长的一个阶段。形状呈圆形,直径为30cm～3m,厚度可达10cm的冰块。它可以迅速出现并覆盖宽广的水域
	初期冰	厚度10～30cm的海冰
	一年冰	由初生冰发展而成且厚度为30cm～3m,时间不超过一个冬季的海冰
	多年冰	至少存在两个夏季未融化的海冰,冰体较厚,达3～5m。与一年冰相比,其含盐度较低,但气泡较多。但其相比一年冰更加坚硬,不利于破冰船前进

海冰的分类较为多样,按表面形态可分为平整冰、重叠冰、堆集冰、冰脊、冰丘等。按海冰冰块尺寸可分为冰原冰、大冰盘、小冰盘、莲叶冰、冰块、碎冰等。按海冰晶体结构可分为柱状冰和粒状冰。

海冰范围、海冰厚度和海冰密集度是海冰冰情的主要指标。其中,海冰密集度指单位面积海区海冰所占面积的比率,用"成"(1～10)表示,业务观测要求误差范围应保持在一成以内。当海冰密集度小于一成时,为开阔水域。

海冰的生成和发展过程如下。

当海水开始冻结时,由微小针状冰晶组成的针状冰生成。这些冰晶的直径为3～4m。

当针状冰晶浮到海面,凝结连在一起时,即生成片状冰。随着气候状况的不同,片状冰可发展成脂状冰和冻结冰,或者饼冰。当水面平静无风时,针状冰晶形成薄而平滑、与水面浮油相似的脂状冰。海水进一步冻结生成连续、薄片状的尼罗冰。起初,冰表面非常薄而暗,称为暗尼罗冰,其随着厚度的增加变轻。尼罗冰随着洋流或微风互相滑动进一步生成重叠冰,最终生成冻结冰。当海水表面凹凸不平时,针状冰晶冻结积累生成圆盘状的饼冰。饼冰的显著特点之一是流动水体引起冰块之间相互碰撞,导致其边缘向上突起成圆饼状。若是水体运动足够强大,将继续生成重叠冰;若重叠冰足够厚,将生成冰脊。每个冰脊都有形成与冰体侧面相应的结构。极地地区,当冰厚引起变形时,冰脊将发展成高达20m 的脊。最终,饼冰凝聚、冻结成整体的冰层。不同于冻结冰的生成过程,片状冰由底面粗糙的饼冰发展而成。一旦片状冰生成,将持续冻结生长贯穿于整个冬季。当春夏季温度升高时,一年冰将开始融化。如果整个冬季冰体没有持续冻结变厚,冰体将在夏季完全融化。如果冰厚足够,夏季冰体消融变薄,但不能完全融化,这种情况下,冰体将继续存在于下一个冬季,这就是所谓的多年冰。

宏观上,海冰的生消演变过程通常分为初冰期、封冻期、终冰期 3 个阶段。

1) 初冰期

初冰期是指从初冰日到封冻日,这段时间是海冰不断增长的过程。在我国,辽东湾和黄海北部初冰日最早在 11 月初,最晚在 11 月底。渤海湾最早在 12 月初,最晚在 12 月下旬前期,莱州湾最早在 12 月上旬后期,最晚在 1 月中旬前期。

2) 封冻期

封冻期是指封冻日到解冻日。这段时间冰情严重,冰的密集度都大于七成,海冰冰情严重的这段时期也称为重冰期。我国辽东湾的封冻期约两个半月,一般从 12 月下旬至 3 月上旬;渤海湾约一个半月,一般从 1 月上旬至 2 月中旬;莱州湾约一个月,一般从 1 月中旬至 2 月上旬。

3) 终冰期

终冰期是指解冻日到终冰日,这段时间海冰随气温回升和海温增高而不断融化。融化期比增长期要短得多。辽东湾和黄海北部的终冰日最早在 3 月中旬初,最晚在 3 月底;渤海湾最早在 2 月底至 3 月底,最晚在 3 月中旬末至 3 月下旬初,莱州湾最早在 1 月下旬后期,最晚在 3 月中旬后期。

2. 海冰冰情特征

海冰冰情特征一般用海冰范围、海冰厚度和密集度等进行描述。海冰冰情变化不仅影响局地海域的层结、稳定性及对流变化,也会影响大尺度的热盐环流。同时,海冰的存在改变了海-气间的热量和物质交换过程,不仅对局地的海洋生态环境和大气环流产生影响,还可能通过复杂的反馈过程,引起区域或全球性的气候变化。

1) 北极海冰冰情特征

北极海冰主要是多年冰和一年冰,其海冰范围的季节、年际变化较大。从北极海冰范围的年代际变化来看,20 世纪 70 年代以前,北极海冰范围相对稳定,80 年代以后海冰范围逐渐减少,且近年来的减少趋势加速,但海冰范围总体呈减少趋势(图 14.18 和

图 14.19),且各海域减少速率不一致。其中,东西伯利亚海海冰面积减少趋势相对最明显,其次是楚科奇海和波弗特海,而加拿大海盆海冰减少速率相对最小。海冰厚度也处于不断减薄状态。从季节变化特征看,北半球海冰范围在 3~4 月达到最大($15\times10^6\sim16\times10^6\,\mathrm{km}^2$),8~9 月最小($6\times10^6\sim8\times10^6\,\mathrm{km}^2$)(图 14.19)。

北冰洋海冰的冻结期为 10 月至翌年 3 月,消融期为翌年 4~9 月。通常,海冰于 10 月开始冻结生成,此时的冻结速度较快,可延续到 12 月,平均厚度约为 3m。翌年的 1~3 月,海冰的生长速度相对减缓,并于 3 月达到最大厚度;4 月起开始消融,5~8 月为加速消融期,9 月消融速度相对较慢且厚度最小。

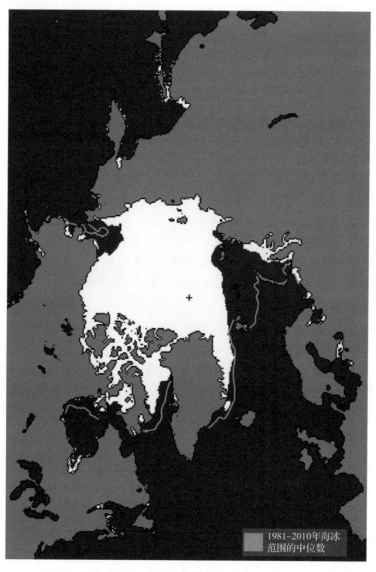

图 14.18　2016 年北极海冰范围示意图(修改自 http://nsidc.org/)

图中白色部分为海冰

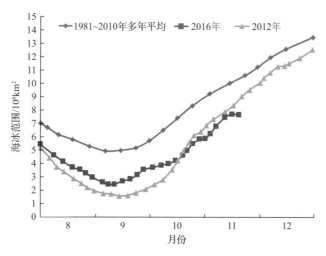

图 14.19　北极海冰范围变化图(修改自 http://nsidc.org/)

2) 南极海冰冰情特征

南极海冰大多是一年冰,南极海冰范围除年际变化显著外,还具有区域性差异。近 30 年来,整个南极地区的海冰范围呈增加趋势(图 14.20 和图 14.21),速度为 $1.3 \times 10^4 km^2/a$,但并非直线上升。其中,南半球海冰范围在 9 月最大($18 \times 10^6 \sim 19 \times 10^6 km^2$),3 月最小($2 \times 10^6 \sim 3 \times 10^6 km^2$)(图 14.21)。

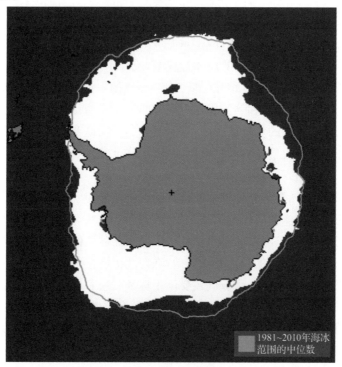

图 14.20　2016 年南极海冰范围示意图(修改自 http://nsidc.org/)

图中白色部分为海冰

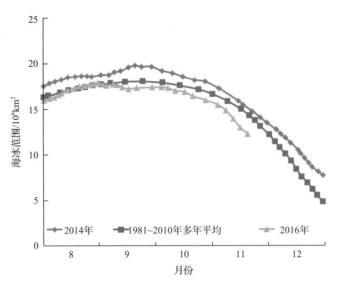

图 14.21　南极海冰范围变化图(修改自 http://nsidc.org/)

从空间变化看,别林斯高晋-阿蒙森海海冰范围减小;罗斯海海冰范围增加速度最快,其次是威德尔海;印度洋与太平洋海域海冰范围均呈小幅度缓慢增加趋势。从分布上看,全年海冰主要集中在威德尔海区靠近南极半岛一侧和罗斯海南部,威德尔海域南极半岛附近的海冰东多西少,而罗斯海则相反。此外,阿伯特冰架、库克冰架、沙克尔顿冰架、西冰架和芬布尔冰架上均有常年冰存在,但南极大陆周围的其余地带以季节性海冰为主。

从海冰密集度的空间分布上看,威德尔海域南极半岛附近的海冰密集度东多西少,罗斯海则相反;每年 9 月至翌年 2 月的融冰过程中,威德尔海东部 60°S 附近、罗斯海的罗斯冰架和南极大陆边缘海冰密集度首先降低。其中,威德尔海海冰是南极海冰的正反馈中心,在南极海冰变化中起主导和领先作用。南北两极海冰相互作用,南极太平洋海域的罗斯海海冰是南北两极海冰的负反馈中心,抑制海冰的正反馈变化,并在太平洋罗斯海海冰起主导作用并影响北极太平洋侧区的海冰,在大西洋北极海冰起主导作用并影响南极威德尔海的海冰(卞林根和林雪椿,2005)。

对比南、北两极海冰季节变化和面积指数变化的差异,其主要是由南北两极不同的地理环境所造成的。北冰洋的海洋被大陆包围,只有白令海峡、弗拉姆海峡和巴伦支海是其与外部大洋水交换的通道,海冰的季节变化被限制在北冰洋的有限区域内,所以北极海冰季节变化较小。而南极海冰的周边并无陆地,在与北极同样的温度条件下,南极海冰的季节变化自然要比北极大。此外,南极气候受南半球环状模和南极绕极流影响,加上南极冰盖巨大的冷储,气温常年保持在较低的水平,促进了海冰的形成;而北极气候受北极涛动和北大西洋涛动影响较显著,冰川面积远小于南极地区,四季较为分明,从而使得北极地区温度较高,海冰面积较小且季节和年际变化大。

3) 中国海冰冰情特征

我国渤海和黄海北部是北半球纬度最低的海冰形成区,海域水深较浅,每年冬季都会

出现不同程度的冰情。渤海和黄海的海冰为一年冰,海冰厚度多为 15～40cm,冰期多为
90～130 天,冰情具有显著的年内、年际变化,轻冰年与重冰年的冰情差异也很大。近百
年来,属于重冰年的有 1915 年、1936 年、1947 年、1957 年、1969 年和 1977 年,其中,尤以
1969 年春的冰情最为严重。可见,重冰年并不多,约 10 年出现一次。同一年份,渤海辽
东湾海冰冰情最重,黄海北部次之,渤海湾第三,莱州湾相对最轻。

辽东湾海冰范围较大,受冬季风影响,海冰范围不断向湾口扩展。海冰漂移一方面扩
展了海冰的外缘线,另一方面漂移的海冰不断降低海水温度,使之冷却,更易冻结。受逆
时针沿岸流影响,海冰从北岸向东漂移,并在东岸鲅鱼圈外海形成大范围的堆积冰区。西
岸则主要是平整冰,以单层冰为主,厚度不大。

渤海湾海冰受环流影响主要沿 15m 等深线分布,其中,在河口附近冰区范围较大。
在冬季风影响下,海冰持续地向渤海湾西部和南部漂移,并在此形成重叠和堆积的冰区。
因气象条件利于海冰固定冻结于此,从而造成历史上严重的重冰年。近些年来,在全球变
暖背景下,渤海海冰冰情相对较轻。

莱州湾冰情相对最轻,结冰晚,融冰早,但冰情不稳定,易反复,冰期一般为 12 月初至
翌年 2 月底。其中,莱州湾西部靠近黄河三角洲的海域冰情较重,主要原因是其海水盐度
低、海岸地形和风场相互作用利于堆积及三角洲沿岸浅滩面积大等,而东部海区不利于海
冰堆积,冰情较轻。河口和浅滩区,极端年份的海冰堆积高度可达到 3m,海上固定冰高度
可达到 40cm。

黄海海冰在 20 世纪 80 年代以后进入冰情减弱阶段,但相对渤海海冰冰情变化而言,
其冰情变化幅度较为剧烈。

4) 北极海冰对航道的影响

北极航道通航主要有三条(图 14.22):第一条为"西北航道",该航道大部分航段位于
加拿大北极群岛海域,以白令海峡为起点,向东沿美国阿拉斯加北部离岸海域,穿过加拿
大北极群岛,直到戴维斯海峡。该航线在波弗特海进入加拿大北极群岛时分成两条主要
支线,一条穿过阿蒙森湾、多芬联合海峡、维多利亚海峡到兰开斯特海峡;另一条穿过麦克
卢尔海峡、梅尔维尔子爵海峡、巴罗海峡到兰开斯特海峡。第二条为"东北航道",又称"北
方海航道",大部分航段位于俄罗斯北部沿海的北冰洋离岸海域,从北欧出发,向东穿过北
冰洋巴伦支海、喀拉海、拉普捷夫海、新西伯利亚海和楚科奇海五大海域,直到白令海峡。
第三条为穿越北极点的航线,该航线从白令海峡出发,直接穿过北冰洋中心区域到达格陵
兰海或挪威海,属于大圆航线,共跨越 40 个纬度。

北极海冰主要分布在北冰洋和欧亚大陆、北美大陆的近海水域中,鉴于 3 个大洋水域
相通,北极海冰也会沿着与太平洋、大西洋相通的水道进一步南下(图 14.23),并进行洋
流热交换。就北冰洋与太平洋通道而言,北冰洋的流冰通过白令海峡扩散到白令海,并受
寒流影响沿西侧海岸南下,大量进入鄂霍次克海,有时可到达 40°N 附近,影响俄罗斯东
部的海洋运输。东侧海面,受北太平洋暖流和阿拉斯加暖流作用,海冰影响的边缘线非常
偏北。

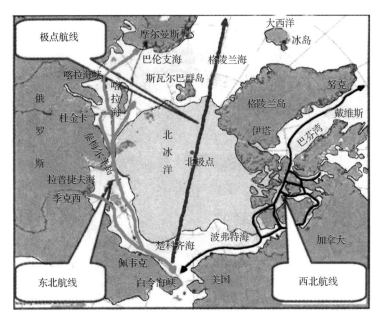

图 14.22　北极航道示意图(修改自顾维国和肖英杰,2011)

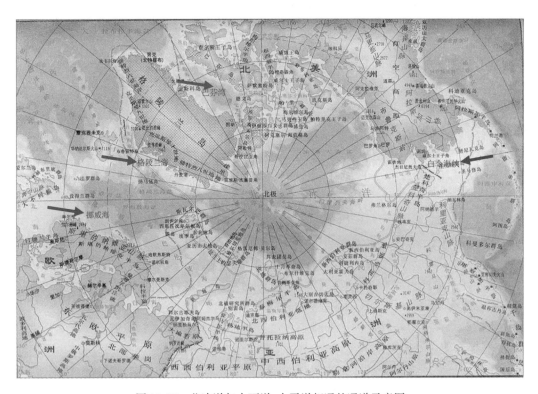

图 14.23　北冰洋与大西洋、太平洋相通的通道示意图

　　北冰洋与大西洋通道:北冰洋的流冰主要通过格陵兰海、挪威海扩散到大西洋,还通过梅尔维尔子爵海峡进入巴芬湾,再经戴维斯海峡进入大西洋。沿格陵兰岛南下的流冰

将与拉布拉多寒流会合,可达到 40°N 或更南,其对北美洲东北的沿岸航线影响较大(顾维国和肖英杰,2011)。

从北极海冰的多年季节变化特征来看,9 月冰量最少,是通航的最适宜季节;11 月至翌年 6 月冰情严重,3 月冰量达到最大,不适合通航。自 20 世纪 80 年代以来,北极海冰的范围呈现加速减少趋势,以此消融速度,预计到 2020 年,北极海冰量将减少到商船基本可以在西北航道水域顺利航运。

14.2.2　海冰水文监测

海冰监测是获得海冰水文信息的重要手段,是开展海冰水文研究的根本。目前,海冰监测的途径主要是通过设立沿岸固定观测站、临时观测站、雷达站及冰情专业巡视组进行地面观测;利用海上平台建立观测点,使用破冰船进行海上观测;利用气象卫星遥测构成立体监测系统。常用的海冰监测方法归纳起来主要有定点监测、器测法和遥测法 3 种。

定点监测是海冰水文监测最早、最基本的研究方法,通过该方法可获取同一地点长时间序列的连续监测资料。当前,国内沿岸对海冰拥有多要素监测的台站有大鹿岛、小长山、鲅鱼圈、葫芦岛、龙口、塘沽、秦皇岛、烟台等。通常,国际上认为这种陆上监测方法是常规监测,工作过程中有一套详细的监测技术规范作为准则。随着科技的进步,定点测站位置由单一的陆地上建站扩展到海上固定平台建站。这些平台主要是海洋石油公司的海上生产平台,通过建立这种测站可获取海洋内部的海冰冰情信息。国家海洋局在辽东湾东岸鲅鱼圈台子山上建立了我国第一座岸基雷达测冰站,基于此建立和发展了雷达监测海冰的系统方法,对海冰冰型的识别准确率达到 80% 以上。雷达监测海冰具有全天候、分辨率高的优势,可及时掌握较大范围的浮冰分布与其边缘线的变化和冰运动的方向、速度及海区水域的位置等信息,适于重点海域的海冰监测和预报。

针对当前北冰洋缺少固定站点观测资料、遥感反演资料和同化资料等验证资料,以及气候模式对北极地区海冰变化模拟误差较大的诸多现实问题,美国、日本和欧洲建立了北极点环境观测计划(NPEO)和国际北极浮标合作研究计划,以获取局部海区的海洋、大气和海冰实时数据。为获取北冰洋海冰的漂流信息,除安装自动气象站外,同时还要开展机载水文调查研究。

2010 年,我国第四次北极科考队在北冰洋安装了首个冰浮标站,获得了海冰漂流速度和方向的资料。2012 年 8 月,我国第五次北极科考队在北冰洋中心区安装了由中国气象科学研究院自主研发的漂流自动气象站(DAWS),获得了极具研究价值的气象数据。2012 年,安装的第一套漂流自动气象站工作了 178 天,由于北冰洋湿度很大,风传感器产生冻结,影响了风资料的连续性和精度,2014 年我国第六次北极科考队在北冰洋安装了第二套漂流自动气象站。

漂流自动气象站需要利用船载直升机将其运达至海冰上安装,整套设备由气象塔、传感器、卫星发射天线、采集器和电源系统组成。其中,卫星发射天线安装在气象塔顶部,并分别在 2m 和 4m 高度处安装了温度、湿度传感器、风速和风向传感器,2m 高度处还安装了向上向下的长波和短波辐射传感器、冰面红外温度传感器和大气压力传感器,在冰面以下 0.1m 和 0.4m 深处安置了冰温探头。所有传感器与数据采集器连接,由耐低温电池组供电,每小时采集 10 分钟的平均数据,自动发射到 ARGOS 卫星通信平台,实现观测数据实时传送。

与普通自动气象站不同,漂流自动气象站需能耐低温,还具有观测海冰漂流的功能。DAWS 在−60℃低温条件下可正常运行,在风和洋流的作用下,随所布放的海冰一起漂流,为了保证电源供应正常,设备需要更强的耐低温性,最低要承受−60℃以下的气温。

器测法:船舶监测主要是针对固定航线和站位上进行沿线监测,一般每年进行 2~3 次。其监测方式有两种:一种是船舶沿着固定航线在各个事先选定的地点按顺序定点监测;另一种是船舶沿着固定航线在各个规定的时间进行监测。

遥测法主要指的是分别以飞机、卫星作为监测平台,对海上冰情进行观测的航空监测和卫星遥感监测。其中,航空监测利用的是飞机,具有飞行速度快、可监测范围大、时效快的优势,该工作始于 20 世纪 20 年代,起步阶段以目测为主,随后在飞机搭载彩红外相机、微波辐射计、红外测温仪等观测仪器,逐步精确和完善海冰冰情的监测信息。

卫星遥感监测是通过卫星平台上的传感器记录海冰的反射、发射或散射出来的带有自身物质信息的电磁波的波谱响应曲线,采用数据标定和处理技术,建立半经验公式或者数学模型等方法,提取海冰的各种物理性质,从而达到解释、识别和分类的目的,以及判定海冰有关的各种物理参数。卫星遥感具有探测范围大、资料获取速度快,及资料收集不受特殊地形限制的突出优点,为实现大尺度海区实时的海冰信息监测提供了强有力的技术支持。当下,应用于海冰遥感监测的卫星有美国的 Landsat 系列、Seasat、DMSP、Meteosat、NOAA 系列、EOS 系列、加拿大的 Radarsat、欧洲空间局的 ERS-1 等卫星(表 14.6)。其中,NOAA 系列卫星和 EOS 系列卫星的时间分辨率高,实现了逐日监测资料的获取。

表 14.6　应用卫星传感器和首选数据集观测不同的海冰参数

海冰参数应用	卫星传感器	遥感产品
覆盖范围和密集度	可见光和红外,被动微波,散射计	NOAA AVHRR、NASA Landsat MSS&ETM+、MAMS,SSMI,AMSR-E. MODIS 和散射计数器
厚度	可见光和红外,雷达/激光高度计,被动微波	MODIS 等其他用于反照率测量的可见光影像,GLAS/ICESat 激光测高数据
海冰类型	散射计,主动微波(SAR),被动微波	MASMR,SSM/I 被动微波,ERS-1,RISAT-1 主动微波 SAR 数据
表面粗糙度	主动微波(SAR),雷达/激光高度计	CryoSatSAR 数据和雷达测高数据,GLAS/ICESat 激光测高数据
积雪覆盖	被动微波,散射计	MSMR,SSM/I,MSR-E
漂移速度	被动微波、散射计、主动微波(SAR)	SSM/I,SAR,散射计数器

资料来源:谭继强等,2014。

总结海冰水文监测方法的特点(表 14.7),融合传统的海冰水文监测方法(定点监测和器测法)的优势,结合卫星遥感监测时空分辨率高的独特优点,大大推动了海冰水文的研究进展。

表 14.7 海冰水文监测方法对比

方法	常规监测方法			遥感监测方法	
	沿岸台站定点监测	海上固定平台监测	船舶监测	航空遥感	卫星遥感
优点	测点多、资料全	海上定点资料较全	航线资料全	观测细节好	大范围、连续
不足之处	只有沿岸资料,监测范围小	监测范围小	资料不连续,时间分辨率不高	费用高、不连续	观测细节差

14.2.3 海冰在大洋水循环中的作用

海冰仅占大洋面积的 7%,然而它所引起的海气之间热量、动量和物质交换的改变却十分显著。它对海洋蒸发的抑制作用不仅大大地减少了海洋的热损失,而且影响了极地中低云系的发展。它的反照率高达 80% 以上,其时空变化构成北半球高纬度气候扰动的一个诱发因子。因此,海冰在全球气候系统中的作用很早就引起关注。大气环流模式对温室效应导致的全球变暖的计算结果的一个显著特点是极地对增温的放大作用,它是由海冰和大陆积雪的反照率-气温正反馈作用引起的。于是近 20 余年来,对气候变化的探测研究开创了海冰与积雪卫星遥感监测的新纪元。

海冰与大气是互相影响的耦合系统。一方面,海冰对大气的响应非常敏感,大气异常可以造成海冰的异常;另一方面,海冰变化又可以反过来通过改变海洋与大气之间的热量、水汽交换通量等要素,而对大气环流、海水盐度及云和水汽等造成重要影响。海冰在气候系统的作用主要表现在以下几个方面:①海冰表面的反照率远高于海面,可以把大部分太阳辐射能反射回去;②海冰隔离了大气与海洋之间的热传导;③海冰冻融过程影响着大气温盐环流的形成和强度;④伴随海冰冻融过程的放热和吸热过程,平滑了区域的极值温度,延缓了季节温度的变化。

海冰变化不仅影响海洋的层结、稳定性及对流变化,甚至影响大尺度的温盐环流。此外,由于海冰的高反照率和阻隔海-气之间的热量和物质交换,其变化不仅影响局地海洋生态环境和局地的大气环流,而且通过复杂的反馈过程,影响遥远区域的天气和气候。

海冰与大洋水循环的关系详见第 19 章。

第 15 章　寒区水化学

寒区水化学反映了冰雪中化学物质的干湿沉积过程、水-土/岩的相互作用和溶质的迁移转化等。随着积雪、冰川和冻土的融化,与融水一起输出的化学成分对河流水环境、下游生态系统和全球生物地球化学循环具有重要影响。围绕冰雪及其融水化学的研究已成为冰冻圈科学领域重要的研究内容。

15.1　积雪水化学

积雪及其融水化学主要研究流域内化学物质的迁移转化和演变规律。一旦积雪开始融化,积雪中的化学物质会流失,所以通常初始积雪融水中的溶质比较富集。例如,在受到污染的地区,酸性雪融水会导致河流中的溶解态金属的浓度增大并可能达到危险水平。

15.1.1　积雪的化学特征

积雪化学反映了一定时期内大气干湿沉积的化学特征。季节性积雪通过不同的途径和机制获取或失去化学物质。化学物质的获取途径包括雨/雪/霰/雾粒的湿沉积、积雪上或其内部气体和气溶胶的干沉积、植物有机碎屑物的沉积、风吹雪的沉积、土壤中的气体和毛细管的液相传输。化学物质的流失途径包括雨水和融水的流失、风吹雪的侵蚀、挥发和进入大气的气体传输(de Walle and Rango,2008)。

每一次湿沉积事件都会在积雪中形成不同的化学层位,在积雪与雨水或融水接触之前,这些化学层位具有不同的化学特征,具体表现为化学成分的浓度不同。当融水挟带溶质离开积雪以后,积雪中的化学物质就流失了。然而,雪融水重新冻结后储存在积雪内部的雪融水中的化学物质的载量只进行了重新分配,积雪中的化学物质没有流失。此外,由于风的冲刷作用,多风地点的积雪也能获取或失去一定量的化学物质。相对比,森林区的积雪可以被高大的林木保护起来,免于受到风吹的影响,同时积雪还可以从高处的林冠中获取大量的有机碎屑物质。

风吹雪通常会促进雪的升华作用并影响积雪中化学离子的载量,表现为风吹雪粒子及其升华之后的物质会富集更多的化学离子。例如,在加拿大西部的北极地区,风吹雪的升华作用导致的结果是,风吹雪中的 NO_3^- 和 Cl^- 浓度分别是无风地点积雪中离子浓度的 1.7 倍和 7.6 倍(Pomeroy and Jones,1996)。风吹雪的沉积作用也会影响积雪中化学离子的浓度。如果沉积的风吹雪完全蒸发,那么风吹雪中的气体和气溶胶会再次进入大气,从而积雪中的离子浓度会发生变化。

由于积雪内部的气体传输和微生物作用,积雪也可以通过其他途径获取或失去化学物质,如雪中的硫酸盐化合物通过挥发的方式可以与水蒸气一同返回大气中。例如,在加拿大的西北地区,北方森林的树冠截留下来的积雪通过挥发作用流失了部分 NO_3^- 。在积雪的化学收支计算中,需要考虑这种气体挥发导致的溶质损失。此外,积雪底部的土壤中的气体也会向积雪中传输,使积雪获取化学物质,从而影响积雪的化学特征。

积雪中化学物质载量的变化代表着溶解性固体的源(分解作用)或汇(生物体的同化作用),这种变化是由微生物和动物引起的。例如,森林积雪融水中 NO_3^- 和 NH_4^+ 的流失与地衣、藻类、细菌和真菌等生物体的同化作用有关,积雪中的这些生物体主要来自森林林冠坠落的有机碎屑物,所以对于森林积雪而言,化学物质的这种损失方式更加重要。

由于大气污染和其他自然因素的影响,积雪中化学元素的浓度存在着较大差异,不同地区积雪化学的研究结果可以说明这个问题(表 15.1)。由于风成粉尘的影响,中国天山地区相对洁净的积雪化学特征指示了积雪底部土壤中 $CaSO_4$ 的来源。在美国内华达山地区没有被污染的积雪的 pH 指示了大气中 CO_2 的浓度水平。值得注意的是,内华达地区积雪中的主要阴阳离子分别为 Cl^- 和 Na^+,它们反映了海盐气溶胶对积雪化学的影响。美国宾夕法尼亚州的积雪稍微偏酸性,积雪中主要的阴离子为 SO_4^{2-} 和 NO_3^-,积雪中浓度相对高的 Ca^{2+} 可归因于石灰石采矿场的粉尘沉积。苏格兰地区新鲜的黑雪反映了受到污染的积雪的化学特征,具体表现为 SO_4^{2-} 和 NO_3^- 的浓度较高。然而,黑雪中 Cl^- 和 Na^+ 的浓度也较高,这可能与海盐和工业源的氯化物(如煤的燃烧)有关。

表 15.1　不同地区积雪化学的特征对比　　　　　　　　　(单位:μeq/L)

	中国天山	美国内华达山	美国阿巴拉契亚山	苏格兰凯恩戈姆山
pH	6.9	5.6	4.3	3.0
Ca^{2+}	53	2.5	28	31
Mg^{2+}	5.9	0.8	4	43
NH_4^+	13		15	17
Na^+	9.7	3.9	14	197
K^+	1.2	1.0		10
SO_4^{2-}	16	3.5	42	412
NO_3^-	5.7	2.1	53	337
Cl^-	9.9	5.9	9	418

资料来源:de Walle and Rango,2008。

为了深入认识积雪的化学特征,需要获取积雪或雪层内部某一种化合物或离子的载量。对于一种化学成分,其载量(Ws,单位面积的质量)通过雪层的水当量(SWE,液态水的深度)和雪层中化合物或离子的浓度(Css)的乘积[式(15.1)]来计算:

$$Ws = SWE \times Css \qquad (15.1)$$

例如,如果积雪或雪层的水当量 SWE 为 0.056m,积雪中硝酸盐的浓度 Css 为 3.2mg/L,那么积雪中硝酸盐的载量为

$$Ws = (0.056m) \times (3.2mg/L) \times (1000L/m^3) = 179mg/m^2 \qquad (15.2)$$

很明显,化学载量的计算依赖于化学成分的浓度和水当量的准确监测。然而,目前还没有针对积雪化学的监测网络。通常的做法是在一些气象台站开展积雪深度(雪深)的监

测,但对积雪密度的监测仍很缺乏。为此,常常假定新雪的密度大约为 $100kg/m^3$。实际上,由于积雪变质作用的影响,积雪的密度会在降雪沉积之后快速增大。

这里存在两个问题:①积雪中化学成分的浓度是在积雪融化之后测量的,此时的液态水与积雪内部的颗粒物和有机碎屑物已经发生了相互作用。尽管积雪内部的这些固体在积雪融化期间与液态水接触,但是积雪的融化时间是不确定的,目前还没有较好的方法来估算这些固体与液态水的接触时间。②积雪化学特征的变化非常快,使得获取具有代表性的积雪样品非常困难。需要指出的是,在评估积雪对流域环境和河水生物地球化学循环的影响时,最好的方法是监测从积雪内部流出的雪融水的化学成分。

15.1.2　积雪融水的化学特征

积雪融水中化学物质的含量可以用化学通量密度表示。对于某一种化学成分,其融水通量密度(F_{mw})可以通过式(15.3)进行计算。

$$F_{mw} = M \times C_{mw} \tag{15.3}$$

式中,M 为单位面积上雪融水的体积(m^3/m^2);C_{mw} 为雪融水中化学成分的浓度。

积雪融水的质量通量可以与干湿沉积的质量通量进行对比。然而,由于融化分馏和优先淋融效应的影响,积雪融水中的离子浓度不能直接反映积雪化学的平均状况。下面具体介绍积雪的融化分馏效应和优先淋融效应。

1. 融化分馏效应

通常,积雪中的杂质位于冰粒的表面,这使得较早穿过积雪层的液态水会比晚穿过的液态水含有更多的物质,从而导致较多的化学物质在融化初期被排放掉了,这个过程称为融化分馏效应。在冰晶的形成过程中,大量的杂质从晶体的基质中向晶体的表面迁移,即使在低于冰点的温度下仍有杂质随着未冻水向表面迁移。在降雪期间,大气中被降雪吸附的物质在冰晶的表面累积下来,积雪中冰粒的变质作用使得杂质向晶体的表面迁移。最终,积雪融化初期的融水会冲刷掉积雪中更多的杂质,所以融化末期积雪中杂质的含量通常很低。

在积雪融化的初期,积雪融水中 SO_4^{2-}、NO_3^- 和 Pb 的浓度是积雪中相应溶质浓度的 3~6 倍,而融化末期的浓度仅占初始积雪中相应溶质浓度的一小部分。占积雪融水量 30% 的初始融水,其内部化学成分的浓度是积雪中化学成分平均浓度的 2.0~2.5 倍。分馏作用也会影响积雪内杂质的分布。例如在相对较短的积雪融化期内,由于分馏作用的影响,NO_3^-、SO_4^{2-}、Cl^-、Ca^{2+} 和 Na^+ 的浓度之和会从积雪表层的高浓度向积雪深层的高浓度转变(图 15.1)。此外,由于融化初期的积雪融水偏酸性,在这些酸性融水的冲刷期间,积雪融水会导致主要受其补给的河流发生酸化,同时使得河水中溶解态铝的浓度偏高,这种高浓度的铝对河水中的鱼类等生物有毒。

冬季的寒冷气候和融化-冻结事件的发生频率控制着酸性积雪融水的释放。在冬季积雪较厚且不常发生融雪事件的一些地区,春季积雪在一些大的酸性融雪事件期间会产生分馏效应。积雪融水中化学成分的高浓度出现在融化持续时间较长且融化速率较低的

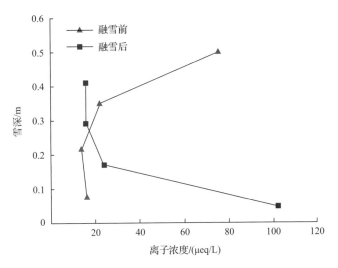

图 15.1　一个融化周期内(4 月 13～15 日),积雪融化前后主要离子(NO_3^-、SO_4^{2-}、Cl^-、Ca^{2+} 和 Na^+)
浓度之和随积雪深度的变化过程(Hudson and Golding,1998)

时期,这使得融水有更多的时间冲刷掉杂质并到达积雪的底部。在积雪融化之前,积雪底部逐渐冻结的融水倾向于将杂质储存在靠近积雪底部的冰透镜体(ice lenses)内。在冬季积雪较薄且融化比较频繁的地区,分馏效应倾向于逐渐减小积雪的酸性、减轻积雪的融化强度。

在积雪消融的日周期内,初始积雪融水中的 NO_3^- 浓度较高,这些融水来自前几天的积雪融化,同时储存在积雪的底部。然而,同一天内较晚释放的积雪融水中的 NO_3^- 浓度较低,这些融水来自当天表层雪的融化。可见,当天的积雪融化会促使积雪底部的储藏水以平移的流动方式流动,这种流动过程使得融水与流域内的土壤相互接触,从而导致融水中的 NO_3^- 由高浓度向低浓度转变。

2. 优先淋融效应

在积雪融化初期,并不是所有的离子都以相同的效率从积雪中被淋融掉,一些离子会比其他离子被提前淋融掉,这种趋势称为优先淋融效应。通常,积雪中的 SO_4^{2-} 最容易被淋融掉,Cl^- 最不容易被淋融掉。积雪中化学离子的淋融次序一般为

$$SO_4^{2-} > NO_3^- > NH_4^+ > K^+ > Ca^{2+} > Mg^{2+} > H^+ > Na^+ > Cl^- \qquad (15.4)$$

对于发生优先淋融现象的原因还不清楚,但可能与化学离子进入冰晶格(ice crystal lattice)的能力有关。以阴离子为例,优先淋融效应会导致积雪中的 SO_4^{2-} 和 NO_3^- 优先被淋融掉,从而积雪中的阴离子以 Cl^- 为主。相对于积雪,积雪融水则会富集 SO_4^{2-} 和 NO_3^-。

在积雪融化的初期,融化分馏和优先淋融的综合作用会导致更多的酸性融水从积雪中被释放出来。也就是说,积雪中不但有更多的杂质被释放出来,还有更多的酸性阴离子

（SO_4^{2-}、NO_3^-）被释放出来。这样,在酸性积雪较厚的地方,融化分馏和优先淋融效应在积雪融化的初期倾向于产生一种酸性融水的脉冲,这种脉冲会影响流域的土壤化学和河水化学特征。

15.1.3　积雪融水对河水化学的影响

在积雪融化期间,河水由事件水(event water)和事前水(pre-event water)组成。这里的事件水代表着积雪融水,事前水代表着积雪融化之前的土壤水和地下水的混合。当融水来自被污染的积雪时,这些融水呈酸性。在数天到几十年的时间尺度上,事前水代表着一种混合状态的水,这些水一直与地表下部的有机和无机土壤,以及岩石矿物相互作用,水中溶解态固体的含量较高、酸的中和能力(ANC)较强。考虑积雪融水的酸性,受积雪融水影响的河流河水的酸性会变强,从而产生对河水鱼类有害的水环境。

图 15.2 是美国宾夕法尼亚州两个毗邻流域在一次雨雪事件期间 pH 和流量的变化过程,其反映了积雪融水对河水化学的影响。由于地下水与容易风化的石灰岩的相互作用,Wildcat Run 流域的事前水的 ANC 高。因为大部分地下水暴露在难以风化的砂岩上,所以 McGinnis Run 流域的事前水的 ANC 低。在大的雨雪事件期间,这两个流域的

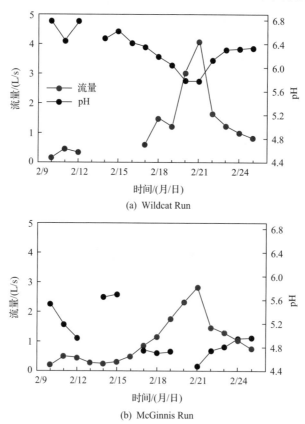

图 15.2　1981 年美国宾夕法尼亚州西南部主要雨雪事件期间毗邻的 Wildcat Run 和 McGinnis Run 流域的河流流量和 pH 的对比(Sharp et al.,1984)

径流量显著增加,pH 显著减小。在径流量达到最大时,Wildcat Run 流域河水中的 pH 不低于 5.6,而 McGinnis Run 流域河水的 pH 降低到了 4.4 左右。在 McGinnis Run 流域,由于河水的酸性较强且河水中溶解态铝的浓度较高,这种水环境不适应生物生存,所以河流里没有发现鲑鱼。然而,在临近 Wildcat Run 流域的河流里繁殖着健康的鲑鱼。可见,酸性积雪融水对河水化学和河水中鱼类的生存影响显著,但这种影响会随着流域生物地球化学特征的变化而变化。

积雪融水对流域内土壤中的溶解态有机碳(DOC)具有冲刷作用。例如,在科罗拉多流域,表层土壤每年一次的冲刷过程发生在融雪季节;在融雪季节初期,河流中 DOC 的浓度快速增加,在径流量达到最大之前,DOC 的浓度达到峰值,随后 DOC 的浓度快速减小。由于整个流域的积雪消融是不同步的,所以融水的冲刷时间一直变化着(Boyer et al.,1997)。

基于二元模型和保守的化学或同位素示踪剂,通过式(15.5)可以确定河流中积雪融水的比例。

$$Q_e/Q_t = (C_{stream} - C_{pre-event})/(C_{event} - C_{pre-event}) \tag{15.5}$$

式中,Q_e 为积雪融化时的河水流量;Q_t 为河水的总流量;C_{stream} 为河水中示踪剂的浓度;$C_{pre-event}$ 为积雪融化之前基流中示踪剂的浓度;C_{event} 为融水或积雪中示踪剂的浓度。

以北美洲落基山脉 Spruce Creek 流域的研究(Sueker,1995)为例。以 Na^+ 为示踪剂,获知积雪中 Na^+ 的浓度为 1.5 μeq/L(C_{event}),基流中 Na^+ 的浓度为 44.2 μeq/L($C_{pre-event}$)。由于积雪消融,当 Spruce Creek 流域的河流流量达到峰值时,河水中 Na^+ 的浓度为 28μeq/L(C_{stream})。那么,当河流流量达到峰值时河水中融水径流的比例为

$$Q_e/Q_t = (28 - 44.2)/(1.5 - 44.2) = 0.38 \text{ 或 } 38\% \tag{15.6}$$

在积雪融化期间,当计算事件水的比例时,最好使用稳定同位素(^2H 和 ^{18}O)作为示踪剂,因为它们相对比较保守,不易发生变化。

类似地,如果已知河水的流量(Q_t)和河水中离子的浓度(C_{stream}),那么河水的化学通量密度(F_{st})可以通过式(15.7)计算:

$$F_{st} = Q_t \times C_{stream} \tag{15.7}$$

式中,Q_t 以单位时间、单位流域面积上水的体积表示;C_{stream} 以单位体积上的质量表示。

积雪对河流和流域生物地球化学的另一个影响是,积雪对土壤中氮同化作用的控制。积雪的深度和持续时间影响土壤温度和氮同化作用速率,这种同化作用是由土壤微生物引起的。薄的或间歇性的积雪使得表面土壤的温度低于临界值,此时土壤中的厌氧微生物吸收氮。如果没有土壤厌氧生物的吸收,来自冬季有机物分解的、相对大量的氮将会流失掉并进入河流。相对应的是,在冬季大部分时期,在厚积雪保护且足够温暖的土壤中发生厌氧生物活动,只有少量的氮进入河流。在同一地区,不同流域(如高山和亚高山)氮的输出会变化,主要依赖于积雪的厚度和持续时间。然而,在植物的生长季节,植物通常会吸收掉大部分活性氮。

15.2　冰川水化学

冰川流域是研究水-岩相互作用的理想场所,也是开展陆地化学侵蚀和生物地球化学循环评估研究的重要区域。开展冰川水化学研究,有助于认识冰下排水系统的结构和水沙的传输机理,也有助于理解冰川流域的化学风化过程/速率及其与气候变化的相关关系,评估冰川流域的溶质输出对下游水环境和生态系统的影响。

15.2.1　冰川融水的化学特征

1. 关键的可溶性成分

要认识冰川融水的化学特征,需要了解固、液和气相介质中的化学成分及其之间的相互关系。这些成分控制着矿物的裂解、水的组成和质子的补给。

冰下化学风化作用的重要机制是酸的水解。由于碳酸盐岩平衡控制着冰川融水中的 H^+ 浓度,所以基于河水中主要阳离子、可溶性碳酸盐岩和 pH 的水质分析,可以量化河水内部的碳酸盐岩平衡。冰川融水中的可溶性阴离子指示着驱动酸解反应中质子的主要来源,这里的酸解反应主要受大气 CO_2 的酸解和解离式(15.8),以及硫化物的氧化式(15.9)控制着。

$$CaCO_3(s) + H_2CO_3(aq) \longleftrightarrow Ca^{2+}(aq) + 2HCO_3^-(aq) \tag{15.8}$$

$$4FeS_2(s) + 14H_2O(l) + 15O_2(aq) \longleftrightarrow 16H^+(aq) + 8SO_4^{2-}(aq) + 4Fe(OH)_3(s) \tag{15.9}$$

冰川融水中 HCO_3^- 和 SO_4^{2-} 的相对比例反映了水成质子的主导性,这些质子驱动着冰下的化学风化反应。在消融季节初期,冰川融水中的质子主要来源于被降雪清除掉的质子或者干沉积在冰面的质子,这些质子与人为源的酸性硫酸盐和硝酸盐气溶胶关系密切。在实际研究中,通常假定黄铁矿的氧化伴随着碳酸盐岩的溶解式(15.10)。

$$4FeS_2(s) + 16CaCO_3(s) + 14H_2O(l) + 15O_2(aq) \longleftrightarrow 4Fe(OH)_3(s) +$$
$$8SO_4^{2-}(aq) + 8Ca^{2+}(aq) + 16HCO_3^-(aq) \tag{15.10}$$

通常应用碳的比值[$HCO_3^-/(HCO_3^- + SO_4^{2-})$]或硫的比值[$SO_4^{2-}/(SO_4^{2-} + HCO_3^-)$]来评估融水中 HCO_3^- 和 SO_4^{2-} 在化学风化期间的比例变化。"碳的比值为 1"反映了碳酸盐岩的化学风化反应,此时的质子源于大气 CO_2 的溶解和解离;"碳的比值为 0.5"反映了硫酸盐氧化和碳酸盐岩溶解反应的耦合,此时的质子源于黄铁矿的氧化。类似地,"硫的比值为 0.5"反映了硫酸盐氧化和碳酸盐岩溶解反应的耦合,"硫的比值为 0"反映了碳酸岩的化学风化反应。例如,在一些冰川流域,随着消融季节的行进,冰川融水中碳的比值会增大至 0.75~0.9,此时的化学风化反应反映了主要由大气源的 H^+ 驱动的化学风化体系。

碳酸盐岩的平衡主要控制着冰川融水中质子的消耗。冰下持续的化学风化反应依赖于 H^+ 的补给,这里的 H^+ 来自大气 CO_2 的溶解[$CO_2(aq) + H_2CO_3(aq) = H_2CO_3^*$]。然而,$CO_2(g) \longleftrightarrow CO_2(aq)$ 的反应常常慢于消耗 $H_2CO_3^*$ 的反应。因此,相对于气相中 CO_2 的分压[$p(CO_2)$],溶液中的 CO_2[$CO_2(aq)$]在补给和消耗质子的化学反应之间存在下列关系式(15.11)。

$$\lg p(CO_2) = \lg(HCO_3^-) - pH + pKCO_2 + pK_1 \qquad (15.11)$$

这里的水温假定为 0℃,$pKCO_2 = 1.12$,$pK_1 = 6.58$。

当溶液中质子的补给速率等于消耗速率时,溶液中的 $p(CO_2)$ 与大气保持平衡,此时的系统称为开放系统;当这两种反应的速率不同时,此时的系统称为封闭系统[如 $pCO_2(aq) \neq pCO_2(g)$](表 15.2)。然而,当溶液中质子的消耗速率快于补给速率时,在封闭系统中就会产生 $p(CO_2)$ 低的情况。例如,当大量活性的岩石物质与相对纯净的水接触时就会出现这种情况。此时融水中的 $p(CO_2)$ 减小,溶液明显与耗尽了 CO_2 的大气平衡,这促进了 CO_2 通过空气-融水界面进入融水的数量。反之,当溶液中质子的补给速率快于消耗速率时会产生 $p(CO_2)$ 高的情况。此时冰川系统中的质子可能来自水成质子(如融雪或硫化物氧化)的输入、融水的冻结(不包括来自正在发育的冰晶格的 CO_2)和/或碳酸盐岩对酸的中和作用[式(15.12)]。需注意的是,封闭系统中的 $p(CO_2)$ 条件可能由物理条件(如封闭的渠道系统,这里不存在空气-融水界面)或动力因素(如当通过气-水界面的 CO_2 的迁移率低于酸解反应期间 H^+ 的损耗时)产生。

$$CaCO_3(s) + 2H^+(aq) \longleftrightarrow Ca^{2+}(aq) + H_2O(l) + CO_2(g) \qquad (15.12)$$

表 15.2　冰川融水中 $CO_2(aq)$ 和 $p(CO_2)$ 的关系及其终端特征

	$p(CO_2)$		
	扩散状态	CO_2 的关系	可能的水文环境
开放系统	与 $p(CO_2)$ 平衡的 $CO_2(aq)$	$p(CO_2)(aq) = p(CO_2)(g)$	岩:水的比率低或相对无活性的矿物,自由进入空气-融水界面,通过无活性的新鲜溶液的流动持续补给 $H_2CO_3^*$
封闭系统[$p(CO_2)$低]	$CO_2(aq)$ 的消耗快于 $CO_2(g)$ 的扩散	$p(CO_2)(aq) < p(CO_2)(g)$	破碎的岩石物质和纯水的大量补给
封闭系统[$p(CO_2)$高]	进入溶液的 CO_2	$p(CO_2)(aq) > p(CO_2)(g)$	(1) 进入溶液的 H^+(如硫化物氧化) (2) 碳酸盐岩对酸的中和作用 (3) 冻结期气体的排除

应该注意的是,仅仅通过上述化学反应理解化学风化是有问题的,因为冰下的生物活动可能影响化学风化。例如,一些山地冰川的底冰和冰下融水中的细菌数可与冻土活动层中的细菌数量进行比较,同时高于冰芯中的细菌数量几个数量级。冰床上以微生物为媒介的有机碳和硫化物矿物的氧化能向冰下环境提供酸性条件,这减小了化学风化对大气气体补给的依赖性,这些气体会驱动温冰川冰床上的酸解反应。由于冰下的化学风化可能不受大气 CO_2 的限制,所以这对冰期和间冰期时间尺度上化学侵蚀和 CO_2 吸收量的估算具有重要的指示作用。例如,以微生物为媒介的硫酸盐的还原反应导致了北极

一些冰川融水中硫酸盐浓度的显著减小。温冰川的液态水通过冰面或冰下泥沙向细菌提供营养物质,这里为异养呼吸作用提供基质的有机碳可能源自冰川前进期间越过的基岩、土壤和植物体。这增加了以下假定的可能性,即氧化还原反应过程中的微生物媒介作用可能是冰川和冰盖下重要的质子来源,而且冰川和冰盖下的融水独立于大气源的 CO_2。由于以前的模型假定冰盖下的风化可能受大气源 CO_2 缺失的限制,所以有机碳可能对冰期和间冰期时间尺度上陆地化学侵蚀的估算具有重要的指示作用。只要存在温性的底热条件、液态水和来自冰川作用过的土壤有机碳,多温冰川就可为微生物提供冰下栖息地。

2. 可溶性离子和微量元素

冰川融水的化学组成与冰川流域基岩的矿物类型、溶液的地球化学(如 pH、矿物的饱和态和沉积物的浓度),以及冰下水文系统的演变密切联系。

冰川融水中的主要溶质是可溶性离子,其中主要阳离子是 Ca^{2+},阳离子的浓度顺序以 $Ca^{2+}>Mg^{2+}>Na^+>K^+$ 为主。这与陆地地表元素丰量的顺序 $Ca>Na>K>Mg$ 相似,说明河水中的阳离子以地壳源物质的化学风化为主。河水中主要的阴离子是 HCO_3^- 和 SO_4^{2-},阴离子的浓度顺序以 $HCO_3^->SO_4^{2-}>Cl^->NO_3^-$ 为主。然而,挪威 Engabreen 冰川融水中的 Cl^- 浓度大于 SO_4^{2-},与亚洲地表水的化学特征一致(Livingstone,1963;Ruffles,1999)。这些离子浓度的空间变化与沉积物矿物组成的空间差异有关。冰川融水的水化学类型以 HCO_3^--Ca^{2+}、HCO_3^--$(Ca^{2+}+Mg^{2+})$ 和 $(HCO_3^-+SO_4^{2-})$-$(Ca^{2+}+Mg^{2+})$型为主,与北美、欧洲、亚洲和世界地表水的特征基本一致,主要受 Ca^{2+}、HCO_3^- 和 SO_4^{2-} 控制。

针对冰川融水中微量元素的研究相对较少(表 15.3)。河水中的主要微量元素是 Fe、Al、Sr 和/或 Ba,其他大部分元素(如 Cr、Co、Ni、Cu)的浓度均小于 $1\mu g/L$。PHREEQCi 模型的模拟指出,冰川融水中的金属元素以可溶性金属、非金属配体的复合物,以及单价和二价离子的混合态为主;所有对氧化还原反应敏感的可溶性元素(如 Cr、Cu、Fe、Mn)主要以氧化态[如 Cr(6)、Cu(2)、Fe(3)、Mn(2)]存在,碱土金属和碱性金属(如 Li、Sr、Ba)主要以单价和二价阳离子存在,其余大部分元素主要以羟基阴离子(如 $Fe(OH)_2^+$、$Al(OH)_4^-$、含氧阴离子(如 CrO_4^{2-}、$H_2VO_4^-$)或不带电的羟化物(如 $Cu(OH)_2$、$Hg(OH)_2$)的形态存在于冰川融水中(Mitchell and Brown,2007;Li et al.,2013,2016)。此外,饱和指数的模拟结果指出,包括如水铝石(AlOOH)、水铁矿($Fe(OH)_3$)、针铁矿(FeOOH)、赤铁矿(Fe_2O_3)和磁铁矿(Fe_3O_4)在内的 Al 和 Fe 的氧化物和羟化物呈饱和状态,然而包括如水锰矿(MnOOH)、方铁锰矿(Mn_2O_3)和软锰矿(MnO_2)在内 Mn 的氧化物和羟化物呈不饱和状态。这说明,这些氧化物和羟化物有可能在悬浮泥沙的表面进一步沉淀或者发生溶解。随着冰面融水在冰下水文系统内的传输,冰川融水中许多可溶性离子和微量元素的浓度显著增大,指示了冰面融水在相对较短传输距离内显著的化学富集作用。

表 15.3 冰川融水中微量元素的浓度与世界卫生组织(WHO)、中国国家标准(GB)、美国环境保护署(USEPA)和秘鲁环境部最高法令(PERU)规定的饮用水水质标准的对比

(单位：μg/L)

	冰川阿罗拉	冬克玛底冰川	七一冰川	Rio Quilcay	WHO	GB	USEPA	PERU A1
pH	7.3~8.7	7.0~9.3	7.4~7.7	2.9~7.5	6.5~9.5	6~9	6.5~8.5	6.6~8.5
Al	35	1.14~41.0	6.1	<0.2~24	200	200	50~200	200
Ti	7.3	0.10~0.96	0.2			100		
Cr	0.9	0.02~0.2	0.09		50/P	10~50		
Mn	9.4	0.10~3.52	2.16	<0.1~13	400/C	100	50	100
Fe	390	21.5~113	4.76	<0.1~740	2000	300	50	300
Co	0.1	0.01~0.45	0.01	<0.2~323		1000		
Ni	0.6	0.06~1.87	0.10	<0.1~510	20/P	20		20
Cu	0.7	0.07~2.47	0.48		2000	10~1000		
Zn		0.07~16.7		<0.1~2000	3000	50~1000	5000	3000
As	0.8	0.22~1.41			10/P	10~50		
Sr	15		84.7					
Mo		0.04~0.58	0.25		70	70		
Cd	0.2	0.00~0.03			3	1~5		
Ba	0.7	0.88~19.2	32.1		700			
Pb	0.2	0.00~2.14		<0.5~12	10	10	15	10

注：P 指临时性的健康指导值，有证据表明它们具有危害性，但没有证据表明它们危害人体健康；T 指临时性健康指导值，低于通过处理方法获得的水平；C 指达到或低于健康指导值的浓度可能会影响水的味道或气味。

资料来源：Li et al.，2016。

　　冰川融水中可溶性离子和微量元素主要受水文及物理化学作用的控制。下面以冬克玛底冰川的研究为例进行说明(图 15.3 和图 15.4)。

　　在日和季节时间尺度上，河水中的主要可溶性离子(如 Ca^{2+}、SO_4^{2-})和部分微量元素(如 Li、Sr、Ba)的浓度表现出明显的日变化和季节变化特征，即在径流量较小时离子和元素的浓度较大、在径流量较大时离子和元素的浓度较小。这些可溶性离子和元素与径流量呈现反相关关系(图 15.5)，这反映了冰川融水中这些可溶性溶质的浓度受水文作用(如融水产生及迁移路径、水-岩相互作用的持续时间)控制。这里的径流主要由快速流和延迟流组成。快速流主要在冰壁管道的渠道式水文系统内快速流动，限制河水中溶质的获取；延迟流主要在冰-基岩界面的分布式水文系统内慢速流动，促进河水中溶质的获取。当河水水位最低时，径流主要来自延迟流，这时的融水与冰下沉积物的接触时间长，更多的溶质进入融水中。随着河水水位的上升，融水会直接进入渠道式系统，这时的溶质来自冰上融水和冰下沉积物的相互作用。随着更多融水进入冰下环境，来自延迟流的融水被稀释并且融水与沉积物相互作用的时间减小，导致融水中溶质的浓度降低。

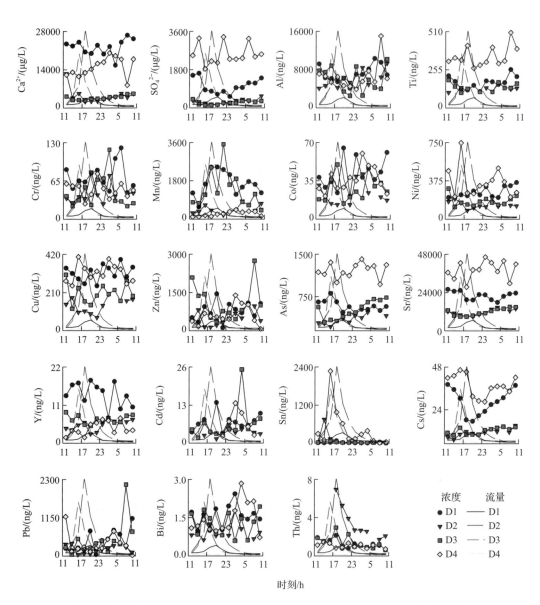

图 15.3　七一冰川融水中主要离子和微量元素浓度的日变化(Li et al.,2016)

Ca^{2+} 和 SO_4^{2-} 分别代表阳离子(Na^+、K^+ 和 Mg^{2+})和阴离子(Cl^-、NO_3^- 和 HCO_3^-),Sr 代表 Li、B、Sc、V、Rb、Mo、Sb、Ba 和 Fe,As 代表 Ga 和 U;D1、D2、D3 和 D4 分别指 2013 年 6 月 7~8 日,7 月 5~6 日,8 月 8~9 日和 9 月 22~23 日

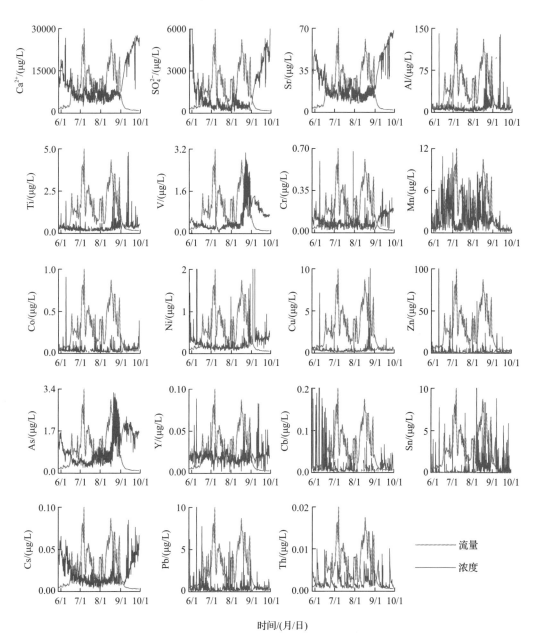

图 15.4　冬克玛底冰川融水中主要离子和微量元素浓度的季节变化

Ca^{2+} 和 SO_4^{2-} 分别代表阳离子(Na^+、K^+ 和 Mg^{2+})和阴离子(Cl^-、NO_3^- 和 HCO_3^-),Sr 代表 Li、B、Sc、V、Rb、Mo、Sb、Ba 和 Fe,As 代表 Ga 和 U;D1、D2、D3 和 D4 分别指 2013 年 6 月 7~8 日、7 月 5~6 日、8 月 8~9 日和 9 月 22~23 日。红色和绿色分别代表溶质浓度和径流量(据李向应等未发表的资料)

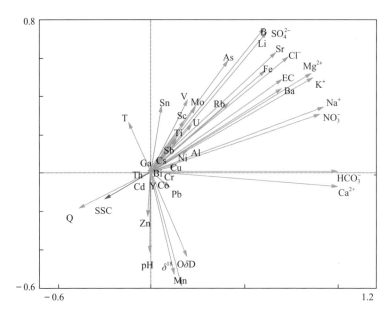

图 15.5　冬克玛底冰川融水中主要可溶性离子和微量元素的浓度与冰川径流量(Q)和
悬移质浓度(SSC)的相关关系(Li et al. ,2016)

反向箭头指反相关关系,同向箭头指正相关关系,垂直箭头指没有相关关系

　　一些微量元素浓度的日变化(如 Al、Ti、Cr、Co、Ni 和 Cu)和季节变化(如 Co、Zn、Cd、Pb 和 Th)趋势不明显(图 15.3 和图 15.4),其与河流径流量表现出随机的变化关系(图 15.5),这反映了冰川融水中这些微量元素的浓度受物理化学作用(如吸附-解吸、沉淀和共沉淀)的控制。

　　冰川融水中的一些微量元素作为具有生物限制作用的营养元素或者有毒金属,在河流水质评估方面的重要性也引起了广泛关注。通过与饮用水的水质标准进行对比(表 15.3),发现冬克玛底冰川融水的 pH 接近 WHO 的限值且超出了 GB、USEPA 和 PERU 的指导值,Fe 的最大浓度超过了 USEPA 的指导值。过高的 pH 会显著影响水的饮用性,过高浓度的 Fe 会损伤衣物。尽管 WHO 和 USEPA 没有给出饮用水中 pH 和 Fe 的限值,但冬克玛底冰川融水的水质可能指示了人类饮用水标准的上限值。虽然 Al、Zn 和 Pb 的最大浓度没有超出 WHO、GB、USEPA 和 PERU 的指导值,但其最大浓度接近这些标准的限值或者说与其在一个数量级上(表 15.3)。值得注意的是,Haut Glacier' Arolla 和 Rio Quilcay 河水中 Fe 的最大浓度超出了 GB、USEPA 和 PERU 的指导值;Rio Quilcay 河水中 Ni 和 Pb 的最大浓度超出了 WHO、GB 和 PERU 的指导值,Zn 的最大浓度超出了 GB 的指导值。血液中过多的 Pb 有害人类的身心发育;高剂量的 Ni 会导致实验动物的肾衰竭、体重减轻、婴儿死亡率增大,还会引起人类的消化道疾病、头疼且使人变得虚弱;过量的 Al 会加快老年痴呆症的发病率。考虑到冰川这些元素的浓度接近或超过水质标准的限制或指导值,将来应加强冰川流域微量元素尤其是重金属的监测,同时建立冰川径流量与河水水质变化的相互关系。

3. 铁和有机碳

1）铁（Fe）

随着冰川消融，冰川环境（冰缘/冰面/冰内/冰下）释放的营养元素或有毒元素会随着冰川融水进入河流，导致河流水质发生变化，显著影响下游水库、湖泊、海洋的生态系统和生物地球化学循环（如碳、铁循环）。气候变暖和冰川消融对河流水质的影响不仅依赖于流域内的地质环境特征，还依赖于冰川的赋存条件、融化的敏感性和消融的模式。在气候变暖背景下，冰川和冰盖退缩引起的生物活性 Fe 和有机碳的释放如何影响生物地球化学循环和气候变化是当前国际上最关注的热点科学问题之一。

Fe 是海洋浮游植物生长必需的营养元素，存在于光合作用、呼吸作用和固氮作用的酶系统中。Fe 循环是地球系统的重要组成部分。气溶胶沉降是海洋中生物活性 Fe 的重要来源，其他来源包括热液喷口、大陆架输出和河流输入。经大气进入海洋的粉尘气溶胶能显著影响海洋的生物地球化学循环，粉尘中的 Fe 通过海洋生物泵调节大气 CO_2 浓度而影响气候。

冰川风化是北极阿拉斯加湾沿海生态系统中 Fe 和其他营养物（磷、溶解态有机物）的主要来源。在南大洋阿蒙森海的松岛湾南端，冰川下深层水的上涌将 Fe 等营养物挟带至海水表层且使冰川底部融化，冰川源的 Fe 在远离冰川上百千米的范围内向浮游植物的大量繁殖提供了大量的 Fe。冰盖经冰山和冰下融水向海洋输入 Fe，是海洋外来 Fe 输入的一个显著来源。

冰川源的 Fe 以溶解态（dFe，粒径 $<0.45\mu m$）和颗粒态（pFe，$>0.45\mu m$）的形式存在。由于可溶性（dFe，$<0.02\mu m$）和胶体/纳米颗粒（CNFe，$0.02\sim0.45\mu m$）的 Fe 易于溶解并发生化学反应，因此它们可以向海洋中提供具有生物活性的 Fe。此外，由于冰川源的 pFe 大多以纳米颗粒大小的氢氧化物存在且在海水中也易于溶解，所以其也具有生物活性。

冰川融水源的大部分 dFe 浓度在纳摩尔水平，格陵兰融水源的 Fe 浓度在微摩尔水平，pFe 高出 dFe 的浓度一个数量级。进入北大西洋的冰川融水源 Fe 的年通量大约为 0.3 Tg，这个数量相当于进入北大西洋的粉尘源 dFe 的通量。这说明，冰川径流是格陵兰周边海域生物活性 Fe 的主要来源（Bhatia et al. ，2013；Hawkings et al. ，2014）。

格陵兰和南极冰盖的沿海生态系统受冰川源 Fe 输入的影响。估计格陵兰和南极冰盖的融水释放的生物活性 Fe 的通量分别为 $0.40\sim2.54$Tg/a 和 $0.06\sim0.17$Tg/a，pFe 的通量最大，dFe 的通量最小（图 15.6）。这些 Fe 的通量受高活性且具有潜在生物活性的纳颗粒悬移质控制。融水中不稳定的 Fe 通量可与进入格陵兰和南极附近海洋中的风成粉尘的通量进行比较，随着气候的变暖，冰川源 Fe 的通量可能继续增加。虽然格陵兰融水源的 Fe 在北大西洋的部分地区具有季节性限制作用，进入北大西洋的融水源 Fe 的增加可能增大了海洋的初级生产力，但格陵兰冰盖周围海水的自然循环可能阻止了融水源 Fe 从近海岸向近海水域传输，因此北大西洋表层海水中的 Fe 平衡可能对融水源 Fe 的增加并不敏感。由于泥沙对纳米粒子和胶体 Fe 的聚合/吸附作用，Svalbard 群岛 Bayelva 河中 dFe 的浓度远低于以前估计的融水源 Fe 浓度，但进入海洋的 pFe 可能比 dFe 的重要性更大(Zhang et al.,2015)。冰前的基岩组成、风化强度和纳颗粒/胶体态 Fe 的沉降在调节海洋中冰川源 Fe 通量方面扮演着重要角色。这意味着海洋中融水源生物活性 Fe 对海洋初级生产力和生物地球化学循环的影响可能没有想象的大。

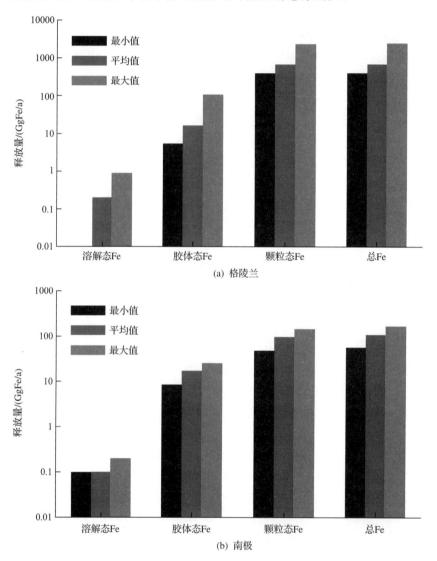

图 15.6　格陵兰和南极冰盖融水中 Fe 的释放量(Hawkings et al.,2014)

　　由于对冰川源 Fe 的监测还非常有限,监测到的 Fe 浓度较大的变化幅度直接影响基于平均浓度估算 Fe 通量的准确性,最终影响对海洋生物地球化学循环和碳循环影响的评估。基于不同孔径(如 0.2μm,0.45μm)滤膜过滤而获得的 Fe 浓度也导致了 Fe 通量估算的较大误差。尽管当前的监测有助于理解冰川、冰盖及冰山系统的 Fe 循环及其与碳循环和海洋生态系统的相互作用,然而对山地冰川融水源 Fe 的认识还不清楚,深入理解山地冰川融水源 Fe 的变化行为对预测下游生态系统对冰川退化的响应至关重要。

2) 有机碳(OC)

冰川对全球的碳动力学和碳循环具有重要的指示作用。冰川系统内的 OC 主要来自原地的初级生产力,以及陆地和人为源碳质物质的沉积。冰上的蓝藻细菌和藻类从大气中捕获 CO_2 且将它们转化为 OC,然而冰上的微生物分解这些 OC,随着这些 OC 远离冰川区再次将产生的 CO_2 排放进大气中。这两种过程之间的平衡将决定冰川是 CO_2 的碳汇还是碳源。冰川上的微生物是冰川环境和地球生态系统不可分割的一部分。冰川表面的 OC 可能来自风吹来的周围环境中的外来有机物质,冰尘穴可能由来自冰川表面的被清洗过的原生物质组成,在生态系统的净生产速率较高期间,大部分有机物沉积在冰穴中。光养生物产生的原生活性碳的循环可能支撑着冰尘穴内显著比例的微生物活动(Telling et al.,2012)。微生物或气溶胶源的类蛋白质化合物存在于冰川系统内,源自化石燃料燃烧的气溶胶是冰面有机物的来源之一。

冰川系统内的 OC 通过冰川融水进入河流,冻结在冰内的 OC 也可通过冰山的裂解进入海洋环境。目前,有的研究对部分地区冰前系统的 OC 进行了量化,这些地区包括阿拉斯加湾、阿尔卑斯山和格陵兰。在区域和全球尺度上,对冰川内 OC 储量及释放量的估算,有助于理解冰川在全球碳循环中的作用,尤其在气候变暖和冰川快速退缩的背景下。

冰川和冰盖存储着 4.48 Pg 的溶解态有机碳(DOC),其中南极冰盖的储量最大(93%)、格陵兰冰盖次之(5%)、山地冰川最小(2%);冰川和冰盖存储着 1.39 Pg 的颗粒态有机碳(POC),其中南极冰盖的储量最大(91%)、格陵兰冰盖(5%)和山地冰川(4%)的差异不大[图 15.7(a)]。此外,冰川和冰盖融水径流向冰前水体及海洋系统中释放的 DOC 为 1.04 Tg,其中山地冰川的释放量最大(56%),南极冰盖(23%)和格陵兰(21%)冰盖的释放量相当;冰川和冰盖融水径流释放的 POC 为 1.97 Tg,其中格陵兰冰盖的贡献最大(1.19 Tg 或 61%),紧接着为山地冰川(0.70 Tg 或 36%)和南极冰盖(0.07 Tg 或 7%)[图 15.7(b)]。

虽然南极冰盖储存的 OC 高达 6 Pg 左右,但冰川和冰盖内 OC 的释放量以山地冰川的 DOC 和格陵兰冰盖的 POC 的释放为主。部分 DOC 通量来自气候变化的贡献,大约 13% 的年通量是由冰川物质损失引起的。由于冰川的物质损失可能会加速,到 2050 年由于气候变化,冰川 DOC 的累积损失量可达到 15 Tg,相当于亚马孙河的 DOC 年通量的一半。因此,冰川是陆地碳通量和水力碳通量的关键纽带,冰川流域从陆地到海洋的 OC 通量的重要性将会大大增加。

需要注意的是,对全球 OC 储量和释放量的估算还存在明显的不确定性。进一步对冰盖内的 OC 进行研究,有助于更好地约束对全球冰川内 OC 储量的估计。对更大范围冰川流域内输出的 POC 进行研究,有助于更好地量化 POC 在冰川 OC 输出平衡方面的作用。除了考虑全球冰川物质的净损失率外,还需要深入理解物质平衡的组分。更好地量化如净积累量和净消融量等因素,这里包括冰崩和融水径流,其有助于更加准确地量化 OC 和其他生物地球化学物质从冰川向下游生态系统的释放量。进一步改善冰川 OC 的储量和释放量的估算,将有助于提高冰川变化对下游生物地球化学及生态影响的理解。冰川源的 OC 能促进陆地和水力系统的食物链,冰川 OC 输出的变化可能刺激下游生态系统的新陈代谢并改变它们的营养结构。量化冰川释放的 OC 的幅度和时间动力学特

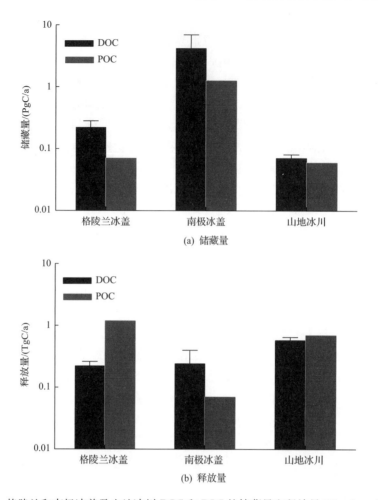

图 15.7　格陵兰和南极冰盖及山地冰川 DOC 和 POC 的储藏量和释放量(Hood et al. ,2015)

征,将会提高预测冰川和下游生态系统之间生物地球化学耦合变化的能力,加深对冰川在全球碳循环中的角色的了解。

4. 在水文研究中的应用

冰川融水中的可溶性离子和微量元素可用于调查冰川水文系统的变化过程。例如,Hodgkins 等(1997)应用可溶性离子的变化范围识别出了斯瓦尔巴群岛 Scott Turnerbreen 流域河水中溶质的变化特征:①在消融初期,河水中溶质的浓度以 Na$^+$ 和 HCO$_3^-$ 浓度的快速减小和 SO$_4^{2-}$ 浓度的稍微减小为特征;②在消融初期,与季节性雪融水的淋融作用有关的溶质浓度,以 Cl$^-$ 浓度的逐渐增加和随后呈指数方式的减小为特征;③随着消融季节的行进,在融水的稀释作用下,河水中溶质的浓度逐渐减小;④河水中来自悬移质风化的溶质含量增加。然而,应用不同离子调查冰下水文系统的结构时可能会产生不同的结果。例如,在应用 NO$_3^-$、HCO$_3^-$ 和 SO$_4^{2-}$ 探究山地冰川(瑞士的 Haut Glacier d'Arolla 冰川)和亚极地冰川(斯瓦尔巴的 Austre Braoggerbreen 冰川)水文差异的过程中,事先假定融水中与海盐气溶胶和 NO_3^- 气溶胶有关的 NO_3^- 源自大气,然而 Haut Glacier d'Arolla 冰川融水中的 NO_3^- 浓度随着消融季节的进行而逐渐减小,这反映了冰下分布式水文系统中富集 NO_3^- 的雪融水的临时性存储。反之,Austre Broggerbreen 冰川融水中的 NO_3^- 浓度以指数方式快速减小,这可能反映了季节性雪融水的淋融过程;随后的融水主要经冰面和冰内的水文路径进入河流,使得融水通过冰缘泥沙和冰前结冰物获得了较多的溶质。可见,可溶性离子在冰川水文研究方面具有较大潜力,同时需要进一步研究能提供相对准确信息的离子。除了可溶性离子和微量元素外,还可应用同位素开展融水的来源和路径研究。融水的同位素组成反映了雪冰融水的比例、积雪的年龄、每种来源的化学组成,以及夏季降水量及其化学组成。例如,挪威 Austre Okstindbreen 冰川融水的同位素组成在识别水源变化方面取得了理想的结果。

　　冰川融水的水质变化还可用来预测冰川流域的地热驱动的洪水事件,在有冰下火山和地热活动的流域环境中,还可洞察融水水质的控制因素。例如,在 1989 年的消融季节,冰岛南部 Jokulsa a Solheimasandi 冰川融水的水质变化明显指示了流域的地热事件,具体表现为河水中 H_2S 和 SO_4^{2-} 的浓度突然增大、Ca^{2+} 和 Mg^{2+} 浓度的增加较小、pH 从 6.7 减小至 5.8,而且 SO_4^{2-} 与径流量的关系从地热事件之前和之后的反相关关系转变为地热事件期间的滞后效应。这里,冰川水文水化学的变化以冰下的地震活动为前奏,紧接着河水的径流量突然增加,说明冰川融水的水质变化具有预测冰川流域的冰下火山和地热驱动的洪水暴发事件的潜力,而且它们还指示出在冰下火山和地热活动补给 CO_2 的区域水文系统的开放性。

15.2.2　溶质的来源

　　当大气 CO_2 驱动的碳酸盐岩和硅酸岩风化之间的平衡影响全球大气 CO_2 的长期平衡时,溶质来源的研究尤为重要。当前,通过对冰川河流中可溶性载量的监测,已经获得了碳酸盐岩和硅酸岩的化学风化速率;通过利用河水的水质资料且将每种溶质与某种岩石的溶解相匹配,已经获得了冰川融水的主要水质特征。这里,冰川融水中的溶质来源研究有两个目的:一是将溶质载量分解为海盐源(大气的输送)、气溶胶源(干或湿沉积)和地壳源(固-液相互作用),二是识别溶质来源和化学风化机制在季节和日时间尺度上的变化过程。

　　在区分溶质的来源之前,这里有几个假定:①冰川融水中的 Cl^- 全部来自海盐气溶胶的传输;②HCO_3^- 全部来自地壳源物质的碳酸化反应;③冰川积累区积雪中的 Cl^-、NO_3^- 和 SO_4^{2-} 没有因蒸发和淋融等过程而损失。由于海水中的主要离子与 Cl^- 的比率相对恒定,所以应用这些比率可以计算冰川融水中主要阳离子的海洋源贡献,这时剩余的主要阳离子则来自地壳源的贡献。由于冰川融水中的 NO_3^- 和 SO_4^{2-} 与酸性气溶胶的关系密切,所以应用海水中 SO_4^{2-} 与 Cl^- 的标准比率,将冰川消融季节开始之前冰川积累区积雪中海洋源的 SO_4^{2-} 分割开来,那么雪坑中剩余的 SO_4^{2-} 则来自气溶胶源,进而计算并获取冰川融水中 SO_4^{2-} 的海洋源和气溶胶源的贡献,冰川融水中剩余的 SO_4^{2-} 全部来自地壳源。通过假定气溶胶源 NO_3^- 的平均浓度等同于积雪中 NO_3^- 的平均浓度,来计算冰川融水中气溶胶源 NO_3^- 的贡献,那么融水中剩余的 NO_3^- 则来自地壳源的贡献。需要注意的是,由于强降水事件可能会增大 NO_3^- 的沉积,所以这个方法可能低估了气溶胶源的 NO_3^-。由于雪坑中除了气溶胶源的溶质以外,还包括地壳源和有机源的溶质,所以这个方法可能高估了气溶胶源的 SO_4^{2-}。对于 Fe、Al、Si、Ni 和 Mn 等金属与类金属元素,一般假定它们全来自地壳源的贡献。当然,除了海洋源、地壳源和气溶胶源外,在一些冰川流域可能还存在其他来源,如有机源和地热源。这里的有机源通常以源于腐烂生物和微生物活动的溶质为特征,有机碳氧化的化学方程如式(15.13)所示:

$$C_{org(s)} + O_{2(aq)} \longleftrightarrow CO_{2(aq)} \tag{15.13}$$

可以确定的是,冰川融水中的溶质以地壳源为主。例如,斯瓦尔巴冰川融水中地壳源溶质所占的比例为 71%～96%,海洋源溶质所占的比例为 8%～17%,气溶胶源溶质所占的比例为 1%～4%(Hodgkins et al.,1997;Hodson et al.,2000;Yde et al.,2008)。

冰川融水中的大部分溶质源自具有地球化学活性的矿物(如碳酸盐和硫酸盐矿物)。耦合的硫化物氧化和碳酸盐岩风化,与碳酸盐矿物的碳酸化作用产生了大约等量的溶质且它们具有明显的季节变化,这反映了冰下水文系统的动力学特征。反之,碳酸化反应促进的硅酸盐矿物的风化向融水中提供了比例相对恒定的溶质。源于碳酸盐岩的 Ca^{2+} 可能是以火成岩和变质岩为主的冰川流域的主要阳离子,方解石的淋滤是花岗岩流域 Ca^{2+} 的重要贡献者。方解石对化学风化中 Ca^{2+} 浓度的影响依赖于方解石的含量和化学风化的强度。这说明,受限的化学和物理风化体系的概念可能有助于评估冰川系统相对于其他系统的化学风化过程。化学风化受限的系统是机械侵蚀超过化学风化的系统,化学风化具有高度的选择性且依赖于具体矿物的反应速率。这样,大多数活性矿物(如方解石)对溶质通量的贡献是不成比例的,活性矿物是选择性淋滤的。反之,物理风化作用受限的系统内的机械侵蚀不太强烈,大多数活性矿物在岩石和泥沙的表面已消耗殆尽,这里的化学风化不再依赖矿物的反应动力学而是依赖流体物质的传输。这样,由于新矿物面的暴露,方解石在冰川作用及其随后时期内可以贡献显著比例的 Ca^{2+} 和 HCO_3^-,说明方解石的溶解可能具有流域特征且不受气候变化的驱动,这对与陆地冰体动力学有关的大气 CO_2 吸收的时机和位置具有重要的指示意义。由于融水中的可溶性成分可能不止一种来源,基于主要可溶性离子的溶质来源及其路径研究具有不确定性。

在溶质来源研究中,有关流域岩性的调查拓展了人们对溶质来源的理解。例如,流经碳酸盐岩地区的冰川融水可以从碳酸盐岩(如文石)和硅酸岩中获取 Na^+。相比较,在 Haut Glacier d'Arolla 冰川下方,以火成岩和变质岩为主的溶质来源研究假定 Na^+ 全部来自铝硅酸岩的风化。如果想更加有效地利用冰川融水的化学组成将溶质通量分解为硅酸岩和碳酸岩源,就需要更加准确地定义溶质的来源。此外,微量元素在溶质来源研究方面可能具有重要的应用价值,目前已经引起了人们的关注(Mitchell and Brown,2007;Li et al.,2016)。

15.2.3　化学风化与气候变化

1. 化学侵蚀

通常应用流域内单位面积上的阳离子剥蚀量(即阳离子剥蚀率)来评估冰川流域化学风化作用的强弱。在全球范围内,大部分冰川流域的阳离子剥蚀率为 454～4160meq/(m²/a)(Collins,1983;Hodson et al.,2002),这个值明显高于全球陆地地表的阳离子剥蚀率的平均值[380～390meq/(m²/a)](Livingstone,1963)。值得注意的是,斯瓦尔巴群岛的 Scott Turnerbreen 和 Longyearbreen 冰川流域的阳离子剥蚀率[160～322meq/(m²/a)]较低 (Hasnain and Thayyen,1999;Yde et al.,2008),推测这可能与它们所在流域消融季节较短和径流量较小有关。

　　传统观点认为,冰川流域的低温、贫瘠的土壤、稀疏的植被及几乎没有季节变化的生物量对化学风化具有抑制作用。近年的研究提出,在对比不同流域化学风化的强弱时,需要考虑化学剥蚀率估算时的不确定性。除了来自矿物风化的物质输入外,还有其他因素可能影响溶质浓度和化学剥蚀率,具体包括:①采样时的径流条件;②干/湿沉降期间大气源可溶性物质及颗粒物的贡献;③源自土壤交换池的物质输入和输出;④有机营养物的生物量吸收和无生命有机物(腐殖质)的局地变化;⑤土壤发育和地形变化。这里的①和②可能会显著影响岩石源溶质通量的估算结果。在冰川流域,由于强烈消融驱动的融水径流的日变化叠加在季节变化上,需要仔细考虑具体的采样时间和实验分析的样品数量,同时为了准确地估算化学剥蚀率,很有必要增加采样频率。在实际研究中,估算的化学剥蚀率通常含有大气源组分的贡献,围绕 HCO_3^- 的估算也存在不确定性,这都影响了估算结果的可靠性。在溶质通量的估算中,通常也没有监测消融季节以外的水质或径流量,同时大部分研究也没有考虑离子载量的可交换性。尽管当前还没有在有/无植被下对比化学风化效力的条件,然而土壤和植被发育在化学风化方面的作用随着距离冰川的远近而变得日益重要。

　　冰川流域不同海拔地区的化学风化作用存在着显著差别。在消融季节,化学风化的效力主要取决于几个因素:①高的融水冲刷率;②大量源自物理磨蚀、挤压且具有地球化学活性的细颗粒泥沙;③能驱动泥沙且能为空气-融水界面之间的气体交换提供一种粗糙性水面的湍流融水;④融水的缓冲能力普遍偏低。相比其他环境,土壤内的生物活动显著影响土壤的化学风化。通风好的土壤大约含有 20% 的 O_2,在接近植物根部的独立环境中土壤的含氧量大约下降至 2%;通风好的土壤中也含有 0.3%～3.0% 的 CO_2,但底部根区附近的 CO_2 含量接近 10%(Borggaard,1997)。土壤系统中的可溶性有机物可能是土壤酸性的重要影响因素。控制冰川下方气体扩散的因素可能不同于土壤,因为冰川下方的冰川冰是 CO_2 和 O_2 交换与补给的有效屏障。而且,冰川融水挟带的泥沙颗粒物都是新近产生的,而其他地表风化环境中的颗粒物常被自身吸附的有机物包裹,这样的包裹物会改变颗粒物的表面性质和地球化学活性。

　　流域化学风化的差异影响冰川和非冰川河流输送的悬浮物的化学组成。例如,由于热带环境的机械剥蚀率低,河流输送的颗粒物主要源自高度发育的且经历了显著化学风化的土壤物质,因此河流泥沙可以富集相对不溶的元素(如 Al、Ti、Fe)且同时损耗更多的可溶性元素(如 Na、Ca)。然而,由于冰川流域的机械剥蚀率可能大大超过了化学风化率,所以融水中的悬浮固体可能更接近于母岩的化学组成。虽然冰川流域的阳离子剥蚀率高于全球的平均值,但没有超出有相似径流量的非冰川流域。尽管冰川流域存在大量新产生的具有地球化学活性的泥沙,然而硅的化学剥蚀率没有增加,这说明冰川流域高的化学剥蚀率可能主要源自径流量的增加而不是物理剥蚀作用的增强(Anderson et al.,1997)。

2. 化学风化与气候变化的关系

陆地的化学剥蚀率影响大气 CO_2 的浓度,涉及大气 CO_2 溶解和解离的碳酸化反应是山地冰川流域化学风化的重要组成部分。冰川融水对大气 CO_2 的吸收量(从大气进入融水)与融水径流量存在着显著的正相关关系(Sharp et al.,1995)。融水吸收大气 CO_2 的最大速率与悬移质的高通量和低 $p(CO_2)$ 的水有联系。当泥沙浓度高时,这些反应消耗质子的速度快于补给质子的速度,这些质子来自 CO_2 向融水内部的扩散。当大气-融水中 CO_2 的浓度梯度增加时(增加进入溶液的 CO_2 的扩散速度),水中的 $p(CO_2)$ 减小且融水开始吸收 CO_2。

冰川径流和大气 CO_2 吸收之间的联系说明,在冰期-间冰期时间尺度上,冰川驱动的化学风化在全球碳循环中扮演着重要角色。如果将当代山地冰川流域的化学风化率应用于冰期和间冰期旋回期间的冰川和冰盖,那么冰川融水会吸收掉大量的 CO_2,而且在间冰期的径流变化期间,融水对 CO_2 的吸收量与融水径流量是成比例的。因此,全球 CO_2 循环的变化可以影响气候变化。然而,由于现代没有与中、高纬度的第四纪冰盖类似的冰川或冰盖,所以这些估算结果仍存在许多不确定性。此外,还不清楚第四纪冰盖下的水文特征,尽管这些水文特征对 CO_2 补给(通过碳酸化反应吸收 CO_2)的幅度会产生重要的控制作用。

在陆地冰盖的发育和消退期间,融水径流量和悬移质通量的变化幅度意味着要进一步关注冰川融水作为大气 CO_2 吸收器的潜力。冰川融水对大气 CO_2 的吸收量在短期和长期的速率上整体表现为增加。短期内融水对大气 CO_2 的吸收量与碳酸盐岩的碳酸化作用和通过海洋中碳酸盐的再沉淀重新返回大气的 CO_2 有关。反之,由于风化期间消耗的 CO_2 没有通过碳酸盐沉淀而从海洋中再进入大气,所以冰川融水中硅酸岩和铝硅酸岩的碳酸化作用在较长的时间尺度上可以影响融水对 CO_2 的吸收量。而且,化学侵蚀在大气 CO_2 的消耗方面仍存在许多不确定性。世界主要河流的化学和物理风化率之间的正相关关系有助于硅酸岩的物理和化学侵蚀作用之间的耦合。在物理侵蚀最活跃的地区,铝硅酸岩的溶解速率最高,硅酸岩风化引起的 CO_2 的消耗非常重要。虽然物理风化的高速率可提高化学风化通量的新矿物面,然而碳酸盐岩风化在受限的化学风化系统中比硅酸岩风化更加重要。虽然化学风化主要受大气源或土壤中生物源 CO_2 的驱动,然而冰下水文系统分布式组分中的化学风化似乎依赖于硫化物的氧化和三价铁的还原反应,这时的高 pH(通常在 7~9)限制了铝硅酸岩的溶解。这些反应似乎以下列次序发展:①碳酸盐岩和硅酸岩的水解;②驱动碳酸盐岩和硅酸岩进一步风化的硫化物氧化(先被 O_2 氧化再被三价铁氧化)。这样,冰下的一大部分化学风化可能与融水对大气 CO_2 的吸收无关。而且,对末次间冰期陆地化学侵蚀的估算指出,冰川融水对大气 CO_2 浓度的影响(至多 5.5 个 ppm[①])可能比之前想象的要小。这可能改变了与冰川有关的 CO_2 的吸收量,以及冰川驱动的碳酸化反应在冰期-间冰期时间尺度上的重要作用。

---

① 1ppm=1mg/L。

15.3　冻土水化学

由于多年冻土在退化过程中会释放出大量的有机物、无机营养物和主要离子等物质,因此涉及冻土的水化学研究主要关注多年冻土退化对河流、湖泊和海洋水化学的影响。当释放出的化学物质进入下游的河流、湖泊和海洋时,会影响区域的生态系统和全球的碳循环。目前,关于冻土水化学的研究主要集中在加拿大、阿拉斯加、西伯利亚和欧洲的北极地区。本节介绍多年冻土退化对河流中的有机物、无机营养物和主要离子的影响。

15.3.1　冻土退化对有机物的影响

尽管北冰洋的海水体积仅占全球海洋的 1%,但河流输入的陆源溶解态有机物(DOM)只有 10%进入了北冰洋。北极河流中的有机物主要来自碳富集的流域。这里的有机物主要是指有机碳(OC)和有机氮(ON),DOM 指的是溶解态有机碳(DOC)和有机氮(DON)。

北极多年冻土中 OC 的碳储量约占全球土壤碳储量的 20%、占大气 CO_2 碳储量的 67%。在气候变暖的背景下,北极高纬度地区多年冻土中储存的 OC 可能会变得很不稳定,很可能成为陆地-大气(或海洋)碳循环的一部分,最终会对气候变暖产生正反馈作用(加速气候变暖)。

由于植物产量增加等因素的影响,来自土壤和泥炭地的 DOC 的输出量可能会增加。在考虑多年冻土的动力学特征下,DOM 的输出量随着气候变暖和冻土退化呈现出增加或减小趋势。然而,在调查气候变暖对河流生物地球化学的影响时,常常通过对比冻土面积的变化来推断水文地球化学的变化。例如,在阿拉斯加、育空和西伯利亚中部地区,由于多年冻土退化,矿质土的暴露导致了 DOM 的吸附性增加(Prokushkin et al.,2007)。DOM 的输出量随着多年冻土的退化而减小,这种减小趋势仅仅在 DOC 的短暂性高浓度之后出现(Striegl et al.,2007)。DOC 的浓度与径流量呈现正相关关系,而且冻土分布广泛地区的 DOC 浓度相对较高、冻土分布不广泛地区的 DOC 浓度较低(Petrone et al.,2006)。高浓度的 DOC 可归因于土壤层中的浅层水流,同时这些土壤中含有大量的有机质。不是所有观测或预测到的 DOM 和 DOC 的减小都可归因于多年冻土的动力学特征。例如,近期观测到的阿拉斯加 Kuparuk 河上游的 DOC 输出量的减小,主要是由径流量的减小引起的(McClelland et al.,2007)。

在西伯利亚西部流域,预计 DOC 的输出量在 21 世纪会随着多年冻土的解冻而显著增加。在受多年冻土退化影响的流域,DOC 的浓度较低;在没有多年冻土的流域,DOC 的浓度较高且与泥炭覆盖的关系密切(图 15.8)。预计到 2100 年,单一流域的 DOC 的浓度大约增加 700%,西伯利亚西部 DOC 的年输出量大约增加 46%(Frey and Smith,2005)。

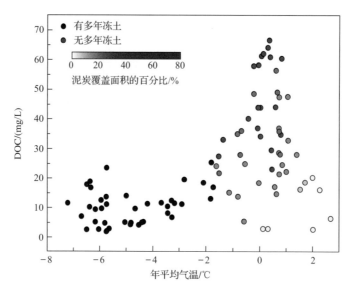

图 15.8　西伯利亚西部流域 DOC 浓度与年平均气温的关系(Frey and Smith,2005)

DOC 浓度的突然增加出现在无多年冻土流域,这里的低浓度可归因于零星的泥炭覆盖

　　DOC 与 DON 的关系密切,预计到 2100 年 DON 的输出量大约增加 53%(Frey et al.,2007a)。需注意的是,与西伯利亚西部(负相反)和阿拉斯加(正相关)的 DOC 浓度和冻土面积的相关关系不同的是,阿拉斯加 DON 的变化模式类似于西伯利亚西部 DOC 的变化,即连续多年冻土流域的 DON 浓度较低、不连续多年冻土流域的 DON 浓度较高[图 15.9(a)]。这说明,随着多年冻土的退化,将来 DON 比 DOC 的变化(增加或减小)可能更加均衡一些(一致性增加)。

　　在西伯利亚西部流域,从泥炭地和富含有机质的土壤中输出的 DOM 可能受多年冻土退化的影响。从高纬度地区的植被和近地表的土壤中输出的 DOM 的年龄较小,说明深层土壤中的 DOM 没有与水文系统发生相互作用。相比高纬度地区,低纬度地区的 DOM 的年龄更老一些。虽然深层的泥炭土壤是河流中老碳的潜在来源,但多年冻土阻止水流进入这些泥炭层中。例如,在阿拉斯加和西伯利亚地区,穿过富含有机质的浅层土壤的水流会比通过深层矿质土壤的水流的 OC 浓度更高(Prokushkin et al.,2007)。在西伯利亚西部流域,随着多年冻土的解冻和水流路径的加深,富含有机质的泥炭层会连续向河流中补给有机物。多年冻土退化和活动层深度增加是 DOM 的一个新来源,这会增加这些物质向周围河流的输送量。即使没有多年冻土,具有低渗透系数的泥炭地也会使水在富含有机质的土壤中滞留较长时间,这使得 DOM 的分解和沥滤能力增加。但是,浸泡水的土壤中的低氧条件常常会导致缺氧条件,这种缺氧条件会限制有机物的分解率,从而引起 DOM 产量的净增加。因此,当量化未来气候变暖和多年冻土退化下进入河流的 DOM 时,需要考虑土壤基质的特征,而且位于深层的具有低导水率的厌氧性泥炭土壤可能导致 DOM 的大量释放。

　　除了有机物的浓度和通量外,DOM 的不稳定性和年龄也可能受到多年冻土退化的影响。尽管对 DOM 的不稳定性进行预测比较困难,但 DOM 可能比以前想象的更不稳

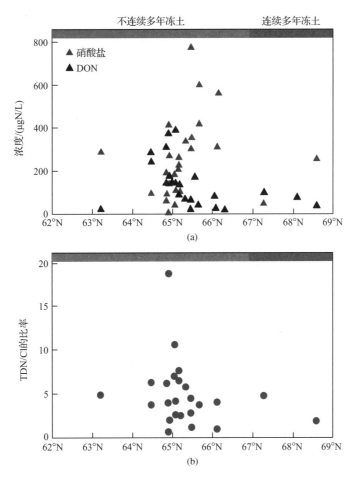

图 15.9　阿拉斯加内陆不同类型的多年冻土流域硝酸盐和 DON 的浓度特征以及总的
溶解态氮(TDN)和氯的比率特征(Jones et al. ,2005)

定。有人认为,北极河流中输出的 DOM 可能更加稳定,但近海岸海洋中大约 30% 的
DOM 可能被快速分解了(Cooper et al. ,2005)。出现这种差异的原因可能与以前采样的
局限性有关。此外,阿拉斯加 Kupark、Sagavanirktok 和 Colville 河流中 DOC 的不稳定性
具有明显的季节变化(Holmes et al. ,2008),这里与春季洪水有关的 DOC 是相对不稳定
的、与夏季枯水有关的 DOC 是相对稳定的。水体的短时间滞留和低温会限制春季的微
生物作用,可能会解释春季 DOC 的不稳定性。但是,夏季解冻深度的增加会减慢水体的
流动、限制水体与浅层有机土壤的相互作用,使得地下水中的 DOC 更加富集。随着多年
冻土的解冻和退化,尽管冻结在多年冻土中的土壤有机质可能非常不稳定,但水的滞留时
间可能增加、进入北冰洋的 DOC 可能会变得更不稳定,这些可能会受到土壤水含氧条件
的调节。对涉及不稳定性的相关过程的深入理解,将有益于利用这个参数来监测流域尺
度上水文和生物地球化学的变化。DOC 的不稳定性可作为流域水流路径的指示器,如可
以指示水流如何通过基岩的裂缝传输。
　　由于大量的老碳储存在多年冻土中,河流中 OC 的年龄或许可以作为多年冻土退化

的指示器。如果河流中 OC 的年龄不随气候变暖而变化,也不能完全排除多年冻土解冻的发生,因为这里的 OC 可能一直来自表层的土壤。如果河流中 OC 的年龄变得越来越老,说明土壤或泥炭中的老碳发生了迁移。较早关于老碳的研究集中在西伯利亚的西部地区,北极的其他地区也存在大量证据。在泛北极地区,随着多年冻土的解冻,大量的老 OC 可能被释放出来。Kolyma 河流域 DOC 年龄的季节变化支持这个观点。由于活动层的解冻深度从春季至夏季逐渐增加,所以解冻初期的 DOC 的年龄相对年轻且解冻末期的年龄相对较老。北极五大河流中 DOC 的年龄通常在春季洪水期相对年轻、在冬季基流期较老(Raymond et al.,2007)。目前,有关 DOC 年龄的变化模式还不清楚。在夏末,北极河流中的 DOC 是现代产生的,是整个生长季节一个连续的现代 DOC 的来源。虽然颗粒态有机碳(POC)的年龄可能随着多年冻土解冻和河岸侵蚀而增加,但将来 DOC 的变化可能更依赖于植被生态的变化。尽管研究结果还不完全一致,但气候变暖、多年冻土退化和活动层深度增加很可能导致大量的老 OC 进入河流及北冰洋,这里的土壤有机物源于多年冻土的融化。通过对比稳定的和正在退化的多年冻土,在相对较小流域的研究可能会阐明这些问题。区分多年冻土退化模式(多年冻土大量融化、活动层深度增深和/或热溶喀斯特作用)影响的研究,也有助于深入理解将来气候的变暖对进入北极河流的 DOM 的指示作用。

15.3.2 冻土退化对无机营养物的影响

冻土退化如何影响河流中的无机营养物,目前仍存在很大的不确定性。这里提到的无机营养物主要指的是硝酸盐、磷酸盐和硅酸盐等。随着北极的变暖,氮的再矿化作用可能增加。与多年冻土的动力学特征密切相关的土壤湿度和水流路径会显著影响溶解态无机氮(DIN)的浓度。在冻土覆盖不同的流域,河水中氮的对比研究可用于调查氮的输出在将来怎样变化。在多年冻土分布不广泛的地区,滞留时间较长的土壤水有利于较多的 DIN 排出。有人认为,较深的水流路径有利于硝酸盐的输出。相比有连续多年冻土分布的高纬度地点,有不连续多年冻土分布的低纬度地点的硝酸盐的浓度较高[图 15.9(a)]。相对于雨水,河水中总溶解态氮(TDN)与 Cl 的比率(TDN/Cl)的增大指示了有不连续多年冻土分布的流域的氮的净输出[图 15.9(b)]。涉及冻土覆盖变化的西伯利亚西部多条河流中的硝酸盐浓度没有差异(Frey et al.,2007a)。然而,西伯利亚西部和阿拉斯加内陆的浓度差异可能与阿拉斯加有机氮较大的再矿化作用和随后的硝化作用有关。在西伯利亚流域,有机氮的再矿化作用可能受土壤水饱和度的影响,反硝化作用可能有助于解释硝酸盐的低浓度。

矿物风化是土壤水中溶解态硅酸盐和磷酸盐的主要来源。随着多年冻土的解冻,穿过冻结矿质土的深层水流会导致这些无机营养物的浓度增加。在西伯利亚的西部流域,溶解态硅酸盐的浓度随着多年冻土覆盖的减小而增加(Frey et al.,2007b)。由于河水中磷酸盐的浓度较低,所以利用它们识别多年冻土覆盖的差异比较困难。

阿拉斯加北坡 Kuparuk 河流中硝酸盐的浓度和输出量在 20 世纪 90 年代初期显著增加(图 15.10),这可能与多年冻土的加速变暖有关。尽管无法证明 Kuparuk 河流域的活动层深度随着气候变暖而增加,但许多新出现的热溶喀斯特特征很明显。由于多年冻

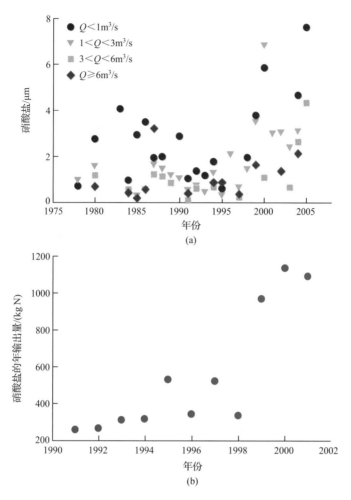

图 15.10　阿拉斯加北坡 Kuparuk 河上游不同流量(Q)条件下河水中硝酸盐浓度的年际变化和
模拟的硝酸盐输出量的年际变化(McClelland et al.，2007)

土解冻和其他驱动因素的影响,河流营养物的输出在空间尺度上可能具有显著差异。为
此,不但需要考虑多年冻土退化的模式,还需要考虑正在解冻的多年冻土的化学组成和土
壤结构。

15.3.3　冻土退化对主要离子的影响

　　除了影响有机物和营养物外,多年冻土退化还可能影响河流中主要离子的浓度和通
量。多年冻土退化的模式可能决定了新的水流路径怎样形成及在哪里形成,从而决定了
河流中主要离子的浓度和类型。由于水流与浅层有机土壤较弱的相互作用,以及与深层
矿物土壤较强的相互作用,预测到的主要离子(如 Ca^{2+}、Mg^{2+}、K^+、Na^+)的浓度随着多
年冻土的退化和水位的降低而显著增加。例如,在西伯利亚西部无多年冻土影响的河流
中,总的无机溶质(TIS=Ca^{2+}+K^++Mg^{2+}+Na^++Si+Cl^-+HCO_3^-+SO_4^{2-})的平均浓度
大约为 289mg/L,而多年冻土影响的河流中的 TIS 的平均浓度大约为 48mg/L(图 15.11)。

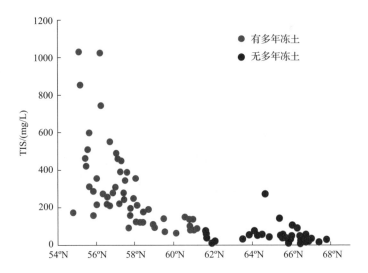

图 15.11　西伯利亚西部河流中总无机溶质(TIS)的浓度与纬度的关系(Frey et al. ,2007b)

此外,河流中溶质浓度的差异可能受多年冻土调节的水文过程的驱动,多年冻土阻止表层水向深层的矿物土壤渗透,而且限制富含矿物的地下水到达地表。

在阿拉斯加地区,多年冻土退化可能导致碳酸盐和 Ca^{2+}、Mg^{2+}、K^+、Na^+ 和 SO_4^{2-} 的输出量的增加。在某些情况下,多年冻土解冻和水位降低可能会引起土壤本身的氧化,在土壤和泥炭发育期间反过来又会引起矿化作用,以及主要和痕量元素的释放。对主要离子释放的预测也可通过调查当前活动层和多年冻土层的地球化学特征来开展。相比上覆的冻土活动层,近地表富含溶质的多年冻土可能引起了溶质输出量的突然增加。热溶喀斯特过程也可能会引起河流中盐分的局部和急剧输入,这些盐分来自如加拿大北极群岛等海岸区的地表累积的盐。如果研究区分布广泛且充分包含了多年冻土的变化,通过空间换时间的方法,就可以量化将来进入北冰洋的溶质载量。如果西伯利亚西部的多年冻土全部消失,那么进入喀拉海和北冰洋的 TIS 大约增加 59%(Frey et al. ,2007b)。

随着北极的变暖,北极将从地表水主导的系统向地下水主导的系统过渡,这会对水文、生态系统和生物地球化学循环产生影响。目前,这种过渡在大范围内还难以评估。基于河流中主要离子的浓度和地下水贡献之间一致的相关关系,可以利用河水化学来监测多年冻土的范围和解冻深度在流域尺度上的变化。例如,阿拉斯加北坡的土壤和河流中的 $^{87}Sr/^{86}Sr$ 和 Ca/Sr 的变化趋势可能反映了多年冻土解冻深度的增加,尤其当初始物质的浓度和土壤的地球化学特征随着解冻深度而变化时(Keller et al. ,2007)。需要注意的是,尽管多年冻土退化对河流中主要离子的影响可能相对简单,但预测到的这些主要离子的浓度和通量可能受将来河流径流变化的不确定性影响。由于稀释作用,主要离子的浓度和径流量存在反相关关系。所以,将来的径流增加和稀释作用增强可能会减缓河流中主要离子浓度的增加。

第 16 章　寒区水文综合研究

　　前面各章已分别探讨了冰川、积雪和冻土的水文过程。冰冻圈各要素在流域水文中会起到什么样的作用,如何在流域尺度、区域尺度或全球尺度的水文模型中准确刻画寒区水文过程的分支模块,并将其有机耦合成一个整体,从而探讨冰冻圈相关水文过程在流域和区域尺度的水文效应,是全球变化水文影响关注的热点问题,也是难点问题。

　　随着相关学科的发展和遥感、测试等技术水平的提高,新方法和新手段广泛应用于寒区水文研究中。例如,利用 GRACE 反演冰川物质平衡和冻土区的水储量变化,进而估算大尺度上冰冻圈变化及其水量平衡分量;利用同位素对水循环的标记作用,对冰冻圈流域水文过程从微观上进行追根溯源,克服了寒区水文研究中存在的面广、量大、操作困难的局限。

　　本章在介绍流域综合监测的基础上,分析和模拟了冰冻圈不同水文过程在流域及区域尺度上的水文作用,通过 GRACE 卫星及同位素方法在区域及流域寒区水文研究的应用,给出了宏观尺度上认识寒区水文作用的途径。

16.1　寒区流域尺度水文监测

　　寒区流域水文主要研究冰川、积雪消融过程及其融水和降雨经由各种寒区下垫面参与土壤冻融过程中所发生的产流、入渗、蒸散及汇流等水的运动、转化和循环规律。独有的寒区下垫面类型、冰冻圈存在及贯穿于其中的能水循环过程是寒区流域水文过程的特色(陈仁升,2015),寒区水文过程是寒区流域水文过程研究的主体。因此,寒区流域监测网络的布设,除需遵循常规流域监测网络的布设原则外,还需要包括寒区特色的气象和冰冻圈监测系统。一般来讲,可遵循如下原则和方法。

　　(1)监测内容的综合化。寒区流域水文过程既涉及冰川水文、冻土水文和雪水文等寒区水文过程,还涉及植被截留、蒸散发及地下水运动等过程。在大型寒区流域内,需针对不同的水文过程布设详尽的监测设施,即在空间上,要综合考虑不同寒区下垫面类型的试验点、坡面、小流域等尺度的综合监测,同时要尽可能做到一点多用,即流域水文过程的系统化监测。根据流域面积大小及海拔范围合理布设监测站点,尽可能做到一个台站多种用途。可以考虑将多种监测传感器集成到一套自动气象站中,形成一套综合环境观测系统。布设这种综合环境观测系统时,需按照一定海拔梯度,并根据下垫面类型布设,既要保证流域各台站的空间合理性,又需要考虑各台站可以监测不同下垫面类型的水热传输过程。首先保障不同海拔带,特别是流域最高海拔范围内有气象监测台站(国家气象监测网络中缺乏山区高海拔台站),同时根据不同台站所在的下垫面类型及其水热传输特点,选择合适的环境监测变量。例如,冰川一般分布在高海拔地区,气象站尽可能布设在冰川表面或其邻近地点,这样既监测了高海拔区的气象要素,又可布设一些可以反映冰川物质平衡、水量和能量变化的传感器,如监测长短波辐射、雪深、雪水当量、积雪密度、冰川物质平衡、冰川运动速率、冰川面积、冰温甚至是冰雪升华/蒸发等特殊变量。在多年冻土地区,除常规的气温、风、相对湿度、大气压、降水类型和降水量等要素外,可以考虑将长短波辐射、蒸散发(多个自动小型蒸渗仪或者涡动相关系统等)、雪深、雪水当量、雪密度、多层地温与土壤含水量、土壤水势、地热通量、导热系数、冻结深度等要素一起观测;在雪深较厚的地区,还可以设计不同雪层的各种水热参数,监测雪的密实化和消融过程等。为保证获取流域面上气象要素的时空分布特征,一个寒区流域气象监测台站数量的最低要求是 3 个以上,流域面积越大、地形地貌越复杂,需要的气象台站越多;降水等异质性较强的变量,则是观测点越多越好。图 16.1 为祁连山黑河上游葫芦沟小流域监测网络示例。

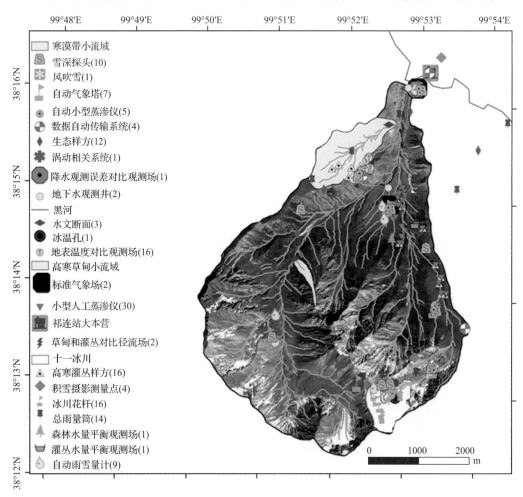

图 16.1　祁连山黑河上游葫芦沟小流域监测网络示例

(2) 长期监测和短期监测有机结合。长期监测台站遵循流域水热平衡研究的总体规划,要能够全面监测流域的水热变化,而短期监测项目则主要是为了特殊的研究需要,或者是为了单纯用作流域水文模型的验证需要。例如,在研究大型流域内的小流域冻土水文过程时,在经费有限的情况下,除了需要长期监测的项目以外,可以考虑在小流域内布设一些短期地温和含水量等的观测点,不定期监测的数据用以验证流域尺度模型模拟的地温、土壤含水量的结果。

（3）观测站点-观测基地-大本营系统化布设。鉴于山区流域地形复杂、交通困难,在较大流域内,除建设大本营外,可以系统地考虑布设若干个监测基地,既可用于本地相关水文过程的长期和详尽研究,又可作为附近地区监测和研究的中转和休息站,形成大本营-基地-站点的系统化布设。

（4）环境背景调查需同步,校准设施要配备。布设监测网络时,需尽可能获取台站及附近的土壤、植被等的特征参数。在监测网络运转期间,大范围土壤和植被参数等基础资料调查是必需的,以用于流域生态、水文和生态水文等学科的研究。在经费允许的情况下,尽可能布设高性能、高精度、适合低温的监测设备。需配备数据自动传输系统、安全监控系统,并尽可能预留易损、易失探头和配件,以保障数据的连续性。对于常用自动仪器传感器,需预留一套标准设备,定期（1年左右）在现场对长期固定仪器进行校核,以保障观测数据的质量。

16.2 冰冻圈要素在流域水文中的作用

寒区水文是寒区流域水文过程的核心和主体,冰冻圈主要要素冰川、冻土、积雪融水不仅是寒区流域重要的水源,而且具有一定的调丰补枯作用,其对于流域径流的稳定具有重要作用,但二者的调节能力和尺度有所差别。冰川在寒区流域尺度上,总体覆盖率相对较小,积雪是季节性的,在中国主要高寒区流域,其厚度、水当量等相对于高纬度寒区流域来说较小;而多年和季节冻土广泛分布于高寒区流域,而且多年冻土的连续性较差,岛状、不连续的冻土较多,形成了流域复杂的产汇流过程;这种冻土的分布更易受全球变化的影响,从而对流域的年内水循环过程产生较大影响;同时,多年冻土也是一种固态水库,可以调蓄流域的产流量。

16.2.1 冰川

冰川作为固态水库,其融水径流及其对寒区流域河川径流的贡献受控于流域冰川条数、大小、形状、面积比率和储量等因素。

冰川在寒区流域水文过程中的一个重要功能就是调丰补枯。在降水期间,云层对太阳辐射,特别是对直接辐射的遮挡、反射和吸收,使冰川区气温降低,这在一定程度上减缓了消融过程;在丰水年份,降水较多,冰川区气温相对较低,从而使冰川消融减少,同时较多的降水,意味着较多的冰川积累,这在一定程度上减小了冰川融水量;相反,在枯水年份,降水较少,晴朗天气较多,冰川区气温较高,冰川消融增多,积累减少,融水比例较大。高山区降水基本随海拔的升高而升高,一般在冰川积累区形成最大降水高度带,降水量较多,由此冰川积累量大;伴随着冰川运动,积累区冰量不断向消融区运移,从而有利于冰川消融。正是由于冰川的这种运动和调丰补枯作用,才使得多数干旱区河流具有相对稳定的河川径流,绿洲才得以保持稳定。

冰川对寒区流域的调丰补枯能力和稳定径流作用也受控于流域冰川分布状况。相关研究表明,若流域冰川覆盖率>5%,则冰川稳定径流的作用比较明显。不同类型的冰川其融水径流年内变化的特性也不同。大陆型冰川径流年内变化很大,分配极不均匀,消融期短,流量高度集中在夏季的7~9月三个月,基流小,冬季断流。海洋型冰川径流年内变化小,分配也较均匀,消融期长,基流大,冬季不断流。

最近几十年受全球变暖的影响,冰川加速消融,冰川普遍萎缩,冰川的这种调丰补枯作用正在发生着显著变化,在不同的流域,影响程度有所不同。随着气温的上升,小型冰川逐渐失去水源和调节作用,但大型冰川的调节能力较强,其功能变化相对较慢。因此,对于面积较小的冰川流域,随着冰川的加速消融,冰川融水会较快出现由增到减的拐点;而对于面积很大的冰川流域,拐点出现需要较长时间;对于不同冰川覆盖率的大型寒区流域,冰川融水径流拐点出现的时间取决于流域内冰川融水的系统组合。这种冰川融水径流的拐点对于一些融水径流比例较大的流域,可能会直接引起流域河川径流的减少,从而引发水资源减少的问题;但对于一些降水量呈现增多趋势而冰川覆盖率相对较小的流域,降水的增多可能会掩盖冰川融水径流减少的损失。但由于降水变化的高度时空异质性,冰川作为水源和稳定径流功能的消失可能会对干旱区水资源利用带来较大问题。

此外,冰川作为一种冷岛,可以改变局部的小气候环境。若流域冰川面积较大且比例较高,甚至能够改变流域的内循环过程,使流域具有较为冷湿的气候环境。

16.2.2 积雪

积雪融水径流是高寒区流域重要的水量来源,也是缓解内陆河干旱区春旱的主要水源。中国高寒区流域积雪融水洪峰一般发生在春季,春季融水径流过程也被认为是北半球基本的水文现象,但实际情况要复杂得多。在中国西部大部分高寒山区流域,受大陆性气候影响,降雪量主要发生在春季、秋季和夏季;而冬季降雪量一般很少,相应的积雪量也少,但积雪经历由秋季主要积累、冬季少量积累和第二年春季的降雪积累后,易在春季形成融雪型洪峰。夏季高山区降雪量也很大,多数高寒区流域一年只有个别月份不见降雪,山顶几乎常年降雪。图16.2为1960~2013年祁连山黑河干流山区流域月降雪量分布情况。由图16.2可以看出,年内山区降雪分配差异较大,5月、6月和9月降雪较大,而真正较冷的11月至翌年2月降雪量较少。黑河山区流域多年均降雪量达164mm,其融水径流比例高达25.4%。

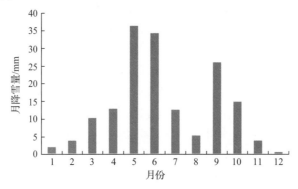

图16.2 祁连山黑河干流山区流域平均月降雪量(1960~2013年)

　　另外,积雪也具有较好的调丰补枯作用,但主要是季节性的。秋季积雪较多时,可调节第二年的春旱。高山区春夏之交的降雪量(4~6 月)可补充枯水年份 7~8 月的河川径流。图 16.3 展示了祁连山黑河山区流域 1960~2013 年不同月份及年份融雪径流与流域总径流的对比变化,可以看出融雪径流大的年份基本为流域的枯水年;在月尺度上,也有类似的关系。

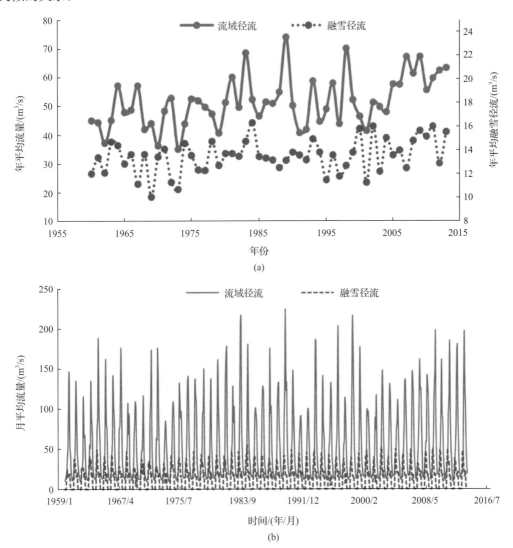

图 16.3　祁连山黑河山区流域年尺度和月尺度上的融雪径流与流域径流

　　除了上述两大功能以外,积雪对于气候具有重要的反馈作用,积雪多寡影响区域气象条件,从而再次影响高寒区流域的水循环和水平衡。此外,积雪及其消融过程受流域地形、植被等下垫面要素的影响,也反过来影响植被的生长过程,从而通过影响蒸散发过程来改变流域的水文过程。

16.2.3　冻土

在反复冻融过程中,多年冻土活动层和季节冻土的水热耦合作用改变了冻融季节中土壤液态水分的运移方向、运移量,从而改变了寒区流域的产流、入渗和蒸散发过程。但相对而言,该部分对水量的影响较少。冻结状态的季节冻土和多年冻土是极为微弱的透水层,其在流域产汇流过程中的隔水底板作用明显。但在中国高寒区流域,不连续、岛状多年冻土较为发育,从而使流域水文过程复杂化。

目前,多年冻土退化主要是活动层加厚,或者多年冻土退化为季节冻土(这一过程要缓慢得多),相应地增加了流域土壤入渗和水分调蓄能力,削峰补枯作用明显,增加了流域的枯水期径流(主要是基流)。北半球相关研究结果表明,冻土退化的这种影响在多年冻土覆盖率>40%的流域比较明显。冻土对径流影响的敏感性分析表明,若黑河山区流域多年冻土完全消失(即多年冻土覆盖率为0),则河流峰值流量会减少,但部分月份流量会增大。

多年冻土中含有大量的固体冰,虽然冻土地下冰相对冰川更新周期长,从短期来看,其补给水源效应比冰雪融水弱,但其总量较大。据全球范围的统计,山地冰川只占淡水资源的0.12%,而冻土地下冰则为0.86%。受全球变暖影响,多年冻土,特别是地下冰大量消融,其对流域水资源量及区域水文过程的影响将是巨大的。

从总体来看,多年冻土和季节冻土可改变高寒区流域水文过程及径流的年内变化;但若显著退化,则会影响流域的径流系数。此外,多年冻土地下冰也是一种特殊的水源。因此,从短期看,冻土是一种水量季节调节水库;从长期看,冻土既是一种固态水库,也是一种固态水源。

16.2.4　流域其他下垫面的水文作用

在寒区流域中,除冰冻圈要素以外,还有高山寒漠、高寒草甸、灌丛、沼泽、草原和森林等下垫面类型。这些下垫面类型和积雪与冻土水热传输过程密切相关。在区域和流域气候背景下,下垫面具有各自独特的水量平衡特征。了解这些下垫面的耗水状况、水源涵养能力和水量平衡特征,对于正确理解寒区流域水文过程、准确估算水量平衡,以及合理预估气候变化影响下流域径流变化等具有重要意义。

高山寒漠带是除冰川以外产流能力最高的地区(图16.4),尤其是在冰川覆盖率较小、高寒荒漠分布广泛的山区流域,高山寒漠带是流域最主要产流区,其水文作用突出。平缓高寒草甸和草原在高寒区的面积比例较大,但其降水量主要消耗于蒸散发过程,对流域径流的贡献较小,但其在形成区域小气候环境和形成水汽内循环方面具有重要作用。

森林和灌丛蒸散发量较大,特别是森林的平均蒸散发量大于年降水量,产流作用不显著(图16.4)。森林赖以生存的部分水量来自于森林上部山坡的补给。森林区径流则主要来自于长历时和(或)高雨强降雨过程,森林前期土壤含水量也是一个重要因素。但森林与高寒草地相同,在形成区域湿润小气候和流域水循环方面具有重要的水源涵养作用。

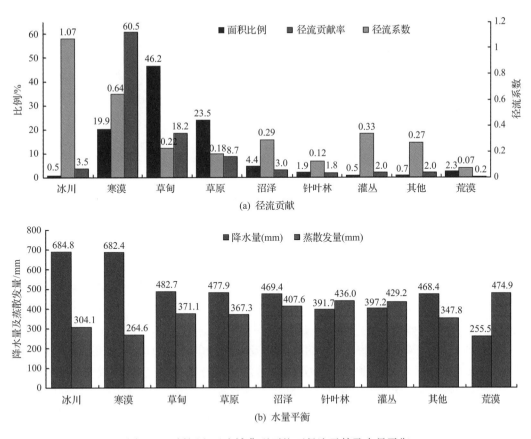

图 16.4　黑河山区流域典型下垫面径流贡献及水量平衡

16.3　流域水文模型中寒区水文要素的耦合

在寒区流域水文过程中,如何准确刻画寒区水文过程的分支模块,并将其有机耦合成一个整体,是当今寒区流域水文模拟面临的关键问题。以水文循环和产汇流过程为主线是耦合的基本原则。在本书前面相关章节中,专门介绍了冰川、冻土和积雪水文过程的数学描述和模拟方法,本节主要介绍如何在流域水文模型中耦合这些寒区水文要素。

16.3.1　耦合方法

1. 冰川水文模块

在寒区流域分布式水文模型中,冰川水文模块可以单独刻画。不管是简单的统计模型(如各种原始和改进度日因子模型,太阳辐射-消融量/径流量模型等),还是复杂的、包含冰川运动及冰内、冰下汇流模块的分布式水文模型,其估算出的冰川径流量是相对独立的。如何与流域其他下垫面的产流量融合到一起,视情况而定,下面介绍几种方法。

(1)若分布式水文模型是以格网划分产流单元的,则判断该格网内是否存在冰川及其面积比例,从而计算该格网内的冰川产流量,最终将该产流量与其他下垫面类型的产流量相同对待,参与流域汇流过程;若模型格网太大而冰川面积太小,或者冰川跨越模型格网,则需要做次格网化处理。

(2)若分布式水文模型是以小流域作为最小产流单元的,则尽可能将冰川所属的小流域单独划分。若该小流域内还存在裸露山坡产流,则将裸露山坡产流沿地形汇流到冰川小流域的相应位置,作为冰川区的输入水量,再参与冰川区的汇流过程(冰川小流域的汇流过程单独描述)。

(3)综合方法。尽管流域分布式水文模型是以格网刻画产流单元的,但仍然可将冰川区单独划分小流域。将该小流域出口的产流量直接对应到分布式水文模型的格网上,直接参与到流域水文模型的汇流模块中,从而实现与流域分布式水文模型其他模块的有机结合。

2. 积雪水文模块

积雪水文模型也有许多种,既包括黑箱模型,又包括概念性和分布式物理模型。在寒区流域分布式水文模型中,不管是以格网还是以小流域为最小水文产流单元,有关积雪水文模块的耦合是类似的,可按下面步骤完成。

(1)首先,需要判断产流单元内的降雪量及前期积雪量。简单的固液态降水分离方法(Chen et al. ,2014a)是判断产流单元内降雪量的较好选择。然后,需要根据相应经验参数或公式估算受风扰动等因素造成的降雪量估算误差。前期积雪量既可以通过实地调查作为数据输入,也可以通过对应时间的遥感资料粗略估计。单元格内的积雪面积需要精确刻画,具体处理方法参见上述冰川水文模型的处理方法。

(2)风吹雪及降雪再分布过程。根据相应模块估算降雪的再分布,获取不同格网或格网内部积雪面积及厚度的差异。估算的积雪面积是否精确可以利用对应时刻的高精度可见光遥感影像资料验证。

(3)同时考虑降雪植被截留及风扰动造成截留降雪的降落量,以及积雪升华和蒸发量。

(4)不管是利用简单的度日因子模型,还是应用考虑积雪变质作用及汇流过程的、复杂的能量平衡模型,所获取的积雪净消融量首先到达地表,然后与冻土水文过程联系起来。此时的消融水量是入渗、蒸发,还是直接作为地表径流量,或者3个过程都参与了,取决于冻土的水热参数及地形条件。也就是说,积雪水文模型与冻土水文模型的结合点,就是到达冻土表面的积雪净消融水量。可以把该净消融水量当作降水量处理,这是一种比较简单的方法。

(5)积雪的消融过程与下伏冻土的水热状况也是相互作用的。对于降雪量较多、积雪较厚的流域,在分布式水文模型中需要考虑合理的积雪分层,积雪最下层与冻土地表之间考虑其水热传输过程,从而实现积雪水文和冻土水文过程的耦合。对于中国高寒区来说,积雪厚度一般较薄,可以将积雪层作为一层处理,积雪层和冻土表面按界面过程考虑其水热传输过程。

3. 冻土水文模块

冻土水文过程是指水分在季节冻土、多年冻土活动层,以及多年冻土层以下土壤和岩层内的迁移、转化和相变的过程,是一种基于冻土为主要下垫面类型的特殊陆面水文过程。在流域产汇流过程中,多年冻土活动层和季节冻土融化层底部是深度不断变化的隔水层,冻结和未完全冻结土壤与岩层中固态含水量(冰)的存在,改变了土壤-岩层的能量收支和平衡,既增加了冻结-融化潜热过程,同时也改变了土壤-岩石层的导热系数、热容和总能量,以及热量传导过程。固态含水量(冰)的存在还改变了土壤-岩石层的结构,减少了土壤-岩层的有效孔隙度和实际土壤田间持水量,从而改变了土壤液态水分-土壤水势关系(土壤水分特征曲线),改变了土壤-岩层的实际水力传导系数,最终改变了液态水分(未冻水)的运移方向、运移长度、运移速率和运移量(陈仁升等,2006)。也就是说,冻土水文过程贯穿于流域的产流、入渗、蒸散发和汇流过程中,是寒区流域水文过程的核心环节。如何将冻土水热耦合过程与流域内的产流、入渗、蒸散发和汇流过程结合起来,是寒区流域分布式水文模型考虑的重点。

(1) 将到达冻土表面的净水量(包括降水量、积雪净消融量、其他格网的来水量等)按照降水量对待。

(2) 利用冻土水热耦合过程的相应模块(陈仁升等,2006),估算不同冻土层的各种水热参数的变化(考虑冻土中的含冰量),包括饱和导水率和实际导水率、实际孔隙度(孔隙度扣除含冰量)、实际田间持水量、水势梯度、导热系数、土壤液态和固态含水量(未冻水含量及含冰量)、土壤温度等参数的初始状态。

(3) 根据冻土表层水热参数状态,按照相关的产流、入渗理论和方法(各水文模型中应用方法可能不同),判断到达冻土表面的净水量会发生入渗、产流,还是蒸发过程中的哪一种,或者都发生,由此估算相应过程的水量配额。

(4) 根据上述计算结果,判断到达冻土第一层的液态水量,以及由此引起的土壤温度、导热系数和含冰量的变化,再次按照冻土水热耦合方法估算冻土各种水热参数的变化,特别是土壤水势梯度和导水率的变化,然后估算冻土第一层会发生入渗、蒸散发和产流等过程中的哪一种或哪几种,最后获取第一层冻土发生上述过程后的水热状态。

(5) 以此类推,继续估算其他冻土层的水热传输及耦合过程,最终到达隔水层或地下水层。

(6) 各层冻土的产流量最终按照水文模型中相应的汇流方法到达流域出口断面。

16.3.2　示例及问题

1. 示例

Chen 等(2014b)于 2008 年在黑河祁连山区葫芦沟小流域布设了一个寒区水文系统监测网络并观测至今,在此基础上获取了适合中国高寒区流域的一些参数和经验公式(陈仁升等,2014),发展了冰冻圈流域水文模型 CBHM(图 16.5)。

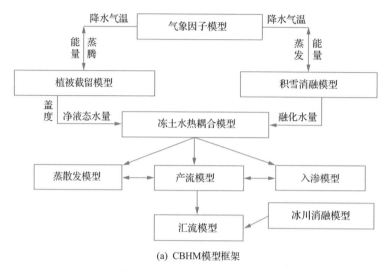

(a) CBHM模型框架

(b) CBHM模型界面

图 16.5 CBHM模型框架及界面

  CBHM模型较好地包容了不同时间尺度的气象因子空间插值方法、固液态降水分离及观测误差校正方法、高寒区典型植被截留和蒸散发过程、简单冰川面积及体积和融水径流算法、风吹雪及积雪消融过程、冻土水热耦合过程及冻土面积估算方法等。该模型综合了坡面汇流和河道河流两种方案,合理地处理了流域的汇流问题。考虑到中国高寒区观测数据较少的情况,该模型输入变量较少(基本为降水、气温和蒸发;土壤数据、植被数据等常规变量),几乎所有参数均有据可查。该模型采用并行计算,可在一般台式机上良好运转。该模型模块化设计,输入输出方便、多样,采用简单、实用的 Matlab 语言编制,可脱离 Matlab 平台安装和使用,源代码开放。该模型应该是目前最适合中国高寒区流域的分布式水文模型,已经公开共享,有兴趣者可直接查询详细情况。

　　CBHM 模型在祁连山黑河山区流域得以成功应用,在基本未调整模型参数的情况下,该流域 1960～2013 年的月平均径流模拟结果的效率系数高达 0.95(图 16.6),充分说明了该模型在中国高海拔寒区流域的适用性。

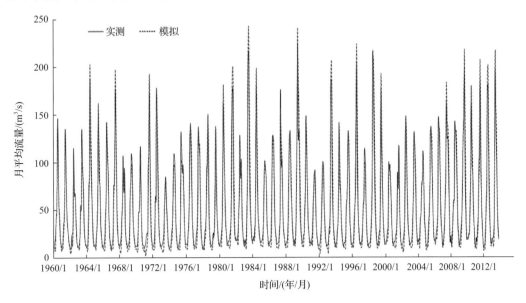

图 16.6　1960～2013 年祁连山黑河流域月平均流量模拟与实测对比图

2. 问题

1) 适合中国高寒区流域的分布式水文模型较少

　　目前,在国内外常见的流域水文模型中,完全包含冰冻圈要素的较少(表 16.1)。多数分布式水文模型中包括了基于度日因子的简单积雪消融过程,其对于冰川水文过程的描述也相对简单,多数仍然为度日因子模型,没有考虑冰川运动及汇流过程等。考虑冻土水热耦合过程及其对流域产流、入渗、蒸散发和汇流过程的模型也较少。CBHM 模型是目前较为完善、适合寒区流域的分布式水文模型。

表 16.1　常见分布式水文模型中的冰冻圈要素描述

模型名称	积雪模块	冻土模块	冰川模块	文献来源
DHSVM	是	否	否	Wigmosta et al. ,1994
DWHC	是	是	是	Chen et al. ,2008
GBHM	是	否	是	Yang et al. ,1998
HBV	是	否	否	Bergström,1995
SHE	是	否	否	Refsgaard et al. ,1992
TOPModel	是	否	否	Beven and Kirkby,1979
VIC	是	否	否	Liang et al. ,1996
GEOtop	是	是	是	Rigon et al. ,2006

模型名称	积雪模块	冻土模块	冰川模块	文献来源
WEB-DHM	是	是	否	Shrestha et al. ,2012
SWAT	是	否	否	Arnold et al. ,1998a
CRHM	是	是	否	Pomeroy et al. ,2007
PARFLOW	是	是	否	Ashby and Falgout,1996
ARNO	是	否	否	Todini,1996

2）寒区流域输入资料的稀缺,限制了模型物理过程的描述

高山区降水量、流域详细土壤和植被参数、地下含水层状况、各种气象驱动因子,以及冰冻圈相应参数,如冰川运动速率、厚度和体积实时变化数据,冰川汇流途径、风吹雪驱动要素、积雪变质作用及消融过程数据,深层冻土的水热性质等参数,目前在中国甚至是全球寒区都是较为缺乏的,由此导致寒区水文物理过程模块难以驱动。

3）经验参数和经验公式的缺乏

在寒区水文模型中,特别是寒区水文模块中,有许多简便、精度较高的处理方法,但缺乏相应观测和实验参数的支撑,如固液态降水分离的临界气温、降水观测误差校正方法、冻土完全冻结温度、积雪和冰川消融的度日因子等。这些参数有些是区域性的,有些是普适性的,有些具有时空变化规律（陈仁升等,2014）,需要大量的数据统计和野外观测来获取。

4）寒区水文过程中仍然存在许多不清楚的问题

冰雪度日因子的时空变化规律、冰川汇流过程、冻土-生态-水文相互作用、厚层积雪变质及消融过程等,尚缺乏深刻、全面的认识（陈仁升等,2014）,需要长期野外观测与研究,从而进一步提高对寒区水文过程的描述能力。

16.4　全球与区域模式中寒区水文过程的模拟

冰川、积雪、冻土和海冰对水文水资源及气候系统都具有重要影响,在进行大尺度的气候和陆面过程模拟时,冰冻圈要素的水文和冰/雪高反照率对气候系统的反馈过程不可忽略。目前,很多全球与区域气候和陆面模式中都考虑了冰冻圈要素,由于全球与区域模式的空间尺度非常大,大尺度模式对冰冻圈要素的处理方法与小尺度分布式模型的处理方法有很大差异性。本节主要总结目前大尺度的全球与区域模式对冰冻圈要素的处理方法。

16.4.1　全球模式与陆面模式中积雪水文过程

一个大尺度格网内,包含多种复杂下垫面类型,积雪的积累和消融都存在很大的差异性。为此目前大尺度的全球和陆面模式中对积雪的积累/消融的空间异质性主要采用的是两种方法:积雪覆盖率法和高程带法。积雪覆盖率法较为常见,该法积雪主要采用格网内的积雪平均深度或雪水当量与积雪覆盖率的统计关系,这种关系表达式很多,不同模式

采用的积雪覆盖率算法也不尽相同(表 16.2)。

表 16.2　积雪覆盖率经验公式

公式	所应用的模型及参考
$f_{snow} = \min(d_s/d_{sc})$	简单生物圈模型(SIB)(Sellers,1986) NCAR 陆面过程模型(LSM V1.0)(Bonan,1996) 戈达德航天中心 GLA 模型(Foster et al.,1996)
$f_{snow} = d_s/(d_s + 10z_0)$	戈达德航天中心 GISS 模型(Hansen et al.,1983) 生物圈-大气圈输送方案(BATS)(Dickinson et al.,1986) 积雪-大气-土壤质能传递模型(Sun et al.,1999)
$f_{snow} = f_{so}/(1 + f_{so})$; $f_{so} = 0.1w/0.2z_0$	Marshall et al.,1994
$f_{snow} = d_s/(d_s + 10z_0)\sqrt{d_s/[d_s + \max(1, 0.15 \times \sigma_z)]}$	Meteo-France 气候模式(Douville et al.,1995)
$f_{snow} = \tanh \times d_s/2.5z_0$	Yang et al.,1997
$f_{snow} = W/(W + W_c)$	戈达德航天中心 ARIES 模型(Koster and Suarez,1992) 加拿大气候中心 CCC-GCM(Verseghy,1991)
$f_{snow} = \sqrt{W/W_c}$	日本 CCSR-NIES AGCM(Watanabe and Nitta,1998)

注：f_{snow} 为积雪覆盖率；f_{so} 为未加权平均的积雪覆盖率；d_s 为平均的积雪深度(m)；d_{sc} 为掩盖土壤和植被的积雪深度(0.05m)；z_0 为植被粗糙长度(m)；W 为平均积雪的雪水当量(kg/m²)；W_c 为积雪临界量，是与 z_0 相关的常数(CCSR-NIES AGCM 中取值为 200kg/m²；CCC GCM 中取值为 100kg/m²)；σ_z 为次网格地形的标准偏差(m)。

　　格网内的积雪覆盖率(f_{snow})是计算地表反照率的一个重要参数,当格网内积雪呈斑块分布时,格网地表平均反照率(α_g)是积雪反照率(α_{soil})和土壤反照率(α_{snow})的面积比例权重和:

$$\alpha_g = \alpha_{soil}(1 - f_{snow}) + \alpha_{snow}f_{snow} \tag{16.1}$$

　　由于雪的反照率要明显高于土壤的反照率,过高或过低估算积雪覆盖率会对地表反照率产生明显影响,从而会影响大气模式的模拟精度,目前很多学者开展了积雪覆盖率参数化方案方面的研究。

　　对于水文工作者,更关心的是融雪径流的模拟精度,为了更为准确的径流模拟,一些大尺度的水文模式中,将模式的大格网分成多个积雪高程带,每个高程带作为一个计算单元。考虑每个积雪高程带的气象要素(气温、降水)与格网中心或平均值的差异,根据积雪高程带与格网的平均高程差,采用梯度法,将格网中心或平均的气温和降水次网格化到每个积雪高程带(图 16.7),然后采用积雪积累/消融模型(能量或度日)进行积雪水文过程的计算。

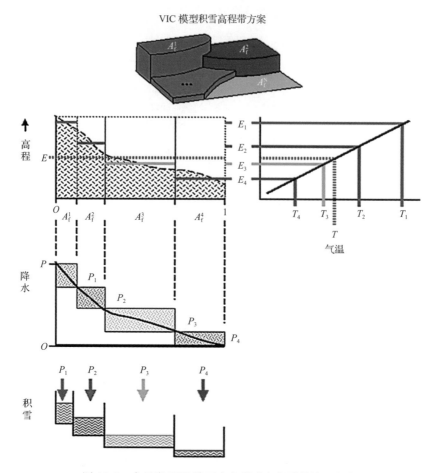

图 16.7　大尺度 VIC 陆面水文模式中积雪的处理方法

16.4.2　全球模式与陆面模式中冰川水文过程

目前,一些全球和区域气候和陆面模式将冰川作为一种静态的下垫面类型处理,如果这个格网包含一定比例的冰川,就认为格网完全由冰川覆盖,且冰川面积不随时间的变化而变化,所以采用能量平衡来计算冰川的消融和对大气的反馈(图 16.8)。这种表达方式对于大尺度模式格网中占有较小比例的山地冰川来说,模式处理存在很大问题,且也无法反映冰川变化对气候和水文的影响。

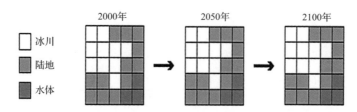

图 16.8　气候和陆面模式中地表覆盖的表达:静态的冰川输入

　　针对气候和陆面模式中冰川方案存在的问题,一些研究者对此进行了改进和发展,以格网中冰川所占的面积比例作为输入,鉴于格网内冰川区的气候状况与格网平均存在的差异性,也设计了一些简单冰川区气候要素(太阳辐射、降雪)次网格化方法,从而采用冰川表面能量平衡方案来计算冰川消融和积累及对大气的反馈。为了体现冰川随着气候变化所发生的动力响应过程,现在基本采用冰川面积-体积关系来实现,通过模拟的冰川体积变化来调整格网内冰川面积比例(图 16.9)。

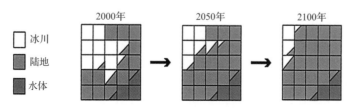

图 16.9　区域气候模式 REMO 中改进后的冰川方案:冰川面积会随气候变化而改变

　　上述简单的冰川次网格(表达和气象)方案可能仍难以满足地形复杂的山地冰川水文过程的准确模拟,为此一些研究者又将格网内冰川分成多个高程带,每个冰川高程带作为一个水文计算单元。根据冰川带的高程与格网平均高程带的差异,按照梯度将格网平均的气温和降水次网格化到冰川带,对冰川带的能量要素也根据地形进行相关的次网格化处理,然后采用能量平衡/度日因子模拟冰川的积累和消融,冰川动态变化也采用面积-体积关系来实现(图 16.10),模拟的冰川面积的增加量和减少量均优先从最低的海拔高度带开始调整。

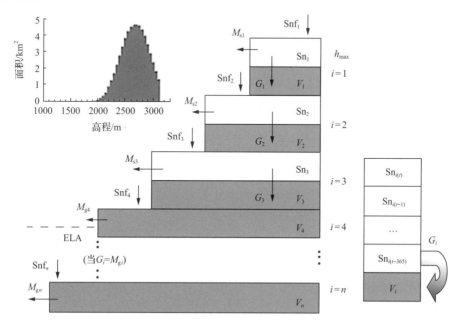

图 16.10　HYGOA 大尺度水文模式中冰川高程带次网格方案

(图中 i 为冰川高程带;Snf 为降雪;M_s 为积雪的消融;M_g 为冰川冰的消融;G 为积雪转成冰川冰的量;
Sn 为积雪的体积;V 为冰川冰的体积)

16.4.3　全球模式与陆面模式中冻土水文过程

冻土水文过程是寒区水文过程的核心环节,在全球尺度的陆面模式和水文模式中,应充分反映冻土的不透水性对区域水热参数和水文过程的影响。在模拟寒区水文过程对冻土退化的响应时,还应准确估算冻土区的冻土含冰量、活动层厚度和冻土层厚度等关键冻土参数,从而实现对寒区水文过程的准确模拟。

冻土的不透水性是影响冻土水文过程的关键因素。野外实验表明,冻土区垂直土柱的冰储量(可折算为以 mm 为单位的雪水当量)达到一定阈值后,就会形成渗透率为零的不透水层,而在大尺度的全球模式和水文模型中,由于网格单元的面积较大,各个网格内的冰储量分布并不均匀,因此,模型首先计算出冻土区各个网格的平均冰储量,再建立不透水层的面积百分比与平均冰储量的函数关系,计算出各网格的不透水层面积百分比,求和后就可以得到整个冻土区内不透水层的面积百分比,根据不透水层的面积百分比,可以进一步求出整个冻土区的下渗系数、导水系数,以及与产汇流过程相关的水文参数。该过程如式(16.2)所示(Koren et al.,1999),在式(16.2)中,网格的不透水层面积百分比等于该网格内次网格单元的冰储量超出不透水层冰储量阈值的概率:

$$F_c\{W_{ice} > W_{cr}\} = 1 - \int_0^{W_{cr}} f(W_{ice}) \, \mathrm{d}W_{ice} \tag{16.2}$$

式中,F_c 为不透水层的面积百分比;W_{ice} 为冻土层含冰量折算的雪水当量(mm);W_{cr} 为不透水层冰储量阈值折算的雪水当量(mm);$f(W_{ice})$ 为次网格单元冰储量的空间分异函数。

因此可以看出,要求解以上公式,首先要确定冰储量阈值,在实际应用中,由于影响的因素较多,一般是根据区域的土壤性质、植被类型和地形等数据确定其取值范围,再根据模型的模拟精度实验进行估算。一般而言,黏土的冰储量阈值为 120～150mm,而砂土的更高。

其次,要确定在网格平均冰储量值约束下的次网格单元冰储量变化的概率密度函数,通常用一些经验公式。对环北极圈地区的实验数据进行分析表明,可以用伽马分布函数拟合次网格冰储量变化的概率密度函数,网格平均冰储量值越低,次网格冰储量的空间分异性就越高,将伽马分布函数作为概率密度函数代入式(16.2)可以得到:

$$F_c = \frac{1}{\Gamma(\alpha)} \int_0^v \chi^{\alpha-1} \, \mathrm{e}^{-\chi} \mathrm{d}\chi \tag{16.3}$$

式中,F_c 为不透水层的面积百分比;v 为积分参数;α 为伽马分布函数的形状参数,按照式(16.4)计算:

$$\alpha = \frac{1}{C_v^2} \tag{16.4}$$

式中，C_v 为土壤体积含冰量的变异系数。v 为网格平均冰储量、不透水层的冰储量阈值和 α 的函数，按照式(16.5)计算：

$$v = \alpha \frac{W_{cr}}{\overline{W}_{ice}} \tag{16.5}$$

式中，$\overline{W}_{ice}$ 为网格平均冰储量(mm)；W_{cr} 为不透水层的冰储量阈值(mm)。

　　全球模式在模拟全球变暖背景下的冻土退化时，还要获取全球冻土区的初始含冰量、活动层厚度和冻土层厚度，一般可从国际冻土协会发布的全球冻土区地下冰含量分布图和冻土分布图(见 13.2.3)中提取。为了实现对冻土退化的准确模拟，还需要一定分辨率的冻土区土壤性质、植被和有机质等的相关分布数据，这有赖于相关调查研究的进一步精确细化(Gouttevin，2012)。

16.4.4　全球模式与陆面模式中海冰水文过程

　　海冰作为冰冻圈的一个重要组成部分，其对大气环流和地球气候都具有重要意义，因此在大尺度模式中恰当表示它是非常重要的。在大气环流模式中，一般根据"观测"的气候海冰覆盖状况把海冰作为一种固定的下边界条件给定出来。有一种方法是根据观测的海面温度来推算海冰覆盖区域，并增加温度低于海冰冻结温度的区域的海面反照率。有的模式是事先给定海冰覆盖区域和厚度，然后根据热力学方程来计算海冰表面温度，从而更替海冰覆盖。

　　实际上，海冰与大气之间的相互作用是气候系统中的一个重要组成部分，只有在大气-海洋耦合模式中才可恰当地实现海冰作用。在一些海气模式中，海冰的生消采用热力学海冰模式来模拟，而在更复杂的一些模式中，根据有黏弹性介质流变学理论，可通过考虑传输和机械变形作用，将海冰动力学过程也包括进来。在中高纬度地区，模式的模拟精度很大程度取决于对海冰的处理，尤其在海气模式中，海冰覆盖区域对模拟结果是至关重要的。

　　海冰是由裂缝、水道和冰穴等组成的复杂冰体，在空间上也是不连续的，并且随着时间的变化，水道和冰之间的热力学差异是非常明显的。早期由于模式空间分辨率很低，多数情况下海冰这一非均匀的空间尺度不能被目前的全球模式分辨出。因此，很多全球环流模式将海冰处理为连续分布，即一个格网要么完全被冰覆盖，要么完全无冰[图 16.11(a)]。一些研究者考虑到水道对海气交换有着重要影响，提出海冰次网格概念，即在全球模式格网内要考虑冰和水道的组成比例[图 16.11(b)]。在计算能量平衡过程时，有一种方法是将冰和水道的表面参数通过面积比例加权平均作为格网的平均参数参与计算，然而质量、能量和动量通量的非线性依赖于表面特征及于其上的大气边界层结构，所以以平均参数的方案会造成较大误差。所以一部分研究者分别计算冰和水道的能量和物质平衡，然后再根据面积比例加权求和，从而获得格网平均信息，该方法现阶段被广泛应用。

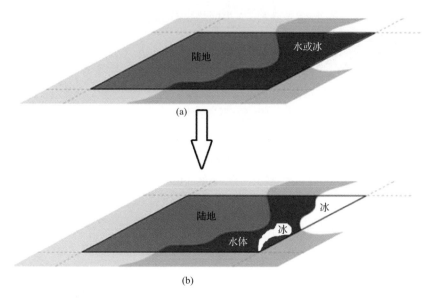

图 16.11　全球模式中海冰的表达示意图

16.5　GRACE 重力卫星在寒区水文学中的应用

地表物质的分布决定着其重力场的分布,水和大气在小时或者年时间尺度上的运动同样也决定着地球重力场的变化。GRACE(gravity recovery and climate experiment)重力卫星计划由美国国家航空航天局(NASA)和德国空间飞行中心(DLR)联合开发,旨在获取地球重力场的中长波部分及全球重力场的时变特征,并可用于探测大气和电离层环境。GRACE 重力卫星计划的工程管理由美国喷气推进实验室(JPL)负责,科学数据处理、分发与管理由美国喷气推进实验室(JPL)、得克萨斯大学空间研究中心(CSR)和德国地学研究中心(GFZ)共同承担。

16.5.1　GRACE 重力卫星反演陆地水储量变化的原理

地球重力场可以用大地水准面来描述。大地水准面的球谐系数表达式为(翟宁等,2009)

$$N(\theta,\phi,t) = a\sum_{l=0}^{\infty}\sum_{m=0}^{l}P_m(\cos\theta) \cdot \left[C_m(t)\cos(m\phi) + S_m(t)\sin(m\phi)\right] \quad (16.6)$$

式中,l,m 分别为重力场的阶数和次数;a 为地球赤道半径;θ,Φ 分别为余纬和经度;$C_m(t),S_m(t)$ 分别为时变重力场系数;$P_m(\cos\theta)$ 为归一化的缔合勒让德函数。

由时变重力场得到表明密度变化为(钟敏等,2009)

$$\Delta\sigma(\theta,\phi) = \frac{a\rho_{\rm ave}\pi}{3}\sum_{l=0}^{\infty}\sum_{m=0}^{l}\frac{2l+1}{1+k_l}P_m(\cos\theta) \cdot \left[\Delta C_m(t)\cos(m\phi) + \Delta S_m(t)\sin(m\phi)\right]$$

$$(16.7)$$

式(16.7)是利用 GRACE 数据计算水的密度,其中, $\Delta\sigma(\theta,\Phi)$ 为水密度变化; ρ_{ave} 为地球平均密度; ΔC_m 和 ΔS_m 为 GRACE 提供的球谐系数变化量。平均后的水密度变化为(Rodell et al. ,2004):

$$\Delta\sigma(\theta,\phi) = \frac{2a\rho_{ave}\pi}{3}\sum_{l=0}^{N}\sum_{m=0}^{l}\frac{2l+1}{1+k_l}W_lP_m(\cos\theta)\cdot\left[\Delta C_m(t)\cos(m\phi)+\Delta S_m(t)\sin(m\phi)\right]$$

$$(16.8)$$

式中, W_l 为权函数,定义为

$$W_0 = \frac{1}{2p},\quad W_l = \frac{1}{2p}\left[\frac{1+e^{-2b}}{1-e^{-2b}}-\frac{1}{b}\right],\quad W_{l+1} = -\frac{2l+1}{b}W_l + W_{l-1},\quad 其中\ b =$$
$$\frac{\text{In}(2)}{1-\cos\left(\frac{r}{a}\right)},r 为高斯平均半径。一般情况下,将水密度变化转化成等效水高,其公式$$

如下:

$$H_{water} = \frac{2a\rho_{ave}\pi}{3\rho_{water}}\sum_{l=0}^{N}\sum_{m=0}^{l}\frac{2l+1}{1+k_l}W_lP_m(\cos\theta)\cdot\left[\Delta C_m(t)\cos(m\phi)+\Delta S_m(t)\sin(m\phi)\right]$$

$$(16.9)$$

16.5.2　GRACE 重力卫星在寒区研究中的应用

水储量变化包括水循环过程中降水、蒸散发、地表径流、土壤水与地下水的交换等(Wahr et al. ,1998)。目前,由于缺乏实测数据及传统测量方法成本太高,很难获取高精度的区域水储量变化信息。近几年,将重力卫星数据用于中、长尺度陆地水储量变化监测的研究中,已取得重要进展(Tapleyet al. ,2004;Ramillien et al. ,2004)。这种方法的优点是全球观测分布均匀,并且观测尺度统一。GRACE 重力卫星在较大程度上弥补了遥感卫星只能观测地表十几厘米厚度的土壤湿度、地表观测台站空间分布不均匀等不足,为定量研究区域陆地水储量的变化提供了新的途径。

重力场变化主要由陆地水储量、冰雪质量(包括极地冰盖和山地冰川),以及其他地球物理信号(冰后回弹、地震变形等)引起。GRACE 数据中含有由大气、海洋质量变化等造成的干扰信号,可以采用数值模拟去除该部分的影响,数据前处理去除地球物理信号的影响,最终得到水储量变化量。利用 GRACE 卫星数据,结合重力场模型,可以监测到地下水约 0.9mm 的等效水高的变化,估算的陆地水储量年变化精度达到 1.0~1.5cm,反演结果与实测的土壤湿度和地下水观测数据的变化的相关性达到 0.95 (Ramillien et al. ,2004)。相关研究表明,GRACE 反演的陆地水储量变化与美国气候预测中心(CPC)的水文模式,以及全球陆地资料同化系统(GLDAS)模拟的结果在大多数区域符合得相当好,这为改进全球水文模型的模拟精度、大区域干旱、洪涝灾害,以及大流域水文过程和水量研究提供了新的方法和思路(Niu and Yang,2006)。

1. 利用 GRACE 反演冰川物质平衡

随着全球变暖,极地及山地冰川的消融会对当地的动植物、全球海洋和大气环流及海平面产生重要影响。GRACE 重力卫星反演的冰川物质平衡与雷达测高数据得到的物质平衡结果较为一致。研究表明,2002~2009 年南极地区冰川消融率为(190±77)Gt/a,南极西部消融率为(132±26)Gt/a(图 16.12);整个格陵兰岛 2002~2005 年的消融速率为(−239±23)km³/a(Syed et al.,2007;Anthony et al.,2008;Luo et al.,2012)。利用 GRACE 重力卫星反演整个亚洲的山地冰川在 2003~2009 年的平均冰消融率为(47±12)Gt/a,等效于海平面上升(0.13±0.04)mm/a;全球山地冰川对全球海平面上升的影响是(0.73±0.10)mm/a。利用度日因子模型对 GRACE 反演的冰川物质平衡进行了验证,结果表明,对于大面积冰川物质平衡模拟,度日因子存在一定的缺陷,主要是受到观测区域站点数据收集的限制,导致模拟精度较低(Anthony et al.,2009)。综上所述,GRACE 卫星能更有效地对冰川物质平衡变化进行宏观监测,为研究极地冰盖及区域冰川变化提供新的手段。

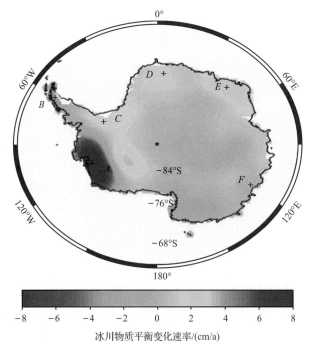

16.12　GRACE 反演的南极冰川物质平衡变化速率(Luo et al.,2012)

图中 A 点为 Amundsen Gulf;B 点为 Graham Land;C 点为 Ronne Ice Shelf;D 点为 New Schwaben Land;
E 点为 Enderby Land;F 点为 Wilkes Land

2. 利用 GRACE 重力卫星研究冻土区的水储量变化

冻土是冰冻圈最主要的组成要素之一,含冰冻土的退化导致地表下沉,从而改变和影响生态系统、地表景观、人类居住习惯及基础设施的建设。季节冻土的冻融过程及多年冻

土的退化过程影响着地表能量和水分的交换,从而影响地球化学的循环、气候及水文系统
(Romanovsky et al.,2007)。北极地区的流域水文过程受冻土分布和其活动层的影响,
其中不冻层的状况是最重要的影响因素(White et al.,2007)。利用 GRACE 重力卫星的
水储量变化数据,结合径流资料、冻土分布及微波雪深资料,分析阿拉斯加平原地区、山前
地区及育空河流域的水量变化。研究结果表明,平原区的多年冻土分布使得湖泊和沼泽
区域不冻层扩张,延长了地下水滞留时间,从而使该区域的地下水储量增加,而在育空河
流域由于多分布着不连续冻土和岛状冻土,使得湖泊和沼泽区域减少,减少了地下水滞留
时间,从而使得该区域地下水呈减少趋势(Reginald and Vladimir,2011)。

3. GRACE 重力卫星数据的不确定性

GRACE 重力卫星在测量极地冰川、高山冰川、海洋水文和陆面水储量研究等方面具
有独特的能力,其为研究全球、区域或流域水量平衡提供了新视点。然而,其数据的应用
也存在不确定性,主要包括:①卫星测量误差;②信号泄露;③反演过程中背景模型应用误
差(Ramillien et al.,2008)。需要解决的问题还包括混淆效应、冰后回弹、球谐系数高阶
部分的噪声污染和条带现象及低阶球谐系数(主要是一阶项的 C20 项精度低)。这些问
题在数据处理过程中若不加以考虑,会直接影响反演的精度和可靠性。GRACE 在全球
或区域水文问题上的应用有很多值得探讨的地方,从数据处理技术和实际应用两方面提
高数据质量,并进行合适的验证,才能使 GRACE 卫星成为监测全球或者区域水文信号变
化独特而有效的技术手段。

16.6　同位素方法在流域寒区水文研究中的应用

20 世纪 50 年代初,同位素技术开始应用于水科学领域并解决了水文学和水文地质
学中的一些问题。此后,随着科技的发展,尤其是同位素分析技术的发展,水的同位素分
析逐渐成为现代水科学研究的方法之一。同位素水文技术应用的主要依据是稳定同位素
的分馏原理和放射性同位素的衰变理论,利用同位素对水循环的标记作用和计时作用,直
接或间接地应用水体及其溶解物质中保存的与水体来源、形成环境和演化历史相关的环
境同位素信息,揭示各种水体的成因、赋存条件及水循环机理等。同位素水文技术在解决
有关的水文学问题和水-生态系统中的环境问题等方面取得了很大进展,已成为水文学科
中一门迅速发展起来的新的分支学科——同位素水文学(isotope hydrology)(Mook,
2001)。冰冻圈由于地理上的特殊性和地质上的复杂性,使用传统方法可能存在工作面积
大、工作难度大和工作基础薄弱的局限。近 30 年来,随着同位素技术大的发展,同位素技
术作为一种新技术在冰冻圈水文中得到越来越广泛的应用(吴锦奎等,2008)。

16.6.1　冰冻圈天然水体中的稳定同位素

冰冻圈的水分在水循环过程中受混合作用和同位素分馏作用等的影响,水的稳定同
位素比值在不同阶段和区域会产生规律性的变化。不同水体、不同来源的水分有着不同
的氢氧同位素组成,因此根据稳定同位素组成的空间分布和变化规律,可研究不同水体的

来源和示踪水体的运动等。下面对冰冻圈不同水体同位素组成特征进行简单介绍。

降水：冰冻圈一般位于高海拔、高纬度和低温地区，大气降水同位素值随着海拔的增高而逐渐降低，同时从低纬度到高纬度，随着温度的降低，降水的重同位素逐渐贫化，因此冰冻圈大气稳定同位素值普遍较低。全球降水的平均 δD 和 $\delta^{18}O$ 值分别为 $-22‰$ 和 $-4‰$，而地处两极地区的降水 δD 和 $\delta^{18}O$ 值为 $-308‰$ 和 $-53.4‰$，非常低的平均大气降水 $\delta^{18}O$ 值（$-26‰\sim-22‰$）也出现在加拿大北部和西伯利亚东部地区，以及海拔高度高的山区。冰冻圈中降雪是降水的一种主要形式。由于气团随地形抬升和在冷凝时高度效应导致的温度降低，降雪中重同位素随海拔将逐步贫化。全球大多数区域，降水 ^{18}O 海拔效应一般为 $-0.28‰/100m$，冰冻圈区域的海拔效应变化较大，^{18}O 一般在 $-0.15‰\sim-0.50‰$，D 在 $-4‰\sim-1‰$。

雪冰：冰川和积雪中同位素组成主要受温度的影响。冬季形成的积雪中 δD 和 $\delta^{18}O$ 值要比夏季形成的积雪更贫化（Dietermann and Weiler，2013）。奥地利一条冰川研究发现，冬季和夏季形成的积雪中 δD 值平均差值达 $-14‰$。贡嘎山海螺沟冰川研究发现，顶部冰（$-16.2‰$）和底部（$-16.6‰$）冰的同位素组成存在差异，顶部冰略富重同位素，这显然与顶部冰的局部消融有关。中国冰川冰雪 δD 和 $\delta^{18}O$ 的含量，分别为 δD 在 $-154.7‰\sim$ $-22.5‰$，平均值为 $-109.8‰$，$\delta^{18}O$ 在 $-12.65‰\sim-4.38‰$，平均值为 $-10.3‰$。

冰雪表面融水：雪水中稳定同位素的变化机理非常复杂，在美国 4 个积雪场的研究表明，尽管气候条件不一样，雪水融化过程中同位素越来越富集。天山乌鲁木齐河源段的研究结果认为，尽管总体上新雪、残留积雪、冰川冰和表面融水 $\delta^{18}O$ 的值相差不大，经过融化的残留积雪中，$\delta^{18}O$ 仍呈现出较为复杂的变化模式。冰川的不同部分由不同的同位素组成。夏季降水和经历过冰-水同位素交换后的粒雪和冰融水都相对富 D 和 ^{18}O。夏季降水和表层雪融水的 δD 和 $\delta^{18}O$ 含量明显不同。冬季雪通常比夏季降水贫重同位素，加之融雪过程中的动力同位素分馏作用，使冰雪融水的 δD 和 $\delta^{18}O$ 更进一步贫化。

冰川末端融水径流：冰川末端融水径流一般由冰川冰融水、表层雪溶水、夏季降水和冰川地下水等不同组分混合而成。因此，径流的同位素组成与不同来源的水和它们的相对混合比有关。Ambach 等（1973）在观察冰川径流时发现，冰川径流的 δD 随时间变化而消长。每天早晨径流 δD 低，但在下午完全相反。每年的晚夏 δD 值最高，在寒冷季节又呈现低 δD 值。尹观等（2000）在四川贡嘎山海螺沟上游河段冰川河的研究中发现，冰川末端融水的同位素组成存在明显的季节性效应，$\delta^{18}O$ 值冬季低于夏季，同一季节内晚上低于早晨。这种现象实质上反映了冰川径流来源于不同比例的冰川冰、雪融水及冰川地下水的变化。温暖季节，水中 δD 值最高，表明冰川径流中冰和粒雪的融水占优势，寒冷季节水的低 δD 反映径流主要源于滞留时间不长的冰川地下水，此时冰和粒雪融水的数量减少到最低程度。每天的变化也可做出类似的解释，只不过其变化程度比季节性变化小得多。

山区河水：冰雪融水是许多山区溪水（stream water）的重要组成部分。这种类型水的同位素组成呈明显的季节性变化，但正好与降水的情况相反：在夏季消融季节，冬季储存的大量冰雪逐渐融化，致使溪水的稳定同位素 D 和 ^{18}O 的含量比夏季降水低得多，甚至比冬季的降水还低。在意大利 Adige 河,夏季河水的 $\delta^{18}O$ 值比冬季低 0.8‰左右。河西走廊黑河的相关研究表明,1~3 月 δD 和 $\delta^{18}O$ 平均分别为-51‰和-8.0‰。自 4 月后,δD 和 $\delta^{18}O$ 迅速减小,到 6 月达到最低点,其原因在于冰雪融化引起径流增大,至 6 月达到最大,因而河水最贫重同位素。汛期 7~10 月,山区降水量大,河水主要来自夏季降水的补给,重同位素富集,10 月后,温度变低,降水逐渐减少,河水 δD 和 $\delta^{18}O$ 值又开始减小。

河水(river water)是由一系列溪流或支流汇集而成的,从河流上游的源头到下游,河水重同位素逐渐富集,其变化受支流水的同位素组成和水量大小所制约。尽管河水的同位素季节性波动依然存在,但季节性变化幅度会受到一定程度的削弱。从密苏里-密西西比水系可以看到,河流的源头(怀俄明和蒙大拿山区)密苏里河水的 $\delta^{18}O$ 值为-15.1‰(δD 为-150‰左右),到圣路易斯以上密西西比河的交汇口,$\delta^{18}O$ 值变为-9.5‰(δD 为-95‰左右)。在圣路易斯以下,密西西比河水的 $\delta^{18}O$ 值变为-4.0‰(δD 为-30‰),而且从这一汇水点往下至入海口,河水中的 δ 值还继续上升(图 16.13)。在密西西比河的各支流,水的同位素组成明显地显示出高度和纬度效应的特征。这些支流在干流的不同位置上从上游至下游依次汇入,从而改变了干流河水的同位素组成,源头水对干流河水的贡献仍然显示出主导作用(IAEA,1983)。

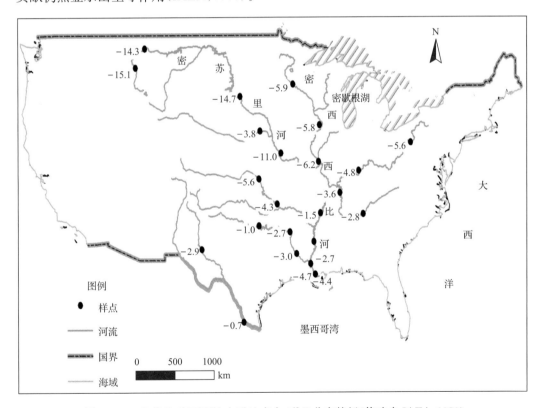

图 16.13　密苏里-密西西比水系地表水 $\delta^{18}O$ 分布特征(修改自 IAEA,1983)

16.6.2　同位素在寒区水文研究中的应用

1. 河水水源组成及水文规律研究

冰冻圈流域河水补给来源中一般包含降水和冰雪融水直接产生的坡面流,降水和冰雪融水下渗形成的地下水,以及直接进入河流的降水和冰雪融水。坡面流受降水和冰雪融水影响较大,同位素组成与直接降水和冰雪融水的同位素组成较为接近;地下水的补给过程和补给量受到冻土不透水作用和蓄水冻土作用的制约,与无冻土地区相比,其动态规律和补排条件存在着本质上的差异。因此,由降水、冰雪融水及地下水补给的河流有其独特的流量过程线,河水流量多在春夏季冰雪大量融化时达到峰值。由于降水的温度效应,同一地区冰雪的 $\delta^{18}O$ 和 δD 值都相对于河水和雨水较低,而由于通过不同渗透路径形成地下水,可以削弱同位素信号的季节性变化,其同位素组成较为均一,因此其中便存在一个明显的同位素信号。用同位素径流分割方法研究其产流过程时,可将补给水源划分为降水、冰雪融水(或将冰融水与雪融水区分开)和地下水。

不同水体在河流中汇流到一起时,水和水中溶解物质的同位素组成必将发生明显变化。利用水体的氢、氧同位素和水化学标记特征,可以确定地表径流中水体的组成和混合比,其对于阐明河水的成因以及不同季节支流混合比的定量计算具有实际意义。

1)不同地表径流混合过程中的同位素均一化

不同地表径流的混合对于研究同位素组成的均一化程度是基础工作之一,它关系到不同地表径流混合比计算的准确性。在混合过程中,不同地表径流出于所处地理环境复杂程度不一,有的混合快些,但多数都很慢。

加拿大西北部利亚德(Liard)河和麦肯齐(Mackenzie)河在汇流前,$\delta^{18}O$ 的平均值分别为 $-21.3‰$ 和 $-17.4‰$,同位素差异非常明显。在汇流点以下超过 480km 的地段内设置了 10 条剖面采集样品,结果表明,距汇流点不少于 30km 处,河水才能实现完全混合。在南美,里奥内格罗(Rio Negro)和索利默伊斯(Rio Solimoes)支流的同位素组成和化学成分相当不同。经测定,在两条支流汇流点马瑙斯(Manaus)上,里奥内格罗河的 $\delta^{18}O$ 值比索利默伊斯河少得多。这两条支流汇成的亚马孙河水中,出现一个介于两条支流同位素组成之间的过渡带,说明支流水之间的混合很慢,直至马瑙斯汇流点以下 120km 处,仍未观察到完全混合。当然在河道狭窄、坡降陡峭、水流湍急的地段,河水的同位素较易达到相对均一化。

2)径流混合比的定量计算及水文规律研究

径流混合比的定量计算,必须在混合后完全达到同位素均一化的基础上进行。基于同位素质量平衡原理,在河流水的研究中,干流和支流之间存在下列关系:

$$Q_{支1} = \frac{\delta_{总} - \delta_{支2}}{\delta_{支1} - \delta_{支2}} Q_{总} \qquad (16.10)$$

式中,$Q_{支1}$、$Q_{支2}$ 和 $Q_{总}$ 分别为支流 1、支流 2 和干流水的流量;$\delta_{支1}$、$\delta_{支2}$ 和 $\delta_{总}$ 分别为支流 1、支流 2 和干流的同位素组成。在两条支流混合为干流的情况下,只要分别测得各支流及干流的同位素组成,就可以算出支流的混合比。若已知一条支流或干流的流量,还可以把其他的支流或干流的流量计算出来。

应用上面的方程,在原捷克斯洛伐克北 MordryDul 集水区,一个面积仅有 2.65km² 的山区盆地,当地溪水的流量在融雪季节为 20～30L/s,最大值为 3m³/s,通过同位素 D 和 ¹⁸O 的测定计算表明,在溪水高流量时期,有 2/3 的溪水来自地下水,只有 1/3 来自融雪。大部分雪融水渗透到次表面被储存起来,只有小部分以径流的方式排泄到小溪中。西欧的莱茵河来源于较低盆地的默兹河(Meuse)的 $\delta^{18}O$ 平均值为 $-7.7‰$,高山支流水的 $\delta^{18}O$ 平均值为 $-13.5‰$,经计算得出,高山支流在夏季对莱茵河的贡献为 50%,冬季为 20% 左右。

丁悌平等(2013)利用同位素方法对长江源区大气降水、冰雪融水和湖泊水的相对贡献进行了研究。在长江正源沱沱河水文站,大气降水和冰雪融水对河流的贡献率分别为 42%～56% 和 39%～56%;在直门达水文站,大气降水和冰雪融水对河流的贡献率变化较大,分别为 50%～82% 和 8%～40%,湖泊水的贡献率稳定在 10% 左右。在金沙江河段,长江穿流于川、滇山地之间,河水主要受大气降水和冰雪融化水的补给,湖水的贡献可以忽略。因此,河水的 $\delta^{18}O$ 与 δD 值逐渐降低,在石鼓到攀枝花河段达到最低值($\delta^{18}O=$ $-15.4‰$～$-12.7‰$,$\delta D=-112‰$～$-89‰$)。从攀枝花到奉节,雅砻江、沱江、岷江、嘉陵江和乌江等主要支流的相继加入,使干流径流量急剧增大。受到新加入的支流水的影响,源头来水的同位素印记逐渐淡化,干流河水的 $\delta^{18}O$ 与 δD 值不断攀升。到奉节站河水的 $\delta^{18}O$ 值已升至 $-10.3‰$～$-8.8‰$,δD 值已升至 $-72‰$～$-58‰$。但在这一河段,不同时间(4～7 月)的 $\delta^{18}O$ 与 δD 值变化较小。这种情况有些出乎意料。因为,冰川融水通常比雨水具有较低的 $\delta^{18}O$ 与 δD 值,夏天冰川融水贡献率的增大理应使河水的 $\delta^{18}O$ 与 δD 值降低。由于上游来水所占份额很小,这种现象难以用上游来水同位素组成的影响加以解释。更合理的解释是,这段河流在 4 月就可能有冰雪融化水的加入。这一河段的主要支流雅砻江、沱江、岷江和嘉陵江其源头或出自川西高原积雪的高山(雅砻江、沱江、岷江),或出自北方的秦岭(嘉陵江)。在每年的 4 月,川西高原的月平均温度为 5～10℃,冰雪融化对河水的贡献已经很明显,结果导致冰雪融化与大气降水对这一河段径流的贡献在 4 月与 7 月没有显著差别,因而显示相似的氢氧同位素组成。

2. 高寒流域融水同位素水文研究

在冰冻圈流域内,径流的形成直接与降水有关,但也与融水有很大关系。融水可以通过地表径流排泄,也可以渗入储水层中,还可能把过去储存的地下水挤压并排入河流。运用同位素方法,不仅可以确定包含融水的径流组成及成因,还可以模拟计算各组分的相对量。由于融水和降水及地下水在同位素组成上有相当的差异,这种差异是冰冻圈流域水文研究的基本出发点。

包含冰川/积雪流域不同水体的稳定同位素组成具有明显差异,基于物质平衡方法可对消融期河水(Q_s)中的冰雪融水(Q_m)、降水(Q_p)和地下水(Q_g)的补给量进行分割[式(16.11)～式(16.13)]。

$$Q_s = Q_p + Q_m + Q_g \qquad (16.11)$$

$$C_{1s}Q_s = C_{1p}Q_p + C_{1m}Q_m + C_{1g}Q_g \tag{16.12}$$

$$C_{2s}Q_s = C_{2p}Q_p + C_{2m}Q_m + C_{2g}Q_g \tag{16.13}$$

式中，Q 为径流量；C 为示踪剂浓度；s、p、m 和 g 分别为河水、降水、冰雪融水和地下水；1和 2 为两种不同的示踪剂。

　　然而，由于一些流域的地下水主要来自雪冰融水和降水，所以也可将河水划分为雪冰融水和降水。应用同位素模型时有以下几个假定（Sklash and Farvolden，1982）：①基流等同于地下水且其与大气降水和冰雪融水的同位素组成恒定不变或者它们的变化可以被表征；②土壤水（渗流水）对径流的贡献可以忽略或者其同位素组成与地下水相同；③降水、雪冰融水（雪融水和冰融水）和地下水之间的同位素组成差异显著。

　　在同位素径流分割研究中至少应该选择一种同位素示踪剂。值得注意的是，在三水源的径流分割研究中，必须使用第二个示踪剂或者需要对一种水源的流量进行测定。目前，常用的方法是一种同位素示踪剂（δD、$\delta^{18}O$）结合一种地球化学示踪剂（如 EC、TDS、Si、DOC、Cl^-）。一些冰川流域的研究表明（表 16.3），在全球变暖的背景下，高寒流域的冰雪融水已经成为一些河流径流的主要补给源，冰雪融水的补给比例表现出从上游到下游的减小趋势，而且冰雪融水对河流的补给程度决定着水文系统对气候变化的敏感性。

表 16.3　高寒流域融水、降水和地下水对河流径流的贡献量

研究地点	融水/%	降水/%	地下水/%	资料来源
玉龙雪山白水河	40.7~62.2	37.8~59.3		Pu et al.，2012
天山乌鲁木齐河和库玛拉克河	<9（乌鲁木齐河）；57（库玛拉克河）			Kong and Pang，2012
贡嘎山海螺沟	84.5~86.5			Meng and Liu，2013
昆仑山提孜那甫河	28.3~65.4			Fan et al.，2014
喜马拉雅山恒河	70~90（冬季）；40（夏季）		15	Maurya et al.，2011
闽江黑水河	63.8~92.6	7.4~36.2		Liu et al.，2008
祁连山黑河	19.8			Zhang et al.，2009
祁连山疏勒河老虎沟流域	69.9±2.7	17.3±2.3	12.8±2.4	Wu et al.，2016
祁连山疏勒河苏里流域	9.5±0.8	22.4±2.6	68.0±5.4	Zhou et al.，2015
祁连山疏勒河尕河流域	13.4±1.4	19.9±2.4	66.7±6.8	Zhou et al.，2015
美国 Wind 河	53~59			Cable et al.，2011
智利 Juncal 河	70~80（春季）；58~66（夏季）		20~30（春季）；34~42（夏季）	Rodriguez et al.，2014

注：文献中雪冰覆盖率不详。

3. 寒区河水与湖水的蒸发

位于寒区的青藏高原由于湖泊众多，湖水和河水的蒸发对青藏高原内陆水分循环的

影响不容忽视,从同位素研究的角度上看,其对稳定同位素的变化也有较大影响。

长江源头地处青藏高原,那里高原湖泊和沼泽星罗棋布。由于气候干燥、日照强烈,由降水直接加入或由冰川雪水溶融而流入湖沼的水经过长期蒸发,盐度逐渐加大,甚至出现大量盐湖。随着盐度的不断增高,湖水的 δD 和 $\delta^{18}O$ 值也逐渐升高。例如,在我国最大的咸水湖青海湖,长期的蒸发作用使其湖水的平均 δD 和 $\delta^{18}O$ 值分别高达 12.5‰和 2.0‰。相比而言,在一些既有河水流入又有湖水流出的湖泊中,湖水 δD 和 $\delta^{18}O$ 值的升高程度就要稍低一些。例如,在位于黄河源区的鄂陵湖,其湖水的 δD 和 $\delta^{18}O$ 值就分别为-32‰和-3.1‰。

受到长期蒸发作用的湖水必然要对受它补给的河水的氢氧同位素组成产生一定影响。就长江源区沱沱河而言,地区大气降水的平均 $\delta^{18}O$ 值为-11.95‰,其源头格拉丹东雪山的冰雪的平均 $\delta^{18}O$ 值为-12.35‰,而沱沱河水的平均 $\delta^{18}O$ 值为-10.23‰,这主要与沱沱河上游的湖泊蒸发有关。湖泊的蒸发使水体重稳定同位素富集,湖泊水进入河流系统后使河水同位素值增大,显示出受蒸发作用的湖水对河水的影响。

定量描述蒸发过程中稳定同位素分馏的工具是瑞利蒸发模式。其基本假定是一个处于平衡状态的蒸发水体,蒸发水汽迅速从系统中逃逸,液汽相之间的平衡始终维持在水-水汽界面。在瑞利分馏中,剩余水中稳定同位素比率随液相剩余部分比例的减小呈指数型增大。同位素分馏只与温度有关。在实际蒸发中,由于分子扩散的差异引起的动力效应及蒸发水体和大气之间稳定同位素的相互作用和交换等因素的影响,液相中稳定同位素的富集与瑞利模式有所差异。利用同位素分馏理论和同位素质量平衡法可确定区域蒸发量。章新平和姚檀栋(1997)根据青海湖实测的氧同位素比率资料和有关水文气象资料,利用稳定同位素模型,计算得出青海湖多年平均蒸发量为 877mm,该值与同一时期 904.6mm 的实测蒸发量大致相当。

总之,同位素方法在冰冻圈水文研究中的应用是一个随技术发展的一个渐进过程。冰冻圈同位素研究和应用已取得了许多新成果,极大地丰富了同位素体系的研究内容,使得人们对该区域的认识更深入了一步。随着科技的进步和检测手段的提高,越来越多的同位素方法将应用于更广泛的领域,因此,在加强已有同位素方法研究和应用的基础上,应发展新的方法,并对不同方法进行综合对比研究,以便更好、更准确地解决该区域及相应学科领域中的理论和实际问题,这是一个大的发展方向。冰冻圈涉及区域由于工作面积大,工作环境艰苦,区域研究程度相对较低,加之区域的独特性,还有大量未能解决的问题,同位素技术有很大的用武之地。另外,由于自然环境的复杂性和观测手段的局限性,同位素技术也存在一定缺陷,与其他技术方法的结合使用和对比,将会更富有成效地解决问题。

第 17 章　冰冻圈变化对湖泊的影响

17.1　寒区湖泊概述

　　湖泊是大气圈、生物圈、土壤圈和陆地水圈相互作用的连接点。湖泊的形成与消失、扩张与收缩,以及由此所引发的生态环境演化过程,都是全球的、区域的和局部的地质构造和气候事件共同作用的结果。湖泊是全球环境变化的敏感单元,特别是高寒区内陆湖泊对区域气候变化、环境变异具有重要的指示意义。湖泊水量对气候变化具有极为敏感的响应,是认识流域水量响应与气候变化尺度和强度的重要参照系。寒区内的湖泊是寒区低洼地积水形成的自然湖泊,是冰冻圈最为活跃的成员之一,对冰冻圈变化反映敏感,常被认是为冰冻圈变化最为直接的指示器之一。

　　寒区发育的大量湖泊基于不同分类标准,可分为不同的类型。根据湖泊形成的原因及其与现代冰川的水力联系,可将冰冻圈内的常见湖泊分划为以下 6 种类型。

　　(1)冰碛湖,由冰碛物阻塞形成的湖泊。大多数山地冰川在小冰期处于前进状态,并形成规模不等的终碛。随着全球气候变暖,大部分山地冰川强烈退缩、冰舌变薄,在冰川末端与终碛垄之间形成大量的冰碛湖。这类冰湖在冰川作用区分布广泛。

　　(2)冰川湖,因冰川阻塞山/河谷而形成的湖泊。常见的如喀喇昆仑山克勒青河上游的克亚吉尔冰川和特拉木坎力冰川在前进的过程中因阻塞主河道而形成的冰川湖,天山地区的库玛拉克河上游的麦茨巴赫湖则是支冰川在快速退缩的过程中与主冰川分离,在支冰川空出的冰蚀谷地中由主冰川阻塞而形成的冰川湖。

　　(3)冰面湖,由于冰川表面的差异性消融,在冰川表面形成的湖泊称为冰面湖。冰面湖多发育在被表碛覆盖的山谷冰川的消融区,这类湖泊变化较快,从形成到溃决常常在数月至数年以内。此外,许多冰碛湖是近数十年来冰面湖扩张、融合的结果。

　　(4)河谷/槽谷湖,在河谷/槽谷区或者地势低洼地由于冰雪融水汇集而形成的湖泊,这类湖泊的分布范围广,一般在冰川作用区与母冰川有一定距离,其规模受特定的洼地地形影响,多沿河谷/槽谷呈串珠状分布。

　　(5)冰斗湖和冰蚀湖,在冰川作用地区,由于第四纪冰川的侵蚀作用,当冰川消失以后,在某些古冰斗、冰蚀槽谷低洼地或第四纪冰川谷地中因蓄水而形成规模不等的湖泊,称为冰斗湖和冰蚀湖。

　　(6)热融湖,指在冻土区由自然或人为因素引起的季节融化深度加大,导致地下冰或多年冻土层发生局部融化,在重力和土层压力的作用下,地下冰融化导致部分过饱和水被排出,地表土层随之沉陷而形成热融沉陷,积水后形成的湖,又称为热融喀斯特湖或热融湖塘。

　　上述冰冻圈发育的湖泊,(1)~(5)类型的湖泊常统称为冰湖,其共同特点是与冰川有着直接或间接的水力联系或者是由于冰川作用形成的,湖盆或湖盆区的冰川冻土发育。在冰川作用区,湖泊分布的数量和规模与冰川分布的数量和规模密切相关。冰川作用区的湖泊往往是数量多但规模较小。第(6)类湖泊为由冻土区特有的洼地积水而形成的小规模湖泊。但在连续多年冻土区,由于没有贯穿融区,冻土透水性弱,地表水和地下水为各自独立的水文系统,加之活动层很薄,地表没有大规模土壤水储库,冻融活动不频繁,区域内多发育着在冻土发育之前就存在的较大规模的深水湖泊。总之,尽管冰冻圈内的湖泊在成因上与地表其他圈层的湖泊类似,都是内外力共同作用的结果,但是由于冰冻圈特殊的地理环境及其特殊的外力作用,使得冰冻圈内的湖泊有其自身的形成和变化特点,其成因和规模远比一般的自然湖泊复杂,环境变化对湖泊的影响及湖泊对环境变化的响应都具有特殊性。

17.2　冰雪变化对湖泊水量的影响

17.2.1　冰雪变化与湖泊水量平衡

　　冰冻圈内尤其是高海拔地区的湖泊多为封闭的内陆湖,某一时段的入湖水量主要由降水和入湖径流补给,如果流域内存在一定数量的冰川和积雪,冰雪融水将成为湖泊的一个补给源,其出湖水量主要由蒸发构成,地下水的收入和支出对湖泊的水位变化也有重要影响,其水量平衡方程可表示为

$$\Delta H = P + R_s + R_g - E \pm \varepsilon \tag{17.1}$$

式中,ΔH 为单位时间内湖泊水位的变化量(mm)(下同);P 为单位时间内湖面的年降水量(mm);R_s 为单位时间内由降水产生的地表径流折算成的径流深度(mm);R_g 为冰川融水的补给量(mm);E 为单位时间内湖面的蒸发量(mm);$\pm\varepsilon$ 为单位时间内冻土融水、地下水、下渗作用导致的变化量(mm)。一般来说,湖泊水量处于动态平衡状态,即湖泊蓄水年变化量为零。当湖泊水量平衡关系被打破时,湖泊蓄水量将持续增加或减少,引起湖泊水位或面积的变化,最终可能导致湖泊生态与环境的变化。

　　冰雪是气候变化的敏感因子,冰雪融水是冰湖的主要补给来源之一,冰雪融水的变化对湖泊水量变化影响显著。当气温降低,冰川处于前进态势,冰川面积增大、冰雪融水量减小,主要依靠冰雪融水补给的冰湖蓄水量减少,水位降低、湖泊面积缩小。当气温持续升高,冰川处于后退态势,冰川面积减小、冰雪融水增加,冰雪融水补给的冰湖蓄水量增加、水位抬升、湖泊面积增大。冰冻圈内湖泊面积的变化是湖泊的补给和支出相平衡的结果,一般中小规模的湖泊对冰川退缩更敏感,这类湖泊面积的快速扩张也是冰雪强烈消融的反映。

　　从径流补给的变化来看,冰雪融水补给量和补给时间的变化会对湖泊的水文产生影响。全球变暖引起的冰川消融量大于积累量,冰川径流总体呈增加趋势,积雪的年际波动加剧。如果冰雪融水等补给量的增量大于蒸发等支出量的增量,湖泊的面积将扩大,甚至可能出现一些内流湖变成外流湖的情况。此外,冰川退缩和积雪变化对于入湖径流量的年内分配具有显著影响。一方面,冰川和积雪消融期的提前将导致每年入湖的融水径流

的洪峰时间提前;另一方面,冰雪消融总量的变化将影响消融期的洪峰流量在入湖径流年径流中所占的比重。在一些降水丰沛的地区,原先消融期与雨季重合的情况将发生变化,入湖径流将由单峰型变为双峰型;在降水稀少的地区,入湖径流只有融雪径流带来的单峰型洪峰,随着气候变暖,退水期延长,入湖径流更集中于冰雪消融期,冻结期的入湖径流比重减小;而低纬度高海拔地区的湖泊,入湖径流的两次洪峰之间的时间间隔会随气候变暖而增大,湖水水位在一年内也会相应出现两次涨落;在一些冬季风主导的内陆高海拔地区,由于降水集中度高且集中期一般在最热月,冰雪径流带来的洪峰提前可能会引起融水洪峰与雨季洪峰之间的退水期延长,导致雨季之前的入湖径流量减少。同时,由于湖泊封冻期的延后、退水时间的延长,对应冬季的水位可能会有所下降。

17.2.2　青藏高原的冰川退缩与湖泊扩张

　　青藏高原内陆湖的分布范围广,湖泊与水系的发育有较大差别,降水、冰雪融水和冻融水是湖泊主要的补给方式(图17.1)。青藏高原较大规模的冰川补给湖泊共有182个,其中面积大于 $500km^2$ 的湖泊有11个,非冰川补给的大湖泊有168个,冰川末端的大湖泊有105个。大部分现代湖泊都位于古湖泊的巨大湖盆中,湖泊周边地势平缓,湖泊的面积变化能较好地反映湖泊水量的变化。过去几十年,气温普遍升高,近期升温尤为迅速,而冰川融水是冰川湖泊的重要补给水源,温度升高引起的冰川融水增加是一些湖泊面积和水位变化的重要因素。20世纪70年代至2010年,青藏高原面积大于 $1km^2$ 的湖泊数量从1082个增加到1236个(下同),总面积从40,126 km^2 增加到47366 km^2。新出现湖泊99个,其中71个在1990年以后出现。在此40年间,80%以上的湖泊面积有所扩张(张国庆等,2014)。

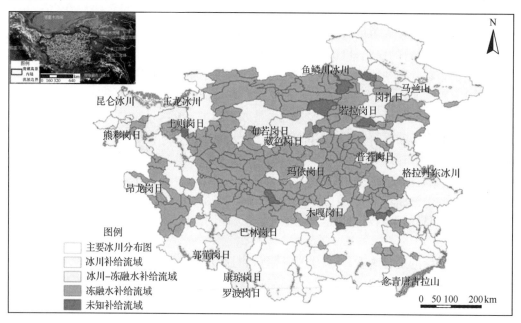

图 17.1　青藏高原内陆封闭流域的主要水源补给类型(李均力和康永伟,2013)

　　青藏高原湖泊面积的变化具有明显的区域分布特性,青藏高原边缘和周边地区的湖泊面积变化和储量变化的幅度要大于高原内部,近年来,青藏高原中部和南部地区以冰雪融水为主要补给的湖泊的扩张尤其明显,变化的剧烈程度与湖泊所在流域内有无冰川有较大关系,无冰川分布的中北部地区的湖泊变化较有冰川分布的区域更为剧烈(表 17.1)。从空间格局来看,藏北羌塘高原的湖泊变化最剧烈,近几十年出现剧烈萎缩和剧烈扩张的形态;色林错及周边区域的湖泊处于持续扩张的状态;冈底斯山北麓、昆仑山和喀喇昆仑山南部部分地区的湖泊则保持相对稳定的形态(图 17.2)。湖泊变化的空间模式与湖泊的补给模式有关,冰川补给的湖泊变化相对平稳,而地下水补给的湖泊变化则较为剧烈。昆仑山冰川、玉龙雪山冰川、鱼鳞冰川、格拉丹冬冰川、念青唐古拉山冰川、冈底斯山南麓冰川等所在流域的湖泊面积都较大,这些冰川补给的湖泊具有稳定、充足的水源补给,在20 世纪 70~90 年代湖泊整体萎缩的情况下依然保持相对稳定;而在 90 年代至 2009 年湖泊整体处于扩张的情形下,该区域湖泊的扩张变化程度又不及藏北羌塘高原地区的湖泊。而羌塘高原地区的内流流域和湖泊面积都相对较小,大部分处于高原多年冻土地带,水源补给主要为地下水,其补给的稳定程度也不及冰川,因此在 70~90 年代低温期的湖泊表现为剧烈萎缩,而在 1990 年以后气温升高后又表现为急剧扩张(张国庆等,2014)。尽管有研究显示,对于青藏高原较大的湖泊,降水和蒸发变化是造成湖泊水量变化时空差异的主要原因(Song et al.,2014),但冰川退缩对大湖泊的水量平衡作用仍不容忽视。对于一些规模大的湖泊(如纳木错),冰川融水对湖泊水量增加的贡献率甚至超过了降水增加的贡献率(朱立平等,2010)。总之,气温的升高可能会增加湖面及流域内的蒸发,但同时也能加速高原冰冻圈内的雪冰融化和冻土退化,进而增加内陆湖泊的水源补给。在气候变暖和冰川加速退缩的背景下,青藏高原由冰川补给的湖泊总体上呈现稳定的扩张趋势,特别是那些直接由冰川补给且规模较小的冰湖。

　　冰湖的扩张往往与冰川变化密切相关,冰雪融水径流的增加直接导致冰湖加速扩张和新冰湖的形成。根据冰湖与其母冰川的直接关联程度和两者之间的距离变化关系,分析发现,中国喜马拉雅山地区面积扩张的冰湖与其对应的母冰川末端变化的关系可分为15 种类型(图 17.3)(王欣等,2011)。中国喜马拉雅山区现代母冰川完全消失或消退到母冰川融水不能直接补给冰湖[类型"(a)"],约占总增量的 3%;20 世纪 70 年代母冰川与冰湖的距离为 0[类型"(b)~(f)"],为冰湖扩张的主体,占总增量的 41%;70 年代母冰川与冰湖的距离大于 0[类型"(g)~(j)"],约占总增量的 23%;新增冰湖[类型"(k)~(o)"]占总增量的 33%。在 15 种面积扩张的冰湖与其对应的母冰川末端变化类型中,紧随退缩的冰川末端扩张[类型"(b)"]的冰湖对冰湖扩张的贡献最大,占总增量的 26.7%;其次是在退缩的冰川末端形成新的冰湖[类型"(k)"],占增量的 15.9%;冰川退缩,其融水流入下游冰湖致使下游冰湖增大[类型"(h)"]或者在下游形成新的冰湖[类型"(l)"],分别占总增量的 15.5% 和 11.1%,也是冰湖扩张的主要方式之一。此外,从冰湖面积扩张的速度来看,冰湖紧随冰川退缩的方向扩张类型,面积增率最大;其次为冰面湖演变为冰碛湖类型。由此,母冰川-冰湖变化的 15 种类型显示,与母冰川关系越紧密,冰湖面积增加越显著。

表 17.1　青藏高原的湖泊面积变化

湖泊	山系/区域	流域	时段	前期面积/km²	近期面积/km²	年平均变化/(km²/a)	变化率/%	变化特征	变化原因	文献
朋曲流域冰湖	喜马拉雅山中段	恒河支流	1987~2000年/2001年	42.032	47.509	0.16	13.0	冰湖数量减少，面积增加	气温上升，年降水量总体呈下降趋势	车涛等，2004
波曲流域冰湖	喜马拉雅山中段	波曲河	1976~2010年	10.68	19.55	0.26	83.1	冰川补给湖呈线性增加趋势，非冰川补给湖变化不大		Wang and Zhang, 2014
中国喜马拉雅山湖泊	喜马拉雅山北坡	雅鲁藏布江右岸等	20世纪70年代至21世纪初	166.5	215.3	1.62	29.7	冰湖数量减少，面积增加	气温上升，冰川退缩	王欣等，2010
满拉水库上游湖泊	喜马拉雅山中段	年楚河	1980~2005年	8.33	10.89	0.08	30.8	2000年后面积扩大速率明显增加	气温上升，降水变化不明显	李治国等，2010
洛扎地区53个冰湖	喜马拉雅山东段、西藏山南地区西南部	洛扎雄曲和熊曲	1980~2007年	9.97	13.05	0.09	30.9		主要原因是温度上升，其次是降水增加	李治国等，2011
第三极冰湖	帕米尔-兴都库什-喀喇昆仑-喜马拉雅和青藏高原		1990~2010年	553.9	682.4	6.4	23.2	冰川补给湖较非冰川补给湖扩张迅速	气温升高引起冰川强烈的物质负平衡	Zhang et al., 2015
可可西里地区83个面积大于10km²的湖泊	青藏高原腹地	羌塘高原内流湖区和长江北源水系交汇地带	20世纪70年代至2011年	5873.91	7746.94	55.09	31.89	先萎缩后扩张	降水增多，蒸发减少，其次是气候变暖引起的冰川融水增加，冻土水分释放	姚晓军等，2013
念青唐古拉山西段冰湖	青藏高原中部		1972~2009年	2.62	7.15	0.12	172.6	冰湖数量增加，面积扩张迅速	气温升高，降水增加	Wang et al., 2013

续表

湖泊	山系/区域	流域	时段	前期面积/km²	近期面积/km²	年平均变化/(km²/a)	变化率/%	变化特征	变化原因	文献
杰马央宗冰湖	喜马拉雅山中西段交界处	雅鲁藏布江源头	1974~2010年	0.7	1.14	0.01	63.7	近10年面积增加速度明显变快	气温上升,冰川退缩	刘晓尘和效存德,2011
然乌湖流域湖泊	藏东南	然乌湖	1980~2005年	29.79	33.27	0.10	11.68	面积呈加速扩大的趋势	大量冰川融水汇入	姚檀栋等,2010
玛旁雍错	喜马拉雅山北坡	玛旁雍错	1975~2009年	417.00	415.44	-0.045	-0.37	面积先减少后增加,总体减少	主要原因是降水量减少,其次是蒸发量增加及雪冰消融	拉巴等,2012
纳木错	羌塘高原	纳木错	1971~2004年	1920	2015.38	2.37	5.0		降水增加贡献湖水增量的47%,冰川融水贡献52%	朱立平等,2010
羊卓雍错	青藏高原南部	羊卓雍错	1977~2012年	1018.83	972.64	-1.32	4.53	先缩小后增大再加速萎缩的过程	降水微弱增加,蒸发快速增加,流域内的冰川融水占湖泊补给的份额较小	赵永利,2014
佩枯错	希夏邦马峰北麓	佩枯错	1991~2014年	277.12	269.85	-0.32	-2.62	先萎缩后扩张	气温上升、蒸发加强、降水量与蒸发量差额变化影响	赵瑞等,2016
色林错	西藏那曲地区	色林错	1976~2010年	1666.96	2323.6	19.31	39.4	平稳增长到加速增长再到平稳增长	主要因素气温升高引起的上游冰川加速消融,次要因素是降水量增加	孟恺等,2012
班戈错	西藏那曲地区	班戈错	1976~2010年	65.57	130.6	1.91	92.62	波动增长趋势	主要原因是长期降水量的变化,次要原因是气温影响,无冰川补给	孟恺等,2012

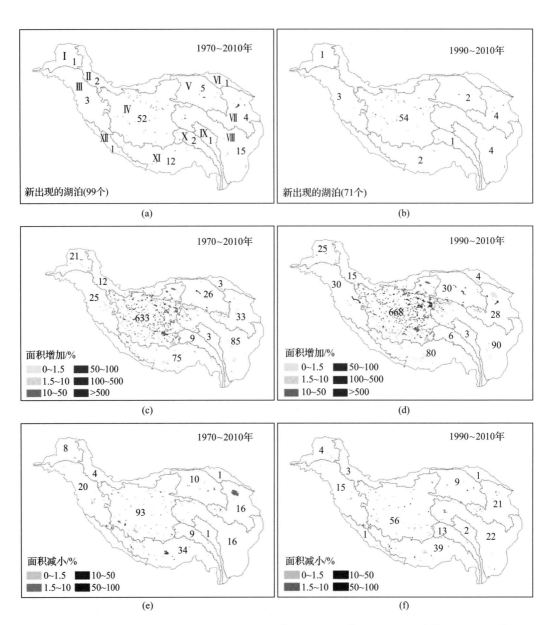

图 17.2　青藏高原 12 个流域内,1970~2010 年[(a),(c),(e)],1990~2010 年[(b),(d),(f)],新出现的湖泊数量[(a),(b)],湖泊的面积增加[(c),(d)]和减小[(e),(f)]变化百分比(流域中的数字代表湖泊数量

12 个流域的名称分别为艾米河(Ⅰ)、塔里木河(Ⅱ)、印度河(Ⅲ)、内流区(Ⅳ)、柴达木(Ⅴ)、河西走廊(Ⅵ)、黄河流域(Ⅶ)、长江流域(Ⅷ)、湄公河(Ⅸ)、萨尔温江(Ⅹ)、雅鲁藏布江(Ⅺ)和恒河(Ⅻ)

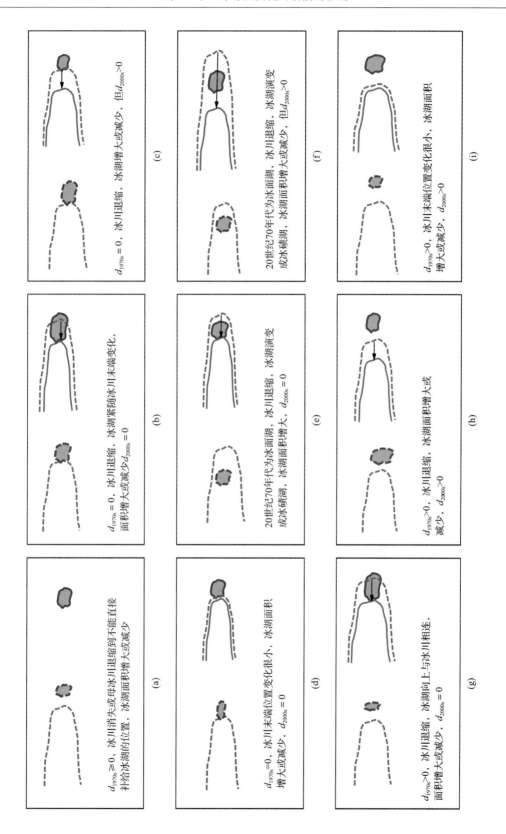

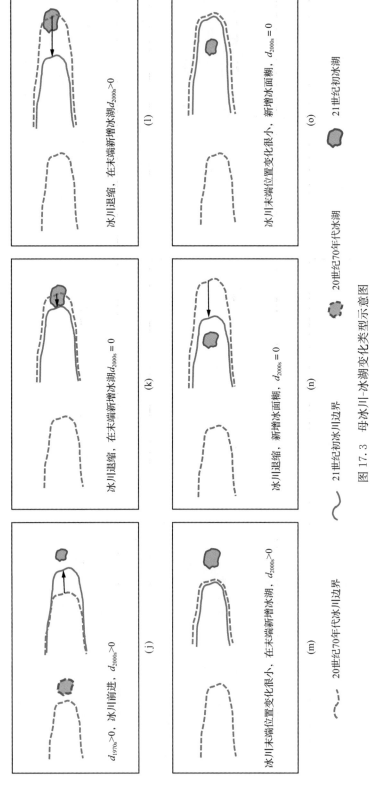

图 17.3　母冰川-冰湖变化类型示意图

d_{1970s} 为 20 世纪 70 年代母冰川与冰湖的距离，d_{2000s} 为 21 世纪初母冰川与冰湖的距离

17.3 冰雪融水对湖泊理化性质的影响

17.3.1 冰雪融水对湖泊物理性质的影响

冰雪融水对湖泊物理性质的影响主要表现在对湖水温度和透明度/浊度等方面。湖泊中水温的情况及其分层现象,将直接或间接地影响湖水环境中的各种物理、化学和生物过程,对于维护湖泊生态系统平衡具有重要作用。此外,湖水温度还受太阳辐射的影响,而太阳辐射的吸收率又受到湖水透明度/浊度、溶解有机碳等因子的干扰。

在高寒区,高山湖泊因冰川融水的输入而降温,同时又能从相对温暖的大气中吸收热量而升温。随着气候变暖和冰川退缩,由热力差异引起的湖水的温度梯度有减少趋势。冰川湖泊水温的波动受冰川融水和地下水的贡献率、与冰川远近、气候条件等因素影响。流域冰川覆盖度直接决定冰川融水对湖泊的补给量和补给比例,从而影响湖水温度。研究发现,冰川和积雪具有降温作用,流域内冰川覆盖度与水温呈显著的负相关,冰川覆盖率每减少 10%,水温就升高 1.6℃(Nelitz et al.,2008),当冰川覆盖率每升高 10%,7~9 月的湖水水温将降低 0.6~1.2℃(Moore,2006)。一般来说,冰川融水补给湖泊的平均温度普遍低于无冰川补给或仅积雪补给的湖泊,如在美国的阿拉斯加山脉,冰川湖水温要比仅有积雪补给的湖水平均低 2.1℃,比仅有降水补给的湖水平均低 3℃(Koenings et al.,1990)。此外,冰川融水还影响着湖水温层的垂直分布和差异,如 Edmundson 和 Mazumder(2002)发现,美国的 Coghill 冰湖,在水深 1m 处且离冰川补给源近的水域温度相对于同一深度距离较远水域要低 0.5~1.0℃,而在该湖更深的水层中却不存在这种温度差异。

冰湖的湖水密度主要受温度控制,在 4℃时密度最大;当水温高于或低于 4℃时,密度变小。若接近 0℃冰雪融水直接汇入湖泊,湖泊表层水温会因与 0℃冰雪融水混合而改变,从而导致上下层湖水密度的差异,形成湖水的分层与翻转现象。例如,在天山托木尔峰的科其喀尔冰川的冰面湖,湖岸冰川融水为冰湖最主要的补给水源。夏季白天由于气温上升,表碛下冰面开始消融,融水接近 0℃,这种低温融水注入湖中,与相对高温湖水混合到 4℃左右,因密度大而流向湖底,致使白天 14~16 点在深层湖水形成低温谷;午后,太阳辐射逐渐减弱,湖岸冰面消融逐渐减少(图 17.4)。可见,冰面湖深层水温变化是冰川融水注入并与表层暖水混合动力下沉和表层暖水热力向下传导共同作用的结果。通常,湖水的比热容大,夏天太阳辐射的热量储存于湖水中,往往有利于湖底/湖侧冰面消融,进而加快冰面湖的溃决和消亡。而在科其喀尔冰面湖观测到的这种白天因融水注入而在湖底形成低温谷的机制,抑制了因太阳辐射导致湖水温度上升,进而抑制湖底/湖侧冰面消融,从而在一定程度上利于冰面湖的稳定及延缓冰面湖的溃决和消亡(Wang et al.,2012b)。

冰川融水通过冰面流挟带表碛物质和冰下水流侵蚀底部基岩/排水谷道挟带的具有高浓度的矿物悬浮质(以黏土和细砂为主),颗粒物质粒径范围 1~30μm 的冰川洪水,经河流或排水通道进入冰前湖或冰面湖中,从而影响冰川湖水的透明度/浊度。湖水的透明

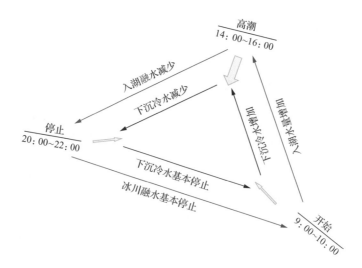

图 17.4　天山科其喀尔冰川冰面湖融水注入引起日垂直流形成示意图

度/浊度随着冰川融水的变化而存在时间和空间上的差异,对于表碛覆盖型冰川,新生成的冰面湖或冰前湖较为浑浊,水体颜色呈灰色[图 17.5(a)],当然有些无表碛覆盖型冰川(纯净冰川)作用也可能形成清澈的冰面湖。随着冰川的退缩和湖的发展,悬浮物质沉积,浊度减轻,藻类生物的光合作用效率提高,湖水呈现绿色[图 17.5(b)],当冰川消失,冰川融水不再直接补给湖泊时,湖水往往呈现深蓝色[图 17.5(c)]。湖水透明度/浊度是多因素综合的结果,如湖与冰川的距离、冰川径流的季节性差异、湖水的最大深度、流动性、热力/盐度分层、风场的改变(底泥再悬浮)、融水对湖底沉积物的物理扰动等。例如,在新西兰 22 个冰川湖中直接受冰川补给的湖透明度相对较低,远离冰川下游的湖泊与非冰川融水补给的湖泊的透明度相差不大(Slemmons and Saros,2012)。

　　　　　　(a)　　　　　　　　　　　　　(b)　　　　　　　　　　　　　(c)

图 17.5　青藏高原东南部不同类型湖水透明度
(a)冰面湖;(b)冰川融水直接补给湖;(c)非冰川融水直接补给湖

17.3.2　冰雪融水对湖泊化学性质的影响

　　冰雪融水对冰冻圈湖泊化学性质的影响主要表现在对湖泊水中的氮素、持久性有机污染物、各类离子浓度和重金含量等的影响。

1）湖泊中氮素变化

人类对于化石燃料消耗及农业化肥的生产与使用已使得不少区域冰芯中的含氮物质明显上升，如欧洲的阿尔卑斯山（Schwikowski，2004）、中亚山地（Olivier et al.，2006）和青藏高原（Kang et al.，2002）。对以冰川融水补给为主的湖泊，湖水中的氮氧化物及其化合物（硝酸盐、亚硝酸盐、铵盐）主要来源于以前保存在冰内的大气物质的沉降和融水径流过程中与周围环境的汇入。目前，由冰雪融水补给的湖与河流一方面因大气中氮素沉降的增加，氮素含量升高；另一方面因冰川融水引起总氮的加大，使得湖泊和河流中硝态氮的浓度相对较高（Saros et al.，2010）。例如，位于美国科罗拉多州境内的落基山脉上的冰川融水径流中的硝酸盐浓度（69μmol/L）几乎是降雨径流（25μmol/L）的 3 倍（Williams et al.，2007），表明位于冰川作用区的湖泊和河流能从冰川融水中获得更多的氮素。总的来说，冰川径流中的硝酸盐主要来源于大气硝态氮的沉降、周围土壤和冰川中微生物的氨化和硝化作用，硝酸盐的消耗主要是同化和反硝化作用。造成冰川径流补给的湖泊和河流中硝酸盐浓度水平提高的原因主要有两个：一是土壤中生物过程增强（硝化和氨化作用加强），二是流域内山体坡度、冰川作用区具有较低的土壤和植被覆盖度，减少了陆地生态环境对硝酸盐的摄入。此外，研究发现，当积雪厚度较深时，湖泊中硝酸盐的浓度更大，可能是由积雪的覆盖使得植物减少了对硝酸盐的利用，同时土壤中微生物过程的加强所致（Sickman et al.，2001）。所以，冰冻圈湖泊中的氮素浓度高主要是因为补给湖泊的冰雪融水与土壤植被接触少，相对于湖泊的其他补给源来说，其氮素损耗低、含量高。

2）湖泊中持久性有机污染物

研究表明，雪能有效地从空气中凝集以气相存在和吸附于颗粒表面上的持久性有机污染物（persistent organic pollutants，POPs），降雪的过程就是污染物的湿沉降过程，使得在高海拔、低温地区更有利于 POPs 的积累（Blais et al.，1998）。冰雪作为 POPs 的汇集地，通过冰雪融水把这些污染物带入到下游的冰湖和河流系统中。在北美洲，冰雪融水补给的湖泊和河流中 POPs 的浓度至少是非冰雪融水补给的湖泊和河流中 POPs 浓度的 6 倍，其中高山湖泊中 50%～97% 的有机氯农药是由冰川融水贡献（Blais et al.，2001）。融化的山地冰雪可能增加淡水中 POPs 的浓度，从而将成为山地生态系统中 POPs 污染物新的释放源。随着山地冰川的融化，POPs 会通过水循环而输入湖泊并在湖泊生物和湖底沉积物中积累。研究表明，冰川融水补给的湖泊生物体内有机氯污染物的浓度高于其他非冰川融水补给湖泊近千倍（Bettinetti et al.，2008）；冰雪融水补给湖底沉积物中滴滴涕（DDT）的峰值出现在冰川开始大量融化的 20 世纪 90 年代，而非冰雪融水补给湖中滴滴涕的峰值则出现在 20 世纪 70 年代，即 DDT 曾大量使用的时代（Bogdal et al.，2009）。由此，冰雪融水已经成为高山冰川湖和河流中 POPs 的主要来源。

3）湖泊中离子浓度和重金含量变化

冰川的快速消融不仅增强了无机物质和有机物质的迁移，还增强了冰川融水与基岩和土壤的相互作用，导致湖泊中各类离子和重金属含量发生变化。Salerno 等（2016）发现，位于喜马拉雅山中南部的冰川融水补给湖，由于冰川退缩，融水量增大、裸露矿物中化学风化作用加强，导致冰底部环境中的硫化物被氧化释放[图 17.6（a）]，使得湖水中的硫酸根离子的浓度在近 20 年增加了 4 倍，而且硫酸根离子浓度与冰川径流量存在显著的正相关关系[图 17.6(b)]。近 20 年来,由于气候变暖,石冰川活动加强,在欧洲阿尔卑斯山脉的两个冰川融水补给湖中,湖水的离子浓度、导电率均呈现显著的增加趋势。其中,在流域内冰川覆盖率较大的湖泊中,湖水的电导率增加了 18 倍,Mg^{2+} 浓度增加了 64 倍,SO_4^{2-} 浓度增加了 26 倍,Ca^{2+} 钙离子浓度增加了 13 倍,Ni 浓度超过饮用水标准一个数量级(Thies et al.,2007)。同样,在南美洲的科迪勒拉山系,热带高山区冰川退缩引起了水体中 Pb 和 Ni 浓度升高,严重影响了当地的水质状况(Fortner et al.,2011)。当然,除冰川融水外,冰冻圈湖泊水的化学溶质浓度还受大气沉降、气温、降水、积雪、冻土退化、土壤和岩石风化作用过程等因素影响。此外,青藏高原湖泊沉积物中的重金属元素含量与人类活动频繁地区的湖泊沉积物中的重金属含量相比较低,大部分金属元素的含量受流域内土壤及大气沉降的影响较大(郭泌汐等,2016)。

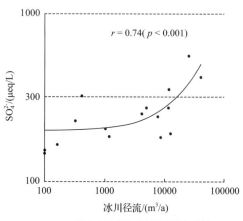

(a) 采样湖地貌概况图　　　　　　　　　　(b) 湖水中浓度与冰川径流的相关性

图 17.6　采样湖地貌概况和湖水中 SO_4^{2-} 浓度与冰川径流的相关性(Salerno et al.,2016)

　　虽然目前进入湖中的这些化学溶质不会立即威胁到湖泊中的生物,但是短时间内湖泊化学溶质的迅速上升,会明显改变高山湖泊水体的化学组成,况且其中的重金属是生物难以降解的重要污染物,一旦进入到湖泊环境中且达到一定浓度,就会对湖泊的生态系统产生极大的危害。因此,迫切需要加强对冰冻圈,尤其是对高山冰川作用区湖泊化学溶质变化及其影响因素的监测。

17.4　冰雪融水对湖泊生物的影响

17.4.1　可溶性溶质对湖泊生物影响

　　来源于冰川融水有限的氮素对于高寒区贫营养湖泊生态系统来说有着举足轻重的作用。可溶性有机氮能够被浮游植物优先利用,其输入量的多少将影响浮游植物的生长率、群落组成和结构大小。大量的研究表明,氮素负荷影响着高山湖泊生态系统的藻类群落结构,降低 pH,改变营养盐的利用率(Baron et al.,2009)。氮素作为影响湖泊富营养化的关键元素之一,对高寒区生态系统产生显著影响,冰川融水源的氮素影响浮游植物的分布,冰川补给湖由于表层湖水对氮素的补给,浮游植物在表层聚集,叶绿素不会在深层达到最大值(deep chlorophyll maximum,DCM)(叶绿素是存在于藻类、绿色植物生物体内的一种与光合作用有关的色素,叶绿素与生物量/分布一般呈显著正相关)(Saros et al.,2005a)。相反,在有效光合辐射(即绿色植物在进行光合作用的过程中,吸收的太阳辐射使叶绿素呈激发状态的那部分光谱能量)足够的情况下,积雪补给湖会形成深层叶绿素最大值(Slemmons and Saros,2012)。上述现象表明,浮游植物在冰川融水补给湖和积雪融水补给湖水中具有不同的分布层。

当冰川融水减少时,高氮素负荷向低硝酸盐浓度过渡转化,在一定程度上改变湖泊水体中营养盐的组成,从而影响浮游植物的物种丰富度和分布。作为浮游植物中对氮素浓度变化较为敏感的硅藻类,氮素的增加将导致硅藻类生物初级生产力提高和群落结构变化。20 世纪以来,冰川融水增加,由于冰川补给湖泊和河流生态系统中氮素的增加,使得高寒区冰川融水补给湖泊中藻类聚合体发生显著变化(Saros et al.,2010),一些对氮素富集具有良好指示作用的物种,如星杆藻属和脆杆藻属,因氮沉积增多,近 10 年来这些藻类生物量呈增加趋势(Saros et al.,2005b)。对于积雪融水补给的湖泊,在春季积雪融化营养盐达到峰值时,硅藻生物量也有较高水平(Slemmons and Saros,2012)。

POPs 具有高毒、持久、生物积累性、远距离迁移性 4 种特性,能够通过生物食物链(网)累积,生物放大性,对生态系统及人类健康产生巨大危害。目前,虽然在现代和古湖沼学领域中,对冰冻圈变化对湖泊生态系统中 POPs 浓度的影响开展了广泛的研究,但是对于冰雪融水补给湖泊中的生物对有机污染物富集过程及其响应的认识相对薄弱。POPs 具有高憎水性,其能在活的生物体的脂肪组织中进行生物积累,这些有机污染物质还具有生物放大效应,并通过生物链逐渐积聚成高浓度,在冰川湖中的鱼类和其他水生生物中就可以检测到高浓度的污染物。对于受到这些持续涌入的高浓度有机污染物威胁的高山湖泊生态系统,其物种多样性和稳定性将存在一定的潜在风险。

17.4.2　悬移质对湖泊生物影响

冰川融水输入的悬移质主要通过改变湖泊的透明度和浊度,使得湖泊生态系统中浮游生物的生境条件在时间和空间上产生异质性,从而对湖泊生物产生影响。一般来说,光合有效辐射(PRA)和紫外线辐射(UVR)穿透的深度与湖水浊度呈负相关,而 PRA 是植物生命活动、有机物质合成和产量形成的能量来源,UVR 则影响固氮过程和浮游生物的生产率,两者的变化对水生生物产生显著影响。Hylander 等(2011)通过对不同深度和距离冰川出水口不同距离的湖水样取样,分析了浮游生物群落分布特征与光辐射能的关系,发现与冰川洪水出水口间距不同的湖泊,其湖水浊度也不同,这使得 PRA 和 UVR 产生了水平梯度上的变化,进而影响着浮游植物和动物的分布与生物量。而且,在距离冰川出水口越远和光衰减越少的湖水区域的生物对高辐射和低营养盐具有更高的耐受性,植物体内叶绿素浓度在水平方向上无差异,但在较清的水体差异明显。

随着冰川的退缩或消失,将改变湖泊生态系统中浮游植物和动物的分布,并且湖水中由于浊度差异产生的独特的小生态环境的数量也将减少。研究发现,冰川融水补给湖水浊度越高,其浮游生物的多样性就越简单(Koenings et al.,1990)。新生的浑浊冰面湖中的生物以原核生物(细菌)和后生动物(轮虫类、线虫等)为主,之后浮游生物增加,如桡足类和枝角类(水蚤类)等,生物多样性变得丰富(图17.7)。在阿拉斯加的许多浊度较高的冰川湖中,不仅滤食型枝角类水蚤缺少,而且其他食性方式蚤类的生长条件也受到限制,如选择性植食动物(大型中镖水蚤)和掠/刮食型(剑水蚤属)等。此外,浊度不仅影响物种多样性,而且改变食物网中生物体的习性。Jönsson 等(2012)通过对 3 个不同浊度湖泊水中的生物的研究发现,本地鱼类(条纹单甲南乳鱼,南美洲)在自然浊度的水平下觅食率下降,滤食型蚤类在高浊度水平下滤食率减少。由此可见,浊度还影响了许多鱼类定位和捕捉猎物的视觉能力,改变被食者-捕食者的相互作用。

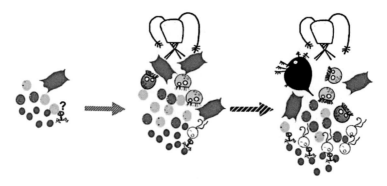

图 17.7　湖泊(湖水由浊至清的过程)生态系统结构变化进程示意图(Sommaruga,2015)
蓝色:原核生物;亮绿色:混合营养性浮游植物;深绿色:光能自养性浮游植物;黄色:兼养纤毛虫类;
褐色:异养纤毛虫类;白色:异养鞭毛虫类

17.5　冻土变化与湖泊的关系

17.5.1　冻土退化对湖泊水文影响

全球冻土区主要有两大中心:北半球高纬冻土区以北极为中心沿纬线分布,自北向南依次为连续多年冻土、不连续多年冻土和岛状多年冻土;北半球以青藏高原为中心的高亚洲冻土区,自低海拔向高海拔依次发育季节性冻土、不连续多年冻土和岛状多年冻土、连续多年冻土。在连续多年冻土分布区,湖泊相对较少,只有一些面积较小、深度较大、湖底有开放融区;在不连续多年冻土和岛状多年冻土区一些地势相对低洼的地带,有较多的湖泊发育。

在气候变暖的背景下,冻土的退化在地表最直接的表现就是热融湖塘数量增多、面积增大等现象。热融湖发育是由地下冰融化引起的,平原区的冻土活动层加厚,在重力和土层压力的作用下,地下冰融化导致部分过饱和水被排出,地面发生融沉,可在沉陷凹地汇集成湖。由于地表水的热侵蚀作用,地下冰的融化持续,造成热融湖塘扩大。当湖底融区贯穿多年冻土层或者向上沟通其他融区,形成的疏水通道可导致热融湖迅速疏干,通过地表或地下径流参与到水循环中,补给河流或内陆湖泊。热融湖通常呈椭圆形,小部分湖塘呈细长形,且同一区域热融湖长轴的方位大致相同。风向和大陆冰川作用是造成热融湖呈细长型且定向排列的主要原因,降水、蒸发等气候要素的变化也显著影响着热融湖的动态。多年冻土区广泛分布着热融湖塘,热融及其变化对多年冻土热状态、地表地下水文过程、生态环境、冻土工程稳定性等诸多方面有着重要影响。

首先,热融湖的出现和发育是多年冻土退化的指示器,它标志着多年冻土的温度升高,稳定性降低。积水坑和热融湖塘的水体成为引起多年冻土升温的热源,在其侧向热侵蚀作用下,周围多年冻土层内地温条件和热流发生变化,多年冻土上限下移,平均地温升高。当周围冻土的温度低于热融喀斯特湖的温度时,湖泊将向周围释放热量,这个过程包括向下部的热能传输和侧向的热侵蚀。由于地表水的热侵蚀作用,地下冰持续融化,导致多年冻土融化深度加大、年平均地温升高,持续的气候变暖促使湖岸坍塌后退,热融喀斯特过程加剧,出现湖的数量增多和面积加大的趋势,从而进一步引起地面蒸发增加,增加了空气湿度,最终导致区域降水量的增加。

其次,冻土活动层加厚也是湖泊发生演变的重要原因之一。多年冻土分布区,气候变暖使活动层厚度小幅增加,多年冻土冻结层中的固态水释放后填充洼地,造成洼地渍水,从而形成大量新的湖泊,这些湖泊大多深度较浅。这些浅水湖泊受冻融作用的影响,如果冻融作用较强烈,多年冻土地区开放融区的湖泊逐渐发育成冰核丘,湖水被排干,最终消亡,引起湖泊数量减少。一些浅水湖泊由于季节性下渗加强和地下水位下降,会演变成季节性湖泊甚至消失。当这类湖泊消失后,其下方的闭合融区还会存在很长一段时间,可以通过闭合融区来反映历史时期冻土分布区的湖泊分布,以及连续多年冻土历史上的纬度或海拔分布。例如,出现在青藏高原东昆仑山的西大滩东段沿东西向新断裂带附近,呈线状分布着一系列塌陷的古冻胀丘洼地,最大直径 200m 以上,呈马蹄形,每个洼地都有一个出口。可见,冻土退化时,冻胀丘塌陷,地下冰融化流出补给地表径流,有比较可靠的地表形态证据。

再次,热融湖的出现和发育对冻土区地貌水文影响显著。热融喀斯特过程能够快速且广泛地改变寒区陆地景观格局、土壤和地表径流的化学特性,其对多年冻土区的生态环境也产生重要影响,可以起到加速有机物分解进程,并释放多年冻土中可溶性物质的作用,从而影响到土体和地表径流的化学特性。湖泊和地热融区会破坏冻土平面分布的连续性和冻土厚度的均匀性,使冻土分布离散化,同时这些融区也担当起地下水补给、径流和排泄的通道。然而,在高山多年冻土区,盆地中心湖沼带成为融水排泄带,地下水出露地表以后会大部分消耗于蒸发和蒸腾作用。由于不断增加的活动层厚度及地表水排放,冻土退化导致冻土区内部年径流量变化呈现下降趋势,相对于季节性冻土,冻土分布区的峰值流量更高。同时,冻土退化会导致地表水过渡到地下水主导的水文系统。多年冻土中含有大量地下冰,受气候变暖的影响,山区冻土上限附近过剩的地下冰融化,融水直接以潜水形式向低处渗流,进入非冻土区,部分水分被释放并参与到区域水循环中,改变区域水文状况。尽管多年冻土消融所引发的冻土上限的下降值仅以厘米计算,但在长期的升温背景下,流域水量平衡在一定程度上还是会受到影响。例如,青藏高原多年冻土退化较强烈的地区,补给源头在多年冻土区的封闭湖泊水位上涨、地下水位上升,多年冻土地下冰很可能是补给水量增加的原因之一。

最后,热融湖的出现和发育与人类活动关系密切。多年冻土融化形成的热融喀斯特已经成为一种环境灾害,对多年冻土区工程产生影响。热融湖对工程基础的影响主要是其侧向的热侵蚀作用,受侧向热流的影响,路基下多年冻土温度升高。冻土温度升高会导致冻土力学特性发生显著变化,表现在未冻水含量升高和强度降低,尤其在高含冰量条件下,接近于0℃的冻土表现出强烈的流变特性和压缩特性,从而造成冻土承载力下降,稳定性降低,在路基或路面表现出下沉或翻浆。由于人类活动的扰动,如公路、铁路及各种建筑物等工程设施建设,其表面反照率相对较低,可能打破了连续多年冻土区的能量平衡体系,吸收了更多的太阳辐射并且形成了贯穿融区,破坏了连续多年冻土的连续性和完整性,往往致使连续多年冻土分布区域形成新的热融湖,以及不连续多年冻土区部分原有热融湖的消失。

17.5.2　青藏高原热融湖塘

在青藏高原多年冻土区内,融化因素主导形成的热融喀斯特地貌广泛发育。青藏高原多年冻土区广泛分布的热融喀斯特湖泊多发育在横坡小于3°的地方,大部分分布在河谷平原下不稳定多年冻土区。青藏铁路和青藏公路沿线有100多处热融湖塘且数量逐年增加,主要分布在楚玛尔河流域、可可西里山区、通天河盆地、布曲河谷地和唐古拉山山间盆地(图17.8)。

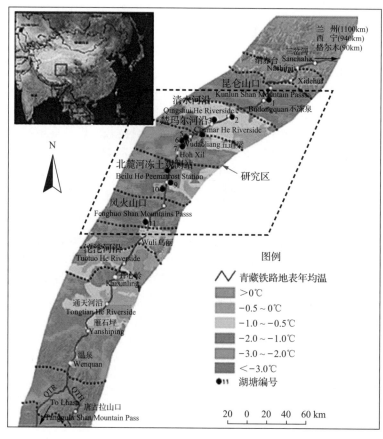

(a)

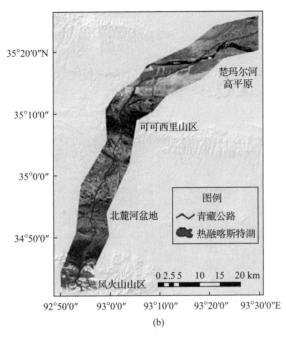

(b)

图 17.8　青藏铁路和公路沿线热融湖塘分布(牛富俊等,2013)

　　通过北麓河地区的一典型热融湖可见一斑。该热融湖湖岸逐年坍塌,坍塌主要发生在靠近铁路一侧厚层地下冰发育区域,年平均坍塌宽度大约为 0.5m,湖心下原约 83.0m 的多年冻土已全部融化。在热融湖的影响下,湖心至路基坡脚天然孔之间多年冻土上限深度及多年冻土厚度均发生了很大变化,湖近岸多年冻土上限深度比路基坡脚天然孔多年冻土上限约深 0.65m,湖边多年冻土厚度也比路基坡脚天然孔多年冻土厚度约薄 60m;湖心至路基坡脚天然孔之间土层在水平方向形成明显的地温差异,在相同深度,湖心下土层地温年平均值比天然孔地温年平均值高 5.0℃左右。热融湖作为热量的载体,以二维热传导方式,将热量向其周围传递,导致附近多年冻土温度升高,热稳定性降低(林战举等,2010)。

　　对青藏高原北麓河热融湖塘多年冻土的数值模拟预测结果表明,受热融湖的影响,湖底下部及周围多年冻土温度状态发生了较大变化。在湖深相同的情况下,湖底年平均温度越高,对多年冻土的热扰动越明显。当湖底年平均温度等于 0℃时,湖底下部及周围多年冻土一般不会形成融化层,只可能引起地温升高;当湖底年平均温度大于 0℃时,多年冻土不但温度升高,上限下移,而且可能形成融化层,最终导致多年冻土可能被融穿。湖底年平均温度越高,地温增加越快,融穿多年冻土的时间越短。在湖底年平均温度相同的情况下,水深差异对多年冻土退化的影响不明显。

17.5.3　北极地区热融湖塘

　　北半球以北极为中心的高纬冻土区热融湖广泛分布(图 17.9)。在阿拉斯加和西伯利亚,多年冻土在区域水热耦合过程中发挥着重要作用。活动层深度的改变导致水循环组分的变化,如土壤的保水能力、地下水动力学、地表入渗;这些因素也对区域植被的覆盖变化和流域水文过程产生反馈。在过去的十几年中,由于冻土的影响,径流在北极冻土区较为频繁;降雨和融雪使得区域的水量和直接径流率都大于非冻结区域或温带区域。例如,亚北极区加拿大的 Wolf Creek 流域,融化的活动层是影响季节直接径流的重要因素。活动层土壤解冻过程对春季洪水径流和地表产流率有很大影响,如果活动层土壤厚度从 0.6~2.0m 下降至 0.4~0.6m,地表产流率将增加两倍。

图 17.9　北极地区热融湖,位于加拿大北极圈附近的巴瑟斯特岛(左)和梅尔维尔岛东部的萨宾半岛(右)

气候环境对北极地区热融湖影响显著。对阿拉斯加极地地区热融湖湖水动态流动作用及湖底沉积物重分配监测显示,主导风向上有较浅的湖岸陆架,热融湖动态演化过程中较浅的湖底对下部的冻土有保护作用并且可以降低湖水的流动速度,减少湖水对湖底的侵蚀,因此相反方向上湖的深度较大。阿拉斯加地区典型热融湖塘数值模拟研究表明,热融湖演化与气候变化有密切联系,并导致湖塘附近区域多年冻土逐步退化,从而对附近的建筑工程产生较大影响。

在人为活动增加显著的环北极多年冻土区,气候变暖和降水增加都会在大尺度上诱发热融喀斯特的发生。近 30 年,西伯利亚环北极地区除连续冻土区内热融湖面积和数量有所增加外,其他冻土地区的湖泊明显减少。冻土退化导致连续冻土区内热融湖出现并扩展,随着冻土的持续退化,不连续冻土地区贯通性加强,致使湖水排泄增加或疏干。该地区主要河流进入北冰洋的径流量相应增大,自 20 世纪 30 年代以来增大了 7%,平均每年增加水量 $(2.0\pm0.7)km^3$。

第 18 章　冰冻圈对海平面变化的影响

严格地说,寒区水文研究主要针对陆地水文过程,但由于冰川、冰盖融水对海平面及海冰和冰冻圈融化的淡水对海洋水循环有显著影响,因此,在本章及第 19 章对冰冻圈变化在全球尺度的水文作用进行一些论述,主要目的是让读者开阔视野,在更广泛的尺度理解寒区水文的作用与影响。海平面变化是受到广泛关注的问题。引起海平面变化的因素众多,如太阳黑子的活动、大气压、风、大洋环流等,在地质历史上,地球构造运动、冰川-间冰期旋回等,均可引起区域或全球海平面变化。现代意义上以海平面上升为标志的海平面变化是指人类工业化以来,全球气候变暖所导致的海平面变化。现代意义上的海平面变化原因可归结为三个方面,一是海洋升温后热膨胀导致的海平面上升;二是陆地冰川融化增多,导致海洋总水量增加;三是由于人类活动引起的陆地水储量变化对海平面的影响。这三大因素中,冰冻圈变化对海平面变化具有重要影响,冰冻圈与海洋的固-液水量转化过程直接影响着海平面的变化。

18.1　海平面变化概述

18.1.1　海平面特征

海平面是海洋科学中平均海平面的简称,是指在某一时刻假设没有潮汐、波浪、海涌等因素引起海面波动,海洋能够保持的水平面,通过与标准水平面的高度比较来确定。基于人们对海平面的传统观念,为了确定大地测量高程的零点,假定在一定长的时间周期内,海水表面的平均高程静止不动,人们把该高程作为大地测量的基准面。

根据海平面的变化,可将海平面分为绝对海平面和相对海平面。绝对海平面是指海平面升降引起的海平面变化,即海平面在地心坐标系中的垂直位移,它又包括全球绝对海平面变化和地区性绝对海平面变化。全球绝对海平面变化是由全球气候变暖导致海水加热膨胀,以及冰川消融导致全球海水量与海盆容积变化等引起的。地区性绝对海平面变化是由大地水准面变化、海洋热膨胀,以及江、河、湖、海径流变化引起的。相对海平面是指某一具体的海平面,即某海平面相对某海岸基准点的升降变化。

影响全球海平面变化的因素有很多,主要包括冰川、板块构造运动、海水密度变化等因素(图 18.1)。从中长时间尺度上来看,海平面变化成因可概括为两个方面,一是随气候变暖,与冰川融化及陆地储水量变化相关的水体质量变化引起的海平面变化;二是由海水密度变化导致的海平面变化,包括海水温度、盐度的变化,即比容海平面变化。

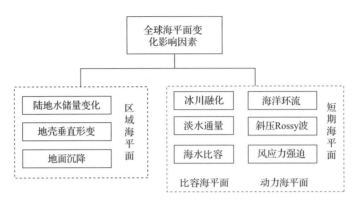

图 18.1 全球海平面影响因素

在不同的时间尺度内,从小时、日到地质历史以上的亿万年为单位,海平面变化的形式不同,导致其变化的主要因素不同,因而研究不同时期的海平面变化采用的方法也不相同。影响季节及 10 年际海平面变化的因素主要有海水温度、盐度、陆地水体等。地壳垂直形变、地面沉降、和海洋环流变化等是长期海平面变化的主要影响因素。影响海平面变化的主要自然因素见表 18.1。

表 18.1 不同时间尺度海平面变化影响的主要因素

时间尺度	海平面变化主要因素
小时	气象(风)
日	潮汐、地震、气压
年	气象(气温、降水、蒸发)、水文
10^2 a	气候(冷暖周期)、大地水准面、水温
$10^3 \sim 10^4$ a	冰川均衡、大地水准面
$10^5 \sim 10^6$ a	海底扩张、海盆干涸、造山运动
$>10^6$ a	原生水、孔隙水、地球膨胀

冰川的变化与海平面变化的关系实质上是固态水和液态水的体积转换问题。在冰期,由于降雪量相对降水量比例增加,凝结的雪转化为冰川冰,导致大量的冰固化在陆地上,造成海平面下降。在间冰期,随着气温变暖,陆地上的冰川消融加速,大量融水流入海洋,从而引起海平面上升。虽然山地冰川占全球冰川储量的比重很小,由于山地冰川对气候变化较为敏感,在较短时间尺度内(10～100 年)其对海平面的影响是很显著的。随着山地冰川的减少,其对海平面的影响将日渐减弱,与两极的冰盖相比,影响时间尺度要短。

海水热膨胀是海平面上升的主要影响因素。近几十年的海水温度观测数据表明,海水热膨胀呈增加趋势,1960 年以来海水热膨胀对海平面变化的贡献占 25%。基于 1993～2009 年卫星测高仪数据计算,海水温度变化对全球平均海平面的贡献率占到 30% 左右,而其中 1993～2003 年对海平面变化的贡献率占 50%。海水盐度变化对局部海域海水密度和海平面变化有着重要意义,但对全球平均海平面变化的影响却很微弱。过去 50 年海水盐度的变化对海平面上升的影响大约为 0.05mm/a,这比热膨胀的影响明显要小得多。

　　地球物理过程对海平面变化的影响是一个长期的过程,主要表现为地球形状变化、冰盖的变化、海洋的几何状况与容积变化等造成海平面的升降。目前,地球物理过程对海平面的影响值大约为 0.3mm/a。

18.1.2　海平面变化的研究方法

　　海平面变化主要为两部分:由海水温度和盐度变化引起的海水体积膨胀和收缩称为热容海平面变化;海水质量分布变化引起的海平面变化,如潮汐、大洋环流变化引起的海水质量重新分布,海洋-陆地-大气水循环及冰川消融等引起的海水净质量变化。

　　1. 热容海平面变化计算方法

$$\mathrm{SLA}(\varphi,\lambda,t) = \frac{1}{\rho_0}\int_{-h}^{\eta}\left[\rho(\varphi,\lambda,t,z,T,S)-\rho_0\right]\mathrm{d}z \tag{18.1}$$

式中,φ 和 λ 为格网点的纬度和经度;t 为时间;z 为海水深度;ρ_0 为海水的平均密度;T、S 分别为海水的温度和盐度。

　　2. 海水质量分布引起的海平面变化计算方法

　　海水质量分布引起的海平面变化有 4 种方法,具体如下。
　　(1) 从卫星测高观测的海平面变化中,扣除热容海平面变化后,得出有海水质量分布引起的海平面变化。

$$\mathrm{SLA}(\theta,\lambda) = \mathrm{SLA_s}(\theta,\lambda)-\mathrm{SLA_t}(\theta,\lambda) \tag{18.2}$$

式中,$\mathrm{SLA_s}(\theta,\lambda)$ 为卫星测高得到的海平面变化;$\mathrm{SLA_t}(\theta,\lambda)$ 为热容海平面变化。
　　(2) 使用洋底压力数据直接计算。

$$\mathrm{SLA}(\theta,\lambda) = \frac{\mathrm{OBP}(\theta,\lambda)}{\rho_0 \cdot g} \tag{18.3}$$

式中,$\mathrm{OBP}(\theta,\lambda)$ 为格点的洋底压力;g 为重力加速度。
　　(3) 根据全球水量平衡方程计算。

$$\Delta M_{\mathrm{vapor}} + \Delta M_{\mathrm{land}} + \Delta M_{\mathrm{Ocean}} = 0 \tag{18.4}$$

式中,$\Delta M_{\mathrm{vapor}}$ 为大气中水蒸气质量变化;ΔM_{land} 为陆地水质量变化;$\Delta M_{\mathrm{Ocean}}$ 为海洋水质量变化,用等效水柱高度表示的海水质量变化用式(18.5)计算。

$$\Delta H_{\max} = \frac{1}{\rho_0} \cdot \frac{\Delta M_{\mathrm{Ocean}}}{S_{\mathrm{Ocean}}} \tag{18.5}$$

式中,$\Delta H_{\max}$ 为用等效水柱高度表示的海水质量变化;ρ_0 为海水的平均密度;S_{Ocean} 为全球海洋表面积。
　　(4) 采用重力场系数计算用等效水柱高度表示的海水质量分布引起的海平面变化。
　　地球重力场一般用大地水准面的形式表示,即海洋上对应于平均海平面的等位面。

一般把大地水准面展开为 N 阶球谐系数的和。假设有一个时变的大地水准面变化 ΔN，可以看作是从一个时间到另一个时间的变化，用球谐系数变化 ΔC_{lm} 和 ΔS_{lm} 表示为

$$\Delta N(\theta,\varnothing)=\alpha\sum_{l=0}^{\infty}\sum_{m=0}^{l}\widetilde{P}_{int}(\cos\theta)\left[\Delta C_{lm}\cos(m\varnothing)+\Delta S_{lm}\sin(m\varnothing)\right] \qquad (18.6)$$

式中，α 为地球半径；$\theta,\varnothing$ 为经纬度；C_{lm} 和 S_{lm} 为无量纲的球谐系数；$\widetilde{P}_{int}$ 为归一化的缔合勒让德多项式。卫星大地水准面模型一般包括 C_{lm} 和 S_{lm} 变量的数据，如 GRACE 发布的阶数为 120 的 C_{lm} 和 S_{lm}。

研究海平面变化规律使用的数据资料大致可分为 3 种：验潮站数据、卫星高度计资料和重力卫星数据。验潮站测量法是海平面数据收集的基本方法，是以固定在陆地上的水准点为基准测量得到的海面高度，由于这些水准点只能分布在大陆边缘地区和岛屿附近，因此分析验潮站资料得到的海平面为相对海平面。

卫星测量技术的出现彻底解决了验潮站分布地域的局限，扩大了数据采集的区域，使数据获取的时间序列更加规范和连续。卫星高度计测量的海面高度是海面相对于地心的距离，这一高度不受地壳运动（构造运动下沉）的影响。精确的海洋卫星高程监测法始于 1992 年美国发射的 TOPEX/POSEIDON(T/P)卫星和 2002 年发射的 JASON 卫星。

重力卫星数据是一种间接研究海平面变化的方法。由于地球周围的任意物体的运动都包含着重力场的信息，重力场及其时变反映地球表层及每部物质密度分布及运动状态，同时也决定这大地水准面的起伏和变化。获取高精度和高分辨率的重力场及其随时间的变化成为研究海平面变化的一个新的手段。

冰冻圈对海平面影响的要素主要有冰盖和冰川、冻土和积雪。目前，冻土对海平面变化影响的研究还是空白；积雪对区域海平面变化在年内或季节有一定影响，但对全球海平面的影响可以忽略。因而，早期研究海平面变化认为，海平面变化主要是由气候变化引起的冰盖和冰川变化造成的。

18.1.3　历史时期的海平面

海平面变化在不同时空尺度广泛存在。在地质时期（约 100Ma），曾出现最大规模的全球尺度海平面变化（变幅 100～200m）。其主要是由地质构造所引起，随着陆地冰盖的形成，全球平均海平面也随之下降 60m。约 3Ma 始，由于地球轨道和偏心率变化导致冰期/间冰期循环交替出现，北半球万年尺度准周期性消涨的冰帽对全球海平面变化产生了重要影响。其影响量级在 100m 左右。125ka 前的末次间冰期的海平面可能高出 20 世纪海平面 4～6m，极地地区的平均温度也较现代高 3～5℃，估计格陵兰冰盖消融对海平面上升的贡献在 4m 左右。大约在 21ka 前的末次冰盛期，南极和格陵兰的冰盖不断扩张，并且在北美和北欧存在着两个大冰盖。这些大的冰盖储存了全球大量的水，导致全球海平面低于现代海平面 120m，随着冰盛期全球冰盖的解体，估计海平面上升速率在 1m/世纪，上升速率最快时达 4m/世纪。

在末次间冰期间,气候发生了大规模的变化,在这个相对短的时间内,陆地冰川、海洋都有巨大变化。最大的突变曾经导致格陵兰的温度在几十年内升高 8~16℃,北大西洋曾经有大量的冰山流出,海表盐度曾经突然降低,使得海洋环流变得不稳定。从图 18.2可以看出最近 7000 年来全球海平面的变化,最近 4000 年来海平面虽仍有小的升降,但总趋势是上升的。

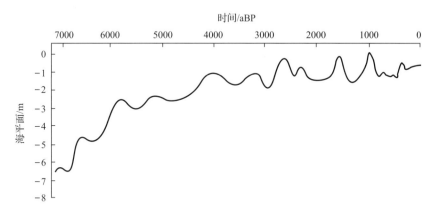

图 18.2　最近 7000 年全球海平面变化(任美锷,2000)

18.1.4　气候变暖与海平面上升

自工业革命以来,人类温室气体排放引起的全球气候变暖已经使海平面变化超出了自然因素控制的范围,在百年时间尺度上,升温引起的全球海洋热膨胀和陆地冰量融化已经成为海平面变化的主要因素。

气候变暖改变了海-气能量交换,并使海水通过温度和盐度的变化影响海平面变化,其中海温上升引起的热膨胀对海平面上升影响显著。例如,对于 100m 厚的海水层来说,当温度为 25℃时,水温每增加 1℃,水层就将会膨胀约 0.5cm。而且,海水表面温度和深海温度存在差异,即使全球气温稳定,海水表面的热量也会继续向深海传递,深海的温度将逐渐升高,更多的海水发生热膨胀反应,继而海水整体体积扩大,引起海平面上升(表 18.2)。同时,这种热传递要持续相当长一段时间,只有海水完全与大气温度达到一定平衡状态时才会停止。

表 18.2　热膨胀对海平面的影响

海平面升高/(mm/a)	误差/(mm/a)	资料来源	研究者或者研究小组
1.6	±.6	基于卫星和水文数据(1993~2003 年)	Willis 等(2004)
2.6	±.6	基于 Ishii 等 2003 年数据(1993~1998 年)但不包括 30°~60°S 地区	Lombard 等(2004)
0.5	±.5	基于 Levitus 等 2000 年数据	Antonov(2002)

资料来源:吴涛等,2006。

　　全球升温不仅使海水受热膨胀、体积增加,而且还加速了冰川融化,全球陆地冰量的融化是海平面上升的另一个主要因素,相关的内容将在下面详细论述。另外,人类活动通过改变陆地水体的循环周期和循环路线,对海平面变化产生影响。由于气候变暖和城市化进程的加剧,地下水超采、人工水库的修建、天然湖泊和森林退化等造成地表水储量发生显著变化,这必然引起海平面的变化。随着世界人口的快速增长,人们对水资源的需求急剧增加,导致世界上许多地区对地下水过度开采,引起地下水位持续下降,造成沿海地区地面沉降,最终引起海平面上升。大量人工水库的修建,由于发电或灌溉等原因,有部分的水储量是动态的,并通过地表径流或灌溉回渗和蒸散发等不同的形式参与到全球水循环中,其对地表水储量变化并无影响。湖泊储水量的增加会引起海平面下降,湖泊的萎缩则导致海平面上升。无论湖泊变化是由气候变化还是灌溉所致,其都会通过流域水量的损失影响到海平面变化。因此,人类活动对海平面的贡献是多途径的,对海平面贡献的效应也是不同的,有些为正贡献(使海平面上升),有些为负贡献(使海平面下降)。人类活动改变陆地水量分布影响可归结为陆地水储量变化,其范围为$-1.1\sim0.4$mm/a(表18.3)。

表 18.3　人类活动改变陆地水储量变化对海平面的影响

类型	海平面升高/(mm/a)	误差/(mm/a)
地下水开采	0.2	±0.21
城市化	0.34	±0.304
化石燃料燃烧和生物分解	0.01	±0.016
森林砍伐	0.09	N/A
水库和人造湖	−1	±1 和 2
灌溉	−0.56	±0.1

注:N/A表示数据缺失,负值代表海平面下降,正值代表海平面上升。
资料来源:Gornitz et al.,1997。

18.2　山地冰川与海平面变化

　　除南极和格陵兰之外的山地冰川的总面积为$51.2\times10^4\sim54.6\times10^4$km²,体积为$5.1\times10^4\sim13.3\times10^4$km³,相当于海平面$0.15\sim0.37$m。山地冰川虽仅占全球冰储量的1%,但由于位处比极地冰盖更为温暖的气候环境,规模较小,对升温的响应更为敏感,在当前气候状态下,其退缩很快,对于海平面上升具有重要贡献。

　　估算冰川融水对海平面的贡献时有一个关键问题需要解决,那就是冰川融水总量是每年冰川物质损失总量,而冰川上每年还有降水补给,即存在冰川的物质收入部分(有降低海平面的效应)。因此,对海平面的贡献应当是积累和消融的差额,即净物质平衡量。物质平衡仅一年或少数几年为正或负,不一定立即引起冰川的前进或退缩,而是有一个滞后期,冰川的进退是多年物质平衡的综合结果。通过对全球260个冰川的研究,推算过去40年冰川物质平衡的变化,全球绝大多数冰川的物质平衡为负值,冰川处于退缩状态,这与近几十年的全球变暖趋势基本一致。尽管在 20 世纪 80 年代末至 90 年代初期,某些地区的冰川出现物质正平衡或正负交替,但要弥补前期巨大的物质亏损还需相当长的时间。从冰川物质平衡、冰川变化和冰川融水研究的结果看,最近几十年,特别是 90 年代以来,冰川物质平衡向负的方向发展比较明显,随之而来的冰川退缩和冰川融水径流增大进一步加剧。IPCC 第五次报告综合已有研究结果,评估了不同时期山地冰川对海平面的贡献(表 18.4)。从总体来看,随着全球的变暖,山地冰川对海平面的贡献呈增加趋势。

表 18.4　不同时期山地冰川融化对海平面的贡献

时间(年份)	海平面贡献/(mm/a)
1901~1990	0.54±0.07
1971~2009	0.62±0.37
1993~2009	0.76±0.37
2005~2009	0.83±0.37
2003~2009	0.59±0.07

资料来源:IPCC,2013。

使用全球 260 个冰川过去 40 年冰川物质平衡观测数据,估算冰川消融对全球海平面的影响是 0.27mm/a。由于研究忽视了阿拉斯加、巴塔哥尼亚和中亚等地区,致使其结果偏小。利用激光测量方法,对阿拉斯加的 67 个冰川容积和变化计算发现,从 20 世纪 50 年代中期到 90 年代中期,阿拉斯加的大多数冰川都在融化,其数量相当于使海平面上升 (0.14±0.04)mm/a。对 1995~2000 年巴塔哥尼亚冰原观测数据进行分析后发现,该冰原的消融使海平面上升了(0.10±0.01)mm/a。综合以上数据,目前山地冰川对海平面的影响大约为 0.66mm/a。虽然山地冰川只占陆地冰川很小的一部分,但其对海平面变化的作用影响仅次于海水的热膨胀。因而,山地冰川普遍退缩的状况还需延续相当长的一段时间。

在未来气候继续变暖的情景下,冰川融水量将进一步增大。但对小冰川来说,随着冰川面积不断缩小,冰川融水量增大到一定程度后会转而减小。由于山地冰川比重较小,对海平面的贡献总体有限,随着冰川面积的减小,这种贡献将会逐渐减少。在未来气候的情景下,不同规模和不同性质的冰川对气候变化的响应等还不很明确,冰川的融水径流在什么时候发生转折具有很大的不确定性,极大地影响了山地冰川对海平面贡献的评估。

随着观测技术的发展,特别是卫星技术等的广泛应用,冰川观测资料增加迅猛,不仅对面积变化的观测加强,对质量变化的估算也有很大进展。但是,在冰川遥感监测方面仍然面临很多技术难题。卫星和航空雷达测量冰川厚度也存在很大不确定性,靠有限的地面实地测量难以获得比较完整和准确的山地冰川冰量变化结果。利用 GRACE 重力卫星资料,对南极和格陵兰冰盖物质平衡的估算虽已取得很好的结果,由于山地冰川规模较小等因素的影响,估算山地冰川物质平衡仍然有很大的不确定性。

18.3　极地冰盖与海平面变化

两极的冰盖占全球冰川的 99%,如果全部融化将使全球的海平面上升约 70m,即使是一小部分融化也会对海平面带来巨大影响。与山地冰川不同,两极地区冰盖面积较大且环境恶劣,对物质平衡直接观测十分困难。由于卫星、雷达和激光等具有覆盖范围广,时间连续好等优势,在极地冰盖物质平衡和海平面变化进行观测和估算越来越广泛。总体来说,当前冰盖物质平衡主要使用测高法(雷达测高和激光测高)、干涉测量和重力测量等测量技术。遥感技术在极地领域的广泛使用,为冰盖物质平衡估算提供了多种实时的并且覆盖范围广的数据。

1) 空间重力测量法(GRACE)

空间重力测量是基于重力恢复与气候试验得到的时变重力场数据,估算冰盖质量的变化。该方法的优势在于不需要内插即可得到区域性平均值,可直接测量质量波动所造成的影响,可以进行月度时间采样。其缺点在于若想要有效地从冰盖的短期变化中区分出冰盖变化的长期趋势,则需要很长的时间记录。

2) 物质收支法(mass budget,MB)

物质收支方法是确定物质收入和支出之间的差值。该方法的优势在于不仅可以分别确定冰盖整体物质平衡的两个分量:表面物质平衡和冰盖动力学过程引起的冰盖排出量,而且可以在各个冰川流域尺度上分别确定这两者。

3) 体积测量法(radar altimetry,RA)

该方法是通过雷达测高或激光测高数据确定冰盖体积的变化,然后将体积变化值转换为质量变化,从而得到冰盖物质平衡。卫星测高数据在经过卫星姿态、大气衰减等改正之后,得到的高程变化值已能达到较高精度。

冰盖早期研究通常是用花杆法、雪层剖面法、冰雷等地面实测的物质平衡法进行研究,由于受到测量范围的制约,大部分研究只在局地展开,通过内插得到空间的物质平衡精度较低。Arthern 等收集了部分实测资料,对南极冰盖雪积累率进行简单插值,得到年均积累率为$(143\pm4)kg/(m^2 \cdot a)$,van de Berg 等使用同样的实测资料,利用 RACMO2/ANT 模型,计算得出南极冰盖的雪积累率为$(171\pm3)kg/(m^2 \cdot a)$,远远大于前者和其他相关研究的结果,其精度受到广泛质疑,由此评估海平面贡献具有的不确定性。最近,研究人员利用卫星数据,评估了极地冰层高度、冰川流量及冰川质量的引力效应。结果显示,在过去的 20 年间,极地冰盖融化致使全球海平面升高了 11mm,这相当于海平面上升了总高度的 1/5。研究人员表示,这一数据经过了精确测算,误差不超过 3.8mm。监测数据显示,格陵兰岛冰盖的消融速度约为 10 年前的 5 倍,而南极冰盖的消融速度约为 10 年前的 1.5 倍。

从 1990 年开始的 5 次 IPCC 评估报告中,对海平面上升贡献的评估结果相差较大(图 18.3)。尤其是格陵兰和南极冰盖,由于缺少数据,格陵兰冰盖前 3 次评估均给出了较大的贡献值,而南极冰盖由于没有数据而没有给出结果。近 20 年,随着卫星和航空测量数据的不断丰富,两大冰盖对海平面上升的贡献结果基本保持着缓慢上升的趋势。对过去 20 年的冰盖物质平衡评估的结果发现,南极冰盖和格陵兰冰盖的整体物质平衡均为负平衡,其中南极冰盖对海平面的贡献为 0.2mm/a,格陵兰冰盖、南极半岛和西南极的部分区域总共以相当于海平面平均上升 1mm/a 的速度损失质量(其中 70% 的贡献来自格陵兰冰盖),而且速度越来越快。IPCC 第五次评估报告指出,格陵兰冰盖的冰量损失大大加快,很可能已从 1992～2001 年的每年 34Gt 增至 2002～2010 年的每年 215Gt。同期,南极冰盖的冰量损失速率也加大很多,可能从每年 30Gt 增至 147Gt(表 18.5)。与第四次评估报告相比,格陵兰冰盖的冰量损失加速明显,夏季融化区域进一步扩大;南极冰盖不仅冰量损失显著增大,而且误差显著减小。

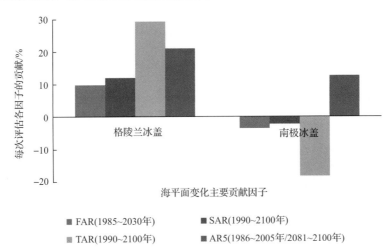

图 18.3 历次 IPCC 评估的冰盖对海平面上升的贡献

表 18.5 不同时段极地冰盖融化对海平面的贡献

区域	时间(年份)	海平面贡献/(mm/a)
格陵兰	1993～2010	0.33±0.08
	2005～2010	0.63±0.17
南极	1993～2010	0.27±0.11
	2005～2010	0.41±0.20

资料来源:IPCC,2013。

在未来气候继续变暖的背景下,冰冻圈对海平面上升的贡献是否会快速增大,特别是南极冰盖的贡献将会成为备受关注的热点问题。按照目前趋势,对未来一个世纪内冰盖物质平衡进行评估发现,格陵兰冰盖表面物质平衡以表面融化和径流的增加为主,其对未来海平面的贡献为正。南极冰盖物质平衡的变化具有很多不确定性,主要表现在冰架的缓冲作用、冰盖的不稳定性和冰盖底部融水的作用等方面。最近研究发现,西南极 Amundsen 海区附近冰盖迅速退却,Pine Island 冰川流速在增加而且 Thwaites 冰川也在加宽,这些现象可能意味着今后西南极冰盖会迅速崩解。如果西南极不稳定的冰盖全部崩解,将引起海平面上升 3.3m,很有可能持续对海平面做出贡献。而南极东部地区的冰盖表面融化很少,且降雪量增加,其面积和质量有所增加,对海平面贡献的符号仍不确定。

总之,只有利用更多的手段,加强对冰盖表面的物质平衡及冰盖底部环境的监测,加深对南极冰盖动力学的理解,同时不断改进数据的处理方法,才能进一步改进海平面变化的预测模式,从而得到更加准确的预测结果。

18.4　海平面上升贡献解析

随着对影响海平面变化主要过程物理机制深入的理解,以及物理模式与观测数据之间一致性的提高,同时考虑了冰盖的动力学变化,IPCC 第四次评估报告以来,对全球平均海平面上升的预估精度得到提高。目前,影响海平面上升的因素中,除海洋热膨胀外,还没有对哪一个单一因素的关注超过冰冻圈的(图 18.4)。

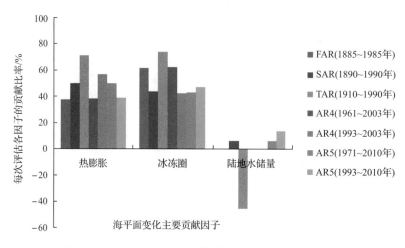

图 18.4　历次 IPCC 评估不同分量对海平面上升的贡献

冰冻圈对海平面变化影响的评估仍然存在较大不确定性。从 1990 年开始的 5 次 IPCC 评估报告中,历次对海平面上升贡献的评估结果相差较大。陆地水储量的评估结果相差最大,其中第二次评估为较大的负值,而其他均为较小的正值。冰冻圈对海平面上升的贡献相差也很大,尤其是格陵兰和南极冰盖,由于缺少数据,格陵兰冰盖前 3 次评估均给出了较大的贡献值,而南极冰盖由于没有数据而没有给出结果。近 20 年,随着卫星和航空测量数据的不断丰富,两大冰盖对海平面上升的贡献结果基本保持着缓慢上升的趋势。相对而言,山地冰川对海平面上升贡献的评估要好得多,各次评估尽管有差别,但相对差异较其他因子要小,这主要是因为全球不同地区的山地冰川均有长期观测,尽管相对大量的冰川,观测的冰川不到万分之一。不同要素对海平面贡献见表 18.6。

表 18.6　不同要素对海平面的贡献

要素	1901~1990 年	1971~2010 年	1993~2010 年
热膨胀	—	0.8±0.3	1.1±0.3
山地冰川	0.69±0.12	0.68±0.41	0.86±0.4
格陵兰	—	—	0.33±0.08
南极	—	—	0.27±0.09
陆地水储量	1.5±0.2	2.0±0.3	3.2±0.4

资料来源:IPCC,2013。

　　21 世纪期间,全球平均海平面将继续上升。目前,海平面上升预测的研究都引入了冰流快速变化响应的内容,预测整个海平面在 2100 年上升 0.8~2.0m,并且最可能的情况是接近 0.8m。在所有的未来气候情景下,海平面上升的速度很可能会超过 1971~2010 年的观测值。关于未来海平面在 4 个 RCP 情景下的预估,与 1986~2005 年相比,2081~2100 年海平面最高将上升 0.82m。到 2100 年,在 RCP8.5 情景下,海平面将上升 0.52~0.98m。在所有 RCP 预估中(表 18.7),21 世纪全球平均海平面上升主因是受海水热膨胀的影响,占 30%~55%,冰川融化占 15%~35%。格陵兰冰盖表面消融的增加将会超过降雪的增加,其表面冰雪物质平衡变化对未来海面上升起到正的贡献;南极冰盖消融较少,而降雪将会增加,其物质平衡变化将对未来海面上升起到负的贡献。但格陵兰冰盖与南极冰盖二者的融冰相加,到 2018~2100 年将使海平面上升 0.03~0.2m。从预估的未来海平面变化来看,南极冰盖未来的变化具有较大不确定性,总体上热膨胀、冰川未来贡献趋于减小,格陵兰冰盖可能会显著增加。尽管研究改进了海平面上升的预测范围并且取得了相似的预测结果,但是冰盖物质平衡在未来的变化仍是海平面预测中最不确定的因素。

表 18.7　21 世纪中期和末期相对基准期 1986~2005 年全球平均海平面上升的预估

情景	2046~2065 年		1971~2010 年	
	平均	可能范围	平均	可能范围
RCP2.6	0.24	0.17~0.32	0.40	0.26~0.55
RCP4.5	0.26	0.19~0.33	0.47	0.32~0.63
RCP6.0	0.25	0.18~0.32	0.48	0.33~0.63
RCP8.5	0.30	0.22~0.38	0.63	0.45~0.82

资料来源:IPCC,2013。

　　随着数据的积累、观测技术的改善和研究方法的提高,对于冰冻圈变化对海平面上升的贡献有了更深的认识。由于数据来源的不同及研究时段的不同,源于不同来源的海平面上升的贡献不同。总体来看,近期热膨胀的贡献趋于减小。冰川变化对海平面的贡献呈上升趋势。从长远看,气候变化仍是海平面上升最主要的因素。但由于人口增长对水资源的需求快速的增长,使得陆地蓄水减少已成为趋势。即使在稳定的气候条件下,以人类现在的用水方式,海平面还是会不断上升。总之,随着全球变暖的影响,冰冻圈变化对海平面上升的贡献速率呈现增快趋势。

第 19 章　大洋水循环中的冰冻圈作用

在高纬度地区,冰冻圈变化导致的固-液态相变过程会影响海洋盐度和温度,从而影响海洋水循环过程及海洋生态系统。研究表明,海洋与陆地的淡水交换可驱动海洋表面以非均一方式跨越好几个纬度而发生变化。由于冰冻圈的存在,高纬度可以获得较多淡水,而亚热带只能通过地表水的注入和降水获得淡水,因而得到的淡水较少,全球范围大洋淡水的差异会导致海洋密度差,从而引起全球深海大洋环流。正是由于在全球大洋水循环中冰冻圈变化产生的冷、淡水对改变大洋密度有显著影响,因而冰冻圈在淡水驱动及海洋水循环中的作用已经成为研究的热点。

19.1　两极区域水循环与淡水平衡

以固态和液态形式储存于两极地区的大量淡水是十分重要的水体,这些淡水一旦释放,就会改变大洋的水文与循环过程。海洋和大气驱使极区内淡水的循环,以及与亚极区各纬度带的水体交换。在气候变化影响下,大气水汽含量、大气环流、海冰范围、海冰体积及其传输等这些海洋和大气过程对温度变化的响应在年内和年际尺度上均表现得十分显著。

在北极,模拟的淡水循环与十年尺度的温度变化密切相关,这一结果与观测数据十分接近。在对小冰期的模拟中发现,淡水传输和淡水的范围都要比今天小。随着温度的上升,更多的水参与到水文循环中,淡水的量通过海冰水库或降水-蒸发和径流的增加随之增加。同时,随着淡水传输的增加,淡水对北大西洋的强迫作用加强,这些特征与许多耦合的全球气候模式得到的结果一致,尽管变化的幅度根据模型及其分辨率的不同有所差异,这一点对海冰和淡水水库特别明显。

与北极相比,南极区域受外部强迫的影响受到了很大抑制,这是由于大气和海洋两者存在着显著的带状绕极流,绕极流阻碍了与较低纬度及大洋区域的热量交换,起到了减少由辐射平衡变化导致的海面变暖的幅度。另外,在南极地区,雪冰反照率反馈作用也是较小的,主要是因为它比北极淡水循环作用小。

19.1.1　淡水的组成

北冰洋淡水驻留在两个水库中,一个是海冰(冰龄不同含有少量的不同盐度),另一个是液态淡水。液态淡水被定义为基准盐度和实际盐度之差的垂直积分,它可以被解释为基准盐度水柱稀释到实际盐度时增加的淡水柱的高度。两个水库的水量分别为,海冰水库约为 $10^4\,\mathrm{km^3}$ 数量级,液态淡水水库最大可达 $10^5\,\mathrm{km^3}$(图 19.1)。与北极淡水输出有关的海洋与海冰相互作用是认识海-冰长期变化及耦合机制的最重要的过程之一,同时也是深入理解海平面和生态系统变化的关键问题。

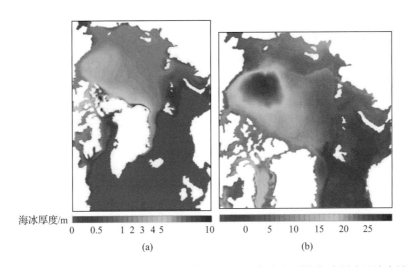

海冰厚度/m

0　0.5　1 2 3 4 5　　　10　　　　　0　　5　　10　　15　　20　　25

(a)　　　　　　　　　　　　　　　　(b)

图 19.1　利用 9km 分辨率 NOASIM 模型模拟的 2009 年北极平均海冰厚度及液态淡水量

(Gerdes and Lemke,2012)

总冰量为 21200km³,而总液态淡水量达 92500km³

　　两个水库通过海冰的冻结和消融过程进行着淡水交换。海冰量的减少伴随着融化量的增加,也就是在北极内部,海冰的减少会导致液态淡水水库的增加。然而,对于长期变化而言,两个水库的外部强迫作用通常比内部淡水之间的再分配过程更加重要。

　　表 19.1 为不同研究者给出的北冰洋淡水收支平衡状况。总体来看,北冰洋淡水收支在海、陆淡水水通量(淡水传输、海冰传输、径流)方面,不同作者给出的结果具有较好的一致性,其他分量存在着一定差异。就目前的研究和认识水平,这些结果也让我们足以了解到北冰洋淡水组成中,海冰的淡水通量和储量均是较大的,其在海洋环流中的淡水效应具有重要作用。

表 19.1　北冰洋平均淡水收支

水量平衡分量	观测值(1980~2000 年) (Serreze et al.,2006)	模拟值(1980~1999 年) (Holland et al.,2007)	模拟值(1980~2000 年) (Flavio et al.,2012)
降水	3300±680	2411±360	2265±109
蒸发	−1300±710	−868±275	−687±32
径流	3200±110	3162±776	3482±187
海洋传输-液态 -不包括 CAA	−3450±693 −250⊥615	−1388±2332	−2899±569 −395±579
海洋传输-固态 -不包括 CAA	−2460±340 −2300±340	−1841±626	−1967±421 −1967±421
海洋不平衡	−710±1255		194±331
海洋淡水储量	24200	47756	177930±1652
海冰淡水储量	10000	13851	29347±2557

　　注：通量单位为 km³/a,储量单位为 km³;计算时的基准盐度＝34.8g/kg;留在北冰洋中的通量为负;±为相应的测量误差和测量传递误差,或为模型内部的标准差;CAA 为加拿大北极岛群。

根据 Flavio 等(2012)模拟结果绘制了南、北极年平均淡水收支平衡状况(图 19.2)。图 19.2 中与箭头相关的数值表示通量,框中的数值表示储量。由图 19.2 可以大致看出,南、北极淡水通过大气、海洋、陆地和海冰相互转换及循环过程。需要指出的是,北极陆地径流输入主要是融雪径流,另外还包括冰川和冰盖融水输入,因此,北极海冰和积雪等冰冻圈要素在淡水循环中起着重要作用。南极由于没有陆地径流直接补给,只有部分裸露地表向海洋的径流输入。由图 19.2 可以看出,南、北纬 $60°\sim90°$ 南、北极海洋的淡水储量占主要地位,分别达 $48×10^4 km^3$ 和 $27×10^4 km^3$,海冰淡水储量次之,分别为 $2.2×10^4 km^3$ 和 $3.7×10^4 km^3$。在淡水循环中,海冰量是最大的,其每年有 $1.7×10^4\sim1.8×10^4 km^3$ 的淡水通过冻融过程参与北极淡水循环,而北极积雪融水参与淡水循环的水量也达到 $0.5×10^4 km^3$,这一数值也远大于降水-蒸发过程参与与北极淡水循环的水量。

19.1.2　海冰变化与淡水输出

极区的夏昼和冬夜十分独特,由此会引起地表气温发生很大的季节变化,从而导致极区具有季节性的固态(海冰)和液态海洋(海冰融化)。由于海水热容量巨大,这种状况也会产生很大的海水热通量的季节性变化。在北极,海冰覆盖的范围由夏季的 $7×10^6 km^2$ 到冬季的 $16×10^6 km^2$,而在南极,相应的海冰范围夏季为 $2×10^6 km^2$,冬季为 $19×10^6 km^2$。海冰的平均厚度尚不太清楚,但估计北半球为 $2\sim3m$,南半球不到 $1m$。由液态到固态又由固态到液态的年循环中,这一巨大的水量转化过程导致了极区海洋的物理、化学和生物特征完全不同于其他地区。

自 20 世纪 60 年代中期以来,北极海冰一直处于减少状态,融化的海冰释放出大量淡水进入海洋,有人认为这似乎标志着北冰洋已经成为了淡水形成源地。但实际上同期液态淡水量并没有增加,相反与海冰一样,液态淡水量也趋于减少。这一结果说明,这一地区向外的液态淡水输出显然在增加,甚至处于入不敷出的状态,导致由海冰减少增加的淡水输入量及液态淡水量均被耗损。这一现象很好解释,因为这一时期北大西洋涛动(NAO)趋于加强。北大西洋涛动可能导致了北极地区较高的温度,从而减少了冰量。较强的北大西洋涛动还可增加海冰通过弗拉姆海峡(Fram Strait)输出,同时伴随着北冰洋的扩张,增强北欧海域的气旋性环流,相应地加强了进入大西洋的洋流,极地的出流水量也随之增加,这样就形成了很强的北冰洋淡水净输出。在北大西洋涛动高值时期,补给北冰洋水域河流的流域降水增加是不显著的。在 90 年代中期,北大西洋涛动达到其最大值后出现逆转,这与 90 年代后期北极液态淡水量的增加有密切关系,在不同的模式中均有显示。

随着海冰量的减少,在弗拉姆海峡附近的海冰厚度也在减薄。在弗拉姆海峡,这些向南漂浮的薄层海冰用高分辨率模式也可较好模拟出来(图 19.3)。跨越 $79°N$ 向南漂移的海冰厚度由 1990 年早期的 $3m$,减薄到 2010 年的 $1.5m$。模式中弗拉姆海峡的浮冰输出几乎没有显著的趋势,只是通过快速向南漂移,显示出减薄海冰的很小补偿作用。在 20 年的模拟期,海冰输出量由 $0.12Sv(1Sv=10^6 m^3/s)$ 下降到 $0.09Sv$。最近的十几年,海冰

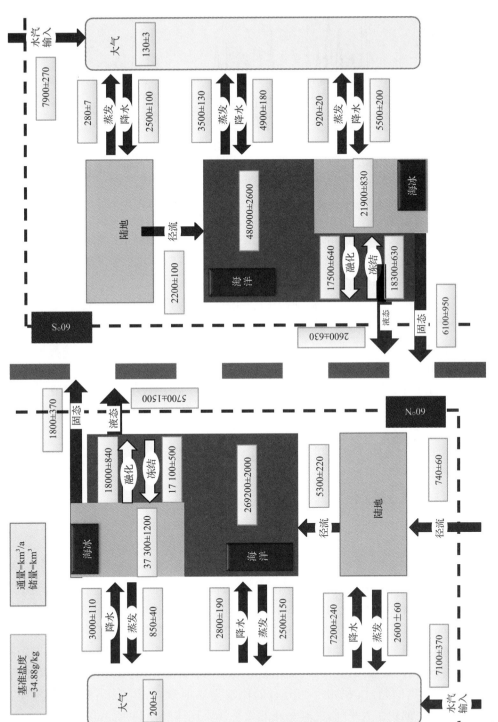

图 19.2　南、北纬 60°~90° 1960~1990 年平均淡水收支平衡（据 Flavio et al.，2012，模拟数据编绘；丁永建和张世强，2015）

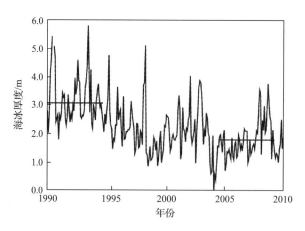

图 19.3　模拟的由弗拉姆海峡向南漂移的平均海冰厚度(Rüdiger and Peter,2012)

输出减少了 0.03Sv,表明北冰洋的淡水损失了 9500km³,这一结果与用国际极地年(IPY)和历史盐度观测值估算的 20 世纪 90 年代与 2006 年北冰洋的淡水差值基本一致,其估值为(8400±2000)km³(Rüdiger and Peter,2012)。

尽管在过去几十年海冰变化对海洋淡水影响的大洋环流效应还不是很清晰,但在长时间尺度上,海冰对温度-降水反馈机制起着重要作用。温度增加会加强水循环过程,从而增加冰盖区的降水,降水增加会增加冰盖的积累量,进而会导致冰盖扩张,冰盖扩张又使得反照率增加,从而又引发地表温度下降,气候由间冰期又向冰期演变。这个反馈作用是冰期循环中海冰开关机制的重要部分。实际上,代用纪录表明,在间冰期海冰在其最大范围退缩时,积累率呈现急剧增加的趋势。

19.2　热盐环流与经向翻转环流

19.2.1　热盐环流与全球传输带

1. 一般概念

早在 20 世纪 60 年代,苏联科学院 Shirshov 海洋研究所的地球化学家就发现,磷和硅含量由北大西洋的最小值向南到南极水域增加到较高值,同样由南太平洋向北到阿留申群岛也由小增大,磷的最大值出现在太平洋东北部。上述生命元素的分布格局在表层及深水区(2000～3000m)均可以认为全球营养盐的富集过程终结于太平洋。同样,自由的二氧化碳浓度和可溶性碳酸盐在深水区(约 4000m)由大西洋到太平洋,甚至可以说由南向北也呈增加趋势,碳酸盐所分布的面积相应减小,而无红黏土的碳酸盐分布则更加广泛。然而,值得指出的是,沉积物空间分布的比较需要地形校正。比碳酸盐补偿深度(CCD)更深的洋底面积在太平洋,尤其是在北太平洋要比印度洋和大西洋更加宽广。碱度及可溶性氧含量在深水区由大西洋向太平洋,之后由南向北逐渐减小。根据这些数据可以得出结论,营养盐由大西洋穿过南极水域进而向北太平洋,全球海洋出现"老化"现象。利用"老化"原理,他指出有机物矿化过程开始于海洋表面,通过其由大西洋向太平洋的下沉和搬运持续输移。这一过程伴随着可溶性氧和有机物含量的下降及营养盐和二氧化碳含量的增加。根据大量地球化学数据分析,这一结果成为热盐环流存在并开始于北大西洋、结束于北太平洋可靠证据之一。这一系列现象与证据的出现,是热盐环流概念提出的主要动因。

准确地定义热盐环流是困难的,在文献中有许多与之相关的定义。历史上热盐环流被定义为由通过海洋表面热量和淡水(有时与表面浮力流合二为一)驱动的海洋环流组分,这一特殊的热盐环流定义在海洋模式专家中较流行,他们的海洋模型只是由热力和淡水边界条件驱动,而将风强迫设置为零,由此形成全球尺度经向翻转环流。因此,热盐环流是翻转环流或者大洋环流的组成部分,海洋环流可分成风动力流和热盐环流。正如名称所指,由风力驱动的洋流相对是短期的,然而,深入研究表明,海洋上层环流主要是表面风应力的结果。热盐环流是长期的平均运动,有许多因子驱动,包括温度、压力和海冰等。

然而,在许多情况下,表面浮力流的变化,特别是其热分量,很强烈地依赖于热盐环流自身。例如,加强的经向翻转流会引起很强的向极区的热量输移,在稳定状态下,这一热量输移的变化必须通过损失更多热量到其上空大气中来平衡,由此途径,热量向极区传输,极区的海洋获得更多热量,这也是解释极区升温高于其他地区的一种说法。

热盐环流是全球海洋在温度和盐度差异驱动下的洋流现象,它是全球大洋环流中的一种形式。在大西洋年热通量穿过赤道向北,而在太平洋和印度洋则是向南。相应地,与中纬度相比较,气温和海表温度的正异常变化受控于北大西洋。大西洋跨越赤道的热量传输估计约为 0.5×10^{15} W,北大西洋的海面水温(SST)较全球海面温度高 5℃,而其洋面上的气温则较全球高 9℃。另外,大西洋海温较太平洋高 0.3℃,盐度较太平洋高 0.3psu,海表水的盐度较全球平均高 1psu。海洋的这些温度和盐度差异与大洋间环流模式有密切关系,而海洋环流模式取决于世界大洋的动力地形,尤其是在中纬度地区太平洋的较高水位,其较大西洋水位高出差不多 100cm。这个高度是假定由北向南,朝着印度洋方向,进而围绕非洲大陆最南端进入到北大西洋这一传输过程中,太平洋暖表水由高水位向低水位方向运动减缓引起的。高密度北大西洋深层冷水(NADW)向南运动到南极,与南极底层冷水(AABW)相互作用,从而导致其又向北大西洋传输,这一现象已经被很好地用深水环流图表示(图 19.4),世界海洋中的北大西洋深层水和南极底层水通过西部深层边界流传播。

2. 热盐环流、大洋翻转环流与大洋传输带

经向翻转环流(MOC)一般为表层水向极区流动,在极区形成下沉流,下沉流在深水区翻转朝赤道方向继续流动,从而引起深水的更新。这一过程受控于温(热)、盐差导致的密度差,其原因可以追溯到表面淡水和热通量,因而通常也叫热盐环流(THC)。然而,热盐环流这一名称通常被不当地应用到整个经向翻转环流。事实上,热盐环流只是作为经向翻转环流的热盐分量,但经向翻转环流还包括风驱动分量。主要的洋流系统都有很强的风驱动成分,它们都包含在翻转环流中,如墨西哥湾流和南极绕极流。为了更清楚地区

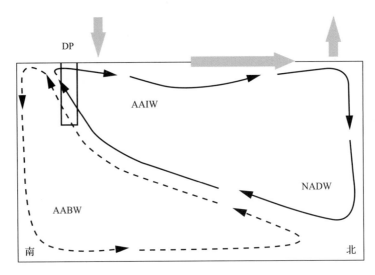

图 19.4　两个主要的经向翻转环流分支示意图

一个支流与北大西洋深水（NADW）相关，它在南部大洋沿 Drake 通道（DP）上升，然后转为较轻的南极中层水（AAIW）返回。这个支流实际上代表了大西洋经向翻转环流（AMO）。另一支流与南半球高纬度南极底层水（AABW）有关，它向北传输，与北大西洋深层水混合后返回到南部海洋。箭头表示大西洋加强（减弱）的大西洋经向翻转环流支流会产生较强的（较弱的）向北的海洋热量传输，在北半球，其由较强的（较弱的）热量损失所平衡，在南半球，由较强的（较弱的）热量收入所平衡

别，还应该提出经向翻转环流的总经向翻转，也就是洋盆中向北或向南洋流的总称，其涵盖整个经向范围。热盐环流只是经向翻转环流的一部分，其主要受热量和与淡水交换驱动（并且水体只是在海洋内部的传输）。热盐环流的这一定义不是直接观测到的，而作为真实的洋流系统，经向翻转环流可以观测到（至少理论上如此）。另外，热盐环流可以排除风力进行模拟。排除表面热盐通量或者内力，对经向翻转环流可以进行模拟。

世界海洋有一半是在 2000m 深度以下，这个深度内有一半的海洋是冷水（<3℃），表明表面为冷水的高纬度地区有下沉的水注入深海。在极区下沉的冷水被深海环流输送并穿越整个深海洋盆。为了维持海洋质量平衡，表面向深海移输的水必须通过深水形成区上部海水的流入得到补偿，这就是所谓的"翻转环流"。来自于源区的深部冷水的输出必须由海洋上部的暖水回补来平衡，翻转环流上下部巨大的温度差异就会使得这种流动方式成为传输热量的有效手段。大尺度翻转环流是大量的与地球气候系统和生物化学循环相关的海洋储存和输送的基本途径，包括热量、淡水、碳及营养物质。因此，气候的演变很大程度上受翻转环流的影响。

高纬度下沉水由别处的均衡上升流来平衡，均衡上升流引发的结果就是有更多返回表面的洋流出现在太平洋这一最大洋盆中。因此，在太平洋和印度洋，由上升流返回大洋上层的海洋中，肯定存在着通向大西洋的交换通道来完成这一循环。Broecker（1991）首先提出了全球环流的所谓"传输带"模式，用于解释大洋间热和盐的输移，并给出了两层环流原理图。这个图经完善后，包括了全球分量中的区域流和洋盆内的交换过程，更详细且接近现实，其也是首次包括了各分支流传输。水文化学数据分析表明，传输过程也包括营养盐和可溶性氧的输移。传输带的长度为 30000～40000km，根据不同的估计，整个海洋

混合的时间为 200～300 年到 2000 年。今天传输理论一般可接受的观点是概化的两层全球热盐环流概念,包括了世界海洋的热、水和盐的输移,其概化的环流路径,即环流原理图命名为"大洋传输带",并用其解释冰期-间冰期循环中翻转环流的作用。图 19.5 为 Broecker 版的传输带。

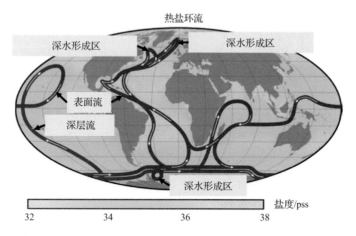

图 19.5　Broecker"大洋传输带"(great ocean conveyor belt)图示

红箭头表示上层暖流,蓝箭头表示深水流

19.2.2　经向翻转环流的气候作用

全球翻转环流通常是指经向翻转环流。本书把关注点放在经向翻转环流,以理解在过去、现在和将来气候变化中海洋的作用,而且经向翻转环流强度的突然变化,尤其是大西洋经向翻转环流(Atlantic meridional overturning circulation,AMO),与整个末次冰期旋回中由高分辨率代用纪录揭示的气候突变密切相关。大西洋经向翻转环流对气候的重要性在于大西洋向极区输送的大量海洋热量与其关系密切,输送热量的峰值在 24°N 大约为 1.2～0.3PW(1PW=10^{15}W)。由于经向翻转环流表示海洋经向-垂直方向的环流,它的存在和结构基本上与海洋深水形成的位置相关联。

现今总体可接受的观点是,热带暖水向北的输送,也就是大西洋经向翻转环流显著地影响了北欧的异常温暖。通过实际测量,由大西洋到北极地中海,跨越格陵兰-英格兰洋中脊向北输送的水量、热量和盐度通量已经获得,我们现在已经知道,跨越洋中脊向北输送的大西洋暖咸水为 $8.5×10^6$m^3/s,包括约 313W/s 的能量和 $303×10^6$ kg/s 盐量。当其从北欧海域以两种密度溢流的形式向南返回跨越洋中脊时,它的盐度已经减小到 35.25～34.88pss,它的温度已经由 8.5℃ 下降到 2.0℃ 或更低,这一热量变化的影响不仅仅体现在局地气候方面。为了定量评估其气候作用,可在模拟中控制性的在北大西洋北部释放大量的淡水脉冲,也就是在气候模式中关闭大西洋经向翻转环流(这只是一个'what if'试验)。在关闭的前 10 年,整个挪威海和巴伦支海平均气温下降超过 15℃,并且整个北半球出现一定程度的降温,降水和海平面的变化明显。这个试验表明如果大洋淡水变化导致大西洋经向翻转环流停滞,会影响全球气候变化。

深水形成有两种明显有别的形式,分别出现在大陆附近和开放水域。前者包括两个简单过程,即蒸发或者典型的退盐过程,在大陆架上产生密度重水,在重力、摩擦力和科里奥利力综合作用下沿坡下沉。过冷水可以在厚层冰架的底部冻融期间交替形成,这种密度水可以沿坡流下。与之不同的是在距大陆遥远的开放水域的对流现象,它是大尺度气旋型平均环流,主要引起等密度线的突起,并且减弱了十几千米范围内静稳态。对流自身是短命的,并且被限制在较小范围内,其主要由很强的表面冷却作用所驱动。

总之,两种主要底部水团存在的轨迹可通过它们的温度和盐度特征来追踪(图 19.5)。①南极底层水:在与绕极深水混合之前,主要形成于威德尔海域,然后流入大洋盆地;②北大西洋深层水:除在北大西洋北纬 40°N 外,在各纬度带均位于南极底层水之上。

另外,南极中层水在联系太平洋和大西洋中起到关键作用,尤其是对稳定大西洋经向翻转环流至关重要。在目前气候条件下,大约 13Sv 南极中层冷、淡水(南极中层水)流入到南大西洋,约 8Sv 的南极中层水通过 32°S 的混合转化成斜温层水。剩余 5Sv 的南极中层水混合转化为接近赤道斜温层水。在 24°N,大约 13Sv 的斜温层水向北流入到较高的北大西洋北部,在那转变成北大西洋深层水。南极中层水流入南、北大西洋,在那发生改变,并成为北大西洋深层水进入南部海洋的输出。

海水密度不仅是温度的函数,而且也是盐度的函数。在低温情况下,如存在于深水形成区的海水,其海水密度对盐度的变化要比温度的变化更加敏感。在整个第四纪,大量淡水以大陆冰盖和冰川形式阶段性的存储于陆地中、高纬度地区。这些陆地冰的消涨相当于海平面变化几十米的淡水释放到海洋或由海洋返回陆地。因此,许多研究试图理解淡水扰动对经向翻转环流稳定性的作用。

海水密度对盐度的依赖在所谓的大西洋经向翻转环流迟滞现象中起到关键作用。最近的研究发现,大西洋经向翻转环流表现出"跷跷板"效应,当北大西洋深层水形成处于活跃期时,在北大西洋具有相对暖的表面条件,而在南大西洋具有相对冷的表面条件。相反,当北大西洋深层水形成处于非活跃期时,在北大西洋具有冷的表面条件,而在南大西洋具有暖的表面条件。这一发现受到模型模拟研究、代用指标纪录及代用指标和模型相结合等方面结果的支持。最近,人们已经认识到大西洋经向翻转环流"跷跷板"特性根本上是与南极中层水和北大西洋深层水形成之间加强的耦合相关的。

在气候模式中考虑一种极端的情形,即关闭大洋热盐环流,分析在 21 世纪 50 年代热盐环流关闭对气候的影响。热盐环流关闭可引起北半球温度下降 1.7℃,局地可能更强。整个西欧变冷可以达到工业化前的状况,积雪和冻土显著扩大。在热盐环流关闭后,与工业化前的关闭相比较,全球变暖抑制了海冰范围的增加,这会减缓整个西北欧的变冷幅度,但会增加北美的变冷幅度。这反映出局地温度对热盐环流关闭响应的非线性。在热盐环流关闭后,降水变化通常与全球气候变暖引起的变化相反,除西、南欧夏季干旱增加外,中美和东南亚降水将进一步减少。在热盐环流关闭后,大西洋沿岸的局地海平面上升十分显著(±25cm),叠加上全球变暖上升将会更大。这个试验表明,热盐环流作为经向翻转环的重要组成部分,其变化会显著影响区域甚至全球气候。由古环境纪录获得的证据表明,淡水的输出伴随着热盐环流的减弱,引发整个北大西洋冷事件的出现。

经向翻转环流理论可以很好解释第四纪气候变化。早期利用冰芯纪录反映末次冰期的信息已经揭示了千年尺度大幅度的气候变化,其主要特征是持续几百年到数千年的突发性变暖事件(间冰段)。这种被称为 Dansgaard-Oeschger(D-O)波动的过程同时出现在北大西洋、太平洋等沉积纪录中。为了揭示观测到的 D-O 变化机制,首先考虑到的就是在冰期内大西洋经向翻转环流不可能是稳定的,因为当时大西洋北端都由冰盖所包围。此外,当大西洋经向翻转环流很弱或关闭、并在冰盖扩张之前的时间内,很少会有海盐由大西洋输出到其他洋盆。假设北大西洋为净蒸发,水汽以积雪形式积累在陆地,增加了冰盖的补给,海洋盐度会持续增加。当达到临界盐度时,深层对流就开始形成,随之大西洋经向翻转环流被启动,向北大西洋传输和释放热量,进而融化冰盖。由融冰(或增加冰山数量)进入北大西洋的淡水量最终又会减弱或阻断大西洋经向翻转环流,从而又回到开始的状态。这一推断的基础是假定大西洋蒸发的大部分是由大西洋经向翻转环流输入到大西洋的净淡水来平衡。然而,大西洋经向翻转环流变弱将会触发南大西洋环流的重组是清楚的,但重组的环流是否能够平衡大西洋所需要的蒸发量仍然是不明了的。

最近的模型,包括与陆地冰盖相互作用过程的模拟表明,D-O 波动的早期解释事实上与耦合系统实际出现的情况正好相反。在寒冷的冰期气候期间,当大西洋经向翻转环流仍然活动时,大陆冰盖的物质平衡是正的。这也就是说当大西洋经向翻转环流处于活动状态时,不是融化冰盖,而是由于暖空气导致较多降水(以降雪形式)而促使冰盖扩张。模拟还发现,假如进入北大西洋冰山的速率随时间而变化,D-O 波动过程还涉及大西洋经向翻转环流和相邻大陆冰盖的相互作用。这表明伴随着主要波动事件及冰山形成速率的减小出现滞后几百年之后,大西洋经向翻转环流得到加强,北大西洋经历了向更加温暖气候的突变。这一机制的解释显然要比矛盾百出的大西洋经向翻转环流随机共振假说要更加直观和可接受,大西洋经向翻转环流随机共振假说主要依赖外部 1500 年周期强迫,而这一周期的存在是未知的。

19.3 冰冻圈与海洋环流

19.3.1 冰冻圈对海洋盐度和温度的影响

1. 冰冻圈与极区淡水循环

一般而言,北冰洋接受淡水收入主要通过直接降水、穿过白令海峡的太平洋水、陆地冰体及河流径流补给。补给北冰洋的主要河流多处于积雪广泛覆盖的流域(径流受融雪过程控制)。在北冰洋内部,淡水量随蒸发损失和海冰生长(一)和消融(+)而变化。大量的淡水还可以储存在深水盆地,其驻留时间变化很大。由北冰洋输出的淡水主要通过弗拉姆海峡和加拿大北极群岛传输到大西洋,在那里促进了格陵兰-冰岛-挪威(GIN)海域深水的形成。

北冰洋上部水体组成了极区海洋的表层水,它与深度在 50～200m、具有显著盐度梯度(盐跃层)的驱动大西洋的水相分离,从而在它们之间形成所谓的盐跃层。盐跃层由河流补给和海冰融化流入的表层淡水形成,在盐跃层上面表层水的上部盐度为 33.1psu,温度接近冻结点(-1.8℃),营养成分富集。淡水层的下部,盐度约 34psu,温度接近冻结点,营养成分最低。根据可靠数据,北冰洋盐跃层的上部水来自于楚科奇海,而下部水来自于巴伦支和喀拉海域。由此,表层积累了大量由穿极漂流通过弗拉姆海峡进入到东格陵兰海域的淡水。这些水进入格陵兰和拉布拉多海域后,受那里对流性洋流影响,就会卷入涡流中心被带到海洋深层,并以此方式影响着该地区不稳定表层水盐分的收支。这就是为什么淡水收入的变化可以显著地影响深水对流强度及深水的形成,并由此影响到世界大洋的深水环流。为此,让我们考察一下极区冰冻圈变化对淡水的影响。

1) 融雪与河流补给

与其他所有海洋相比,北冰洋收到与其总量相比不成比例的大量河川径流,主要来自于勒拿河、麦肯齐河、鄂毕河及叶尼塞河,这些河流主要由融雪补给。河流提供了北冰洋最大的淡水补给量。已经观测到这些北方河流径流的增加及融雪时间的提前,预期未来可能变化更大。融化的多年冻土还改变了径流通道及储水能力,这对河川径流分布、流向及在北冰洋中储存十分重要。

2) 山地冰川、冰帽及格陵兰冰盖

广义而言,泛北极流域所有淡水贡献要远小于 9 条主要河流的补给,但冰川补给的"正输入信号"比河流要明显。除格陵兰冰盖自身作为北大西洋淡水源的战略地位外,其淡水收支的分析研究还较少。除淡水量外,输入的位置也十分重要,目前由于格陵兰冰盖融水径流还没有在相关模型中给予考虑,其对海洋的淡水效应也就不是很清楚。就目前理解水平而言,北极海冰和山地冰川在所列出的几个逆转因子中对全球变暖也是最脆弱的。即使全球变暖可能控制在 2℃,也不足于避免这些冰川区的巨大变化。

3) 南极冰盖

南极冰盖最不稳定的部分被认为是西南极冰盖(WAIS)。西南极冰盖承受着海洋变暖、突发固态冰流增加的威胁,但目前还没有对这种逆转出现的定量数据。古气候证据结合陆地冰动力模拟表明,在温度较今高出 1~2℃ 就可发生突发性冰流。值得注意的是,部分西南极冰盖崩解是可能的。卫星观测表明,在一些地区冰川显著减薄,接地线后退,其中阿蒙松海扇区最令人关注。现在还不能确定阿蒙松海扇区是否已经开始崩解。如果情况真的发生,其崩解冰量相当于海平面上升 1.5m,将对全球海洋盐度和温度产生巨大影响。调查表明,格陵兰冰盖(GIS)的稳定性比西南极冰盖的要强,格陵兰冰盖阈值温度的合理估值是(3.1±0.8)℃,但存在很大不确定性,因为这一估值主要依据简化的表面物质平衡参数所得。

4) 海冰

北冰洋是一个盐分分层、而不是温度分层的海洋,因此,海冰的生长/消融及海洋动力过程均受淡水变化而改变。从海冰的年冻结和消融过程来看,海冰已经发生了显著的面积和厚度变化。对于海冰主要的损失,其底部融化是与洋面的辐射加热有关。底层融化可以导致由表层淡水形成的大西洋暖水和冷盐跃层的绝热损失。这些具有增强垂直混合作用的上层水的稳定性被认为是影响海洋环流的主要外部因素,也被定义为影响未来海洋上层稳定性的"关键外卡"(key wild card)。海冰对大洋环流影响显著,下面分出小节有专门讨论。

5) 淡水的储存与通道

海冰淡水和其他形式的淡水并不是简单地直接输出,因为北冰洋具有强大的淡水储存能力,并以不同形式释放。大约总淡水量的 1/4 保留在大陆架上,主要是在欧亚和加拿大洋盆,后者是北冰洋最大的单体淡水水库。海冰淡水储量的估计(和其他淡水分量一样)不同的文献有所不同,主要是由于从加拿大洋盆进入和输出量的变化所致。尽管估值不同,但总体上可接受的观点是,北冰洋平均年淡水输入的最大来源是河流补给,其略小于海冰形成减少的淡水量。由加拿大洋盆平均输出的冰和液态淡水量是输入北大西洋淡水量的 40%。

2. 冰冻圈与热盐环流

根据变化程度的不同,所有的冰冻圈组分在极区淡水收支中均起着重要作用。冰冻圈变化影响大西洋经向翻转环流的强度,进而影响全球气候。评估这些影响的幅度,不仅要了解热盐环流对淡水输入如何响应,而且还要掌握进出极区淡水的来源、位置、分布及通道。

极地地区的水体循环被看作是全球热盐环流的重要组成部分。北大西洋和北太平洋是该环流关键的翻转点,它们具有明显的倒转作用,其主要表现是北大西洋水团下沉到底部,而北太平洋水团上涌到表层。因此,高纬度大洋区物理特性的变化就显得非常重要,因为其盐度和温度等物理特性的变化可引起环流的改变。正如前面所论述到的,新仙女木千年冷期就是该传输带暂时关闭的结果。位于南部大洋的翻转点,具有相同的下沉和上涌过程。这一过程受到极区海冰、冰盖及陆地积雪融化补给河流等冰冻圈淡水输入的影响,尤其是海冰形成时由液态到固态相变析出大量盐分的推波助澜,会导致南极表层水下沉到底部,形成南极底层水,并且在大西洋沿底部流动,形成北大西洋深层水,一直向北扩展到赤道。因此,极区的温度和盐度变化对热盐环流和全球经向翻转环流具有重要驱动作用,而盐度和温度变化与冰冻圈密切相关。

例如,在南极地区,冷却、盐化及大气气流的抬升作用为表层和陆架水提供了下沉力,并使其与“老”的穿极深层水沿南极大陆边缘混合,从而形成底层水。在韦德尔海,底层水的特性就是冷咸的陆架水和深层水之上的暖淡水的混合,深层水在整个大陆坡盐度最大和温度最高。陆架水导致在陆架海冰的形成,同时海冰也由陆架输出,在正南大陆架坡折区,形成高密度区。由于整个大陆坡呈 V 型双面额叶形,使陆架水、表层水和深层水等各种水辐合,被包围在这个南极坡锋中心向西流的淡水“河”就具有向上游融化、冻结和混合等特点。

现代南极底层水形成的另一个因素是由巨大的深层冰架底部的融化和冻结而形成的“冰架水”。相对于高密度的陆架水形成的浮力,非常冷的冰架水可以增大整个韦德尔海和罗斯海的温压效应。在陆架和表层水之间具有中盐度,冰架水正好与之对应并与穿极深层水混合。由冰架水直接产生的南极底层水的水量可能限制在 3Sv,这是因为有更多的穿极冰架和冰山融水,其中一些是源自穿极深层水由上涌进入到近表层的,更轻的那部分就被并入淡水坡流贡献给了南极底层水。

在全球变暖影响下,加速的格陵兰冰盖融化显著地影响着气候系统、特别是海洋。增加的淡水输入能够以几种途径影响海洋,除上述对大洋环流的影响外,正如上一章所论述的,对海平面变化的影响也是十分重要的。由于水量的增加,它会引起全球海平面的上升。因为与海洋动力相关的贡献存在差异(由于环流变化和高度变化引起的动力海平面变化)以及由质量再分配的重力回弹效应引起的静平衡的变化,区域海平面变化不同于全球海平面变化。尽管全球海平面上升像格陵兰融化速率很容易估计,但区域海平面变化仍然是正在研究的课题。当冰川回弹模拟用于评估静平衡效应时,用气候模式就可以估计动力海平面的响应。

冰冻圈在气候系统中具有复杂的相互作用过程。例如,格陵兰冰盖融化可以使海平面上升,导致南极冰架抬高,接地线后退,由此引起包括大西洋热盐环流在内的许多相互作用过程。经向环流分量的崩溃甚或较小的减弱,即使是冬季变冷效应最强,消融出现在夏季,也会使北半球高纬度变冷,促使格陵兰冰盖和北极海冰的融化趋于稳定。另外,格陵兰冰盖融化也会使北大西洋海水淡化,进而触发热盐环流崩解。结果是对流层环流和天气系统的一系列变化,又要通过低平流层环流的调整来平衡。北极海冰的显著减少将会改变北欧海域的热盐收支,从而影响大西洋环流。较少的海冰盖度又会引发北半球高纬度地区的变暖,加速格陵兰冰盖、甚至阿尔卑斯山冰川的融化。在南大洋,热盐环流减弱会导致南极地区变暖,进而可形成亚北极风带,改变南极海洋涡流,从而引发冰架消融的变化,影响西南极冰盖的稳定性。

19.3.2　海冰对热盐环流和经向翻转环流的影响

极区海冰对大洋环流具有独特作用,因此有必要单独进行讨论。

观测表明,强经向翻转环流和少海冰覆盖与暖期相关,弱经向翻转环流和多海冰覆盖与冷期相关,在冷暖之间存在突变转型。尽管在不同的模型配置、选用不同的模型参数时模拟的这些冷暖状态显得较为稳定,并且持续较长时间,但这种转型实际处于两个准稳态之间。这样的转型以前被看作 D-O 和海因里希事件气候信号的可能机制。最近的研究表明,小的经向翻转环流变化尽管只能够引起有限的海冰响应,但会导致显著的大气温度响应,这些与代用纪录中的 D-O 事件所揭示的事实一致。

对于多年冰的生成至少有两种机制,首先是冰反照率反馈,其次是与经向翻转环流动力和多年平衡相关联。在一些研究中报道了很不同的海冰状态,这些不同状态主要与冰反照率效应有关,因为对于全球尺度的海冰差异而言,冰反照率效应是更加重要的。全球尺度上各不相同的多年冰状态(如与 D-O 事件相关的海冰状态)更可能与经向翻转环流动力过程相关联。北半球多年海冰至少部分地与经向翻转环流变化相关。

对过去 100 年来全球环流对温度-盐度变化的敏感性的分析及数值模拟试验表明,全球经向海洋环流的变化取决于北大西洋极区洋面的热盐状况,而极区热盐状况与海冰和冰盖变化密切相关。海冰自身几乎是由淡水组成,盐度只有 $0.6\% \sim 6\%$。因此,伴随季节性海冰的发展,其冻结和融化过程决定着海表的盐度,因而也对水体的密度和分层起着关键作用。当冻结时,在新冰形成的底部,海水释放出盐分和卤水,其下沉并增加下覆水体的密度。夏季海冰融化会形成漂浮于较大密度水体之上的表层低盐水层。因此,季节海冰的出现通常在浅表(或混合)层与次表层(或中层)之间,均伴随着盐度和密度梯度出现,形成显著的水体分层。

北极海冰显著的特点是其向南漂移、输出海冰进入北大西洋。向南漂移海冰的路线主要取决于表层洋流以及与之相关的穿极漂流和格陵兰与加拿大东部大陆边缘条件。年或夏季消融多年冰由北冰洋向北大西洋输出,其输出的淡水量是十分可观的,通过弗拉姆海峡和加拿大北极群岛的淡水量分别约为 $3500km^3$ 和 $900km^3$,导致其纵向分层。

由于北冰洋上部包含有与北极平均盐度(34.8pss)一致的大量淡水,一部分淡水以海冰和海洋上层低盐水形式,通过弗拉姆海峡和加拿大北极群岛由北冰洋输出。北极海冰水库的淡水通量的输出对北大西洋北部的表层水密度起着显著作用,因此这样的淡水传输是非常重要的,因为它影响着格陵兰、冰岛、挪威和拉布拉多海域敏感的深层水形成区的纵向分层。由于北大西洋深水形成和主要对流中心位于格陵兰和拉布拉多海域,北极海冰输出的路径和强度就成为确定北大西洋热盐环流强度和方式的关键参数。因此,由北极输出淡水的变化能够影响大西洋经向翻转环流。此外,由于海冰融化(在薄冰区次年冬季增加的海冰)和北极海洋热通量之间的正反馈作用,北冰洋海冰范围的变化也能够影响到区域热盐环流。事实上,模型模拟已经显示出了由格陵兰、冰岛、挪威向北冰洋,当海冰覆盖减少时,密度驱动的海洋热传输在增加。

液态淡水输出的变化主要由大气强迫的气旋变化所引起,通过加拿大北极群岛和弗拉姆海峡输出的液态淡水在整个北极大尺度大气环流中的变化分别滞后 1 年和 6 年,它可以通过波弗特涡流中的埃克曼传输变化,引发北极淡水的再分配。由此,更进一步引起海面高度和加拿大北极群岛及弗拉姆海峡上游盐度的变化,进而影响到出流的速度和盐度。当区域风所起的作用非常小时,由大尺度大气环流引发的海面高度变化可以解释大部分的液态淡水变化。当由北极输出的液态淡水增加时,大西洋经向翻转环流强度减弱,进入到北极的海洋热传输增加。

在北极淡水输出增加的时段,由于大西洋海水的流入,传输到北冰洋的大洋热量是增加的。由北冰洋增加的液态淡水输出会减弱北大西洋经向翻转环流强度,这主要是通过它对深水形成区表面盐度的影响所致,它依次也会影响到这些地区对流的深度。研究发现,由极区输出进入到格陵兰、冰岛、挪威海域的液态淡水对经向翻转环流强度的影响较进入加拿大北极群岛海域的淡水的影响更大。

近期根据模型和观测所做的研究表明,北极海冰高频变化和主要的北半球气候波动之间存在着密切联系,这些气候波动包括北极涛动(AO)和北大西洋涛动(NAO)。这些联系主要表现在北极涛动和北大西洋涛动与海冰变化呈正相关,尤其是在冬季更加明显,与之相对应的是通过北欧海域的风暴槽加强,进而向高纬输送的热湿通量在纬向得到增强,因此会导致欧亚北极较高的表面温度和较少的海冰范围。北极涛动和北大西洋涛动正异常还显示出与增加的穿极漂流有关,这一结果会导致通过弗拉姆海峡向北大西洋输出的北极海冰速率增大。根据 20 世纪后 20 年的纪录,北极涛动被认为是欧亚北极地区大范围变暖和与之相应的拉布拉多地区变冷的主要原因。与 AO-NAO 相关联,北大西洋海冰被引申到与热盐环流的耦合研究。例如,20 世纪 60 年代由北极通过弗拉姆海峡流出的大量淡水是北大西洋北部"高盐度异常"的原因,它显著地引发了北大西洋深水形成格局的裂解,这一局面一直维持到 80 年代。

19.3.3　冰间湖的作用

1. 冰间湖的形成与主要类型

　　冰间湖是大范围漂浮海冰区形成的较宽阔无冰水域。这种由冰包围的开放水体是俄语名词"冰间湖"（polynyas）之意。除冰间湖之外，在高纬度海冰区，受风、波浪、潮汐、温度和其他外力影响海冰不断破裂，形成裂隙，即所谓的冰间水道。冰间水道看起来就像陆地的河流，通常是线状的，有时绵延数百千米。冰间湖和冰间水道在海洋气候和海洋水文中具有类似的作用，往往统称冰间湖（图 19.6）。

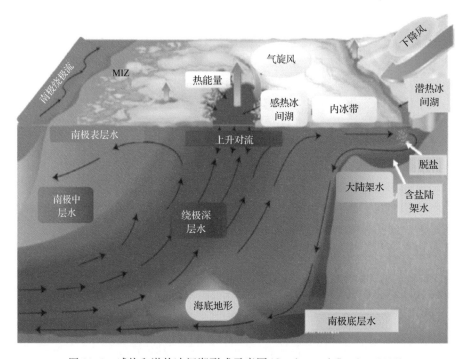

图 19.6　感热和潜热冰间湖形成示意图（Gordon and Comiso，1988）
黑箭头表示海洋环流，包括导致感热冰间湖形成的上翻暖水

　　冰间湖由于其在气候、海洋和大气过程中的作用被认为是海冰中特征最显著的海冰现象。它们被看作是高密度和高盐度水的主要来源，这也是如前所述的热盐环流驱动的世界大洋底层水的主要组成部分，这一全球性的环流系统主要是由与温度（热量）相关的水密度和盐度异常所驱动。海冰形成速率的任何变化将会改变对热盐环流有显著影响的水密度差异，由于海洋是气候系统的主要组成部分，海洋环流的变化就会引起气候的显著变化。冰间湖是垂直对流区，因此它能够形成深海和表层水之间化学交换的通道。这是化学和营养物质消耗得以补充的一个重要途径。然而，春季海冰消融期形成稳定上层水时冰间湖十分发育，这就为海洋相应水层的光合作用提供了丰富光照和营养物，与作为底层食物链的浮游生物一起，它们形成了热带有机物食物聚集的地区。北极许多稳定冰间湖区域文献已经记录了动物和人类化石。它们可以确定是人类土著居民狩猎的地方，也

是能够让他们在严酷环境下,尤其是冬季能够生存下来的重要区域。

在冬季,当短波辐射可以忽略时,在冰间湖和冰间水道表面的湍流热通量与海冰生长速率密切相关,几乎所有的融化潜热都直接进入到大气中。在其他季节,短波辐射较为明显,并且在南半球夏季,由于大量的辐射影响,开放水域的冻结就会停止。边缘冰带就会向南推进,沿岸冰间湖融入海洋,成为了无冰海洋的一部分。

冰间湖可以分为感热冰间湖和潜热冰间湖。正如名称所代表的含意,感热冰间湖热量通过冬季温度变化释放(所以能够被感知),而潜热冰间湖热量是通过物理状态(由液态到固态)变化释放。感热冰间湖通过表层水感热相对较高的区域海冰的融化而形成,这种相对较高的感热是通过强烈对流形成上涌暖水所致。冬季极区表面气温通常都在零下几度,因此需要外部的暖水源维持冰间湖无冰区水域的存在。在南、北半球观测到的最壮观的感热冰间湖是南大洋的威德尔冰间湖,其面积巨大,冬季可达到 $25 \times 10^4 \, \mathrm{km}^2$,可在表面温度 $-35℃$ 以下的整个海冰季节维持不冻,而且这样巨大的面积可以连续 3 年几乎不变。

潜热冰间湖主要在近海岸、岛屿和冰山附件形成,受强而稳定的风(如下降风)所控制,强风使海冰吹离海岸,形成开放水域。在此环境下,开放水域的表层几乎随时可以冻结,它之所以被称为潜热冰间湖是因为由液态水到固态相变过程中有大量"潜热"的释放。由于在冰形成期间通过脱盐形成高密度冷水,潜热冰间湖实际上是更重要的一种冰间湖。潜热冰间湖形成过程导致南极底层水的形成,它成为前述的热盐环流的组成部分。由于稳定的下降风及冰间湖相互作用过程中形成大量浮冰,这样的地区通常被看作"冰工厂",是海洋浮冰的主要来源。

每年南极沿海地区都会形成许多潜热冰间湖,由于南极海冰北界是广阔的自由海域,使海冰毫无阻挡地向北漂流,输移到低纬度地区。而北冰洋的海冰几乎完全被大陆包围,使得海冰只能通过海洋通道向南漂移,冰的环流基本上限制在北极洋盆。许多北极冰间湖都出现在岛屿附近,如圣劳伦斯和新地岛,这些冰间湖对底层水和中层水的形成具有显著影响。

总之,尽管冰间湖和冰间水道只有水域面积的百分之几,但其在冬季海冰分布的区域内对许多物理和生物过程具有重要作用。

2. 冰间湖在海洋环流中的作用

根据海洋学的观点,由于陆地冰沿海岸向更深区域广泛分布,它的存在对极地海洋动力过程具有十分重要的作用。沿岸由强风形成的冰间湖主要位于固定冰的边缘靠近陆架坡折区。因此,在冰生长过程中形成的高密度水团很容易补给到海洋深部。

对于冰间湖和冰间水道来说,在冻结温度附近相对温暖的水域与上部冷空气相接触,就会引起向上强烈的湍流和水汽交换,这种交换受到水-气温差和风速的控制。南极沿岸冰间湖中的海气温差通常远大于海冰堆内的海气温差,这是因为来自于陆地的空气通常都是平流输送的,它们要比海冰区的空气要冷。由于海冰堆对风的阻止作用和来自于冰盖下降流的影响,沿岸附近的风速也比海冰堆内的风速要大,所以沿岸附近的所有开放水域内风也对湍流过程起到推波助澜的作用。

在全球海洋中,一些南极底层水起初是由大陆边缘混合和交换冷却的深层水,或由开放海域深层对流形成的深层水。后者的实例就是在海底沿下游方向观测到显著的上升流，这就是所谓的残余烟囱结构，其与1974～1976年巨大的韦德尔冰间湖有关。受空间分辨率限制，许多全球环流模式直到最近才模拟出这种深水对流性南极底层水。深水对流性涡流可以沿大陆边缘发展，并朝海洋方向移动，就形成类似的特性。

在威德尔海域早冬莫德冰间湖区，异常温暖的深水、表层含盐水和气旋风力对触发深海对流、形成高密度表层水至关重要，而深海对流过程对维持冬季冰间湖又是必不可少的。在威德尔间冰湖事件之后，威德尔海激发的密度异常向北朝大西洋深海传播，并导致南极绕极流通过增大的经向密度梯度而增强。增强的南极绕极流绕流而下，并进入深水区。进入深水区的密度流会导致南太平洋西南端底层水的浮力异常，浮力波向北传播，并最终到达北大西洋北部。

在北极海域，准稳态冰间湖的持续存在是北冰洋边缘海东部表面水文过程变化的主要因素。研究表明，4月中旬新西伯利亚西部冰间湖由于冰量变化会引起上层水盐度的增加，这一过程与北冰洋边缘海冬季长期平均表层盐度密切相关。下伸至海底的冬季混合对流出现的比率与进入北冰洋边缘海东部河流径流及冰间湖的位置相关联，北冰洋边缘海东部延伸到海底的对流最可能出现在新西伯利亚西部的冰间湖，北冰洋边缘海西部的概率最高是在Anabar Lena冰间湖。春季沿Anabar Lena和新西伯利亚西部冰间湖固定冰边缘，海冰覆盖区冰体的分布是由于准稳态环流分支的发展所致，这一环流分支主要是随海冰的发育，受到表层盐度的强迫，由冰间湖的对流形成。

总之，冰冻圈对大洋环流的影响在较短时间尺度上主要表现在海冰和陆地积雪融水等变化对海洋温度和盐度的影响方面，在较长时间尺度上主要表现在南极和格陵兰冰盖变化的影响方面。可以这样理解冰冻圈与海洋之间的关系，当气候变冷时，冰冻圈会扩张，大量海洋中的水就会以冰川、冰盖等固态形式积累在陆地，同时高纬度地区的海洋直接冻结形成海冰，海冰大量扩张，此时海洋盐度大大增加；反之，当气候变暖时，大量陆地上的冰和海冰就会显著融化，大量淡水进入海洋。因此，冰冻圈也可称为"固态海洋"，海洋在一定程度上也可称为"液态冰冻圈"。在冰冻圈与海洋固、液转化过程中，海洋盐度和温度的变化就会使大洋环流发生不同的变化，大洋水循环变化的时空尺度、受冰冻圈影响程度与冰冻圈变化的强度、冰冻圈要素的属性有关。

参 考 文 献

阿不力米提江·阿布力克木，陈春艳，玉素甫·阿不都拉，等. 2015. 2001—2012 年新疆融雪型洪水时空分布特征. 冰川冻土，37(1)：226-232.

卞林根，林雪椿. 2005. 近 30 年南极海冰的变化特征. 极地研究，17(4)：233-244.

蔡琳，陈赞廷. 2008. 中国江河冰凌. 郑州：黄河水利出版社.

曹梅盛，李新，王建，等. 2006. 冰冻圈遥感. 北京：科学出版社.

曹真堂. 1995. 贡嘎山地区的冰川水文特征. 冰川冻土，17(1)：73-83.

车涛，晋锐，李新，等. 2004. 近 20a 来西藏朋曲流域冰湖变化及潜在溃决冰湖分析. 冰川冻土，26(4)：397-402.

陈仁升. 2015. 寒区流域水文监测方法. 北京：科学出版社.

陈仁升，高艳红，康尔泗，等. 2006a. 内陆河高寒山区流域分布式水热耦合模型(Ⅲ)：MM5 嵌套结果. 水科学进展，21(8)：387-396.

陈仁升，康尔泗，丁永建. 2014. 中国高寒区水文学中的一些认识和参数. 水科学进展，25(3)：307-317.

陈仁升，康尔泗，吴立宗，等. 2005. 中国寒区分布探讨. 冰川冻土，27(4)：469-475.

陈仁升，刘时银，康尔泗，等. 2008. 冰川流域径流估算方法探索——以科其喀尔巴西冰川为例. 地球科学进展，23(9)：942-951.

陈仁升，吕世华，康尔泗，等. 2006b. 内陆河高寒山区流域分布式水热耦合模型(Ⅰ)：模型原理. 地球科学进展，21(8)：806-818.

程国栋. 1984. 我国高海拔多年冻土地带性规律之探讨. 地理学报，39(2)：185-193.

程国栋，王绍令. 1982. 试论中国高海拔多年冻土带的划分. 冰川冻土，4(2)：1-17.

崔鹏，陈晓清，程尊兰，等. 2010. 西藏泥石流滑坡监测与防治. 自然杂志，32(1)：19-25.

戴长雷，于成刚，廖厚初，等. 2010. 冰情监测与预报. 北京：中国水利水电出版社.

党坤良，吴定坤. 1991. 秦岭火地塘林区不同林分对降雪分配的影响作用. 西北林学院学报，6(2)：1-8.

丁悌平，高建飞，石国钰，等. 2013. 长江水氢、氧同位素组成的时空变化及其环境意义. 地质学报，87(5)：661-676.

丁永建. 2009. 中国冰冻圈变化影响研究 50 年//中科院寒旱所组. 中国寒区旱区环境与工程科学研究 50 年. 北京：科学出版社：90-103.

丁永建，张世强. 2015. 冰冻圈水循环在全球尺度的水文效应. 科学通报，60：593-602.

丁永建，周成虎，邵明安，等. 2013. 地表过程研究进展与趋势. 地球科学进展，28(4)：407-419.

段建宾，钟敏，闫昊明，等. 2007. 利用重力卫星观测资料解算中国大陆水储量变化. 大地测量与地球动力学，27(3)：68-71.

高培，魏文寿，刘明哲. 2012. 中国西天山季节性积雪热力特征分析. 高原气象，31(4)：1074-1080.

高鑫，叶柏生，张世强，等. 2010. 1961-2006 年塔里木河流域冰川融水变化及其对径流的影响. 中国科学：地球科学，40(5)：654-665.

高鑫，张世强，叶柏生，等. 2011. 河西内陆河流域冰川融水近期变化. 水科学进展，22(3)：50-56.

顾李华，倪晋. 2008. 河冰水文研究的进展. 安徽水利水电职业技术学院学报，8(1)：24-26.

顾维国，肖英杰. 2011. 北冰洋海冰变化与船舶通航的展望. 航海技术，3：2-5.

关志成，段元胜. 2003. 寒区流域水文模拟研究. 冰川冻土，25(2)：266-272.

郭东信，王绍令，鲁国威. 1981. 东北大小兴安岭多年冻土分区. 冰川冻土，3(3)：1-9.

郭东信.1985.地质构造对多年冻土的影响.地理科学,5(2):97-105.

郭泌汐,刘勇勤,张凡,等.2016.西藏湖泊沉积物重金属元素特征及生态风险评估.环境科学,37(2):
　　490-498.

韩添丁,高明杰,叶柏生,等.2010.乌鲁木齐河源冰雪及多年冻土径流过程特征.冰川冻土,32(3):
　　573-579.

郝晓华,王建,李弘毅.2008.MODIS积雪制图中NDSI阈值的检验——以祁连山中部山区为例.冰川
　　冻土,30(1):132-138.

郝晓华,王杰,王建,等.2012.积雪混合像元光谱特征观测及解混方法比较.光谱学与光谱分
　　析,32(10).

何茂兵,杨亚新,陈越,等.2003.浅谈探地雷达在冰川研究中的应用.华东地质学院学报,26(1):
　　48-51.

胡汝骥.2013.中国积雪于雪灾防治.北京:中国环境出版社.

黄静莉,王常明,王钢城,等.2005.模糊综合评判在冰湖溃决危险度划分中的应用——以西藏自治区
　　洛扎县为例.地球与环境,l33(增刊):109-114.

金会军,孙立平,王绍令,等.2008.青藏高原中、东部局地因素对地温的双重影响(Ⅰ):植被和雪盖.冰
　　川冻土,30(4):536-545.

康尔泗.1994.天山冰川消融参数化能量平衡模型.地理学报,49(5):467-476.

康尔泗,Ohmura A.1994.天山冰川作用流域能量、水量和物质平衡及径流模型.中国科学(B辑),
　　24(9):983-991.

康尔泗,程国栋,蓝永超,等.2002.概念性水文模型在出山径流预报中的应用.地球科学进展,17(1):
　　19-25.

康尔泗,杨针娘,赖祖铭,等.2000.冰雪融水径流和山区河川径流//施雅风.中国冰川与环境——现
　　在、过去和未来.北京:科学出版社:190-205.

库德里雅采夫.1992.工程地质研究中的冻土预报原理.兰州:兰州大学出版社.

拉巴,边多,次珍,等.2012.西藏玛旁雍错流域湖泊面积变化及成因分析.干旱区研究,29(6):
　　992-996.

赖祖铭,叶佰生.1991.高寒山区流域的水量平衡模型及气候变暖趋势下径流的可能变化——以天山乌
　　鲁木齐河为例.冰川冻土,6:652-658.

蓝永超,曾群柱.1997.河西地区融雪径流的灰色预测方法.冰川冻土,19(2):154-160.

蓝永超,康尔泗,杨文华.1997.黄河上游径流预报的灰色拓扑方法.冰川冻土,19(4):308-311.

李弘毅,王建,郝晓华.2012.祁连山区风吹雪对积雪质能过程的影响.冰川冻土,34(5):1084-1090.

李慧林,李忠勤,沈永平,等.2007.冰川动力学模式及其对中国冰川变化预测的适应性.冰川冻土,
　　29(2):201-208.

李均力,盛永伟.2013.1976—2009年青藏高原内陆湖泊变化的时空格局与过程.干旱区研究,30(4):
　　571-581.

李培基,米德生.1983.中国积雪的分布.冰川冻土,5(4):9-18.

李树德,程国栋,周幼吾,等.1996.青藏高原冻土图.兰州:甘肃文化出版社.

李治国,姚檀栋,叶庆华,等.2010.西藏年楚河满拉水库上游冰川变化及其影响.冰川冻土,32(4):
　　650-658.

李治国,姚檀栋,叶庆华,等.2011.1980—2007年喜马拉雅东段洛扎地区冰湖变化遥感研究.自然资源
　　学报,26(5):836-846.

李忠勤.2011.天山乌鲁木齐河源1号冰川近期研究与应用.北京:气象出版社.

林战举，牛富俊，葛建军，等.2010.青藏铁路北麓河地区典型热融湖变化特征及其对冻土热状况的影响.冰川冻土，32(2)：341-350.

刘潮海.1991.中国天山冰川站手册.兰州：甘肃科学技术出版社.

刘潮海，丁良福.1988.中国天山冰川区气温和降水的初步估算.冰川冻土，10(2)：151-158.

刘海亮，蔡体久，满秀玲，等.2012.小兴安岭主要森林类型对降雪、积雪和融雪过程的影响.北京林业大学学报，34(2)：20-25.

刘时银.2012.冰川观测与研究方法.北京：科学出版社.

刘时银，蒲健辰，邓晓峰，等.2014.中国冰川图鉴.上海：上海科学普及出版社.

刘时银，姚晓军，郭万钦，等.2015.基于第二次冰川编目的中国冰川现状.地理学报，70(1)：3-16

刘晓尘，效存德.2011.1974—2010年雅鲁藏布江源头杰玛央宗冰川及冰湖变化初步研究.冰川冻土，33(3)：488-496.

刘永智，吴青柏，张建明，等.2000.高原冻土区冻土地温温度场研究.公路，2：4-8.

陆恒，魏文寿，刘明哲，等.2011.天山季节性积雪稳定期雪密度与积累速率的观测分析.冰川冻土，33(2)：374-380.

陆玉忠，陆宝宏，陆桂华.2011.冰雪融水与雨水混合洪水的预报方案.河海大学学报(自然科学版)，39(2)：119-125.

路传琳.1983.冰川消融及其径流与气温的关系.冰川冻土，5(1)：79-83.

马喜祥，白世录，袁学安，等.2009.中国河流冰情.郑州：黄河水利出版社.

茅泽育，吴剑疆，佘云童.2002.河冰生消演变及其运动规律的研究进展.水利发电学报，E01：153-161.

孟恺，石许华，王二七，等.2012.青藏高原中部色林错湖近10年来湖面急剧上涨与冰川消融.科学通报，57(7)：525-534.

牛富俊，董晟，林战举，等.2013.青藏公路沿线热融喀斯特湖分布特征及其热效应研究.地球科学进展，28(6)：695-702.

牛丽，叶柏生，李静，等.2011.中国西北地区典型流域冻土退化对水文过程的影响.中国科学：地球科学，41(1)：85-92.

庞强强，李述训，吴通华，等.2006.青藏高原冻土区活动层厚度分布模拟.冰川冻土，28(3)：390-395.

庞强强，赵林，李述训.2011.局地因素对青藏公路沿线多年冻土区地温影响分析.冰川冻土，33(2)：349-356.

秦大河.2014.冰冻圈科学词典.北京：气象出版社.

秦大河，丁永建，穆穆.2012.中国气候与环境演变：2012.北京：气象出版社.

秦大河，丁永建.2009.冰冻圈变化及其影响研究——现状、趋势及关键问题.气候变化研究进展，5(4)：187-195.

邱国庆，程国栋.1995.中国的多年冻土——过去与现在.第四纪研究，1：13-22.

邱国庆，黄以职，李作福.1983.中国天山地区冻土的基本特征//中国地理学会、中国土木工程学会.第二届全国冻土学术会议论文选集.兰州：甘肃人民出版社：21-29.

任美锷.2000.海平面研究的最近进展.南京大学学报：自然科学版，36(3)：269-279.

邵义.2012.新疆四棵树河流域冰洪分析.水资源研究，33(3)：4-6.

沈洪道.2010.河冰研究.霍世青等译.郑州：黄河水利出版社.

沈永平，丁永建，刘时银，等.2004.近期气温变暖叶尔羌河冰湖溃决洪水增加.冰川冻土，26(2)：234-234.

沈永平，苏宏超，王国亚，等.2013.新疆冰川、积雪对气候变化的响应(II)：灾害效应.冰川冻土，35(6)：1355-1370.

沈永平，王国亚，苏宏超，等.2007.新疆阿尔泰山区克兰河上游水文过程对气候变暖的响应.冰川冻土，29(6)：845-854.

沈永平，魏文寿，丁永建，等.2008.冰雪灾害.北京：气象出版社.

施雅风.1988.中国冰川概论.北京：科学出版社.

施雅风，黄茂桓，姚檀栋，等.2000.中国冰川与环境——现在、过去和未来.北京：科学出版社.

施雅风，刘潮海，王宗太.2005.简明中国冰川编目.上海：上海科学普及出版社.

水利部水利水电规划设计总院.2002.全国水资源分区与行政区域对照表.

孙琳婵，赵林.2010.西大滩地区积雪对地表反照率及浅层地温的影响.山地学报，28(3)：266-273.

谭继强，詹庆明，殷福忠，等.2014.面向极地海冰变化监测的卫星遥感技术研究进展.测绘与空间地理信息，37(4)：23-31.

童伯良，李树德.1983.青藏高原多年冻土的某些特征及其影响因素//中国科学院兰州冰川冻土研究所.青藏冻土研究论文集.北京：科学出版社：1-11.

童伯良，李树德，张廷军.1986.中国阿尔泰山的多年冻土.冰川冻土，8(4)：357-364.

王国亚，毛炜峰.2012.新疆阿勒泰地区积雪变化特征及其对冻土的影响.冰川冻土，34(6)：1293-1300.

王慧，孙波，李斐，等.2015.极地冰盖物质平衡的最新进展与未来挑战.极地研究，27(3)：326-336.

王文浚，莫承略，等.1965.冰川消融及其对乌鲁木齐河的补给作用//天山乌鲁木齐河冰川与水文研究.北京：科学出版社：88-97.

王欣，刘时银，莫宏伟，等.2011.我国喜马拉雅山区冰湖扩张特征及其气候意义.地理学报，66(7)：895-904.

王欣，刘时银，姚晓军，等.2010.我国喜马拉雅山区冰湖遥感调查与编目.地理学报，65(1)：29-36.

王彦龙.1982.天山伊犁河上游季节性积雪的变质作用.冰川冻土，4(2)：63-72.

王宗太，刘潮海，丁良福.1987.西南天山塔里木内流区的冰川发展状况及分布//谢文兰，丁良福，刘潮海，等.中国冰川编目 III 天山.北京：科学出版社.

隗经斌.2006.新疆军塘湖河典型融雪洪水过程研究.冰川冻土，28(4)：530-534.

魏秋芳，叶庆华.2010.湖冰遥感监测方法综述.地理科学进展，29(7)：803-810.

温家洪.2000.国际南极冰盖与海平面变化研究述评.地球科学进展，15(5)：586-591.

吴锦奎，杨淇越，叶柏生，等.2008.同位素技术在流域水文研究中的重要进展.冰川冻土，30(6)：1024-1032.

吴青柏，沈永平，施斌.2003.青藏高原冻土及水热过程与寒区生态环境的关系.冰川冻土，25(2)：250-255.

吴涛，康建成，王芳，等.2006.全球海平面变化研究新进展.地球科学进展，21(7)：730-737.

肖迪芳，张鹏远，廖厚初.2008.寒冷地区地下水动态规律分析.黑龙江水专学报，120-122，128.

谢自楚，冯清华，刘潮海.2002.冰川系统变化的模型研究.冰川冻土，10(2)：16-27.

谢自楚，王欣，康尔泗，等.2006.中国冰川径流的评估及其未来50a变化趋势预测.冰川冻土，28(4)：457-466.

徐学祖.1991.冻土中水分迁移的实验研究.北京：科学出版社.

薛彦广，关皓，董兆俊，等.2014.近40年北极海冰范围变化特征分析.海洋预报，31(4)：85-92.

杨成芳，姜鹏，张少林，等.2013.山东冬半年降水相态的温度特征统计分析.气象，39(3)：355-361.

杨建平，丁永建，陈仁升，等.2004.长江黄河源区多年冻土变化及其生态环境效应.山地学报，22(3)：278-285.

杨针娘，胡鸣高，刘新仁，等.1996.高山冻土区水量平衡及地表径流特征.中国科学(D辑)，26(6)：567-573.

杨针娘.1981.中国现代冰川作用区径流的基本特征.中国科学(D辑),4:467-476.

杨针娘.1991.中国冰川水资源.兰州:甘肃科学技术出版社.

姚檀栋,李治国,杨威,等.2010.雅鲁藏布江流域冰川分布和物质平衡特征及其对湖泊的影响,科学通报,55(18):1750-1756.

姚檀栋,刘时银,蒲健辰,等.2004.高亚洲冰川的近期退缩及其对西北水资源的影响.中国科学D辑地球科学,34(6):535-543.

姚晓军,刘时银,李龙,等.2013.近40年可可西里地区湖泊时空变化特征.地理学报,68(7):886-896.

姚晓军,刘时银,魏俊锋.2010.喜马拉雅山北坡冰碛湖库容计算及变化——以龙巴萨巴湖为例.地理学报,65(11):1381-1390.

叶佰生,赖祖铭.1992.未来气候变暖条件下区域冰川的平衡态响应.科学通报,37(19):1794-1997.

叶佰生,陈克恭,施雅风.1996.乌鲁木齐河源冰川的消融强度函数.冰川冻土,18(2):140-145.

叶柏生,丁永建,焦克勤,等.2012.我国寒区径流对气候变暖的响应.第四纪研究,103-110.

叶柏生,韩添丁,丁永建.1999.西北地区冰川径流变化的某些特征.冰川冻土,21(1):54-58.

尹观,范皑,郭建强,等.2000.四川九寨沟水循环系统的同位素示踪.地理学报,4:487-494.

于成刚,张春红,贾俊明.2007.黑龙江中上游区间支流历史冰坝凌汛分析.黑龙江水利科技,35(6):120-122.

翟宁,王泽民,鄂栋臣.2009.基于GRACE反演南极物质平衡的研究.极地研究,21(1):43-47.

张栋,孙波,柯长青,等.2010.南极冰盖物质平衡与海平面变化研究新进展.极地研究,22(2):298-299.

张国庆,姚檀栋,Xie H J,等.2014.青藏高原湖泊状态与丰度.科学通报,59(26):3010-3021.

张森琦,王永贵,赵永真,等.2004.黄河源区多年冻土退化及其环境反映.冰川冻土,26(1):1-6.

张廷军,晋锐,高峰.2009.冻土遥感研究进展——被动微波遥感.地球科学进展,24(10):1073-1083.

张伟,周剑,王根绪,等.2013.积雪和有机质土对青藏高原冻土活动层的影响.冰川冻土,35(3):528-540.

张勇,刘时银,丁永建.2006.中国西部冰川度日因子的空间变化特征.地理学报,61(1):89-98.

章新平,姚檀栋.1997.利用稳定同位素比率估计湖泊的蒸发.冰川冻土,19(2):161-166.

赵林,程国栋,李述训,等.2000.青藏高原五道梁附近多年冻土活动层冻结和融化过程.科学通报,45(11):1205-1211.

赵林,丁永建,刘广岳,等.2010.青藏高原多年冻土层中地下冰储量估算及评价.冰川冻土,32(1):1-9.

赵求东.2008.WRF+DHSVM融雪径流预报模式研究.乌鲁木齐:新疆大学硕士学位论文.

赵瑞,叶庆华,宗继彪.2016.青藏高原南部佩枯错流域冰川-湖泊变化及其对气候的响应.干旱区资源与环境,30(2):147-152.

赵永利.2014.西藏羊卓雍错流域冰川-湖泊动态变化研究.干旱区资源与环境,28(8):88-93.

郑成龙.2012.河流冰盖热力增长的数值模拟.合肥工业大学学报(自然科学版),35(8):1080-1083.

中国地理学会.中国土木工程学会第二届全国冻土学术会议论文选集.兰州:甘肃人民出版社:21-29.

中国科学院兰州冰川冻土研究所.青藏冻土研究论文集.北京:科学出版社.

中国科学院西藏科学考察队.1975.珠穆朗玛峰地区科学考察报告(1966-1968).现代冰川与地貌.北京:科学出版社.

中科院寒旱所组.2009.中国寒区旱区环境与工程科学研究50年.北京:科学出版社:90-103.

钟敏,段建宾,许厚泽,等.2009.利用卫星重力观测研究近5年中国陆地水量中长空间尺度的变化趋势.科学通报,54(9):1290-1294.

周幼吾，郭东信，邱国庆，等. 2000. 中国冻土. 北京：科学出版社.

周幼吾，郭东信. 1982. 我国多年冻土的主要特征. 冰川冻土，4(1)：1-19.

周幼吾，王银学，高兴旺，等. 1996. 我国东北部冻土温度和分布与气候变暖. 冰川冻土，18(增刊)：140-146.

周志远，朱静，刘洋. 2015. 基于 RS 和 GIS 的藏东南地区泥石流物源信息提取及典型泥石流分析. 水电能源科学，33(1)：127-131.

朱传东，陆洋，史红岭，等. 2013. 基于 GRACE 数据的格陵兰冰盖质量变化研究. 海洋测绘，33(4)：27-30.

朱立平，谢曼平，吴艳红. 2010. 西藏纳木错 1971～2004 年湖泊面积变化及其原因的定量分析. 科学通报，55(18)：1789-1798.

Adam J C, Hamlet A F, Lettenmaier D P, et al. 2009. Implications of global climate change for snowmelt hydrology in the twenty-first century. Hydrological Processes, 23(23): 962-972.

Ahlmann H W. 1924. Le niveau de glaciation comme fonction de l'accumulation d'humidité sous forme solide. Méthode Pour le Calcul de L'humidité Condensée Dans la Haute Montagne et Pour L'étude de la Fréquence des Glaciers. Geografiska Annaler, 6: 223-272.

Ambach W, Eisner H, Url M. 1973. Seasonal variations in the tritium activity of run-off from an Alpine glacier, Kesselwandferner(Oetztal Alps). IASH Publ., 95: 199-204.

Andersen O B, Hinder J. 2005. Global Inter-annual gravity changes from GRACE: Early result. Geophysical Research Letters, 32(1): L1402.

Anderson E A. 1976. A point energy and mass balance model of a snow cover. NOAA Technical Report NWS, 19: 1-150.

Anderson S P, Drever J I, Humphrey N F. 1997. Chemical weatheringin glacial environments. Geology, 25: 399-402.

Anthony A, Scott B, Christopher F, et al. 2008. Validation of high-resolution GRACE mascon estimates of glacier mass changes in the St Elias Mountains, Alaska, USA, using aircraft laser altimetry. Journal of Glaciology, 54(188): 778-787.

Anthony A, Scott B, Hock R. 2009. Glacier changes in Alaska: Can mass-balance models explain GRACE mascon trends? Annuals of Glaciology, 50: 148-154.

Antonov J I, Levitus S, Boyer T P. Steric sea level variations during 1957-1994: Importance of salinity. J Geophys Res(Oceans), 107(C12): 8013.

Arendt A, Bolch T, Cogley J, et al. 2012, Randolph Glacier Inventory [v2. 0]: A Dataset of Global Glacier Outlines. Boulder, Colorado, USA: Global Land Ice Measurements from Space.

Arnold J G, Srinivasan R, Muttiah R S, et al. 1998b. Large area hydrologic modeling and assessment part I: Model development. Journal of the American Water Resources Association, 34(1): 73-89.

Arnold N S, Willis I C, Sharp M J, et al. 1996. A distributed surface energy-balance model for a small valley glacier. 1. development and testing for haut glacier d'arolla, Valais, Switzerland. Journal of Glaciology, 42(140): 77-89.

Arnold N, Richards K, Willis I, et al. 1998a. Initial results from a distributed, physically based model of glacier hydrology. Hydrological Processes, 12(2): 191-219.

Arthern R, Gudmundsson G H. 2010. Initialization of ice-sheet forecasts viewed as an inverse Robin problem. Journal of Glaciology, 56(197): 527-533.

Ashby S F, Falgout R D. 1996. A parallel multigrid preconditioned conjugate gradient algorithm for groundwater flow simulations. Nuclear Science and Engineering, 124(1): 145-159.

Ashworth P J, Ferguson R I. 1986. Interrelationships of channel processes, changes and sediments in a proglacial river. Geografiska Annaler, 68A: 261-371.

Auer A H. 1974. The rain versus snow threshold temperature. Weatherwise, 27: 67.

Bajracharya S R, Mool P. 2009. Glaciers, glacial lakes and glacial lake outburst floods in the Mount Everest region, Nepal. Annals of Glaciology, 50(53): 81-86.

Baraer M, Mark BG, McKenzie J M, et al. 2012. Glacier recession and water resources in Peru's Cordillera Blanca. Journal of Glaciology, 58(207): 134-150.

Barnett T P, Adam J C, Lettenmaier D P. 2005. Potential impacts of a warming climate on water availability in snow-dominated regions. Nature, 438(7066): 303-309.

Baron J S, Schmidt T M, Hartman M D. 2009. Climate-induced changes in high elevation stream nitrate dynamics. Global Change Biology, 15(7): 1777-1789.

Bengtsson L, Singh V P. 2000. Model sophistication in relation to scales in snowmelt runoff modeling. Hydrology Research, 31(4): 267-286.

Bergström S. 1995. The HBV Model//Singh V P. Computer Models of Watershed Hydrology. Colorado: Water Resources Publications: 443-476.

Bettadpur S. 2003. GRACE level-2 Gravity Field Product User Handbook. Austin: Center for Space Research, The University of Texas at Austin.

Bettinetti R, Quadroni S, Galassi S, et al. 2008. Is meltwater from Alpine glaciers a secondary DDT source for lakes? Chemosphere, 73(7): 1027-1031.

Beven K J, Kirkby M J. 1979. A physically based, variable contributing area model of basin hydrology. Hydrological Science Bulletin, 24: 43-69.

Bhatia M P, Kujawinski E B, Das S B, et al. 2013. Greenland meltwater as a significant and potentially bioavailable source of iron to the ocean. Nature Geoscience, 6: 274-278.

Biederman J A, Brooks P D, Harpold A A, et al. 2014. Multi-scale observations of snow accumulation and peak snowpack following widespread, insect-induced lodgepole pine mortality. Ecohydrology, 7(1): 150-162.

Birsan M, Morlan V, Burlando P, et al. 2005. Streamflow trends in Switzerland. Journal of Hydrology, 314: 312-329.

Blais J M, Schindler D W, Muir D C G, et al. 1998. Accumulation of persistent organochlorine compounds in mountains of western Canada. Nature, 395(6702): 585-588.

Blais J M, Schindler D W, Muir D C G, et al. 2001. Melting glaciers: a major source of persistent organochlorines to subalpine Bow Lake in Banff National Park, Canada. AMBIO, 30(7): 410-415.

Bogdal C, Schmid P, Zennegg M, et al. 2009. Blast from the past: Melting glaciers as a relevant source for persistent organic pollutants. Environmental Science & Technology, 43(21): 8173-8177.

Bonan G B. 1996. The NCAR land surface model(LSM version 1.0) coupled to the NCAR community climate model. NCAR Tech. Note NCAR/TN-429+STR, 171 pp.

Borggaard O K. 1997. Composition, properties and development of Nordic soils//Sather O M, de Caritat P. Geochemical Processes, Weathering and Ground-Water Recharge in Catchments. Balkema, Rotterdam: 21-75.

Boyer E W, Hornberger G M, Bencala K E, et al. 1997. Response characteristics of DOC flushing in an alpine catchment. Hydrological Processes, 11: 1635-1647.

Brock B W, Willis I C, Sharp M J. 2000. Measurement and parameterization of albedo variations at Haut Glacier d'Arolla, Switzerland. Journal of Glaciology, 46(155): 675-688.

Broecker W S. 1991. The great ocean conveyor. Oceanography 1: 79-89.

Brown G H. 2002. Glacier meltwater hydrochemistry. Applied Geochemistry, 17: 855-883.

Brown R D, Robinson D A. 2011. Northern Hemisphere spring snow cover variability and change over 1922-2010 including an assessment of uncertainty. The Cryosphere, 5: 219-229.

Budd W F, Reid P A, M inty L J. 1995. Antarctic moisture flux and net accumulation from global atmospheric analyses. Annals of Glaciology, 21: 149-156.

Bulygina O N, Razuvaev V N, Korshunova N N. 2009. Changes in snow cover over Northern Eurasia in thelast few decades. Environmental Research Letters, 4: 045026.

Cable J, Ogle K, Williams D. 2011. Contribution of glacier meltwater to streamflow in the wind river range, Wyoming, inferred via a Bayesian mixing model applied to isotopic measurements. Hydrological Processes, 25(14): 2228-2236.

Casassa G, López P, Pouyaud B, et al. 2009. Detection of changes in glacial run-off in alpine basins: Examples from North America, the Alps, central Asia and the Andes. Hydrological Processes, 23: 31-41.

Cazenave A, Dominh K, Guinehut S, et al. 2009. Sea level budget over 2003-2008: A reevaluation from GRACE space gravimetry, satellite altimetry and Argo. Global and Planetary Change, 65(1): 83-88.

Cazenave A, Lombard A, Llovel W. 2008. Present-day sea level rise: A synthesis. Comptes Rendus Geoscience, 340(11): 761-770.

Chang A, Foster J, Hall D. 1987. Nimbus-7 SMMR derived global snow cover parameters. Ann. Glaciol, 9(9): 39-44.

Che T, Li X, Jin R, et al. 2008. Snow depth derived from passive microwave remote-sensing data in China. Annals of Glaciology, 49: 145-154.

Chen J L, Wilson C R, Tapley B D, et al. 2009. 2005 Drought event in the Amzaon River Basin as measured by GRACE and estimated by climate models. Journal of Geophysical Research, 114: B5404.

Chen R, Liu J, Song Y, et al. 2014a. Precipitation type estimation and validation in China. Journal of Mountain Science, 11(4): 917-925.

Chen R, Lu S, Kang E, et al. 2008. A distributed water-heat coupled model for mountainous watershed of an inland river basin in Northwest China(I) model structure and equations. Environ. Geo., 53: 1299-1309.

Chen R, Song Y, Kang E, et al. 2014b. A cryosphere-hydrology observation system in a small alpine watershed in the Qilian Mountains of China and its meteorological gradient. Arct. Antarct. Alp. Res., 46: 505-523.

Choi G, Robinson D A, Kang S. 2010. Changing Northern Hemisphere Snow Seasons. Journal of Climate, 23: 5305-5310.

Clarke G K, Jarosch A H, Anslow F S, et al. 2015. Projected deglaciation of western Canada in the twenty-first century. Nature Geoscience, 8(5): 372-377.

Cogley J G, Pitman A J, Henderson-Sellers A. 1990. A model of Land Surface Climatology for General Circulation models. Trent Technical Note, 90-1. Peterborough, Ont: Trent University.

Colbeck S C. 1978. The Physical Aspects of Water Flow Through Snow. New York: Academic Press.

Collins D N. 1983. Solute yield from a glacierized high mountain basin, dissolved loads of rivers and surface water quantity/quality relationships. International Association of Hydrological Science Publication, 141: 41-49.

Cooper L W, Benner R, McClelland J W, et al. 2005. Linkages among runoff, dissolved organic carbon, and the stable isotope composition of seawater and other water mass indicators in the Arctic Ocean. Journal of Geophysical Research, 110: G02013.

Cuffey K M, Paterson W S B. 2010. The Physics of Glacier(Fourth Edition). Burlington and Oxford: Butterworth-Heinemann.

de Quervain M R. 1963. On the Metamorphism of Snow, Ice and Snow. Cambridge: MIT Press.

de Walle D R, Rango A. 2008. Principles of Snow Hydrology. Cambridge: Cambridge University Press.

Dickinson R E, Henderson-Sellers A, Kennedy P J, et al. 1986. Biosphere Atmosphere Transfer Scheme (BATS) for the NCAR Community Climate Model. NCAR/TN-275+STR. Boulder, Colo: Natl. Cent. for Atmos. Res.

Dietermann N, Weiler M. 2013. Spatial distribution of stable water isotopes in alpine snow cover. Hydrol. Earth Syst. Sci. , 17: 2657-2668.

Dittmar T, Kattner G. 2003. The biogeochemistry of the river and shelf ecosystem of the Arctic Ocean: A review. Marine Chemistry, 83: 103-120.

Douville H, Royer J, Maahfour J. 1995. A new snow parameterization for the météo-france climate model. Ⅱ: Validation in a 3-d gcm experiment. Climate Dynamics, 12: 37-52.

Edmundson J A, Kyle G B, Carlson S R, et al. 1997. Trophic-level responses to nutrient treatment of meromictic and glacially influenced Coghill Lake. Alaska Fishery Research Bulletin, 4(2): 136-153.

Edmundson J A, Mazumder A. 2002. Regional and hierarchical perspectives of thermal regimes in subarctic, Alaskan lakes. Freshwater Biology, 47(1): 1-17.

Fan Y, Chen Y, Li X, et al. 2014. Characteristics of water isotopes and ice-snowmelt quantification in the Tizinafu River, north Kunlun Mountains, Central Asia. Quaternary International, 280: 1-7.

Feiccabrino J, Lundberg A. 2008. Precipitation Phase Discrimination in Sweden. Vermont, USA: 65th Eastern Snow Conference, Fairlcc(Lake Morey).

Felix N G, Liu S Y. 2009. Temporal dynamics of a jökulhlaup system. Journal of Glaciology, 55(192): 651-633.

Feng S, Hu Q. 2007. Changes in winter snowfall/precipitation ratio in the contiguous united states. Journal of Geophysical Research Atmospheres, 112(D15): 229-238.

Finsterwalder S, Schunk H. 1887. Der suldenferner. Zeitschriftdes Deutschen und Oesterreichischen Alpenvereins, 18: 72-89.

Flerchinger G N, Saxton K E. 1989. Simultaneous heat and water model of a freezing snow-residue-soil system I. Theory and development. Transactions of the American Society of Agricultural Engineers, 32: 565-571.

Flowers G E, Clarke G K C. 2002. A multicomponent couple model of glacier hydrology. 1. Theory and synthetic examples. Journal of Geophysical Research, 107: 2287.

Fortner S K, Mark B G, McKenzie J M, et al. 2011. Elevated stream trace and minor element concentrations in the foreland of receding tropical glaciers. Applied Geochemistry, 26: 1792-1801.

Foster J L, Chang A T C. 1993. Gurney R J, Foster J L, Parkinson C L. Snow cover//Atlas of Satellite Observations Related to Global Change. Cambridge: Cambridge University Press.

Foster J, Liston G, Koster R, et al. 1996. Snow cover and snow mass intercomparisons of general circulation models and remotely sensed datasets. Journal of Climate, 9(2): 409-426.

Fountain A G, Walder J S. 1998. Water flow through temperate glaciers. Reviews of Geophysics, 36(3): 229-328.

Francou B, Ribstein P, Saravia R, et al. 1995. Monthly balance and water discharge on an intertropical glacier: The Zongo Glacier, Cordilleran Real, Bolivia, 16°S. Journal of Glaciology, 41: 61-67.

Franks A. 1898. The First Philosophers of Greece. London: Kegan Paul Trench Trubner and Company.

Frey K E, McClelland J W, Holmes R M, et al. 2007a. Impacts of climate warming and permafrost thaw on the riverine transport of nitrogen and phosphorus to the Kara Sea. Journal of Geophysical Research-Biogeosciences, 112: G04S58.

Frey K E, Smith L C. 2005. Amplified carbon release from vast West Siberian peatlands by 2100. Geophysical Research Letters, 32: L09401.

Frey K E, Siegel D I, Smith L C. 2007b. Geochemistry of west Siberian streams and their potential response to permafrost degradation. Water Resources Research, 43: W03406.

Fuchs M, Campbell G S, Papendick R L. 1978. An analysis of sensible and latent heat flow in a partially frozen unsaturated soil. Soil Science Society of America Journal, 42(3): 379-385.

Gardner A S, Moholdt G, Cogley J G, et al. 2013. A reconciled estimate of glacier contributions to sea level rise: 2003 to 2009. Science, 340(6134): 852-857.

Gordon A L, Comiso J C. 1988. Polynyas in the Southern Ocean. Scientific American, 256: 90-97.

Gornitz V, Rosenzweig C, Hillel D. 1997. Effects of anthropogenic intervention in the land hydrologic cycle on global sea level rise. Global & Planetary Change, 14(3): 147-161.

Gouttevin I, Krinner G, Ciais P, et al. 2012. Multi-scale validation of a new soil freezing scheme for a land-surface model with physically-based hydrology. The Cryosphere, 6: 407-430.

Granger R J, Gray D M, Dyck G E. 1984. Snowmelt infiltration to frozen Prairie soils. Canadian Journal of Earth Science, 21: 669-677.

Gray D M, Male D H. 1981. Handbook of Snow: Principles, Processes, Management & Use. New York: Pergamon Press.

Grinsted A, Moore J C, Jevrejeva S. 2009. Reconstructing sea level from paleo and projected temperatures 200 to 2100 AD. Clim Dyn, 34(4): 461-472.

Griswold J P. 2004. Mobility Statistics and Hazard Mapping for Non-Volcanic Debris Flows and Rock Avalanches. Portland, Oregon: Unpublished Masters Thesis. Portland State University.

Groot C D G, Rebecca M, Michael L. 2013. Seasonal simulation of drifting snow sublimation in Alpine terrain. Water Resources Research, 49: 1581-1590.

Guntner A. 2008. Imprvoement of global hydrological models using GRACE data. Surveys in Geophysics, 28(4): 375-397.

Han H, Wang J, Wei J, et al. 2010. Backwasting rate on debris-covered Koxkar glacier, Tuomuer mountain, China. Journal of Glaciology, 56(196): 287-296.

Hansen J, Russell G, Rind D, et al. 1983. Efficient three-dimensional globalmodels for climate studies: Models I and II, Mon. Weather Rev. , 111: 609-662.

Hasnain S I, Thayyen R J. 1999. Controls on the major-ion chemistry of the Dokriani glacier meltwaters, Ganga basin, Garhwal Himalaya, India. Journal of Glaciology, 45: 87-92.

Hawkings J R, Wadham J L, Tranter M, et al. 2014. Ice sheets as a significant source of highly reactive nanoparticulate iron to the oceans. Nature Communication, 5: 3929.

Hewitt I J, Schoof C, Werder M A. 2012. Flotation and open water flow in a model for subglacial drainage. Part II: Channel flow. J. Fluid Mech. , 702: 157-187.

Hinkel K, Nelson F. 2009. Spatial and temporal patterns of active layer thickness at Circumpolar Active Layer Monitoring (CALM) sites in northern Alaska, 1995-2000. Journal of Geophysical Research, 108: D28168.

Hinkel K M, Nelson F E, Shu Y, et al. 1996. Temporal changes in moisture content of the active layer and near-surface permafrost at Barrow, Alaska, USA: 1962-1994. Arctic and Alpine Research, 300-310.

Hock R. 1999. A distribute temperature-index ice-and snowmelt model including potential direct solar radiation. Journal of Hydrology, 45(149): 101-111.

Hock R. 2003. Temperature index melt modeling in mountain areas. Journal of Hydrology, 282 (1): 104-115.

Hock R. 2013. Program Documentation and User's Manual. http://www2. gi. alaska. edu/-regine/modelmanual. pdf.

Hodgkins R, Tranter M, Dowdeswell J A. 1997. Solute provenance, transport and denudation in a High Arctic glacierised catchment. Hydrological Processes, 11: 1813-1832.

Hodson A, Porter P, Lowe A, et al. 2002. Chemical denudation and silicate weathering in Himalayan glacier basins: Batura Glacier, Pakistan. Journal of Hydrology, 262: 193-208.

Hodson A, Tranter M, Vatne G. 2000. Contemporary rates of chemical denudation and atmospheric CO_2 sequestration in glacier basins: An arctic perspective. Earth Surface Processes and Landforms, 25: 1447-1471.

Holgate S J. 2007. On the decadal rates of sea level change during the twentieth century. Geophysical Research Letters, 34(1): L01602.

Holland M M, Finnis J, Barrett A P, et al. 2007. Projected changes in Arctic Ocean freshwater budgets. J Geophys Res 112: G04S55.

Holmes R M, McClelland J W, Raymond P A, et al. 2008. Lability of DOC transported by Alaskan rivers to the arctic ocean. Geophysical Research Letters, 35: L03402.

Holmlund P. 1988. Internal geometry and evolution of moulins, storglaciaren, Sweden. Journal of Glaciology, 34(117): 242-248.

Hood E, Battin T J, Fellman J, et al. 2015. Storage and release of organic carbon from glaciers and ice sheets. Nature Geoscience, 5: 198-201.

Hudson R O, Golding D L. 1998. Snowpack chemistry during snow accumulation and melt in mature subalpine forest and regenerating clear-cut in the southern interior of B. C. Nordic Hydrology, 29: 221-224.

Huggel C, Haeberli W, Kääb A. 2004. An assessment procedure for glacial hazards in the Swiss Alps. Can Geotech J. , 41: 1068-1083.

Huggel C, Kääb A, Haeberli W. 2003. Regional-scale GIS models for assessment of hazards from glacier lake outbursts: Evaluation and application in the Swiss Alps. Natural Hazards and Earth System Sciences, 3: 647-662.

Huss M, Zemp M, Joerg P C, et al. 2014. High uncertainty in 21st century runoff projections from glacierized basins. Journal of Hydrology, 510(0): 35-48.

Huybrechts P. 2002. Sea-level changes at the LGM from ice-dynamic reconstructions of the Greenland and

Antarctic ice sheets during the glacial cycles. Quaternary Science Reviews, 21(1): 203-231.

Hylander S, Jephson T, Lebret K, et al. 2011. Climate-induced input of turbid glacial meltwater affects vertical distribution and community composition of phyto-and zooplankton. Journal of Plankton Research, 33(8): 1239-1248.

IAEA. 1983. Guidebook on Nuclear Techniques in Hydrology. Technical Report Series No. 91

Immerzeel W W, Beek L P H V, Bierkens M F P. 2010. Climate change will affect the Asian water towers. Science, 328(5984): 1382-1385.

Iordache M D, Bioucas-Dias J M, Plaza A. 2011. Sparse unmixing of hyperspectral data. Ieee T Geosci Remote, 49(6): 2014-2039.

IPCC. 2013. Climate Change 2013: The Physical Science Basis. Cambridge, United Kingdom and New York, NY, USA: Cambridge University Press.

Jakob M. 2005. A size classification for debris flows. Engineering Geology, 79: 151-161.

Jansson P E, Moon D S. 2001. A coupled model of water, heat and mass transfer using object orientation to improve flexibility and functionality. Environmental Modeling and Software, 16: 37-46.

Jansson P, Hock R, Schneider T. 2003. The concept of glacier storage: A review. Journal of Hydrology, 282(1-4): 116-129.

Jarosch A H, Gudmundsson M T. 2012. A numerical model for meltwater channel evolution in glaciers. The Cryosphere, 6: 493-503.

Jin H, Qiu G, Zhao L. 1993. Distribution and thermal regime of alpine permafrost in the middle section of East Tian Shan, China//Studies of Alpine Permafrost in Central Asia I- Northern Tian Shan. Yakutsk: Russian Academy of Sciences: 23-29.

Jones Jr J B, Petrone K C, Finlay J C, et al. 2005. Nitrogen loss from watersheds of interior Alaska underlain with discontinuous permafrost. Geophysical Research Letters, 32: L02401.

Juen I, Kaser G, Georges C. 2007. Modelling observed and future runoff from a glacierized tropical catchment (Cordillera Blanca, Perú). Global and Planetary Change, 59(1): 37-48.

Jönsson M, Ranåker L, Anders Nilsson P, et al. 2012. Prey-type-dependent foraging of young-of-the-year fish in turbid and humic environments. Ecology of Freshwater Fish, 21(3): 461-468.

Jóhannesson T, Raymond C, Waddington E. 1989. Time-scale for adjustment of glaciers to changes in mass balance. Journal of Glaciology, 35(121): 355-369.

Kalyuzhnyi I L, Lavrov S. 2012. A. basic physical processes and regularitiesof winter and spring river runoff formationunder climate warming conditions. Russian Meteorology and Hydrology, 37 (1): 47-56.

Kamb B. 1987. Glacier surge mechanism based on linked cavity configuration of the basal water conduit system. Journal of Geophysical Research-Solid Earth and Planets, 92(B9): 9083-9100.

Kane D L, Gieck R E. 1997. Snowmelt modeling at small Alaskan arctic watershed. Journal of Hydrologic Engineering, 2(4): 204-210.

Kang S C, Mayewski P A, Qin D H, et al. 2002. Glaciochemical records from a Mt. Everest ice core: Relationship to atmospheric circulation over Asia. Atmospheric Environment, 36(21): 3351-3361.

Kaser G, Fountain A, Jansson P. 2003. A Manual for Monitoring the Mass Balance of Mountain Glaciers. Paris: UNESCO.

Keller K, Blum J D, Kling G W. 2007. Geochemistry of soils and streams on surfaces of varying ages in arctic Alaska. Arctic Antarctic and Alpine Research, 39(1): 84-98.

Khan M. 1989. Ablation on Barpu Glacier, Karakoram Himalaya, Pakistan: A Study of Melt Processes on A Faceted, Debris-Covered Ice Surface. Master, Wilfrid Lauries University.

Khodakov V G O. 1965. On the dependence of total ablation over the glacier surface on the air temperature. Meteorol. Gidrol. , 7: 48-50.

Kienzle S W. 2008. A new temperature based method to separate rain and snow. Hydrological Processes, 22(26): 5067-5085.

Klaminder J, Hammarlund D, Kokfelt U, et al. 2010. Lead contamination of subarctic lakes and its response to reduced atmospheric fallout: Can the recovery process be counteracted by the ongoing climate change? Environmental Science & Technology, 44(7): 2335-2340.

Knowles N, Dettinger M D, Cayan D R. 2006. Trends in snowfall versus rainfall in the western united states. Journal of Climate, 19(18): 4545-4559.

Koenings J P, Burkett R D, Edmundson J M. 1990. The exclusion of limnetic cladocera from turbid glacier-meltwater lakes. Ecology, 71(1): 57-67.

Kong Y, Pang Z. 2012. Evaluating the sensitivity of glacier rivers to climate change based on hydrograph separation of discharge. Journal of Hydrology, 434-435: 121-129.

Konstantin Y V, Roboek A, Stoufer R J, et al. 1999. Global wanning and Northern Hemisphere Sea ice extent. Science, 286: 1934- 1937.

Koren V, Schaake J, Mitchell K, et al. 1999. A parameterization of snowpack and frozen ground intended for NCEP weather and climate models. Journal of Geophysical Research Atmospheres, 104(D16): 19569-19585.

Koskinen J T, Pulliainen J T, Hallikainen M. 1997. The use of ERS-1 SAR data in snow melt monitoring. IEEE Transactions on Geoscience and Remote Sensing, 35(3): 601-610.

Koster R D, Suarez M J. 1992. A comparative analysis of two land surface heterogeneity representations. Journal of Climate, 5: 420-438.

Kotlyakov V M, Krenke A N. 1979. The regime of the present-day glaciation of the Kaukasus. Zeitschr. f. Gletscherkunde und Glazialgeologie, 15(1), 7-21.

Kraus H. 1975. An energy balance model for ablation in mountainous areas. Snow and ice. IAHS Publication, 104: 74-82.

Kuchment L S, Gelfan A N, Demidov V N. 2000. A distributed model of runoff generation in the permafrost regions. Journal of Hydrology, 240: 1-22.

Kunkel K E, Palecki M A, Hubbard K G, et al. 2007. Trend identification in twentieth-century US snowfall: The challenges. Journal of Atmospheric and OceanicTechnology, 24: 64-73.

Lachenbruch A. 1994. Permafrost, the Active Layer, and Changing Climate: USGS Open-File Report 94-694. Washington DC: United States Geological Survey.

Langmuir D. 1997. Aqueous Environmental Geochemistry. New Jersey: Prentice-Hall.

Lee D D, Seung H S. 1999. Learning the parts of objects by non-negative matrix factorization. Nature, 401(6755): 788-791.

Lehner F, Raible C C, Hofer D, et al. 2012. The freshwater balance of polar regions in transient simulations from 1500 to 2100 AD using a comprehensive coupled climate model. Clim Dyn, 39: 347-363.

Li W P, Sun S F, Wang B, et al. 2009. Numerical simulation of sensitivities of snow melting to spectral composition of the incoming solar radiation. Advances in Atmospheric Sciences, 26(3): 403-412.

Li X Y, He X B, Kang S C, et al. 2016. Diurnal dynamics of minor and trace elements in stream water draining Dongkemadi Glacier on the Tibetan Plateau and its environmental implications. Journal of Hydrology, 541: 1104-1118.

Li X Y, Qin D H, Jing Z F, et al. 2013. Diurnal hydrological controls and filtration effects on minor and trace elements in stream water draining Qiyi Glacier, northeastern of Tibetan Plateau. Science China Earth Sciences, 56(81): 81-92.

Li X, Chen G D, Jin H J, et al. 2008. Cryospheric change in China. Global and Planetary Change, 62: 210-218.

Liang X, Lettenmaier D P, Wood E F, et al. 1994. A simple hydrologically based model of land surface water and energy fluxes for GSMs. Journal of Geophysical Research, 99(7): 14415-14428.

Liang X, Wood E F, Lettenmaier D P. 1996. Surface soil moisture parameterization of the VIC-2L model: Valuation and modification. Global and Planetary Change, 13(1-4): 195-206.

Link T, Marks D. 1999. Distributed simulation of snow cover mass- and energy-balance in the boreal forest. Hydrological Processes, 13(14-15): 2439-2452.

Liu Y, Fan N, An S, et al. 2008. Characteristics of water isotopes and hydrograph separation during the wet season in the Heishui River, China. Journal of Hydrology, 353: 314-321.

Livingstone D A. 1963. Chemical Compositions of Rivers and Lakes. US Geol. Surv. Prof. Paper 440-G.

Lombard A, Cazenave A, Traon P Y L, et al. 2004. Contribution of thermal expansion to present-day sea-level change revisited. Global and Planetary Change, 47(1): 1-16.

Loomis S R. 1970. Morphology and ablation processes on glacier ice. Proceedings of the Association of American Geographers, 2: 88-92.

Luo Z C, Li Q, Zhang K, et al. 2012. Trend of mass change in the Antarctic ice sheet recovered from the GRACE temporal gravity field. Science China Earth Sciences, 55(1): 76-82.

Ma L, Qin D. 2012. Temporal-spatial characteristics of observed key parameters of snow cover in China during1957-2009. Sciences in Cold and Arid Regions, 4(5): 384-393.

MacDonald M K, Pomeroy J W, Pietroniro A. 2010. On the importance of sublimation to an alpine snow mass balance in the Canadian Rocky Mountains. Hydrology and Earth System Sciences, 14: 1401-1415.

Marks D, Kimball J, Tingey D, et al. 1998. The sensitivity of snowmelt processes to climate conditions and forest cover during rain-on-snow: A case study of the 1996 pacific northwest flood. Hydrological Processes, 12(10-11): 1569-1587.

Marshall S, Roads J O, Glatzmaier G. 1994. Snow hydrologyin a general circulation model. J. Climate, 7: 1251-1269.

Marty C, Meister R. 2012. Long-term snow and weather observations at Weissfluhjoch and its relation to otherhigh-altitude observatories in the Alps. Theoretical and Applied Climatology, 110: 573-583.

Marzeion B, Jarosch A H, Hofer M. 2012. Past and future sea-level change from the surface mass balance of glaciers. The Cryosphere Discuss, 6(4): 3177-3241.

Masiokas M H, Villalba R, Luckman B H, et al. 2010. Intra- to multidecadal variations of snowpack and streamflow records in the andes of chile and argentina between 30 degrees and 37 degrees S. Journal of Hydrometeorology, 11: 822-831.

Mast M A, Turk J T, Clow D W, et al. 2011. Response of lake chemistry to changes in atmospheric deposition and climate in three high-elevation wilderness areas of Colorado. Biogeochemistry, 103(1-3): 27-43.

Mattson L E, Gardner J S, Yong G J. 1993. Ablation on debris covered glaciers: An example from the

Rakhiot Glacier, Punjab, Himalaya//Yong G J. Snow and Glacier Hydrology. Wallingford: IAHS Press: 289-296.

Maurya A S, Shah M, Deshpande R D, et al. 2011. Hydrograph separation and precipitation source identification using stable water isotopes and conductivity: River Ganga at Himalayan foothills. Hydrological Processes, 25: 1521-1530.

Mayo L R. 1984. Glacier mass balance and runoff research in the USA. Geografiska Annaler Series a-Physical Geography, 66(3): 215-227.

McClelland J W, Stieglitz M, Pan F, et al. 2007. Recent changes in nitrate and dissolved organic carbon export from the upper Kuparuk River, North Slope, Alaska. Journal of Geophysical Research-Biogeosciences, 112: G04S60.

McKillop R J, Clague J J. 2007a. Statistical, remote sensing-based approach for estimating the probability of catastrophic drainage from moraine-dammed lakes in southwestern British Columbia. Global and Planetary Change, 56: 153-171.

McKillop R J, Clague J J. 2007b. A procedure for making objective preliminary assessments of outburst flood hazard from moraine-dammed lakes in southwestern British Columbia. Natural Hazards, 41: 131-157.

Meehl G A, Arblaster J M, Collins W D. 2008. Effects of black carbon aerosols on the Indian monsoon. Journal of Climate, 21(12): 2869-2882.

Mein R G, Larson C L. 1973. Modeling infiltration during a steady rain. Water Resource Research, 9: 384-394.

Mekis É, Vincent L A. 2011. An overview of the second generation adjusted daily precipitation dataset for trend analysis in Canada. Atmosphere-Ocean, 49: 163-177.

Meng Y, Liu G. 2013. Stable isotopic information for hydrological investigation in Hailuogou watershed on the eastern slope of Mount Gongga, China. Environmental Earth Sciences, 69: 29-39.

Menzies J. 1995. Glaciers and ice sheets//Menzies J. Modern Glacial Environments. Oxford: Butterworth-Heinemann: 101-138.

Mergili M, Schneider J F. 2011. Regional-scale analysis of Lake Outburst hazards in the southwestern Pamir, Tajikistan, based on remote sensing and GIS. Natural Hazards and Earth system sciences, 11: 1447-1462.

Middelkoop H, et al. 2001. Impact of climate change on hydrological regimes and water resources management in the Rhine Basin. Climate Change, 49: 105-128.

Ming-ko Woo. 2012. Permafrost Hydrology. Berlin: Springer Heidelberg Dordrecht London New York.

Mitchell A C, Brown G H. 2007. Diurnal hydrological-physicochemical controls and sampling methods for trace elements in an Alpine glacial hydrological system. Journal of Hydrology, 332: 123-143.

Monaghan A J, Bromwich D H. 2008. Advances describing recent Antarctic climate variability. Bull. Amer. Meteorol. Soc. , 89: 1295-1306.

Montesi J, Elder K, Schmidt R A, et al. 2004. Sublimation of intercepted snow within a subalpine forest canopy at two elevations. Journal of Hydrometeorology, 5(5): 763-773.

Mook W G. 2001. Environmental Isotopes in the Hydrological Cycle Principles and Applications. LAEA Publication.

Moore R D. 2006. Stream temperature patterns in British Columbia, Canada, based on routine spot measurements. Canadian Water Resources Journal, 31(1): 41-56.

Munro D S, Young G J. 1982. An operational net shortwave radiation model for glacier basins. Water Resources Research, 18(2): 220-230.

Nakawo M, Young G J. 1982. Estimate of glacier ablation under a debris layer from surface-temperature and meteorological variables. Journal of Glaciology, 28(98): 29-34.

Nelitz M A, Moore R D, Parkinson E. 2008. Developing a Framework to Designate "Temperature Sensitive Streams" in the BC Interior. Vancouver: Report Prepared by ESSA Technologies Ltd., the University of British Columbia, and BC Ministry of Environment, Vancouver, BC for BC Forest Science Program, PricewaterhouseCoopers.

Nelson F E, Outcalt S I. 1983. A frost index number for spatial prediction of ground-frost zones. Pemafrost-Fourth International Conference Proeeedings, 1: 907-911.

Nicholls K W, Makinson K, Venables E J. 2012. Ocean circulation beneath Larsen C Ice Shelf, Antarctica fromin situ observations. Geophysical Research Letters, 39: L19608.

Nitu R, Wong K. 2010. CIMO survey on national summaries of methods and instruments for solid precipitation measurement at automatic weather stations. Geneva: Instruments and Observing Methods Report No. 102. World Meteorological Organization.

Niu G Y, Yang Z L. 2006. Assessing a land surface model improvements with GRACE estimates. Geophysical Research Letters, 33: L74017.

Oberman N G. 2008. Contemporary permafrost degradation of Northern European Russia//Kane D L, Hinkel K M. Proceedings of the 9th International Conference on Permafrost, 29 June- 3 July 2008, Institute of Northern Engineering, University of Alaska, Fairbanks: 1305-1310.

Oerlemans J. 1993. A model for the surface balance of ice masses. Part 1: Alpine Glaciers. Zeitschrift Für Gletscherkunde Und Glazialgeologie, 27/28: 63-83.

Ohmura A. 2001. Physical basis for the temperature-based melt-index method. Journal of Applied Meteorology, 40(4): 753-761.

Oke T R. 1987. Boundary Layer Climates, 2nd edition. New York: Rout ledge.

Olivier S, Blaser C, Brütsch S, et al. 2006. Temporal variations of mineral dust, biogenic tracers, and anthropogenic species during the past two centuries from Belukha ice core, Siberian Altai. Journal of Geophysical Research: Atmospheres, 111(D5): D05309.

Osterkamp T E, Romanovsky V E. 1997. Freezing of the active layer on the coastal plain of the Alaskan Arctic. Permafrost Periglacial Process, 8: 23-44.

Osterkamp T, Romanovsky V. 1999. Evidence for warming and thawing of discontinuous permafrost in Alaska. Permafrost Periglacial Processes, 10(1): 17-37.

Pang Q, Cheng G, Li S, et al. 2009. Active layer thickness calculation over the Qinghai-Tibet Plateau. Cold Regions Science and Technology, 57(1): 23-28.

Petrone K C, Jones J B, Hinzman L D, et al. 2006. Seasonal export of carbon, nitrogen, and major solutes from Alaskan catchments with discontinuous permafrost. Journal of Geophysical Research, 111: G02020.

Pfeffer W T, Harper J T, O'Neel S. 2008. Kinematic constraints on glacier contributions to 21st-century sea-level rise. Science, 321(5894): 1340-1343.

Pomeroy J W, Jones H G. 1996. Wind-blown snow: Sublimation, transport and changes to polar-snow// Wolff E W, Bales R C. Chemical Exchange between the Atmosphere and Polar Snow, NATO ASI Series I, Global Environ. Change, vol. 43, Berlin: Springer-Verlag: 453-489.

Pomeroy J W, Gray D M, Brown T, et al. 2007. The cold regions hydrological model: a platform for basing process representation and model structure on physical evidence. Hydrological Processes, 21: 2650-2667.

Pomeroy J W, Gray D M, Marsh P. 2008. Studies on snow redistribution by wind and forest, snow-covered area depletion and frozen soil infiltration in northern and western Canada//Woo M. Cold Region Atmospheric and Hydrologic Studies-the Mackenzie GEWEX Experience Volume 2: Hydrologic Processes. Berlin Heidelberg: Springer-Verlag.

Pomeroy J W, Marsh P, Gray D M. 1997. Application of a distributed blowing snow model to the Arctic. Hydrological Processes, 11(11): 1451-1464.

Prokushkin A S, Gleixner G, McDowell W H, et al. 2007. Source- and substrate-specific export of dissolved organic matter from permafrost-dominated forested watershed in central Siberia. Global Biogeochemical Cycles, 21: GB4003.

Pu T, He Y, Zhu G, et al. 2012. Characteristics of water stable isotopes and hydrograph separation in Baishui catchment during the wet season in Mt. Yulong region, south western China. Hydrological Processes, 27(25): 3641-3648.

Quinton W L, Baltzer J L. 2013. The active-layer hydrology of a peat plateau with thawing permafrost (Scotty Creek, Canada). Hydrogeology Journal, 21: 201-220.

Radic V, Hock R. 2014. Glaciers in the earth's hydrological cycle: Assessments of glacier mass and runoff changes on globaland regional scales. Surveys in Geophysics Journal, 35: 813-837.

Radić V, Bliss A, Beedlow A C, et al. 2014. Regional and global projections of twenty-first century glacier mass changes in response to climate scenarios from global climate models. Climate Dynamics, 42(1-2): 37-58.

Ramillien G, Cazenave A, Brunau O. 2004. Global time variations of hydrological signals from GRACE satellite gravimetry. Geophysical Journal International, 158: 813-826.

Ramillien G, Famiglietti J S, Wahr J. 2008. Detection of continental hydrology and glaciology signals from grace: A review. Surveys in Geophysics, 29(4-5): 361-374.

Ran Y H, Li X, Cheng G D. 2012. Short communication distribution of permafrost in China: An overview of existing permafrost maps. Permafrost and Periglacial Processes, 23: 322-333.

Rauner J L. 1976. Deciduous forests//Monteith J L. Vegetation and the Atmosphere. Vol. II. London: Academic Press: 241-264.

Raymond P A, McClelland J W, Holmes R M, et al. 2007. Flux and age of dissolved organic carbon exported to the Arctic Ocean: A carbon isotopic study of the five largest arctic rivers. Global Biogeochemical Cycles, 21: GB4011.

Refsgaard A, Seth S M, Bathurst J C, et al. 1992. Application of the SHE to catchments in India- Part 1: General results. Journal of Hydrology, 140: 1-23.

Reginald R, Vladimir E. 2011. Alaskan permafrost groundwater storage changes derived from GRACE and ground measurements. Remote Sensing, 3: 378-397.

Reijmer C H, Hock R. 2008. Internal accumulation on Storglaciären, Sweden, in a multi-layer snow model coupled to a distributed energy-and mass-balance model. Journal of glaciology, 54(184): 61-72.

Reimann C, de Caritat P. 1998. Chemical Elements in the Environment-factsheets for the Geochemist and Environmental Scientist. Berlin: Springer-Verlag.

Rennermalm A K, Wood E F, Troy T J. 2010. Observed changes in pan-arctic cold-season minimum monthly river discharge. Climate Dynamics, 35(6): 923-939.

Rigon R, Bertoldi G, Over T M. 2006. GEOtop: A distributed hydrological model with coupled water and energy budgets. J. Hydrometeor, 7: 371-388.

Riseborough D W. 2002. The mean annual temperature at the top of permafrost, the TTOP model, and the effect of unfrozen water. Permafrost and Periglacial Processes, 13: 137-143.

Rodell M, Houser P R, Jamborl U, et al. 2004. The global land data assimilation system. Bulletin of the American Meteorological Society, 85(3): 381-394.

Rodriguez M, Ohlanders N, McPhee J. 2014. Estimating glacier and snowmelt contributions to stream flow in a Central Andes catchment in Chile using natural tracers. Hydrol. Earth Syst. Sci. Discuss. , 11: 8949-8994.

Romanovsky V, Osterkamp T. 1995. Inter-annual variations of the thermal regime of the active layer and near-surface permafrost in northern Alaska. Permafrost and Periglacial Processes, 6: 313-335.

Romanovsky V E, Sazonova T S, Balohaev V T, et al. 2007. Past and recent changes in air and permafrost temperatures in eastern Siberia. Glob Planet Change, 56: 399-413.

Rowland J C, Jones C E, Altmann G, et al. 2010. Arctic landscapes in transition: Responses to thawing permafrost. EOS Trans. AGU, 91: 229-236.

Rowlands D D, Luthcke S B, Klosko S M, et al. 2005. Resolving mass flux at high spatial and temporal resolution using GRACE intersatellite measurement. Geophysical Research Letters, 32(4): L4310.

Ruffles L M. 1999. In Situ Investigations of Subglacial Hydrology and Basal Ice at Svartisen Glaciological Observatory, Norway. Aberystwyth: Unpublished PhD thesis, University of Wales.

Rüdiger G, Peter L. 2012. Sea-ice-ocean modelling//Lemke P, Jacobi H W. Arctic Climate Change: The ACSYS Decade and Beyond. Atmospheric and Oceanographic Sciences Library 43, Springer Science+Business Media B. V.

Sakai A, Nakawo M, Fujita K. 1998. Melt rate of ice cliffs on the Lirung Glacier, Nepal Himalayas, 1996. Bulletin Glaciology Resources, 16: 57-66.

Salerno F, Rogora M, Balestrini R, et al. 2016. Glacier melting increases the solute concentrations of Himalayan glacial lakes. Environmental Science & Technology, 50(17): 9150-9160.

Saros J E, Interlandi S J, Doyle S, et al. 2005a. Are the deep chlorophyll maxima in Alpine lakes primarily inducedby nutrient availability, not UV avoidance? Arctic, Antarctic, and Alpine Research, 37(4): 557-563.

Saros J E, Michel T J, Interlandi S J, et al. 2005b. Resource requirements of Asterionella formosa and Fragilaria crotonensis in oligotrophic alpine lakes: Implications for recent phytoplankton community reorganizations. Canadian Journal of Fisheries and Aquatic Sciences, 62(7): 1681-1689.

Saros J E, Rose K C, Clow D W, et al. 2010. Melting alpine glaciers enrich high-elevation lakes with reactive nitrogen. Environmental Science & Technology, 44(13): 4891-4896.

Schmid P, Bogdal C, Blüthgen N, et al. 2010. The missing piece: Sediment records in remote mountain lakes confirm glaciers being secondary sources of persistent organic pollutants. Environmental Science & Technology, 45(1): 203-208.

Schwikowski M. 2004. Reconstruction of European air pollution from alpine ice cores//Cecil L D, Green J R, Thompson L G. Earth Paleoenvironments: Records Preserved in Mid- and Low-Latitude Glaciers. Dordrecht, Netherlands: Kluwer Academic Publishers: 95-119.

Seidel K, Martinec J. 2004. Remote Sensing in Snow Hydrology. Berlin: Springer.

Sellers P J. 1986. Simple biosphere model (sib) for use within general circulation models. Journal of the Atmospheric Sciences, 43(6): 505-531.

Semenova O, Vinogradov Y, Vinogradova T, et al. 2014. Simulation of soil profile heat dynamics and integration into hydrologic modelling in the permafrost zone. Permafrost and Periglac. Process, 25: 257-269.

Serreze M C, Barrett A P, Slater A G, et al. 2006, The large-scale freshwater cycle of the Arctic. J Geophys Res, 111: 2005JC003424.

Shanley J B, Chalmers A. 1999. The effect of frozen soil on snowmelt runoff at Sleepers River, Vermont. Hydrol. Processes, 13: 1843-1857.

Sharp M, Parkes J, Cragg B, et al. 1999. Widespread bacterial populations at glacier beds and their relationships to rock weathering and carbon cycling. Geology, 27: 107-110.

Sharp M, Tranter M, Brown G H, et al. 1995. Rates of chemical denudation and CO_2 drawdown in a glacier-covered alpine catchment. Geology, 23: 61-64.

Sharpe W E, deWalle D R, Leibfried R T, et al. 1984. Causes of acidification of four streams on Laurel Hill in southwestern Pennsylvania. Journal of Environmental Quality, 13(4): 619-631.

Shekar M, Chand H, Kumar S, et al. 2010. Climate change studies in the western Himalaya. Annals of Glaciology, 51.

Shen H T, Gunaralna P P, Lai A M W. 1990. Mathematical Model for Ice Processes in River Networks. Espoo, Finland: IAHR, Ice Symp, Assoc of Hydr. Res. (IAHR').

Shen H T, Wang D S, Lal A M W. 1993. A River Ice Mode-RICEN: Model Formulation and Program Guides. Potsdam, N. Y: Rep. No. 93-7, Dept. of Civ and Envir. Engrg. , Clarkson University.

Shi J C, Dozier J. 1997. Mapping seasonal snow with SIR-C/X-SAR in mountainous areas. Remote Sens Environ, 59(2): 294-307.

Shiklomanov N I, Nelson F E. 1999. Analytic representation of the active layer thickness field, Kuparuk River Basin, Alaska. Ecological Modeling, 123: 105-125.

Shrestha M, Wang L, Koike T, et al. 2012. Modeling the spatial distribution of snow cover in the dudh-koshi region of the nepal himalayas. J. Hydrometeor, 13: 204-222.

Shreve R L. 1972. Movement of water in glaciers. Journal of Glaciology, 11(62): 205-214.

Shur Y, Jorgenson M. 2007. Patterns of permafrost formation and degradation in relation to climate and ecosystems. Permafrost and Periglacial Processes, 18: 7-19.

Sickman J O, Leydecker A, Melack J M. 2001. Nitrogen mass balances and abiotic controls on N retention and yield in high-elevation catchments of the Sierra Nevada, California, United States. Water Resources Research, 37(5): 1445-1461.

Siddall M, Stocker T F, Clark P U. 2009. Constraints on future sea-level rise from past sea-level change. Nature Geoscience, 2(8): 571-575.

Singh P, Singh V P, 2001. Snow and Glacier Hydrology. Dordrecht/Boson/London: Kluwer Academic Publishers.

Sklash M G, Farvolden R N. 1982. The use of environmental isotopes in the study of high runoff episodes in streams//Isotopes Studies of Hydrologic Processes. Chicago: Northern Illinois University Press: 65-73.

Slemmons K E H, Saros J E. 2012. Implications of nitrogen-rich glacial meltwater for phytoplankton diversity and productivity in alpine lakes. Limnology and Oceanography, 57(6): 1651-1663.

Smith R, Parlange J Y. 1978. A parameter-efficient hydrologic infiltration model. Water Resource Research, 14: 533-538.

Sommaruga R. 2015. When glaciers and ice sheets melt: Consequences for planktonic organisms. Journal of plankton research, 37(3): 509-518.

Song C, Huang B, Richards K, et al. 2014. Accelerated lake expansion on the Tibetan Plateau in the 2000s: Induced by glacial melting or other processes? Water Resources Research, 50(4): 3170-3186.

Stephenson D, Meadows M E. 1986. Kinematic Hydrology and Modelling. New York: Elsevier Science Ltd.

Stewart I T. 2004. Changes in snowmelt runoff timing in western north America under a 'business as usual' climate change scenario. Climatic Change, 62(1): 217-232.

Stewart I T. 2009. Changes in snowpack and snowmelt runoff for key mountain regions. Hydrological Processes, 23(1): 78-94.

Strassberg G, Scanlon B R, Chambers D. 2009. Evaluation of groundwater storage monitoring with the GRACE satellite: Case study of the High Plains aquifer, central United States. Water Resour Res, 45: W05410.

Striegl R G, Dornblaser M M, Aiken G R, et al. 2007. Carbon export and cycling by the Yukon, Tanana, and Porcupine rivers, Alaska, 2001~2005. Water Resources Research, 43: W02411.

Sturm M, Holmgren J, König M, et al. 1997. The thermal conductivity of seasonal snow. Trans Faraday Soc, 43(143): 26-41.

Sturm M, Holmgren J, Liston G E. 1995. A seasonal snow cover classification system for local to global applications. Journal of Climate, 8: 1261-1283.

Sturm M, Holmgren J, Mcfadden J P, et al. 2001. Snow-shrub interactions in arctic tundra: A hypothesis with climatic implications. Journal of Climate, 14: 336-344.

Su F, Zhang L, Ou T, et al. 2016. Hydrological response to future climate changes for the major upstream river basins in the Tibetan Plateau. Global and Planetary Change, 136: 82-95.

Sueker J K. 1995. Chemical hydrograph separation during snowmelt for three headwater basins in Rocky Mountain National Park, Colorado//Tonnessen K A, Williams M W, Tranter M. Biogeochemistry of Seasonally Snow-Covered Catchments. IAHS Publ: 271-282.

Sugden D E, John B S. 1976. Glaciers and Landscape. London: Edward Arnold.

Sun S, Jin J, Xue Y. 1999. A simple snow-atmosphere-soil transfer model. Journal of Geophysical Research Atmospheres, 1041(D16): 19587-19598.

Suzuki K, Ohta T. 2003. Effect of larch forest density on snow surface energy balance. Journal of Hydrometeorology, 4(6): 1181-1193.

Syed T H, Famiglietti J S, Zlotnicki V, et al. 2007. Contemporary estimates of pan-arctic freshwater discharge from GRACE and reanalysis. Geophysical Research Letters, 34: L19404.

Takeuchi Y, Endo Y, Murakami S. 2008. High correlation between winter precipitation and air temperature in heavy-snowfall areas in Japan. Annals of Glaciology, 49: 7-10.

Tanaka Y. 1997. Evaporation and bulk transfer coefficients on a forest floor during times of leaf-shedding. Journal of Agricultural Meteorology, 53(2): 119-129.

Tapley B D, Bettadpur S, Ries J C, et al. 2004. GRACE measurements of mass variability in the Earth system. Science, 305: 503-505.

Tedesco M, Monaghan A J. 2009. An updated Antarctic melt record through 2009 and its linkages to highlatitudeand tropical climate variability. Geophysical Research Letters, 36: L18502.

Telling J, Anesio A M, Tranter M, et al. 2012. Controls on the autochthonous production and respiration of organic matter in cryoconite holes on high Arctic glaciers. Journal of Geophysical Research, 117: G01017.

Thies H, Nickus U, Mair V, et al. 2007. Unexpected response of high alpine lake waters to climate warming. Environmental Science & Technology, 41(21): 7424-7429.

Titus J G, Narayanan V K. 1996. The Probability of Sea Level Rise. http://www. gerio. Org/ epa/Sealevel.

Todini E. 1996. The ARNO rainfall-runoff model. Journal of Hydrology, 175: 339-382.

UNESCO. 2016. http://en. unesco. org/themes/water-security/hydrology.

van d B W J, van d B M R, Reijmer C H, et al. 2005. Characteristics of the Antarctic surface mass balance, 1958-2002, using a regional atmospheric climate model. Ann Glaciol, 41(1): 97-104.

van den Broeke M, Bintanja R. 1995. The interaction of katabatic winds and the formation of blue-ice areas in east Antarctica. Journal of Glaciology, 41(138): 395-407.

Varhola A, Coops N C, Weiler M, et al. 2010. Forest canopy effects on snow accumulation and ablation: An integrative review of empirical results. Journal of Hydrology, 392: 219-233.

Verseghy. 1991. Class-a canadian land surface scheme for gcms. i. soil model. International Journal of Climatology, 11(2): 111-133.

Vionnet V, Guyomarc'h G, Bouvet F N. 2013. Occurrence of blowing snow events at an alpine site over a 10-year period: Observations and modelling. Advances in Water Resources, 55: 53-63.

Wahr J, Molenaar M, Bryan F. 1998. Time variability of the Earth's gravity field: Hydrological and oceanic effects and their possible detection using GRACE. Journal of Geophys Research, 103: 30205-30229.

Wan Z, Dozier J. 1996. A generalized split-window algorithm for retrieving land-surface temperature from space. IEEE Transaction on Geoscience and Remote Sensing, 34(4): 892-905.

Wang S, Zhang T. 2014. Spatial change detection of glacial lakes in the Koshi River Basin, the Central Himalayas. Environmental Earth Sciences, 72(11): 4381-4391.

Wang W, Xiang Y, Gao Y, et al. 2015. Rapid expansion of glacial lakes caused by climate and glacier retreat in the Central Himalayas. Hydrological Processes, 29(6): 859-874.

Wang W, Yao T, Yang X. 2011. Variations of glacial lakes and glaciers in the Boshula mountain range, southeast Tibet, from the 1970s to 2009. Annals of Glaciology, 52(58): 9-17.

Wang X, Liu S Y, Ding Y J, et al. 2012a. An approach for estimating the breach probabilities of moraine-dammed lakes in the Chinese Himalayas using remote-sensing data. Natural Hazards and Earth System Sciences, 12: 3109-3122.

Wang X, Liu S Y, Guo W Q, et al. 2008. Assessment and simulation of glacier lake outburst floods for Longbasaba and Pida, China. Mountain Research and Development, 28(3/4): 310-317.

Wang X, Liu S Y, Han H D, et al. 2012b. Thermal regime of a supraglacial lake on the debris-covered Koxkar Glacier, southwest Tianshan, China. Environmental Earth Sciences, 67(1): 175-183.

Wang X, Siegert F, Zhou A, et al. 2013. Glacier and glacial lake changes and their relationship in the context of climate change, Central Tibetan Plateau 1972-2010. Global and Planetary change, 111: 246-257.

Warren C R, Sugden D E. 1993. The patagonian icefields-a glaciological review. Arctic and Alpine Research, 25(4): 316-331.

Watanabe M, Nitta T. 1998. Relative impacts of snow and sea surface temperature anomalies on an extreme phase in the winter atmospheric circulation. J. Climate, 11: 856-863.

Werder M A, Hewitt I J, Schoof C G, et al. 2013. Modeling channelized and distributed subglacial drainage in two dimensions. Journal of Geophysical Research, 118: 1-19.

White D, Hinzman L, Alessa L, et al. 2007. The arctic freshwater system: Changes and impacts. J Geophys Res, 112: G04S54.

Wigmosta M S, Vail L, Lettenmaier D P. 1994. A distributed hydrology-vegetation model for complex terrain. Water Resource Research, 30: 1665-1679.

Williams M W, Knauf M, Cory R, et al. 2007. Nitrate content and potential microbial signature of rock glacier outflow, Colorado Front Range. Earth Surface Processes and Landforms, 32(7): 1032-1047.

Willis J K, Chambers D P, Nerem R S. 2008. Assessing the globally averaged sea level budget on seasonal to interannual timescales. Journal of Geophysical Research: Oceans, 113(C6).

Willis J K, Roemmich D, Cornuelle B. 2004. Interannual variability in upper ocean heat content, temperature, and thermosteric expansion on global scales. Journal of Geophysical Research Oceans, 109 (C12): 10-1029.

Woo M K. 2012. Permafrost Hydrology. U. S. A. : Springer.

Wu J, Wu X, Hou D, et al. 2016. Streamwater hydrograph separation in an alpine glacier area in the Qilian Mountains, Northwestern China. Hydrological Sciences Journal.

Wu Q, Zhang T. 2010. Changes in active layer thickness over the Qinghai-Tibetan Plateau from 1995 to 2007. Journal of Geophysical Research, 115: D09107.

Xie Z, ShangGuan D, Zhang S. 2013. Index for hazard of Glacier Lake Outburst flood of Lake Merzbacher by satellite-based monitoring of lake area and ice cover. Global and Planetary Change, 107: 229-237.

Yang D, Herath S, Musiake K. 1998. Development of a geomorphology-based hydrological model for large catchments. Annual Journal of Hydraulic Engineering, 42: 169-174.

Yang D, Shi Y, Kang E, et al. 1991. Results of solid precipitation measurement intercomparison in the Alpine area of UrumqiRiver basin. Chin. Sci. Bull. , 36: 1105-1109.

Yang D, Ye B, Kane D L. 2004. Streamflow changes over Siberian Yenisei river basin. Journal of Hydrology, 296(1): 59-80.

Yang Z L, Dickinson R E, Robock A, et al. 1997. Validation of the snow sub-model of the biosphere-atmosphere transfer scheme with Russian snow cover and meteorologicalobservational data. J. Climate, 10: 353-373.

Yde J C, Riger-Kusk M, Christiansen H H, et al. 2008. Hydrochemical characteristics of bulk meltwater from an entire ablation season, Longyearbreen, Svalbard. Journal of Glaciology, 54: 259-272.

Ye B S, Yang D Q, Zhang Z L, et al. 2009. Variation of hydrological regime with permafrost coverage over Lena Basin in Siberia. Journal of Geophysical Research Atmospheres, 114(D7): 1291-1298.

Ye B, Ding Y, Liu F, et al. 2003. Responses of various-sized alpine glaciers and runoff to climate change. Journal of Glaciology, 49(164): 1-7.

Yucel I, Güventürk A, Sen O L. 2015. Climate change impacts on snowmelt runoff for mountainous transboundary basins in eastern turkey. International Journal of Climatology, 35(2): 215-228.

Zhang G, Yao T, Xie H, et al. 2015b. An inventory of glacial lakes in the Third Pole region and their changes in response to global warming. Global and Planetary Change, 131: 148-157.

Zhang R, John S G, Zhang J, et al. 2015a. Transport and reaction of iron and iron stable isotopes in glacial meltwaters on Svalbard near Kongsfjorden: From rivers to estuary to ocean. Earth and Planetary

Science Letters, 424: 201-211.

Zhang S, Ding Y, Ye B. 2006. The monthly discharge simulation/construction on upper Yangtze River with absent or poor data Coverage. IAHS-PUB, 324-333.

Zhang S, Gao X, Zhang X, et al. 2012b. Projection of glacier runoff in Yarkant River basin and Beida River basin, western China. Hydrological Processes, 26(18): 2773-2781.

Zhang S, Ye B, Liu S, et al. 2012a. A modified monthly degree-day model for evaluating glacier runoff changes in China. Part I: Model development. Hydrological Processes, 26(11): 1686-1696.

Zhang T J. 2005. Influence of the seasonal snow cover on the ground thermal regime: An overview. Reviews of Geophysics, 43(4): RG4002.

Zhang T, Barry R G, Knowles K, et al. 2008a. Statistics and characteristics of permafrost and ground-ice distribution in the Northern Hemisphere. Polar Geography, 31(1-2): 47-68.

Zhang T, Barry R, Knowles K, et al. 2003. Distribution of seasonally and perennially frozen ground in the Northern Hemisphere. AA Balkema Publishers, 2: 1289-1294.

Zhang T, Barry R G, Knowles R G, et al. 1999. Statistics and characteristics of permafrost and ground-ice distribution in the Northern Hemisphere. Polar Geogr, 23: 132-154.

Zhang T, Oliver W, Mark C, et al. 2005. Spatial and temporal variability in active layer thickness over the Russian Arctic drainage basin. Journal of Geophysical Research, 110: D16101.

Zhang Y S, Ishikawa M, Ohata T, et al. 2008b. Sublimation from thin snow cover at the edge of the Eurasian cryosphere in Mongolia. Hydrological Processes, 22(18): 3564-3575.

Zhang Y, Song X, Wu Y. 2009. Use of oxygen-18 isotope to quantify flows in the upriver and middle reaches of the Heihe River, Northwestern China. Environmental Geology, 58: 645-653.

Zhao L T, Gray D M. 1997. A parametric expressions for estimating infiltration into frozen soils. Hydrological Processes, 11: 1761-1775.

Zhao L, Chen G, Cheng G, et al. 2000. Chapther 6: Permafrost: Status, variation and impacts//Zheng D, Zhang Q S, Wu S H. Mountain Geoecology and Sustainable Development of the Tibetan Plateau. Kluwer/Boston/London: Kluwer Academic Publishers: 113-138.

Zhao Q, Ye B, Ding Y, et al. 2013. Coupling a glacier melt model to the Variable Infiltration Capacity (VIC) model for hydrological modeling in north-western China. Environmental Earth Sciences, 68(1): 87-101.

Zhao Q, Zhang S, Ding Y, et al. 2015. Modeling hydrologic response to climate change and shrinking glaciers in the highly glacierized Kunma Like River catchment, Central Tian Shan Mountains. Journal of Hydrometeorology, 16(2015): 2383-2402.

Zhou J, Wu J, Liu S, et al. 2015. Hydrograph separation in the upstream of Shule River basin-combining the method of water chemistry and stable isotopes. Advances in Meteorology, 2: 1-10.

Østrem G. 1964. Ice-cored moraines in Scandinavia. Geografiska Annaler, 46A: 282-337.

Østrem G. 1975. Sediment transport in glacial meltwater streams//Jopling A V, MacDonald B C. Glaciofluvial and Glaciolacustrine Sedimentation. SEPM Special Publication, 23: 101-122.